作者简介

张洪延，美国托莱多大学机械、工程与制造系终身教授。1984 年于吉林大学数学系获得理学学士学位，1987 年获工学硕士学位（中国科学院，金属物理），1991 年获得博士学位（美国俄亥俄州立大学，机械冶金）。先后在俄亥俄州立大学和密歇根大学从事博士后研究、任助理研究教授。在 20 多年的教学、研究中，发表了 100 多篇论文、专著、专业手册的章节和行业标准等。主要研究方向是材料的连接。在众多的学术机构中任职，如美国《焊接》主审、美国焊接学会会士（Fellow，American Welding Society）。

电阻焊：基础与应用

（第二版）

张洪延 著

科 学 出 版 社
北 京

图字：01-2016-8740

Resistance Welding: Fundamentals and Applications/Hongyan Zhang and Jacek Senkara. —2nd ed

图书在版编目（CIP）数据

电阻焊：基础与应用/张洪延著. —2 版. —北京：科学出版社，2016.10
书名原文：Resistance Welding: Fundamentals and Applications/Hongyan Zhang and Jacek Senkara—2nd ed.

ISBN 978-7-03-050233-9

Ⅰ. ①电… Ⅱ. ①张… Ⅲ. ①电阻焊 Ⅳ. ①TG453

中国版本图书馆 CIP 数据核字（2016）第 253270 号

责任编辑：王艳丽 / 责任校对：贾娜娜
责任印制：谭宏宇 / 封面设计：殷 靓

科 学 出 版 社 出版
北京东黄城根北街 16 号
邮政编码：100717
http：//www.sciencep.com
广东虎彩云印刷有限公司印刷
科学出版社发行 各地新华书店经销
*
2017 年 1 月第 二 版 开本：787×1092 1/16
2024 年 9 月第十一次印刷 印张：23.5 插页：7
字数：540 000
定价：185.00 元
（如有印装质量问题，我社负责调换）

前　　言

电阻焊是一种古老，但至今仍然占据重要地位的材料连接技术。由于它发生在板材内部，无法直接观察，而且焊接过程中焊核的温度很高，升、降温速度极快，平衡态理论只能起一定程度上的指导作用。这使得电阻焊的研究大多是实验性质的，而且通常是针对生产中特定的实际问题进行的。电阻焊过程的复杂性也导致了这方面的研究缺乏系统性。本书著者暨英文专著原作者之一，在参与解决大量的工业实际问题的过程中，特别关注了焊接过程的机理、焊接质量和测试，以及实验结果的分析，对电阻焊进行了系统的研究。在长期的教学和科研实践中，著者深切地体会到电阻焊行业缺乏一部能够提供全面、系统知识的专著。之前的关于电阻焊的著作常以手册的形式出现。它们通常只告诉读者怎么做，而不解释为什么要那么做。如果读者想获得更多的了解，就必须查阅大量的相关文献，既费时又费力。当然这是有其专业原因的。电阻焊过程涉及电气、冶金、热学及力学等诸多方面，很难从单一专业的角度获得对焊接过程的全面了解。更重要的是这些过程之间不是相互独立的，而忽视它们之间的相互作用可能导致完全错误的结论。因此，著者决定根据自己多年来在电阻焊领域的研究体会、与众多合作者的交流及共同的研究成果，以及公开发表的文献编写一部能够全面、系统地介绍电阻焊的基本原理及应用的著作，作为对自己在这方面工作的一个总结，并为从业者提供一个便捷、可靠且可以借以拓展的工具。英文版的第一版、第二版的出版及同行的关注和鼓励证明了这个目的已经达到了。值得一提的是，虽然本书是关于电阻焊的，但其采用的研究方法，如处理类似电阻焊这种复杂工程问题的角度，以及统计分析方法的步骤等有一定的普遍意义，可以应用到其他领域的研究中。

本书共分 10 章。第 1 章，焊接冶金。主要描述电阻焊涉及的金属材料的冶金特性，包括钢、铝、镁和铜及它们的熔化/凝固和固体相变过程。着重分析它们与焊接过程、焊点结构及焊接质量的关系。这一章对理解其他章节中的各种过程和现象提供了必要的知识储备。第 2 章，焊接中的电、热过程。电阻焊实际上就是一个加热-冷却过程。各种焊接参数对焊接过程的影响体现在它们在焦耳加热过程和冷却中所起的作用。从焊件各部分的电阻入手，对电阻焊中电流特性和热量的产生进行全面的介绍，并以此为基础，对钢、铝材焊接的电极寿命进行详细的探讨，并介绍各种基于电-热考虑的焊接过程的控制方法。第 3 章，焊点缺陷。电阻焊实践中一个相当重要的目的是控制焊件中各种缺陷的产生。这一章详细地介绍电阻点焊中可能出现的各种（肉眼可见的和内部的）缺陷、它们的形成机理，以及抑制它们产生的方法。着重分析铝合金焊接中常见但经常忽视的一种在热影响区内出现的裂纹的生成机理，并描述减少以至于消除这种裂纹的办法及实验验证。第 4 章，力学试验。电阻点焊的特点决定其质量检测在很大程度上是通过力学试验来完成的。这一章系统地介绍在生产环境和实验室条件下对电阻焊件所进行的各种试验，包括准静态试验（拉伸-剪切、拉伸、剥离等）和动态试验（疲劳和冲击）。第 5 章，电阻焊接过程的监控。详细介绍用于电阻焊过程监测的各种方法，包括电信号、力学信号、声学信号等，以及它们与焊点形成过程之间的关系。由此导出控制电阻焊的各种离线和在线方法。除了一些传统的方法，如通过电流、电压信号等的监测和控制，还系统地介绍一些先进的方法，如基于人工神经元的控制过程等。第 6 章，焊接质量和检测方法。基于焊件的几何特征、力学性能和焊接的过程特征等几个方面与焊接质量的关联对焊接质量进行定义。系统地介绍用于焊接质量检测的破坏性试验（如凿子分离试验）和无损检测方法（如超声波检测等）。第 7 章，电阻点焊过程中的飞溅现象。人们常常把飞溅作为一种焊接缺陷对待。由于它对焊接过程、电极和焊接质量的负面影响，专门使用一章的篇幅来探讨飞溅的机理、对焊接过程和焊接质量的影响及控制方法。系统地总结、比较各种飞溅模型的机理、优缺点和适用范围。对较易出现飞溅且对质量影响较大的铝、镁的焊接过程进行详细介绍。

第 8 章，焊机机械特性的影响。由于电阻焊的主要过程——焦耳生热是焊接电流和时间的直接结果，人们常常忽略焊机的机械结构对焊接过程的影响。这一章考虑对焊接过程有潜在影响的机械因素，如运动部件的质量、摩擦等。通过对焊机进行改造，确定这些因素对焊接过程和焊点质量的影响。最后，详细分析点焊机的机械特性导致的焊接参数的输入和实际量值之间的差别。第 9 章，电阻焊的数值模拟。系统地比较用于电阻焊模拟的主要数值方法，即有限元法和有限差分法。着重介绍模拟力学、热、电过程的算法，尤其是它们之间耦合关系的处理。最后，用大量的实例介绍焊接过程、焊接条件、接触电阻等对焊点的形成过程的影响。

第 10 章，电阻焊研究的统计学设计、分析和推理。由于焊接过程中有很多不定因素，必须使用统计学的方法进行处理。这一章结合实际焊接实验，针对焊接过程、焊接质量检测的特点，系统地介绍统计学的实验设计过程、分析过程及推论过程。最后还详细介绍针对计算机实验的统计学设计和分析。

本书的部分插图保留了英文名称，以方便读者查阅参考文献及利用网络进行查询。

本书的英文版是著者和著者的老朋友，华沙理工大学的 Jacek Senkara 合著的。英文版的第一版出版（2006 年）以后，著者便有把它翻译成中文在国内发表的想法。但由于繁重的教学、科研任务，这个想法一直停留在构思阶段。直到英文版的第二版出版（2012 年）以后，翻译工作才列入个人的工作计划。但由于没有系统地学过焊接，而且焊接中很多习惯用词在英汉字典或翻译软件里找不到合适的翻译，著者的努力并没有走太远。终于在与科学出版社的王艳丽见面商定出版计划，且得到《汽车工程学报》编辑段樱提供必要的文字帮助的承诺以后，翻译工作才真正启动。经过近两年的努力，不计其数的修改，许多人的各种方式的投入，本书终于可以与读者见面了。

将英文版（第二版）翻译成中文并不是一个单纯的翻译过程。在翻译过程中著者发现原版有一些说法不够准确，一些章节需要对背景进行进一步的说明，还有一些研究方向在英文版（第二版）出版后又有了新的进展。这些因素决定了这本书的翻译不是一个简单地将中、英文一一对应的过程，而是一个再创作的过程。这些“额外”的工作及著者不尽如人意的汉语水平使得翻译工作成为一个巨大的“包袱”。在一些图表的翻译中，为了保证术语的准确性，防止引起混淆，本书保留了某些没有对应成熟中文名词的英语称谓。在过去的一年里，著者几乎把所有的业余时间都投入这项工作。即使这样，也难以保证现在与读者见面的版本没有疏漏与不足。

在本书中文版出版之际著者诚挚地向在各个环节中提供了帮助、鼓励的同行、朋友表示感谢。中国汽车工程学会的韩镭、哈尔滨工业大学的赫晓东、浙江师范大学的鄂世举和汪彬的鼓励使得将本书翻译成中文从一个想法变成事实。《汽车工程学报》编辑段樱在翻译过程中给予了很多帮助，提出了很多有益的建议。还有一些同事、朋友，如众泰集团马红、科力远集团张洪涛、吉林大学吴柏生、《汽车知识》总编刘成芳等均提供了各种形式的支持和帮助。

张洪延

2016 年 7 月于杭州

目　　录

第1章 焊接冶金

焊接过程的各个方面都或多或少地涉及基材和电极材料的冶金特性，所以焊接从本质上讲是一个冶金过程。鉴于此点，业界出版了许多焊接冶金方面的著作[1-7]。尽管大部分这类著作是关于熔焊方面的，但其一般性的冶金原理也适用于电阻点焊（resistance spot welding，RSW，简称电阻焊）。本章对与电阻焊密切相关的冶金原理进行讨论，这对理解电阻焊焊点结构的形成过程、缺陷的形成机制，以及它们对焊接质量的影响起着至关重要的作用，还对与电阻焊密切相关的基材和电极材料进行分类，并对它们的冶金特性进行讨论。首先，讨论直接参与焊接过程、决定焊接质量的基材（钢、铝合金和镁合金等）的冶金特性。由于轻质金属在汽车轻量化中所起的重要作用和日益广泛的应用，本章除了点焊中常用的钢材等“常规”材料，还重点介绍铝合金和镁合金的焊接相关的材料性质。其次，虽然电极材料对电阻焊的影响已得到业界的广泛认可，且对这种影响的理解也有助于对焊接过程的控制，但在已发表的文献中这方面的信息相当有限。事实上，电阻焊过程的许多重要方面都取决于电极的形貌和冶金状态。例如，在电极-工件界面间产生的电阻热会导致许多负面变化，如合金化等，影响电极的寿命和性能，以及焊点质量。因此，铜作为最广泛应用的电极材料也包含在本章内。最后，讨论焊接中裂纹产生的冶金机理。更多与这些电阻焊相关材料的冶金方面的信息可参考本章后的参考文献。

1.1 电阻焊的凝固过程

和大多数工程金属材料一样，电阻焊所使用的板材已非最初的铸造结构。通过冷/热加工改性，如轧制和热处理，金属板材的结构与冶炼后的凝固结构有很大区别。在材料改性的过程中，可以通过冷加工、回复或再结晶来细化晶粒，而结构的均匀化则可通过固溶退火或淬火再回火得以实现。然而，这样的加工过程很难在焊接中实现，尤其是在电阻焊中，因为熔化和凝固均在极短的时间内发生在两块板材之间。通过调整焊接参数，如改变断电后电极的夹持时间和后加热时间，可在一定程度上改变焊件的微观结构。但由于焊接过程中焊接部位的陡峭的温度梯度、极高的冷却速度，以及非常短的操作时间，上述的处理过程与可控的基材热处理工艺没有可比性。因此，焊点在微观结构和材料性质方面通常不如基材。焊接中，液态焊核的凝固过程与金属铸造过程类似，也包括两个阶段：固相成核及随后的晶体生长。它的结晶过程是通过基材和电极的热传导来控制的。除了基材的合金成分，散热方向和冷却速度也决定着结晶的类型、大小和所形成的晶体的取向。在液态焊核的凝固过程中，析出晶体的合金成分与原合金成分相比会发生变化。对一个液态焊核来说，切断电流以后，它经历了一个非常快的冷却过程。它阻碍了各种元素在已经成核的固体和残余液体中及在它们之间的扩散。这种效应及多数元素在固态和液态下溶解度的差异，通过微观偏析的过程，产生了一些元素分布上的尖锐梯度。晶体核心层与外层之间的成分差异随着相图中液相线和固相线之间距离的增加而变大，随着凝固时的扩散速度及凝固时间的增加而变小。除了在晶体尺度范围发生的微观偏析，凝固过程中固-液相界面的推进也会导致剩余的合金元素熔化物的浓度富集。主要在焊核的中心附近会有一些合金元素形成熔融温度较低的共晶体，在焊核温度冷却至低于其基材的合金固相线但高于共晶的熔融温度后，它们仍处于液态，如铝合金中的 Al-Cu、Al-Mg 和 Al-Mg-Si 共晶体，以及某些化合物如钢材中的硫和磷的共晶体。由于固相和液相的溶解度不同，冷却过程中各种合金元素由固体向液体转移，导致了合金元素的分布不均匀。在合金元素浓度比较高的地方，如晶界，这样的高浓度有效地降低了液态化合物的凝固温度，使得这部分液体成为最后凝固的部分。固体晶粒之间的液态金属没有机械强度，因此这种结构可能会在两种情况下被撕开，一种是当它受到外部拉伸载荷时，另一种是在热应力的作用下。后一种的过程与熔焊中热应力导致的裂纹相似。如果采用合适的电极和焊接工艺参数，冷却过程中电极的压力可以有效地防止拉伸应力的产生。因此，上述晶粒裂化现象在电阻焊中并不常见。焊核凝固以后，可能会发生固体相变，使得焊点的显微组织形态发生变化，结果可能与刚凝固的结构完全不同。例如，焊接某些钢材时有可能发生马氏体相变，从而产生比液体凝固时形成的奥氏体更复杂的结构。

各种晶体（树突、球状、蜂窝晶体）的形成，是由液-固界面处的金属成分和热传导控制的。当液态焊核温度达到合金液相温度时凝固便开始了，此时液体内会产生净热损失，即液体的散热量大于被其吸收的热量。在焊接过程中，水冷下的电极起到类似于一个大型散热器的作用。同时，一部分热量通过液态焊核周边的基材金属散发掉。对焊接材料的冶金和热力学性质及铸造过程的了解有助于对焊接中焊点的凝固过程的理解。点焊焊核的凝固始于焊核内靠近热影响区（heat-affected zone，HAZ）的部分熔化或“糊状”区域内的固体晶粒。进一步冷却使柱状晶粒长大，其长大的方向大致垂直于熔融线，同时固-液界面向焊核中心移动。当液体体积随着凝固的持续进行而逐渐变小时，焊核中心部分的剩余熔融金属最后凝固并形成等轴晶粒。在此过程中如果产生收缩裂纹或孔洞，则常分布于最后凝固的焊核中心部位。焊核的最终凝固结构很大程度上取决于焊接工艺流程和其他相关条件的影响。图 1.1 显示了一个相变诱发塑性（transformation induced plasticity，TRIP）钢的焊点。这个认真制造出来的焊点清晰而明确地显示了 HAZ 的结构和焊核内的柱状结构。

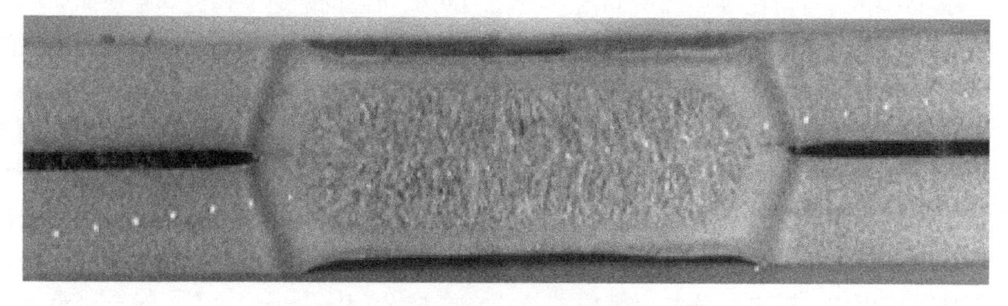

图 1.1　一个 780MPa TRIP 钢的焊点[8]

图 1.1 中的等距白点是在显微硬度试验中形成的压痕。最后凝固的液体通常靠近板材的原始接合面，此时的体积不足容易造成裂纹或孔洞。一般来说，凝固过程中液态金属的体积不足是因施加在焊件上的电极压力不足、熔融金属的量不足，以及过快的冷却速度造

成的。大的电极压力可有效弥补焊件在冷却过程中的体积收缩，从而抑制孔洞或裂纹的形成。由较低的焊接电流和/或较短的焊接时间引起的加热不足，可能导致较小的熔融金属体积和比较高的冷却速度。在这种情况下，如果施加的电极压力不足，则容易形成孔洞和裂纹。这一点可以清楚地从图 1.2 看出。一个焊点呈现了沿板材原始界面的开裂，并从它的断裂面上可以清晰地看到由于自由凝固而产生的宏观收缩孔洞[9]。沿着这个由最后凝固的液体形成的大孔洞的周围，可以观察到它的表面有冷却（凝固）过程中形成的且在样品制备过程中完好无损的枝状晶体。图 1.2（c）中，由液态金属体积缺乏导致的孔洞边界附近的开口可能是由机械力产生的。图 1.2（d）中的白框显示了富含锌的枝晶，其中的锌可能来自镀锌双相钢板的镀层，这也是焊核熔化不充分的证据。

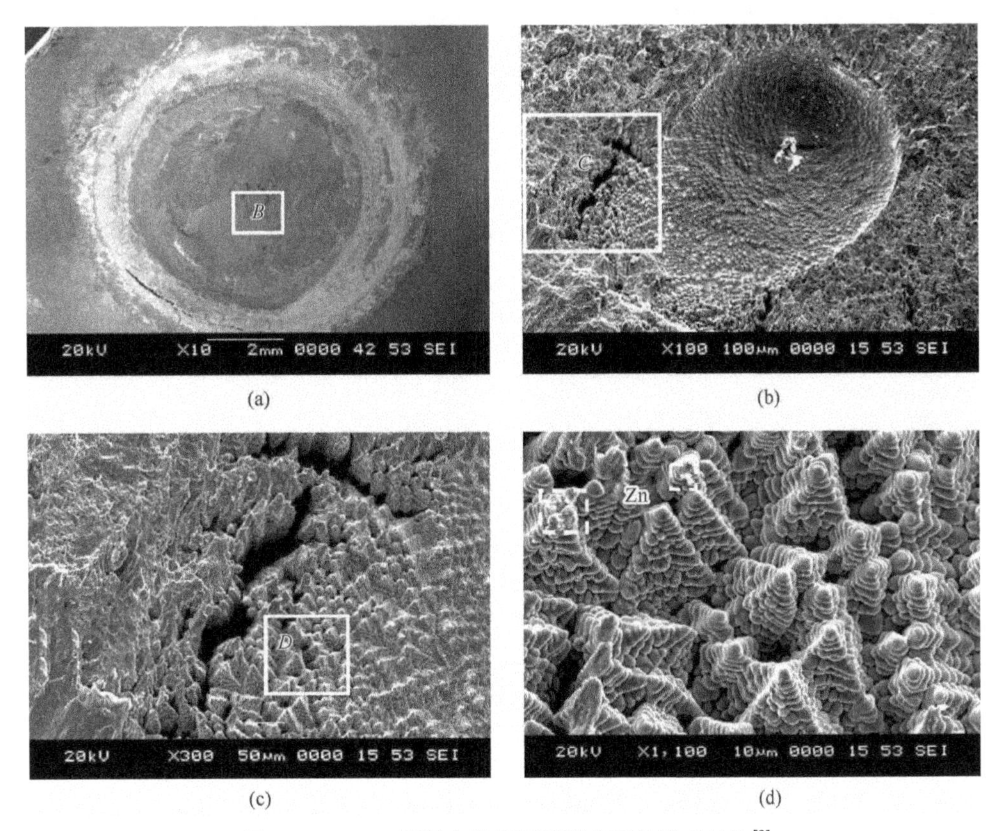

(a) (b) (c) (d)

图 1.2 DP600 钢焊点的界面断裂表面的微观结构[9]

当电极冷却受阻，如因电极偏差或电极磨损导致电极与工件实际接触面积变小时，大部分热量会通过金属板传导出去。因此，最后部分的液态的凝固发生在沿着厚度方向的焊核的中心。由于这部分液体的体积较小，还经常伴有体积缺失，所以在焊核中心附近沿着电极轴线常会形成裂纹和空隙。由于这些处于焊核中心的缺陷远离靠近原始板材交界面的 HAZ，它们对焊点强度的影响会很小。不过，这类裂纹常以分叉的方式从焊核中心扩展至焊核边缘（详见第 3 章）。沿着焊核厚度方向凝固裂化的实例如图 1.3 所示。点焊 AZ91D 镁合金时，发现围绕着焊核中心形成的裂纹从原始接合面的位置开始，穿过熔合线（也称熔融线），扩展到电极-板材界面[10]。

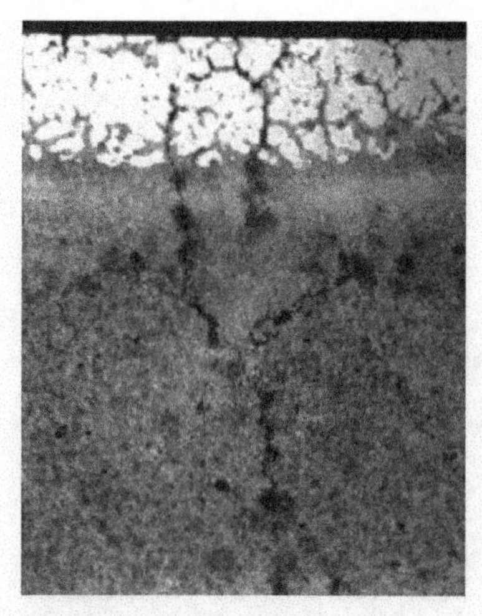

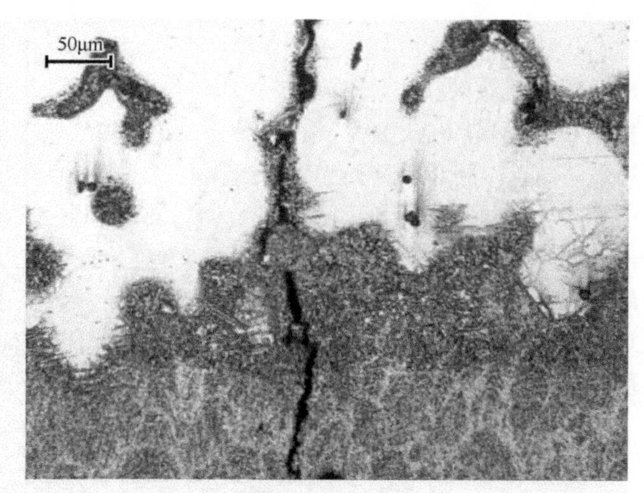

(a) 从焊核处扩展开的收缩裂纹穿过HAZ，延伸至表面　　(b) 熔融线附近裂纹的放大形貌

图 1.3　AZ91D 镁合金焊点裂纹处的形貌 [10]

1.2　金属的冶金特性

本节着重介绍焊接中常用的结构材料（钢、铝合金和镁合金）的冶金特性。由于铜合金是最通用的电极材料，也在此对其进行讨论。

1.2.1　钢

基材及焊点部分的特性均由合金的化学成分和制备条件（如热处理和冷/热加工过程）决定。图 1.4 显示了几种常用的使用电阻焊工艺的钢材的力学性能，以及化学成分及工艺过程对这些性能的影响。通常，低碳钢具有拉伸强度低和可塑性高的特点，可塑性会随着强度的增加而减小。图中曲线表明通过改变化学成分和控制相变可以获得期望的合金特

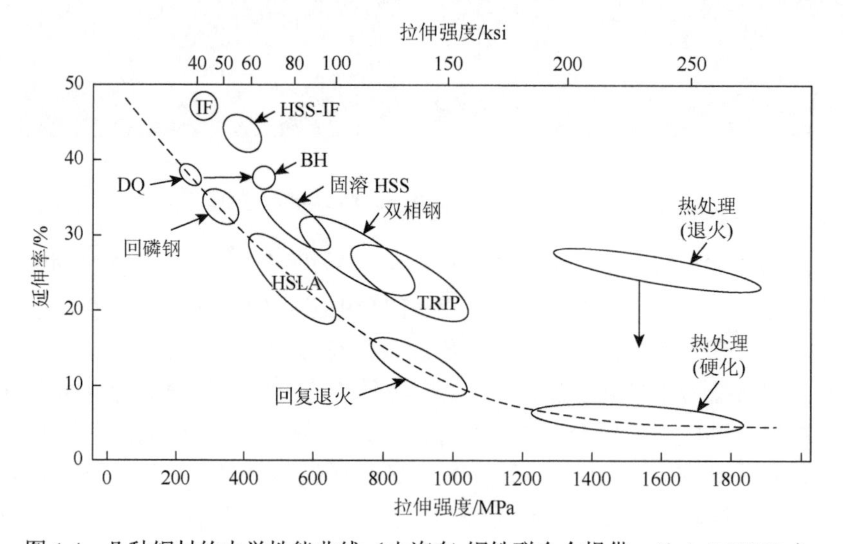

图 1.4　几种钢材的力学性能曲线（由汽车-钢铁联合会提供，1ksi=6.89MPa）

性。然而，在电阻焊中，对发生在焊核和 HAZ 内的相变和材料性能的改变只能进行很有限的干预。因此，板材在制造过程中，通过复杂的冶金过程和机械加工而获得的强度，可能会在焊接金属中消失。

1. 钢材中的固相相变

平衡铁-碳相图的左上角如图 1.5 所示。考虑碳含量低于共析成分（0.77wt.%C）的钢从高于 A_3 温度开始冷却。这个过程与凝固后的焊核或者 HAZ 在冷却时所经历的情况类似。在这个温度下面心立方体（face-centered cubic，FCC）的奥氏体（austenite）是稳定相。当它被缓慢冷却至 A_3 温度时，含少量溶解态碳的体心立方（body-centered cubic，BCC）的铁素体相开始析出。奥氏体晶粒的体积分数逐渐减小，同时其碳含量逐渐增大。在共析温度（727℃）残留的奥氏体转变成铁素体和渗碳体（Fe_3C）的层叠共析混合物，称为珠光体。因此得到的钢的结构是铁素体和珠光体的混合物。渗碳体是一种不稳定相，它在长期高温下会分解成铁和石墨，因此它更确切地应该称为亚稳定体。冷却的速度较高时会发生类似的相变，但通常是在平衡相图标记的温度下进行的。虽然相对较软的铁素体和比较硬的渗碳体的混合物是低碳钢的典型结构，但其微观形态却与冷却速度密切相关，该混合物是以珠光体还是贝氏体的形式存在取决于冷却速度。

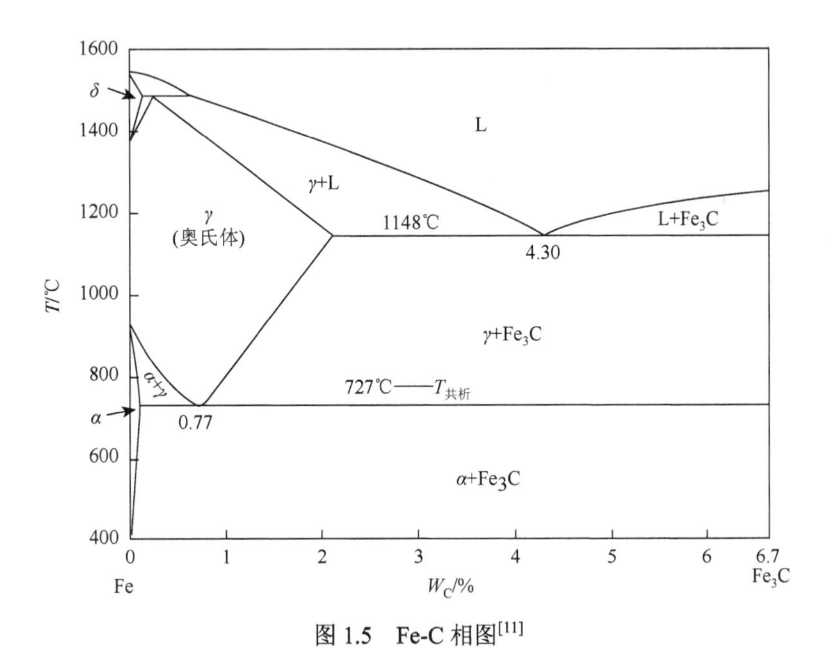

图 1.5　Fe-C 相图[11]

等温相图，又称等温度转变（time-temperature transformation，TTT）曲线，是认识冷却过程中可能产生的微观结构的一个重要工具。等温度转变曲线的制作是将样品加热后快速浸入一个特定温度下的融盐池，并在恒温下保持一定的时间。然后将样品快速浸入冰盐水中，再检验其组织结构。因此，它表达的是等温条件下相变的规律。这些图表显示了金属的微观结构是如何在给定温度下随时间转变的。典型的铁-碳合金 TTT 图如图 1.6 所示。

它显示了珠光体、贝氏体和马氏体从开始到结束的形成过程。

这些图表是在实际应用中很少见的平衡条件下生成的。尤其是在电阻焊中，加热和冷却速度非常高，相转变发生在远离平衡状态的条件下。由于大多数工业热处理工艺采用受控制的冷却而非等温转变，因此连续冷却转变（continuous-cooling transformation，CCT）曲线比等温度转变曲线更实用。电阻焊焊件的冷却也远非在等温条件下进行，因此，连续冷却转变曲线更适合用来了解焊件的微观结构的形成。尽管 CCT 图的相转变发生在一定的温度范围内，而 TTT 图显示的是在恒定温度下的转变，它们的基本形状非常类似。典型的低碳钢的 CCT 图如图 1.7 所示。由图可知，以缓慢的冷却速度连续冷却会生成铁素体和珠光体的混合物；中等冷却速度通常会生成铁素体、贝氏体和马氏体的混合物；快速冷却（高于临界冷却速度）会生成全马氏体结构。虽然采用一些技术，如 CCT 曲线，可以用来分析相变动态特性和动力学现象，但这些特性依赖于所测材料，无法推广到其他材料或系统，而且在文献中基本没有对应于电阻焊中极高速冷却条件下的相变的信息。因此，大多数相图是不适合在电阻焊中以定量方式使用的。但它们可以用来获取点焊过程中可能产生的相变和反应信息。

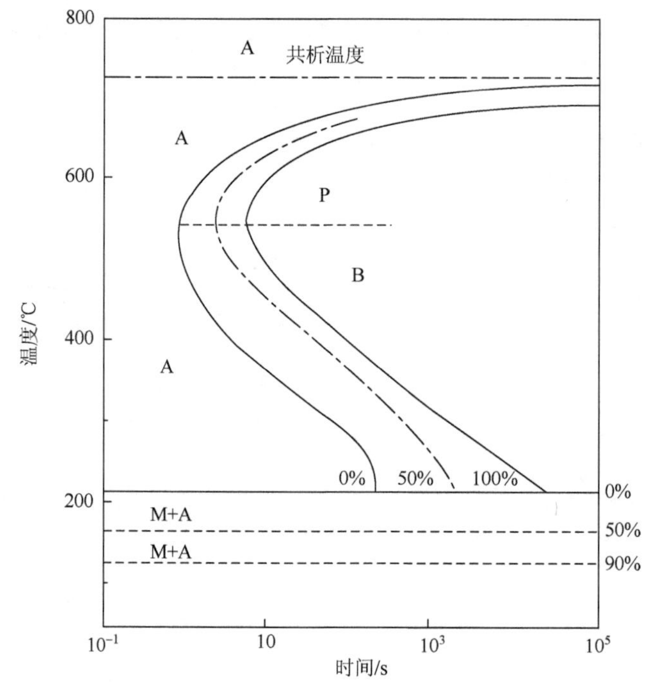

图 1.6　一个共析碳钢的 TTT 图[11]

A，奥氏体；B，贝氏体；M，马氏体；P，珠光体

在特定条件下，如当碳含量（或碳当量）足够高时，一个非常高的冷却速度——电阻焊过程中的常象，也许会在焊点内导致马氏体相变。这种快速冷却不可能引发平衡相变，并且也压低了相变温度。在低温条件下，焊核中成核速率高而晶体生长速率低。因此形成的合成结构（铁素体+渗碳体）呈细针状而非厚层板状。更高的冷却速度会进一步压低相变

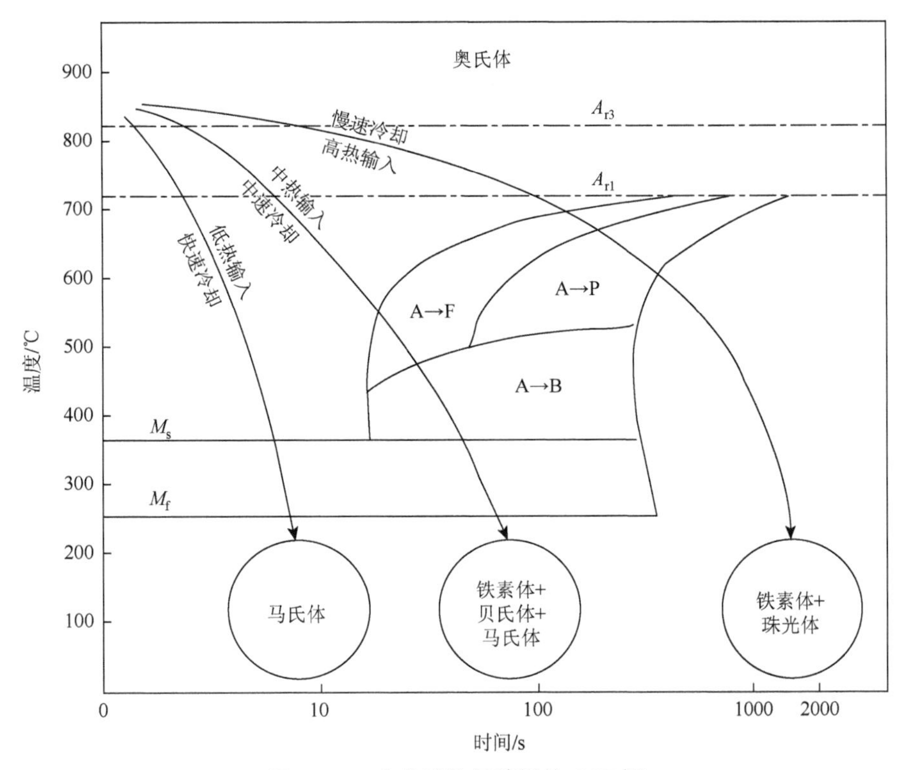

图 1.7 一个典型的低碳钢的 CCT 图

A，奥氏体；F，铁素体；P，珠光体；B，贝氏体；M，马氏体

温度，可能会导致奥氏体直接转变成马氏体。一般来说，较高的冷却速度会导致较低的转变温度，生成硬度较高的组织结构。炼钢时通常用加入合金元素的办法来控制各种相的生成，并且它们对相变温度和相图中的 C 形曲线的位置和形状都有显著的影响。钛、钼、钨等元素会降低共析反应的碳含量，并提高转变温度，因此称为铁素体稳定剂。添加这类元素抬高了相转变曲线中珠光体产生曲线的“鼻子”，并且将它推向右侧。其他元素如镍和锰会降低共析反应的碳含量及转变温度，因此称为奥氏体稳定剂。这些元素的效应可从 TTT 图和 CCT 图上降低的珠光体曲线和移向右边的“鼻子”而得到证实。事实上，除钴外的所有金属都会增加钢的淬硬性，它是产生马氏体相变的必要的淬火速度的度量。也就是说，这些金属使得珠光体曲线向右移动，意味着允许以较慢的淬火速度得到马氏体相变。

马氏体使大多数钢具备高强度特性，是一个扭曲的 BCC 结构。马氏体的变形量及其特性很大程度上是由碳的含量决定的。对于低碳钢（碳含量低于 0.2 wt.%）来说，马氏体的晶格结构非常接近 BCC 结构，且脆性略大。另外，对于碳含量较高的钢，马氏体是体心四方体（body-centered tetragonal，BCT）结构，具有很高的脆性。高碳含量有助于马氏体的形成且增加了它的硬度。由于马氏体转变具有无扩散性和瞬时性，所以用一条水平线 M_s 来表示其转变的开始。图 1.6 中的其他两条水平线表示奥氏体向马氏体转变的百分比。合金元素对马氏体形成过程的影响通常用所谓的“碳当量”来评判。

2. 钢焊点 HAZ 中的相变

电阻点焊中的 HAZ 在焊接过程中经历了多个热循环，而其微观结构也由此决定。当钢材加热至上临界温度及以上时，奥氏体是稳定结构，且不断地形成、长大。奥氏体晶粒的生长对温度非常敏感，而在各个热循环内，可以通过在钢中添加铝和其他元素来阻止奥氏体晶粒的生长从而获得细晶粒。Lancaster[4]从冶金学的角度将 HAZ 分成 3 个区域：超临界区、双相临界区和亚临界区。

（1）超临界区分为两部分：晶粒生长区和晶粒细化区。在高于晶粒粗化温度的条件下，焊接产生的热循环会促进晶粒的生长，而在低于该温度的条件下达到精炼晶粒结构的效果。超临界区位于熔合线附近，紧靠焊核。不同类型的钢含有不同的晶粒生长抑制剂，因而有不同的晶粒粗化温度。

（2）双相临界区的峰值温度低于超临界区的峰值温度，因此，该区域会发生局部相转变。原基材中没有的新相也有可能在该区形成，而且该相变由金属材料暴露在峰值温度下的持续时间和冷却速度决定。

（3）因为温度较低，亚临界区内通常不产生任何可视的显微结构变化。将该区域与基材金属区别开来通常比较困难。在某些情况下，该区域会出现非常微细的析出相。

非金属夹杂物如硫化物和氧化物可能会影响 HAZ 的淬硬性。这些夹杂通过促使铁素体在转变的奥氏体中形核，以及减少转变成马氏体或贝氏体时的奥氏体量来降低材料的硬度。某些情况下，HAZ 内较低的淬硬性有助于降低应力腐蚀裂纹生成的风险。焊核的微观结构是由基材的成分和加热历史决定的，且可通过采用相关的相位和相变图来对它进行预测，关键是要获得焊件中作为焊接时间的函数的温度分布。然而，因为不可能精确而直接地测量焊接过程中焊核及其周围的温度，要获得这类信息是非常困难的。使用热电耦这样的传感器有可能干扰焊接过程，导致无效的温度读数。数值分析，如有限元模拟，可以提供一种近似。但由于无法实现电-热-力学效应的完全耦合，而且与温度相关的材料特性数据的缺乏使得精确的预测焊接过程中的温度变化几乎不可能。然而，金相检验中发现的焊件各区域的结构和尺寸，以及相图上与之对应的温度范围可以用来估计各部分经历过的温度历史。

如图 1.8 所示，考虑加热峰值时，钢焊件内的可能温度分布可以把相关的相图和焊点的微观结构联系起来。各种区域的结构特征表明了在加热和冷却时这些位置上可能发生的相转变。这些结构的变化都与相图中各个相区的区间密切相关，勾画出相转变的温度范围。焊核内的峰值温度可能高于液相线几百摄氏度，其值不会对温度分布有强烈的影响。通过在相图上引出各个相所在的区域边界，与焊件金相照片各个区域相对应，便可根据交点建立起可能的温度分布。图 1.8 展示了一个高强度低合金（high-strength low-alloy，HSLA）钢焊点的各结构区域。在焊接过程中，这些结构通过冷却和加热循环发生了与基材多种不同的改变。在焊核区域，一个清晰的铸件结构表示熔融和凝固过程的发生，因此，该区域的峰值温度必须高于合金熔点。与该区相邻的是局部熔融区，其部分空间由柱状晶粒填充。该区域对应于相图中的液相线和固相线之间的温度范围。在该区域以外，熔融不会发生，但可以清楚地观察到结构的变化，如晶粒的形状和尺寸上的变化。这些区域经历了固相转变。

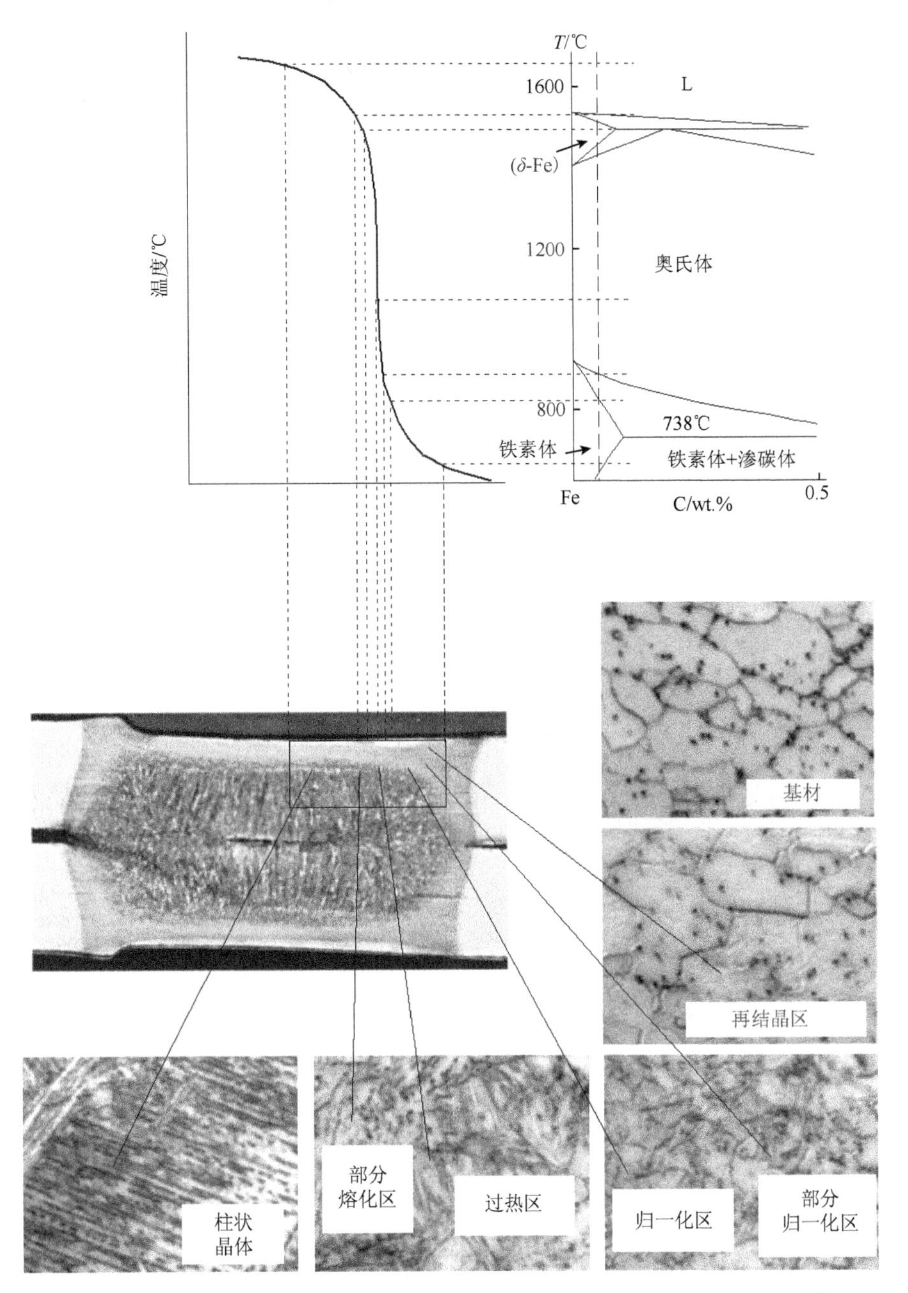

图 1.8 高强度低合金钢焊件结构与温度梯度和基本 Fe-C 相图的对应图[12]

该区域在 Fe-C 相图中对应的温度范围相当宽，但该区域却很窄，导致温度分布中温度的大幅度下降。根据相图来确定可能的温度范围时，可以假设焊接时，焊件内的温度分布具有连续性。由图 1.8 可知，焊核内的温度梯度并不大，而在 HAZ 内显著增加，在基材附近会再次下降。与局部熔化区相邻的区域存在一个超临界区。在过热区域（见图 1.8 中标示），晶粒的生长显而易见，因此，该区的峰值温度超过了晶粒粗化温度。这种过热会导致脆化，在冲击载荷作用下会产生粗晶粒间断裂。脆化主要由高温下形成的夹杂物，如硫化物和氮铝化物的固溶体，以及冷却时在晶粒边界处它们的析出物引起。超临界区内的晶粒细化区与晶粒粗化区相邻。晶粒再细化是由与归一化过程相似的过程来实现的。与超临界区相邻处有一个再结晶组织，即所谓的双相区。该区域基本上保留了原始结构，其中有一部分晶粒显示出再结晶和晶粒生长的轻微迹象。图 1.8 未显示亚临界区，因为其与基材金属的区别在所用的放大倍数下无法观察到。

焊件的微观结构，包括基材、HAZ、熔化区，均由焊接金属的化学成分和焊接工艺决定。如图 1.9 所示的 DP600 钢焊点的微观结构[9]与图 1.8 中的 HSLA 钢焊点的微观结构有显著的不同。由图 1.9 可见焊件中微观结构的显著变化：从未发生变化的原始基材，通过 HAZ，再到凝固后的焊核中心。每个区都由两个典型相，铁素体（BCC）和马氏体（BCT）组成，但数量和形态均不同。在基材金属中，马氏体均匀分布到铁素体基体中。在 HAZ 中可观察到更多的马氏体，其体积分数从基材到熔合线迅速增大。在这个区域内，马氏体和铁素体以更精细的形式存在。根据该文作者所述，HAZ 内的精细结构是由该区反复快速的冷-热循环和晶粒生长抑制导致的。快速加热后再冷却导致奥氏体相变不完全，其晶粒生长也因快速冷却过程中马氏体的产生而中断。此外，在 HAZ 内还能观察到其他相，如残余奥氏体和下贝氏体。由于 DP600 钢内的碳和锰含量高，以及电阻焊时产生的快速冷却现象（约上千摄氏度每秒），所以 HAZ 内充满了马氏体。

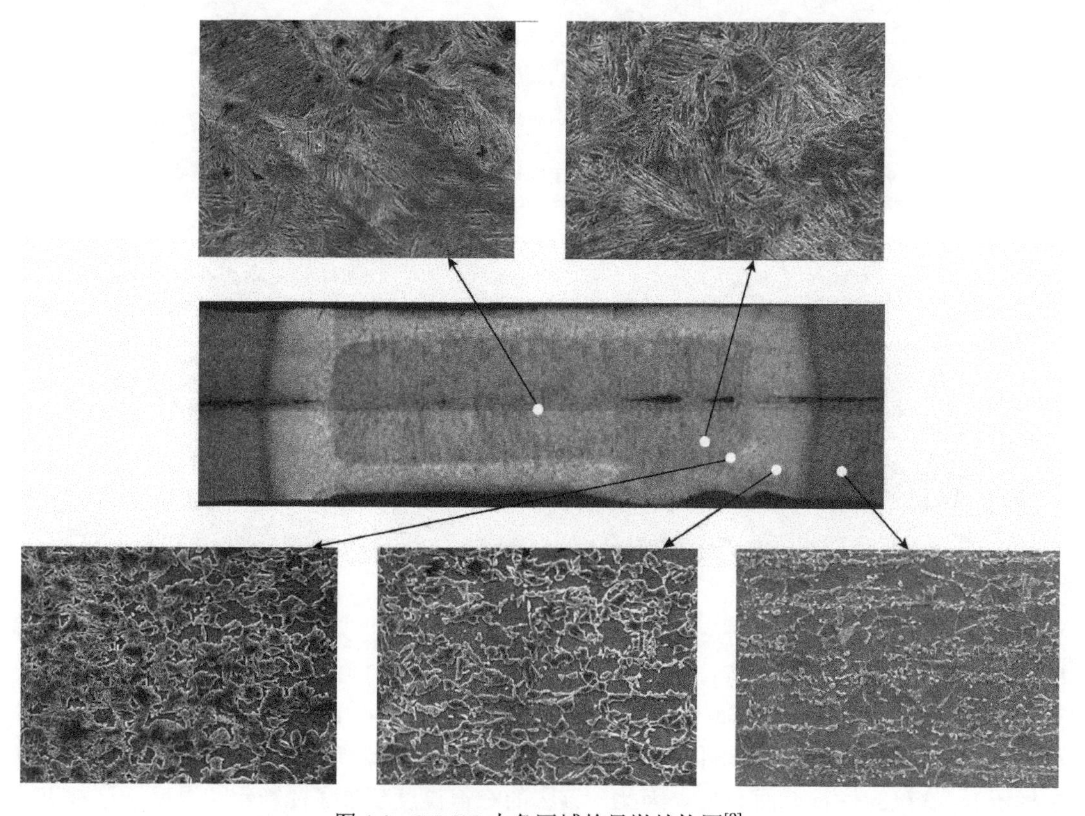

图 1.9　DP600 中各区域的显微结构图[9]

3. 碳含量的影响

不论是钢还是铁，它们的硬合金成分（脆性大而且易产生氢致裂纹），如马氏体、贝氏体、碳化物和其他铁合金中的硬质相的形成都是由碳含量、其他合金元素及冷却速度决定的。在电阻焊过程中，它直接影响焊件的强度和整体质量。碳和许多其他合金元素（锰、铬、硅、钼、钒、铜和镍）一样都可以提高钢的硬度，但它们在机理和分布上却有差别。基材中的奥氏体相中的碳含量对马氏体的形成有直接而重大的影响。例如，高碳片状马氏体比低碳板条状马氏体的硬度高。根据 Krauss[13]在文献中给出的 Fe-C 合金和钢的硬度数据可知，在大多数碳系钢中，其硬度随碳含量的增加呈单调递增的趋势（图 1.10）。然而，其他合金元素的作用与碳的作用不同。它们通过对冶金过程的改变、微合金化及产生硬质晶粒来提高钢的硬度。铬、镍、钼、硅和锰等元素通过延迟共析转变（$\gamma \longrightarrow \alpha + Fe_3C$）来延缓奥氏体的分解，因此有助于马氏体的形成。加入少量的钒可以细化铁素体晶粒尺寸，并形成较硬的钒碳化物，显著提高钢的硬度。此外，某些合金元素如钒、铌和钛可与碳或氮反应，在钢基体中析出比较坚硬的相，导致弥散强化。所有碳化物形成元素也是氮化物形成元素。几种合金元素形成硬质氮化物以提高钢的硬度的倾向显示在图 1.11 中。通常，碳是影响钢硬度的最重要合金元素，因此，可采用当量碳含量（equivalent carbon content，CE）或碳当量来计算其他合金元素对钢硬度的影响。

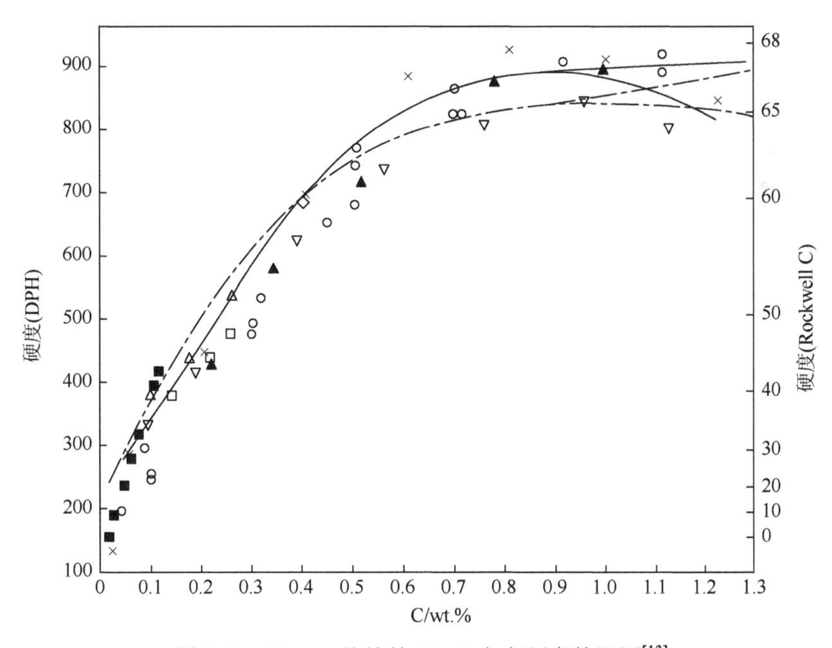

图 1.10 Krauss 总结的 Fe-C 合金硬度数据图[13]

碳当量是表达为重量百分比的一个经验值，将碳钢制造过程中所使用的不同合金元素的组合硬化效应等效为一定量的碳的效应。通常由各种合金元素的简单数学加权贡献总和来表示，并通过系统化的试验来获得加权因子。为简单起见，通常采用仅包含合金元素成分的一阶模型。作为一种简化了的合金元素与碳之间的“等值”，碳当量忽略了合金元素对硬度的

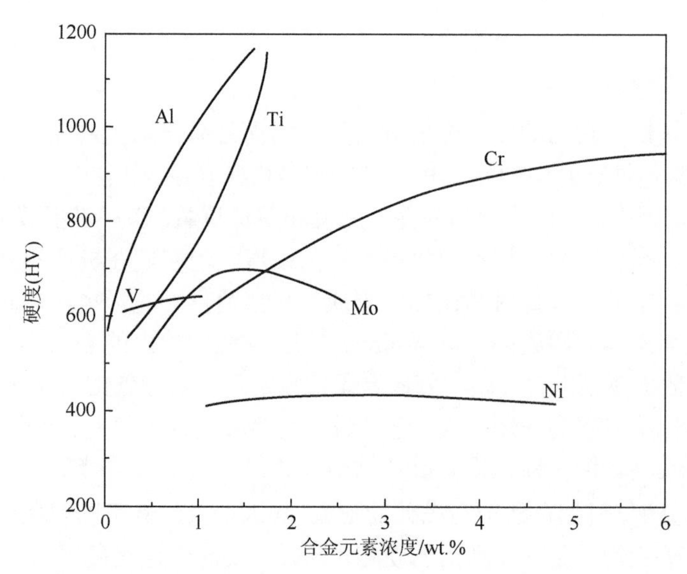

图 1.11　氮化后，添加合金元素对硬度的影响（基本成分：碳 0.25%、硅 0.30%、锰 0.70%）[14]

非线性影响（图 1.11）、合金元素间的相互作用及所采用的材料工艺的影响等，因此它的采用依靠使用者的洞察力。一个模型的应用范围应该限定在用于研发该模型的钢种内。有许多用于特定材料系统的常用的 CE 公式。例如，如下是一个众所周知的 CE 公式，由 Dearden 和 O'Neill[15]在碳-锰钢的基础上研发，此后又经国际焊接学会修改后适用于高碳低合金钢：

$$CE = C + \frac{Mn}{6} + \frac{Cr + Mo + V}{5} + \frac{Cu + Ni}{15} \tag{1.1}$$

另外一个为低碳钢或微合金钢开发的公式：

$$CE = C + \frac{Si}{25} + \frac{Mn + Cr}{16} + \frac{Cr + Ni + Mo}{20} + \frac{V}{15} \tag{1.2}$$

还有一个 Ito-Bessho CE 公式，常用于低碳钢（C 含量在 0.07%～0.22%）和微合金钢[16]：

$$CE = C + \frac{Si}{30} + \frac{Mn + Cu + Cr}{20} + \frac{Ni}{60} + \frac{Mo}{15} + \frac{V}{10} + 5B \tag{1.3}$$

当碳含量在 0.02%～0.26%时，可采用 Yorioka[17]公式计算 CE：

$$CE = C + A(C) \times \left(5B + \frac{Si}{24} + \frac{Mn}{6} + \frac{Cu}{15} + \frac{Ni}{20} + \frac{Cr}{5} + \frac{Mo}{5} + \frac{Nb}{5} + \frac{V}{5}\right) \tag{1.4}$$

式中，$A(C) = 0.75 + 0.25 \times \tanh[20(C - 0.12)]$。

如果某些合金元素的含量难以精确测量，可采用以下公式：

$$CE = C + \frac{Mn}{6} + 0.05 \tag{1.5}$$

CE 除了作为钢的硬度指标，还更多地用来描述钢的加工过程特性和性能的预测。通过改变碳和其他合金元素的含量，并采用适当的热处理，可以获取期望的强度水平。其他材料性质，如可焊性和低温韧性等，也可以通过改变 CE 来进行控制或预测。美国焊接学会阐明，当用式（1.1）计算出的 CE 大于 0.40%时，火焰切割边和焊点的 HAZ 内有产生裂化的可能[18]。确定具有过度淬硬性的高强度低合金钢点焊的可焊性的 CE 公式如下[19]：

$$CE = C + \frac{Mn}{30} + \frac{Cr + Mo + Zr}{10} + \frac{Ti}{2} + \frac{Cb}{3} + \frac{V}{7} + \frac{UTS}{900} + \frac{h}{20} \tag{1.6}$$

式中，UTS 为极限拉伸强度（ksi，1 ksi=6.89MPa）；h 为钢板厚度（in，1 in=25.4 mm）。需要注意的是，在式（1.6）中，除了包含合金元素含量，还有力学强度和板材厚度。因此，可用该式来描述焊点的失效模式。对一种 DP600 钢（标称化学成分为碳 0.08%、锰 1.91%、硅 0.04%、磷 0.018%、硫 0.006%、铝 0.035%、氮 0.005%），Ma 等[9]研究了合金元素对点焊中硬度分布的影响，并建立 CE 值与断裂模式间的关系。

由于该种钢的合金元素含量较高，加上电阻焊时冷却速度很快，可以在典型的 DP600 高强度钢的焊点中观察到硬度显著增加，即因马氏体的形成，DP600 钢从基材金属到焊核中心的硬度会有明显提高（图 1.12）。

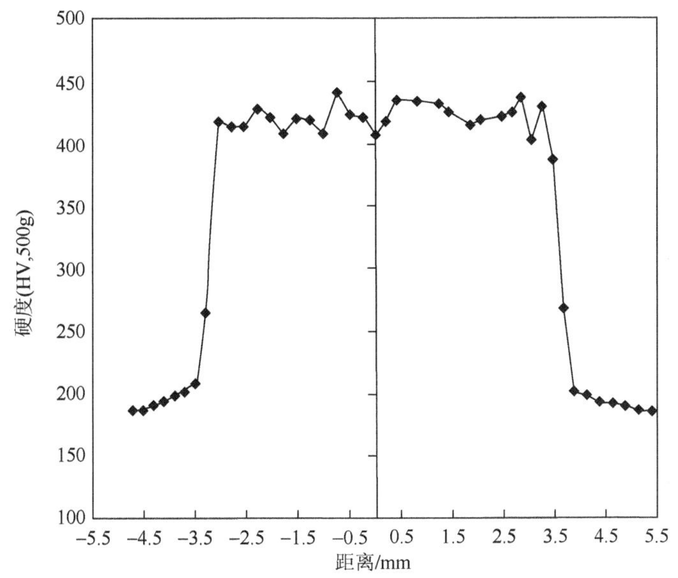

图 1.12 DP600 钢焊点的显微硬度曲线图[9]

焊接电流=8.26kA；电极压力=3.34kN；焊接时间=300ms

在他们的研究中，被测试的焊点有很大一部分表现出沿界面断裂失效模式。用新日铁 CE 公式和式（1.5）的变种可得出如下公式[20, 21]：

$$CE = C + \frac{Si}{30} + \frac{Mn}{20} + 2P + 4S \tag{1.7}$$

$$CE = C + \frac{Mn}{6} \tag{1.8}$$

由式（1.7）和式（1.8）分别得到大于 0.24 的 CE 值 0.242 和 0.367。这两个值是点焊沿界面失效的阈值[20]。

在另一项研究中 Khan 等[22]焊接了 HSLA350/DP600 钢的不同材料间的组合。试验发现这种焊点的熔合区主要由马氏体组成，也包含少量的贝氏体。这种不同材料组合的焊点硬度既不同于 HSLA350 钢，也不同于 DP600 钢的同种材料的焊点硬度。试验还表明 DP600 钢的焊点特性对这种不同材料组合的焊点微观结构和拉伸性能起决定性影响。

他们采用了几种材料组合（DP600/DP600、HSLA350/HSLA350 和 HSLA350/DP600）来制造直径为 7.5mm 的焊点。其微观硬度曲线如图 1.13 所示。DP600 钢的焊点硬度最高，而 HSLA350 钢的焊点硬度最低。有趣的是不同材料组合的焊点硬度介于同种材料组合之间。另外，研究还发现，对于材料组合（HSLA350/DP600）来说，其 5.5mm 焊点的硬度比 7.5mm 焊点的硬度高。这可能是由于较小的焊点直径导致较高的冷却速度，从而产生更多的马氏体。

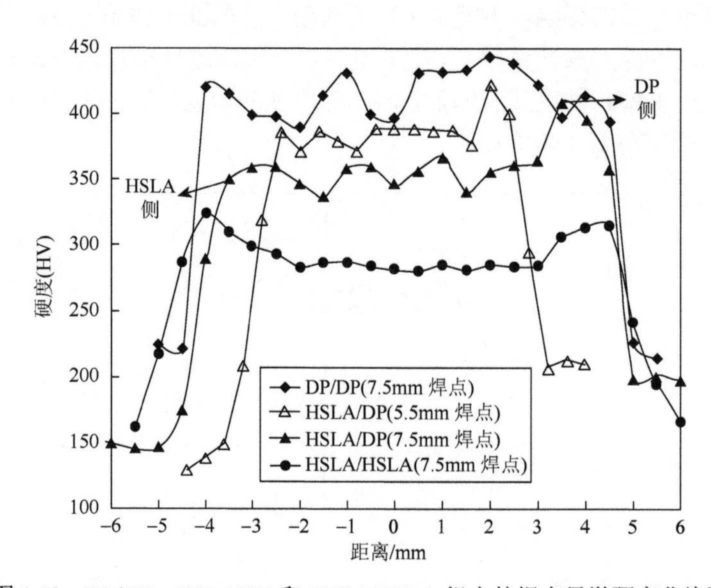

图 1.13　DP/DP、HSLA/DP 和 HSLA/HSLA 组合的焊点显微硬度曲线图

根据式（1.3）计算出 DP600 钢和 HSLA350 钢的 CE 值分别为 0.208 和 0.14。计算使用的数据见表 1.1。与 HSLA350 钢相比，DP600 钢的 CE 值较高，因为其内的马氏体较多，显微结构较硬。由图 1.13 可知，将这两种钢结合在一起时，其焊核的 CE 值和硬度介于这两种钢的 CE 值和硬度之间。HSLA350/DP600 组合的焊核内，其 HAZ 的不同峰值硬度表明各基材金属之间的淬硬性不同，这与 Marya 和 Gayden[20]观察到的 TRIP/HSLA 组合的特性类似。

表 1.1　试验材料的化学成分[22]　（单位：wt.%）

C	Mn	Si	Ni	Cr	V	Mo	Ti	P	S	Cu	Nb
镀锌层扩散处理过的热镀锌 HSLA350 钢											
0.05	0.6	0.05	0.01	0.04	0.003	0.004	0.001	0.03	0.004	0.043	0.01
镀锌层扩散处理过的热镀锌 DP600 钢											
0.10	1.5	0.19	0.01	0.18	0.005	0.24	0.02	0.009	0.002	0.02	0.007

1.2.2　铝合金

作为一种重要的工程材料，铝合金具有整体上的优点，如密度低、比强度高、抗腐蚀、易加工、价格低，在工业上得到广泛的应用。但在工程应用中很少使用纯铝，而是使用添加各种合金元素的铝合金以满足大范围的工程应用的要求。铝合金可以铸造铝合金和锻造铝合金的形式出现。由于铝合金质轻、比强度高，广泛用于航空航天工业。在过去20多年里，铝合金被引入汽车工业，用于汽车的轻量化，工业界已经积累了汽车制造涉及的关键性技术，如焊接铝合金。

1. 铝合金的分类和特性

铝合金可分为铸造铝合金和锻造铝合金，每一种又可分为可热处理型铝合金和不可热处理型铝合金。更具体的分类可见美国国家标准化协会制定的数字系统，或者按名称（如德国标准化协会和国际标准化组织等）用以表明它们主要的合金元素，以及其他的非标准化或习惯性的分类。采用四位数表示锻造铝合金的合金元素。铸造铝合金采用有小数点的4～5位数来表示铸造的形式（铸造形状或铸锭）。表1.2列出了铝合金系的主要合金元素，以及这些合金的主要硬化机制。由于电阻焊通常在板材上进行，所以本节只讨论锻造铝合金。

表1.2　锻造铝合金硬化机理及命名

主要合金元素	名称	是否可加工硬化	是否可固溶热处理/时效硬化
无（99%$^+$铝）	1XXX	是	
铜	2XXX		是
锰	3XXX	是	
硅	4XXX		是
镁	5XXX	是	
镁+硅	6XXX		是
锌	7XXX		是
锂	8XXX		是

铝合金的典型合金元素有铜、镁、锰、硅、锌和锂，也会加入少量铬、钛、锆、铅、铋和镍，此外还有不可避免的少量的铁。铝合金的分类法反映了合金的成分、硬化机理、加工方法和强度。除了表明主要合金元素的数字，还用型号来说明加工硬化条件或热处理条件。1000、3000、5000系列的铝合金是通过冷加工（冷轧）来进行硬化的。它们的性质由冷加工的程度及其后的热处理决定。描述这些条件的术语见表1.3。另外，表1.4中列出了不同的术语，适用于固溶热处理的铝合金和时效硬化的铝合金，即2000、4000、6000、7000和8000系列铝合金。成分、固溶热处理温度和持续时间、淬火速率、成形加工及其他因素方面的大量的可能组合方式，使人们有可能在相当大的范围内调整铝合金的性质以满足工程需要。

表1.3　可硬化加工铝合金热处理的标准术语

符号	描述
O	退火，全软
F	未处理
H12	可加工硬化，未经热处理，1/4硬化
H14	可加工硬化，未经热处理，1/2硬化

续表

符号	描述
H16	可加工硬化，未经热处理，3/4 硬化
H18	可加工硬化，未经热处理，全硬化
H22	可加工硬化，部分退火，1/4 硬化
H24	可加工硬化，部分退火，1/2 硬化
H26	可加工硬化，部分退火，3/4 硬化
H28	可加工硬化，部分退火，全硬化
H32	可加工硬化，稳定化，1/4 硬化
H34	可加工硬化，稳定化，1/2 硬化
H36	可加工硬化，稳定化，3/4 硬化
H38	可加工硬化，稳定化，全硬化

表 1.4 铝合金热处理命名

符号	描述
T1	从热加工温度冷却，然后在室温下自然时效硬化
T2	从热加工温度冷却，冷加工，然后自然时效硬化
T3	固溶热处理，冷加工，然后自然时效硬化
T4	固溶热处理，然后自然时效硬化
T5	从热加工温度冷却，然后在高温进行人为时效硬化
T6	固溶热处理，然后人为时效硬化
T7	固溶热处理，然后进行过时效硬化/稳定化
T8	固溶热处理，冷加工，然后人为时效硬化
T9	固溶热处理，人为时效硬化，然后冷加工
T10	从热加工温度冷却，冷加工，然后人为时效硬化
W	仅进行固溶热处理

焊接铝合金时，应着重考虑其冶金特性对焊接工艺和焊接质量的影响。例如，6111 铝合金焊点的 HAZ 结构可能与 5754 铝合金焊点的 HAZ 结构完全不同，因为前者是可热处理强化型铝合金。另一个影响焊接过程的冶金因素是铝对氧的较高的亲和力，使暴露于空气中的铝易氧化。因此，铝合金表面总有一层透明的 Al_2O_3 保护层。这样的氧化层对电接触电阻有显著影响，从而直接影响焊接过程。

2. 电阻焊铝合金

铝合金的电阻焊与其他金属（如钢）的焊接有很大不同，这主要是由于其具有独特的冶金特性决定的。例如，铝焊接更容易产生飞溅和裂化。Al-Mg 相图（图 1.14）中相当宽的固相-液相区间表明，在加热和冷却以镁作为主要合金元素的铝合金时，由于焊件在这个区间停留较长的时间，可能导致一个局部熔化区的存在。低熔点共晶体和杂质的存在削弱了焊件的 HAZ。图 1.15 显示了一个 AA5754 铝合金焊核附近的 HAZ 的典型微观结构。在这个区域内，晶粒内和晶粒边界的析出物（晶间析出物）形成链状，甚至连续层状清晰可见。经能量色散X射线（energy dispersive X-ray，EDX）和波长色散X射线（wavelength dispersive X-ray，WDX）的分析显示，镁的含量在该区域内会增加。究其原因，它极有可能来自二次相Al_3Mg_2（根据Al-Mg平衡相图，在Al-Mg3.5%合金中镁约占6%），它在焊接前即存在于该合金中，在高温下以液体的形式存在，作为镁的来源。这点由X射线衍射检查结果得到证实。更多有关低熔点共晶体对铝合金裂化的影响见第3章。除了裂化，电阻焊铝合金还具有其他与其冶金性质相关的特质，如大量的收缩孔洞/孔隙、电极的快速磨损等。这些将在其他章节中进行专门讨论。电阻焊过程中，通过可能的热历史可以将铝合金焊件的微观结构与铝合金的冶金特性联系起来。一个AA5754铝合金焊件的这种关系如图1.16所示。通常铝焊点的结构不像钢焊点那么容易辨认，而且前者的HAZ比后者狭窄得多。这些特性使各种区域的辨识很困难。从该合金的Al-Mg相图可以看出在温度低于固相线时会产生析出物，而且在此条件下有一个再结晶温度范围。HAZ内的温度梯度非常高，表明该区域中可能存在相当大的热应力。

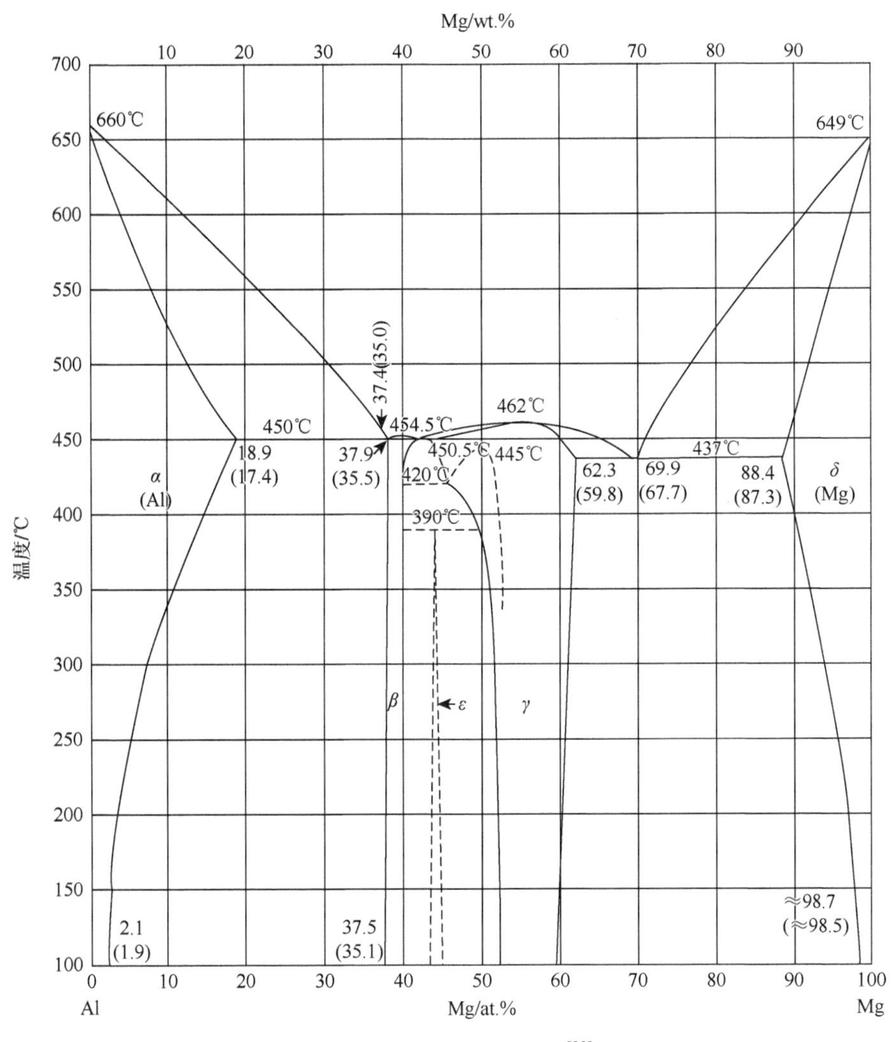

图1.14 Al-Mg二元相图[23]

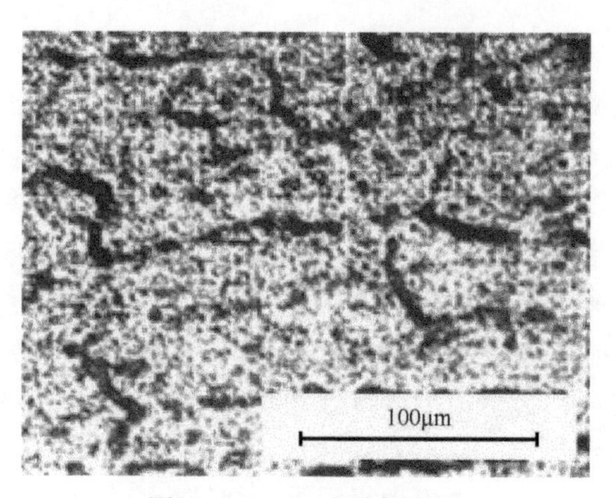

图 1.15　HAZ 内的析出区

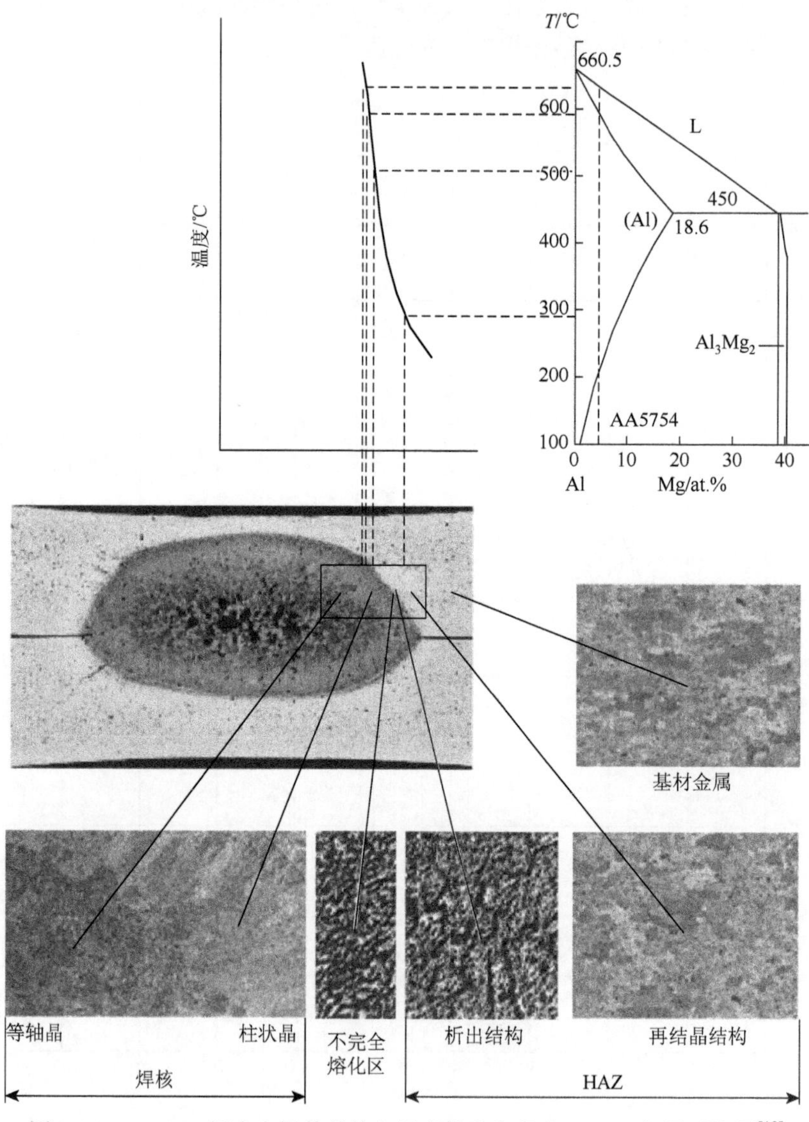

图 1.16　AA5754 铝合金焊件结构与温度梯度和基本 Al-Mg 相图对比图[12]

1.2.3 镁合金

镁合金因具低密度、高比强度、良好的可回收性及其他诸多优点，在很多领域（如汽车零部件）已成为一种很有吸引力的材料，用以取代钢材甚至铝合金。根据 Magnesium Vision 2020[24]所述，为了大幅度减轻汽车的整备质量，提高燃油效率，到2020年平均汽车用镁含量有望增至350lb（1lb=0.454kg），以替代较重的零部件[24]。大规模应用镁合金需要解决的一个关键问题是适用于大规模工业应用的镁部件的连接方法，如普遍使用的用于连接板材的电阻焊。由于目前板材用镁合金的量比较小，在镁合金连接方面积累的知识有限，但比较明确的是绝大部分已经成熟的钢和铝合金的电阻焊知识不能直接应用于镁合金焊接。

1. 镁合金的特性及应用

作为最轻的金属，镁主要作为铝、铅、锌及其他有色金属的合金元素。但当镁作为结构材料时，通常以合金的形式出现，因为对于工程应用来说，纯镁的强度太低。含有少量铝、锰、锌、锆等的镁合金的强度可以与低碳钢近似。商用的镁合金可分为以下三组。

（1）Mg-Mn（镁锰）合金。因其良好的可焊性而常作为金属板材。

（2）Mg-Al-Zn（镁铝锌）合金。这些合金可通过固溶处理和析出硬化处理进行热处理加工，可以使用压铸、砂型铸造、挤压和锻造等工艺进行加工。

（3）镁与稀土元素的合金。这一类合金的合金元素还包含锆，铸造和锻造成形工艺对它们都适用。

镁合金的编码因组织机构不同而不同。美国材料试验协会（ASTM）和汽车工程师学会（SAE）采用两个字母表示两个主要的合金元素，其后跟两个数字表示这两个元素的标称百分比含量。各个字母代表的元素是A铝、B铋、C铜、D镉、E稀土、F铁、H钍、K锆、M锰、Z锌。此外，还有其他的编码系统，如统一编号系统和英国镁合金标准。镁合金是轻量化的理想材料，主因是它的高比强度。镁合金还具有其他力学特性，这取决于合金的成分、加工条件（铸造还是锻造）、制造工艺、热处理及其他因素。此外，镁合金具有比铸铁（约3倍）和铝合金（约30倍）更高的阻尼容量，这使其更适用于汽车制造。在某些应用中，镁合金的高导电、导热率使其成为首选材料，如用于散热器等。由于镁合金的高化学反应活性，通常在其表面有一层用来抗腐蚀的保护膜。但该保护膜并不像铝合金氧化层那样致密，且易被氯化物、硫酸盐和其他化学物质腐蚀。因此，镁常用在阳极保护中以达到防腐蚀的目的。

铸造和锻造镁合金均应用于汽车制造业。然而，在板材加工中，通常使用锻造合金。这些合金的力学性质在很大程度上取决于加工过程。此外，镁合金的力学性能通常有明显的各向异性。因此，在制造过程中，如焊接、成型等，需要考虑这种材料各向异性可能带来的影响。这种各向异性对焊接的影响可以作为一个研究的题目。通常对轧制的板材来说，沿着轧制方向的材料强度稍弱于与其垂直方向的强度。轧制板材的拉伸性能试验通常使用沿着轧制方向切割出来的拉伸试样。锻造镁合金的屈服强度通常依赖于金属流动方向。商用镁合金的拉伸和压缩弹性模量约为45GPa，剪切模量约为16GPa，泊松比为0.35。弹性模量随温度的升高而下降。人们发现在拉伸和压缩条件下，超出屈服强度的冷循环负荷会降低镁合金的弹性模量。在材料加工过程中可能会形成一些镁和其他合金元素之间的低熔点共晶体，它们在镁合金的应用中发挥着重要作用。例如，低熔点共晶体润湿晶界的现象会引起这些合金的超塑性变形[25]。在焊接过程中，它们可能通过促进焊接时的热裂化来影响可焊性。

因镁合金的资源丰富，而且具有许多优于其他结构材料的特性，现已在汽车、电子、航空和其他工业中得到广泛应用。例如，在汽车制造中，镁合金作为结构部件、底盘系统支撑及内饰件。镁合金在汽车制造中的独特作用，即减轻整车质量、提高燃油经济性、减少排放、降低噪声，以及安全性和可回收性等优点使其成为汽车材料和工艺方面研究的重点。由于在轧材制造和材料连接技术方面的限制，大部分镁合金产品是以铸件的方式出现的。

2. 镁合金的焊接

焊接镁合金远不如焊接钢或铝合金那样成熟。镁合金固有的物理特性是其焊接困难的直接原因。尽管如此，在镁合金熔焊方面已进行了广泛的研究，并获得若干重要发现，总结如下[26, 27]。

（1）熔融区中的过度晶粒生长。由于镁合金具有较高的导热率，所以在其焊接中较高的热输入率是必要的条件。此外，镁合金的熔化温度相当低，也导致了很低的再结晶温度。因此，通常在熔化再凝固的区域内观察到粗晶粒，并伴有大量偏析。这些现象严重影响了焊接接头的强度。

（2）过度热应力和变形。焊接镁合金时，其较大的热膨胀系数（coefficient of thermal expansion，CTE）及较高的加热速度使得焊件在焊接过程中容易产生明显的变形、扭曲和热应力。

（3）裂化。镁可与其他合金元素形成许多共晶体，而这些共晶体的熔化温度比镁基体低得多。因此存在一个局部熔化区，在该区域内处于熔融状态的共晶体削弱了材料强度，并在热应力的作用下容易开裂。

（4）孔洞的形成。因各种因素（如水分和涂层所含化合物）产生的氢气，可溶解在熔融金属中。由于镁中的氢气溶解度在冷却期间急剧下降，有可能在凝固过程中形成气泡。

Mg-Al-Zn 合金（如 AZ31B、AZ80A、AZ91D 和 AZ92A）中的铝含量有助于细化晶粒结构，通常会提高这种合金的可焊性。锌含量超过 1%的材料易发生热裂。因此，高锌合金（ZH62A、ZK51A、ZK60A 和 ZK61A）的可焊性较差。不过，这些合金的可焊性可通过加入少量钍得到改善。

由于焊接镁合金存在诸多困难，人们尝试了其他替代的连接方法，如机械连接和胶接。然而，汽车制造业仍偏爱电阻焊，主要因其可靠性已在过去几十年的其他金属的焊接实践中得到证明。另外，操作者对电阻焊的高适应性也是工业界倾向于电阻焊的一个重要原因。

3. 电阻焊镁合金

公开发表的文献中与电阻焊镁合金相关的信息十分有限。对电阻焊 AZ31B 合金的研究[28, 29]发现，焊核的中心由细小的等轴晶体组成，并饰以从 α-Mg 偏析出的 β-$Mg_{17}Al_{12}$。一般认为焊核裂化产生于凝固过程，同时电极磨损和焊点飞溅是焊接镁合金时最常见的缺陷。在一个焊接 AZ91D 合金和 AM50 合金的研究中，基材金属中晶界的低熔点相可能由偏析导致，它们在加热至低于合金的熔融温度时便熔化，在冷却过程中凝固[30]。

由于铝和镁在电、热和冶金性能方面存在着相似性，焊接镁合金时可参照铝合金的焊接方法。焊接这两种合金时，必须小心操作以避免发生飞溅、裂化和过早电极失效。然而，必须认识到，焊接镁合金在一些方面与焊接铝合金是不同的。例如，试验发现镁合金更易产生表面和界面飞溅（详见第 7 章）。总之，电阻焊镁合金具有以下特性。

（1）高电流。镁及其合金的低电阻率值使得这种焊点必须通过高电流才可得到，以便通过焦耳加热过程产生足够的热量。

（2）焊接时间短。电阻加热必须在很短的时间内完成，因为合金的高导热性会使热量迅速消散。

（3）电极压力大。这是为了达到两个目的：通过破坏氧化层减少接触电阻，并在电极-板界面创建充分的电接触；限制焊件膨胀，以抑制飞溅的发生，减少缺陷的形成。这些合金具有相当大的热膨胀系数，因此，电极压力必须大。

（4）高飞溅倾向。焊接镁合金过程中易发生表面和板材界面间的飞溅，而且焊接不同的合金会有不同的飞溅机制。

（5）较短的电极寿命。由于板材和电极之间易出现表面飞溅及合金化，所以焊接镁合金的电极寿命明显比焊接铝合金的电极寿命短。

（6）缺陷的形成。由于合金的膨胀系数大，以及因飞溅造成的体积损失，镁合金焊点中常出现裂纹和孔洞。

Luo 等研究了 AZ31B 和 AZ91D 两种镁合金在电阻焊过程中的裂化和飞溅现象[31]。其基材和焊核周围的某些相可以在二元 Mg-Al 相图中发现（图 1.17）。由图 1.18（a）可知，AZ91D 合金铸件的典型微观结构除了铸造时形成的小孔洞，晶界还存在大量的β相（$Mg_{17}Al_{12}$相）。这些相的性质和结构是完全不同的，甚至在该材料经过回火和均质化等热处理后也存在差异。AZ31B 轧制板材具有显著不同的微观结构形貌，其晶粒边界更精细，这可能是由于合金元素含量较低和加工工艺不同造成的，如图 1.18（b）所示。由于 AZ31B 合金和 AZ91D 合金的冶金特性不同，它们在焊接中的反应也相当不同。焊接 AZ31B 合金时，在其表面和

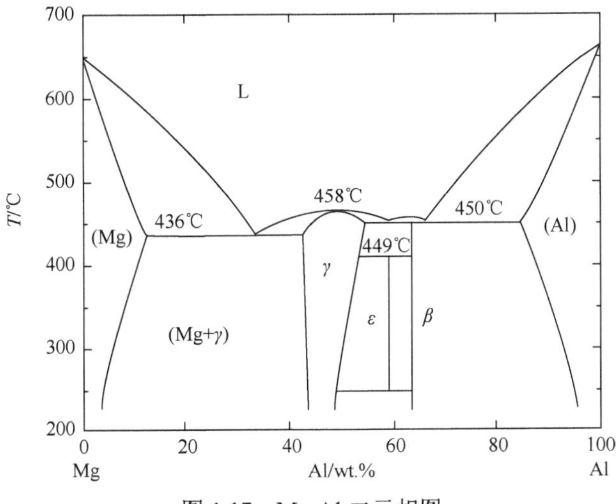

图 1.17 Mg-Al 二元相图

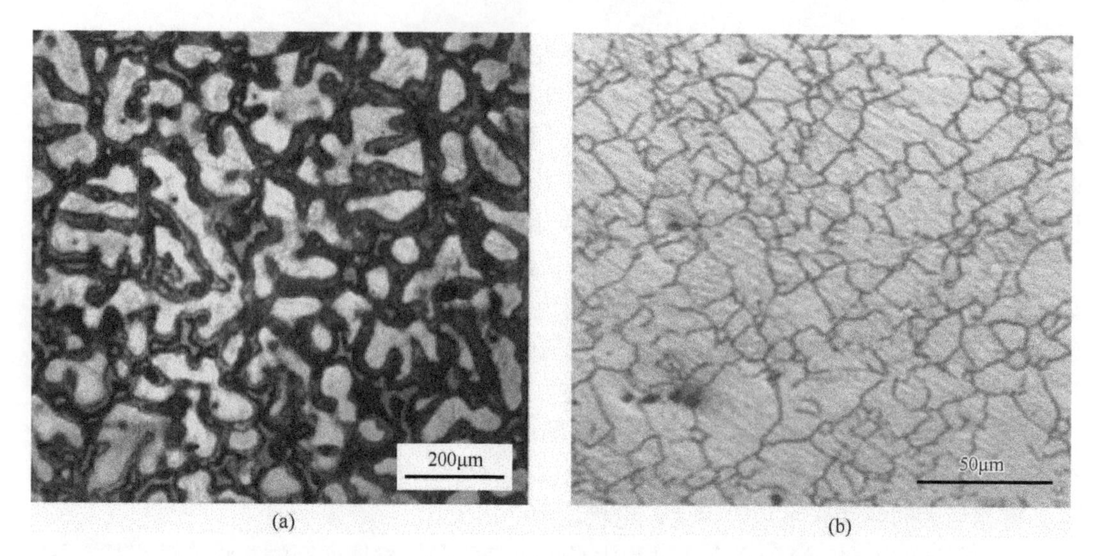

(a)　(b)

图 1.18　AZ91D 合金（a）和 AZ31B 合金（b）的显微结构

界面都能观察到飞溅现象。飞溅现象在 AZ91D 合金焊接中也很普遍，但液体金属可以从接合界面喷射出，也可以通过由低熔点共晶体组成的流体网络溅出。

与大多数金属（如钢）的焊接过程不同，柱状枝晶在镁合金焊点熔合区内并不常见。焊接 AZ31 合金时可以看到焊点的边缘倾向于树突状晶胞结构，而在焊核中心却由等轴树枝状结构组成（图 1.19）[32]。在相同的加工过程中，这些结构与开裂面中显示的结构相似。胞状枝晶的外延生长受由冷却时快速散热引起的过度冷却驱使，这种过冷可能由焊件固体部分镁合金的高导热率所致。温度梯度会随着固-液界面向焊点中心移动而降低；同时铝和锌的浓度会随偏析而增加，这会引发比较大的成分过冷。这两个条件都利于焊核中心的等轴枝晶的生长。另外一个对 AZ31 合金的研究证实了焊核内的等轴树枝状结构[29]。

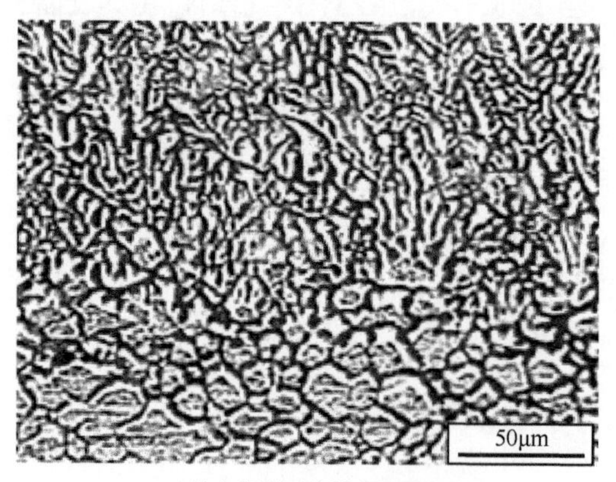

(a) 熔合线附近的树突状晶胞结构

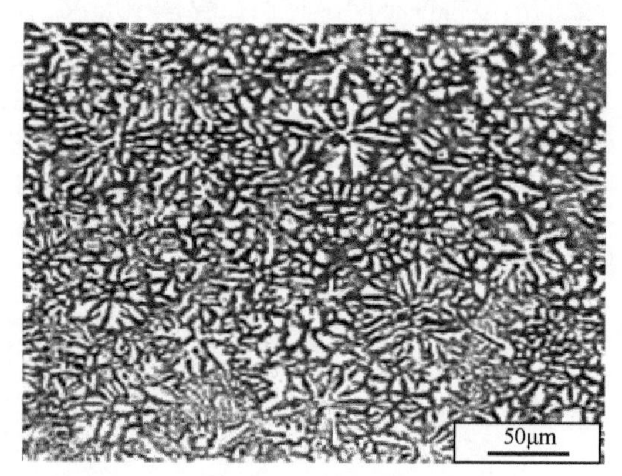

(b) 焊核中心的等轴树枝状结构

图 1.19　AZ31 合金焊核的微观结构[32]

镁焊点的微观结构也取决于加热/冷却过程或焊接参数。对 AZ31B 合金的焊接研究发现[10]，焊点通常由熔合线附近焊核里的树枝状晶胞结构及远离熔合线的等轴枝晶体组成，如图 1.20（a）和（b）所示。这和在其他研究中的发现相同。在一定的加热/冷却条件下，焊点内部也会形成晶胞树突，如图 1.20（c）所示。在 AZ91D 合金焊点内也观察到相似的结构（图 1.21）[10]。

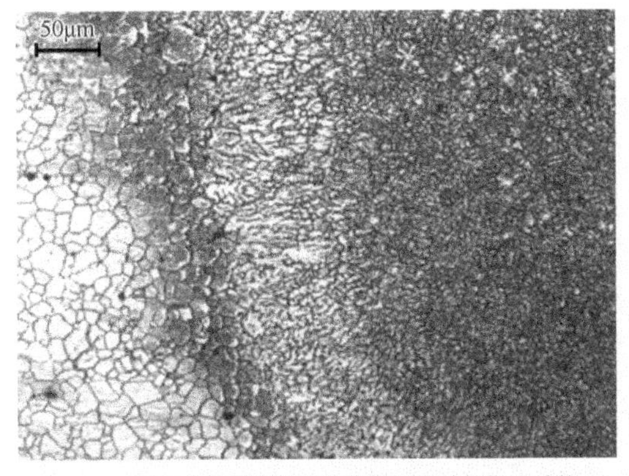

(a) HAZ及靠近熔融线的焊核区域的微观结构

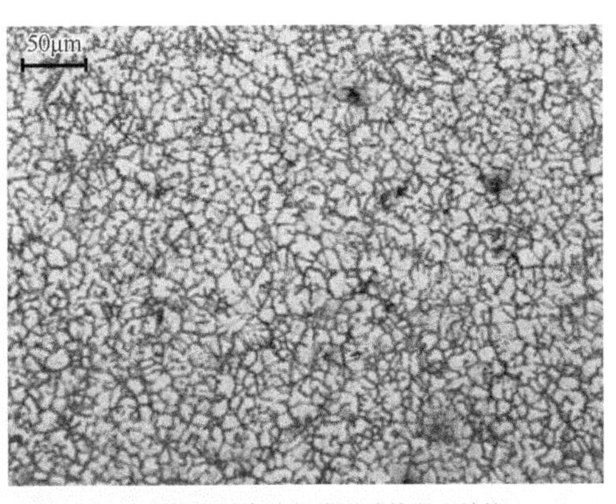

(b) 焊核内远离熔融线区域的微观结构

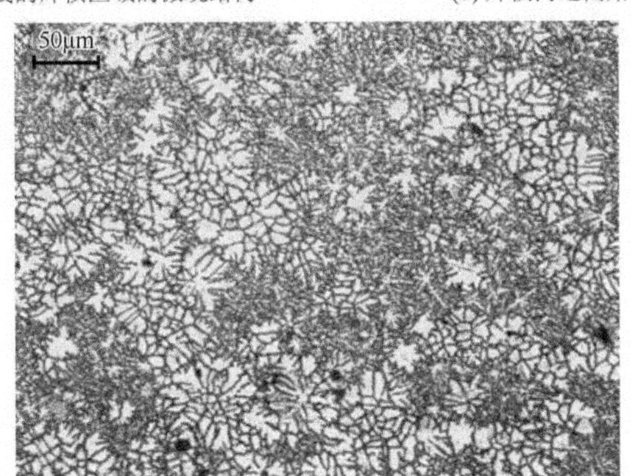

(c) 一个使用不同焊接参数得到的AZ31B合金焊点的微观结构

图 1.20 AZ31B 合金焊点的微观结构[10]

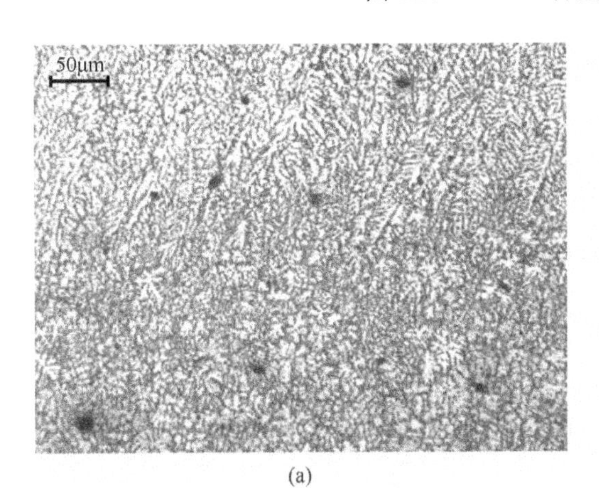

(a)

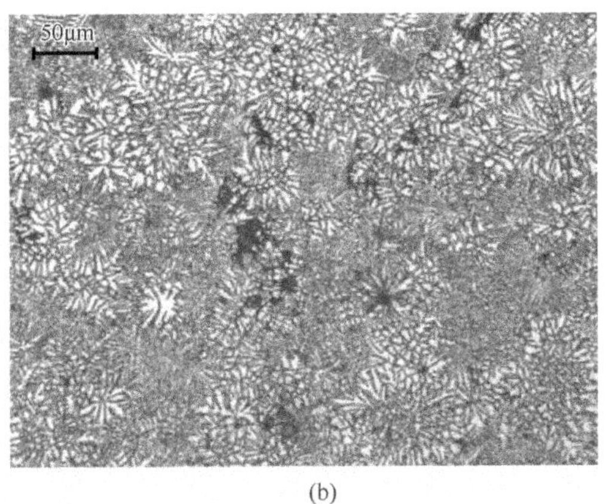

(b)

图 1.21 AZ91D 合金焊点的微观结构[10]

镁合金内低熔点共晶体的存在对镁合金焊点的结构和缺陷造成很大影响。由于这些共晶体通常富含合金元素，很大程度上由于偏析，它们通常集中在晶界周围。共晶体有可能在材料加工过程中生成，如图 1.18（a）所示，或在熔合区的凝固过程中形成。HAZ 中的这类共晶体的晶界熔融会削弱焊点的结构强度，使其在拉伸载荷下可能发生裂化。图 1.22（a）显示了基材附近的 HAZ 内的裂纹。其沿晶界扩展的特点是晶界熔融的直接证据。由图 1.22（b）可知，在焊点内部也观察到类似的裂化现象，这会导致裂纹和孔洞的生成。这些缺陷形成的原因有一直以液态的形式存在，直到周围的物质全部凝固后才凝固的液态共晶体；不可逆的热膨胀和飞溅导致的体积损失；冷却过程中产生的热应力。图 1.23 的裂纹表面结构即是这种过程中自由凝固所致。

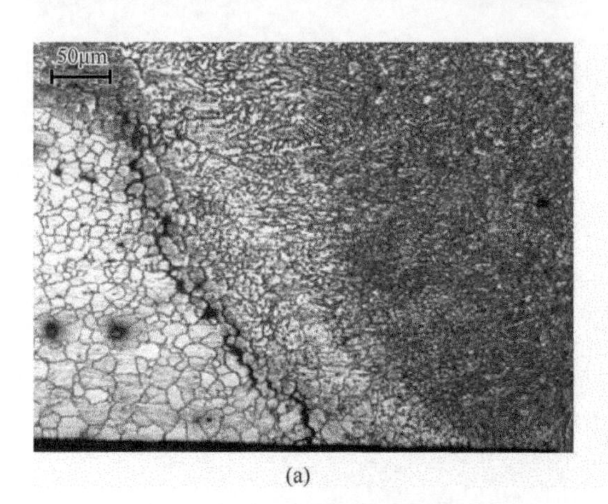

(a)

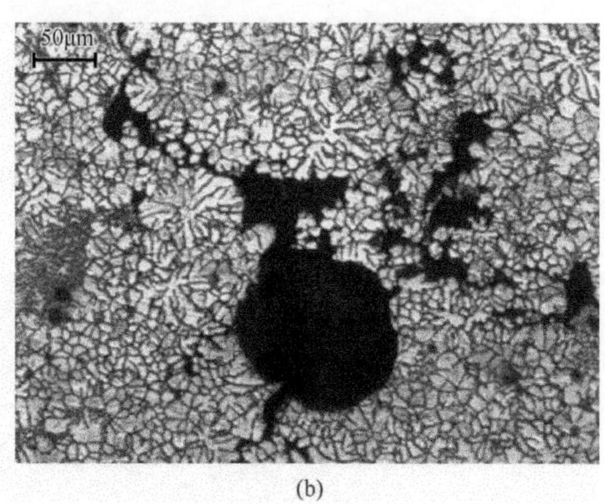

(b)

图 1.22　靠近 HAZ（a）及其内部（b）的 AZ31B 合金焊点的微观结构[10]

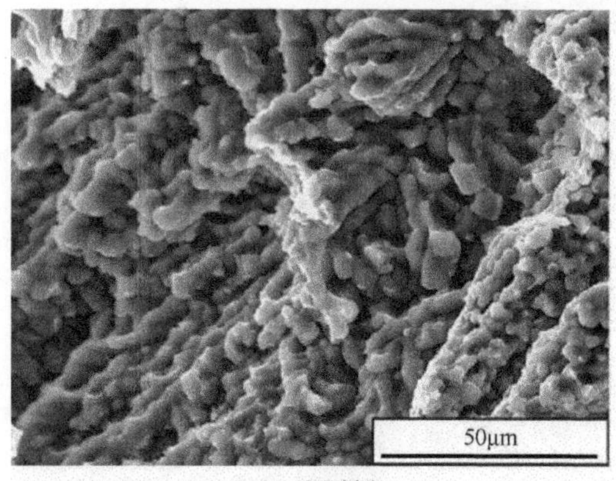

(a) 晶胞树突

(b) 等轴枝晶

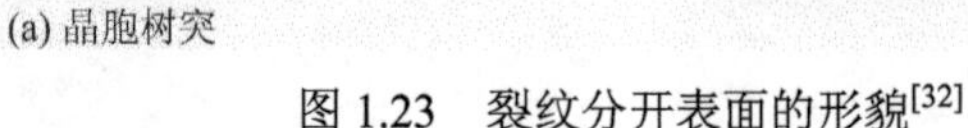

图 1.23　裂纹分开表面的形貌[32]

1.2.4　铜合金

铜通常作为电阻焊的电极材料。电极的主要功能是传导焊接电流，对焊接接头施加压力，并将热量从工件中导出。铜以纯铜和合金铜的形式广泛应用于工业中，具有高导电性、高导热性、高耐腐蚀性、良好的可塑性，以及适当的力学强度等独特优点。纯铜是用于导电的理想材料，但电阻焊中电极所需力学强度超过了纯铜所能达到的程度。因此，必须使用铜合金。最常作为电极材料的铜合金如下：①Cu-Cr，②Cu-Cr-Zr，③Cu-Zr，④弥散强化铜（dispersion-strengthened copper，DSC）。

Cu-Cr 系铜合金和 Cu-Cr-Zr 系铜合金是用于焊接裸钢的初始材料。当电极黏着成为生产中的主要问题时，Cu-Zr 系铜合金和 DSC 被引进用于焊接镀锌钢[33]。总之，作为电极材料的铜合金必须具有很高的电、热导率，且具有高温下的高强度。

1. 铜合金的强化机理

开发一种合适的电极材料的困难在于如何实现力学强度和导电性之间的平衡，以及如何在温度升高时抗软化。大量的研究工作集中在提高力学强度，同时保持铜的高电、热导率。多年来，通过固溶硬化和析出硬化，并借助冷加工，研发出种类繁多的具有合理强度的高铜合金。

铜的晶格能溶解一定量的其他金属的原子以形成固溶体。在该固溶体中，杂质原子附近的晶格被扭曲，这是由杂质原子的尺寸与铜原子大小不同造成的。这种扭曲会产生阻碍位错运动的局部应力场，因而增强了金属的强度。这就是所谓的固溶强化。固溶强化常伴有一定程度的冷加工以便进一步提高金属强度。然而，固溶强化带来的不良作用，是合金原子晶格畸变导致的导电性的降低。一般情况下，所有的溶解添加物都会降低铜的导电性，其影响程度会随元素的不同而变化。例如，添加镉对铜的导电性影响最小，而其他元素（磷、锡、锌）的添加造成的危害很大。为了最大限度地阻止导电性的下降，已研发出能投入实际应用（电阻焊电极）的含有少量合金元素的固溶硬化高铜合金。其中，Cu-Cr 系合金具有良好的力学性能和导电性，通常作为低碳钢电阻焊的电极材料[34]。但是，这种固溶量是有限度的，称为固溶度，即一种杂质在某种金属中能溶解的最大量（超过固溶度则会有新的相析出），它通常随温度的升高而上升。当一种固溶体从一个温度冷却下来时，其杂质（合金）元素在较低温度下的溶解度可能不足以维持固溶体状态，导致新相的产生。一种新相，通常为金属间化合物会析出，呈细微（尺寸常低于 100nm）、硬度大的颗粒状，导致了材料强度的提高。这称为析出强化。除了影响材料的强度，这个过程还会影响金属的导电性。新相的形成导致杂质原子离开晶格，晶格畸变消失，材料的导电性会有一定程度的恢复。铬在铜中的溶解度相当低，在一个安全的固溶处理温度下只有不超过 0.7wt.% 的铬可以溶入固溶体。因为室温下的铜基内锆的溶解度非常低，添加很少量的锆（小于 0.1wt.%）可以有效地提高 Cu-Cr 系合金的硬度和导电性。合金内的锆可以调节铬和铜基体之间的取向关系，且在变形后提高时效后的 Cu-Cr-Zr 系合金的导电性。在 Cu-Cr-Zr 系合金中，析出相可以是 Cr、$Cu_{51}Zr_{14}$ 和 Cu_5Zr[35]，以及 Hesuler 相 $CrCu_2Zr$[36]。电极加工过程中的塑性变形相当于冷加工，它增加了硬度，但降低了导电性。固溶退火后，时效退火前进行的这种冷加工可促成均匀分布的精细析出相的形成。析出硬化合金的一个重要特征是高抗松弛性。这是电阻焊电极的一个关键指标，因为其在焊接过程中暴露在相当高的温度和压力下。高温下固溶硬化合金的抗松弛性一般不好，因此析出强化成为必不可少的工艺。

国际退火铜标准（International Annealed Copper Standard，IACS；高纯度铜的电阻率

为 0.0000017Ω·cm）有时作为金属电导率标准。合金化对导电性的影响常用该合金的电导率相对于 IACS 的标准值，以百分比的形式来表示。例如，Cu-0.4%Cr-0.08%Zr 合金的导电性最大值在 89%～92%（IACS），出现在 480℃[34]。

焊接镀锌钢时，电极与工件的黏着是主要问题。镀层中的锌和电极中的铜会发生反应形成一种粘连，导致电极粘到钢板上。这可能导致电极上的铜合金层从电极上剥落，甚至把电极从支架上拉下来[37]。使用 Cu-Zr 电极可极大地减少黏着，而另一类材料 DSC 具有更好的抗黏着性[33]。Cu-Zr 系合金和 DSC 都具有极好的高温稳定性，使得电极具有较长的使用寿命。弥散氧化物（如 Al_2O_3）常用于 DSC 的制造，所以又经常称为氧化物弥散强化铜（oxide dispersion-strengthened copper，ODSC 或 ODS）。ODSC 拥有较高的热稳定性的主因是 Al_2O_3 颗粒可保留其原有的尺寸和间隔，且经过长时间加热仍能延缓铜基体再结晶[38]。

几种制备 ODSC 的方法如下。一种方法是粉末冶金，将其中非常细小的粉末状铜和氧化物的混合物压缩、烧结，从而形成固体金属。目前更常用的方法是内氧化，以便形成原位反应的合金氧化物。ODSC 有 3 个档次的市售：C15715（0.3wt.%Al_2O_3）、C15725（0.5wt.%Al_2O_3）和 C15760（1.1wt.%Al_2O_3）。例如，Glidcop®AL-15，一种 C15715 材料，是 Al_2O_3 含量较低的 DSC（约相当于 0.15wt.%Al 的 Al_2O_3）[39]。它的强化是通过均匀分布的极细的 Al_2O_3 颗粒来实现的。而这些颗粒是稀固溶体状态的 Cu-Al 合金粉末中的铝通过原位氧化所形成的。除了保持很高的强度，ODSC 的导热性和导电性比传统的铜合金更高。其导电性在温度为 20℃时为 92%（IACS）。

2. 电极的分类

电阻焊的电极由铜合金或其他材料制成。电阻焊机制造商协会（Resistance Welder Manufacturers' Association，RWMA）根据材料的化学成分将电极分成两组[40]：A 组为铜基合金，B 组为难熔金属。再根据化学成分和材料特性将这两组电极进一步分类。

A 组由铜合金组成，进一步分为 5 类，1 类电极在组成上最接近纯铜。随着类别数的上升，硬度和退火温度增加，热、电传导性降低。B 组中的 10、11、12、13 和 14 类是难熔合金，由铜、钨等混合物烧结而成，专为高温下的耐磨损和抗压强度设计。难熔金属包括 W-Cu 系复合材料（10～12 类），应用于高强度加热、焊接时间长、冷却不足，以及高压等可能引起 DSC 基合金（A 组）快速退化的特殊工况[38]。这些电极在冶金方面的分类如下。

1）A 组：铜基合金

第 1 类：Cd-Cu 合金。适用于焊接铝合金、镁合金、带涂层材料、黄铜和青铜。不可热处理。这种作为电极材料的合金由于在高温下具有高导电性和合理的强度而优于纯铜。

第 2 类：Cr-Cu 合金适用于焊接冷/热轧钢材、不锈钢和低导电黄铜和青铜。可热处理，强度良好，硬化时的导电性是纯铜的 80%。推荐用于高产作业。一种特殊热处理的合金——Zr-Cr-Cu 合金符合第 2 类合金的最小导电性和硬度要求。它适用于焊接镀锌钢和其他金属涂层钢板。

第 3 类：Ni-Cu 合金和 Be-Ni-Cu 合金适合焊接高电阻钢，如不锈钢。可热处理。其强度比前两类高，因此，经常作为电极柄和电极夹头。

第 4 类：Be-Cu 合金的导电性比第 3 类合金低，但具有优异的强度和硬度，某些情况下接近热处理钢的水平。它们通常是退火处理过的，易于机加工，然后进行热处理。常用于嵌件、模具面板和缝焊机衬套等。

2）B 组：难熔金属

第 10 类：55%W-45%Cu 合金。建议用于导电性要求（相对）较高及对可塑性有一定要求的地方。适用于凸焊电极、火花焊、对接焊模具面板和嵌件。

第 11 类：75%W-25%Cu 合金。其强度比第 10 类更高，适用范围与第 10 类相似，即电极成型模具面板和凸焊电极。

第 12 类：80%W-20%Cu 合金。适用于电成型、电锻模具饰面，以及用于镦锻螺柱和铆钉的电极饰面。

第 13 类（钨）和第 14 类（钼）。这两类材料主要用于导电性相对较高的焊接/电钎焊有色金属。适用于铜和黄铜的横丝焊接、焊接铜丝编织及黄铜或青铜端子。需要特殊的设置和工艺流程。

3. 铜电极和涂层/板材间的相互作用

铜电极和涂层/板材之间的相互作用是一个复杂的过程，除了冶金因素，还涉及力学、电、热过程。当铜基合金电极用于焊接镀层金属时，铜和涂层之间可能会因发生某些冶金反应而对焊接过程和电极寿命造成很大影响。例如，铜可能会和锌反应形成脆性大的低熔点金属间化合物。这种具有较低导电性的化合物或合金附着在电极表面，焊接时使电极-工件界面的温度上升。焊接镀锌钢板时，这种现象可能促使电极黏附到工件上。铜电极与许多涂层及基材（如镍、锡、铝、镁）之间都可能发生这种合金化反应。与涂层/基材发生合金化反应是电极退化的主因。铜电极与锌涂层钢板之间的相互作用，以及铜和铝板之间的相互作用如下。

1）镀锌钢板焊接

在电极磨损机理的研究中，Gugel 等[41]通过二次电子成像和能量色散 X 射线光谱仪（energy dispersive X-ray spectroscopy，EDXS）分析，系统地研究了电极表面在表面化学方面的演化过程。在 Cu-Cr 电极表面上发生的化学变化清楚地展示了电极和锌涂层之间的剧烈的相互作用，如图 1.24 所示。经过第 1 个焊点电极表面已聚集了大量的锌，10 个焊点以后，电极表面已经被锌覆盖。经过 1000 次焊接，锌的浓度稳定增加至近 80wt.%，铁的浓度保持在 10wt.%左右。由于 Cu-Zn 合金的电阻率比 Cu-Cr 合金的高，电极-板界面处产生了大量的热。大量的黏附现象证明了这点。采用 Cu-Zr 电极（图 1.25）和 Glidcop AL60 级 DSC 电极（图 1.26）进行焊接时也可观察到类似的趋势。虽然这 3 类电极与锌涂层的反应存在相似性，但 DSC 电极的寿命比其他两类电极更短，可能是因为强度相对较高的 DSC 电极阻碍了铜的塑性变形，使小范围的破损得不到修复[42]。此外，还观察到氧化物存在于电极面的凹陷部位，它对电极退化的影响并不清楚。

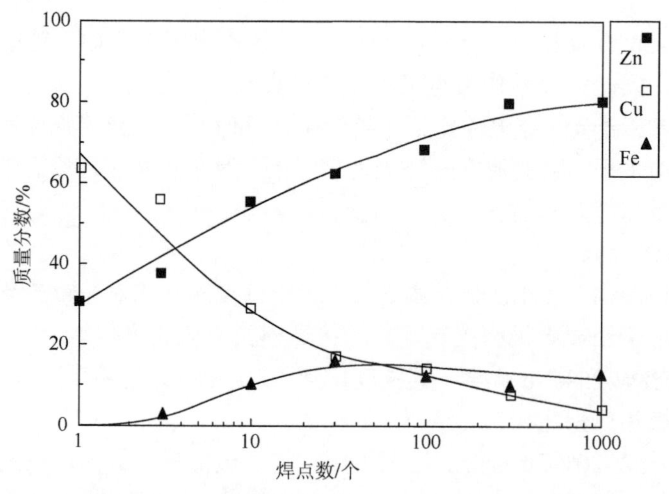

图 1.24　Cu-Cr 电极表面上的元素浓度的变化[41]

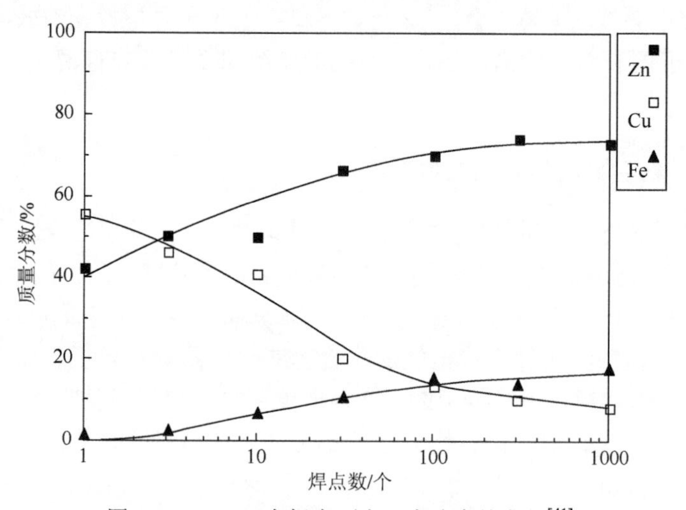

图 1.25　Cu-Zr 电极表面上元素浓度的变化[41]

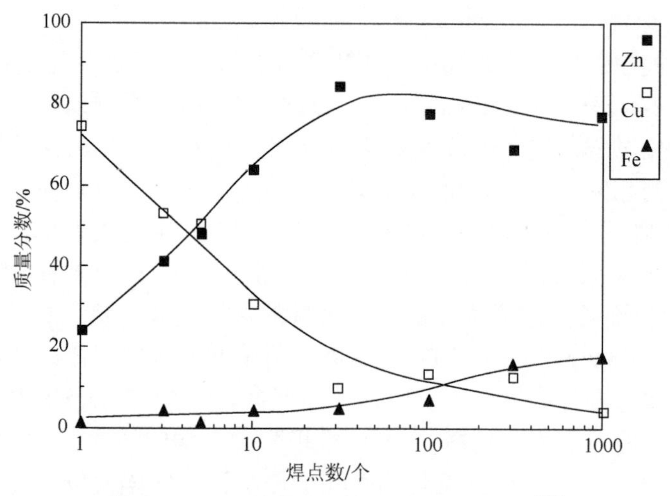

图 1.26　DSC 电极表面上元素浓度的变化[41]

铜电极和钢板镀锌层之间的相互作用也受镀锌层中铝含量的影响。Matsuda 等[43]通过有意改变热浸镀锌钢板及退火处理的热镀锌钢板镀层中铝含量的范围，分别为 0.22wt.%～0.87wt.%和 0.19wt.%～0.78wt.%，来研究铝含量对电极寿命的影响。研究发现，当涂层中的铝含量足够高（大于 0.4wt.%）时，在热浸镀锌钢板的镀层和基材之间的界面上有一层薄薄的金属间化合物——$Fe_2Al_{5-x}Zn_x$。这层化合物抑制了基材中的铁扩散到镀层中，使得镀层中锌的浓度保持在一个较高的水平，导致镀层的熔融温度低，有利于 Cu-Zn 合金的形成，加速电极磨损。另外，热镀锌层经过退火处理的钢板在镀层和基材之间没有这一层合金间化合物，可能是这种材料的后加热工艺造成的。因此，涂层中的铝含量对这种材料焊接的电极寿命没有影响。退火处理的热镀锌钢板的镀层中 Fe-Zn 金属间化合物的浓度较高。这种化合物是退火过程中产生的，与热浸镀锌钢镀层中的大部分游离态锌相比具有较高的熔融温度和强度。因此，一般情况下，焊接经过退火处理的热镀锌钢板的电极寿命比焊接镀锌钢板时的电极寿命长得多。

Matsuda 等研究发现[43]，镀层中的游离态锌的数量直接影响电极与镀层之间的反应。图 1.27 为电极面的凹陷在几何形状和组成物方面的差异。镀层中铝含量不同的两种经过热处理的镀锌钢板的焊接过程导致了电极粘连起大量的来自镀层的铁，大部分是 Fe-Zn 金属间化合物。铝含量对电极凹陷没有影响。然而，用于焊接热浸镀锌钢板的电极，其表面有更深的凹陷，凹陷内充满从镀层获取的金属（大多数是游离态锌）。镀锌钢板表面上的铜和锌之间形成的低熔点金属间化合物可能会腐蚀基材的晶粒边界并导致裂纹的发生。这种效应称为液态金属脆化开裂，对某些镀锌钢板有显著影响（更多详情见 1.4 节）。当合金化过程完全覆盖了电极表面时，焊点质量的下降速度会明显减慢，但仍在继续，因为机械磨损会产生新的铜表面的暴露。因此，采用经过预时效处理（预调节）的电极不是为了延长电极寿命，而是增加焊接过程的稳定性[44]。

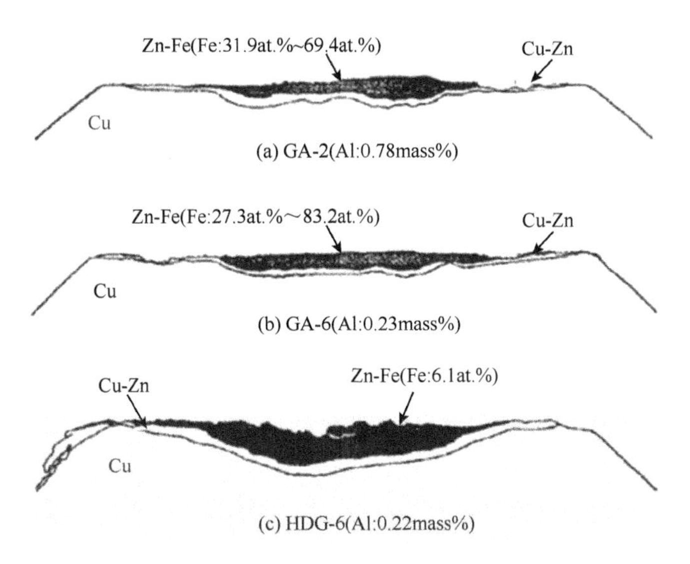

图 1.27 在退火处理的镀锌（galvannealed，GA）钢板和热浸镀锌（hot-dip galvanized，HDG）钢板上进行 1500 次焊接后的电极端面横截面的结构图[43]

2）铝焊接

对钢板表面状况对电极寿命的影响的研究表明，电极磨损是界面处的局部加热导致的，因为局部过热为电极中的元素和钢板/表面的元素之间的冶金反应创造了条件[45]。在研究中针对 5A02 铝板（厚 2mm），对一些表面状况和焊接参数的组合进行了研究。

电极力和焊接时间对电极合金化的影响可以清楚地通过图 1.28 看出。沿电极中心线进行化学成分扫描可知铜、铝和镁在通过电极中心的线上每个位置的百分比。当电极力小（4.5kN）时，较长的焊接时间（180ms）会在电极-板界面产生更多的热量，因此，与较短的焊接时间[图 1.28（a）]相比，会出现更大量的铝和镁合金化的现象[图 1.28（b）]。当电极力较大（9.0kN）时，如图 1.28（c）和（d）所示，焊接时间的效应是相似的，但大电极力可以极大地降低合金化程度，这点通过比较图 1.28（a）和（c）、图 1.28（b）和（d）便可看出。这是因为大电极力导致接触电阻降低，从而导致热量减少，降低电极-板界面的合金化程度。

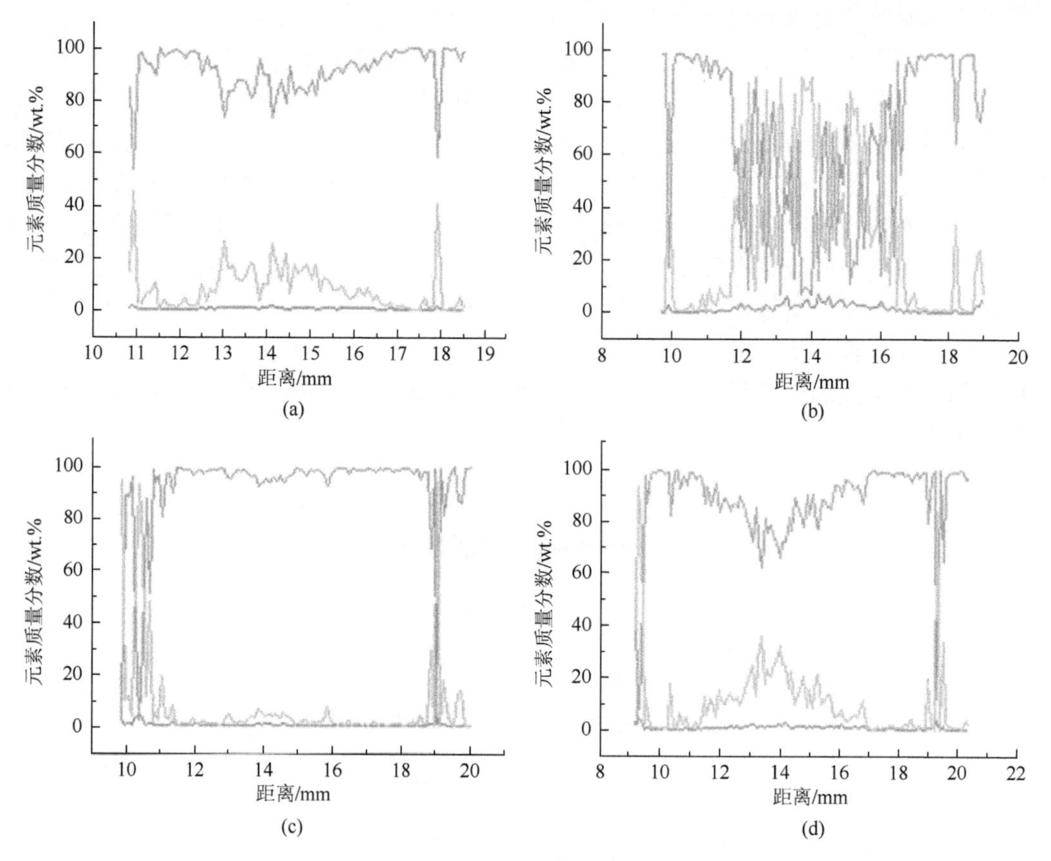

图 1.28　60 次焊接后电极表面的成分分布（后附彩图）

使用的焊接参数为（a）F=4.5kN，τ=60ms；（b）F=4.5kN，τ=180ms；（c）F=9.0kN，τ=60ms；（d）F=9.0kN，τ=180ms。红线代表铜，绿线代表铝，蓝线代表镁

1.3　焊件的脆化

金属脆化是指冶金反应或其他工艺造成的可塑性的损失。在某些材料系统中发生脆化

需要满足特定的条件。在金属中可以发生几种脆化现象，最常见的如下。

（1）液态金属脆化（liquid metal embrittlement，LME），又称液态金属辅助裂化，或液态金属诱导裂化。当特定液态金属与某些材料系统的多晶固体接触时有可能在晶界处形成深液槽。最常见的导致液体金属脆化的材料是汞（熔点–38.8℃），这是一种室温液体。用于飞机制造的航空材料 Al-Zn-Mg-Cu 系合金 DTD 5050B 特别容易受到由汞引起的 LME[46]，极大地威胁到飞机的安全飞行。另一个普遍提及的例子是 Al-Ga 组合中的反应，其中液态镓迅速渗透到铝的晶界中，即使在非常小的应力下也可以导致晶间断裂。由于大多数金属的熔化需要一定的温度，LME 通常只发生在某一温度以上。拉伸应力是造成 LME 的条件之一，这很容易在大多数金属中获得，且仅需一定水平的拉力便可撕裂仅由液态金属“黏合”的多晶结构中的晶粒。这种应力可能来自外部施加的载荷，或在材料加工过程（如冷加工）中产生的残余应力。虽然这种现象相当普遍，但是 LME 的机制尚未得到很好的认识。

（2）氢脆（hydrogen embrittlement，HE）。金属晶格结构内的原子态氢不但会极大地损害其力学强度，而且在拉伸载荷下还会导致材料的失效。氢气可以在不同的阶段引入金属中，如在使用或材料加工过程中。HE 的常见原因是酸洗、电镀和焊接。不过，HE 的产生并不局限于这些工艺过程。高强度钢如淬火和回火钢或析出硬化钢特别容易产生 HE。钢的 HE 敏感性与它的强度有直接关系。拉伸强度为 1000MPa 或更高的钢通常会出现 HE 现象，而低于这个强度的钢一般不需要考虑这个问题。相当大一部分的热浸镀锌钢的拉伸强度一般在 200～450MPa，通常不易发生 HE。采取必要的预防措施可以避免此类现象的发生，如在热浸镀锌高强度钢以前，用机械清洗代替酸洗来制备表面。

（3）应变时效脆化（strain age embrittlement，SAE）。应变时效与塑性变形应变有关，通常产生于冷加工。塑性变形导致的残余应力促使材料结构和材料特性发生变化。在钢中，铁晶体内的碳原子易在由塑性变形导致的残余应力场的作用下移向位错。位错部分聚集的高浓度的碳原子降低了它们的流动性，从而降低钢的可塑性。由于它是由碳原子的扩散决定的，所以除了应力水平，应变时效对温度也有很强的依赖性。

（4）金属间化合物脆化。这是指在结晶固体的晶界中形成可降低材料强度和可塑性的脆性金属间化合物。无论合金元素偏析到晶界，还是涂层或环境中的元素扩散，都可能在加工或使用过程中形成这种金属间化合物。例如，如果铸造工艺的控制不适当会使合金元素偏析至晶界，形成脆性的晶界网。将镀锌钢板长时间暴露在温度略低于锌熔点（420℃）时会使锌扩散至钢的基体内，从而在晶界形成脆性的铁-锌金属间化合物。同样的因素导致很难直接将铝焊接到钢材上。

这 4 种脆化现象都可能在电阻焊中出现。例如，如果没有正确清理钢板表面，从润滑脂或表面处理剂分解出的氢可能在板材之间的界面被截留至熔融焊核内，导致 HE 的发生。焊接产生的较大的变形/分离意味着较高水平的残余应力，可能会通过应变时效使焊件变脆。焊接时对板材的某些限制，如施加额外约束以防止在第 3 章中讨论的裂化，可以有效地减少变形，从而减少应变时效脆化现象的发生。一般情况下，采用适当的预防措施可避免产生这两种脆化现象。另外，可能在某些材料系统中很难避免 LME 和金属间化合物脆化，因为它们更多地与材料有关而非与加工过程有关。很多结构合金能被低熔点金属脆化。例如，铝易被汞、铟、锡和锌脆化；钢可以被锡、镉、锌、铅、铜和锂脆化；不锈钢被镉、铝、铅和铜脆化；钛被镉和汞脆化；镍被锌、镉和汞脆化[47]。人们付出了很大的努力来了解LME的机制。焊接时在焊件，尤其是HAZ内，可能会形成脆性金属间化合物，而HAZ又是应力集中和断裂经常发生的区域。如果采取适当的预防措施，那么焊接中的HE是可以避免的。只有在某些特殊条件下HE才可能发生，如当焊接结构处于注氢腐蚀环境中时。由于应变时效导致的脆变是变形过程、材料结构及材料成分之间复杂的相互作用、影响的结果，它的作用依情况而定，很难从其他影响因素中分离出来。其他3种脆化现象将在本节中进行更详细的讨论。

1.3.1 液态金属的脆化

LME基本上是一个冶金过程。LME的趋势和严重程度很大程度上取决于材料系统。LME受固态金属的合金过程的影响很大：某些合金元素可能会加重LME，而另一些则会阻碍LME的发生。合金元素会影响金属向晶界的偏析，从而改变晶界特性。最大程度的LME发生在合金元素充满固态金属的晶粒边界时[48]。它是一个固-液态金属组合物之间互溶性的强函数[49]。过度溶解性使尖锐的裂纹扩展变得很难，但零溶解性会阻止液态金属润湿固体表面，因而防止LME。固态金属表面的氧化层也会阻止两种金属间的充分接触，从而防止出现LME。图1.29显示了溶质元素对多晶铝力学强度的影响。向液态金属中加入第3类金属元素可增加或减少脆化现象的发生，也会改变脆化发生的温度范围。形成金属间化合物的金属组合不会导致LME。固态金属对LME的敏感性还受其硬度和晶粒尺寸的影响。强度大的金属的脆化现象更严重，且拥有较大晶粒的固体更易受影响。LME裂纹的微观结构如图1.30所示[50]。晶粒沿着晶界被分隔，即晶粒间断裂。对LME机制的完整论述可从与该问题有关的公共领域中大量的文献里得到，如Joseph等[48]和Glickman[51]的著作和下列的一些理论[46]。

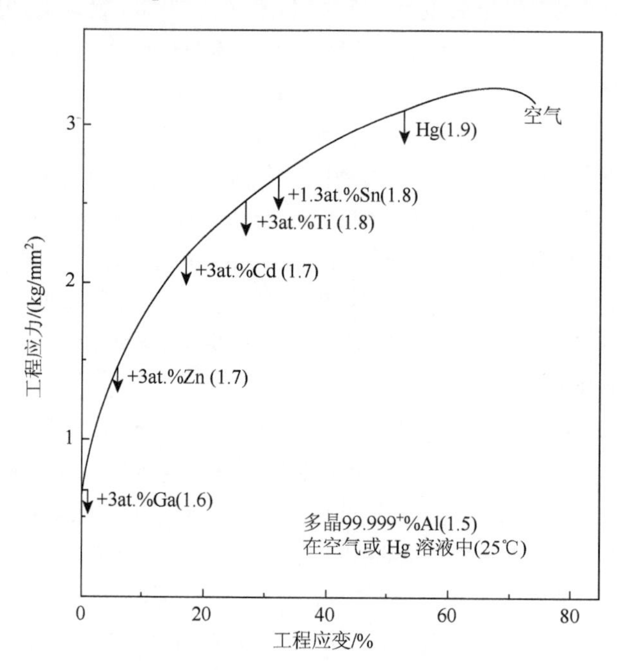

图1.29　汞溶液对多晶纯铝脆化的影响

括号中所列是溶质元素的电负性

图 1.30 LME 引起的断裂的微观结构[50]

（1）溶出扩散模型[52, 53]：液态金属吸附在固态金属上引起溶解和向内扩散，导致裂纹成核和扩展。

（2）脆性断裂理论[54-56]：液态金属原子吸附于裂纹尖端削弱了原子间键，并促进裂化。

（3）扩散-渗透模型[57]：液态金属原子通过扩散-渗透过程进入晶界，并促进裂纹成核和扩展。

（4）延性失效模型[58]：液态金属的吸附会削弱原子键，促进应力下的位错成核和迁移。导致的错位堆积起到对固体硬化加工的作用。此外，这种溶解也可能有助于孔洞成核，并导致延性失效。

所有这些理论都建立在液态金属的吸附降低了固态金属表面能量，从而导致 LME 的基本假定的基础上。从断裂力学的角度很容易理解 LEM 的这种机制。抗裂化的材料强度与创建新的表面所需的能量或表面能量密度 γ_s 有关。该强度可用断裂应力 σ_f 表示[59]：

$$\sigma_f = \sqrt{\frac{2Ew_f}{\pi a}} \tag{1.9}$$

式中，E 为杨氏模量；a 为该裂纹长度；w_f 为一个统一的断裂能量，其中可能包括弹性、塑性、黏弹性和其他效应。LME 期间，裂纹尖端的液体吸附（通常沿晶界进行）可减少 w_f，从而降低了 σ_f 。有相当数量的研究工作集中在描述固体的合金元素、溶液成分、温度应力等对 w_f 的影响。由于涉及大量的因素及测量 w_f 上的难度，只对某些材料体系取得了有限的、定性的、非定量的结果。

LME 可能发生在两个单独却相关的，也许会影响电阻焊质量的过程中。第一个过程是热浸镀锌，这是为钢构件提供防腐蚀保护的最有效的方法之一。热浸镀锌钢时，熔锌与钢相互作用，在钢的表面形成了一个含反应物（Zn-Fe 金属间化合物）的层状涂层，上面覆盖着一层固体锌（图 1.31）。涂层厚度约为 100μm。在镀锌过程中，游离锌（常与其他添加剂一起）在其液态时可能会攻击板材的晶界，引起裂化，致使板材无法使用。通常情况下，镀锌钢板的结构裂化现象可能发生在几个加工阶段。对于某些钢，尤其是一些不锈钢或经过大量冷加工的产品如轧制板材，在镀锌时，即当它们与熔锌接触时可能已经形成

LME 的条件。例如，高速公路旁矗立的广告牌的支撑机构通常由三角形的钢结构组成。这些三角形钢架包括平行的四根大直径的称为弦的钢管，以及将它们相连的沿着纵向和对角方向的较细的钢管。焊接后，该结构浸入融锌池中，使其具有防腐蚀性。即使焊接过程是合适的，该结构经过镀锌工艺后仍然会出现裂化（图 1.32）[60]。冶金检查显示，无任何热裂化的迹象，即这种缺陷不是由不当的焊接过程所致，而所有的裂纹，不论是接近焊点的还是远离焊点的，都充满了锌。用于钣金加工的镀锌钢如果涉及高温操作也可能发生 LME。图 1.33 显示了一个镀锌钢焊接结构上的裂纹，起始于焊点的终端（HAZ 内），并扩展至基材金属[61]。

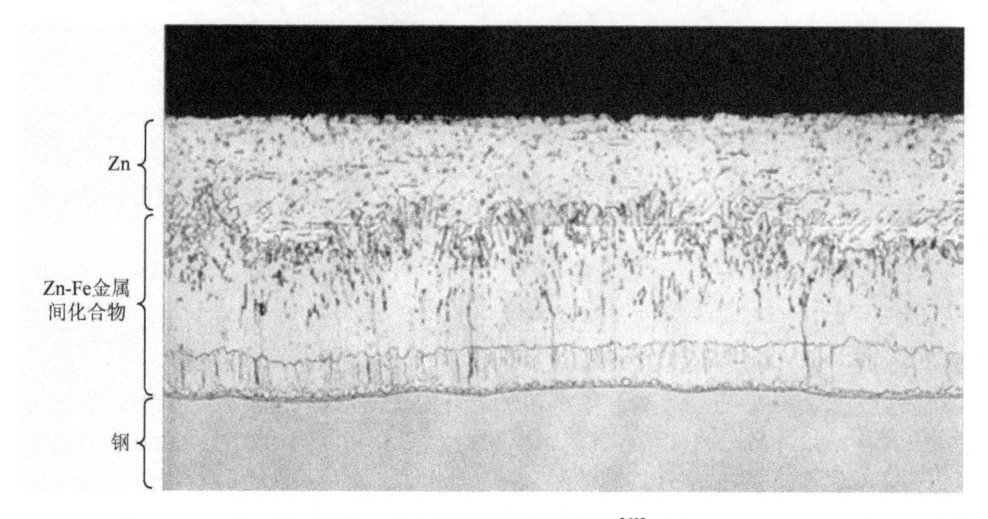

图 1.31　镀锌层的微观结构[60]

电阻焊的过程中可能发生 LME。如图 1.34 所示，LME 裂化出现在 HSLA 钢焊点表面（焊接时与铜电极接触）的附近[50]。各元素的电子能谱图表明，裂纹内充满铜和锌，如图 1.34（b）和（c）所示。这意味着，焊接时，涂层中的锌和电极内的铜均为液态，可能由不恰当的焊接工艺所致。与 LME 相关的裂化实例见 3.1.1 节。

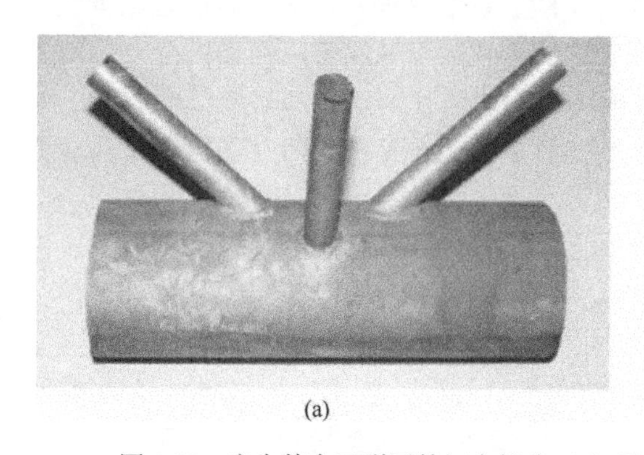

(a)

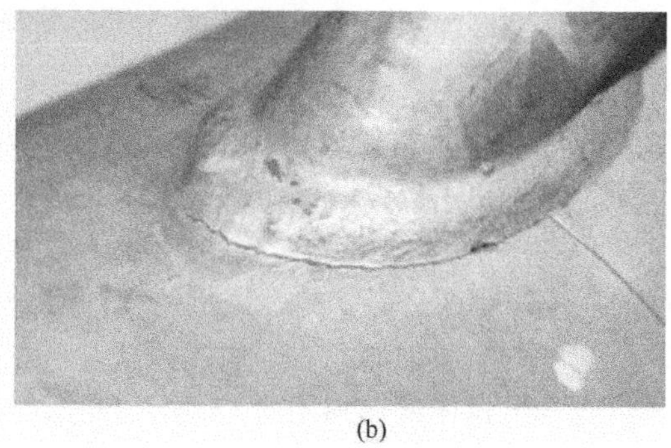

(b)

图 1.32　广告牌上开裂区的切出部分（a）及对角线弦管上的焊接接合处的裂纹（b）[59]

注意图（b）中裂纹扩展到弦管

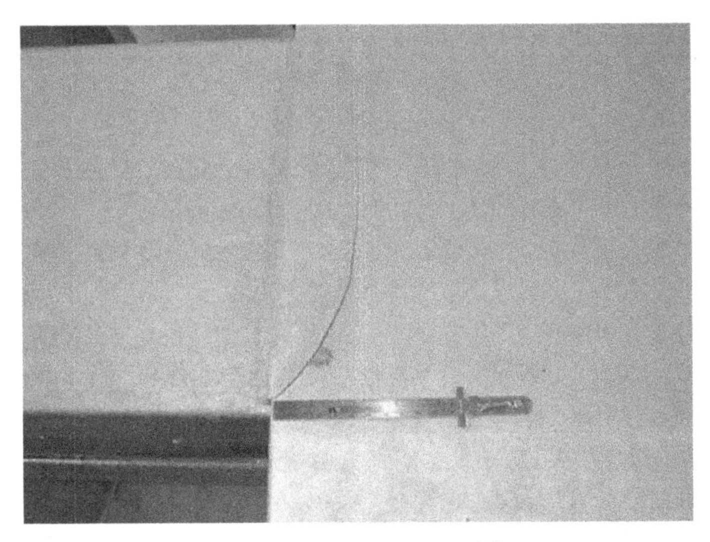

图 1.33　焊接终端的裂纹[60]

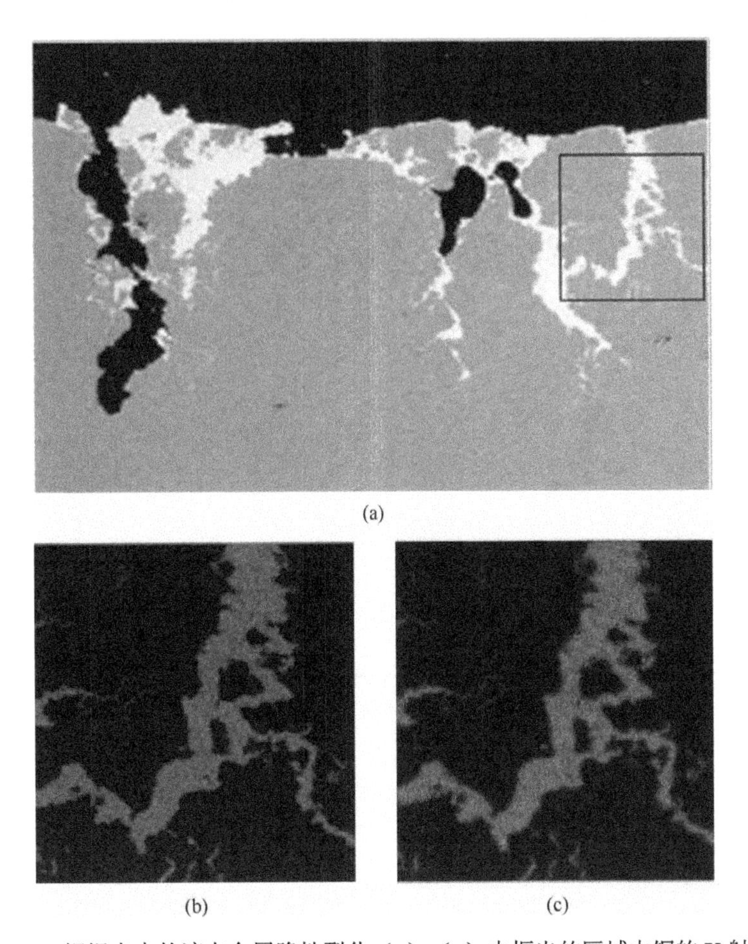

(a)

(b)　(c)

图 1.34　镀锌 HSLA 钢焊点中的液态金属脆性裂化（a）、（a）中框出的区域中铜的 X 射线图（b）和锌的 X 射线图（c）[50]（后附彩图）

1.3.2　氢脆

原子氢必须引入钢结构才会发生 HE。由于仅有部分钢材在一定条件下使用会受其影响，所以对电阻焊 HE 的研究很少。无间隙原子（interstitial-free，IF）钢已用于许多电阻焊 HE 的研究中，因为在其铁素体微观结构中氢的高扩散性和渗透性使 IF 钢易发生 HE。IF 钢因其良好的成形性而广泛应用于汽车白车身结构制造。Mukhopadhyay 等[62]研究了 HE 对拉伸强度为 295MPa 的 IF 钢的影响，并获得了有趣的结果。他们把电焊接头浸入 3.5%的氯化钠水溶液中，同时准静态加载，并通过原位阴极析氢法为溶液充氢。然后，测量注氢对力学强度的影响。

影响注氢点焊件反应的工艺变量之间存在着复杂的相互作用。IF 钢对氢的敏感性如图 1.35 所示。HE 的效应可通过失效载荷或负荷能力（load bearing capacity，LBC）来测定；当进行拉伸测试时，也可通过焊件的最大位移或对应于最大负荷的延展量（extension up to maximum loading，EML）来测定。注氢和预应变为变量，LBC 和 EML 为变量响应。试件包括没有预应变的和有（一定范围内）预应变的。试验条件有两种：注氢（浸没在溶液中）和不注氢（在空气中）的。

注氢对无预应变板材的点焊件的影响微乎其微。其可塑性稍有增加，但并没有统计意义。由此得出的结论是，HE 对无预应变的 IF 钢板上的焊点特性没有影响。然而，注氢明显降低了有预应变的板材的焊点质量，并且这种影响随着预应变量的增加而加剧。通常，峰值（失效）载荷和可塑性（或 EML）的趋势与在金属材料中观察到的一致，即冷加工虽强化了金属，却降低了其可塑性。然而，预应变的影响水平在有/无 HE 的情况下有明显的差别。在空气中测试时，试件的失效载荷随预应变量的加大而增加，但在注氢的条件下维持在一个中等水平。注氢试件的可塑性损失明显高于在空气中进行测试的试件。这与其他研究结果一致[63]。HE 的发生要求晶格内氢的含量达到一定的水平（临界值）。人们认为，冷加工或塑性变形增加了晶格中的位错和空位数量，为氢原子提供了滞留的场所，有助于 HE。

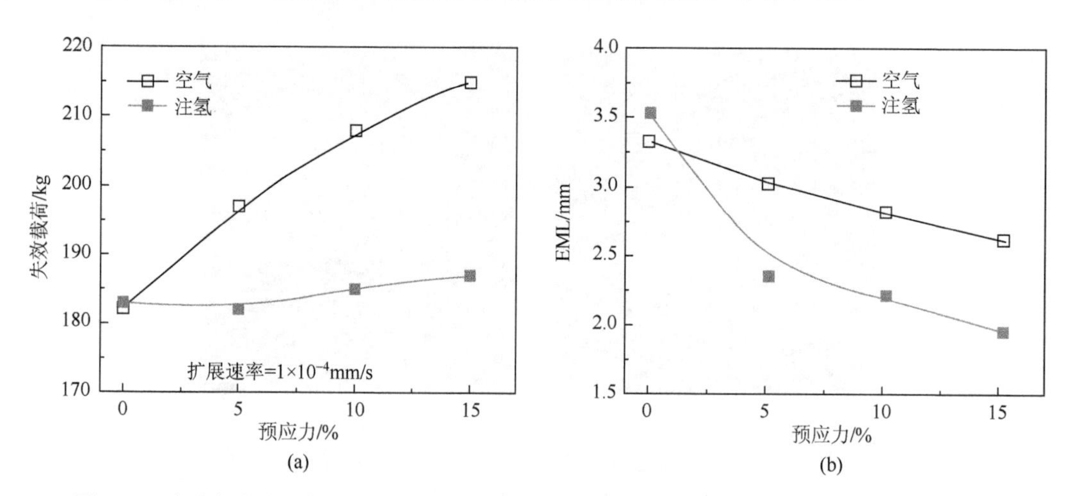

图 1.35　在注氢和非注氢的焊点上试验预应力水平对失效载荷（a）和 EML（b）的影响[62]

研究发现预应变会影响基材金属的特性，而不会影响包括HAZ在内的焊点特性。焊核内的熔化和凝固及HAZ中的再结晶基本上能消除冷加工导致的加工硬化。研究人员依此发现预应变不能改变HAZ的硬度[62]。预应变焊件内的硬度从基材至HAZ依次降低，且由注氢导致的损坏仅限于基材内，至HAZ的边界。通常观察到的现象，是焊件的断裂始于HAZ，这是因为应力集中的位置与HAZ在焊点的几何位置相重合，且该区域中材料特性发生较大变化。研究发现该区域内材料性能的波动会随着预应变水平的增加而加剧，因此预应变水平上升会导致力学强度的急剧变化。HAZ-基材接合处是焊件断裂的起始点，且断裂面清楚地说明了HE的影响（图1.36）。没有注氢的试件的断裂面上有一些凹点，如图1.36（a）所示，而浸泡过（注氢）的试件有一些小孔洞和腐蚀产物，但整体看来其断裂面相当平滑，如图1.36（b）所示。

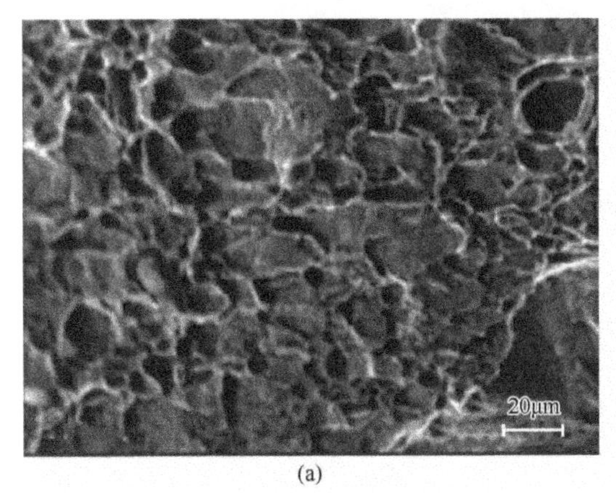

(a)

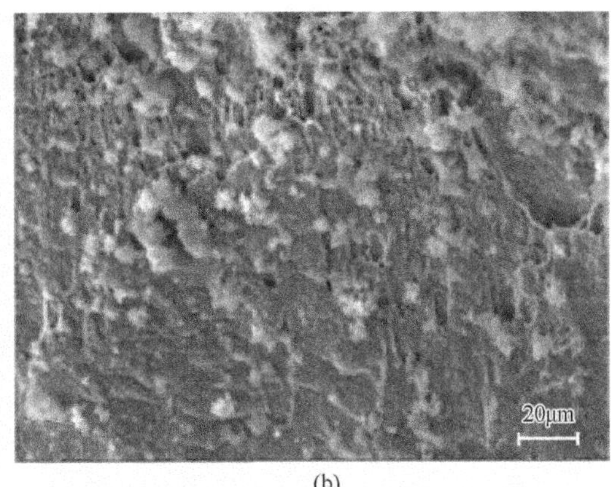

(b)

图1.36 注氢（a）和非注氢（b）试件的断裂面[62]

1.3.3 金属间化合物导致的脆裂

美国爱荷华州立大学的美国能源部Ames实验室的研究人员发现，除了几种稀土金属间化合物（在室温下具有可塑性），多数结构材料的金属间化合物比它们的构成金属脆且硬[64]。在材料制造工艺中，脆硬的化合物可用于提高材料强度，如弥散强化工艺。一项研究中，在熔铝中加入一些金属粉末而发生的化学反应会生成金属间化合物（如Al_3Ni、Al_3Ti、Al_3Zr、Al_7Cr和$Al_{12}Mo$）微粒，并由此生成增强铝基复合材料[65]。

金属间化合物常以意想不到的方式对材料产生负面影响。在对AA6082铸造铝合金的研究中发现，金属间化合物β-Al_5FeSi或α-Al(FeMn)Si微粒与基体的界面会通过孔隙的生成而产生裂纹[66]。这种金属间化合物微粒通常在加工过程中有意产生，旨在提高材料强度，但大的脆硬金属间化合物微粒在载荷下可能会断裂（图1.37），且会降低材料的整体可塑性。有意或无意中生成的含有金属间化合物的材料可能会受到以下三个方面的影响。

（1）化合物的脆裂。

（2）界面的剥离。

（3）低熔点化合物造成的强度损失。

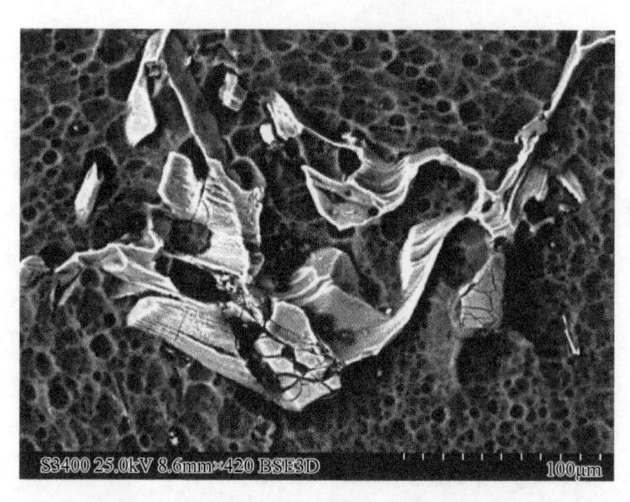

图 1.37　AA6082 合金断裂面上的断裂的颗粒[66]

多数情况下，金属间化合物是无意中生成的，因而其形状、大小和分布是不可控的。图 1.38 中，当加载时，在 AZ80 镁合金晶界处的析出物（$Al_{12}Mg_{17}$）是应力集中的部位。此外，粗大的金属间化合物微粒会因化合物的断裂，或化合物晶粒与基体之间结合键的断开使材料脆化。结果对材料的韧性有不利的影响。公开的文献中有大量的与此相关的脆化的实例。因电阻加热，电连接用 Al-Cu 接头在经过一段时间的使用后会形成金属间化合物 Al_xCu_y（图 1.39）[67]。在使用铜电极焊接铝合金中也能观察到类似现象。这些金属间化合物提高了电极与板材间的接触电阻，并促进了界面的局部加热。它们常从电极上脱落，从而影响电极面的完整性，导致电极迅速退化。另一方面，这种脆硬的金属间化合物可用来减缓焊接镀锌钢板时的电极退化过程。采用新电极加工出一些焊点（通常 20～50 个）后在电极表面形成了一层 Cu-Zn 金属间化合物，延缓了电极的继续退化。这称为预调制或电极调节。生产过程中使用的焊接参数应该建立在使用预调制/调节的电极的基础上，而非新的电极。许多金属间化合物的熔融温度低，这使它们先于结构的其他部分熔化。电阻

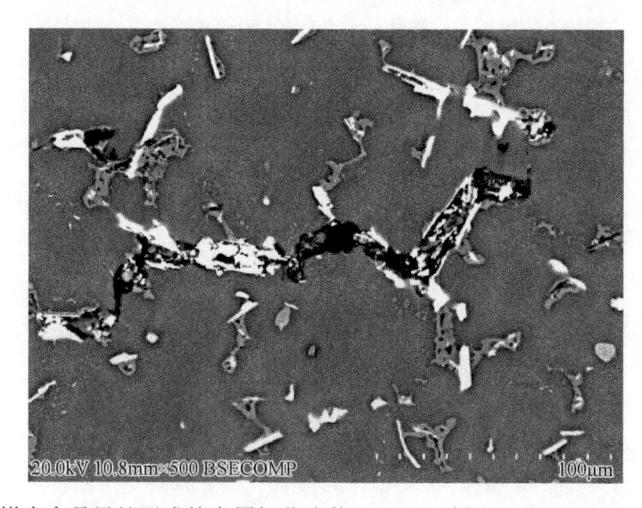

图 1.38　AZ80 镁合金晶界处形成的金属间化合物 $Al_{12}Mg_{17}$ 析出（由 Wang B 和 Wang J 提供）

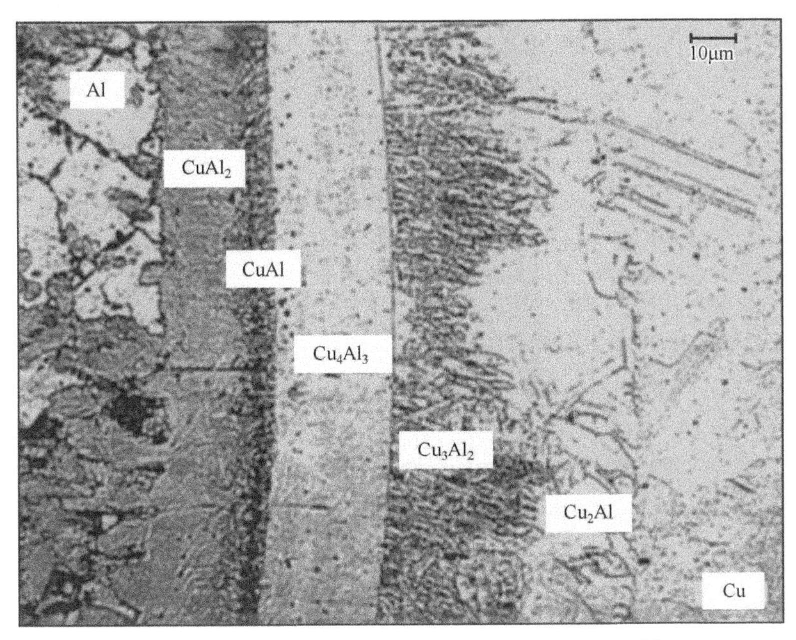

图 1.39 Al-Cu 接头处形成的各种金属间化合物[67]

焊时，这种现象可能会引发严重后果，特别是当化合物的体积大且它们的微粒在结构中相互连接时。电阻焊时，HAZ 常被加热到一定的温度，虽然此温度并未高到足以熔化基体材料，却足以熔化某些低熔点金属间化合物，如其中的共晶体。在载荷作用下，HAZ 中的这些相互连接的液态部分没有任何强度，材料被弱化。离散的金属间化合物对结构的影响与裂纹或孔洞类似。与电阻焊时的低熔点相或液态裂化有关的断裂参见 1.4 节。除了这种金属间化合物在加热/冷却期间使焊件脆化，HAZ 内互连的液体网络也为焊核内的熔融金属从焊核喷射到接合界面提供了一条通路。在铝、镁焊接中已观察到这种飞溅现象（详见第 7 章）。

Munitz 等[30]的研究发现，在 AZ91D 铝合金的焊点的部分熔化区有着大量的金属间 β 相（$Al_{12}Mg_{17}$），在晶界形成一个网络（图 1.40）。在三维中，β 相形成了由晶界构成的连续

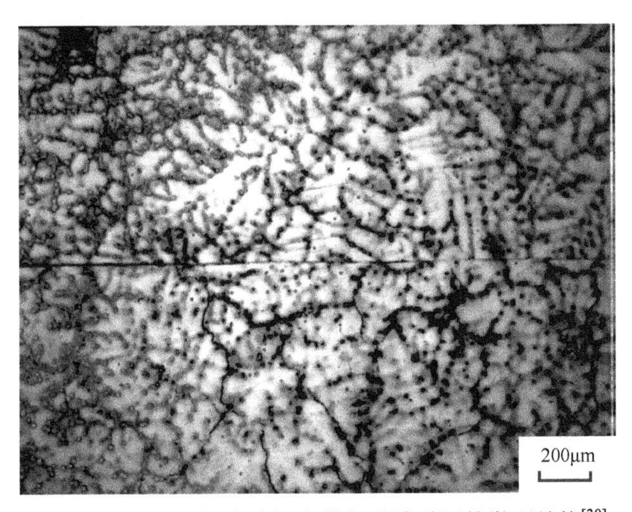

图 1.40 AZ91D 铝合金焊点的部分熔融区的微观结构[30]

“泡沫”。电阻焊过程中，与焊核毗连的该网络的部分可能在大部分焊接时间里处于液态，导致材料脆化。这一点通过比较共晶的熔融温度（只有437℃）和镁基的熔融温度（纯镁为650℃）就可以清楚地看到。

1.4 裂　　化

电阻焊中裂化的发生方式与在其他熔焊工艺中的相似。焊件在焦耳加热发生膨胀的同时，来自电极的挤压和周围金属的限制而使其扭曲。这种扭曲是不可逆的，因此焊件在冷却过程中会经历受限制的收缩。它在连接处引起拉应力，直接导致裂化。在焊件的各个部位都有可能发生裂化：焊核、HAZ 和基材。如果裂化发生在液态焊核的凝固过程中，则称为凝固裂化或热裂化。拉伸应力也可能在固相中，即在 HAZ 甚至基材中诱发裂化。熔融可能引发 HAZ 中的低熔点相断裂，这种现象称为熔融裂化；在低温下（低于固相线温度）甚至在焊接后，高碳钢焊点或 HAZ 的裂化称为冷裂。通常，裂化同时需要两个条件：弱化的结构（如由于低熔点共晶体的熔化或腐蚀而变脆的结构）和拉伸应力场。本节讨论冶金的裂化现象。裂化实例及其抑制详见第 3 章。

1.4.1 凝固裂化

刚固化的焊核的应力水平及高温下材料的力学强度共同决定了凝固裂化的发生。受约束的收缩应力与冷却成正比，如果材料在该应力下发生塑性变形，这种应力可能被释放。导致这种现象出现的条件是，材料在高温下必须具有一定的可塑性和拉伸强度。当材料强度相对较低时会发生裂化，但通常要应力在脆性温度内达到一定水平时。该温度介于使可塑性急剧下降的温度和液相温度之间。

由图 1.41 可知，在冷却过程中，AA5754 铝镁合金的可塑性在达到固相线温度后迅速提升，而极限强度的增长速度却较慢。图中也绘出了两类 AA5754 合金（2.6wt.%Mg 和 3.6wt.%Mg）的固相线温度曲线。在此情况下，脆性温度近似于固、液相线温度之间。通过比较图 1.41 中的液相线和固相线可知，3.6wt.%Mg 合金的脆化温度范围大于 2.6wt.%Mg 合金的脆化温度范围。因此，AA5754 合金中的镁浓度过高更易导致裂化。铝合金的凝固裂化与人为添加的合金元素及低熔点杂质的存在有关。

焊核的另一种与凝固关系密切的裂化和焊核的收缩有关。加热过程中，在电极力作用下的大膨胀和大变形，以及冷却过程中的受限收缩，使焊核产生的体积损失无法补充。因此，焊核最后凝固的部分由于缺乏足够的液态金属而导致无法形成有效的结合，发生自由凝固。这种机制形成的裂纹以柱状或等轴晶状的形式在其表面形成一个清晰的自由凝固痕迹。高强度的可热处理铝合金易发生凝固裂化。焊点凝固裂化实例如图 1.2 和图 1.3 所示。Ma 等[9]也观察了 DP600 钢焊接过程中的凝固裂化现象，如图 1.42 所示。除裂化外，焊核中的孔洞也清晰可见，这可能是由飞溅引起的体积缺失造成的。焊点两边沿原板材界面的金属残余物是飞溅的证明。

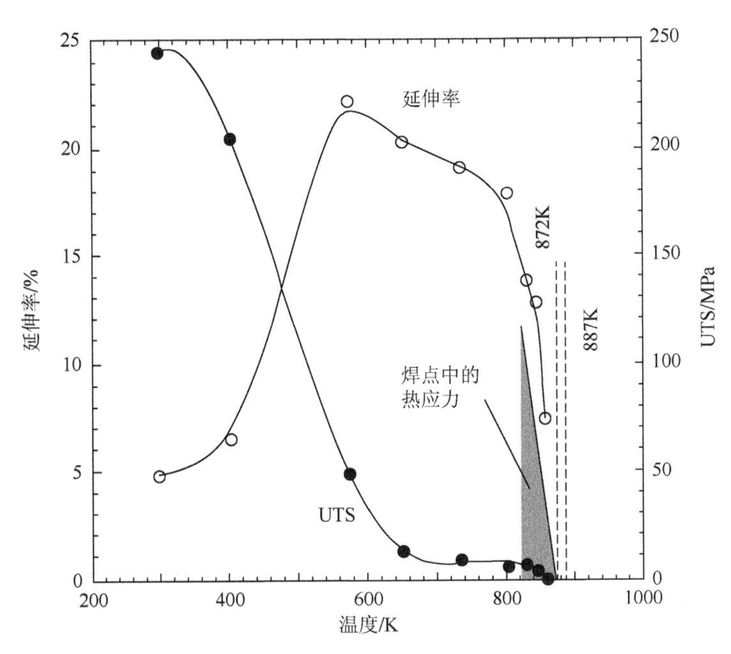

图 1.41 可塑性（延伸率）和 UTS 对温度的依赖[68]

虚线表示 AA5754 合金（镁含量为 22.6wt.%和 3.6wt.%）的固相线温度（887K 和 872K）

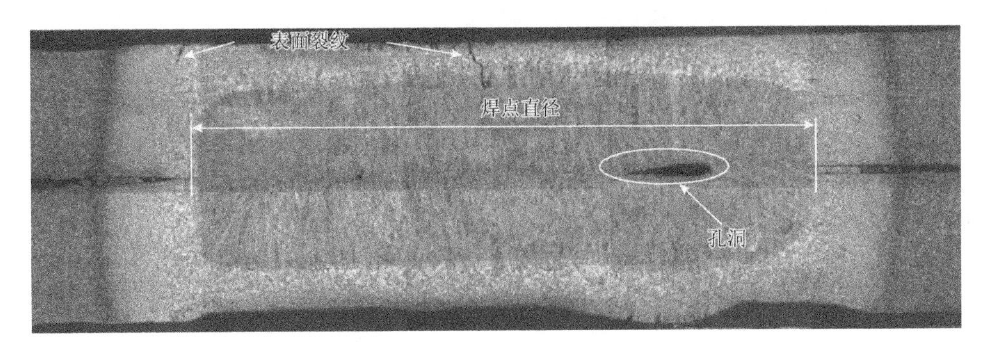

图 1.42 DP600 钢焊点的微观结构[9]

1.4.2 熔融裂化

在焊接中的某些时刻，焊件特定位置的温度可能比该合金的固相线低，但比某些低熔点组分的熔融温度高，如共晶体或杂质。靠近焊核的 HAZ 及焊核从峰值温度冷却后的凝固部分都有可能发生上述情况。同样，这些组分通常溶剂丰富，由于偏析，其在晶粒边界的浓度常比在晶粒中的高。因此，连续晶间液膜会在高温下出现，它没有足以抵抗热应力的强度，从而导致裂化。熔融裂纹具有明显的晶间特征。低熔点共晶体数量，如钢中的 S-P 共晶体、铝合金或镁合金中的 Al-Mg 共晶体的数量，取决于共晶体熔点处相关元素在基体中的溶解度。只有当这些元素超过其溶解度极限时才会形成各自的共晶体，并导致熔融裂化。因此，为了确定熔融裂化的可能性，对元素的类型、数量和溶解度，以及它们的共晶体的熔融温度的了解都是很重要的。

焊接时的裂化和铸造时的凝固裂化有着相似的特性，并且铸造裂化的知识对理解焊接裂化的形成有一定的帮助。根据 Pellini 和 Flemings 的经典研究可知，铸造合金的热裂发生在结晶的最后阶段，在此期间的固体晶粒被液体包围；这种结构的强度非常低。因非均匀温度分布和冷却产生的拉伸应力和应变可能会导致材料失效。铸造时的热裂化倾向随着晶粒尺寸、固-液相间隙和凝固收缩而增大，对铝、镁合金来说影响特别大。杂质和晶界偏析的存在也促进了裂化。焊接时的热裂化机制与铸造时的相似，可根据 Borland 和 Prokhorov 的理论来解释。在凝聚温度范围内（Borland 的定义）发生的裂化取决于临界应变及应变速率。通过比较铸造和电弧焊中的各种铝合金可知，在所有铝合金中 Al-Mg 系的裂纹敏感性仅次于 Al-Cu 系，尽管仅在凝固过程中形成少量共晶体。

1.4.3 腐蚀裂化

点焊结构在实际应用前通常要进行防腐蚀保护。因此，点焊的耐腐蚀性通常没有问题，也很少对点焊的腐蚀裂化进行研究。但是，不正确的制造工艺和使用可能会使焊点暴露在腐蚀性环境里。例如，镀锌钢板的焊接破坏了保护涂层，且电极压痕产生了凹陷，暴露了焊点区域。如果焊点表面没有被适当保护，电极压痕周边的残余应力会产生裂化。例如，在 1.3.2 节所讨论的，Mukhopadhyay 等的研究[62]发现，对焊件注氢和施加预应变，通过氢脆机制会降低 IF 钢焊点的强度和可塑性。试验中，焊接试样在 3.5%的氯化钠溶液中经过几天的阴极注氢。然后用原位注氢对试件进行拉伸-剪切试验。图 1.43 为注氢试件和原始焊接试件之间的比较图。在氯化钠溶液中浸润 40 天后，焊件［图 1.43（b）］的厚度与原焊件［图 1.43（a）］相比损失 11%。此外，在试件中观察到大量的二次裂纹，如图 1.43（d）中的箭头所示，出现在注氢焊核的周围。没有在溶液中浸润的试件［图 1.43（c）］不会出现二次裂纹。显然，腐蚀性溶液通过腐蚀接合界面降低了焊件质量，并在 HAZ 附近产生裂纹。一般情况下，焊点的 HAZ 特别容易腐蚀裂化。这是因为焊接过程中会在这个区域产生残余应力，并且引起结构的变化。这种变化会使材料失去在基材金属加工过程中获得的耐腐蚀能力。

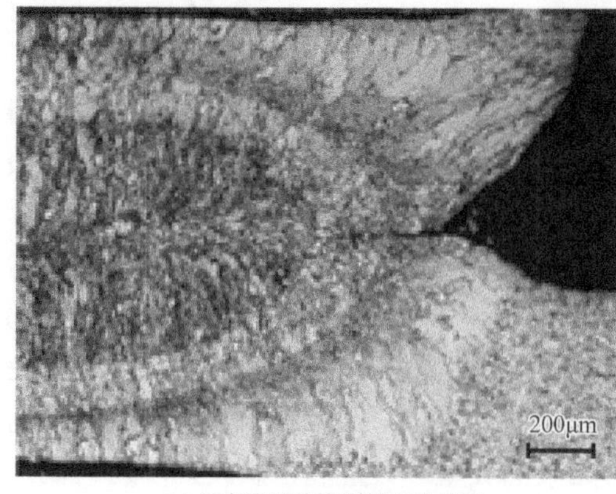

(a) 没有浸润的撕裂焊点的截面

(b) 经过浸润的撕裂焊点的截面

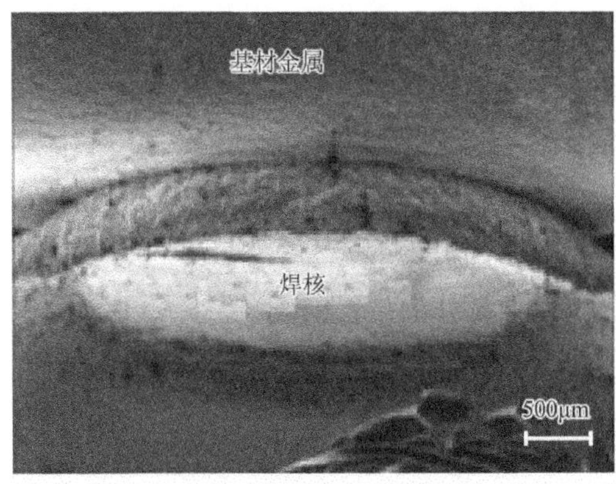

(c) 没有浸润的拉裂焊点的截面

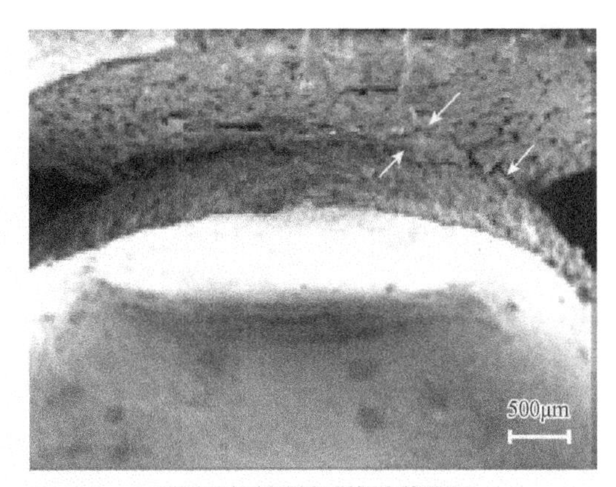

(d) 经过浸润的拉裂焊点的截面

图 1.43 腐蚀对焊点和裂化的影响[62]

箭头指向断裂表面附近的二次裂纹

参考文献

[1] Easterling K E. Introduction to the Physical Metallurgy of Welding. 2nd ed. Cambridge（GB）: Butterworth-Heinemann，1992.

[2] Granjon H. Fundamentals of Welding Metallurgy. Abington（GB）：Woodhead Publishing，1991.

[3] Kou S. Welding Metallurgy. 2nd ed. Hoboken（NJ）：J. Wiley & Sons，Inc.，2003.

[4] Lancaster J F. Metallurgy of Welding. 6th ed. Abington（GB）：Abington Publishing，1999.

[5] Linnert G E. Welding Metallurgy：Carbon and Alloy Steels，Volume 2：Technology. 3rd ed. New York（NY）：American Welding Society，1967.

[6] Linnert G E. Welding Metallurgy：Carbon and Alloy Steels，Volume 1：Fundamentals. 4th ed. Miami（FL）：American Welding Society，1994.

[7] Lippold J C，Kotecki D J. Welding Metallurgy and Weldability of Stainless Steels. New York（NY）：J. Wiley & Sons，Inc.，2005.

[8] Tumuluru M D. Effect of Post-weld Baking on the Behavior of Resistance Spot Welds in a 780-MPa TRIP Steel. SMWC XI，2004，Paper 6-2.

[9] Ma C，Chen D L，Bhole S D，et al. Microstructure and fracture characteristics of spot-welded DP600 steel. Materials Science and Engineering A，2008，485（1-2）：334-346.

[10] Luo H. New joining techniques for magnesium alloy sheets. MS Thesis，2008.

[11] Callister W D. Materials Science and Engineering：An Introduction. 6th ed. New York：John Wiley & Sons，Inc.，2003.

[12] Hu S J，Senkara J，Zhang H. Quality definition of resistance spot welds：A structural point of view//Proc. of International Body Engineering Conf. IBEC'96，Body and Engineering Section. Detroit（MI），1996：91.

[13] Krauss G. Martensitic Transformation，Structure and Properties in Hardenable Steels//Doane D V，Kirkalday JS. Hardenability Concepts with Applications to Steel. Warrendale：AIME，1978：229-248.

[14] http：//www.leonghuat.com/articles/articles1.htm. Accessed in Nov. 2010.

[15] Dearden J，O'Neill H. A guide to the selection and welding of low alloy structural steels. Institute of Welding Transactions，1940，3：203-214.

[16] Ito Y，Bessho K. Cracking parameter of high strength steels related to heat affected zone cracking. Journal of Japan Welding Society，1968，37（9）：983.

[17] Yorioka N，Suzuki H，Ohshita S，et al. Determination of necessary preheating temperature in steel welding. Welding Journal，1983，62（6）：147-153.

[18] American Welding Society. Structural Welding Code，AWS D1.1. 2004.

[19] Ginzburg V B，Ballas R. Flat Rolling Fundamentals. Boca Raton：CRC Press，2000.

[20] Marya M，Gayden X Q. Development of requirements for resistance spot welding dual-phase（DP600）steels. Part 1-the cause of interfacial fracture. Weld. J. ，2005，84：172s-182s.

[21] Kuntz M L，Bohr J C. Modeling Projection Welding of Fasteners to AHSS Sheet using Finite-Element Method. Sheet Metal Welding Conference XII，2006，Paper 8-6.

[22] Khan M S，Bhole S D，Chen D L，et al. Welding behaviour，microstructure andmechanical properties of dissimilar resistancespot welds between galvannealed HSLA350 and DP600 steels. Science and Technology of Welding and Joining，2009，14（7）：616-625.

[23] Hansen M，Anderko K. Constitution of Binary Alloys. New York：McGraw-Hill，1958：106.

[24] Magnesium Vision 2020. A North American Automotive Strategic Vision for Magnesium. USAMP，United States Automotive Materials Partnership，2006.

[25] Straumal B，Lopez G A，Mittemeijer E J，et al. Grain boundary phase transitions in the Al-Mg system and their influence on high-strain rate superplasticity. Defect and Diffusion Forum，2003，216-217：307-321.

[26] Munitz A，Cotler C，Shaham H，et al. Electron beam welding of magnesium AZ91D plates. Welding Journal，2000，79：202-208s.

[27] Munitz A，Cotler C，Stern A，et al. Mechanical properties and microstructure of gas tungsten arc welded magnesium AZ91D plates. Materials Science and Engineering，2001，A302：68-73.

[28] Wang Y，Feng J，Zhang Z. Influence of surface condition on expulsion in spot welding AZ31B magnesium alloy. J. Mater. Sci. Technol.，2005，21（5）：749-752.

[29] Wang Y，Zhang Z，Feng J. Effect of welding current on strength and microstructure in resistance spot welding of AZ31 Mg alloy. Chinese Welding Journal，2007，16（4）：37-41.

[30] Munitz A，Kohn G，Cotler C. Resistance spot welding of Mg-AM50 and Mg-AZ91D alloys. Magnesium Technology，2002. TMS（The Minerals，Metals & Materials Society）：303-307.

[31] Luo H，Hao C，Zhang J，et al. Characteristics of resistance welding magnesium alloys AZ31 and AZ91. Welding Journal，2010，90：249-257.

[32] Sun D Q，Lang B，Sun D X，et al. Microstructure and mechanical properties of resistance spot welded magnesium alloy joints. Materials Science and EngineeringA，2007，460-461：494-498.

[33] Nippert R A. Composite Resistance Welding Electrode. AWS Sheet Metal Welding Conference IX，2000，Paper 3-4.

[34] Jovanovic M T，Rajkovic V. High electrical conductivity Cu-based alloys. Association of Metallurgical Engineers of Serbia，2009，15（2）：125-133.

[35] Li H，Xie S，Wu P，et al. Study on improvement of conductivity of Cu-Cr-Zr alloys. Rare Metals，2004，26（2）：124-130.

[36] Holzwarth and H. Stamm，J. Nucl. Mat.，2000，279：31.

[37] Kimchi M，Gould J E，Helenius A，et al. The evaluation of various electrode materials for resistance spot welding galvanized steel. SMWC IV，1990，Paper 7.

[38] Davis J R. ASM Specialty Handbook：Copper and Copper Alloys. ASM International，2001.

[39] http：//www.spotweldingconsultants.com/GlidCop_AL_15.pdf. Accessed in Nov. 2010.

[40] RWMA Bulletins #16-Resistance Welding Equipment Standards. Miami，1996.

[41] Gugel M D，White C L，Wist J A. Progression of electrode wear during RSW of EG steel. SMWC V，1992，Paper A4.

[42] Wist J A，White C L. Metallurgical aspects of electrode wear during resistance spot welding of zinc-coated steels. SMWC IV，1990，Paper 7.

[43] Matsuda H，Matsuda Y，Nagae M，et al. Effect of aluminum on spot wldability of hot-dipped galvanized and galvannealed steel sheets. SMWC VIII，1998，Paper 1-5.

[44] Steinmeier D. Resistance Welding-Electrode Seasoning-1，microJoining Solutions-microTips. http：//www.microjoining.com/

microTip_Library/microTip_Resistance_Electrode_Seasoning-1.pdf. Accessed in Nov. 2010.

[45] Li Z, Hao C, Zhang J, et al. Effects of sheet surface conditions on electrode life in aluminum welding. Welding Journal, 2007, 86（4）：34s-39s.

[46] http：//en.wikipedia.org/wiki/Liquid_metal_embrittlement. Accessed in Nov. 2010.

[47] Lai G Y. High Temperature Corrosion and Materials Applications. Materials Park（OH）：ASM International，2007.

[48] Joseph B, Picat M, Barbier F. Liquid metal embrittlement：A state-of-the-art appraisal. The European Physical Journal Applied Physics，1999，5：19-31.

[49] SCOSS. Liquid metal assisted cracking of galvanized steel work. Topic Paper. SC/T/04/02. London：Standing Committee on Structural Safety，2004.

[50] AET_Service_Capability.pdf. http：//www.aet-int.com/capability/AET_Service_Capability.pdf. Accessed in Nov. 2010.

[51] Glickman E E. Mechanism of Liquid Metal Embrittlement by Simple Experiments：From Atomics to Life-Time. Multiscale Phenomena in Plasticity. Ouranopolis，Greece：Kluwer Academic Publisher，2000.

[52] Robertson W M. Propagation of a crack filled with liquid metal. Transactions of the Metallurgical Society of AIME，1966，236：1478-1482.

[53] Glickman E, Levenshtein M, Budis L, et al. Surface spreading and penetration of liquid and solid Ga in thin polycrystalline Ag films. Defect and Diffusion Forum，2006，249：219-226.

[54] Stoloff N S，Johnston T L. Crack propagation in a liquid metal environment. Acta Materialia，1963，11（4）：251-256.

[55] Westwood A R，Kamdar M H. Concerning liquid metal embrittlement，particularly of zinc monocrystals by mercury. Philosophical Magazine，1963，8（89）：787-804.

[56] Westwood A R C, Preece C M, Kamdar M H. Adsorption-Induced Brittle Fracture in Liquid-Metal Environments, Fracture An Advanced Treatise. New York and London：Academic Press，1971：589-644.

[57] Gordon P. Metal-induced-embrittlement of metals-An evaluation of embrittler transport mechanisms. Metallurgical Transactions A，1978，9A：267-273.

[58] Lynch S P. Environmentally assisted cracking：Overview of evidence for an adsorption-induced localised-slip process. Acta Metallurgica，1988，36（10）：2639-2661.

[59] Anderson T L. Fracture Mechanics：Fundamentals and Applications. 2nd ed. Boca Raton：CRC Press，1995.

[60] Website of Metallurgical Associates，Inc：http：//www.metassoc.com/pdf/MAI_Minutes-6_04.pdf. Accessed in Nov. 2010.

[61] Kinstler T J. Current Knowledge of the Cracking of Steels During Galvanizing-A Synthesis of the Available Technical Literature and Collective Experience for the American Institute of Steel Construction，GalvaScience LLC. http：//www.aisc.org/uploadedFiles/Research/Files/Final5906.pdf. Accessed in Nov. 2010.

[62] Mukhopadhyay G，Bhattacharya S，Ray K K. Strength of spot-welded steel sheets in corrosive environment. Materials and Corrosion，2010，61（5）：398-406.

[63] Liu P W，Wu J K. Hydrogen susceptibility of an interstitial free steel. Mater. Lett.，2003，57：1224.

[64] Ductile intermetallic compounds discovered. Public release date：15-Sep-2003，DOE/Ames Laboratory. http：//www.eurekalert.org/pub_releases/2003-09/dl-dic091503.php. Accessed in Nov. 2010.

[65] Mitsumaki M，Tadashi K. In-situ fabrication of intermetallic compound-dispersed Al matrix composites by addition of metal powders. Osaka Furitsu Sangyo Gijutsu Sogo Kenkyujo Hokoku，2006，（20）：63-67（in Japanese）.

[66] Mrówka-Nowotnik G. The effect of intermetallics on the fracture mechanism in AlSi1MgMn alloy. Journal of Achievements in Materials and Manufacturing Engineering，2008，30（1）：35-42.

[67] Slade P G. Electrical Contacts：Principles and Applications. New York：Marcel Dekker，Inc.，1999.

[68] Zhang H，Senkara J，Wu X. Suppressing cracking in RSW AA5754 aluminum alloy by mechanical means. Trans. ASME-Journal of Manufacturing Science and Engineering，2002，124：79-85.

第2章　焊接中的电、热过程

电阻焊时，对电极之间的基材焊件施加电流以产生形成焊核及基材之间有效连接所需的热量。因此，包括焊核和HAZ在内的焊接接头的形成，在很大程度上依赖于基材和涂层材料的电、热性能。根据第1章所讨论的有关材料的冶金相及相变的知识可知，焊点的形成与焊接时的电、热过程有关。控制电、热过程相关的参数是电阻焊中的普遍做法。根据焦耳加热的原理，在电路中产生的热量的一般表达式为

$$Q=I^2R\tau \tag{2.1}$$

式中，Q为热量；I为电流；R为电路中的电阻；τ为电流允许在电路中流动的时间。

当电流不是常量时，对式（2.1）进行积分即可得在一个时间间隔内产生的热量。对于电阻焊来说，焊件各个部位的生热速度——而不是产生的总热量——的意义更大，因为焊件内的发热不是也不应该是均匀的。此外，加热速率比热容量更重要，因为如何在焊接过程中施加热决定了温度变化的历史，而温度历史又直接影响微观结构。这一点可以很容易地通过铝的点焊过程来理解。如果焊接电流过低，由于铝的低电阻率特性，不论加热时间有多长都有可能不会发生熔化，因为铝的高热导率使得所产生的电阻热迅速通过水冷的电极和基材流失。通常，焊接时应同时考虑电、热过程，因为这是了解电阻焊工艺并选择正确的工艺参数的关键。

2.1　电阻焊的电学特性

如图2.1所示，焊件的总电阻由电极-基材界面处的接触电阻（R_1和R_5），基材接合界面的接触电阻（R_3）和体电阻（R_2和R_4）组成。这些电阻量通常不是恒定的——接触电阻是温度和压力的强函数，而体电阻通常只对温度而不是压力敏感。

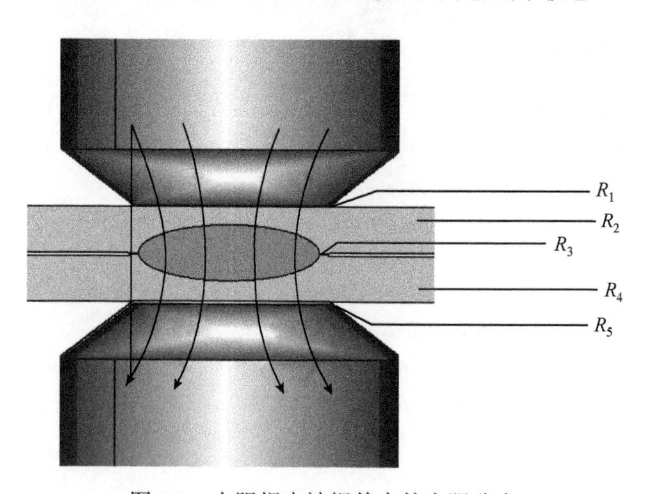

图2.1　电阻焊中被焊件中的电阻分布

2.1.1　体电阻

图 2.2 是根据参考文献[1]～[6]中提供的数据制作的。该图显示了电阻焊中常用的金属体电阻率对温度的依赖关系。尽管速率不同，但体电阻率都随温度的上升而增大。铁（代表钢材）的体电阻率对温度非常敏感，并且它的值远大于纯铜。虽然作为电极材料的是铜合金如 Cu-Cr-Zr 而非纯铜，但纯铜的电阻率提供了铜合金电极的电阻率与工件电阻率的相对值的一个指标。即使在高温下，铜的电阻率也显著低于铁。因此，施加电流时在钢板焊件中产生的热量多于在电极中产生的热量。随着焊接时间的延长，基材被加热，上述现象会更明显，因为加热导致基材的电阻率增高，而电极通常用水冷却，电阻率变化不大。

与钢相比，铝的电阻率非常低而电导率相当高。事实上，它的电阻率非常接近固态铜，如图 2.2 所示。因此，即使采用纯铜作为电极，也很难焊接纯铝。然而，实际中很少使用纯铝。在生产中常采用各种合金铝，如 Al-Mg 系铝合金和 Al-Cu 系铝合金。它们的电阻率比纯铝高得多，这使得焊接铝（合金）成为可能。铝焊接过程中的另一个重要因素是铝表面通常覆盖着一层氧化物，而这种氧化物有很高的电阻率。此外，液态铝比固态铝具有更高的电阻率。如果电极的化学性质选择恰当（因此它们的电阻比铝板低得多），同时严格控制电极的水冷却工艺，焊接铝板是有可能的。

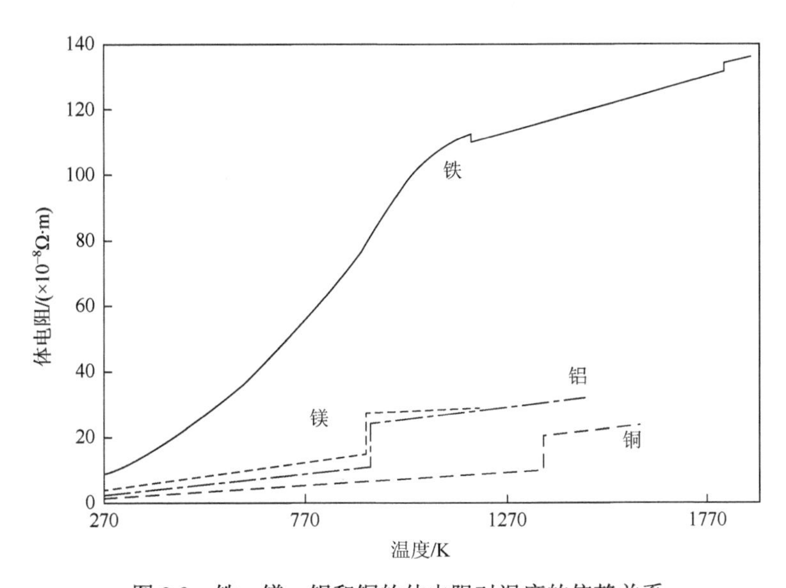

图 2.2　铁、镁、铝和铜的体电阻对温度的依赖关系

由图 2.2 可知，纯镁在焊接过程中的表现与铝类似。实际上，焊接铝和焊接镁的电、热特性都非常相似。不过，焊接镁合金更困难，因为它们与铝相比具有更不稳定的冶金特性。

2.1.2　接触电阻

对大多数金属来说，尽管体电阻率与压力无关，但接触电阻对压力的分布及接触界面的表面条件都很敏感。板材接合界面的表观接触面比电极-板的界面稍大，Eager 和 Kim[7]估算两者间的半径比约为 1.2。一般情况下，仅有一小部分表观接触面有实际上的接触，这是由接触面之间不规则的凸出部位和凹陷部位造成的。电阻焊过程中，由电极挤压产生的界面压力破坏了这种不规则形式，从而导致接触电阻的减少。过低的电极力可能不足以在界面创建充分的电接触，导致集中加热及可能的局部熔化，甚至汽化。

一方面，接触电阻直接受基材的表面条件的影响。油、污垢、氧化物、表皮脱落、涂料，以及其他外来物质的存在都会引起接触电阻的变化。对裸钢来说，其表面可能被油污及铁锈等污染。它们对接触电阻的影响在施加电极力后迅速消失，特别是在施加电流，界面被加热以后。因此，焊接裸钢时通常不需要考虑接触电阻的影响。

另一方面，以防腐蚀为目的的涂层对接触电阻会有显著影响。例如，热浸镀锌钢板所需的焊接电流比未涂覆钢或裸钢更高，因为镀锌层使得接触电阻减小了。焊接镀锌钢板时，由于锌的熔点低，电极-板界面上的锌层首先被熔化，且大部分熔融锌在焊接的前几个周波被挤掉。即使电极面下的大部分锌被挤出压缩区，界面处的接触电阻也会极大地减小。因为残存少量的来自涂层的锌被困在基材界面，而这些锌会填充不直接接触的界面之间的间隙。这种接触面积的增加和填充物（锌）的较低的体电阻，使得总电阻降低。因此，焊接镀锌钢板需要较大的电流。退火处理的镀锌钢板的表面涂层是 Fe-Zn 化合物而非游离锌。这种化合物的体电阻率显著高于游离锌。因此，涂层对接触电阻的影响并不如镀锌钢板的镀层那么明显。

铝板上固有的氧化层 Al_2O_3 在影响电极-基材界面和基材-基材界面上的接触电阻方面扮演着重要角色。该氧化层在刚制成、没有处理过的铝合金表面通常是不均匀的，可能在焊接时被电极力破坏。作为陶瓷的 Al_2O_3 具有高熔化温度并且高度绝缘。基材表面不均匀或破裂的 Al_2O_3 层会导致电流分布不均，电流密度在低电阻处非常高，且产生显著的局部加热，甚至表面熔化[8]。根据德国标准 DVS 2929，如果把基材-基材的接触电阻控制在 20～50Ω，就可以得到稳定的焊接过程且焊核均匀。而这种接触电阻只能在将基材表面进行适当处理后得到[9]。铝焊接的接触电阻可根据德国标准 DVS 2929 用点焊机来测量，如图 2.3 所示。

Li 等[10]根据德国标准在 7500N 电极力下对接触电阻进行了研究。对 4 种类型的表面条件随机采集了 20 个测量值。为保证电极表面条件一致，每次测量后，采用相同型号的砂纸对电极进行清理。4 种板材表面条件由原始表面即未处理表面，以及 3 种清洗表面组成。清洗方法分为除油、化学清洗和电弧清洗，详述如下。

（1）除油。把铝基材浸泡在金属除油洗涤剂的水溶液中 5min，随后用棉花擦拭，再用水漂洗 3 次，最后将基材风干。

（2）化学清洗。首先按（1）所述的除油步骤对基材进行清洗；然后将它们浸泡在 60℃、5%的 NaOH 水溶液里 4min；接着用水漂洗 3 次，再在室温下将它们浸泡在 30%的 HNO_3 水溶液中 2min；之后用水漂洗 3 次；最后放置在空气中自然干燥。

（3）电弧清洗。基材的两侧表面用电弧焊机清洗。清洗是在较短的时间内施加适当的清洗电流，以避免熔化铝基材表面。

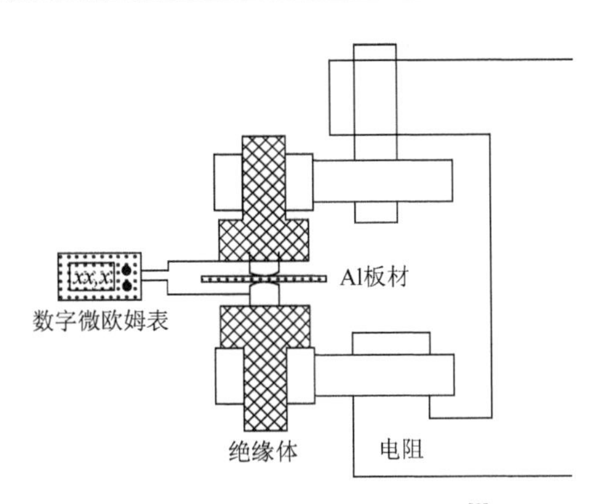

图 2.3　接触电阻的测量装置[9]

采用如图 2.3 所示的带数字微欧姆表的设备来测量 2mm 厚的 5A02 铝合金基材在各种表面条件下的接触电阻。测得的电阻曲线绘制在图 2.4 中。由图可知，不同表面条件的接触电阻明显不同。电弧清洗的板材的接触电阻最低，这也许是基材表面的油脂和氧化物层被电弧的强热烧掉所致。清洗后基材金属暴露，并在 Ar 气体的保护下发生微弱的氧化。清洗和测量之间相隔仅有几个小时，在这段时间内仅可能形成一层薄薄的 Al_2O_3。使用电弧清洗时，电弧下的高热使得清洗表面区域内可能发生基材金属软化现象，使电极和板材之间的接触面积大于原始板材或其他方法处理过的材料的接触面积。

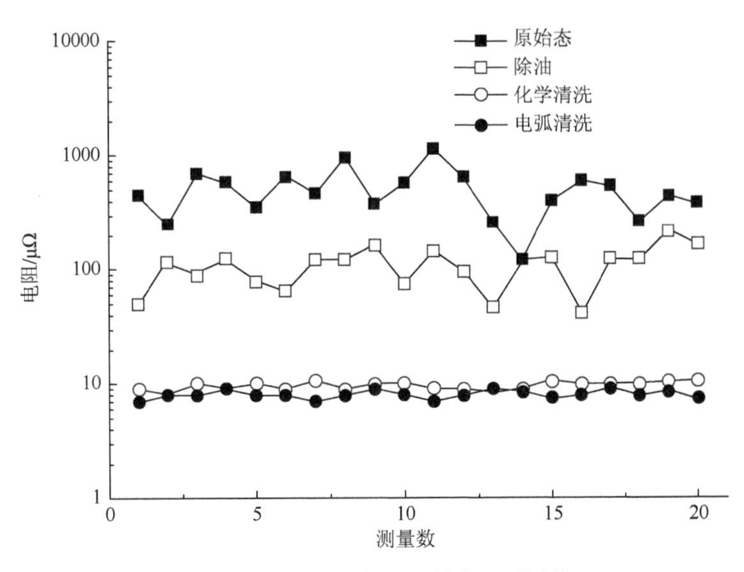

图 2.4　各种表面条件下的电阻测量值

化学清洗后板材的表面电阻相当均匀，数值上比电弧清洗表面的电阻值略高。另外，除油表面的接触电阻值相对较高，但仍比原始表面的接触电阻低得多。除油表面和原始表面上接触电阻的分布不如化学清洗表面或电弧清洗表面那么均匀。接触电阻在量值和分布上的明显差异在很大程度上取决于 Al_2O_3 被去除的程度。该实验中得到的化学清洗、除油和原始表面条件下的电阻值与其他研究者所报告的一致。

2.1.3 总电阻

在电阻焊过程中，总热量由电极间的基材焊件的总电阻决定，即各处的电阻（接触电阻和体电阻）的总和。因此，总电阻的变化反映了焊接时由相关的物理过程引起的各部分电阻值的变化。所以，对焊接过程中电阻值的变化的分析有助于了解焊接过程。图 2.5 显示了钢和铝合金在焊接过程中的总电阻变化的比较。对于铝来说，表面上的 Al_2O_3 使得开始时的总电阻值非常高。但一旦施加焊接电流，总电阻便会陡降，意味着该 Al_2O_3 层在电极力和高热的作用下破裂。在最初的陡降之后，电阻继续下降，但下降的速度要慢得多。铝的体电阻在此阶段中起主导作用。铝的体电阻率在固体和液体状态随温度升高而增加，而且熔化的过程也使电阻增加，所以总电阻也应该相应增加。然而，铝在加热过程中变软或熔化，从而导致焊件厚度减小，接触面积增加，降低了接触电阻及总电阻。接合面的 Al_2O_3 层被破坏以后，Al_2O_3 颗粒逐渐混入被软化，甚至熔融的金属基材中，它们对总电阻的贡献逐渐消失。因此，总电阻随温度略微降低，意味着因软化/熔化引起的电阻的降低大于因加热而增加的电阻。

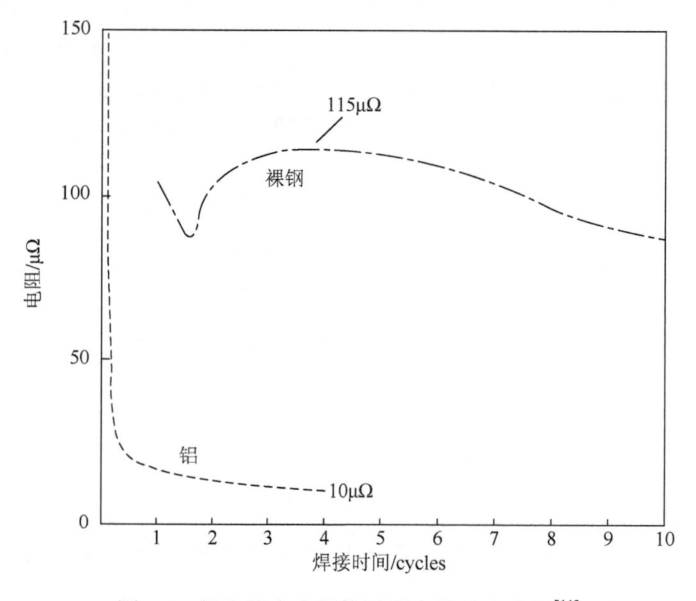

图 2.5 钢和铝合金焊接过程中的动态电阻[11]

由于电和力学性质方面的巨大差异，裸钢的焊接过程中电阻的变化与铝的焊接中观察到的极为不同。与铝焊接一样，开始时总电阻也有下降，但速度要慢得多。总电阻下降可以归因于板材表面物质如油脂等燃烧以后引起的接触电阻的降低。钢的表面层电阻比铝的 Al_2O_3 层的电阻低得多。然后，可以观察到电阻值随着焊接过程的进行而增加。这与钢的体电阻率随温度的升高而增加相对应。由图 2.2 可知，钢中电阻率随焊接时间的增加值明显高于铝。在此阶段，尽管钢被软化且其屈服应力降低，但固态钢仍有足够的抵抗焊件变形的能力。因此导致总电阻的净增长。进一步加热会导致熔化，使得固体的屈服强度显著降低，从而导致总电阻降低。由图可知，钢的焊接中电阻明显高于铝焊接的电阻。因为铝与钢相比具有更高的导电率和导热率，所以在焊接铝合金时需要采用大电流和较短的焊接时间。例如，焊接 2mm-2mm 的钢板组合时，约需要 10000A 的电流，但焊接类似组合的铝板时却需要 40000A 以上的电流。

电极的电、热特性对焊接过程，尤其是电极的使用寿命有显著影响。除了银，所有其他杂质及合金元素的存在都会降低铜的导电率和导热率，并且铜的导电率会随着杂质或合金元素量的增加而降低。镉对铜的导电率的影响最小，然后依次是锌、锡、镍、铝、锰和硅，而磷的影响最大。锌对铜的热导率影响非常小。选择电极材料时，应充分考虑合金元素对电、热特性及力学性能的影响，以得到一个可以同时获得优质焊点和长寿命电极的优化设计。

2.1.4　分流

当焊点与先前的焊点过于靠近时，如图 2.6 所示，先前的焊点会导致电流分流，影响后续的焊接。焊接电流的一部分可能通过附近已经存在的焊点，导致电流或电流密度不足以产生高质量的焊点。分流效应对基材体电阻率有很强的依赖关系。高导电率金属如铝等需要足够大的焊点之间的距离。当设计点焊结构时，应将这个因素考虑进去，因为距离太近的焊点会彼此影响，其中某些焊点的强度可能达不到预期。可以参照国际焊接学会（International Institute of Welding，IIW）的规定[12]，将最小焊点间距取为基材厚度的 16 倍，或 3 倍于对给定基材所选用的电极面的直径。

Howe[13]及其他研究人员对各种厚度的镀锌钢板和裸钢板进行了测试，并用方差分析法对测试结果进行了分析。测试中大部分焊点间距比 IIW 推荐的间距大，因此得到焊点间距并无明显影响的结论。但厚的裸钢板是个例外。该研究的结论是，最小的焊点间距应由基材厚度（因为通过横截面的电阻低）、基板导电率和表面处理等三个因素决定。

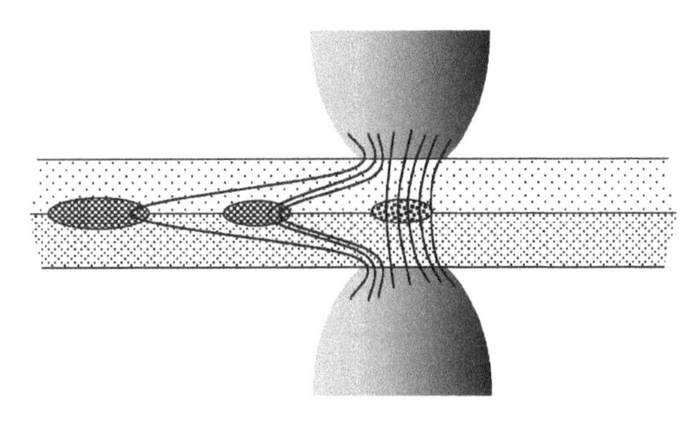

图 2.6　电阻焊中的分流

2.2　电阻焊的热学特性

散热并不是在切断电流后才开始的——在焊接过程中的任意时刻，产生的热量都会通过基材或电极散掉。对焊点质量和电极寿命至关重要的一点是保持电极的低温。铜的热导率（图 2.7）明显高于低碳钢或纯铝。因此，在电极中产生的热或传导至电极的热都会通过适度冷却的电极迅速消散。与钢相比，纯铝具有较高的热导率。因此，在铝基焊件中产生的热量在焊接过程中会迅速消失。由于在加热的同时大量的热量流失，焊接铝材时必须采用较大的电流和较短的焊接时间。也就是说，铝焊接需要集中加热。事实上，如果加热速率不够，铝焊接可能无法实现。由于铝对铜的化学亲和力很高，可形成导电率和热导率都比铜低的脆性合金（青铜）。而在电极-板材界面，集中的快速加热会促进青铜的形成，并缩短电极寿命。镁在所有方面都与铝相似，尤其是在电极寿命方面。

受热时金属在固相和液相状态下都会膨胀。然而，膨胀量因材料不同而有差异。图 2.8 为纯铝、镁、铜和铁的热膨胀系数（CTE）对温度的依赖关系。这些金属的 CTE 有很大差别。在电阻焊过程中，电极之间的基材无法自由膨胀，而是被电极约束着。为保持界面处的电和热接触及控制液态金属的飞溅（详见第 7 章），这种约束是必需的。计算表明，液态铝焊核中的压力比铁高两倍，而镁则位于它们之间。大膨胀需要高的电极力来抑制，因此常会导致大的或深的电极压痕。另外，铝或镁焊件中的热应力水平也较高，

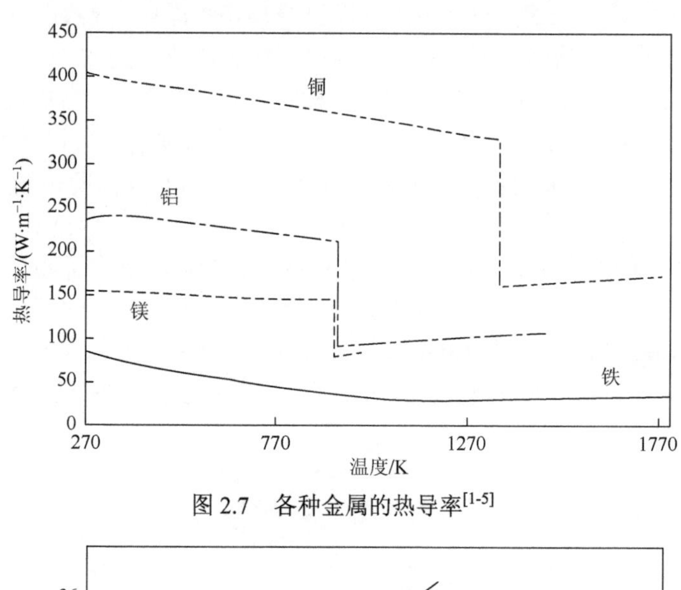

图 2.7　各种金属的热导率[1-5]

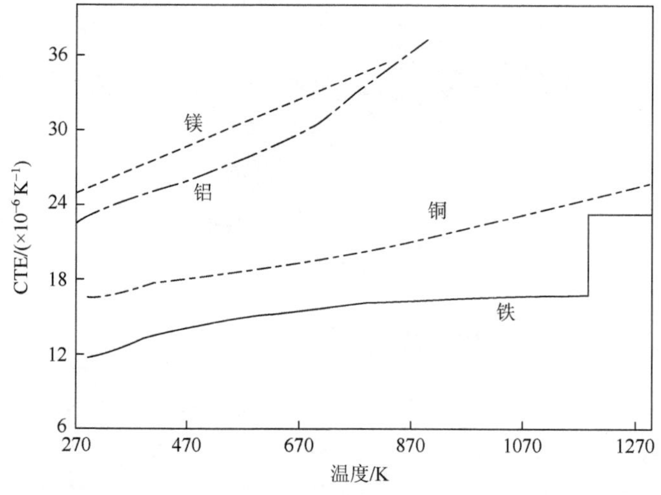

图 2.8　各种金属的 CTE（根据参考文献[1]～[4]、[14]和[15]提供的数据绘制）

会导致收缩孔隙和裂纹的形成。由于铝的膨胀能力高于铜或钢，所以焊接铝时所需的电极力远大于焊接钢。因此，焊接铝、镁合金时除了需要较大的变压器，还需要专用的焊接设备，如刚度较好的焊机臂和较大的气缸（详述见 2.1 节）。

焊接的热过程可以通过电极位移直接反映出来。当产生的电阻热超过通过电极和基材的散热量时，焊点及其附近的基材经历一个加热过程，热膨胀会试图将电极推开。而净热损失则导致焊件收缩。因此，电极位移是焊接过程中的热过程，甚至是冶金过程的良好标志。图 2.9 显示了钢焊接过程中的电极位移。相应的电流波形作为参考。施加电流后，固体被加热，显示在区域 I 中。加热约 3 个周波后，电极位移的幅度突然增加（区域 II）。这可能与部分基材的熔化有关，由于因熔化导致的体积增加量明显高于固态加热时的体积增加量。切断电流后，基材焊件开始冷却并收缩，如区域 III 所示。由于使用了交流电流（alternating current，AC），当电流值从 0 升至峰值时，产生的热量会增加；而当其从峰值降至 0 时，热量会减少。假设冷却速度在焊接过程中没有太大变化，那么电极位移会模仿由 AC 引起的加热/冷却循环。因为热量的产生对电源的极性不敏感，所以电极位移信号的波动频率是电流的两倍。

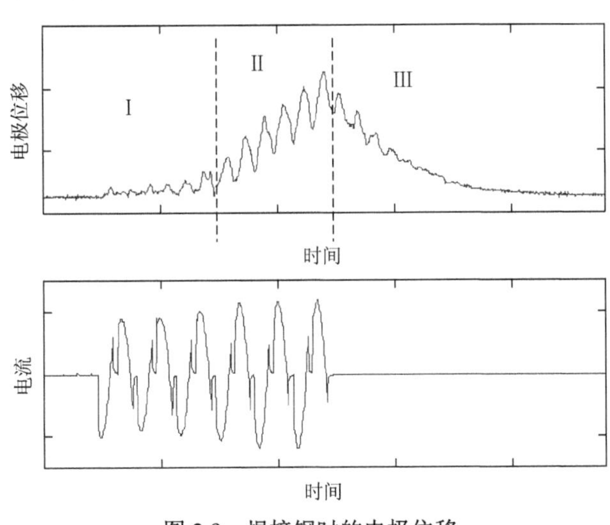

图 2.9　焊接钢时的电极位移

2.3　电 极 寿 命

焊接时的焦耳加热可能引起电极和基材之间的冶金反应。因此，电、热过程决定电极磨损，并最终影响电极寿命。本节将讨论电阻焊中镀锌钢和铝合金的电、热和冶金过程，以及它们的相互作用对电极寿命的影响。

2.3.1　镀锌钢板的焊接

影响电极寿命的一个重要因素是接触电阻，它主要取决于表面条件，决定了电极-基材界面的生热和冶金反应。焊接镀锌钢板时，由锌的高电导率引起的低接触电阻决定了其焊接电流远高于焊接裸钢时的焊接电流。在电极-基材界面的游离锌对电极磨损有着显著的影响。铜与锌之间的合金化反应形成的黄铜增大了电极表面的电阻率。这反过来又在焊接过程中提升了电极温度。电极表面因界面处的反复加热和机械冲击而发生变形，而且在电极表面上形成的黄铜常粘连在基材上，在基材上留下金色的环状压痕。因此，锌涂层有助于电极的磨损。图 2.10 显示了镀锌钢板上大量焊点后的一对电极。电极表面有明显的氧化反应和黄铜形成的迹象。平的电极表面被损坏，伴有明显的电极表面的增大。电极磨损以后，如果仍采用新电极时的电流值进行焊接，将会因为电流密度不够而导致焊点质量不合格。

图 2.10　焊接钢中的电极磨损（后附彩图）

在一项电极寿命的研究中，Kimchi 等[16]系统地研究了在热浸镀锌板材和电镀锌板材的焊接中，Cu-Cr、Cu-Zr 和 Al_2O_3 弥散强化铜（78%IACS）电极的电极寿命。进行了两种电极寿命试验：①常规试验——所用电流略低于飞溅极限及产生额定尺寸焊点的电流；②摆动焊接性能试验。当 3/5 的剥离试验没有焊点产生时，认为达到电极寿命。设焊接电流略低于飞溅边界时，测得的 Cu-Zr 系合金、Cu-Cr 系合金和 DSC 电极的寿命在 3400 个、2400 个和 1700 个焊点；当电流设在对应于额定焊点的电流值时，它们的寿命在 2600 个、1100 个和 500 个焊点。在摆动焊接试验中，DSC 电极的表现非常出色，与其他两类电极相比，拥有更长的使用寿命和更少的粘连现象。电极的不同特性归因于不同的电极磨损机制。在 Cu-Zr 和 Cu-Cr 电极表面，可以观察到少数大凹坑的形成，而大量分布均匀的小蚀点出现在 DSC 电极的表面上。

White 等[17-21]发表了一系列有关电极磨损机理方面的研究成果。点焊电极的退化通常包含两个过程：因高温塑性变形而导致蘑菇状电极面，以及点蚀，其主要成因是合金化引起具有低导电率的低熔点相的形成，进而引起电极面的材料剥落。

硬度较高的材料如弥散强化材料对抗蘑菇状变形的能力比较软的材料更强。所以，较硬的材料具有较长的电极寿命。然而，把 AL60 电极与电阻焊机制造商协会的 II 类 Cu-Cr 系及 Cu-Zr 系合金电极进行寿命比较，结果发现在常电流焊接中较硬的 AL60 电极的寿命比后者短。其主要原因是，这两类材料制造的电极中点蚀的形成过程不同。通过析出硬化得到的 Cu-Cr 系、Cu-Zr 系合金电极易于形成一个单一的可见凹坑，并且它在整个电极生命周期内始终处于生长状态。然而，在弥散强化的 AL60 电极上可以观察到相当数量的小凹坑，它们也在整个电极生命周期里持续长大。塑性变形对这两类材料的凹坑生长有不同的影响，决定了它们具有不同的增长率，因而具有不同的电极寿命。据实验[17]观察可知，在 Cu-Cr 系、Cu-Zr 系合金电极表面上的凹坑可通过电极材料的局部变形得以修复，而这种变形及修复在 AL60 电极上是不可能发生的。因此，AL60 电极上的凹坑会以更快的速度长大，从而导致其寿命比软材料的寿命短。他们对弥散强化铜 Glidcop AL25 电极也进行了测试，结果发现其电极寿命比 AL60 级的 DSC 电极长 34%。AL25 电极的失效机理与 Cu-Cr 系、Cu-Zr 系合金电极相似。

Kusano 等[22]对 Cu-Cr-Zr 系合金电极焊接镀锌钢板过程中电极面上的蚀坑的演变过程进行了研究。在高压和高温条件下，电极面上会形成一个 Cu_5Zn_8 合金层。这种金属间化合物与电极基材相比具有较高的电阻率，因而焦耳加热过程会产生更多的热量。这种现象使得合金化加剧，进而在焊接过程中产生越来越多的此类物质。合金化达到一定的程度，它可能会在电极与焊件分离时从电极表面剥落。这一过程引起的材料损失直接导致了电极面上形成蚀坑。图 2.11 显示了铜电极面上蚀坑的演变过程，它经过了合金化过程中 Cu-Zn 化合物生成，其数量随着焊点数量的增加而增加，以及电极表面合金层的剥落的反复过程。对电极和工件涂层之间的合金化引起的电极磨损已有广泛报道，如 Howe[23]在焊接 ZnNi-UC 电泳镀锌薄钢板过程中对电极磨损的研究。

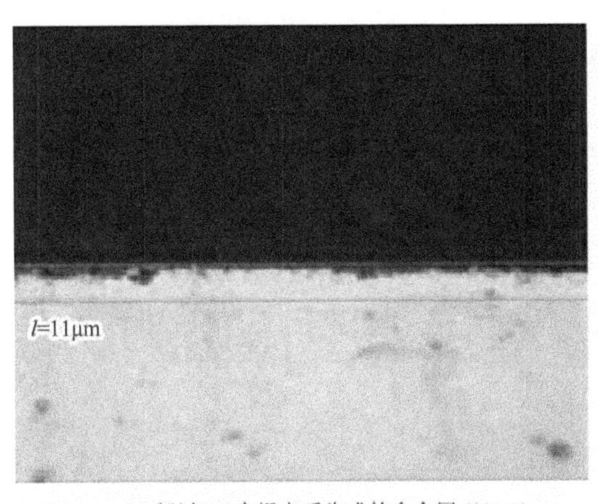

(a) 经过100个焊点后生成的合金层 (11μm)

(b) 经过300个焊点后形成的蚀坑 (深度87μm)

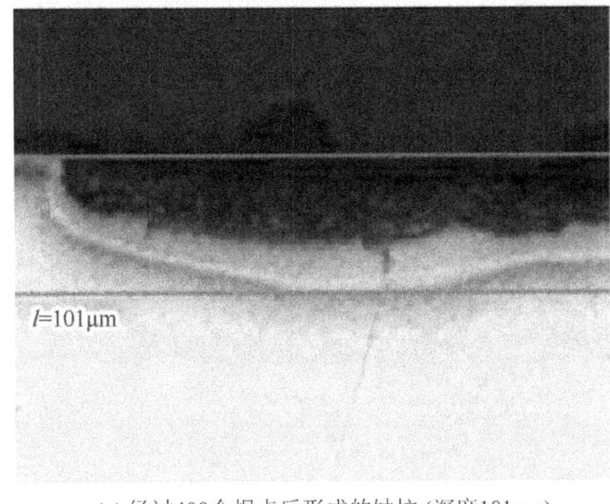

(c) 经过400个焊点后形成的蚀坑 (深度101μm)

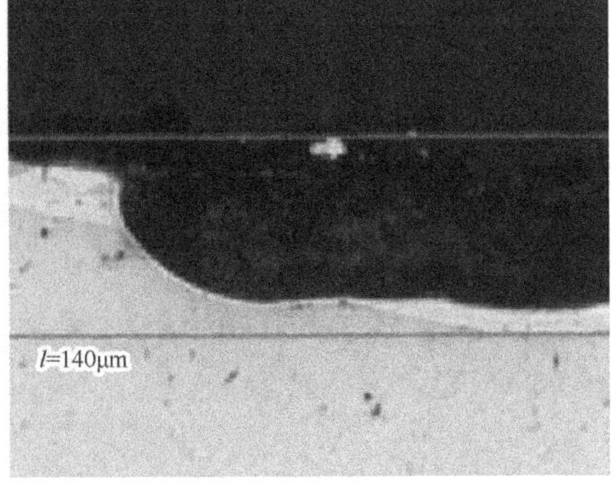

(d) 经过500个焊点后形成的蚀坑 (深度140μm)

图 2.11　电极表面上蚀坑的形成和生长对焊点数量的依赖关系[22]

2.3.2 铝合金的焊接

铝焊接中的电极磨损机理与镀锌钢的焊接相类似。由图 2.12 可知，用于焊接铝合金的球形电极表面磨损，并伴有大量的铝的粘连和合金化的迹象。

电极的急剧劣化是高压、高温和快速合金化过程共同造成的。由于铝板上不均匀 Al_2O_3 层的存在，在焊接一开始时就有可能发生局部加热甚至熔化。因此，铜和铝之间的合金化导致的电极劣化在很大程度上受电极-基材界面的接触电阻的影响。（电极力导致的）高压和高温下的合金化和材料的剥离直接导致电极表面状况的急剧劣化。在连续焊接过程中，电极表面由于反复且加速的（由于累积的合金化和材料剥离引起的）退化致使电极寿命缩短，以至于这种电极和基材不能直接应用到大批量的自动化生产中。

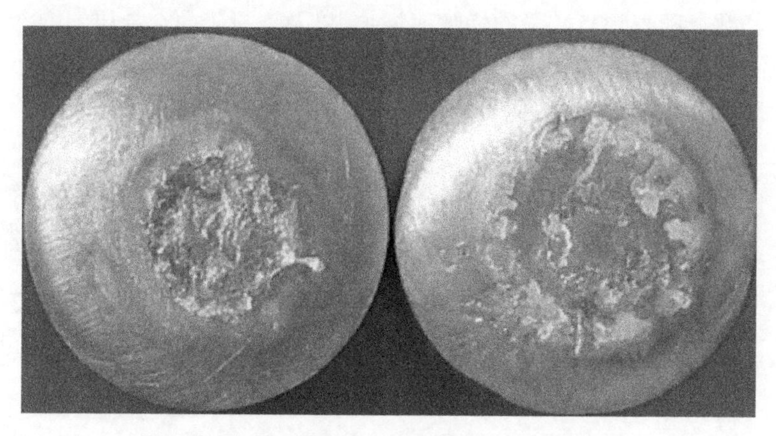

图 2.12 铝合金焊接中的电极磨损（后附彩图）

由于铜电极和铝材之间的界面上所产生的热量决定了电极的寿命，所以没有 Al_2O_3 层的表面对电极寿命最有利。如果这一条件很难实现，一个薄而均匀的氧化层也可以达到均匀加热的目的，所以在铝材的准备过程中也应该尽量争取实现。这只是基于延长电极寿命的考虑，没有顾及另外一个重要方面，即如果没有氧化物层，焊接铝将变得非常困难，因为它的体电阻率与铜电极的非常接近（图 2.2）。焊接镁合金与焊接铝合金非常相似，因为镁和铝之间在热、力学和冶金特性方面非常相似。Thornton 等[24]通过实验研究发现，如果焊接 2mm 铝板时对其进行适当的除油或化学清洗，则可以获得高达 1000 个焊点的电极寿命。使用覆盖了一层特别设计的薄膜的铝材也可获得类似的电极寿命[25]。Li 等[10]系统地研究了板材表面状态对电极寿命的影响。为测量板材表面条件对电极寿命的影响，使用了一组对 2mm 厚的 5A02 铝板焊接最佳的焊接参数。实验获得了高于 2000 个焊点的、未经修整的电极寿命。

1. 实验

5A02 铝合金的化学成分见表 2.1。焊接时采用表面曲率半径 100mm、直径 20mm 的球形 Cu-Cr-Zr 系电极和 1 个 300kVA、三相直流（three-phase direct current，DC）基座式焊机。对4种表面条件：原始表面、化学清洗、除油和电弧清洗表面对电极寿命的影响进行了比较。

2. 快速电极寿命测定

因为初步实验表明电极的寿命与电极表面的形貌特征存在一定的关系，在研究中来观察每一种基材表面条件下，一组新电极经过60个焊点后电极表面形貌上的变化。然后，将这组电极与用来测试寿命的电极进行比较。由于电极寿命与焊接参数密切相关，进行一组实验时首先要对焊接参数的影响有所了解。进行60个焊点实验时，焊接参数（表2.2）是通过焊接实验获得的，确保每一种表面条件下最小的焊点尺寸为$5\sqrt{t}$（t为板材厚度，单位mm）。

表2.1　5A02铝合金的化学成分　（单位：wt.%）

Si	Fe	Cu	Mn	Mg	Ti	Al
0.40	0.40	0.10	0.25	2.5	0.15	平衡

表2.2　测定快速电极寿命使用的焊接参数

表面条件	未处理	除油	电弧清洗	化学清洗
焊接时间/ms	80	80	120	100
焊接电流/kA	27.2	29.1	34.3	32.7

注：所有焊接实验的电极力均为9kN

采用表2.2所列的针对4种表面条件的焊接参数，经过60个焊点后的电极表面见图2.13。由于经过60个焊点的上电极和下电极之间的差别很小，所以图中只显示了上电极。铝粘连产生的银环出现在所有的电极中。然而，对用在不同表面条件下的4个电极来说这个环状带是不同的。用于化学清洗表面的电极上该环状带很窄且较清楚。用于除油表面的电极上的环状带较宽，但仍然比较清楚。相比之下，用于电弧清洗表面的电极上的环状带变宽且模糊。而原始表面的电极上的环状带非常宽且极为模糊。由铝粘连形成的宽而模糊的环状带表明在连续焊接过程中电极-基材的接触不稳定，由铜和铝之间的合金化产生青铜，而在许多地方生成的青铜又被与板材之间的粘连而从电极表面剥离。不同表面条件焊接使用的电极表面上的铜的氧化程度也有所不同。图2.13（a）和（b）的氧化程度似乎比图2.13（c）和（d）低。用于原始基材和电弧清洗基材的电极表面出现明显的粗糙化（以小凹坑的形式）现象，而用于化学清洗和除油基材上的电极则平滑得多。

图2.13清楚地表明，采用不同表面条件的基材进行焊接时，电极表面的形貌有很大的不同。对这种差异进行识别将有助于通过少量的焊点来预测电极寿命。预估的方法是将这些电极的表面特征与在相应的电极寿命试验中获得的电极寿命联系起来。

3. 电极寿命试验

采用表2.2所列参数，电极寿命试验在4种表面条件下的基材上进行。所有焊点均通过剥离试验来测量焊点尺寸。无焊点或焊点小于 $3.5\sqrt{t}$ 则定义为失败。当焊点中有 5%或以上的失败时，电极寿命终止。对于表面经过化学清洗、电弧清洗和除油的样品，每 100 个焊点中取 1 个进行拉伸-剪切试验；对于表面未经处理的样品，每 50 个焊点中用 1 个进行该试验。

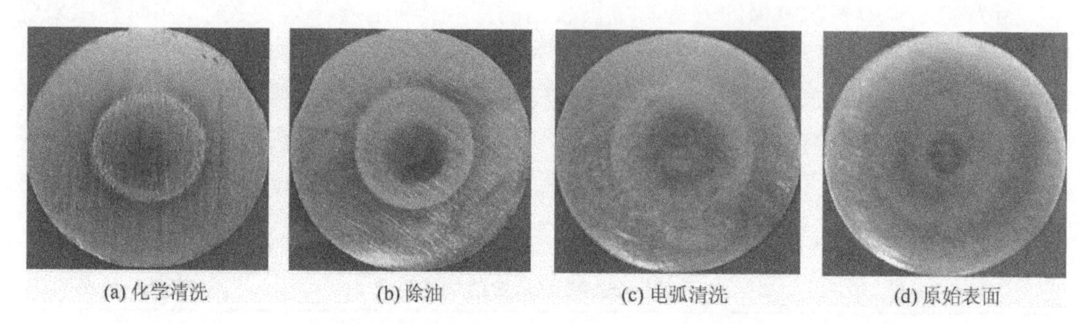

图 2.13　在不同表面条件下的基材经过 60 个焊点后的电极表面（后附彩图）

焊接前述 4 种不同表面的材料获得的电极寿命如图 2.14 所示。在焊接化学清洗的板材时，一副电极可制造 2300 个以上的质量良好的焊点，而电极表面仅有轻微的磨损，远未达到其使用寿命，如图 2.14（a）所示。用于焊接除油表面的电极，其电极寿命大于 2000 个焊点，如图 2.14（b）所示。这种条件下，当接近电极寿命时，焊点直径有很大变化，但仍远小于焊接电弧清洗和原始表面时观察到的焊点直径的变化。由图 2.14（c）可知，使用电弧清洗的板材时电极寿命约为 1700 个焊点。使用原始基材时，电极寿命约为 200 个焊点，比焊接任何一种处理过的板材要短得多。因此，基材的表面条件对铝焊接的电极寿命起着决定性作用。

各种表面条件下电极寿命试验后的电极表面如图 2.15 所示，按它们在如图 2.14 所示的电极寿命进行排列。用于焊接原始基材的电极［图 2.15（d）］的磨损程度明显低于其他条件下的电极。但是，这一对电极只制造了大约 200 个焊点，而其他电极，如用于电弧清洗板材的电极制造了 1700 个焊点［图 2.15（c）］，用于化学清洗［图 2.15（a）］和除油［图 2.15（b）］板材的电极制造了 2000 个以上的焊点。

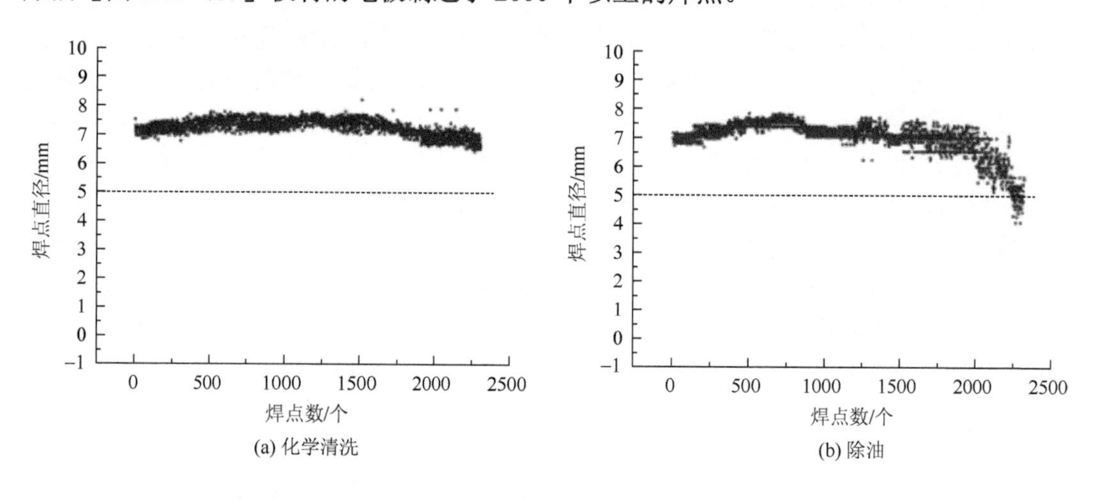

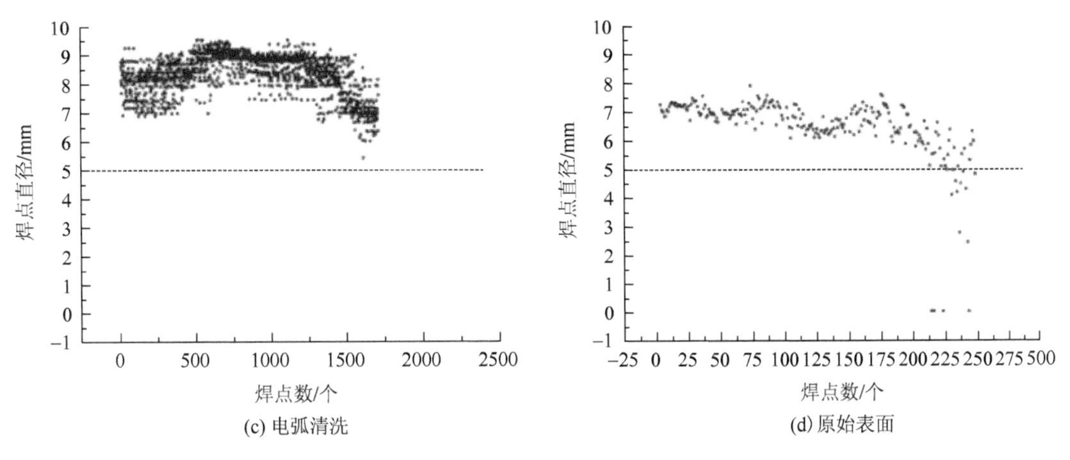

(c) 电弧清洗　(d) 原始表面

图 2.14　不同表面条件下进行的电极寿命试验结果

虚线代表最小焊点直径要求（$3.5\sqrt{t}$）

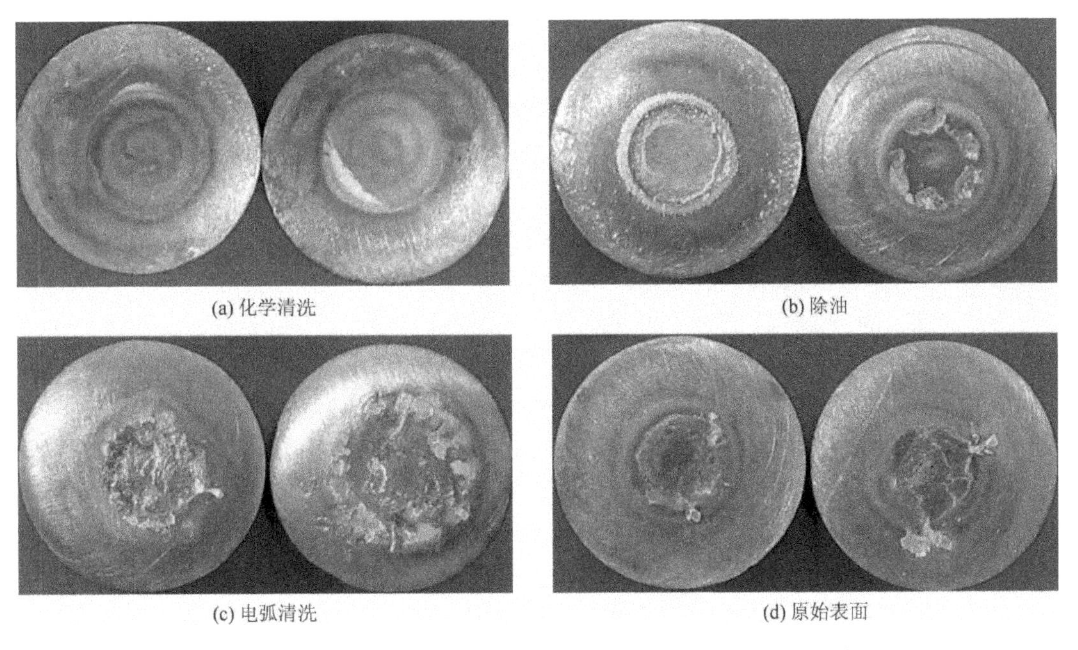

(a) 化学清洗　(b) 除油

(c) 电弧清洗　(d) 原始表面

图 2.15　不同表面条件下的寿命试验之后的电极表面形貌（后附彩图）

左侧的电极来自焊机下臂（负极），右侧电极来自上臂（正极）

对电极-板材接触面的接触电阻的大小和均匀性的估计可用于表征表面条件对电极寿命的影响。由图 2.15 可知，化学清洗表面的接触电阻最低，而它们的电极寿命最长。另外，原始表面具有最高的接触电阻和最短的电极寿命。较低的接触电阻对电极寿命有利，主要是氧化和合金化程度低，两者都有助于减少接触界面的热量产生因而延长电极寿命。用于焊接化学清洗表面的电极在寿命试验后表面上呈现轻微的合金化和氧化反应，而除油表面的电极有因青铜剥离导致的凹坑，以及大面积的 Cu-Al 合金化。电极表面上大量的凹坑和铝粘连/合金化证明电弧清洗表面条件下的电极退化最严重。

电极-板材表面接触界面的一致性和均匀性对电极寿命也有重要的影响。正如前面所述，基材表面上不均匀分布的接触电阻会导致焊接时基材和铜电极之间不均匀的局部加热。在这些局部可能会出现严重的氧化反应和合金化，从而导致铜电极表面上的电阻分布不均。制造随后的焊点时，由于之前的焊接导致的电极表面电阻的不均匀分布，以及不均匀的基材表面电阻（每一次焊接均不同），致使当次焊接时接触界面的电阻也不均匀。焊接时电极表面会发生新的氧化反应和合金化。这种方法的累积效应是电极表面的持续劣化。其结果是，焊件中电流分布对每一个焊点都不同，如果电极表面受到严重损坏就会产生不一致的焊点。虽然图 2.15 显示了电弧清洗表面具有更低、更一致的接触电阻，但实验中观察到，使电弧清洗一致，尤其是避免表面熔化是很难做到的。

这解释了虽然电弧清洗会得到较低的接触电阻，但与除油相比电极寿命反倒缩短的现象。另一个可能的原因是，残留在除油后的基材表面上的那层薄薄的 Al_2O_3 起到隔离层的作用，以阻止铜和铝之间的相互扩散，从而避免了在接触区域内产生过多的局部加热。

电弧清洗表面条件下电极寿命相对较短的另一个因素是电弧清洗过程改变了基材的表面特性。处理过的基材表面被电弧加热而变软，导致在 9kN 电极力（寿命试验时使用的电极力）下，电极和基材之间的接触面变大。因此，这种基材的焊接需要高电流以达到产生焊点的最小电流密度。由表 2.2 可知，焊接经电弧清洗过的基材需要在所有条件中最高的焊接电流和最长的焊接时间。与焊接通过其他方法清洗过的基材相比，用于焊接经电弧清洗过的基材的电极表面（图 2.15）受到很大的破坏——有许多大而深的凹坑，大面积的铝沉积，并且电极的接触面明显大于其他条件下的接触面。当电极表面发生剧烈的合金化及合金的剥离时，电极和基材表面之间的有效接触面变得不稳定，在某个焊点时可能很小而导致大的电流密度，而在另一个焊点时变大而导致非常低的电流密度，从而产生低焊透或尺寸过小的焊点。接触面的这种变化是随机的且使制造的焊点尺寸发生较大变化。

电极力和焊接时间对电极合金化的影响在第 1 章已有详细讨论。通常，较长的焊接时间会在电极-基材界面处产生更多的热量，因此，铜与铝或镁的合金化程度会高于焊接时间短时的合金化。类似的趋势也可以在电极力较大时观察到，但电极力的作用不同。合金化的严重程度因电极力的增加而显著降低。这是因为大电极力导致小接触电阻，从而减少电极-基材界面处的热产生和合金化。因此，对延长电极寿命来说大电极力是有利的。

电极的极性对电极的劣化有一定影响。图 2.15 中每对左侧的电极取自下电极臂或负电极臂。这些电极的损坏程度较每对中的右侧电极（取自上电极臂或正电极臂）为轻。这种现象也许与接触界面的微观形态和电阻加热的动态过程有关，值得专门研究。

焊接时焊接质量的变化程度是生产中一个重要指标。它也可以作为电极寿命的一个指标，焊接质量较大的起伏表明焊接过程不稳定，因此，可能接近电极寿命的终点。平均焊点直径和标准偏差绘制在图 2.16 中。在电极寿命试验中，对每 50 个焊点即进行这样的计算。焊接经化学清洗过的基材会产生相当一致的焊点，以及非常低而几乎恒定的标准偏差，如图 2.16（a）所示。可以看到，在其他表面条件下的焊接中，当电极寿命趋于终点时，平均焊点直径减小，且标准偏差显著增加。从图中的曲线可以看到，当电极寿命达到终点时，所有表面条件（化学清洗除外）的标准偏差约增加了 300%，标准偏差在突然增加前约为 0.4mm，当接近电极寿命时，跃至约 1.4mm 或更高，并伴有明显的焊点直径减小现象。在电弧清洗条件下，标准偏差的第一次增加与平均焊点直径减小至标准值之下无关。但是，它已经相当接近电极寿命。因此，焊接时焊点直径的标准偏差的变化是一个有用的电极寿命指标。

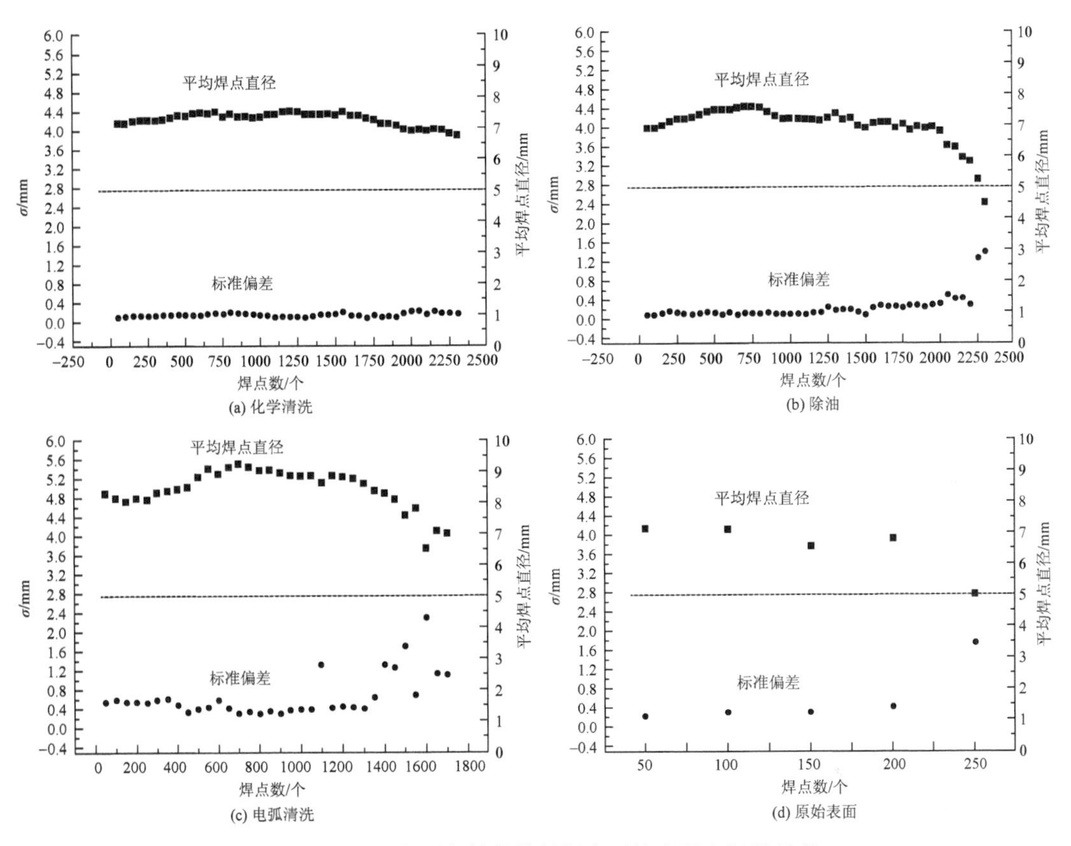

图 2.16　不同表面条件的基材焊点平均直径和标准偏差

电极寿命试验中，测试得到的焊点的拉伸强度与观察到的焊点直径的变化趋势相似。各种表面条件焊点的拉伸-剪切试验结果如图 2.17 所示。在所进行的电极寿命试验中，除了原始表面条件的焊接中每 50 个焊点取 1 个进行测试，对其他的表面条件则取每 100 个焊点中的 1 个进行测试。化学清洗再次产生了最高的强度和最小的偏差。除油表面的焊点具有较低的强度和较大的偏差，而电弧清洗的焊点的力学性能相当不稳定。它们的表现类似于在图 2.16 中焊点尺寸的趋势。这些差异可以归因于不同表面条件导致的接触电阻在大小和分布上的不同。

4. 60 个焊点电极和电极寿命之间的关系

如图 2.13 和图 2.15 所示，用于不同的表面条件焊接的电极具有明显不同的特性。随后的电极寿命试验证明，它们的电极寿命也是不同的。因此，对于特定的焊件和焊接参数，只需要经过少数焊点，如本书中所做的 60 个焊点来预估电极寿命是有可能的。通过分析如图 2.13 所示的特征，并将它们与相应的电极寿命联系起来，可得出以下观察结果。

（1）电极表面上的银色环状带。经过几个焊点后长寿命电极上会形成一个小而窄，但很清晰的银色环状带。另外，一个大而宽，且模糊的银色环状带预示着较短的电极寿命，如在电弧清洗和原始表面条件下的焊接情况。

（2）在电极表面中心的黑色氧化（燃烧）痕迹。在银色环状带内，通常有一个氧化反应区，它与电极-基材界面的清洁度有直接关系。油脂及界面处的其他有机化合物会在焊接时急剧的加热条件下燃烧。由于这种反应是由界面处存在的低导电率，甚至绝缘物质引起的，所以它直接反映了接触电阻。

因此，它与电极劣化和电极寿命直接相关联。通过比较图 2.13 和图 2.14 可知，如果经过 60 个焊点后的电极表面上有细小而轻微的烧痕，则表明电极寿命长；如果电极表面有大而暗的烧痕，则表明电极寿命较短。因此，通过少数几个焊点在电极表面上产生上述可见特征，可以用来预估特定基材、电极和焊接参数的组合下的电极寿命。

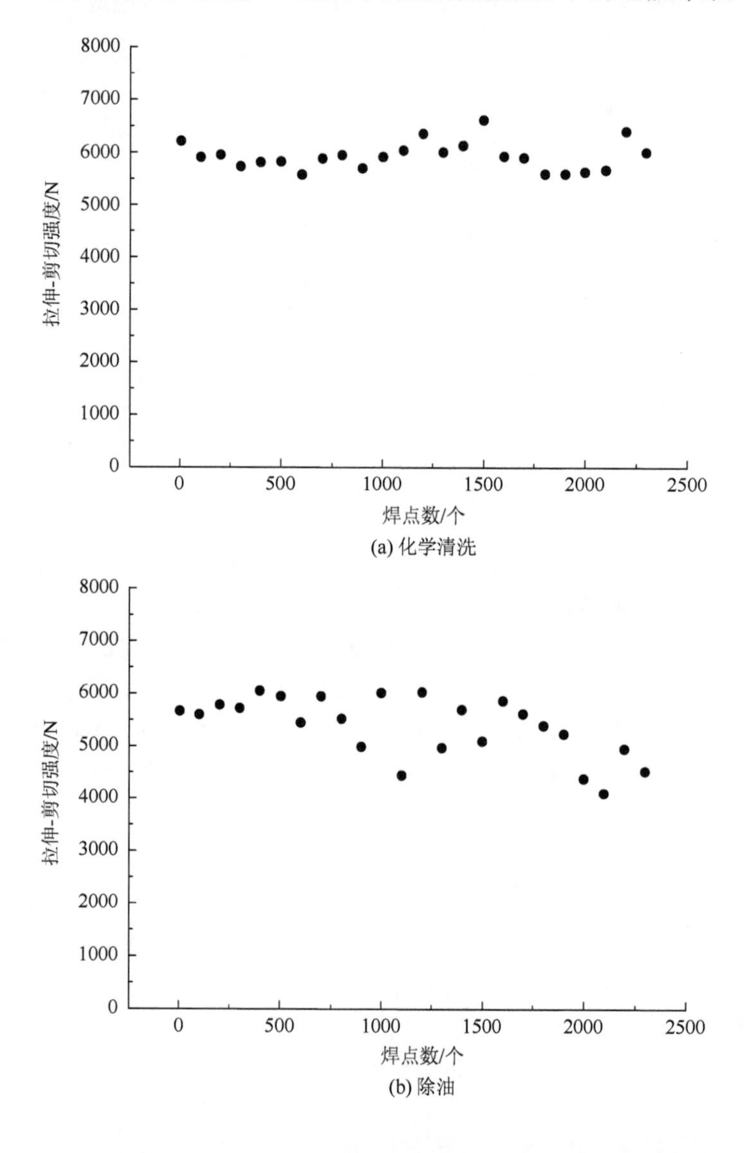

(a) 化学清洗

(b) 除油

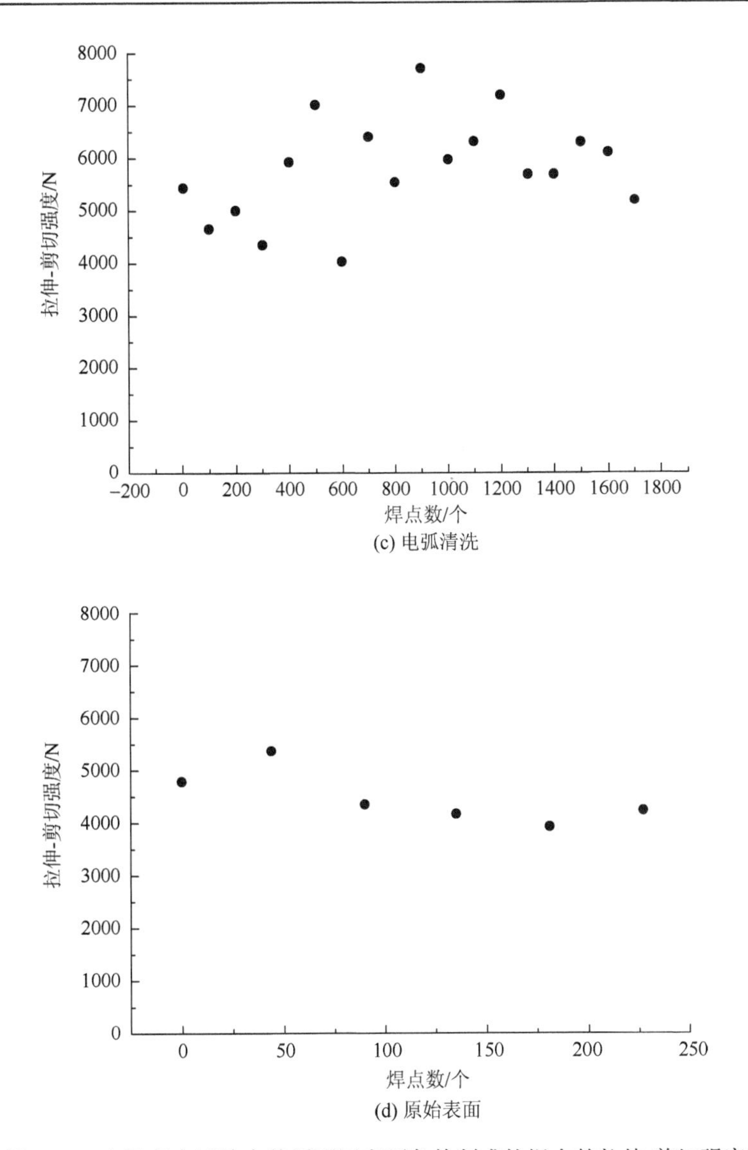

(c) 电弧清洗

(d) 原始表面

图 2.17 电极寿命试验中使用不同表面条件制成的焊点的拉伸-剪切强度

2.4 热 平 衡

充分了解焊接过程的热、电特性有助于理解焊接工艺和得到最优焊接参数。电阻焊时，从业者主要关心的是选择正确的焊接参数，包括焊接电流、焊接时间、电极压力和电极表面直径，以制造出具有所需特性的焊点，如特定的几何尺寸和强度的焊点。RWMA[26]及其他很多学术团体和企业的标准都可以作为参考。大多数焊接参数是实验得到的。虽然这些经验对等厚度板的焊接有良好的指导作用，但不等厚度板材的焊接参数一般由个别厂家研发、使用。由于等厚度板组合在实际中很少使用，不等厚度板的焊接参数有实际意义。焊接参数的选择通常是考虑焊接的热、电特性，通过理论、实践或理论和实践相结合的方法来得到的。在这方面通常所使用的方法如下。

2.4.1 热相似律

热相似律（law of thermal similarity，LOTS）被日本汽车工业普遍采用来推导电阻焊参数[27]。它是一种基于热流动的理论，试图使得各种厚度的板材的组合在焊接过程中有相似的温度分布。LOTS 是用来从已知的已经证明了的数据中推导出在焊件中得到类似温度分布所需要的焊接参数。这种推导过程采用内推和外延的方法，从已知的标准样品出发，确定在各种板材组合中理想的温度分布，以及相应的焊接参数[28]。LOTS 给出了距离和时间之间的关系，以使得不同厚度板材组合中的温度分布相似，假定温度分布反映了相应的焊接过程和焊点的形成。这个方法通常用于基于成熟的薄板焊接参数，来导出厚板的焊接参数。

LOTS 假定，选择焊接时间与板材厚度的平方成正比就可以在不同板厚焊件中得到相似的温度分布[28]如下：

$$t \propto h^2 \tag{2.2}$$

即如果对应于厚度 h_1 的板材组合的焊接时间为 t_1，那么焊接厚度为 $n \cdot h_1$ 的板材组合就需要焊接时间 $n^2 \cdot t_1$。总的焊接时间由焊件的总厚度确定，最薄的外基材确定任一焊接周期的最大持续时间。其他焊接参数可用类似方法获得。

一般情况下，当板材的厚度和电极直径被放大 n 倍时，焊接时间应增加至 n^2 倍，电流密度减小至 $1/n$，以便使新的温度分布与原始温度分布相似[27, 29]。

假设 h_1（h_2），d_{e1}（d_{e2}），δ_1（δ_2），t_1（t_2）分别为原始焊件（新焊件）的基材厚度、电极直径、电流密度和焊接时间。如果它们之间存在下列关系，则两个焊件的温度分布相似[27]。

$$h_2 = n \cdot h_1 \tag{2.3}$$

$$d_{e2} = n \cdot d_{e1} \tag{2.4}$$

$$\delta_2 = (1/n) \cdot \delta_1 \tag{2.5}$$

$$t_2 = n \cdot t_1 \tag{2.6}$$

虽然 LOTS 理论上对不同的焊件可以产生相似的温度分布，但人们发现使用 LOTS 确定的焊接参数得到的许多焊点，要么尺寸太小，要么飞溅现象严重。LOTS 作为一种理解电阻焊过程的工具有一定价值，而在实际工作中使用它估计焊接参数的效果是很有限的。LOTS 基本上无法用于不同厚度板材的焊接。这是因为它仅考虑了焊件的总厚度，而未考虑单个板材的厚度。此外，LOTS 没有考虑制造焊点时实际的热输入过程及其影响。表 2.3 显示了使用《焊接手册》（*Welding Handbook*）[30]推荐的焊接参数和 LOTS 推导出来的焊接参数对 3 种厚度的低碳裸钢进行焊接结果的比较。

由表 2.3 可知，采用《焊接手册》或 LOTS 推荐的焊接参数会产生明显不同的焊点，即使对等厚度板材组合的焊接亦是如此。LOTS 是从已知的一个等厚度板的焊件参数推导出另一个等厚度板的焊接参数。在这项研究中已知的参数是从《焊接手册》中获得的。例如，焊接 0.75mm 钢的参数可直接从《焊接手册》（表 2.3 中的第 1 行）中得到，或基于已知参数利用 LOTS 得到。焊接 1.21mm 钢和 1.89mm 钢的已知参数可以从《焊接手册》（表 2.3 中的第 2 行和第 3 行）中获得。合适的焊接参数可以定义为能生成一个大的焊核，而无飞溅。实验结果显示，由《焊接手册》推荐的焊接参数和由 LOTS 得出的焊接参数之间有很大差别；前者更实际，可以产生比后者质量更好的焊点。由于上述局限性可见，LOTS 不能直接用于实际焊接，其实它的初衷也不在于此。

从形成焊件所需要的热量出发，Agashe 和 Zhang[31]提出了一个新的理论，以克服 LOTS 的不足。这个理论基于热的平衡方程来预估焊接参数，因此比 LOTS 更接近焊接的实际物理条件。该理论除了能提供更精确的焊接参数，还可以处理不同板厚组合的焊接，因此更接近实际焊接情况。

2.4.2 热平衡定律

电阻焊中的热平衡定律可以定义为一种状态。在这种状态下，焊件的两片金属中的熔融区经历相似的加热过程和压力[30]。它描述了一个制造对称焊点（两片板材中的焊核深度相等）的理想状态。热平衡受焊接材料的相对导热率、导电率，焊件的几何形状，以及电极的几何形状的影响。

如果使用相同质量和外形的电极将相同的两片基材焊接在一起，且在两片金属里都获得了均匀的加热并形成一个椭圆形横截面的焊点，则实现了热平衡。然而，如果其中一片金属具有较高的电阻率，热便会在该金属中迅速产生。取决于热不平衡的程度，可能产生不理想的焊点。对于不同金属的焊接，如普通碳钢与不锈钢的焊接，这种相异性可通过增加高电阻率不锈钢一侧的电极接触面积，或在低电阻率碳钢的一侧使用较高电阻电极而得到补偿。在焊接不同厚度的同种金属时，可以在较薄的基材上使用较小的接触面积的电极，以及较短的焊接时间和高电流密度来获得适当的热平衡[30, 32]。

表 2.3 用来制造各种焊点的焊接参数

板材厚度/mm	焊接手段来源	LOTS 因子 n	电极直径/mm	电流/A	时间/(ms/cycles)	电极力/(kg/lb)	焊点直径/mm	是否发生飞溅	表面外观
0.75	焊接手册	1.00	6.35	10 500	150/9.00	227/500	6.10	不	良好
	LOTS from 1.21	0.62	4.41	8 367	77/4.60	136/299	3.20	不	良好
	LOTS from 1.89	0.40	3.15	6 517	45/2.68	93/204	2.89	不	良好
1.21	焊接手册	1.00	7.11	13 500	200/12.00	354/780	7.07	不	良好
	LOTS from 0.75	1.61	10.24	16 940	390/23.43	590/1301	7.76	很严重	损坏
	LOTS from 1.89	0.64	5.08	10 563	116/6.97	242/532	3.4 0	不	良好
1.89	焊接手册	1.00	7.94	16 500	283/17.00	590/1300	8.01	不	良好
	LOTS from 0.75	2.52	16.00	26 460	953/57.15	1440/3175	11.30	很严重	损坏
	LOTS from 1.21	1.56	11.11	21 086	488/29.28	863/1903	10.80	很严重	损坏

2.4.3 改进的热平衡理论

该理论的基本理念是，制造一个焊件所需的总热量可以分解为产生熔融区、HAZ 和压痕（这部分也需要大量的热量）各个部分所需的热量。与 LOTS 不同，这个理论使焊件区每一个部分获得的热量都分别考虑，而非仅仅考虑焊件的总厚度。因此，在计算热量时焊件分为不同的区域，而不是作为一个整体。当基材的厚度、材料性质等不同时，这种划分尤其必要。因此，对于两层板材的焊件，靠近中心区域有两个焊核区，它们被临近的 HAZ 及外侧的压痕区域包围（图 2.18）。

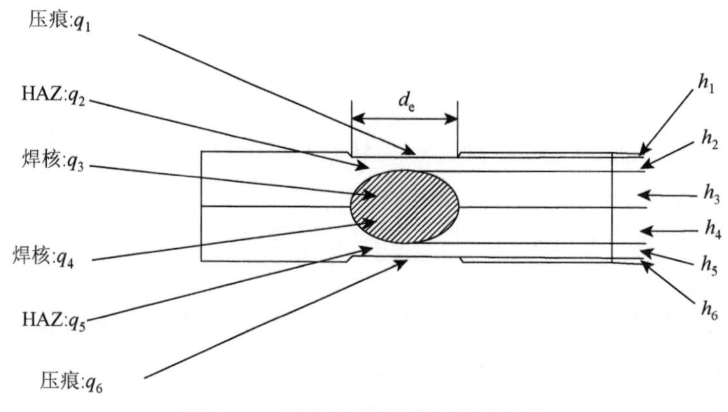

图 2.18 焊件中划分区的热量计算

q 为热量，J；h 为厚度，mm

加热固体或液体所需的热量如下：

$$Q=mC_p\Delta T \tag{2.7}$$

式中，m 为质量；C_p 为材料比热容；ΔT 为加热时的温度变化。为简单起见把每个区理想化为一个短圆柱体。例如，假设 HAZ 与电极表面的直径相同，HAZ 的质量可表示为

$$m=\frac{\pi}{4}d_e^2h\rho \tag{2.8}$$

式中，d_e 为电极直径；h 为 HAZ 的高度；ρ 为板材密度。通过式（2.7）可以计算 HAZ 中的热量。

已知各个部分的质量、热力学性质和可能的最大温度增量就可以对其中的热量（分量）进行计算。真实焊点中各区域的体积和形状是不同的。然而，为了简化计算，假设这些区域是直径相同而高度不同的（短）圆柱体。实际上，如果焊接条件控制得好，它们的直径相差并不太大。电极直径 d_e 可作为所有区域（圆柱体）的直径。电极的直径可以使用其额定值 d_e，通常它在焊接过程中不是常数。焊接中得到接近电极尺寸的焊点是理想的。

压痕部分的热量可以假设一个（空的）压痕圆柱体，经过从室温到略低于熔融温度的加热。焊件两侧的压痕对总热量都有贡献：

$$q_1=\frac{\pi}{4}d_{e_1}^2\rho_1C_{p_1}h_1\Delta T_1 \tag{2.9}$$

$$q_6 = \frac{\pi}{4} d_{e_2}^2 \rho_2 C_{p_2} h_6 \Delta T_6 \tag{2.10}$$

式中，$\Delta T_1 = \Delta T_6 = T_{melt} - T_{amb}$ 为熔融温度和室温之间的差；d_{e1} 和 d_{e2} 为两侧电极的表面直径；C_{p1} 和 C_{p6} 为材料的比热容；h_1 和 h_6 分别为上、下板的压痕深度。

同理，两侧的 HAZ 的热量可以表达为

$$q_2 = \frac{\pi}{4} d_{e_1}^2 \rho_1 C_{p_1} h_2 \Delta T_2 \tag{2.11}$$

$$q_5 = \frac{\pi}{4} d_{e_2}^2 \rho_2 C_{p_2} h_5 \Delta T_5 \tag{2.12}$$

熔化或固-液相变发生在焊核区。形成焊核所需的热量包括加热金属（从室温到熔点）所需的热量、用于熔融的潜热，以及对超过熔点温度的液态金属加热所需要的热量。一般来说，不同阶段材料的密度和比热容是不同的。但是，比热容在各阶段的变化不大，因此可以假设为常数。

将下列表达式作为焊核的两半边的热量输入：

$$q_3 = \frac{\pi}{4} d_{e_1}^2 h_3 [\rho_1 C_{p_1} (T_{melt} - T_{amb}) + \rho_1' L_{f_1} + \rho_1'' C_{p_1}' (T_{max} - T_{melt})] \tag{2.13}$$

$$q_4 = \frac{\pi}{4} d_{e_2}^2 h_4 [\rho_2 C_{p_2} (T_{melt} - T_{amb}) + \rho_2' L_{f_2} + \rho''_2 C_{p_2}' (T_{max} - T_{melt})] \tag{2.14}$$

式中，h_3 和 h_4 为熔化区高度；ρ_1' 和 ρ_2' 为熔化温度下的液体密度；ρ_1'' 和 ρ_2'' 为平均密度；C_{p_1}' 和 C_{p_2}' 为熔融金属在 T_{max} 和 T_{melt} 之间的平均比热容；L_{f_1} 和 L_{f_2} 为熔融潜热。

形成焊件时所需的总热量为 $q = q_1 + q_2 + q_3 + q_4 + q_5 + q_6$，或

$$\begin{aligned} q = {} & \frac{\pi}{4} d_{e_1}^2 \rho_1 C_{p_1} h_1 \Delta T_1 + \frac{\pi}{4} d_{e_1}^2 \rho_1 C_{p_1} h_2 \Delta T_2 \\ & + \frac{\pi}{4} d_{e_1}^2 h_3 [\rho_1 C_{p_1} (T_{melt} - T_{amb}) + \rho_1' L_{f_1} + \rho_1'' C_{p_1}' (T_{max} - T_{melt})] \\ & + \frac{\pi}{4} d_{e_2}^2 h_4 [\rho_2 C_{p_2} (T_{melt} - T_{amb}) + \rho_2' L_{f_2} + \rho_2'' C_{p_2}' (T_{max} - T_{melt})] \\ & + \frac{\pi}{4} d_{e_2}^2 \rho_2 C_{p_2} h_5 \Delta T_5 + \frac{\pi}{4} d_{e_2}^2 \rho_2 C_{p_2} h_6 \Delta T_6 \end{aligned} \tag{2.15}$$

基于各部分的热量计算，特征尺寸 H 可定义为

$$H = h_1 \frac{q_1}{q} + h_2 \frac{q_2}{q} + h_3 \frac{q_3}{q} + h_4 \frac{q_4}{q} + h_5 \frac{q_5}{q} + h_6 \frac{q_6}{q} \tag{2.16}$$

该理论使用特征尺寸，而不是整个焊件（如 LOTS 使用的）的实际厚度，因为特征尺寸可以区分加热过程中各区域的贡献。尽管各个部分的厚度在焊接过程中是紧密相关的，这些 h_i 值（i=1, …, 6）有相互独立的定义，且可独立地改变以获得理想的焊件特性。

该理论在推导不等厚度板材焊接的焊接参数的过程中得到了验证。第 1 步是推导用于焊接等厚度板的参数。可以从已知的等厚度板的焊接参数，如《焊接手册》中列出的参数[33]开始。然后以焊接等厚度板的参数及该理论为基础推导出用于不等厚度板材的焊接参数。

对于等厚度焊件，焊接时间、焊接电流、电极力和电极直径等参数均可从已有资源如《焊接手册》中选择。用于焊接各种厚度的无涂层低碳钢的参数见表 2.4。

表 2.4　《焊接手册》提供的无涂层低碳钢的焊接参数[30, 33]

板材厚度/mm	焊接电流/A	焊接时间 /（ms/cycles）	电极力/（kg/lb）	电极直径/mm
0.508	8500	117/7	181/400	4.78
0.635	9500	133/8	204/450	4.78
0.762	10500	150/9	227/500	6.35
0.889	11500	150/9	272/600	6.35
1.016	12500	167/10	317/700	6.35
1.143	13000	183/11	340/750	6.35
1.270	13500	200/12	363/800	7.92
1.397	14000	217/13	408/900	7.92
1.524	15000	233/14	454/1000	7.92
1.778	16000	267/16	544/1200	7.92
2.032	17000	300/18	635/1400	7.92
2.286	18000	333/20	726/1600	9.53
2.667	19500	383/23	816/1800	9.53
3.048	21000	467/28	952/2100	9.53

由焦耳定律可知，对于板材焊接，制造焊件所需的热量与焊接电流的平方、焊接时间和基材的电阻成正比：

$$q \propto I^2 R\tau \tag{2.17}$$

假设电阻与焊件的特征尺寸成正比，与电极直径的平方成反比[34]：

$$R \propto \frac{H}{d_{\mathrm{e}}^2} \tag{2.18}$$

因此

$$q \propto I^2 \frac{H}{d_{\mathrm{e}}^2}\tau \tag{2.19}$$

推导这些公式时没有考虑通过电极和基材的热传导损失（它们在焊接时是变量）。因此，计算出的热量不是总输入热量，因为热损失会带走焊接过程中产生的总热量的大部分。这个理论仅仅考虑制造各个部分所需的热量。

考虑双层板的焊接。I_1、H_1、τ_1、$d_{\mathrm{e}1}$ 和 F_1 分别为一个焊件的电流、特征尺寸、焊接时间、电极直径和电极力；I_2、H_2、τ_2、$d_{\mathrm{e}2}$ 和 F_2 分别为另一个焊件的电流、特征尺寸、焊接时间、电极直径和电极力。假设进行不等厚度焊接所需的热量是等厚度薄板焊接和等厚度厚板焊接所需热量的各 1/2，则不等厚度焊接的参数可近似为

$$H_3 = \frac{\dfrac{I_1^2 H_1 \tau_1}{d_{\mathrm{e}_1}^2} + \dfrac{I_2^2 H_2 \tau_2}{d_{\mathrm{e}_2}^2}}{\dfrac{I_1^2 \tau_1}{d_{\mathrm{e}_1}^2} + \dfrac{I_2^2 \tau_2}{d_{\mathrm{e}_2}^2}} \tag{2.20}$$

$$\tau_3 = \frac{\dfrac{I_1^2 H_1 \tau_1}{d_{e_1}^2} + \dfrac{I_2^2 H_2 \tau_2}{d_{e_2}^2}}{H_3 \cdot \left(\dfrac{I_1^2}{d_{e_1}^2} + \dfrac{I_2^2}{d_{e_2}^2}\right)} \tag{2.21}$$

$$I_3^2 = \frac{\dfrac{I_1^2 H_1 \tau_1}{d_{e_1}^2} + \dfrac{I_2^2 H_2 \tau_2}{d_{e_2}^2}}{H_3 \cdot \tau_3 \cdot \left(\dfrac{1}{d_{e_1}^2} + \dfrac{1}{d_{e_2}^2}\right)} \tag{2.22}$$

假设电极力与电极直径平方成正比，以保持一个恒定的压力[32]：

$$F \propto d_e^2 \tag{2.23}$$

因此

$$F_3 = \frac{\dfrac{F_1}{d_{e_1}^2} + \dfrac{F_2}{d_{e_2}^2}}{\dfrac{1}{d_{e_1}^2} + \dfrac{1}{d_{e_2}^2}} \tag{2.24}$$

假定当形成相似焊点时，焊件里的温度与产生的热量成正比，与特征厚度及电极直径的平方成反比：

$$T \propto \frac{q}{H d_e^2} \tag{2.25}$$

由于假设在不等厚度板焊接时焊件中的各个区域与对应的等厚度板焊点中的区域相似，可以用式（2.25）对焊件的温度进行近似计算。假设 q_1 和 q_2 为两个等厚度板焊接所需的热量，则对于不等厚度板材组合的焊接来说，热量 q_3 可由式（2.26）计算得到。这是假定在新的、不等厚度板材中获得与等厚度板焊件相似的平均温度。

$$q_3 = \frac{\dfrac{q_1}{H_1 d_{e_1}^2} + \dfrac{q_2}{H_2 d_{e_2}^2}}{\dfrac{1}{H_3} \cdot \left(\dfrac{1}{d_{e_1}^2} + \dfrac{1}{d_{e_2}^2}\right)} \tag{2.26}$$

2.4.4　实验验证

通过实验来验证上述理论，并证明它可以用来指导选择焊接新的材料组合的焊接参数。在搭载可编程焊接控制单元的电阻焊机上进行了实验。使用一个 C 型臂，35kVA 变压器的焊机。所用原料是规格为 14（0.75mm）、18（1.21mm）和 22（1.89mm）的裸低碳钢板材，以及 ASTM A569 和 ASTM A366 规格的板材。

实验参数如下：环境温度=27℃，低碳钢熔点=1535℃，假设达到的最高温度为 1735℃（200℃为过热），低碳钢比热容=502J·kg^{-1}·℃$^{-1}$，熔化潜热=275000J/kg，室温（27℃）

和熔化温度（1535℃）之间的低碳钢的平均密度是 7470kg/m^3，1535℃时的（液体）密度=7190kg/m^3，1735℃时的密度=6991kg/m^3[5, 14, 15]。

首先，以《焊接手册》[33]中列出的等厚度焊接的焊接参数为基础制定几组参数，并制造出焊件试样。对它们进行剥离试验，并对分离出的焊点直径进行测量。对这些试件还进行了金相检验，测量了焊件结构的各种尺寸。根据测量得到的尺寸，采用前面提出的理论公式对其他板材组合的焊接参数进行了估算。然后，采用这些焊接参数来制造新焊点。最后，将预言的焊件特征与利用这些估算的焊接参数得到的实际焊件的结构特征进行了比较。

首先焊接厚度为 0.75mm 和 1.21mm 的等厚度板材组合，使用的焊接参数非常接近《焊接手册》提供的参数[15]。测量了焊点直径，同时通过显微观察得到了用于计算特征尺寸的各区域的高度。根据这一数据，采用修改后的热平衡公式来估算 0.75mm+ 1.21mm 组合的焊接参数。使用这些参数的焊接在无飞溅的情况下产生了预期的焊点尺寸（表 2.5）。

表 2.5　实验结果

序号	厚度/mm	电极直径/mm	焊接电流/A	焊接时间/(ms/cycles)	电极力/（kg/lb）	热量/J	特征厚度/mm	最小焊点直径/mm	平均焊点直径/mm
1	0.75+0.75	6.35	9750	150/9	227/500	414	0.492	3.43	5.302
2	1.21+1.21	7.14	13500	200/12	354/780	714	0.779	4.58	7
预期	0.75+1.21	6.35/7.14	11557	180/10.81	283/624	598	0.684	3.43	—
3	0.75+1.21	6.35/7.14	10500	183/11	286/630	561	0.699	3.43	5.9

注：最小焊件尺寸见《焊接手册》[33]

表 2.5 中的第三项实验的焊接电流是基于预估值进行搜寻的结果，目标是获得与预估值相似的特征高度。该项实验是为了证明，根据这种热平衡理论获得的焊接参数可以产生一个具有与理论预估值同样的特征高度（即一个与预期同样的焊点）。表 2.5 表明，所得到的不等厚度组合焊接的实验结果与理论预期高度一致。利用预估的焊接参数得到尺寸和表面质量都不错的焊点。还进行了以下额外的实验来进一步验证上述理论，以树立对该理论正确预估焊接参数能力的信心。

（1）使用相同的焊接参数，制造了几个焊点并对焊点尺寸进行测量以建立焊点直径差异。发现焊点的平均直径和差异都非常小（μ_d=4.93mm，σ^2=0.0514mm^2）。

（2）在所有其他焊接参数保持不变的条件下，将焊接时间在一定的范围内变化。实验表明，使用通过该理论所得到的参数的焊点有尺寸最大且无飞溅的特点。短于估算的焊接时间会导致尺寸过小的焊点，而长于估算的焊接时间将导致飞溅现象的产生。

（3）在所有其他焊接参数保持恒定的条件下，让焊接电流在一定的范围内变化。实验首先证明了由理论预算的焊接电流会产生最大尺寸的焊点且无飞溅。实验又一次证明了低于所估算的电流会产生一个较小的焊核，而较高的电流导致飞溅。

总之，实验表明理论预估的焊接参数是一个优化选择，可以产生最大的焊点而无飞溅。焊接参数的理论预估可以达到 98%的可信度。因此，在实际应用中，该理论可以方便而精确地预估不等厚度组合的焊接参数。

2.5 电流波形

因为电流决定了产生焊点所必要的，使金属熔化所需要的热量，所以电流是电阻焊中最重要的因素。大多数工业用点焊机使用交流电。通常使用均方根（root-mean-square，RMS）值来描述其特征，它是电流对时间的平均值，常用来作为生成的总热量的一个指标。然而，实验表明焊接同时受总热量输入和热输入率的影响。后者与随时间变化的电流（幅度）或电流波有直接关系。不同的电流波形，如有相同的 RMS 值的交流和直流电（direct current，DC），会在铝合金和钢中产生完全不同的焊点[35-37]。除了单相 AC——电阻焊中使用最多的电流波形，还有许多替代方案，如单相 DC、三相 DC 和最有前途的电流形式——中频直流电（medium frequency direct current，MFDC）。

用于电阻焊的电流是由网电电源转换而来的。这种转换产生焊接所需的电流波形。Roth[38]详细说明了电阻焊中电能的转换原理，包括单相变压器工作原理，AC 至 AC 的频率转换器工作原理，以及从 AC 至 DC 的整流设备工作原理。单相 AC 转换为 AC，以及三相 AC 转换为三相 DC 的原理如图 2.19 所示。由图可知电阻焊机变压器的转换和整流的基本步骤。

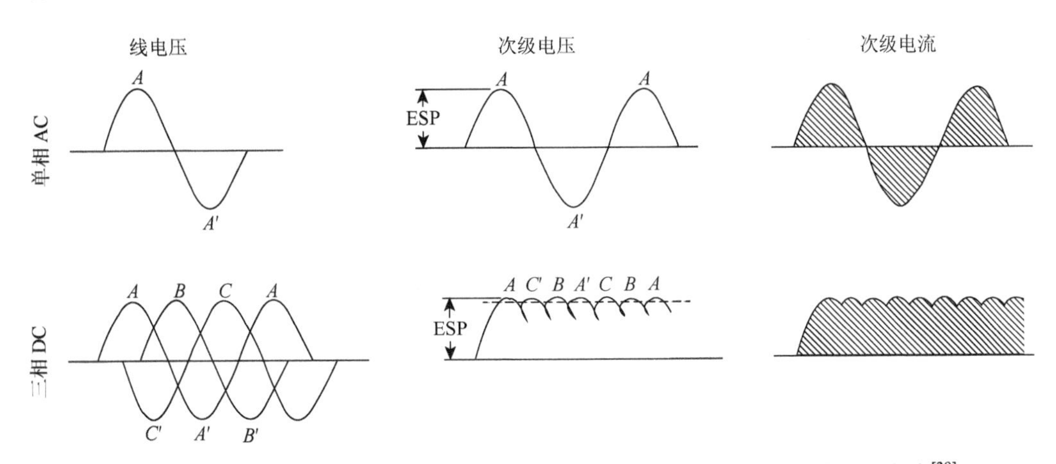

图 2.19　初级电压和次级电压的波形，以及单相 AC 和三相 DC 电源的次级电流[39]

Roth 和 Hofman[40]展示了采用 AC 的焊接与采用 DC 的焊接在电气方面的差异。电阻焊电路可以考虑为一个串联电路，包含 AC 焊接时伴随的电阻和感抗，或 DC 焊接时伴随的电阻和电感。这些电气元件决定了电流波形。例如，阻抗是 AC 电路中电阻和感抗的函数，可以用来确定功率因数，以及电压和电流波之间的位移。当 DC 电路通电时，电流不会立即跳转到其指定值。相反，它受电路电感的影响，以指数形式上升并在一定时间后达到稳态电流水平（图 2.20）。所经过的时间通常称为电路的时间常数，由 L/R 计算得到，其中 L 是电感，R 是电路电阻。由于 L 和 R 取决于焊机和工件一起组成的电路，电阻焊中的电路的时间常数随焊接工件的不同而不同。这个效应的影响可能很显著，因此在把实验室获得的焊接参数应用于生产环境时应该考虑这种效应。电流被切断时，即 DC 电路被断开时，电流值以指数形式衰减至 0，这也是由时间常数决定的。当选择焊接时间和保持时间时，DC 的上升和下降部分必须考虑进去。当需要较短的焊接时间时，如焊接铝或镁，为了准确地确定热输入量，必须考虑这个因素。

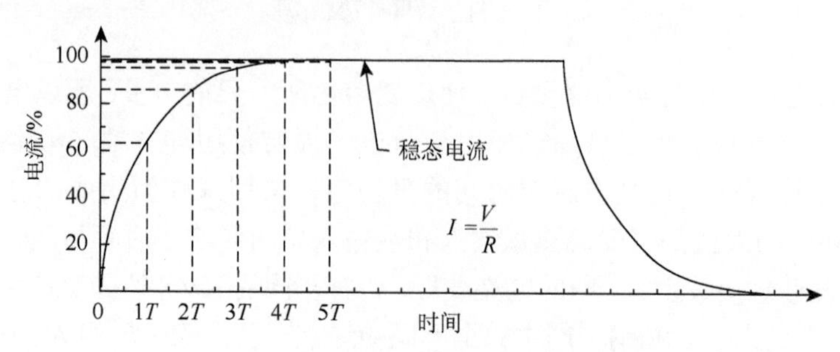

图 2.20　直流电流上升至其稳态值，以及切断电流后的下降[40]

2.5.1　单相交流电

单相 AC 因其可靠、易控制、设备成本低的特点而广泛用于焊接工业。单相 AC 焊机的基本控制原理如图 2.21（a）所示。

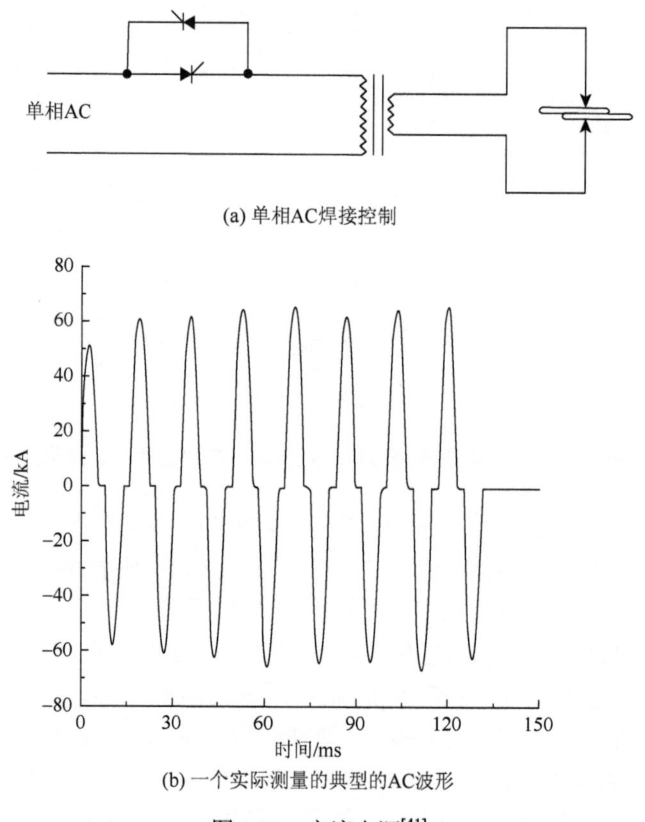

图 2.21　交流电源[41]

单相 AC 转换器的主要优点是简单性。但为了精确控制焊接过程，需要考虑其固有的电磁特性。将图 2.21（b）中已测得的单相 AC 与图 2.19 中的理想 AC 波形进行比较可知，它们在以下方面存在不同。可以看到测得的电流与理想的正弦波不同，有非恒定峰值，且在一些时间段内电流为零。此外，图 2.21 中的第一个周波的峰值电流比其余的低 20%左右。这是电路电阻抗导致的结果。AC 焊机的缺点还包括不平衡的电网负载、过高的初级电流消耗、较低的功率因数，以及焊枪喉部的较大的感应损失[41]。

一个与 AC 有关但常常被许多焊接从业人员忽视的效应是表面效应[42]。由于导体的自感特性，AC 趋向于集中在导体表面附近，使得电流在导体内的分布不均匀。电流表面效应的特征是“电流表面渗透深度”，即对应于电流密度降至其表面值的 1/e 或 37%的表面以下距离，单位为 m。它通过式（2.27）与所施加的电流和导体的材料特性相关[43]：

$$\delta \approx 503\sqrt{\frac{\rho}{\mu_r f}} \tag{2.27}$$

式中，f 为 AC 的脉冲频率（Hz）；ρ 为介质电阻率（Ω·m）；μ_r 为介质相对磁导率。电流密度从导体的外表面开始以指数形式递减。绝大部分电流，即 67%的电流集中在外表面和深度 δ 之间。尽管电流表面渗透深度的公式是针对半无限体导体推导出来的，它也可以用来估计圆形导体的电流分布，如电阻焊板材之间的接触部分中的电流分布。考虑室温下电阻率为 1.0×10^{-7}Ω·m 的铸铁，相对磁导率为 100[44]，则 60Hz AC 电流的表面渗透深度为

$$\delta \approx 503\sqrt{\frac{1.0\times10^{-7}}{100\times60}} \approx 2.1(\text{mm}) \tag{2.28}$$

对于纯铝和镁，使用室温下这两种合金的电阻率值 2.724×10^{-8}Ω·m 和 4.45×10^{-8}Ω·m 来计算电流表面渗透深度可以得到 10.7mm 和 13.7mm。计算时，铝和镁的磁导率取为 1.0[44]。焊接时，板材接合界面处因电极挤压而产生的接触面取决于电极尺寸、电极力水平、板的厚度和力学性能。假设接触面直径范围为 6～10mm。因此，焊接铝或镁时，它们的低磁导率决定了无电流表面效应。然而，焊接铁合金时，表面效应会直接影响电流分布、热的产生及焊点的形成。由于大部分的 AC 集中在基材之间接触面的外围，更多的热量产生于那里而非中心附近。其结果是，初始熔化可能开始于外围附近，而且加热不足会形成环状焊点。但这种情况不易被验证，因为热的发生也受接合界面处的接触电阻分布的影响，这是一个压力和温度的强函数，很难将电流表面效应与其他效应分开。如第 8 章所述，接合界面的压力分布并不均匀，在接触面边缘附近的压力最大。接触电阻与压力成反比，可能导致接触面边缘处比其中心处的电流密度高，而中心处的低压力会使电阻比较高。接触面外围附近产生的较高热量或来自表面效应产生的较高电流密度，或来自压力分布导致的低电阻，或两者兼而有之。从钢焊点的横截面经常可以观察到焊核边缘比中心受热更高，产生更多的熔化。相当部分的接触面被熔化以后，表面效应就大幅度降低以致消失。Dupuy 和 Fardoux[42]观察到了可能由表面效应引发的现象，如图 2.22 所示。他们使用 AC 和 MFDC 分别对无间隙原子的热浸镀锌钢进行焊接，然后对两种焊接中的焊核生长过程进行比较。使用 AC 制造的焊点，在 4 和 6 个周波后，其边缘的熔化程度比中心的大，可能是由基材之间的接触面上靠近边缘的部位的电流密度更高所致。DC 焊点不具备这一特点。

焊接中的工作窗口定义为对应于最小尺寸焊点的电流与飞溅电流之间的差，电阻焊某种材料时常常需要首先确定它的工作窗口。一般情况下，指定的电流会出现一定的偏差。由于随机效应，这种情况在焊接中是相当常见的，所以大的工作窗口是有益的。较大的工作窗口有助于避免产生不合格的焊点及飞溅。基于焊点的形成及飞溅现象不仅受热输入量的影响，还受热的输入方式的影响的想法，人们尝试了采用各种方法来加宽单相 AC 焊机的工作窗口[45-49]。Tawade 等[45]采用改进了的电流脉冲焊接镀锌高强度钢。他们使用两个连续的电流脉冲，第 2 个脉冲的幅度较第 1 个脉冲下降，获得加宽了的垂状曲线的电流区间。Yadav[50]试验了几种电流波形，研究了电流波形对工作窗口的影响，发现改进后的电流波形提高了飞溅界限，扩大了工作窗口。

提高飞溅界限是扩大工作窗口的有效方法。在钢的焊接中飞溅现象通常在焊接的最后阶段，热量蓄积足够的情况下发生。这与液态焊核中的压力变化有关（详见第 7 章），压力随温度或热输入量的增加而上升。因此，在焊接快结束时，额外的热量输入可能对飞溅的发生起决定性的作用。所以在焊接快结束时减少热量的输入可能减少飞溅现象发生的概率，因而提高飞溅界限并放大工作窗口。可采用多种方式来使电流幅度下降。例如，电流可从最大值线性地降至最小或 0 。然而，这可能会导致电流幅度迅速下降和大量的热损失，从而对焊接质量产生负面影响。在焊接趋于结束时逐渐减少电流幅度更易获得大焊点及抑制飞溅的发生。

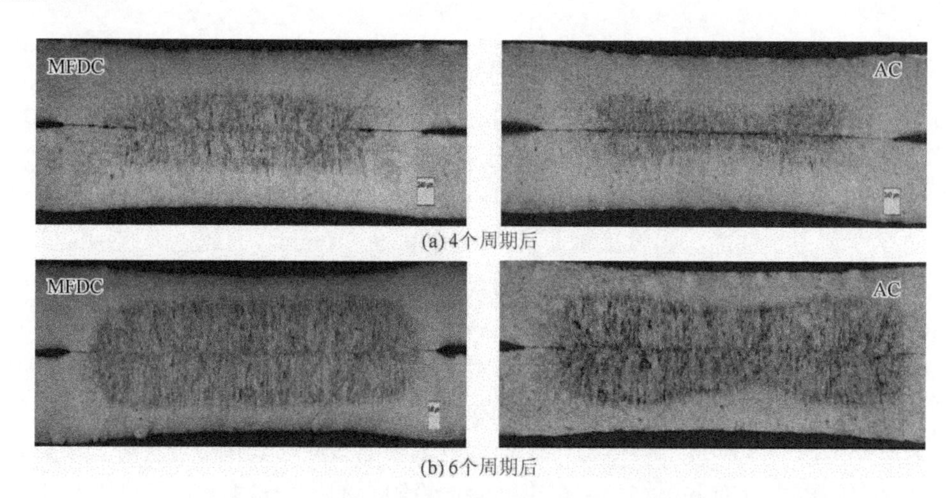

(a) 4个周期后

(b) 6个周期后

图 2.22　采用 MFDC 和 AC 制造的焊点横截面[42]

Yadav [50]在研究中使用了类似于正弦曲线的电流分布来模拟焊接周期内的可变热量输入。研究中采用了恒定、正弦和半正弦等 3 种电流波形，对它们在延迟飞溅或放大工作窗口方面的作用进行了研究。下面将讨论这 3 种电流波形的计算步骤，以及采用这些波形焊接的实验结果。

1. 恒定电流

本书中恒定电流指的是通常意义下的常波幅（峰值）电流波形（图 2.23）。图中用 RMS 值代替了实际电流值。

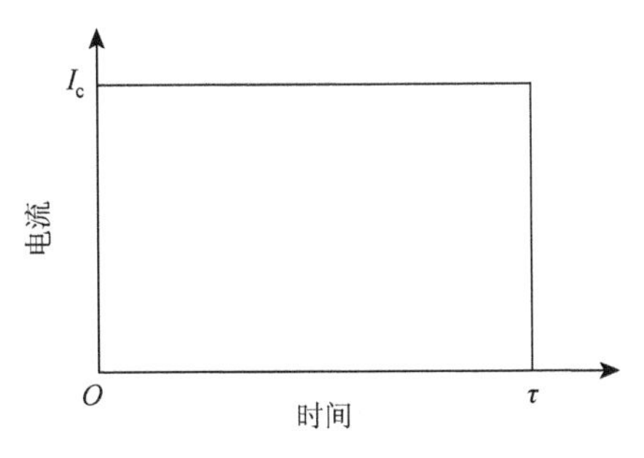

图 2.23　恒定电流波形

2. 半正弦波电流波形

假定一个按半正弦曲线方式递减的热输入曲线。如图 2.24 中虚线所示，电流幅度依照正弦函数从 π/2（90°）到 π（180°）变化。在实践中，很难用生产中的焊机控制器来实现真正的正弦曲线。因此，可采用等阶段函数波形来近似。该图还显示了 3 个用来近似半正弦电流的阶段式恒定函数。每个阶段的幅度可以通过假定这两种波形产生的热量相同而得到。为简单起见，计算中假定焊接过程的电阻值不变。无论是半正弦电流和常（阶段式）电流，都是指与 AC 相对应的 RMS 值。

恒定电流波形的电流值是根据与半正弦电流波形产生同样的热量来计算得到的。由于假定电阻为常数，可将其从计算中删除。在一个时间周期 dt 内产生的热量为

$$dq = I^2 dt \tag{2.29}$$

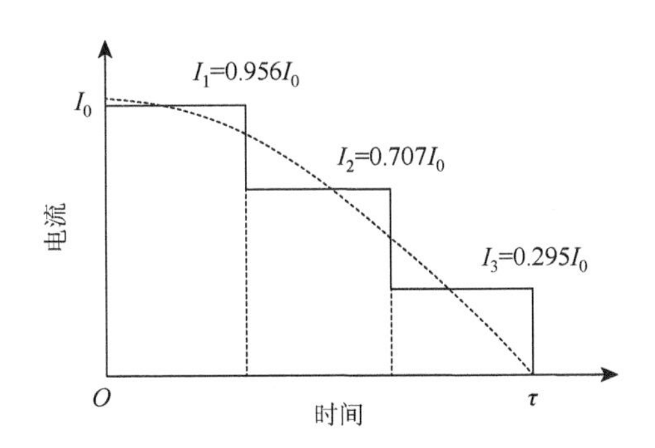

图 2.24　半正弦和与其相对应的阶段式电流波形

半正弦电流可以表示为

$$I = I_0 \sin\frac{\pi}{2}\left(1+\frac{t}{\tau}\right) \tag{2.30}$$

如果用一个三阶段式电流波形来近似半正弦电流波形，每个阶段的（恒定）电流值可以通过热量相同来确定。在 t=0 和 t=τ 之间两个电流波形的热量等价为

$$\sum_{i=1}^{3}\frac{\tau}{3}I_i^2 = \int_0^{\tau} I^2 dt \tag{2.31}$$

则每个阶段的（恒定）电流幅度由热量来确定，即假定在相同的时间间隔内与正弦曲线产生的热量相同：

$$\frac{\tau}{3}I_i^2=\int_{\tau_i}I^2\mathrm{d}t\quad i=1,2,3\tag{2.32}$$

由式（2.32）得出

$$\begin{cases}I_1=0.956I_0\\I_2=0.707I_0\\I_3=0.295I_0\end{cases}\tag{2.33}$$

如果使用恒定电流，假定恒定电流波形与半正弦电流波形产生的热量相同，则前者的 RMS 值 I_c 与后者的最大值 I_0 相关。

$$I_c^2\tau=\int_0^\tau I^2\mathrm{d}t\tag{2.34}$$

根据式（2.30），上述公式的结果为 $I_0=\sqrt{2}I_c=1.414I_c$。两种波形的比较见图 2.25。

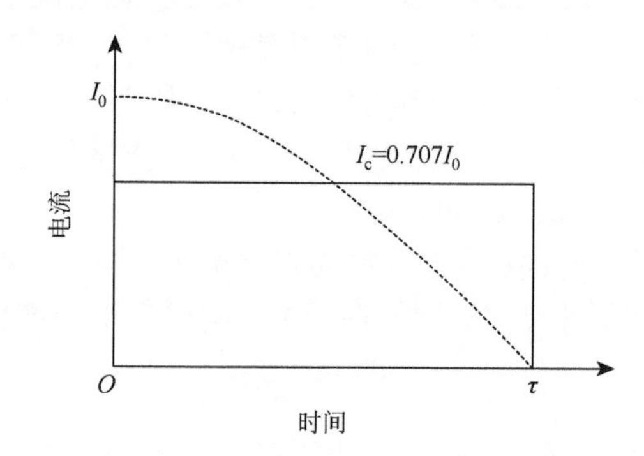

图 2.25　半正弦电流波形与对等的恒定电流波形

3. 正弦电流波形

如果使用正弦电流波形，加热会在一开始逐渐增加，结束时逐渐降低。这类似于预热—焊接—后加热的焊接过程，是实践中常用的减少飞溅发生的方法。

与半正弦电流波形的情况类似，本书采用了由 3 个常电流组成的阶段式函数来代替一个连续的正弦函数。阶段式函数的幅度可以通过假定在同样的时间间隔内根据两个函数获得的热量相同来计算。

电流可表示为

$$I=I_0\sin\pi\frac{t}{\tau}\tag{2.35}$$

$t=0$ 和 $t=\tau$ 之间的热等价可表示为

$$\sum_{i=1}^{3}\frac{\tau}{3}I_i^2=\int_0^\tau I^2\mathrm{d}t\tag{2.36}$$

则每个阶段的（常）电流幅度由产生的热量来确定，而这些热量等同于相同的时间间隔内由正弦曲线产生的热量：

$$\frac{\tau}{3}I_i^2=\int_{\tau_i}I^2\mathrm{d}t\quad i=1,2,3\tag{2.37}$$

由式（2.37）得出

$$\begin{cases} I_1 = 0.707 I_0 \\ I_2 = 0.913 I_0 \\ I_3 = 0.707 I_0 \end{cases} \tag{2.38}$$

正弦电流波形及对应的阶段函数如图 2.26 所示。考虑两种波形的热量相等，最大电流 I_0 与常电流波形幅度 I_c 相关：

$$I_c^2 \tau = \int_0^\tau I^2 \mathrm{d}t \tag{2.39}$$

根据式（2.38），上述公式的结果为 I_0=1.279I_c。两者间的比较如图 2.27 所示。

4. 实验

对使用这些波形所产生的工作窗口进行了比较，以了解它们对焊接过程的影响。在该实验中使用了 1mm 镀锌钢。实验中电流波形和电极力都是变量，因为已经证明它们对飞溅界限有显著的影响（详见第 7 章）。

实验中使用恒定电流 I_c 和 τ=12 个周波的电流波形作为基线。取 I_c=10kA，由式（2.33）得到一个近似于半正弦电流波形的三脉冲阶段式电流波形（I_1=13.52kA，I_2=10.0kA，I_3=4.17kA）。每一个电流的脉冲包含 4 个电流周波。同样地，如果 I_c=10kA，可以确定与正弦电流波形相对应的阶段式电流波形的幅值为 I_1=I_3=9.04kA 和 I_2=11.68kA。电极力有两个值：2.8kN 和 3.2kN。焊接时使用了平面电极。

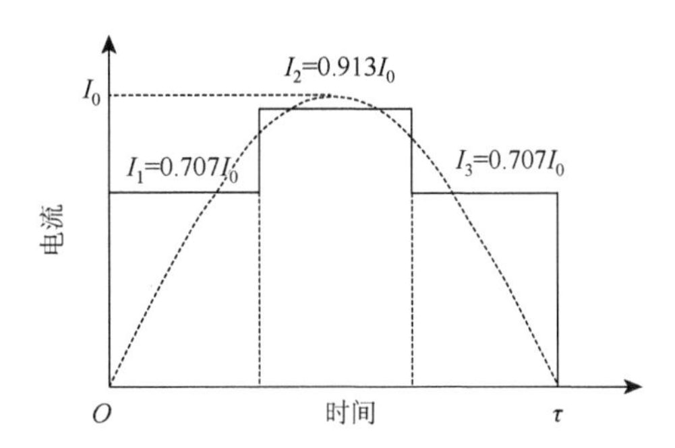

图 2.26　正弦电流波形和对应的脉冲阶段波形

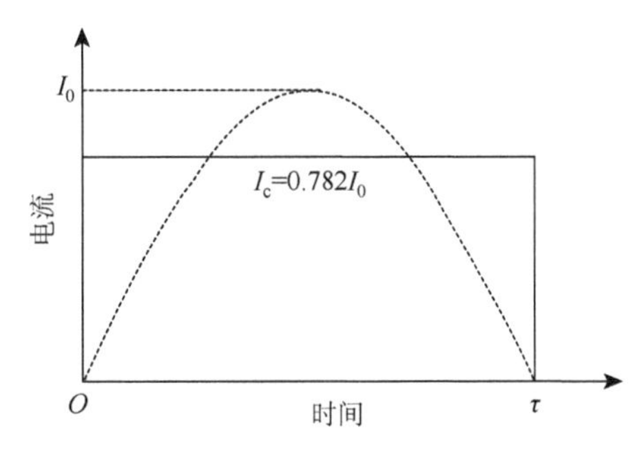

图 2.27　正弦电流波形及与之对应的恒定电流波形

对样品进行剥离测试并检查其大小和是否有飞溅发生。实验中测量了对应于最小焊点和飞溅的电流，并计算这两个电流的差，从而得到工作窗口。这个实验采用了$4\sqrt{t}$作为最小焊点值。每一对最小焊点和飞溅电流值的测量使用了至少5个样品，而对应于每一种波形的工作窗口的测量重复两次。实验结果见表2.6。

图2.28也显示了实验结果。修改后的电流波形对最小电流、飞溅电流和工作窗口宽度有明显的影响。使用不同的电流波形时获得的最小电流和最大电流不同，同时，电极力对它们也有影响。飞溅电流随每个电流波形的电极压力的增加而增加。在常电流波形和正弦电流波形中最小电流随着电极力的增加而增加，而对于半正弦电流波形，较高的电极力会产生较低的最小电流。对这种现象还没有合理的解释。总之，工作窗口的宽度始终与电极力成正比，并且半正弦电流波形和正弦电流波形优于常电流波形。与使用常电流波形的焊接相比，使用半正弦波形时工作窗口的宽度增加了30%，而使用正弦电流波形时增加了70%。

表2.6 电流波形和电极力的影响实验结果

试验顺序	电流分布	$I_{c,\ min}$/A	$I_{c,\ max}$/A	工作窗口/A	电极力/kN
1	HS	8600	11200	2600	2.8
2	CN	8500	10100	1600	2.8
3	SS	9100	11700	2600	2.8
4	CN	10000	11800	1800	3.2
5	HS	10600	12800	2200	3.2
6	SS	10300	13600	3300	3.2
7	CN	9000	10700	1700	2.8
8	SS	9400	12400	3000	2.8
9	HS	9000	11300	2300	2.8
10	HS	10200	12500	2300	3.2
11	CN	9600	11400	1800	3.2
12	SS	9700	13100	3400	3.2

注：CN=恒定电流；HS=半正弦电流；SS=正弦电流

2.5.2 单相直流电

如图2.21所示，当使用单相AC焊机焊接时，焊接过程存在与交变电流有关的“断电”时刻。在这段时间里，电流很小或为0，而由于热量通过电极和工件传导出去，实际上焊点经历了一个冷却过程。避免这种现象的有效方法是使用DC，且单相DC是最简单的DC。使用整流器可以将单相AC转变为单相DC，图2.29显示了一个这种电流的实际测量结果。在实际焊接过程中，单相DC无法简单地通过对一个单相AC取绝对值而得到。由于电路阻抗的影响，单向DC通常具有平滑而歪斜的波形，且在0值以上波动。电流的平方值与基于焦耳加热产生的热量有直接的关系，它更清楚地表明了单相AC和DC之间的差异，如图2.30所示。与单相AC相比，单相DC可提供一个不间断的加热过程。

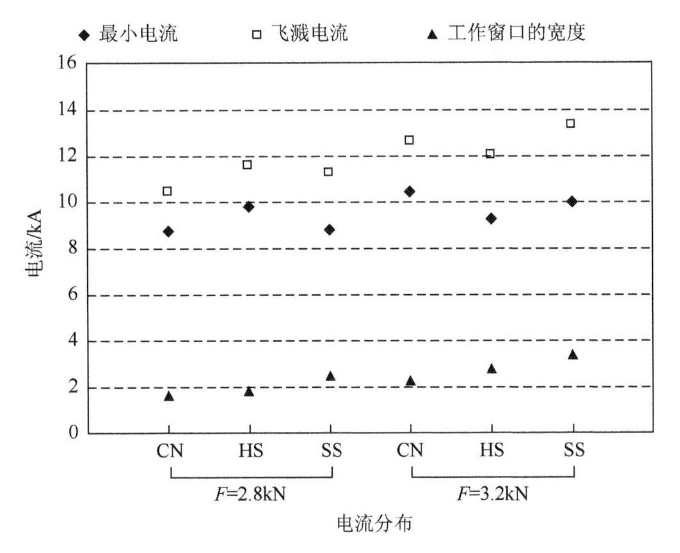

图 2.28　电流波形和电极力的影响

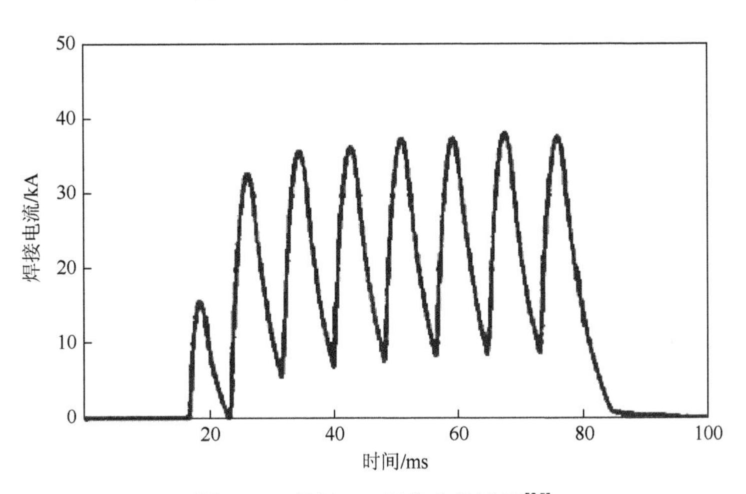

图 2.29　单相 DC 焊接电流波形[35]

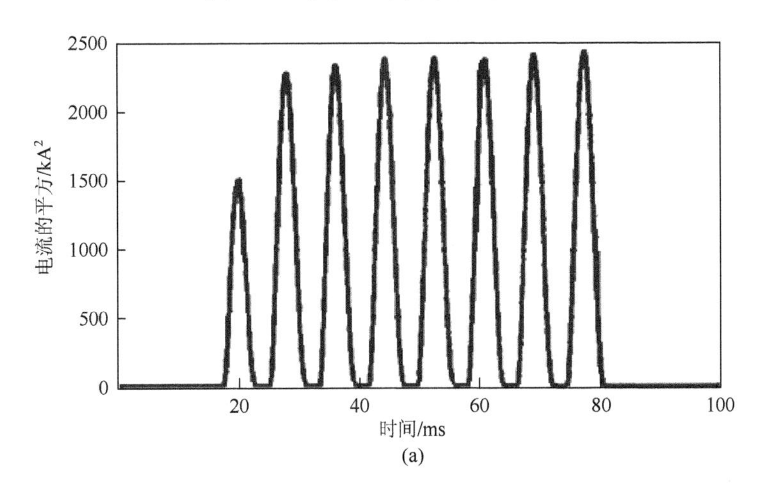

(a)

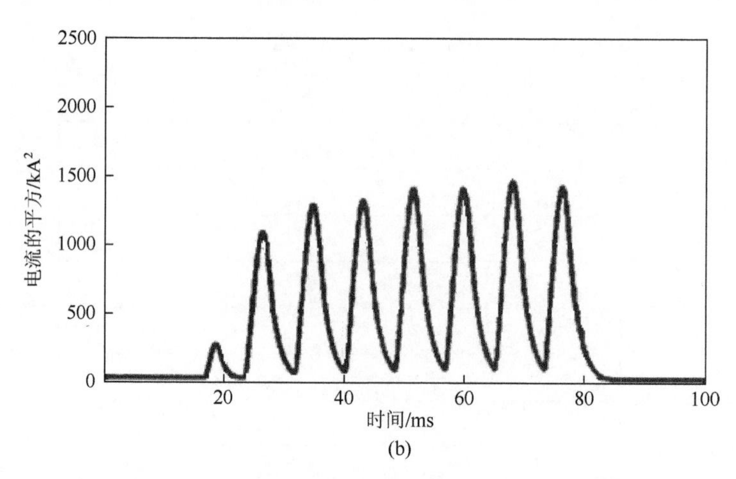

图 2.30　单相 AC（a）和单相 DC（b）的比较[35]

如图 2.29 所示的 DC 波形包含电流的均值和电流的波纹状部分。电流的均值部分的形状与图 2.20 相似，包含一个开始时逐渐增加的过程和一个结束时逐渐降低的过程。电路中的高电感能使单相 DC 趋于平滑[40]。当电路的电感变强时，波纹状电流的幅度减小，而平均电流值增加[35]。

在 DC 焊接中一般可以观察到不同极性的电极的磨损程度不同。正电极的磨损速度比负电极快得多，且电极寿命比单相 AC 焊接的电极寿命短。由于 DC 焊接电路的电感较低，单相 DC 电源焊接的能量消耗可能比单相 AC 电源更高[35]。

2.5.3　三相直流电

与单相 AC 相比，单相 DC 避免了“断电”，因此，提供了更均匀的加热。然而，单相 DC 中的大波纹状电流（图 2.29）仍意味着热输入存在着波动。一种有效而普遍的方法是用三相 DC 来显著降低波纹状电流，并使加热更稳定。产生三相 DC 的基本过程与产生单相 DC 的过程非常类似。使用变压器将 AC 电源转变为较低的电压，然后进行整流以产生 DC。但初级电流是一个三相 AC，所以会产生一个比单相 DC 更平滑的次级 DC（图 2.19）。实际的三相 DC 受焊接循环阻抗的影响，会进一步减小波纹状电流，使输出变得平滑。次级回路的阻抗受到电阻和电感的影响，并且是温度的强函数，导致合成的 DC 偏离了理想状态，如图 2.19 所示。图 2.31 显示了这种阻抗效应。图中的电流波形包含大量不规则的起伏，而它们是由阻抗引起的。与其他系统相比，三相整流器系统对功率的需求较低。

2.5.4　中频直流电

以单相 AC 到 AC 变换为基础的焊接设备的最大缺点是它只能提供有限的加热速率，通常无法满足焊接镀锌钢板和铝合金或镁合金的需要。使用单相和三相 DC 焊机可以去除单相 AC 焊机固有的“断电”或“冷却”过程，提供的连续加热可以改善焊接质量。但是，正如前面所述，脉动效应仍然存在，它会影响焊件加热的稳定性。

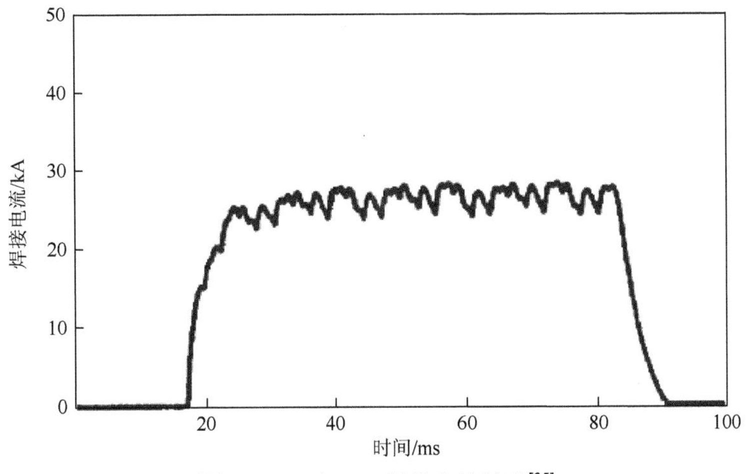

图 2.31　三相 DC 焊接电流波形[35]

当使用中频（medium-frequency，MF）变压器产生的 MFDC 来进行焊接时可能会有明显的改善。基本的 MFDC 焊接控制如图 2.32 所示。取一条 60Hz、三相 AC 电源线（图 2.19）为例。首先用一个包含 6 个二极管的全波整流器将 AC 转换为 DC。使用 4 个大功率高频电子开关，通常在 400～1200Hz 进行开、关操作，即可产生“切削”的 DC 波形或方波 AC。然后，变压器将方波转换成低电压、高电流的电能提供给次级电路。变压器的次级绕组再对 AC 进行整流，将其转换回 DC。由于方波 AC 的高频率，整流操作会在次级回路中产生一个相当平滑的电流，如图 2.32 所示。图 2.32（b）中 MFDC 在开始和结束时逐渐倾斜是由焊枪的电感造成的。

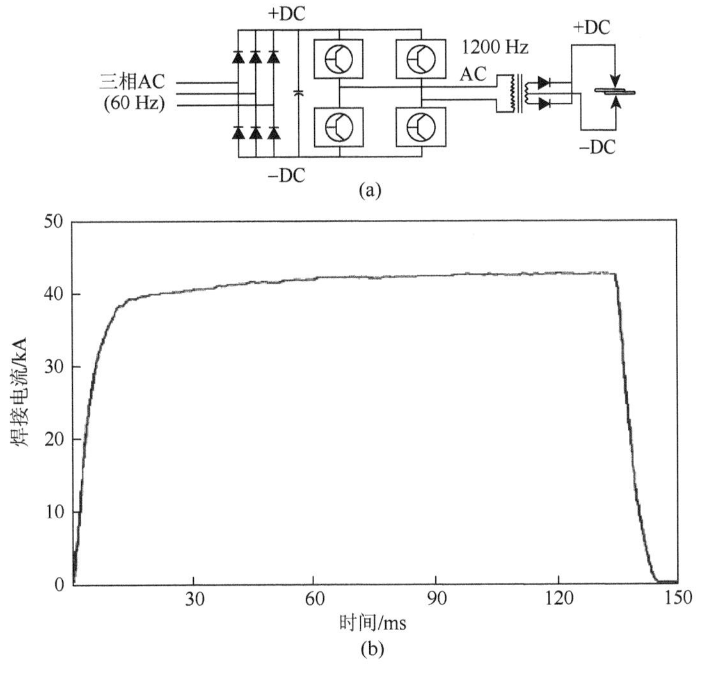

图 2.32　MFDC 焊机的控制（a）和一个实际测量得到的典型的 MFDC 波形（b）[41]

MFDC 系统比 AC 系统更加昂贵，但是其带来的益处证明了高成本是值得的。与 AC 系统和其他 DC 系统相比，MFDC 系统通常具有以下优点[41, 51]。

（1）MFDC 焊接对工厂供电系统要求不高。中频逆变器在无相移的情况下从电网的所有三相电流中得到降低且平衡的电流，并在较高的功率因数和较低的感应损失下工作。

（2）由于较高的工作频率，焊接回路的电阻抗只影响焊接电流的上升和下降过程，而焊接电流峰值仅受焊接回路的电阻限制。所以可以使用较小的变压器，适用于便携式和机器人焊枪，这对于大喉管、高阻抗焊枪尤其重要。

（3）与单相或三相 DC 系统相比，MFDC 系统显著地减少了焊接电流的残余波纹。

（4）MFDC 系统可以向焊核输入稳定的能量，其焊接电流的峰值几乎等于其 RMS 值。

（5）MFDC 系统与其他系统相比，具有更小的焊接时间可控单元，单位通常为 ms，这只是常规 AC 焊接周期的一小部分。这使得更快地控制焊接过程成为可能。

在焊接铝材过程中，次级电压和电流的波形如图 2.33 所示[52]。除了刚开始接通电源阶段，其余时间电压的波形与电流的非常相似。开始时的高电压和低电流是基材表面存在铝氧化物产生的高接触电阻所致。在测得的动态电阻波形中可以清楚地看见接触面上高电阻层被击穿（图 2.33）。因此，尽管电流波形保持不变（通常是有意识地控制电流恒定），电压的波形仍受工件的电特性的影响。除了焊接回路的电阻值的变化，其他焊接过程的特征如飞溅等也会影响 MFDC 焊接期间采集的信号（除焊接电流外）。由于 MFDC 焊接的过程信号很简单，所以焊核的演变清晰可见，信号的突然变化或中断（意味着焊接过程的变化）可以被捕获，需要时可以对焊接过程进行补救。

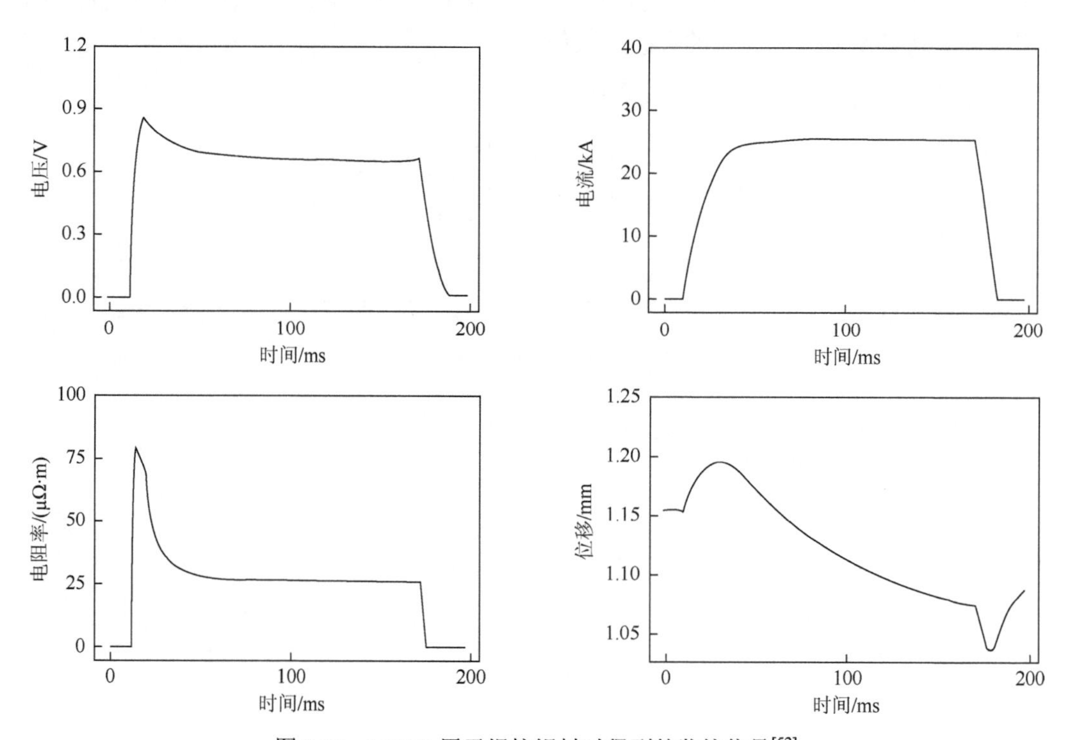

图 2.33　MFDC 用于焊接铝材时得到的监控信号[52]

MFDC 焊机的稳定热量（电流）输入使得它可以产生比使用其他变压器焊接更好的焊点。Dupuy 和 Fardoux[42]比较了使用 MFDC 和 AC 电源在焊接热浸镀锌板、电镀锌板和退火镀锌低碳钢板上进行的焊接。研究发现，热浸镀锌钢的焊接不受电流波形的影响，而焊接电镀锌钢及退火镀锌钢时，从 AC 转变成 DC 会显著扩大焊接电流范围。在焊核形成试验中，对所有的材料来说，DC 明显优于 AC（图 2.34）。

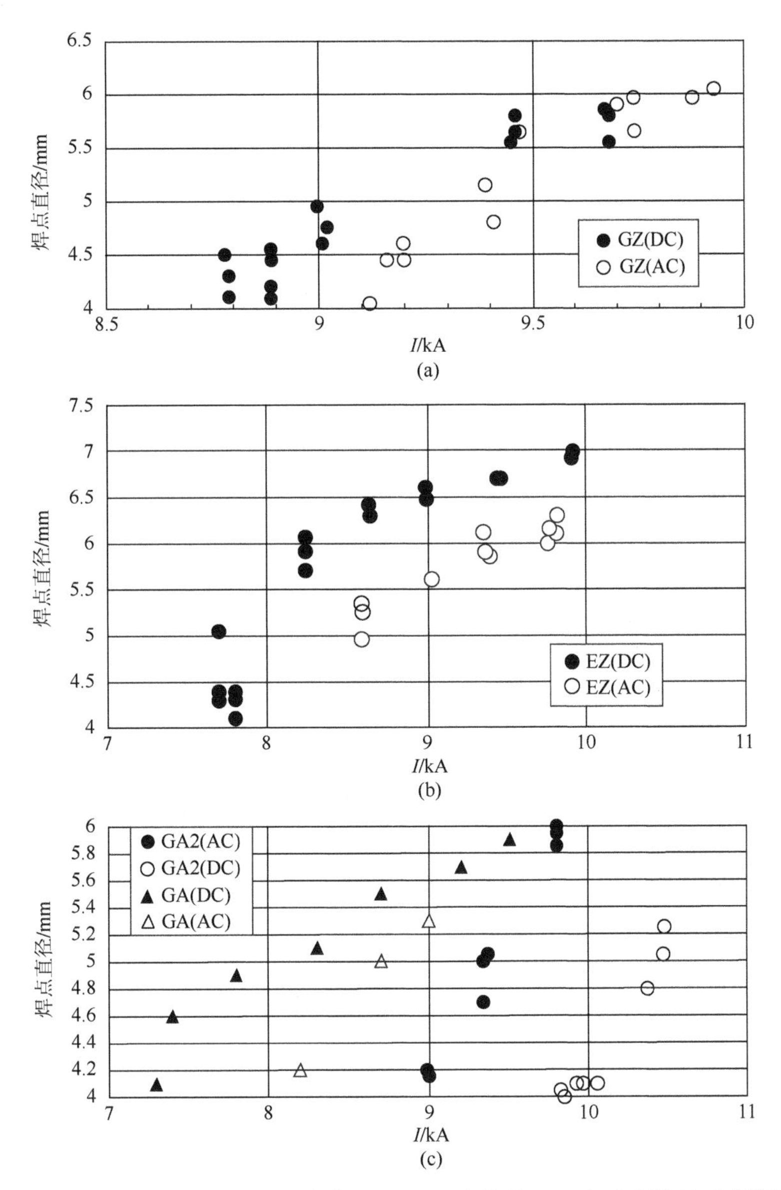

图 2.34　热浸镀锌（a）、电镀锌（b）和退火镀锌（c）钢中焊核的形成[42]

对于相同的额定焊接电流来说，使用 MFDC 焊接通常会产生更大的焊点，焊点形成更早，且电极寿命比使用其他电流波形更长。MFDC 焊接时使用的电极的寿命比 AC 焊接时的长得多，而电流步进的使用更扩大了这种差别。这种差别可以归因于由 DC 和 AC 变压器产生的不同的加热速率，以及在焊接区域中主要由 AC 的表面渗透效应导致的不同的电流分布（图 2.22）。因此，相对于 AC 电源，MFDC 电源更稳定且更一致，焊接质量更高。

参 考 文 献

[1] Zinov'yev V E. Metals at High Temperatures：Standard Handbook of Properties. Itkin V P. New York：Hemisphere Publishing Corp.，1990.

[2] Hatch J E. Aluminum：Properties and Physical Metallurgy. Materials Park（Oh）：American Society for Metals，1984.

[3] Baker H. Physical Properties of Magnesium and Magnesium Alloys. Midland：The Dow Chemical Company，1967.

[4] Avedesian M M，Baker H. Magnesium and Magnesium Alloys，ASM Specialty Handbook. Materials Park（OH）：ASM International，1999.

[5] Goldsmith A，Waterman T，Hirschhorn H. Handbook of Thermophysical Properties of Solid Materials，Vol. 2. New York：Macmillan，1961.

[6] Tsai L，Jammal O A，Papritan J C，et al. Modeling of resistance spot weld nugget growth. Welding Journal，1992，71（2）：47s-54s.

[7] Eager T E，Kim E. Controlling Parameters of Resistance Spot Welding. SMWC IV，1990，Paper 17.

[8] Dilthey U，Hicken S. Metallographic investigations into wear processes on electrodes during the resistance spot welding of aluminium. Welding and Cutting，1998，50（1）：34-40.

[9] German Welding Standard DVS 2929. Resistance welding：Measurement of the transition resistance in aluminium materials. Deustscher Verband furSchweisstechnik e.V Dusseldorf，1985.

[10] Li Z，Hao C，Zhang J，et al. Effects of sheet surface conditions on electrode life in aluminum welding. Welding Journal，2007，86（4）：34s-39s.

[11] Newton C J，Browne D J，Thornton M C，et al. The fundamentals of resistance spot welding aluminum//Proc. AWS Sheet Metal Weld. Conf. VI. Detroit（MI），1994，Paper No E2.

[12] International Institute of Welding. Procedure for Spot Welding of Uncoated and Coated Low Carbon and High Strength Steels. draft，Document No. III-1005-93，Section 6.

[13] Howe P. Spot weld spacing effect on weld button size. SMWC VI，1994，Paper C03.

[14] ASM Handbook，Vols. 1 and 2. Materials Park（OH）：ASM International，1990.

[15] Cezairliyan A，Anderson A. Specific Heat of Solids. New York（NY）：Hemisphere Publ. Corp.，1988.

[16] Kimchi M，Gould J E，Nippert R A，The evaluation of resistance spot welding electrode materials for welding galvanized steels. SMWC III，1988，Paper C8.

[17] Gugel M D，Wist J A，White C L. Comparisons of electrode wear in DSC electrodes having different hardnesses. SMWC V，1992，Paper A03.

[18] Wist J A，White C L. Metallurgical aspects of electrode wear during resistance spot welding of zinc-coated steels. SMWC IV，1990，Paper B6.

[19] Kimchi M，Gugel M D，White C L，et al. Weldability and electrode wear during the RSW of various HDG steels. SMWC VI，1994，Paper D02.

[20] Gugel M D，White C L，Kimchi M，et al. The effect of aluminum content in HDG coatings on the wear of RSW electrodes. SMWC VI，1994，Paper D03.

[21] Wist J A，Gugel M D，White C L，et al. Electrode-workpiece sticking on electrogalvanized steel. SMWC VII，1996，Paper E2.

[22] Kusano H. The importance of electrode management in modern resistance welding. SMWC XIV，2010，Paper 3-7.

[23] Howe P. Resistance spot weldability and electrode wear mechanisms of ZnNi-UC EG sheet steel. SMWC V，1992，Paper A1.

[24] Thornton M C，Newton C J，Keay B F P，et al. Some surface factors that affect the spot welding of aluminium. Transactions of Institute of Metal Finishing，1997，75（4）：165-170.

[25] Ikeda R，Yasuda K，Hashiguchi K. Resistance spot weldability and electrode wear characteristics of aluminium alloy sheets.

Welding in the World，1998，41：492-498.

[26] Deffenbaugh J F. Resistance Welding Manual. 4th ed. Philadephia：Resistance Welder Manufacturers' Association（RWMA），1989.

[27] Okuda T. Spot welding of thick plates，Part 1：The law of thermal similarity. Welding Technique，Japanese Welding Society，1973，21（9）.

[28] Fong M，Tsang A，Ananthanarayanan A. Development of the law of thermal similarity（LOTS）for low indentation cosmetic resistance welds//Proc. Sheet Metal Weld. Conf. IX. Sterling Heights（MI），2000，Paper No 5-6.

[29] Ando K，Nakamura T. On the thermal time constant in resistance spot welding，Report 1. Japanese Welding Society，1957，26.

[30] Clark J G. Welding Handbook. 2nd ed. New York（NY）：American Welding Society，1942.

[31] Agashe S，Zhang H. Selection of schedules based on heat balance in resistance spot welding. Welding Journal，2003，82（7）：179s-183s.

[32] Welding Handbook，Vol. 1，Welding Science and Technology. 9th ed. Miami（FL）：American Welding Society，2001.

[33] Welding Handbook，Vol. 2，Welding Processes. 9th ed. Miami（FL）：American Welding Society，2004.

[34] Matsuyama K，Chun J. A study of splashing mechanism in resistance spot welding//Proc. Sheet Metal Weld. Conf. IX. Sterling Heights（MI），2000，Paper No 5-4.

[35] Spinella D J. Aluminum resistance spot welding：Capital and operating costs vs. performance. SMWC VII，1996，Paper A05.

[36] Dilay W，Rogola E A，Zulinski E J，Resistance welding aluminum for automotive production. SAE Technical，1977，Paper 770305.

[37] Brown B M. A comparison of AC and DC resistance welding of automotive steels. Welding Journal，1987，66（1）：18-23.

[38] Roth D. Power conversion for resistance welding machines. SMWC I，1984，Paper 01.

[39] Moss L E，Bates F E. Three phase D.C. flash welding. SMWC I，1984，Paper 05.

[40] Roth D K，Hofman K A. Alternating current versus direct current in resistance welding. SMWC IV，1990，Paper D19.

[41] Michaud E J，Renaud S T. A comparison of AC and mid-frequency DC resistance spot weld quality. SMWC VII，1996，Paper A1.

[42] Dupuy T，Fardoux D. Spot welding zinc-coated steels with medium-frequency direct current. SMWC IX，2000，Paper 1-2.

[43] http：//en.wikipedia.org/wiki/Skin_effect. Accessed in Nov. 2010.

[44] Military Handbook：Grounding，Bonding，and Shielding for Electronic Equipments and Facilities. MIL-HDBK-419A，1987，Vol. 2.

[45] Tawade G. Bhole S D，Lee A，et al. Robust schedules for spot welding zinc-coated advanced high strength automotive steels//Proc. AWS Sheet Metal Welding Conf. XI. Sterling Heights（MI），2004，Paper No. 6-3.

[46] Hao M，Osman K A，Boomer D R，et al. Developments in characterization of resistance spot welding of aluminum. Welding Journal，1996，75（1）：S1-S8.

[47] Karagoulis M J. Control of materials processing variables in production resistance spot welding//Proc. AWS Sheet Metal Welding Conf. V. Detroit（MI），1992，Paper B5.

[48] Kimchi M J. Spot weld properties when welding with expulsion-a comparative study. Welding Journal，1992，63：58-63.

[49] Schumacher B W，Soltis M. Getting maximum information from welding lobe tests//Proc. AWS Sheet Metal Welding Conf. III. Detroit（MI），1988，Paper No 16.

[50] Yadav K. Study of interactions between electrical，magnetic，and mechanical fields in Resistance Spot Welding. Toledo：MS Thesis，the University of Toledo，2005.

[51] http：//www.isomatic.co.uk/MFtransformers.htm. Accessed in Nov. 2010.

[52] Osman K A，Hao M，Newton C J，et al. A comprehensive approach to the monitoring of aluminum spot welding. SMWC VII，1996，Paper B2.

第3章 焊 点 缺 陷

选择不恰当的焊接操作，如焊接参数、电极和焊机等会产生各种形式的焊点缺陷。有些焊点缺陷仅对外观有影响，而另一些可能有损焊点或焊接结构的完整性。本章讨论的是常见的焊点缺陷的形成机理，以及避免其发生的方法。

3.1 焊点缺陷的分类

焊点中的缺陷常常称为非连续性（discontinuity），以避免人们将焊点缺陷与产品缺陷联系起来。电阻焊焊点中的缺陷或肉眼可见，或必须通过专门的设备、金相检验才能观察到，因此它们分为外部缺陷和内部缺陷。然而，这两类缺陷常常有关联。例如，过度的板材变形（外部缺陷）表明可能发生了飞溅现象，或（和）焊核内有大的孔隙（内部缺陷）。缺陷对焊点质量的影响表现在美观或结构（质量）方面，或对两者均有影响。尽管焊点缺陷的验收标准随行业或企业的不同变化很大，但还是有一些从业者认可的共性。美国焊接学会（American Welding Society，AWS）为此出版了相当数量的标准及推荐的方法[1, 2]。

3.1.1 外部缺陷

在生产环境中，焊接质量的目检是最主要的质量检查方式，通常由有经验者借助简单的工具如卡钳和放大镜对焊点的外观进行检查。除了明显的焊接不当，许多其他设计和制造方面的问题也可通过这种检查发现。

AWS D8.7《汽车焊接质量的推荐方法：电阻焊》[1]包括了大多数常见的焊件的外部缺陷。图 3.1 是一个在特别靠近基材边缘处制造的焊点（边缘焊点）。制造这类焊点时，电极面的一部分悬挂在基材的外部。由于基材边缘处对焊核及 HAZ 没有约束，部分金属被挤出基材。这种情况通常是由部件的凸缘宽度不够，可能是设计缺陷（为节省

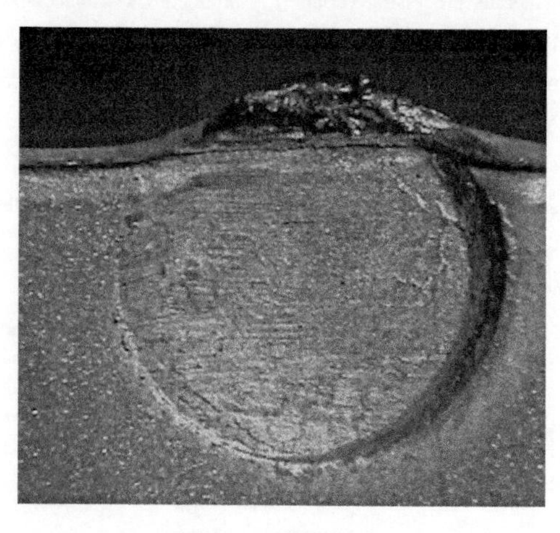

图 3.1 边缘焊点

材料）或冲压过程中的质量波动造成的。由于上述情况的发生是无意而随机的，所以在其发生时通常不会对焊接参数进行调节以补偿接触面减小带来的变化。预先选定的焊件参数没有考虑这种焊点的实际接触面积小于设计值，可能导致电流或电流密度过高，造成基材过热的现象。从图 3.1 可以看到悬挂在基材边缘的金属有明显的熔化（再凝固）的痕迹。其他可能产生边缘焊点的情况是电极错位及焊枪/基材的定位不正确。

焊点常常会在不同于指定（设计）位置的地方制成，如图 3.2 所示。如果这种不同是在设计允许的范围内则没有问题。但如果偏差较大，则可能导致边缘焊点或如图 3.3 所示的重叠焊点，应采取必要措施改变操作方法。如同多数组装过程中的问题，应通过检查机器人程序、冲压件尺寸和焊接设备来找出问题的原因。如果焊点彼此间距离太近，甚至相互重叠（图 3.3），或者它们之间没有足够的距离（图 3.4），那么分流效应可能使第 2 个焊点的焊接电流强度不足以制造出高质量的焊点。由图 3.4 可见，右边（第 2 个）焊点的压痕比左边（第 1 个）焊点的压痕要小，与图 3.3 中左边（第 2 个）焊点和右边（第 1 个）焊点的比较结果相似。这是较低的热量输入导致的，即使这些相邻焊点是采用相同的焊接参数制造的。在这种情况下，焊点质量乃至焊点结构的完整性可能会被破坏。

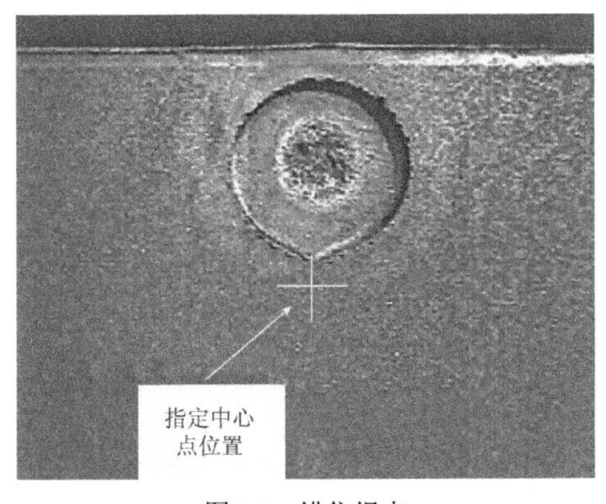

图 3.2 错位焊点

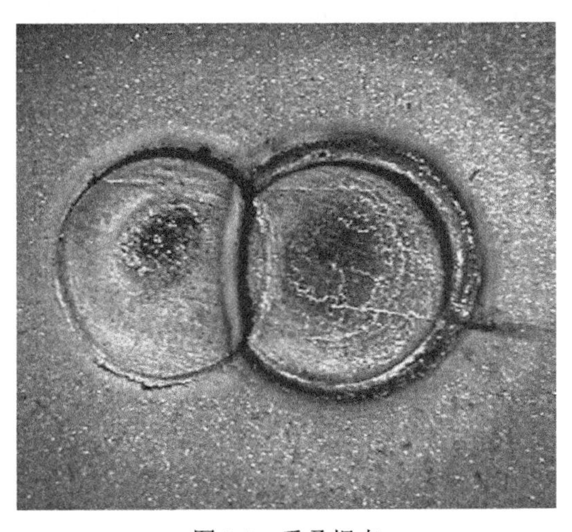
图 3.3 重叠焊点

压痕是焊接时在电极力下由电极在基材表面上形成的凹痕。它是焊点存在的一种指示，有时也作为估计焊点渗透量的指标。除非采用特殊电极和工艺程序，彻底消除它通常很困难，所以在大多数实践中允许存在一定的压痕。AWS D8.7 标明高达基材总厚度的 30%的压痕深度都是可以接受的。

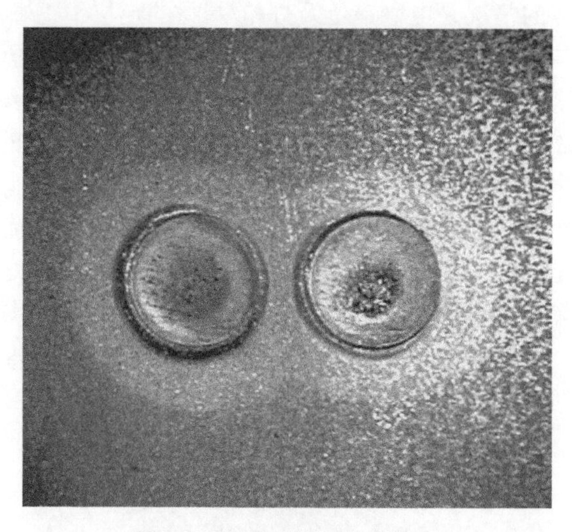

图 3.4　间隔可能不足的焊点

但是，过度压痕会影响装配结构表面的光洁度甚至焊点的承载能力，所以它在大多数情况下是不能接受的。如果有过度压痕表面的产品呈现在客户的眼前，可能会造成不良印象。如图 3.5 所示，压痕会使压痕壁附近的基材厚度减小，太深的压痕会减小焊点与基材之间连接部位的厚度及强度。焊接多层板材组合，如 3 层板材焊件时(最外层通常是薄板)，这种现象更明显。压痕深度往往大于外层板材的厚度，从而使外层板材与内层板材的接合部位强度降低。在实践中，可以直接测量压痕而不必通过金相手段。图 3.5 中的焊点截面的金相照片是为了更容易观察压痕的结构而准备的。一些简单的机械测量装置如度盘式厚度计就足以用来测量焊点表面的压痕。过度压痕常常是使用不正确的焊接参数的结果，如过度加热等，且它常常意味着其他类型的缺陷的存在。例如，飞溅和表面熔化（可能导致表面裂纹和孔洞）常常与大压痕相伴随。过度压痕也会导致板材的过度变形（图 3.6）。采用正确的焊接参数和焊接过程可以控制压痕，获得渗透程度高、强度高的焊点。另一种缺陷是飞溅，它在电阻焊过程中普遍发生。虽然飞溅是一个过程，而非产品，但它会直接影响焊接过程或导致焊点缺陷的产生。本书将在第 7 章里讨论飞溅的机制，以及它是如何影响焊点强度的。飞溅可能发生在电极和板材之间的接触界面上（图 3.7），也可能发生在板材之间的接合界面上（图 3.8 和图 3.9）。飞溅通常与其他缺陷有关，如由于液态金属的损失而导致的大量的内部孔洞的产生。图 3.10 还显示了压痕附近，由表面飞溅引起的烧穿孔。多数经历过飞溅的焊点可以通过目检来识别，因为通过电极-板材的界面或板材-板材界面的飞溅会有喷射出的液态金属残留的痕迹，而后者(板材之间的界面飞溅残留物)需要通过剥离试验才能发现。点焊钢材时飞溅易形成一层尖锐的、细须状的、从焊核挤压出的、迅速冷却的薄薄的金属。而柔软的扇形薄铝箔是铝飞溅的特征（图 3.9）。一些有飞溅现象的焊点并无飞溅残留的痕迹，如上述在焊点附近喷出并凝固的金属，所以如果不采用烦琐的金相检验法就很难从这种焊点中识别飞溅。然而，使用通用的感测装置，如测量电极之间的位移，便可准确记录飞溅的发生，甚至飞溅的幅度（详细的讨论见第7章）。

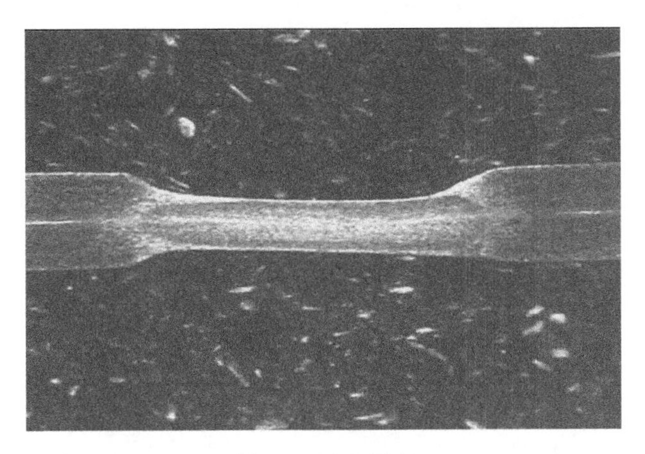

图3.5 过度压痕

图3.6 过度畸变

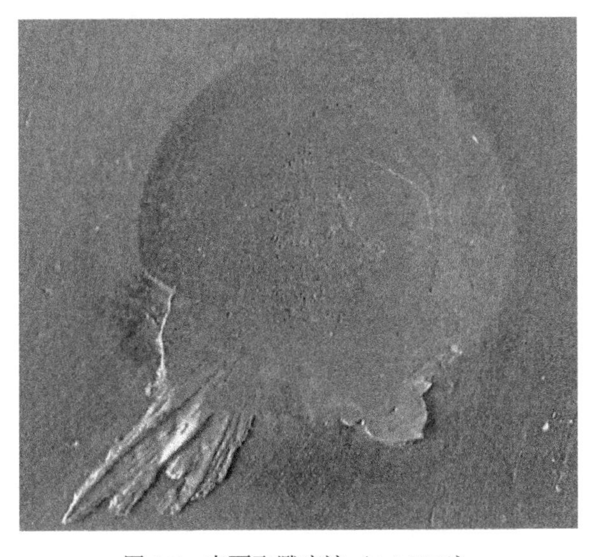

图3.7 表面飞溅痕迹（AA5754）

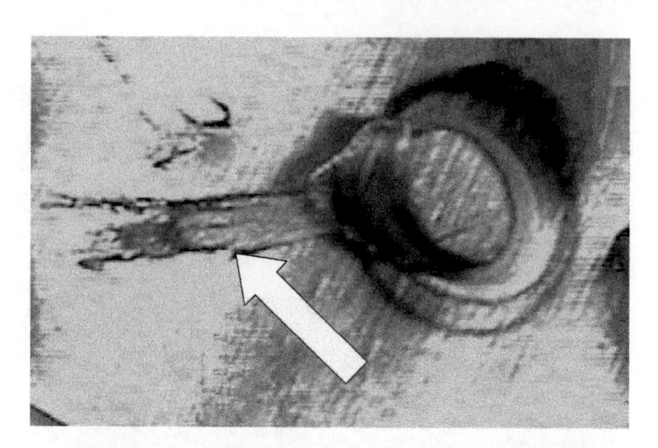

图 3.8　（低碳钢焊点）接合界面处的飞溅痕迹

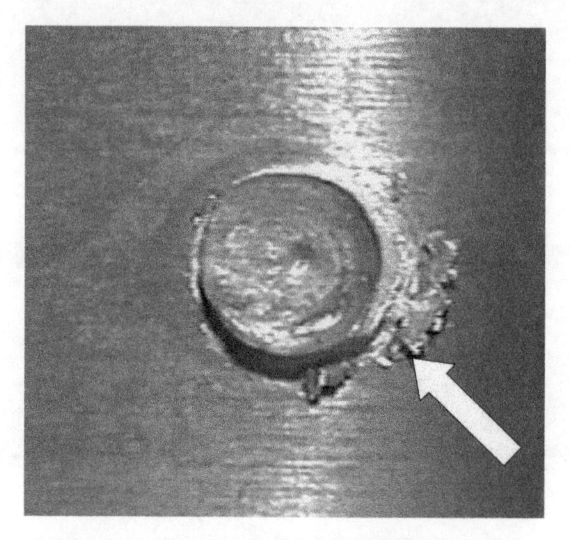

图 3.9　（AA5754 焊点）接合界面处的飞溅

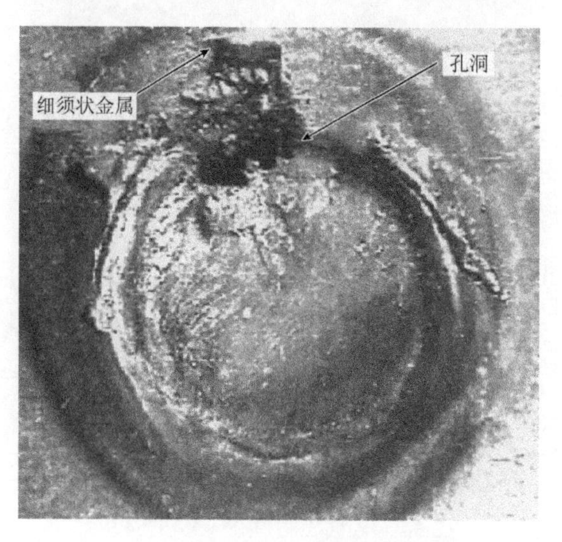

图 3.10　焊点表面的孔洞和细须状金属

如图3.10所示的焊点表面上的孔通常称为烧穿孔。而与此缺陷相关的是在该孔附近的细须状金属。这种孔的形成通常需要过于集中的局部加热，且表面熔化是必定发生的。可以预见这种焊点的强度会比较低，需要进行必要的修复。这种焊点的电极通常会恶化得很快。

在钢材和铝材的焊接中都会观察到表面裂纹。有些表面裂纹从表面熔化开始，在材料收缩导致的应力作用下扩展。如图3.11所示的低碳钢焊点的裂纹具有明显的表面熔化的痕迹。大树枝状裂纹从焊核中心延伸到HAZ。如图3.12所示，剥离开的铝焊核在压痕表面的中心部位有裂纹。3.3节将对这种类型的裂纹的生成和扩展进行分析。当一个焊件受到载荷时，焊核所受应力通常低于与其相邻的HAZ，因而焊核里的一些缺陷如孔隙等一般不会明显影响焊核的强度。然而，取决于其位置和大小，有些表面裂纹可能会严重影响焊点质量并导致过早失效。对于一些焊点，剥离试验使得焊核沿着裂纹撕开。焊件表面上看到的裂纹往往比真实的要小，有时甚至在焊接后根本看不到它们的痕迹。但施加一个很小的拉伸应力或剥离载荷就可将它们显现出来。一些材料往往比其他材料更容易出现表面裂纹，因此应特别注意检查这类材料的焊点，以发现表面缺陷。

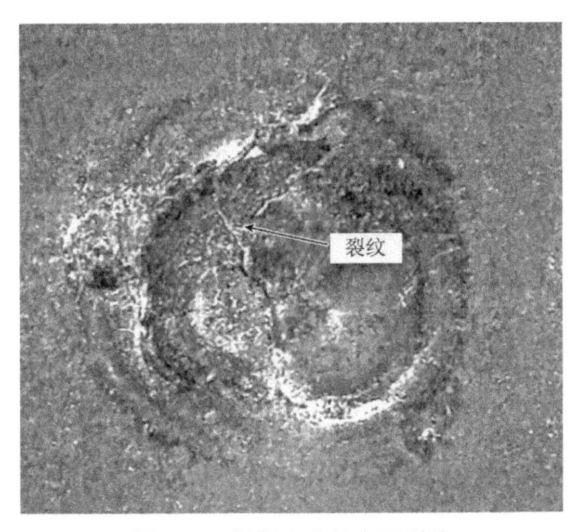

图3.11 钢焊点上的表面裂纹

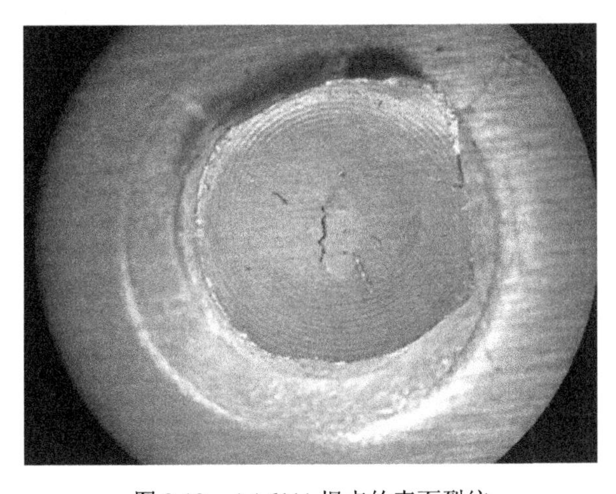

图3.12 AA6111焊点的表面裂纹

另一种类型的表面裂化是由 LME 引起的，如在焊接某些镀锌钢板时观察到的表面裂化。当熔化金属（如热浸镀锌钢内的锌）攻击对 LME 敏感的钢材时会出现液态金属脆化。它可能发生在低碳钢、不锈钢或先进的高强度钢内。这种现象通常与不正确的工艺过程或焊接参数有关。焊接镀层钢板时可能导致 LME 发生的关键因素有电极错位、热输入量过多、电极磨损过度及电极冷却不足。（镀层上的）锌和（来自电极的）铜共同作用会促使焊点表面附近的 LME 裂化[3]。图 3.13 是这种裂纹的示意图。在 LME 裂化过程中，裂纹首先在受到攻击的固相晶界内产生，如 HAZ，该区直接与电极接触，且在焊接时经历了足以使锌熔化的温度。从显微镜下的金相试样可以看到，LME 断裂表面上存在着高浓度的锌和铜。而凝固过程中的热应力是打破这个被弱化了的结构的关键。LME 裂纹的形貌和发生的位置与凝固裂纹相似，在冷却过程中它们常常出现在要经受很大热应力的压痕壁的底部，这种应力是由受电极约束的横向收缩引起的。一些实验显示，LME 裂纹不会对电阻焊点的静态特性产生显著影响。但它对焊件的疲劳寿命和冲击性能的影响尚未得到评估。

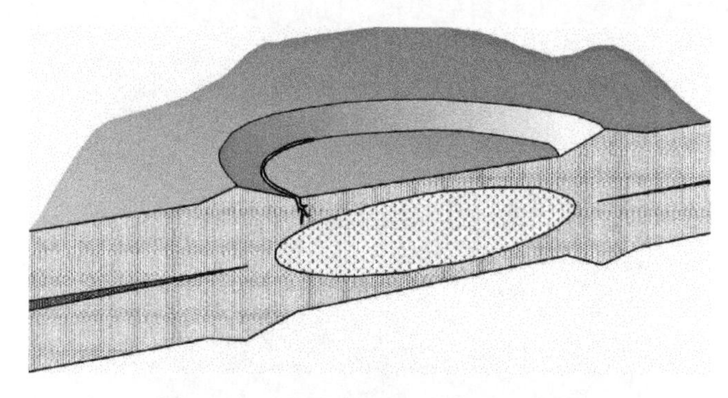

图 3.13　压痕壁底部附近的 LME 裂纹

另一种类型的可视缺陷是过度的基材变形。它可能由焊接时不当的板材配合，或者板材、电极的轴向或扭转不对中（图 3.14）造成。虽然这种变形难以量化，但很容易检测到。其修正可以通过调节焊枪的位置、使用正确的电极或电极柄、更换磨损的电极、对中电极来实现。需要的话还可以改变冲压件的设计。当对一个变形过大的焊点施加载荷时，加载模式可能与预期的不同。例如，对如图 3.14（a）所示的焊件施加拉伸-剪切载荷时，除了在焊点上产生剪切载荷，还将导致弯曲和拉伸载荷。焊件的大变形也可能影响焊接结构的尺寸稳定性。

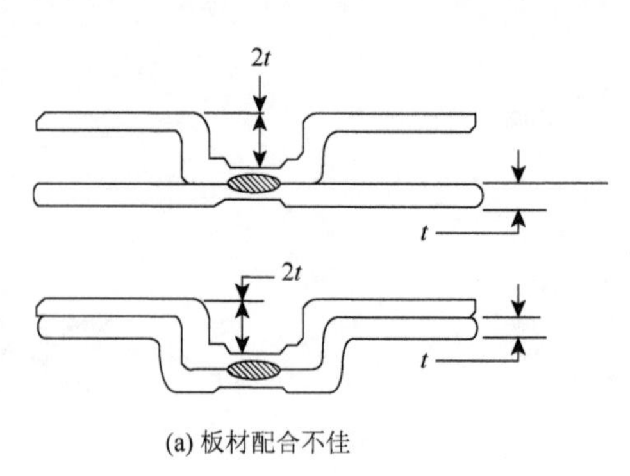

(a) 板材配合不佳

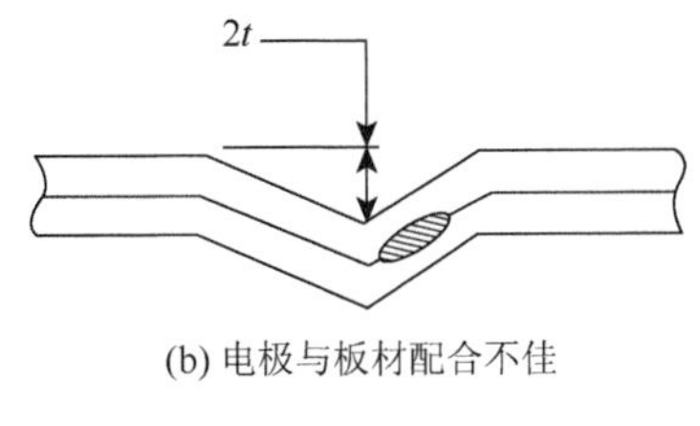

(b) 电极与板材配合不佳

图 3.14　焊接变形

3.1.2　内部缺陷

与表面裂纹、过度变形等不同，有些焊接缺陷必须通过金相手段检验焊点横截面，或通过使用某些无损设备，如超声波和 X 射线成像，才能发现。这就是内部缺陷，它们可分为两大类：孔隙（也称孔洞）和裂纹。孔洞在焊核中相当普遍，它们的形成将在 3.2 节中讨论。这些孔洞是由熔融金属中的气泡和冷却时的收缩导致的。如图 3.15 所示，在临近 HAZ 的熔融线附近，焊核内有少量微小孔洞，但在焊核中心附近有许多大的孔洞。这种现象的产生与焊接时焊核内的温度分布和变化有关。焊件的膨胀与收缩和某些相关的过程如飞溅是孔隙形成的直接原因。如果在焊接过程中没有发生飞溅，那么焊核内无液态金属损失，孔洞的体积将会很小，数量将会很少。但是，在焊接时如果有飞溅发生，则焊点内会形成非常大的孔洞。图 3.16 显示了钢焊点中一个由飞溅导致的相当大的孔洞。同样地，图 3.17 中的大孔洞是由镁合金（AZ91D）焊点两侧的飞溅造成的。如果孔洞的体积或面积百分数不太高且远离焊点外围，它们对焊点的性质不会产生显著的影响。这是由于受载时大的应力集中通常发生在 HAZ 内，而非焊核内。

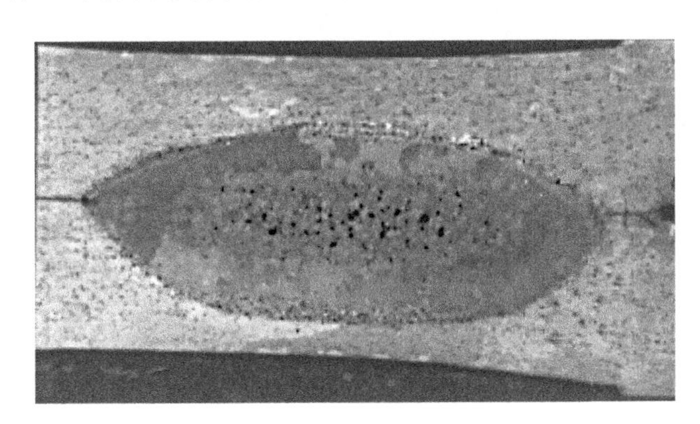

图 3.15　含孔洞的焊核

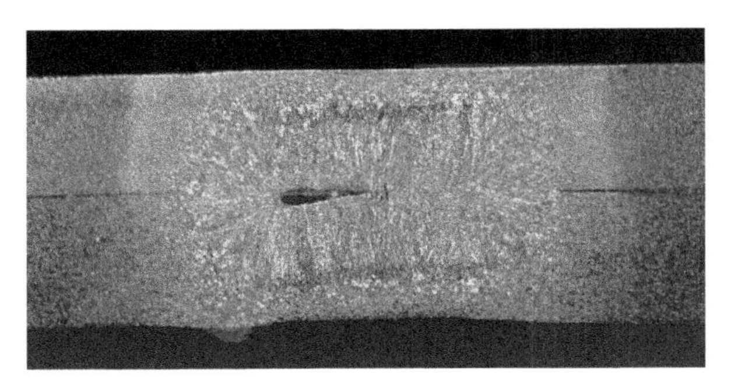

图 3.16　低碳钢焊点中飞溅引起的大孔洞

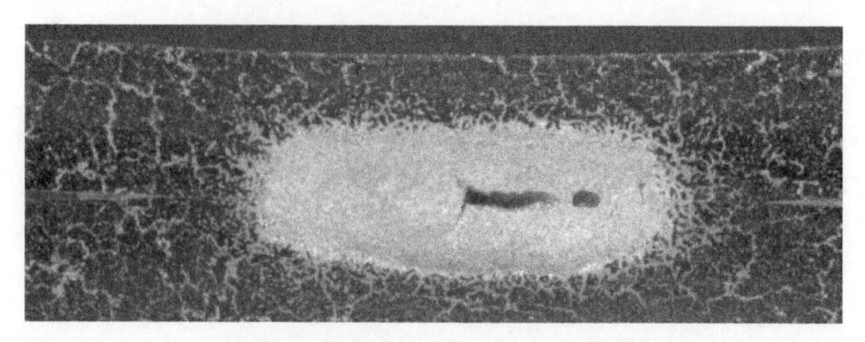

图 3.17　镁合金焊点中飞溅引起的大孔洞

内部裂纹的影响比表面裂纹更加复杂。点焊裂纹分为几种类型。最常见的裂纹是由焊点中原始板材接合界面处没有充分熔化造成的（图 3.18）。除了通过金相手段检测，超声波设备也能很容易地对这种缺陷进行检测，因为它们与入射波束垂直。这种大裂纹与焊点中比较小的熔透有关，导致板材间微弱的粘连。测试时，它们也许会表现为冷焊点（虚焊）。

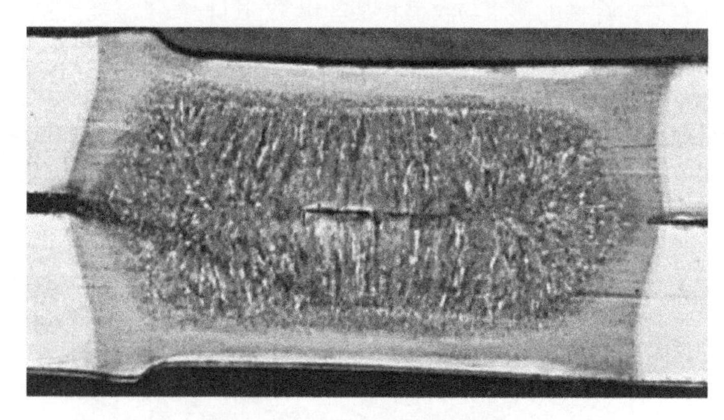

图 3.18　HSLA 钢焊点的裂化

凝固裂纹可在一定的条件下形成。图 3.19 显示了裂纹从焊点表面延伸至其内部，且焊核内可见一些孔洞。如果这种裂纹被限制在焊核的中心区域便不会降低焊点的强度。然而，有许多裂纹延伸至焊核的边缘从而对焊点质量产生不利影响（详细的讨论见 3.3 节）。基材的化学性质和电极的几何形状是影响裂化的主要因素，修正时可将这些因素考虑进去。

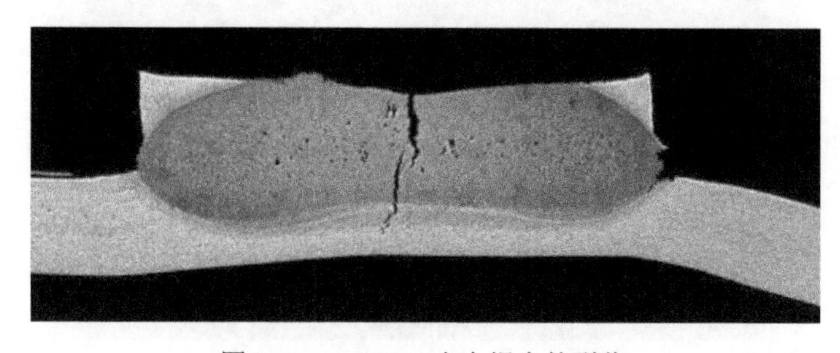

图 3.19　AA6111 合金焊点的裂化

图3.20显示了一种不太常见的，多发生在HAZ里，而非焊核内的裂化。这种裂纹是由HAZ内的晶界熔化和大的热应力导致的。其中的一些裂纹被液态金属填充后只看得到轮廓，而不是一个开口裂纹。这种裂化的机理及修复将在3.4节进行讨论。

在某些不当的焊接操作中，在接合界面处会形成很少量渗透的粘连（图3.21）。这类焊点的强度非常低，而且拉断后的断口比较平滑，因此称为冷焊点。超声波检测设备可以很容易地识别这类焊点。因为接合面上只发生少量的熔化（再凝固），与没有焊点的单层板材非常相似，超声波的反应也与单层板时类似。加热不足是冷焊点产生的主要原因，这可能是由焊接电流不足、焊接时间过短、电极磨损或电流分流造成的。冷焊点形成时表面上的电极压痕一般比较小。

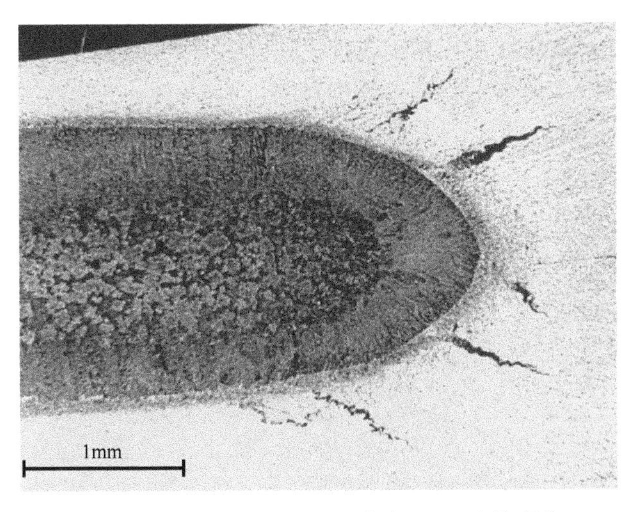

图3.20 铝合金AA5754焊点中HAZ内的裂化

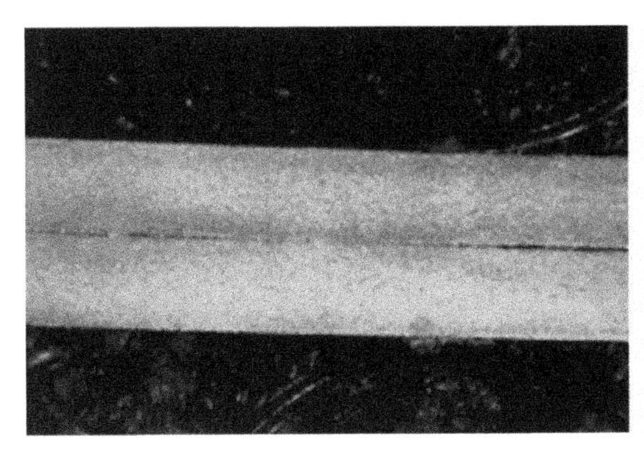
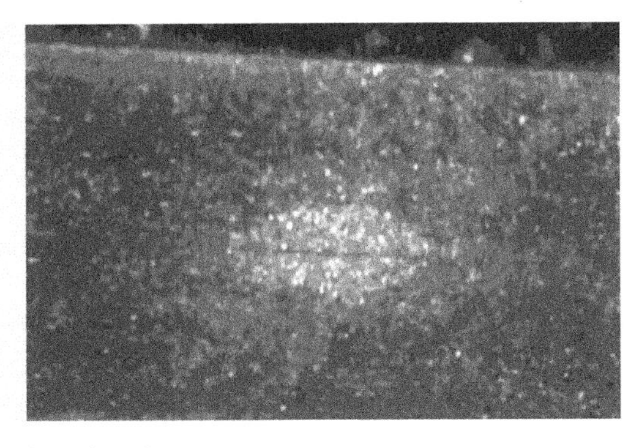

图3.21 钢材中的冷焊点

3.2 焊核内孔洞的形成

电阻焊时在热源即电源被切断后，可能会形成孔洞。它经历了液态焊核在凝固过程中的成核和生长的过程。孔隙在铝焊点中比在钢中更常见，这主要是两者在热学特性和冶金性能方面的区别造成的。电阻焊内的孔洞在形状、大小和分布等方面有很明显的特征。图 3.15 是一个典型的铝焊点内孔洞的例子。因为焊核周边的温度低于焊接时焊核的其他部分，通常很难在 HAZ 附近的焊核内观察到孔洞。而随着向焊核中心处靠近可以看到越来越多的孔洞，且尺寸越来越大。邻近焊核中心处，可观察到少量但更大的孔洞，这是为减少液态焊核系统内的总能量。

凝固焊核中的孔洞分为两类：一类是从（熔融金属中的）气泡转变而来的，另一类则是凝固收缩的结果。尽管这两类孔洞在形成过程中经常会相互干扰，但在焊核的金相样品中的形貌有明显的不同。为清楚起见，本书将对它们分别进行讨论。

3.2.1 气泡

从气泡产生的孔洞由于其自由凝固过程，通常会有光滑的表面。如图 3.22 所示，在适当的条件下，可以直接观察到它们的凝固痕迹。图中一个 HSLA 钢的焊点沿着原始板材的界面断开。其中一部分微观结构显现出自由凝固的表面，包含沿着晶界撕开的断裂表面所包围的枝状晶体结构。

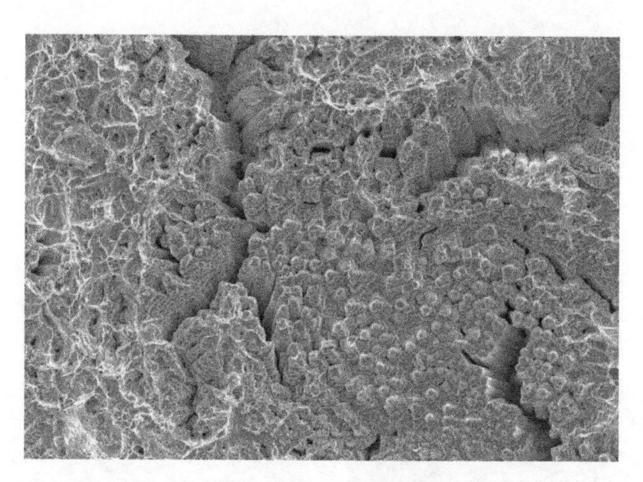

图 3.22 沿界面裂开的焊点的断裂表面

以固体形态存在的气泡便是孔洞，具有光滑的表面，是液态焊核内的气体压力的结果。焊核中的气体压力来自几个渠道。液态焊核内的易挥发性合金元素（主要是轻金属）在过热时会蒸发，从而导致气相压力，如热浸镀锌钢表面涂层中的锌和镁（铝合金 5XXX 系列的主要合金元素）。表 3.1 列出了 AKDQ 钢的合金元素，含少量的轻元素。表 3.2 和表 3.3 列出了 AA5754 和 AA6111 铝合金的组成成分[4]。这两种合金都含有一定量的镁和锌。图 3.23 绘制了某些元素的蒸汽压曲线[5]。由图可知，在液态焊核内如 Zn 和 Mg 这类金属元素在铝和钢焊点上都会施加一定的蒸汽压。这种压力对温度的依赖性很高。焊接钢时需要的温度比焊接铝时高得多，由此可知，以气体形式存在于液态钢焊核内的轻元素如 Zn 和 Mg 是形成孔洞的关键。然而，钢材中轻元素含量不如铝合金中的高，因此，与钢焊点相比，气泡或孔洞更常见于铝焊点内。液态焊核内的气态相的另一个来源是焊接前基材的表面处理（如润滑等涂层）所包含的有机成分，以及运输或制造过程中产生的油污。

这种有机物可能被电极挤在原始板材的接合界面处。由于该有机物及其所含元素的种类和数量变化很大，很难预测它们对气泡中的气体压力的影响，但可以预料这种影响会很小。

表 3.1 AKDQ 钢的化学成分 （单位：wt.%）

C	Mn	P	S	Si	Cu	Ni	Cr	Mo	Sn	Al	Ti
0.035	0.210	0.006	0.011	0.007	0.020	0.009	0.033	0.006	0.004	0.037	0.001

来源：National Steel Corp.，Livonia，MI

表 3.2 工业用 AA5754 铝合金的化学成分[4] （单位：wt.%）

Mg	Mn	Cu	Fe	Si	Ti	Cr	Zn
2.6～3.6	Max. 0.5	Max. 0.1	Max. 0.4	Max. 0.4	Max. 0.15	Max. 0.3	Max. 0.2

表 3.3 工业用 AA6111-T4 合金的化学成分[4] （单位：wt.%）

Mg	Mn	Cu	Fe	Si	Ti	Cr	Zn
0.5～1.0	0.15～0.45	0.5～0.9	<0.4	0.7～1.1	<0.10	<0.10	<0.15

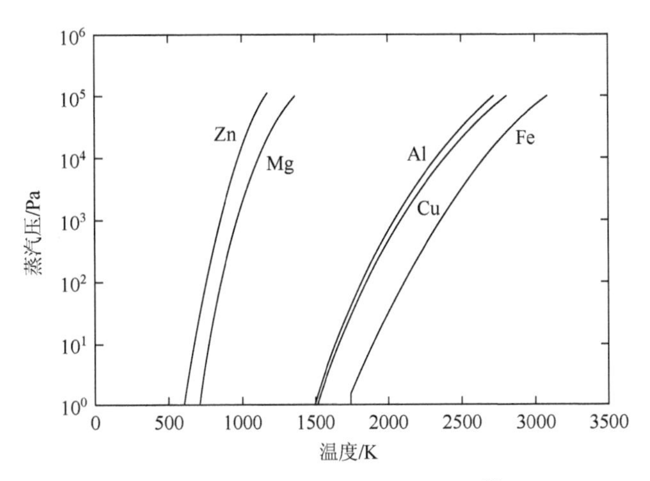

图 3.23 几种金属的蒸汽压曲线[6]

只在内部气体压力下不可能使得气泡膨胀，这是因为在液态焊核内气泡体积的任何增加（膨胀）都会显著降低其气体压力，并极大地增加周围液体的压力，因为液体是不可压缩的。但是，小气泡会趋向于合并成大气泡，从而降低系统的能量。假设气泡中气体及其周围的液态金属之间的比表面能为 σ，半径为 r 的气泡的表面能为$(4\pi r^2)\sigma$。如果 N 个相同的气泡合并成一个大的气泡，那么新的气泡的表面能为$(4\pi R^2)\sigma$。如果假设气泡总体积保持恒定，则新气泡的大小 R 可通过考虑体积相等而获得。

$$N\left(\frac{4}{3}\pi r^3\right)=\frac{4}{3}\pi R^3 \tag{3.1}$$

因此，$R=N^{1/3}r$。大气泡和小气泡群之间的能量差可由式（3.2）来表示：

$$(4\pi R^2\sigma)/(4\pi r^2\sigma)=R^2/r^2=N^{2/3} \tag{3.2}$$

这个比例显示了由众多的小气泡合并成一个大气泡时，系统能量的减少。小气泡的数量少时这种合并导致的能量降低并不明显，而当前者数量变大时系统能量的降低量会大幅度上升（图 3.24）。因此，小气泡会趋向于合并成大气泡，以减少气泡的表面能，从而降低系统的能量。气泡的合并涉及它们在液态焊核内的移动，将这种运动与扩散类比可以帮助理解这个过程。与扩散相似，气泡的迁移是温度和迁移路径的强函数。由于在焊核中心附近温度达到峰值，其附近的气泡易以比 HAZ 附近（温度较低）的气泡更快的速度聚成群，形成较大的气泡。这种温度分布导致了在凝固过程中，枝晶臂之间的微孔洞的尺寸大多沿着焊核边缘至焊核中心的方向越来越大。导致焊核内微孔大小不一的另外一个原因是焊核边缘附近气泡的迁移率比在中心附近的低。由于温度低，HAZ 附近的气泡密度也比焊核中心附近的低。因此，靠近 HAZ 及与电极的接触界面处的气态孔洞细而少。大气泡通常出现在焊核中心附近，因为该区域在焊接过程中温度最高，一般在最后凝固。当凝固从焊核外围开始并向焊核中心扩展时，气相也随之迁移至中心。

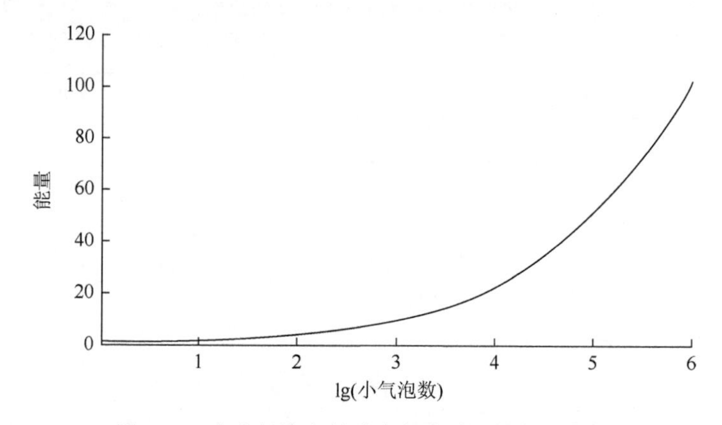

图 3.24　当小气泡合并成大气泡时，总能量降低

孔洞的尺寸直接由气泡内的气体量和其他环境变量来确定。例如，一个液态焊核内存在的球状气泡，其大小可通过考虑气泡的能量，包括表面能和体积能来进行估算。假设气泡中气相总质量为 m（摩尔数），气泡的参考半径为 r_0，则气泡的自由能可根据热力学写为

$$\Delta G = 4\pi(r^2 - r_0^2)\sigma - 3mRT\ln\frac{r}{r_0} \tag{3.3}$$

这是通过将气泡假设为一个封闭的、恒温系统得到的。当能量最小时，气泡尺寸稳定。根据 $d(\Delta G)/dr=0$，可以得到稳定气泡的半径为

$$r = \sqrt{\frac{3mRT}{8\pi\sigma}} \tag{3.4}$$

由式（3.4）可知，气泡尺寸随温度升高及其中的气体量增加而增大，随比表面能增大而减小。气体量由汽化温度、液态金属中该元素的溶解度，以及液体温度决定。因此，如果合金化学成分中包含或从其他来源产生大量的挥发性元素，伴随以过热现象则容易生成大的孔洞。

孔洞并非总是长成更大的孔洞。如果热应力足够高，并且没有足够的液态金属填补因凝固或冷却导致的体积缺失，孔洞会发展成裂纹以缓解热应力（图 3.22）。

3.2.2 体积收缩效应

在特定条件下，小/微孔洞可以长成用低倍率显微镜，甚至用裸眼也可观察到的孔洞。孔洞的生长除了受降低系统能量趋势的驱使，液相冷却、凝固或随后的固相冷却导致的焊核收缩也对孔洞的生长也有显著影响。图 3.25 显示了在各种温度范围下纯铁和一种铝合金的体积变化[5]。可以看到，在液/固态下的冷却都会导致体积缺失，对铝合金来说，固态的收缩量更大。凝固导致纯铁和铝合金的体积收缩率最大。凝固时铁的体积收缩率在 3%左右，而 AA5754 铝合金的体积收缩率高达 7%。加热过程中，液态金属及被加热的固态金属（如 HAZ 内），在电极力的作用下很容易发生移位或变形。而冷却时，焊核及周边固体会发生收缩，但这种收缩受电极和围绕焊核区的较冷的基材的限制。这种约束收缩导致体积缺失，气泡会增大以填充体积的不足。受限制的收缩也会产生拉伸应力，撕裂刚凝固的组织，形成裂纹。图 3.22 显示了凝固收缩导致的，沿着初级凝固晶粒边界的凝固裂纹。由图可见，这些裂纹与断裂面垂直。有些缩孔会生长成微裂纹，而不是孔洞。

检查一个沿着原始板材界面开裂的 DP600 钢的断裂面发现了焊点中由收缩产生的孔洞和裂纹[7]。由于热输入不足，在疲劳载荷下，焊点沿接合界面失效。由图 3.26 可见宏观孔洞和裂纹都是凝固收缩的结果。图 3.26（b）显示的是靠近图 3.26（a）中焊点中心附近的大孔洞的边缘。由图可见，该孔洞的表面被冷却过程中形成的树枝晶覆盖，还有一条位于自由凝固区和延性断裂区边界处的裂纹。这是凝固过程中体积缺失导致收缩缺陷的另一个证据。体积缺失直接导致孔洞的形成。由如图 3.16 所示的低碳钢焊点截面可知，飞溅从焊核中喷出了部分液态金属，可能产生大量的孔洞。此外，大的焊接变形会造成体积缺失，往往会产生大孔洞。由于铝内的体积变化明显大于钢，铝焊接与钢焊接相比往往会形成更多的孔洞/孔隙。收缩孔洞往往沿着晶界扩展而形成裂纹。由于这种孔洞和裂纹的形成往往与最后一部分液体的凝固有关，它们通常会位于基材的原始接合界面附近，因为那里经常会发生体积缺失。图 3.27（a）中焊点内的大收缩孔洞是体积缺失导致的。由图 3.27（b）可见沿着晶界的裂化与孔洞有关。

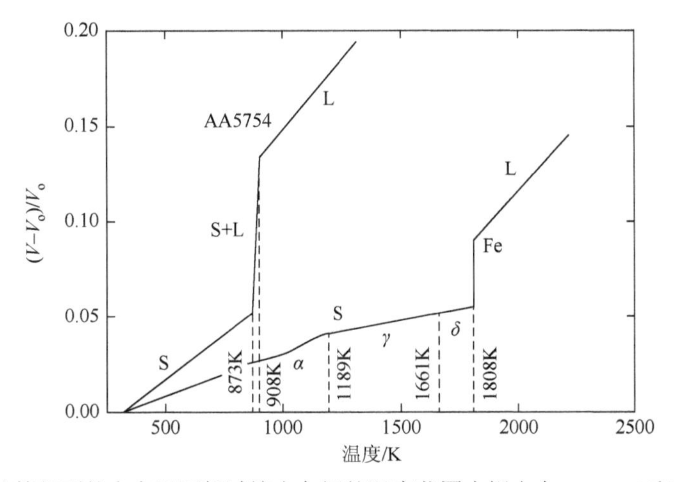

图 3.25 通过计算得到的在室温至超过熔点之间的温度范围内铝合金 AA5754 和纯铁的热膨胀[6]

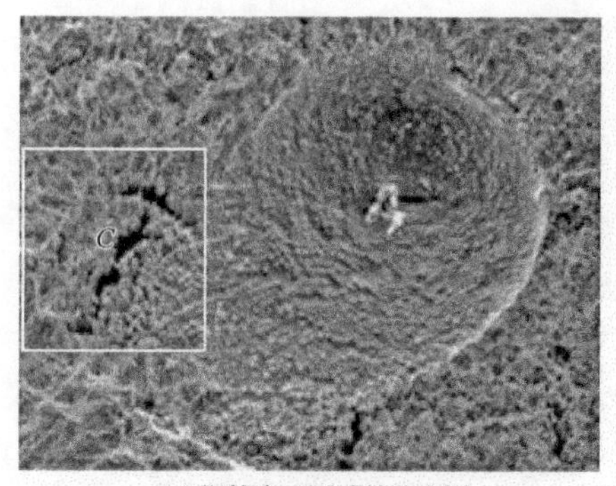

(a) 焊核中心区域的放大图

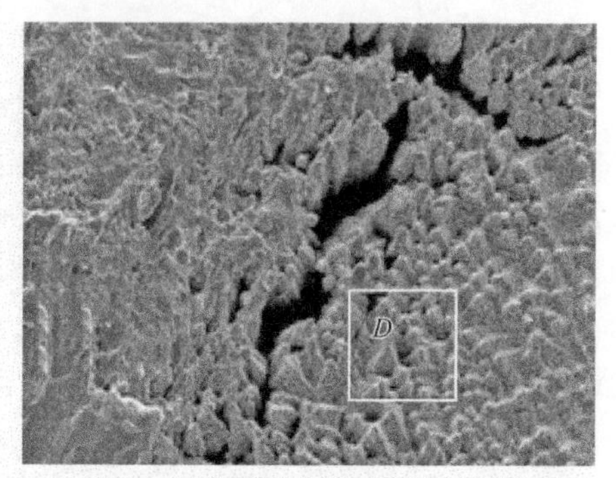

(b) 图 (a) 中标记的孔洞边缘附近区域的细节

图 3.26　一个 DP600 焊点沿原始板材界面的断裂面[7]

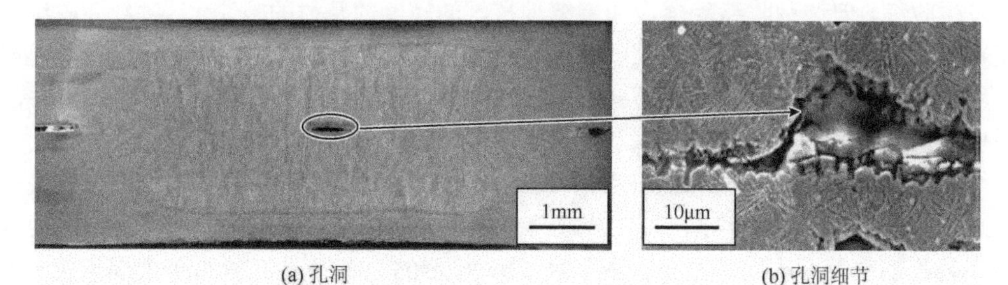

(a) 孔洞　　(b) 孔洞细节

图 3.27　一个焊核的横截面[8]

3.3　铝合金 AA6111 中的焊接裂化

不当的焊接过程可能会在 AA6111 合金中造成收缩裂纹（图 3.19）。该焊点从焊核宽度、渗透量和压痕大小来看，有明显的过热。焊接时，要施加一个非常大的电极力以抑制这种加热导致的热膨胀。液态焊核及其周边（由加热产生的）软化了的固体金属在高温下被电极向焊点的边缘挤压。当冷却开始时，焊点周围的固体开始硬化，同时液态金属也从焊点边缘及与电极接触的部分开始凝固，从而导致收缩。由于受（因冷却造成的）硬化了的固态金属和刚凝固的金属及电极的制约（图 3.28），收缩不能复原先前挤掉的金属，所以会产生体积缺失。其结果是，在焊核内会形成张口。这种现象尤其会发生在焊核中心附近，因为这是最后凝固的部分。这些断口表面的自由凝固的特征（如本节后面将显示的）就是焊接过程快结束时焊核中心残留液体被撕裂的证明。

裂纹有可能在焊接结束后立刻在焊点表面出现，但也有可能需要在施加一定应力后才会出现。后者在焊核中心附近存在，但不会在加载前延伸至表面。在应力的作用下，裂纹会扩展至表面。尽管焊点的 HAZ 是受力最集中的部位，远高于焊核中心，但因为裂纹离表面很近，只需要很小的载荷就可以使裂纹扩展至表面。如图 3.29（a）所示的焊接点上的裂纹在焊件被剥离前不可见，只出现在剥离后的焊点表面上。更严重的裂化，即焊接一结束就出现裂纹的情况下，应力会沿着裂纹撕开焊点，如图 3.29（b）所示。沿着裂纹的两条分枝之间约 1/4 的原焊点被完全分离。如图 3.30 所示裂化的焊点与如图 3.29（b）所示的焊点有相似的断裂机制，证明了收缩裂化的确对焊点的断裂有影响。

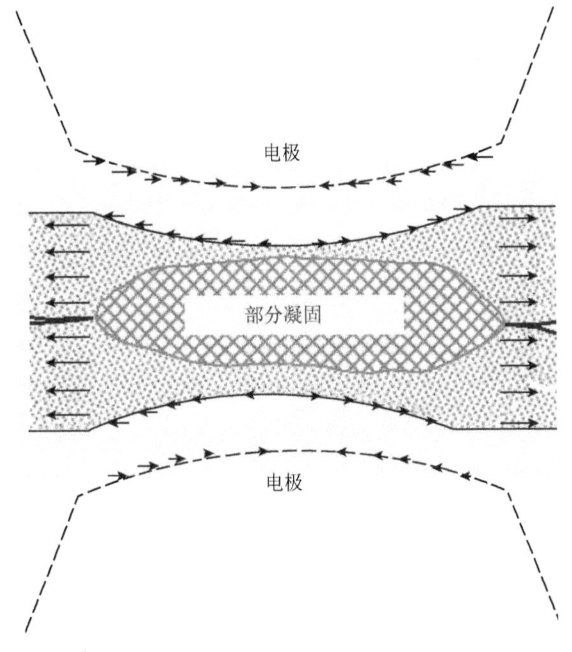

图 3.28 在冷却过程中侧向应力分布

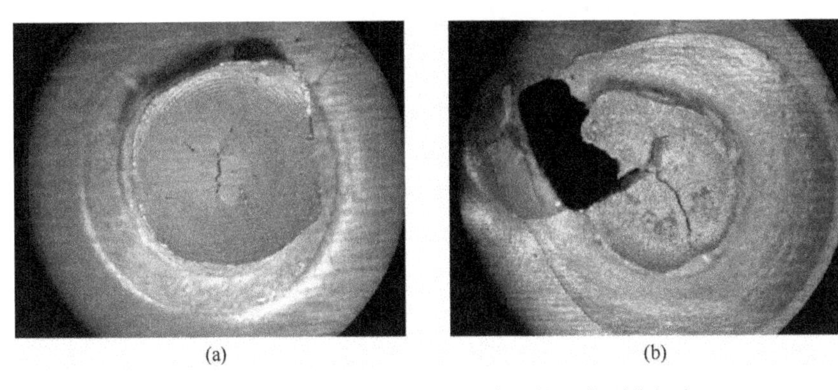

图 3.29 剥离后出现的裂纹（a）和剥离后撕开的裂化焊点（b）

图 3.20 是一个裂化焊点上撕开的断口形貌。考虑如图 3.30（a）所示的断裂面部分。图 3.30（c）取自图 3.30（b）中裂纹表面交汇的边缘。该边缘两侧（裂纹表面）可以观察到等轴晶粒如图 3.30（f）所示，是自由凝固表面的证明。图 3.30（e）中的裂纹尖端清楚地显示了在应力下裂纹扩展造成的（晶粒间的）断裂，并无自由凝固的痕迹。然而，表面上裂纹尖端的顶视图显示了位于焊件表面下的一个典型的柱状晶结构，如图 3.30（d）所示。因此，这个裂纹是由于凝固收缩造成的，在试样被剥离之前就已经存在。机械加载仅仅加宽了裂纹，并使它们向某些方向，如向板厚方向扩展。将焊点的凝固过程与铸造过程相比较，可以帮助理解如图 3.30（d）所示的靠近焊点表面的断裂表面与如图 3.30（c）所示的靠近焊点中心的断裂表面的区别。电流被切断后，这两个区域经历了不同的冷却过程。焊件表面与水冷的电极直接接触，所以这一部分焊件相当于与一个散热器直接相连。在这个区域里会有柱状/树枝状晶体结构形成，与铸锭件表面附近发生的凝固过程一样。另外，

焊点中央部分由于长时间内保持在高温下，形成了等轴晶粒，与在铸件中观察到的情况相似。此外，由图 3.30 可知，这个焊点有明显过热迹象，这可以由在板材接合界面上观察到的飞溅痕迹得到证明。

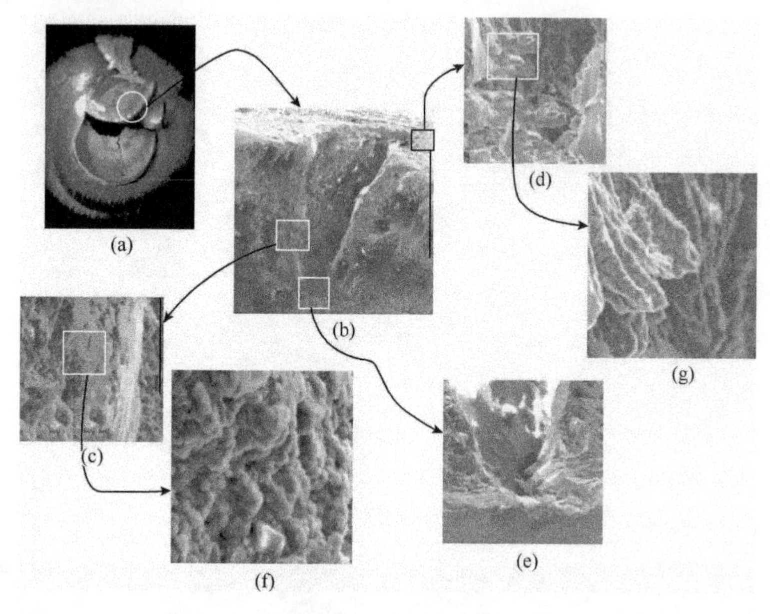

图 3.30　断裂面形态

3.4　铝合金 AA5754 中的焊接裂化

某些铝合金熔焊的一个主要问题是当温度接近固相线时容易发生裂化。这种裂化一般与下面的因素有关：较宽的固-液相线间隙、低熔点共晶体（如 Al-Cu、Al-Mg 和 Al-Mg-Si）或杂质的存在、较大的凝固收缩、较高的热膨胀系数，以及高温下力学性能的迅速下降[9]。在较高的、接近固相线的温度下，热裂化包括焊点失效（凝固裂纹）和 HAZ 中的裂化（液相裂化）。人们已对各种工作范围的铝合金的电弧焊的裂化进行了相当深入的研究，并且对液体熔融金属池凝固期间的较高的热裂化敏感性进行了报道。例如，Lippold 等 [10]研究了钨弧焊接两组 5083 铝合金（镁含量分别为 4.28wt.%和 4.78wt.%）时焊缝的裂化。他们观察到在熔化区和 HAZ 内都有裂纹的发生和扩展，还发现裂化敏感性受镁含量及焊缝相对于材料的轧制方向的影响。Jones 等[11]发现用连续波 CO_2 激光器和脉冲 Nd：YAG 激光器焊接 5000 系列的 Al-Mg 合金（包括 AA5754）时，热裂纹不容易发生。他们观察到，裂化趋势随镁含量增加而加剧，当镁含量为 2wt.%时达到峰值；大于 4wt.%的镁含量会导致较高的焊缝强度和低裂纹敏感性。据报道，两个独立的研究工作分别发现当 Al-Mg 合金中镁含量约为 3wt.%和 1wt.%～2wt.%时，会导致最大的裂化。这些观察结果与铝合金铸造过程中观察到的高温撕裂现象一致，即它遵循如下的规律，双元素合金的热裂纹敏感性的峰值出现在固体状态下的第二组分的最大溶解度的 1/2 左右。

Pellini[12]、Borland[13]和 Prokhorov[14]等的有关熔焊和铸造过程中热裂纹的经典著作有助于理解电阻焊时的裂化现象。电阻焊铝合金基材的裂化现象首先由 Watanabe 和 Tachikawa 报道[15]，随后，20 世纪 90 年代，Michie 和 Renaud[16]，以及 Thornton 等[17]又对它进行了研究。Watanabe 和 Tachikawa 的研究发现一种镁含量超过 5wt.%的 5000 系列铝合金中会发生核内的凝固失效或 HAZ 中的液相裂化。他们观察到在较大范围内的焊接参数下都会发生裂化，并建议采用预加热或增加焊接时间来降低热应力，从而减少裂化倾向。Senkara 和 Zhang[18]，以及 Zhang 等[19]在 2000 年和 2002 年的研究也显示了点焊 AA5754 铝合金中出现的裂化现象。Zhang 等的工作[18, 19]系统地讨论了裂化的热学、力学及冶金方面的原因，并提出了电阻焊铝合金中抑制裂化的建议措施。

3.4.1 铝合金中的液相裂化

焊接时，焊点的 HAZ 中的裂化与存在于晶界的液相有关。这种液相是当主元素处于亚固相和超固相温度时，由熔融的二次相或低熔点杂质组成的。现有的有关液体薄层在晶界上的形成和凝固机理的理论包括晶界附近的平衡熔化、二次相的构成液相，以及偏析效应。

Zhang 等[19]专门研究了 1.6mm 和 2.0mm 的铝合金 AA5754-O 基材的液相裂化。该基材具有典型的轧制结构(图 3.31)，其铝固溶体中有少许镁长柱状晶粒，Al_3Mg_2 和(Fe, Mn)Al_6 等沉淀物，以及硅化物。

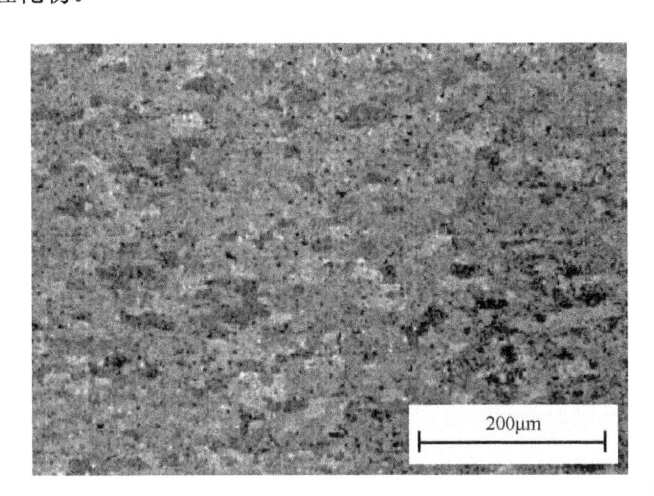

图 3.31 AA5754 铝合金基材的微观结构

尽管剥离后一个典型焊点的形貌正常，但对被剥离的焊点周边进行观察，如图 3.32（a）的放大侧视图所示，则可以看到裂纹。用光学和扫描电子显微镜对截面试样进行检验可以证实这一点，见图 3.32（b）。关于这些焊点，虽然在所有的横截面中都能看到一定量的孔洞，但这些焊核中都没有裂纹。然而，对多个焊点进行光学显微镜检测，可以发现许多试样的焊核两侧有一些裂纹。这些裂纹均位于 HAZ 中。在大多数情况下，裂纹的开口处被基材所填充，使得裂纹只有在腐蚀后才可检测到。在多焊点的铝焊件上，发现裂纹集中出现在与焊接顺序一致的焊核的同一侧，如图 3.33（a）所示。如图 3.33（b）所示，从焊点的纵向截面上能清晰地观察到这些裂纹，然而在横截面上没有肉眼可见的裂纹，或者只能看见很细微的裂纹痕迹，如图 3.33（c）所示。裂纹总是发生在焊件的张开一侧（大的变形侧），而不是与先前制造的焊点相邻的一侧。从焊件的纵向截面可以看到，开裂的一侧（没有先前制造的焊点）与另一侧相比焊件的分隔间隙更宽，而且可以在靠近焊核的板材的间隙处很清楚地看到一些挤压出的材料，见图 3.33（b）。

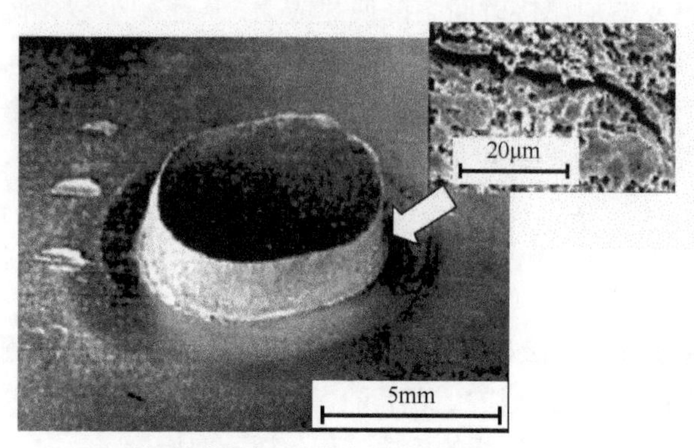

(a) 被剥离的焊点周边的放大侧视图

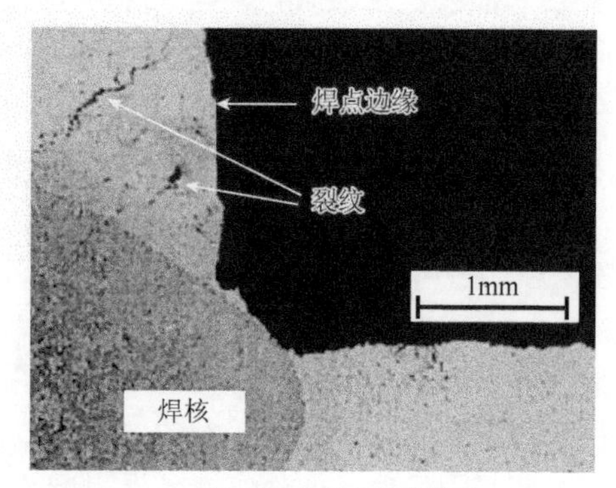

(b) 同一个焊点的横截面

图 3.32　一个典型的剥离试验后的焊点形貌

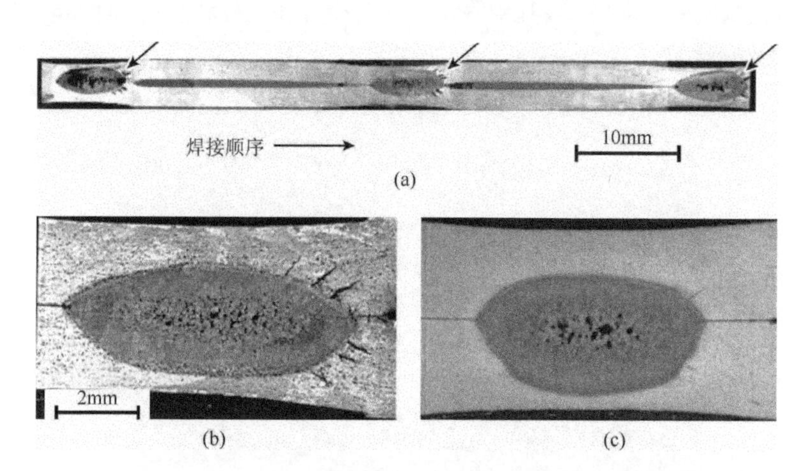

(a)

(b)　(c)

图 3.33　多焊点工件的纵向截面显示裂纹在焊核的右侧（a）；其中一个焊核在高放大倍率下的纵向截面（b）；一个相邻焊核的横截面（c）

对大量裂纹试样的检测发现裂纹的形貌、位置及走向都遵循一定的规律。通过对近 80 条裂纹的走向进行统计发现，裂纹的中心线和熔合线的切线之间的角度是相似的，约等于 70°，如图 3.34 所示。

图 3.35 是一个高放大倍率的图片，它显示了裂纹的晶间断裂特征。它们起始于靠近熔融线的 HAZ，并沿着从焊核向基材的方向扩展。典型的裂化痕迹不是笔直的（图 3.35），它在沿着晶界扩展的同时保持整体向外的方向。有些裂纹在扩展的同时向板材接合界面倾斜。它们大部分在根部比较粗，在延展到基体过程中逐渐变细。宽裂纹通常有枝状结构，即由较细的根茎（晶界）形成大的躯干（在底部的裂纹断口比较宽）。多数裂纹被全部或部分填充（图 3.36）。裂纹表面有枝状晶的形貌（图 3.37）。裂纹起始于 HAZ 中

靠近熔融线的地方。这里距熔融线有一定的距离，且在焊接过程中，这部分材料处于固相线与液相线温度之间（图 3.35）。在这个区域周围有一个由晶界组成的网络，而这个网络上可以清晰地看到析出相。在靠近宽大断口的裂纹根部可以清楚地观察到晶界开裂。对 HAZ 的结构检查显示在晶界处有大量的 Al_3Mg_2 共晶体，它具有比该合金的固相线还低的熔化温度。在加热过程中，这种沉淀物会在 HAZ 形成液态膜，对 HAZ 的强度有不利影响。

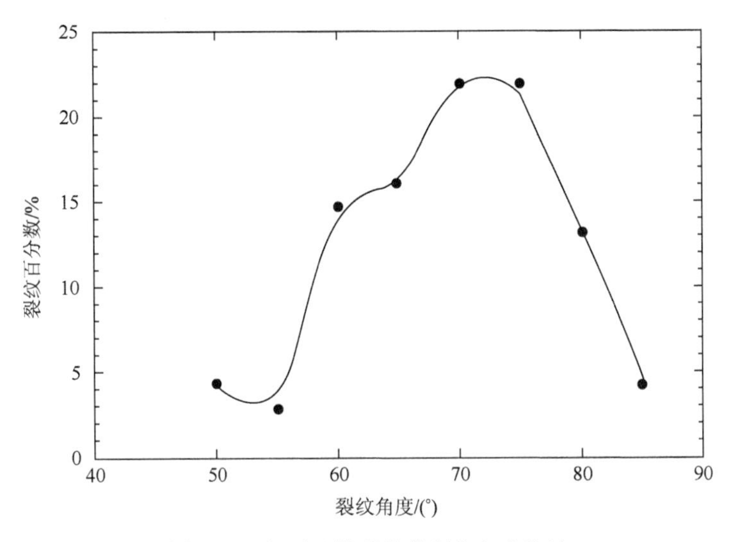

图 3.34 相对于熔融线的裂纹角度统计

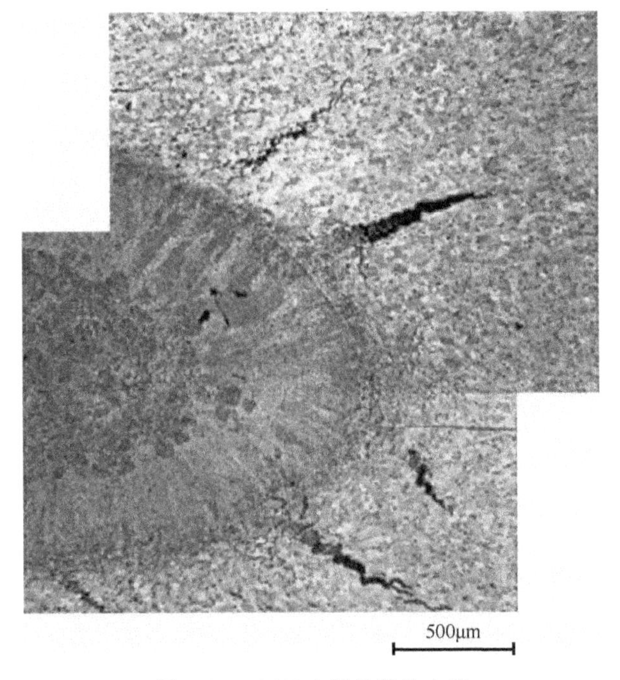

图 3.35 HAZ 中裂纹的放大图

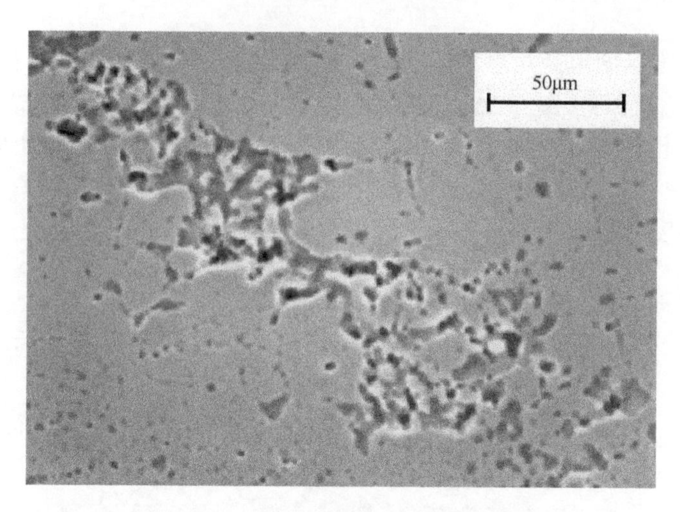

图 3.36　一条几乎被完全填满的裂纹

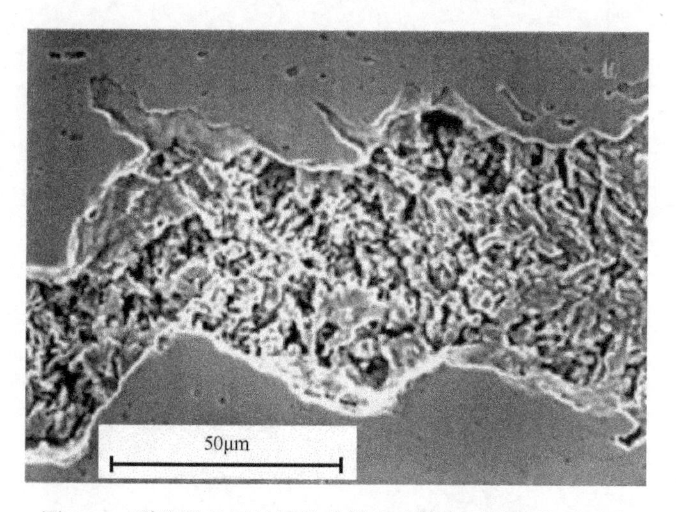

图 3.37　裂纹沿晶间扩展的特性和失效表面的枝状晶形貌

3.4.2　裂化机制

与电阻焊涉及的其他过程一样，裂纹的形成和扩展是冶金、热和力学等因素相互作用的结果。这些因素的影响将在下面进行分析。

1. *冶金效应*

焊接 AA5754 铝合金时，HAZ 内的裂化现象与铸造和电弧焊时观察到的其他铝合金（含几个百分比的镁）的开裂现象一致[20]。在 HAZ 内，裂纹沿晶界扩展的特征和断裂表面的枝状晶结构（图 3.37 和图 3.35），是热裂化的典型特征，也是高温裂化的证据。裂纹断口内的枝状晶形貌证明，裂纹形成时必须有液体存在，因此根据 Hemsworth 等[21]的分类法，属于液相裂化。在一些二次相夹杂物中可以看到微观孔洞，也是电阻焊时 HAZ 内液相存在的证据。

通常，在HAZ中的晶界处的熔化有两种方式：在超固相线温度发生和在亚固相线温度发生。在焊接的加热阶段，HAZ 的一部分被加热至固相线和液相线（部分熔化区）之间，这部分材料中靠近晶界处会发生平衡熔融。除了在高于固相线温度会发生部分熔融，在亚固相线温度下还会发生二次相的熔融。快速加热期间——这是电阻焊的特性，可能没有足够的时间溶解 α 固溶体基体内的 Al_3Mg_2 相，所以当合金被加热至固相线之上时，该相的夹杂物仍然会存在。含 Al_3Mg_2 的夹杂物在靠近部分熔化区的区域内会熔化，其所在区域的最高温度高于共晶点但低于固相线温度。在低于 AA5754 铝合金的固相线的区域内有液体存在的事实也可归因于商业合金内存在着其他低熔化温度的添加物/杂质。焊核周围的区域如图 3.38 所示。可以将电阻焊过程中，HAZ 中的各种结构/区域可能经过的温度变化与该合金的平衡相图联系起来。电阻焊中加热/冷却过程的动态效应，如过热和过冷也会导致热裂化。例如，冷却时的有效固相线温度会因焊接时的高冷却速率而比平衡固相线温度低。这有效地增大了材料处于脆弱且易裂化的温度范围。

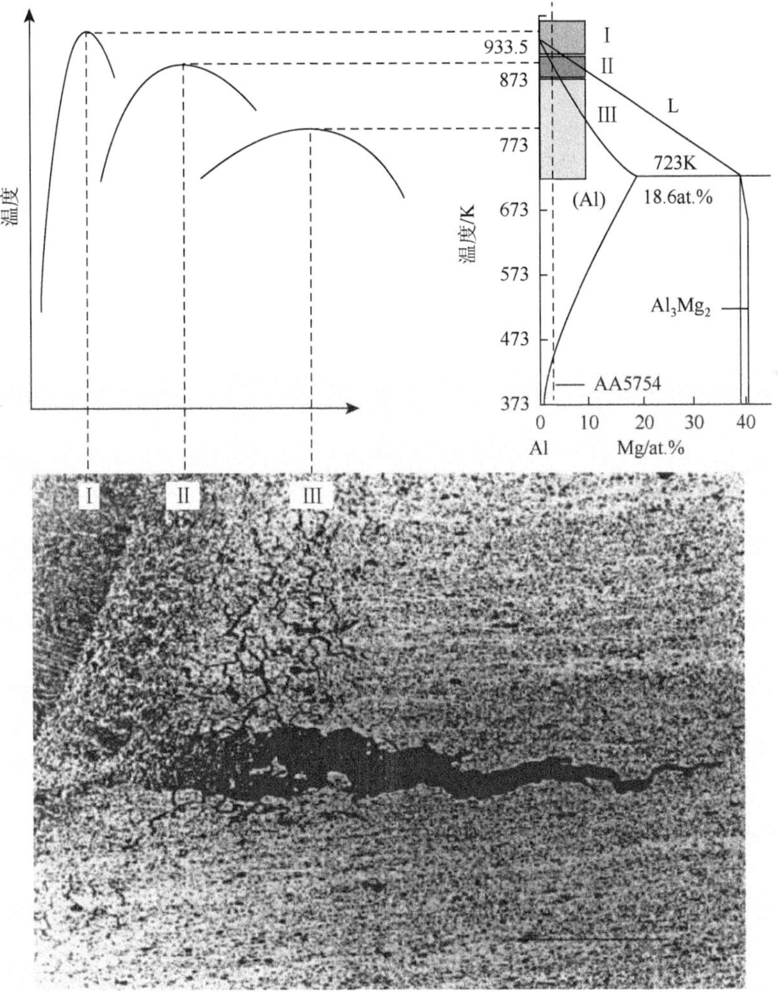

图 3.38 焊点中各个区域的结构与其可能经历的温度变化，以及与 Al-Mg 平衡相图之间联系的示意图

I 区为熔合区；II 区为部分熔化区；III区为液化区

作为超液相线和亚固相线造成的熔化/液化综合作用的结果，焊接时 HAZ 内有大量的晶粒被液体包围。在晶界处可形成几乎连续的液体膜。因此，电阻焊 Al-Mg 合金时，在加热的最后阶段，接近焊核的材料结构从整体来看易导致裂纹产生和扩展。

电流被切断后，热量通过水冷的电极传导出去，材料迅速冷却。除了其他因素如成分偏析，冷却或更准确地说冷却速率，也会影响晶界处瞬时液体膜的寿命。由 Al-Mg 相图可知，对 AA5754 铝合金来说，液相线（915K）和固相线（876K）的平衡温度，以及共晶温度（723K）之间存在显著差异。由于冷却过程中的动力学效应，固相线和共晶凝固温度比它们的平衡温度要低。因此，在冷却过程中晶界处的固相和液相共存的温度范围相对扩大了。

高的加热和冷却速率，以及因焦耳加热特性而在焊点内产生的高温度梯度，都是电阻焊的热特性。因此，正如 Randhakrishnan 和 Thompson 的研究指出的[22, 23]，在高温下液体膜可能在晶界处长时间地存在。这是由快速凝固导致的液体的浓度梯度造成的，它有效地降低了含有较高（超过平衡值）的镁浓度的液体部分的凝固温度。

总之，在电阻焊过程中，AA5754 铝合金的冶金特性决定了当焊接过程中 HAZ 内的应力足够高时，部分结构将被撕开，产生裂纹。

2. 热-力学效应

除了冶金效应，热-力学因素也对裂纹的生成及其后的扩展和生长有着重大影响。本节采用简化了的假设，通过定性的热学和力学分析对裂纹形成的机理进行专门描述。由于参与裂化的因素及过程的复杂性和它们的相互作用，所以既无可能也没必要进行精确的计算/分析[19]。

由图 3.33（a）可知，在多焊点的焊件中裂纹一般出现在与焊接顺序一致的焊核前端，而在焊核尾端无明显的裂化痕迹。实验表明，某些焊接条件可使单个焊点两侧都出现裂纹，见图 3.39（b）中单个焊点的纵截面。这种单点焊接和多点焊接之间的裂化行为上明显的区别表明，除了冶金过程中的结构弱化，热-力学因素在裂纹的产生和随后的扩展中也起着重要的作用。

裂纹的发生和扩展可以根据焊件上的可能的温度历史、施加于焊点上的载荷，以及约束条件来进行估计。裂化的热-力学分析可以基于裂化的外观特征，即在多点焊接中裂纹仅存在于焊核的同一侧这样一个观察进行。从图 3.39（a）中能看到焊件上有裂纹一侧有固态材料流动，在同一侧形成了一个缺口，并导致了板材的大变形。与此相反，在左侧看不到固体变形和板材分离。这种不均匀的变形或不对称的几何形状是焊接时两侧不均匀的热和机械负荷造成的。

焊点的上层板材所承受的载荷可以简化为电极力产生的（均匀）压力分布、来自液态焊核的压力、该板与下层板材的相互作用，以及受下层板材和先前焊点的约束。图 3.40 包含两个裂化的焊点的轮廓，其中，图 3.40（a）来自图 3.39（a），是从多焊点试样上切取的一个焊点；图 3.40（b）来自图 3.39（b），是一个单焊点。两图还显示了材料的固态流动，以及在自由端侧的板材的大变形。

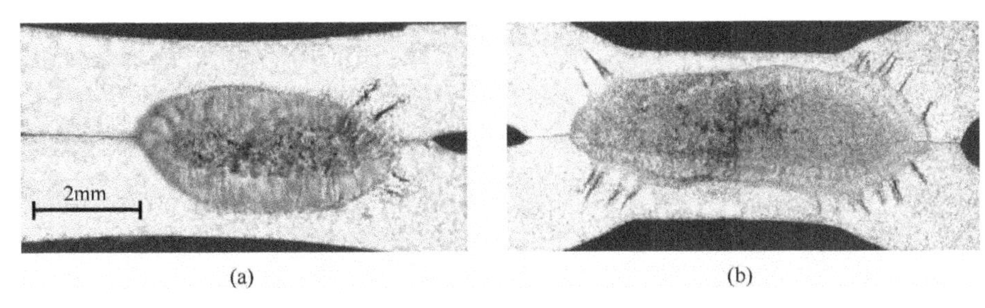

图 3.39 多焊点试样的纵截面（a）和单焊点试样的纵截面（b）

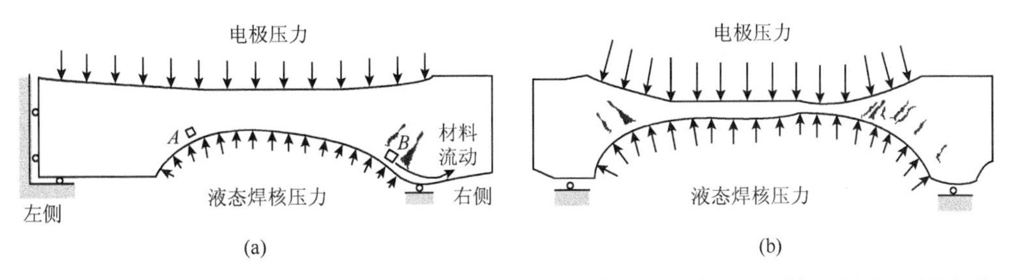

图 3.40 多焊点试样中一个焊点的上侧所受的加载和约束条件（a）和单焊点试样的上侧所受的加载和约束条件（b）

图中对 A 和 B 点进行应力分析

图 3.40（a）中，焊件的张开侧（右侧）和受约束侧（左侧）在加热和冷却过程中经历了不同的受力历史，而这正是双侧不同的开裂行为的主要原因。在焊点的两侧，HAZ 中靠近熔融区处取两点 A 和 B，通过对它们经历的应力历史进行分析可以理解图 3.39（a）中的焊点的裂纹出现在右侧而非左侧的原因。这样的分析也有助于理解如果焊接时焊核两侧无约束，如单个焊点的情况下，两侧都会出现裂纹。加热和冷却过程中 A、B 两点处可能的应力状态如图 3.41 所示。

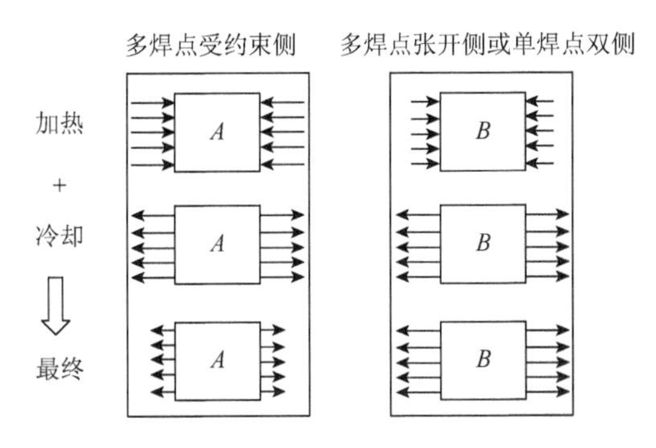

图 3.41 取自图 3.40（a）的 A、B 点处在加热、冷却时所受应力，以及最终的应力状态

3. 加热过程中的热应力

图 3.40（a）中电极和液态焊核之间的固体在加热过程中会膨胀。由于其左右两侧在约束方面的差异，加热过程中产生的应力在两侧是不同的。如图 3.42 所示的温度梯度可见，当不受约束时，HAZ 内的材料在靠近熔融线区域的热膨胀大于远离熔融线的区域。

受热时，由于板材在左侧对变形的约束，在 A 处会产生沿着等温线方向的较大的压缩应力。而在右侧的 B 处，因为固相可以比较自由地膨胀，板材可自由分离，从而有效地释放了该处的应力，所以加热只会在 B 处产生很小的压应力。图 3.41 为加热过程中这两点的应力示意图。

4. 冷却过程中的热应力

当电流被切断时，加热即终止，快速冷却随之开始。事实上，整个焊接期间由于热可以通过电极和工件流失，冷却一直在进行，但冷却速率在切断电流后会极大地提高。由于与淬火过程类似的快速冷却，短时间内会在 A 和 B 处产生大小相近的拉伸应力，如图 3.41 所示。对于 B 点，由于温度较低（导致屈服强度较高）及 HAZ 内的固相约束，在加热过程中被移位的固体很难复位，尤其是先前被挤出的部分几乎不可能被吸回。

在 A、B 处的最终应力状态可以通过叠加加热和冷却过程分别产生的应力而得到。如图 3.41 所示，B 处最终的应力是拉伸，而在 A 处的应力无论是拉伸还是压缩都很小。在冷却过程中 B 处的净拉伸应力直接导致该区域的裂纹的产生。对单个焊点来说，焊核两侧的应力状态均与多焊点中 B 处的应力相似，最终应力都是拉伸。

电阻焊接时，同时发生的加热和冷却会在 HAZ 内产生大的温度梯度，而导致热应力的产生。使用有限元模型[24]可以得到加热结束时焊件内如图 3.42 所示的温度分布。通过电极和工件的冷却使得 HAZ 内的等温线密集分布在焊核周围，这与其他人如 Gupta 和 De 的研究结果类似[25]。该图还显示了冷却温度梯度由垂直于熔融线的方向向焊核的半径方向偏转。热应力的量值可以简单地通过近似计算得到。电流被切断后，图 3.42 中平行于熔融线的应变可以通过考虑线弹性体的热应变来估算：

$$\varepsilon = \frac{\sigma}{E} + \alpha \Delta T \tag{3.5}$$

式中，ε 为总应变；σ 为应力；E 为杨氏模量；α 为热膨胀系数；ΔT 为冷却过程中的温度下降。在焊接期间，HAZ 内任何部位中的变形都受它自身的温度历史及其周围环境限制的影响。考虑两个极端情况下，该应力可能是

$$\sigma=0 \text{ 和 } \varepsilon=\alpha\Delta T \quad \text{下限（自由收缩）} \tag{3.6}$$

$$\sigma=E\alpha(-\Delta T) \text{和 } \varepsilon=0 \quad \text{上限（完全约束）} \tag{3.7}$$

依赖于约束的程度，HAZ 内的实际应力值在$[0，E\alpha(-\Delta T)]$。假设铝的 E=70GPa，$\alpha=3.3\times10^{-5}\text{K}^{-1}$，应力范围如图 1.41 内的阴影区所示。对应于 ΔT=−50K 的温度下降，HAZ 内处于固相线温度下的区域的应力为 0～115MPa，为拉应力。考虑如图 1.41 所示的材料在高温下的抗拉强度可知，在此范围内，冷却期间靠近固相线部分会产生足以引发裂化的热应力。在熔点附近延展性的快速下降也可能对裂纹的产生有贡献。

冷却过程中产生的拉伸应力，其方向大致沿着焊核附近的等温线的切线。而裂纹的方向与最大张力垂直，因此，裂纹走向大概与切线垂直，即沿着温度梯度的方向。

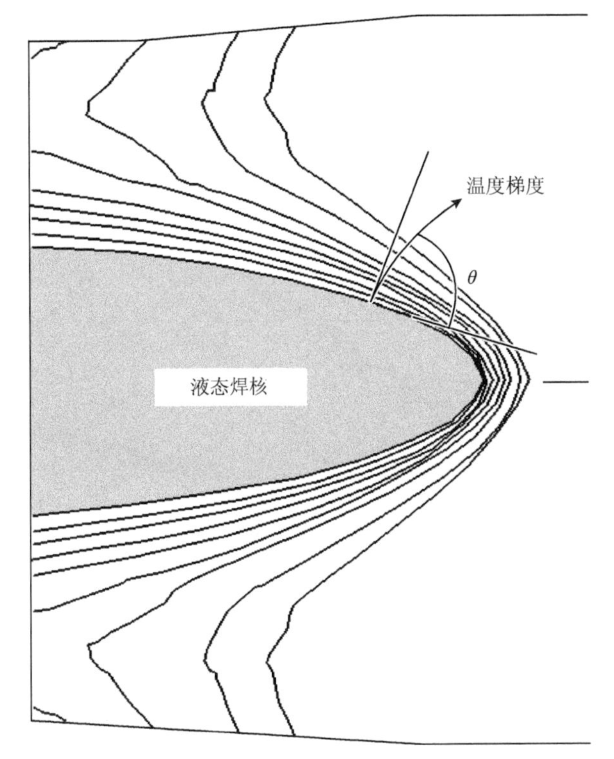

图 3.42 当加热停止时焊件内由有限元分析得到的温度分布
在超过熔化点的液态焊核内的温度最高

图 3.33 中的裂纹根部相对于熔融线的方向接近熔融线的法线方向。图 3.34 测量到的裂纹的走向与熔融线的垂直方向略有不同，大多在 70°左右而不是 90°。这是其他因素如液体压力和施加的沿垂直方向的电极压力等作用的结果。裂纹的走向随着裂纹朝着远离熔融线方向扩展而改变，这点可以通过对图 3.42 中的等温度线或温度梯度的变化的观察来解释。

根据上述对热-力学因素的分析可得出以下结论：焊点上的约束在加热过程中会产生压应力，它可以补偿（或降低）在冷却过程中产生的拉伸应力。因此，多点焊接时焊核靠近已有焊点一侧较少裂化。与此相反，焊核不受约束的一侧在加热期间和加热之后不产生压应力，因此会在冷却期间产生导致裂化的拉伸应力。

通过观察到的部分填充的裂纹断口可以证明裂纹根部周围存在拉伸应力(图 3.36)。如果裂纹在加热过程中即存在，则焊核内的高压力（详见第 7 章）使其很容易被填充，使得该结构愈合。由图 3.43 可知，在张力作用下，靠近焊核的材料可能被撕开，形成裂纹。在裂纹根部与焊核之间有一个低强度固体区，甚至是固体颗粒和液体晶界膜的混合物。由于焊核内的高液体压力——可能会超过 100MPa（见第 7 章），焊核内的液体被挤压，高速地通过糊状区进入裂纹，甚至跟随着裂纹的扩展而扩展。填充材料的另一个来源是靠近熔融线的晶界处的液态共晶体。然而，仅靠低熔共晶体是不足以填满裂纹断口的，因为它们的数量有限（根据平衡相图估计 AA5754 铝合金中约为 6%）。这些裂纹并非总是被填充/愈合，它依赖于糊状区对液态金属流/渗透的阻力。如果裂纹是在加热过程中形成的，或接近焊核，则被填充的机会比较多。形成于冷却开始时的裂纹，或在远离熔融线处生成的裂纹就很少有机会被填充，或者仅能部分被填充。通过 WDX 分析证实，填充区内的镁含量略高，但填充间隙的材料的化学成分与基材化学成分之间没有显著差异。

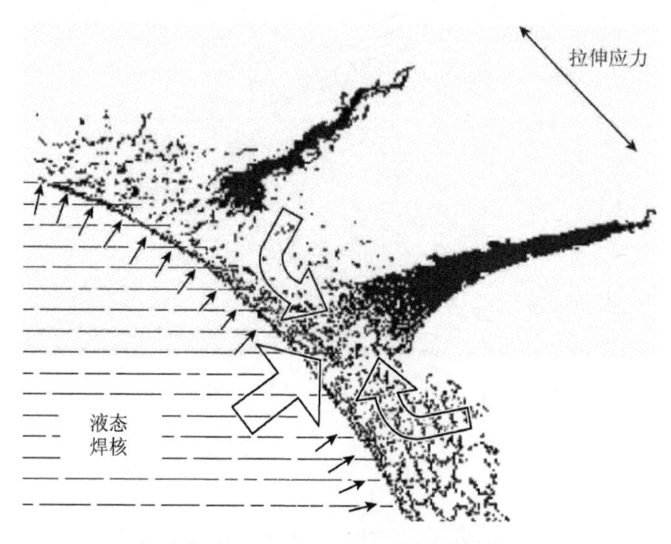

图 3.43 裂纹填充机制示意图
箭头表示液体被挤进裂纹的可能路径

5. 其他因素的影响

由其他工艺引起的机械负荷和约束也与因热膨胀和收缩而产生的应力一样，对裂纹发生和扩展起作用。其中最有影响的可能是焊核的熔化及体积膨胀产生的对其周围固体的液体压力。如图 3.40 所示，焊核内的熔融金属对周边的固体沿着熔融线的法线方向施加了很高的压力。由液体压力产生的合力在机械约束不足时也会部分影响工件的分离。据观察，当飞溅发生时，液态金属会以很高的速度向外喷射，同时推动或弯曲与之接触的板材。很明显，这会以很高的速度对液态金属周围的固体施加一个应变，而经受最大应变的区域是靠近焊核边缘处的固体，它或者处于固相线和液相线之间，或者其晶界处有液体薄膜存在（因而表现为脆性、低强度）。根据 Prokhorov[14]的理论，结构处于脆性温度范围内会有热裂纹产生。

根据上述的观察和分析可知，无论是来自已有焊点端的还是焊点周围的固体和电极产生的约束都有利于抑制电阻焊中铝合金的裂化。根据本书对裂化机制的讨论，提出了减少或消除裂化的方法（详见 3.4.3 节）。本书所得出的结论可应用到防止裂化的实践中，因而使铝合金更适合作为结构材料。

3.4.3 抑制裂化

基于 3.4.2 节的讨论，在各种约束条件下设计了一系列的实验，包括各种尺寸的试样、电极的几何形状，以及焊接顺序的组合。该实验采用常用于电阻焊铝合金的球面电极（该实验中记为 A 型），其表面直径为 10mm，球面直径为 50mm。此外还采用了两种几何形状区别很大的电极——B 型电极（有一个球形表面，称为球面电极）和 C 型电极（有一个平坦表面，称为平面电极），如图 3.44 所示。由于它们具有非常不同的接触特性，这两种电极代表了两个极端情况。从至少 3 个（重复）试样上得到焊点上的裂纹平均数和总长度，用来对裂化结果进行研究。

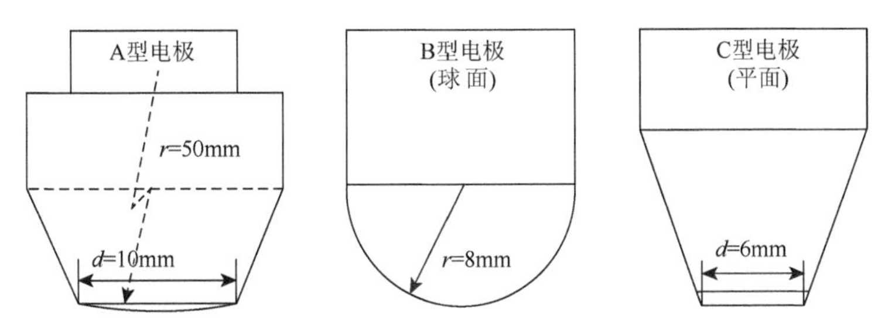

图 3.44 实验中使用的三种类型的电极

1. 试样宽度和电极几何形状的影响

使用平面和球面电极焊接了 3 种宽度的试样（25mm、40mm、90mm），裂纹的数量和长度标示在图 3.45 中。对于球面和平面电极，增加试样的宽度都可以显著地降低裂化倾向。试样的宽度本身会对基材的弯曲或分离提供一种约束，所以宽试样中很少发生基材变形。此外，宽试样有较大的质量，因而降低了焊接中的峰值温度和热应力水平。因此，宽试样有较小的裂化倾向。

至于电极几何形状的影响，对于所有的试样宽度，使用球面电极焊接的试样出现的裂纹数量及长度都大于使用平面电极的。金相检验显示，采用小半径球面电极的焊接会发生显著的固态材料流动及焊核边缘板材的大变形（分离）。与平面电极相比，球面电极在电极/工件及板材界面上产生的接触面积比较小。这会产生两个效应：①在接触面上产生较高的、不均匀的接触应力，而对试样变形的约束较小；②球面电极会提供更高的电流密度和加热

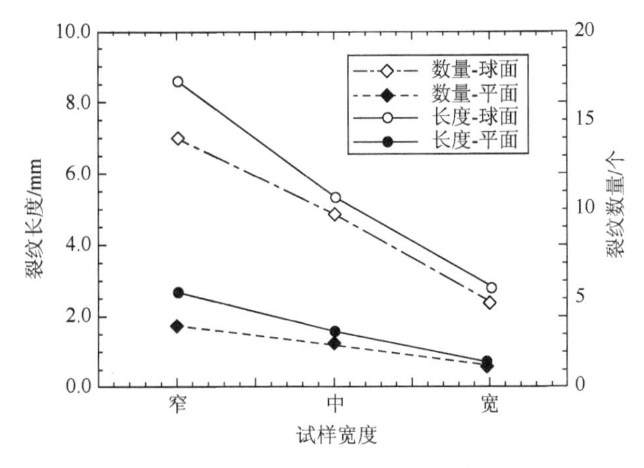

图 3.45 试样尺寸和电极类型对单点焊接裂化的影响

速率（或温度梯度）。可以预料会产生较大的变形和裂化倾向。此外，使用球面电极易产生飞溅，对裂化也有促进作用。

2. 焊接顺序的影响

在多点焊接中，对两种焊接顺序，顺序 A（1，2，3）和顺序 B（1，3，2）进行了比较。括号内的数字是沿着一条纵向试样的焊点的标示，同时也代表焊接的顺序。顺序 B 与顺序 A 的差别是在焊件两端制造了两个焊点后再在其间制造第 3 个焊点，而不是以连续的顺序制造焊点。图 3.46 是在不同宽度的试样上按这两种顺序进行焊接得到的（用总裂纹数表示）的裂化趋势。在邻近焊点（顺序 B）的约束下制造的焊点，与只在一侧（顺序 A）有焊点约束的情况相比，裂纹的总数降至 0。同时还发现，在两端约束的情况下，制造的焊核的截面积略小。显然，顺序 B 中的约束减少了基材变形，并可能提供一条额外的电流分流路径，使得电流密度降低。

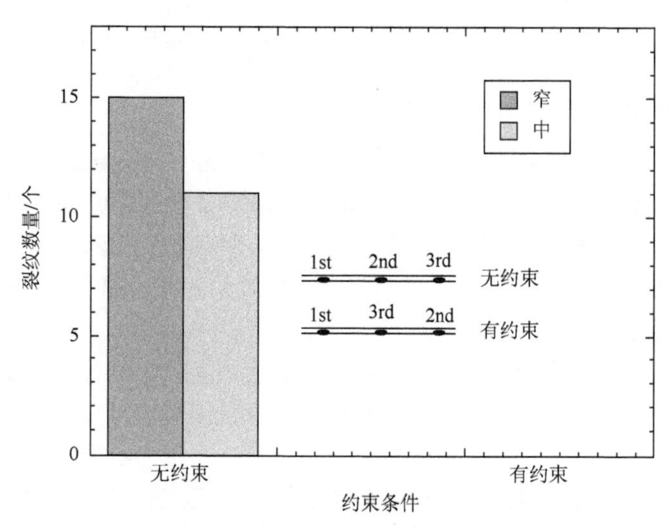

图 3.46　相邻焊点提供的约束的影响

使用了球面电极；图中显示的是第 3 个焊点上裂纹的数量

3. 紧固垫圈产生的约束的影响

为了进一步证明所提出的裂化机制并探讨裂化的抑制方法，使用两个垫圈对板材施加了额外的约束。将两个垫圈（每边一个）放在两块铝板的两边。整个叠加组合由两个 C 形夹固定，如图 3.47 所示。与垫圈内径相匹配的电极穿过垫圈开口接触到基材上，并在夹紧了的基材之间制造一个焊点。在中等宽度及最窄的试样上比较了有垫圈与无垫圈情况下的裂化趋势，如图 3.48 所示。当使用垫圈时，中、窄试样的裂纹数量和总裂纹长度都显著减少，但中等宽度试样的减少量更大。金相检验表明，垫圈的约束导致板材变形的程度明显降低：仅在焊核周围的环形开口处观察到局部板材分离，而且这种变形在基材被垫圈夹紧处消失。在靠近焊核的原始板材的接合界面处没有观察到固态材料流动。垫圈的尺寸对裂化无显著影响。

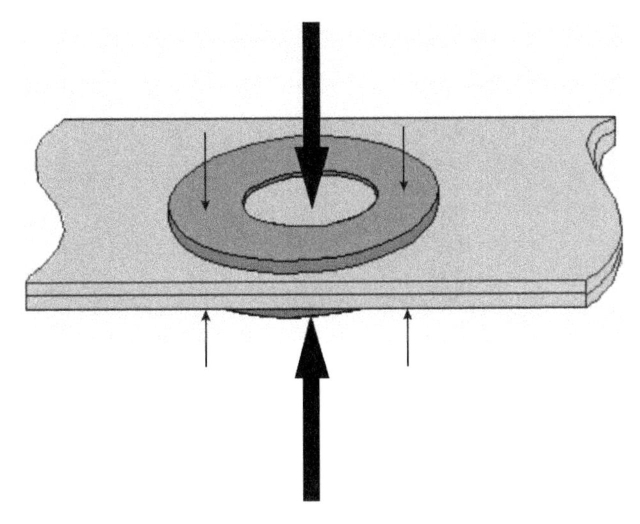

图 3.47 焊接过程中使用约束垫圈的示意图

细箭头表示垫圈上的夹紧力，粗箭头表示电极力

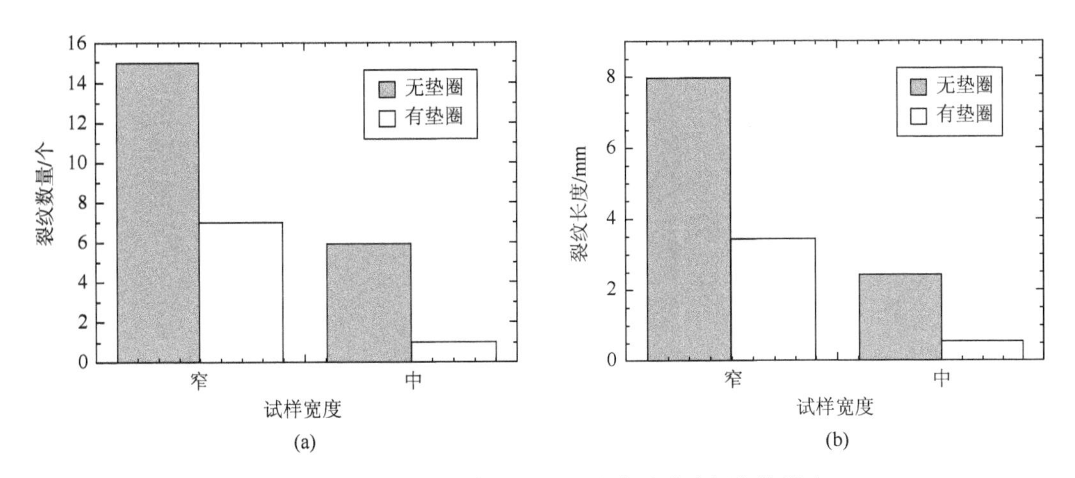

图 3.48 采用球面电极时，垫圈约束对裂纹倾向的影响

4. 电流分流的影响

为了解使用垫圈可能带来的电流分流的影响，焊接时在两块焊接基材之间放置了一层薄薄的绝缘体。如图 3.49 所示，当采用不同的电极时，绝缘层对裂化的影响稍有不同。使用球面电极时，对所有宽度的试样来说，绝缘层的使用都会降低裂纹的产生。这一点在使用平面电极和宽试样的组合时也可以观察到，但在平面电极和窄试样的组合中却看不到。显然，除了平面电极及窄试样的情况，大多数情况下都存在电流分流效应。局部变形也表明了有没有绝缘体的不同。使用球面电极时，使用绝缘层的焊点在焊核周边的变形远少于无绝缘层的焊点。然而金相检验表明，上述两种情况在焊核尺寸和熔透方面无显著差异。总之，在试样基材之间插入绝缘层可能改变接触电阻并影响生热，但绝缘层的确切影响并不清楚。

上述主要结果汇总见表 3.4。表中没有列出各个变量之间的相互作用。总之，在铝合

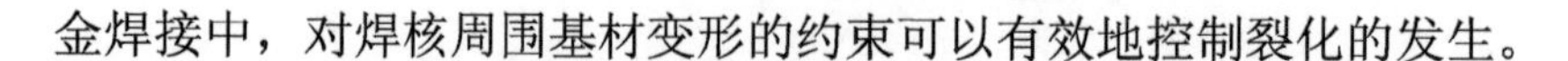

金焊接中，对焊核周围基材变形的约束可以有效地控制裂化的发生。

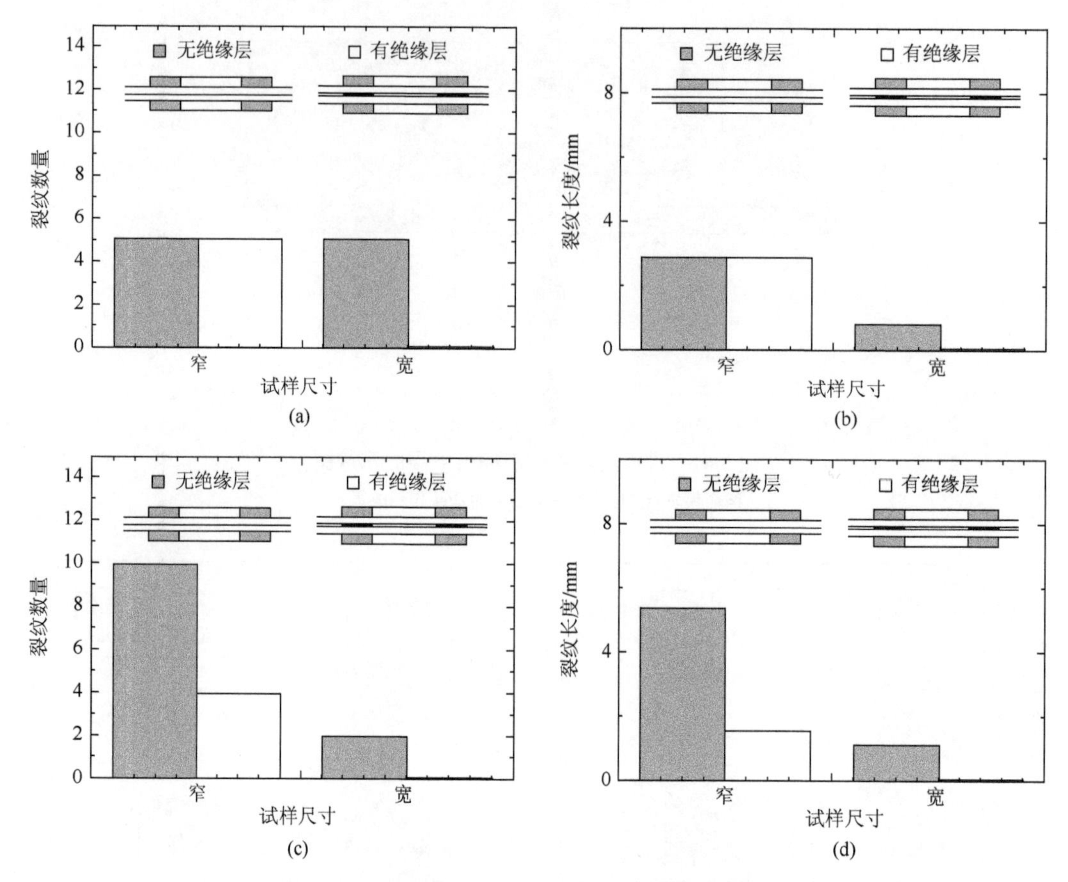

图 3.49　垫圈和工件之间的绝缘层对裂化的影响

（a）和（b）为采用平面电极的焊接结果，而（c）和（d）是采用球面电极的焊接结果

表 3.4　裂化倾向对焊接条件的依赖

影响因素	对裂化的影响
电极种类	球面电极（+），平面电极（–）
试样宽度的增加	（–）
垫圈约束	（–）
相邻焊点约束	（–）
使用绝缘层加垫圈	（0）

注：（+）增加开裂倾向；（–）减少开裂倾向；（0）对裂化无明显影响

参 考 文 献

[1] AWS D8.7. Recommended Practices for Automotive Weld Quality-Resistance Spot Welding. Miami：American Welding Society，2004.

[2] AWS D8.9. Recommended Practices for Test Methods for Evaluating the Resistance Spot Welding Behavior of Automotive

Sheet Steel Materials. Miami：American Welding Society，2005.

[3] Jiang C，Thompson A K，Shi M F，et al. Liquid Metal Embrittlement in Resistance Spot Welds of AHSS Steels. American Welding Society Annual Convention 2003，Detroit（MI），2003，Paper 9A.

[4] Alcan Rolled Products Comp. Automotive Sheet Specification. Farmington Hills：Alcan Rolled Products Comp.，1994.

[5] Senkara J，Zhang H，Hu S J. Expulsion prediction in resistance spot welding. Welding Journal，2004，83（4）：123s-132s.

[6] Lide D R. Handbook of Chemistry and Physics. 74th ed. Boca Raton：CRC Press，1993-1994.

[7] Ma C，Chen D L，Bhole S D，et al. Microstructure and fracture characteristics of spot-welded DP600 steel. Materials Science and Engineering A，2008，485：334-346.

[8] Khan M S，Bhole S D，Chen D L，et al. Welding behaviour，microstructure andmechanical properties of dissimilar resistancespot welds between galvannealed HSLA350 and DP600 steels. Science and Technology of Welding and Joinin，2009，14（7）：616-625.

[9] Anik S，Dorn L. Metal physical processes during welding-weldability of aluminum alloys. Welding Research Abroad，XXXVII，1991，41.

[10] Lippold J C，Nippes E F，Savage W F. An investigation of hot cracking in 5083-O aluminum alloy weldments. Welding Journal，1977，56：171-178.

[11] Jones J A，Yoon J W，Riches S T，et al. Improved mechanical properties for laser welded automotive aluminum alloy sheets//Proc. AWS Sheet Metal Welding Conf. VI. Detroit（MI），1994，Paper No. B2.

[12] Pellini W S. Strain theory of hot tearing. The Foundry，1952，80：125-199.

[13] Borland J C. Suggested explanation of hot cracking in mild and low alloy steel welds. British Welding Journal，1961，8：526-540.

[14] Prokhorov N N. Theorie und verfahrenzumbestimmen der technologischenfestigkeit von metallenbeimschweißen. Schweißtechnik，1968，19：8.

[15] Watanabe G，Tachikawa H. Behavior of cracking formed in aluminum alloy sheets on spot welding//48th Annual Assembly of IIW，Stockholm，IIW Doc. No. III-1041-95，1995.

[16] Michie K J，Renaud S T. Aluminum resistance spot welding：How weld defects affect joint integrity//Proc. AWS Sheet Metal Welding Conf. VII. Detroit（MI），1996，Paper No. B5.

[17] Thornton P H，Krause A R，Davies R G. The aluminum spot weld. Welding Journal，1996，75：101-108.

[18] Senkara J，Zhang H. Cracking in multi-spot welding aluminum alloy AA5754. Welding Journal，2000，79：194-201.

[19] Zhang H，Senkara J，Wu X. Suppressing cracking in RSW AA5754 aluminum alloys by mechanical means. Transactions of ASME-Journal of Manufacturing Science and Technology，2002，124：79-85.

[20] Rosenberg R A，Flemings M C，Taylor H F. Nonferrous binary alloys hot tearing. Transactions of American Foundrymen's Society，1960，68：518-528.

[21] Hemsworth B，Boniszewski T，Eaton N F. Classification and definition of high temperature welding cracks in alloys. Metallurgy，1969：5-16.

[22] Randhakrishnan B，Thompson R G. A model for the formation and solidification of grain boundary liquid in the heat-affected zone（HAZ）of welds. Metallurgical TransactionsA，1992，23A：1783-1799.

[23] Thompson R G. Inter-granular liquation effects on weldability//Patterson R A，Mahin K W. Weldability of Materials. Materials Park（OH）：ASM International，1990，57.

[24] Zhang H, Huang Y, Hu S J. Nugget growth in spot welding of steel and aluminum//Proc. AWS Sheet Metal Welding Conf. VII. Detroit（MI），1996，Paper No. B3.

[25] Gupta O P，De A. An improved numerical modeling for resistance spot welding process and its experimental verification. Transaction of ASME-Journal of Manufacturing Science and Engineering，1998，120：246-251.

第4章 力学试验

4.1 引 言

力学试验是焊接性能研究的一个重要方面。这类试验既用于揭示重要的焊接特性，如焊点的大小，又可以用于焊接强度的定量测量。焊接强度在一般意义下既指焊点承受静态载荷的能力，也指承受动态载荷的能力。所以，焊点的力学试验既可以是静态的，也可以是动态的；既可以使用仪器进行，也可以不使用。但是，虽然电阻焊的动态强度因其对焊接结构的总体性能的影响而作为一个重要的质量评价指标，但在绝大多数情况下人们倾向于仅使用静态试验来了解焊接特性。这主要是因为动态试验的复杂性、相对较低的可靠性和可重复性，以及较高的成本。只有疲劳试验在有限的范围内得以进行。

力学试验常用来定性或定量地描述焊接质量，因此通常采集的数据包括以下六种。

（1）峰值载荷：试验中测得的最大力，如图4.1所示的拉伸-剪切试验结果[1]。

（2）断裂形态：这是对焊点质量的定性描述。和凿子分离试验一样，操作者主要判断断裂（断口）是脆性还是韧性。在试验中也会检查断裂的形态，如静态拉伸-剪切试验中察看是否有焊核拉出，或沿板材交界面断裂的断裂模式中，断裂面是平滑的还是粗糙的[2]。

（3）延展性：通常是一种对焊接质量的定量描述，如图4.1所示的最大位移或能量[1]。

（4）疲劳强度：通常指焊点在一定的重复加载模式下失效的循环次数，以 L-N 曲线的形式表示[3, 4]。

（5）冲击能量：在冲击载荷下，一个焊点吸收的总能量。它对焊点结构的撞击性能有显著的影响。

（6）焊核宽度或焊点直径：这是最常用的质量指标。在多数情况下，焊点尺寸是检验焊点质量的唯一标准。

由于焊点的几何特征，测试焊接试样与测试均一材料的试样是不同的。一个焊点或焊件通常是作为一个整体来考虑的，因此，在焊点的实验中常使用负载（力）而不是应力，使用位移而不是应变。这一点在疲劳试验中尤其突出。常规的表示法，即 S-N 曲线，或应力范围-循环次数曲线，与整个焊点的性能无关。更有意义的表示法是使用 L-N 曲线，或加载范围-循环次数（失效前特定的负载水平）曲线，因为了解一个焊点所能承受的总的载荷对了解焊点特性及焊接结构的设计更有用。由于焊件是由焊点与其周围的组织结构（如基材等）共同组成的，实验中测得的强度不完全由焊点来决定。认识到基材的影响有助于正确地解释实验结果。报告焊点实验结果时，有必要涉及基材的基本信息（尺寸、强度等）。

力学试验的一个重要方面是实验程序和试样制备。尽管大多数试验使用标准设备，但

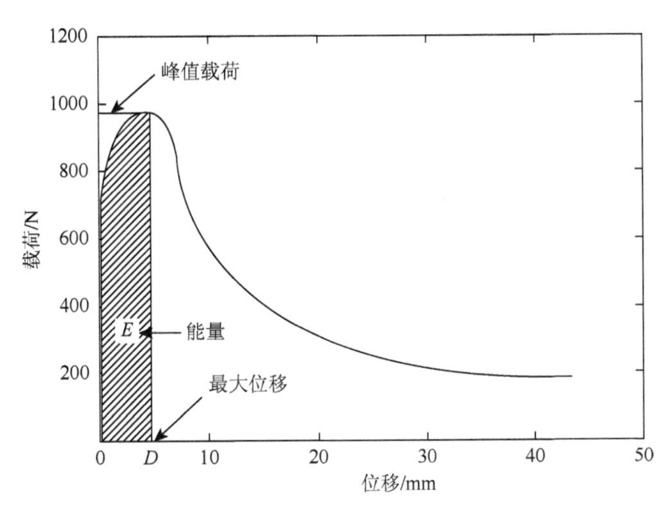

图 4.1 典型的准静态拉伸-剪切试验中获得的载荷-位移曲线，以及可监测量的定义

许多试验尤其是冲击试验一般使用特制设备。焊点实验的困难大部分都与点焊试样的特有形状有关。试样通常由一个焊点组成的接头将两块板材以偏心的方式连接起来。接头处的强度不如基材高，因此也是实验中发生最大弯曲/旋转的部位。当试样被加载时，由缺口状的焊接接头导致的应力集中决定了变形和断裂的模式。因此，实验的结果除了受焊点强度，还受焊点周围环境约束的影响，如试样的尺寸。然而，很多时候试样尺寸对实验结果的影响并未引起足够的重视。

目前，试样尺寸没有统一标准，从而在实验中及其结果的阐述中可能会引起混乱或误解。例如，对行业中存在的标准和规范的调查显示，建议使用的拉伸-剪切试验试样的尺寸存在显著的差异，而且这种情况不仅仅存在于焊点的拉伸-剪切试验。如图 4.2 所示，各个专业机构所推荐的拉伸-剪切验试样在宽度和长度上有很大差别。图 4.2 中的试样尺寸是美国国家标准学会（American National Standards Institute，ANSI）和美国焊接学会（American Welding Society，AWS）[5]、军队[6]和国际标准化组织（International Organization for Standardization，ISO）[7]对焊点的拉伸-剪切试样尺寸的推荐值。各个标准中试样的重叠部

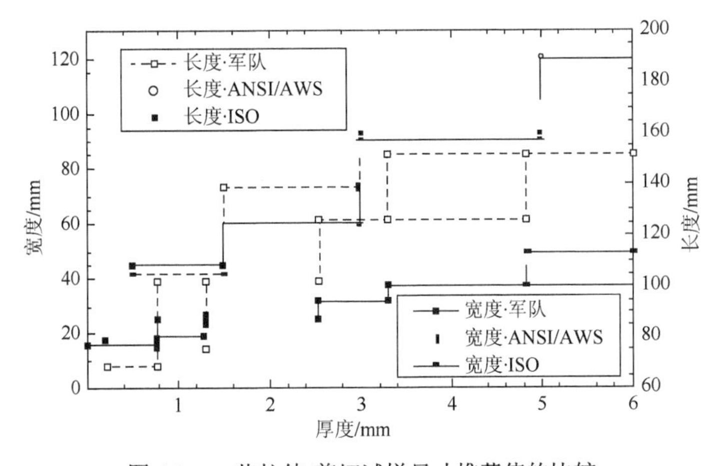

图 4.2 一些拉伸-剪切试样尺寸推荐值的比较

分的长度和试样宽度有很大区别，而试样的长度方面区别不大。对 0.8mm 厚钢板，ISO 规定的宽度为 45mm，是 ANSI/AWS（19mm）规定的宽度的两倍多。在铝合金的试样尺寸中也能看到类似的差别。通常，铝合金的试样和试验的可用信息没有钢材的多，主要是因为铝应用于汽车工业的规模相对较小。通过观察还发现，除了少数标准，绝大多数标准中试样的重叠长度与宽度相同。

本章将对试样的制备、实验程序、测量及数据分析进行讨论，并以常用的试验为例解释其细节。

4.2 车 间 测 试

生产中为了焊接参数的选择及焊接质量的检测/监督，会进行大量的焊接性能试验。由于试验条件和时间的限制，生产环境中的焊点质量检验通常局限于对焊点尺寸的测量及断裂形态的观察。最常进行的试验是滚筒试验和凿子分离试验（图 4.3）[8]。虽然不涉及复杂的设备或程序，但操作者的经验对正确且一致的测量和解释都至关重要。

4.2.1 凿子分离试验

凿子分离试验主要用于测量焊接结构上的焊点的延展性，如图 4.3（a）所示。目的是检测脆性（冷）焊点，包括无焊点。偶尔也会利用打开后的接头对焊点尺寸进行估算。当凿楔被锤进焊点之间时，操作者可感觉到或听到焊点是否是脆性的。由于这种试验及结果的分析/阐述主要依赖于经验/技能，通常由专职的操作者来进行这项试验。凿子分离试验的重复性一般比较低。对厚板焊接进行试验时，通常采用自动化的凿子分离试验。

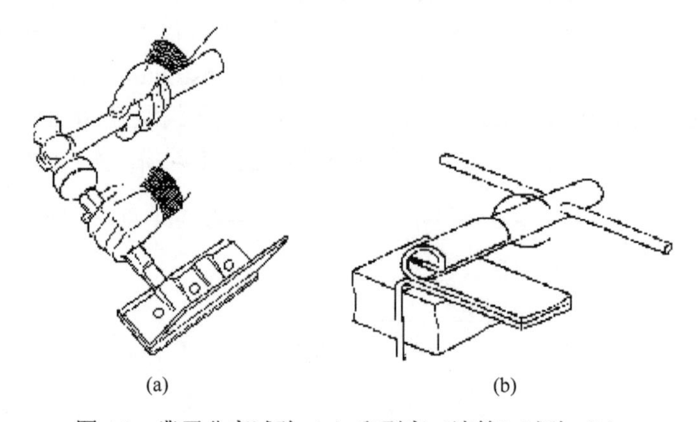

图 4.3 凿子分离试验（a）和剥离（滚筒）试验（b）

4.2.2 剥离（滚筒）试验

剥离试验是一个简单的生产环境中常用的测试，通常用手动工具进行，如图 4.3（b）所示。它可以应用于多种不同厚度板材的焊接测试。在试验中，焊接到一起的板材首先在搭接头的端部被分离，然后一片板材被滚子卷起，而另一片板材被（通常是用老虎钳子）

夹紧。当滚子夹带着一片板材在焊点上滚过时，这片板材从焊点上被撕下。如果焊点是韧性的，那么焊核会留在另一片（被夹紧固定住的）板材上，而如果焊点是脆性的，那么不用费力就可将板材分离。在多焊点焊件的试验中，如研究焊点间距或分流的影响时，含有多焊点的焊接试样通常被切分成小的、含单个焊点的样品，然后分别进行试验。也有不切分，而使用特制设备对多焊点试样直接进行分离，焊点会依次剥离。当测量不规则形状的焊核时应小心，尤其是当有基材残留在焊核上（尾巴）时要特别注意。有关测量的详情，请参阅各种标准，如《汽车焊接质量的推荐方法：电阻焊》[8]。

与凿子分离试验不同，剥离（滚筒）试验是在试样上而非焊件结构上进行的。与凿子分离试验相似，滚筒试验也依赖操作者的经验。试验过程会直接影响剥离焊核的几何形状，因此影响测量结果。然而，即使在试样上进行这种试验也并非总是可行的。如果基材的强度太高，如先进高强钢板可能因太高的屈服应力而无法实现塑性变形，则无法被卷筒卷起。

4.2.3　弯曲试验

弯曲试验是一个相对简单的现场试验，在生产中可快速检查电阻焊的质量，特别是裂纹的存在[9]。使用平滑横截面试样的弯曲试验通常用来检验焊点的延展性，或用来检验焊机、焊工和材料供应商。弯曲试验的目的是检测可以通过纵剖面暴露的焊接缺陷。有时为了得到对焊件质量的更全面的了解也会对焊件的横剖面进行这种试验。总之，弯曲试验只是作为焊接过程控制的辅助手段，而非一个要求。一些生产线上配有弯曲试验所需的设备，而且仅需目测即可得到试验结果。

弯曲试验包括弯曲一个含 3 个焊点的常规宏观断面的试样。试样制备和试验程序如图 4.4 所示。弯曲样品是沿着焊接试样的（纵向）中心线切割出来的，如图 4.4（b）所示。沿着其长度方向施加弯曲载荷，直到达到预定的角度。在这个过程中，弯曲应力的集中逐个地在 3 个焊点中产生。弯曲前，试样的边缘应去毛刺使其变得浑圆、平滑。弯曲试样的外侧应锉至平滑并进行抛光。弯曲后，应检查试样是否有裂纹或其他表面缺陷。

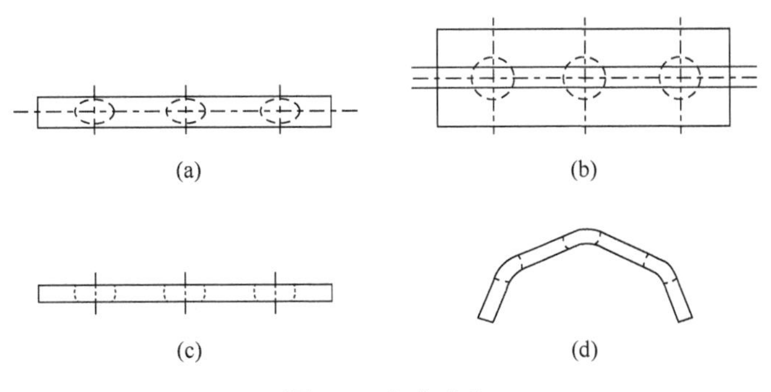

图 4.4　弯曲试验

弯曲试验可以检测到在其他试验中通常检测不到的缺陷。然而，一个标准弯曲试样的应力状态随板材厚度发生变化，因为试样的深度与宽度比并非总保持恒定。焊点内强度的过度匹配可能会在试样中产生不均匀的弯曲。在纵向焊点弯曲试样上，焊接接头的所有区域（焊点、HAZ 和基材）同时经受同样大小的应变。

4.3 使用仪器对焊点进行测量

凿子分离试验和剥离试验通常在生产和实验室环境里进行，因为这两类试验操作简单并能提供即时结果。但是无法通过这些试验对焊点强度进行详尽而定量的描述。虽然焊核直径（被认为是定量的）经常通过剥离试验得到，但该测量受到许多随机和人为因素的影响。利用焊核尺寸来检测焊点质量是基于（很多研究得到的）峰值载荷和焊点尺寸之间存在的通过试验得到的非线性关系。而这种关系更多的是对焊点强度的定性描述，而非定量度量。在这里，这种对应关系的趋势比具体数值更重要。然而，常常需要焊点强度的精确信息，以便设计焊接结构并对它进行评估。因此，在试验中需要利用仪器采集受力和位移信号，用以衡量焊点或焊点结构的强度和延展性。

在静态试验中可以记录负载和位移。由于这类试验是在一个非常低的速度下进行的，从而将加载速率的影响最小化，所以有时又称为准静态试验。在动态试验中通常也记录负载和位移。通常使用基于应变片和压电式的压力传感器来测量负荷。在动态试验中，计算变形和速度/加速度时所需的位移可通过多种类型的传感器得到，如线性可变差动传感器和光纤传感器。除了测量范围，反应时间也是选择用于动态试验的传感器的一个主要考虑因素。常见的利用仪器进行的试验详述如下。

4.3.1 静态测试

在力学试验中有两个基本的加载模式：拉伸和剪切。根据工程要求，可以对焊接接头采用拉伸、剪切或拉伸和剪切混合的模式进行试验。由于电阻焊接头的非对称性，加载常会引起焊核附近基材的显著变形/旋转。其结果是，在试验过程中很难保持最初试图的加载模式。实际上，要获得纯粹的加载模式既不实际也不经济。因此，用于电阻焊接头力学试验的技术术语一般只对主要或试图加载的模式进行描述。本节重点介绍拉伸试验和常用的拉伸-剪切试验。

1. 拉伸试验

拉伸试验是获得与材料强度和延展性有关的基本数据的常规试验。在均质材料的拉伸试验中，平滑试样经受一个逐渐增加的单轴载荷，且其载荷和伸长量受到监控。试验结果用于绘制应力-应变曲线，其中标定应力和标定应变分别通过试样的初始横截面积和试样的原始标距长度计算得到。这种曲线可以用来确定材料的性质，如杨氏模量、屈服应力和延展性等。

然而，如本章引言所述，在电阻点焊的试样中，用应力来描述焊点强度是没有意义的。当测量电阻焊的质量时，应将焊点作为一个整体进行考虑。因此，通常采用负载和位移而不是应力和应变来描述一个焊点的质量。

除了峰值载荷和延展性（由最大位移或能量表示），还应记录焊点的直径和最终断裂的形态。两类拉伸试验（横向拉伸试验和 U-拉伸试验）向焊点施加了类似的载荷。

1）横向拉伸试验

该试验对焊点施加了一个垂直于焊点表面的载荷[10]。图 4.5[11]显示了用于横向拉伸试验的试样的几何形状和试样安装装置。需要使用专用的固定装置以便向试样施加拉伸力。可以在试验机上使用各种方式如销钉连接、楔形装置或螺纹端装置来进行固定。应采取措施预防试样在试验中打滑。如果焊点不在中心位置，预期的纯拉伸加载可能无法实现。有时使用有法兰边的横向拉伸试样，将有 4 个孔的梁固定在刚性装置上，用以抑制试验过程中的板材变形，如图 4.6 所示。

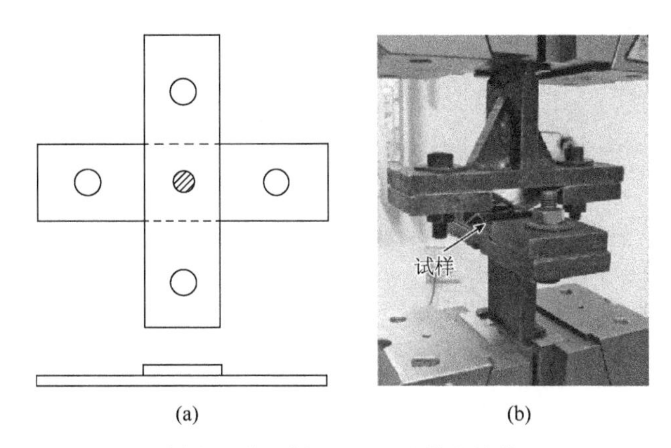

图 4.5 横向拉伸试样（a）和试样安装装置（b）

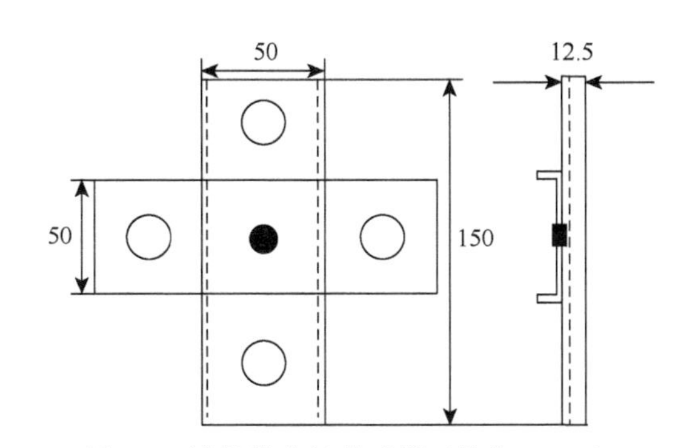

图 4.6 法兰横向拉伸试样（单位：mm）

2）U-拉伸试验

可以使用如图 4.7 所示的 U 形试样进行拉伸试验[9]。将 U 形部分焊接到一起，并在标准试验机上将焊点拉开。必须用支撑块或间隔块来限制试样的变形，从而保证在焊点上施加载荷。U-拉伸试验仅限于可以弯曲到所需半径的厚度和材料。

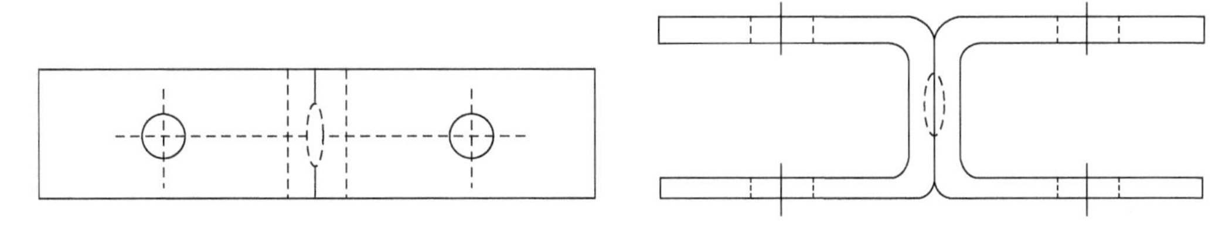

图 4.7 U-拉伸试验

拉伸试验的主要缺点是焊接接头在完全负荷前基材的弯曲是不可避免的，而且试验样品的准备工作复杂，包括试样的弯曲成型、钻孔和使用螺栓固定试样等。与横向拉伸试验一样，U-拉伸试验也对样品的制备非常敏感。如果试样弯曲处的半径或表面尺寸不能与试样固定装置完美地匹配——这在使用高强度钢板时是不可能实现的，则在加载焊点前会产生大量的基材变形。由于加载过程中试样首先被弯曲，所以在加载焊核前，焊核外围的 HAZ 内工件之间的固态连接会在载荷下破裂。虽然这种固态连接不能提高焊接接头的承载能力，但它会影响焊点强度的测量。拉伸试验与其他试验相比对这种影响更加敏感。一般情况下，焊接试验中不常采用拉伸试验，因为在试样制备和试样安装方面比较困难，并且试验结果的一致性比较差。因此，人们在这个方面没有进行太多的研究。

2. 拉伸-剪切试验

静态试验中，常使用拉伸-剪切试验来确定焊点强度，因为它在样品制备和试验方面比较简单[12, 13]。本节将从试样制备到试验步骤对拉伸-剪切试验进行详述，还将对试验结果进行分析讨论。

拉伸-剪切试验包括在标准试验机上将试样拉伸至损坏。这种试样一般通过单个焊点将重叠的两片板材连接起来，如图 4.8 所示。有时也会在试样上放两个或多个焊点。试验中，试样的最高强度、断裂特征（焊点处断裂或基材断裂）、断口特征（韧性断裂或脆性断裂）等，都应记录下来。此外，对拉伸-剪切试验后试样中焊点的直径也应该进行测量。由于试样在试验中通常会发生变形，而且常常会有大块的被撕裂的基材围在焊点周围，所以可能会干扰测量，难以获得精确的测量值。在点焊试样上施加拉伸-剪切载荷时，与焊点连接部分会转动以使得焊点与夹持端部保持在一条直线上，同时两片板材在连接处分离，如图 4.8 所示。板材的分离随着载荷的增加而加剧。由图 4.8 很容易看到，HAZ 是受载最严重的部分。板材的分离/旋转量值也取决于试样的宽度。如图 4.9 所示，窄试样（重叠小）比宽试样（重叠多）更易发生旋转，因为这种变形受焊核周围材料的约束，而不同宽度的试样提供不同程度的约束。

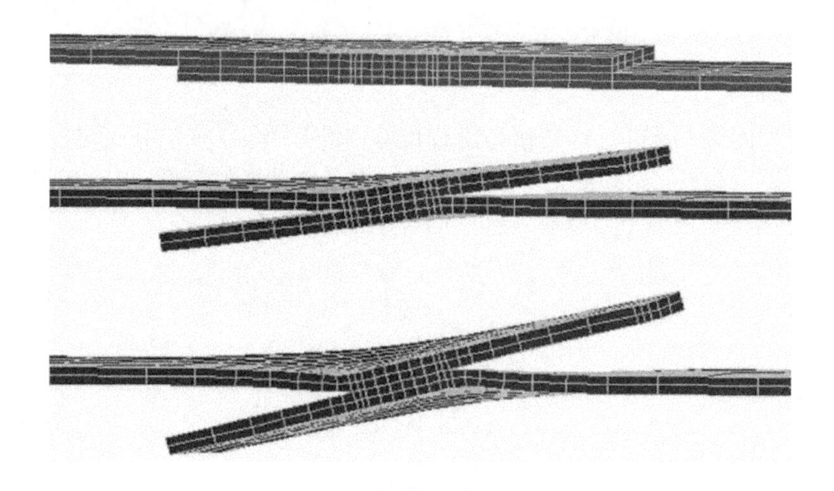

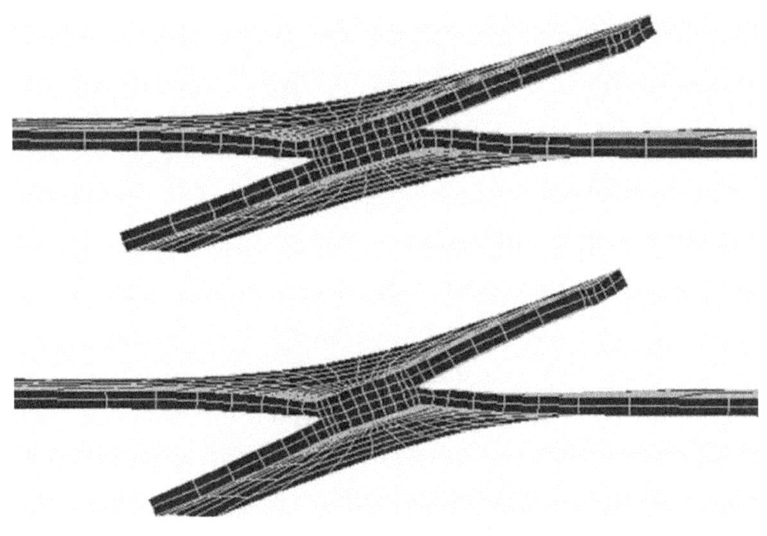

图 4.8 拉伸-剪切试样及试样在载荷作用下形状的变化[14]

仅显示了试样的一半

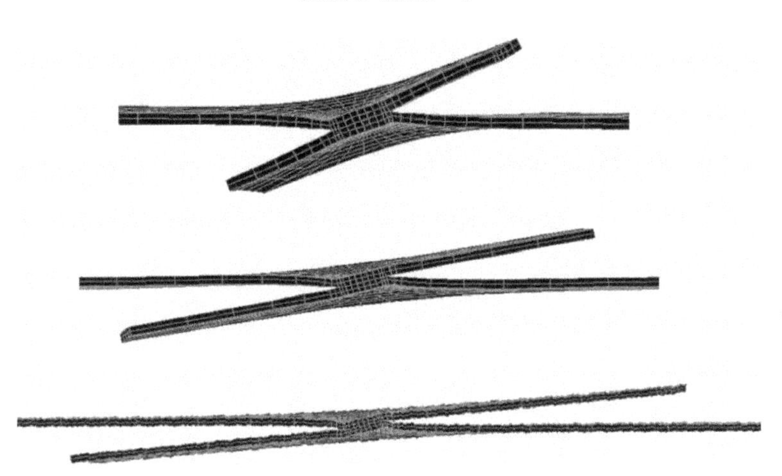

图 4.9 不同宽度试样在拉伸-剪切载荷下的变形

试样的宽度与重叠部分相等，仅显示了试样的一半

如图 4.9 所示的焊点旋转除了改变加载模式（从纯剪切模式到拉伸和剪切混合模式），还会显著影响试验结果。人们为此采取了各种方法以降低转动的影响，如使用垫片和约束装置，或简单地使用宽试样。加垫片有助于在加载开始时减少初始旋转，但它不能阻止进一步的旋转，因为试样关于焊点是反对称的。为了确保拉伸-剪切试验的一致性和结果的可比性（在研究员/从业者中间），必须遵循一定的试验步骤、试样制备及分析方法。根据美国试验和材料协会（American Society for Testing and Materials，ASTM）进行校准的标准拉伸试验机可用于此类试验。试验速度不应超过 15mm/min，以避免受动态或应变速率的影响。

拉伸-剪切试验中最常监控的是峰值载荷。此外，也应对达到峰值载荷时的位移（最大位移）及相应的能量进行监控。图 4.1 定义了这些量。最大位移代表延展性，而能量与焊件的能量吸收能力有关。位移和能量应只计算到峰值载荷，因为焊点的负载能力在这一时刻就已经被充分展示了。载荷达到峰值以后的载荷-位移曲线会受到基材很大的影响，如基材的撕裂决定最终断裂时的位移。因此，峰值载荷以后的位移和能量都是不确定的。如果将同样的焊点放在不同形状（尺寸）的试样上可能会产生完全不同的负载-位移曲线及位移和能量值。

通常能在拉伸-剪切试验中观察到 ISO 标准中包含的 5 种断裂形态[2, 7]。典型的断裂形态，连同相应的有明显特征的负荷-位移曲线列在图 4.10 中。经过大量试验发现，A 模式不可取，因为它仅对基材，而不是焊点进行了测试[1]，如图 4.10（a）所示。其中载荷-位移曲线非常接近均匀试样的典型单轴拉伸试验曲线。B 模式也是不可取的。试样的断裂一部分通过焊点周边，一部分通过基材。试验结果表明，当试样在 B 模式下失效时，在不同宽度试样上的两个相似的焊点会导致不同的强度测量值。这是因为试样的承载能力受焊点两侧基材宽度的影响。当试样太窄时，可能观察到 A 和 B 这两种断裂模式。这两种模式在焊点质量试验中是不可取的，因为试验结果无法准确地描述焊点的强度。断裂形态 C、D 和 E 分别对应于焊核拉出、基材撕裂和沿板材界面断裂。当这 3 种断裂形态中的任意一个发生时，焊点质量而非基材质量得到了检验。因此，断裂形态是判断试样尺寸是否合适的大致指标。为方便起见，断裂形态可分为不良断裂形态（模式 A 和 B）和理想断裂形态（模式 C、D 和 E）。这种分类考虑了焊点强度对焊点质量测量的影响，以及焊点周围环境所施加的约束的影响。

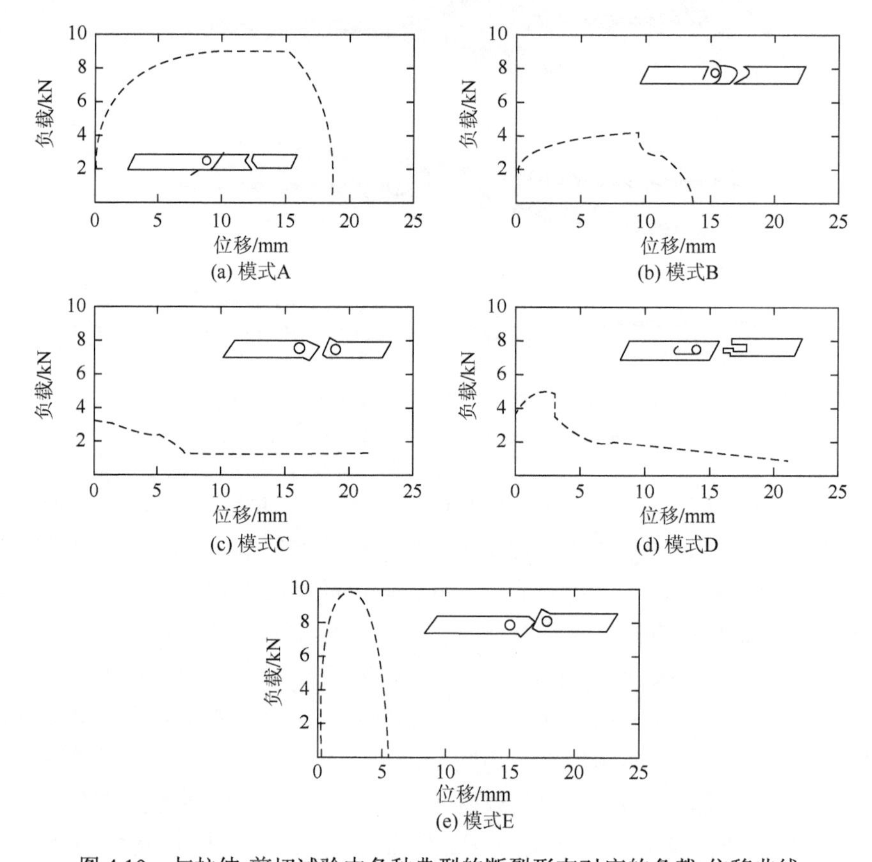

图 4.10　与拉伸-剪切试验中各种典型的断裂形态对应的负载-位移曲线

试验清楚地表明，断裂形态是焊点尺寸的强函数。由于焊点尺寸（d）和板材厚度（t）之间隐含的关系，如$d=a\sqrt{t}$（a是常数），上述断裂形态和焊点尺寸之间的相关性尚未在技术规范中明确提出。小焊点的试样倾向于产生断裂形态E，即沿界面断裂；而大焊点的试样则易产生断裂形态A和B。数位研究者的研究结果表明，在影响试验结果方面，试样的长度远没有试样宽度重要[1, 15]。为了简单起见，可采用Zhou等[1]的提议，使用一个统一的长度，如150mm，及与宽度相等的重叠。通过逻辑回归分析（详见第10章），可以根据式（4.1）计算0.8mm软钢焊点试验中得到理想断裂形态的概率。

$$\ln\frac{P}{1-P}=a_0+a_1d+a_2w_1+a_3w_2+a_4dw_1+a_5dw_2 \tag{4.1}$$

式中，P为获得理想断裂形态的概率；d为焊点直径的线性项；w_1为试样宽度的线性效应（一次项）；w_2为试样宽度的二次效应（平方项）。方程的最后两项表示效应间的相互作用。a_i值是根据试验数据确定的系数；对于参考文献[1]中的板材，它们是a_0=8.673026，a_1=−1.321001，a_2=9.638809，a_3=−5.555071，a_4=2.800171，a_5=−1.642712。

对于两个固定的焊点直径（4mm和8mm），可以将获得理想断裂模式的概率绘制成试样宽度的函数，如图4.11所示。图中标记1和2表示避免不良断裂形态（模式A和B）的临界宽度。两个临界值（宽度）之间的差值约为5mm。这里应该明确的是，能够获得理想断裂形态的试样宽度并不一定就是临界试样宽度，因为能得到理想的断裂形态并不代表一定能够全面、准确地反映焊点质量。即使能够获得理想断裂形态，试样也可能因宽度不够而无法避免过度弯曲，因为当试样不足够宽时，大的变形不局限于焊点的附近区域。窄试样的过度变形可能会“污染”试验结果。

尽管实验研究可以提供重要的信息及确定临界试样尺寸的方法，但仅通过实验无法获得准确的试样的最小宽度，这主要是实验中的随机效应导致的。例如，实验得到的峰值载荷在达到平台阶段以后，并不停留在平台上，如图4.12所示，而且测得的峰值载荷的偏差会随不同的宽度而变化。试样尺寸、焊接和实验方法的差异在一定程度上也会影响实验结果的一致性。可采用有限元分析方法来克服上述实验的缺陷。

尽管断裂形态可以显示试样尺寸是否适合用来衡量焊点质量，但这样得到的结果主要是定性的，而非定量的。确定临界试样尺寸的一个更有效的定量方法是分析各种尺寸对强度测量值（峰值载荷、最大位移和能量）的影响。实验结果表明，试样的厚度和焊点直径对峰值载荷的影响最大。峰值载荷在一定程度上也取决于试样的重叠量。

Zhou等[1]系统地研究了试样尺寸对拉伸-剪切试验结果的影响，并得到不同性质和厚度的板材的临界宽度。在他们的研究中，试件的宽度作为最关键的试样尺寸是通过焊件强度的测量值与试样宽度的关系曲线来确定的。图4.13中的曲线都包含两个部分，变化比较剧烈的部分（斜率的数值比较大）和变化比较平缓的部分（斜率较小）。与斜率的转折点对应的宽度即可以作为临界宽度。

为避免实验的不确定性并降低成本，研究中使用有限元模拟来确定临界试样尺寸。Zhou等在有限元分析（finite element analysis，FEA）中对焊核、HAZ和基材使用了不同的材料性质。据此建立的有限元模型（finite element model，FEM）考虑了焊核、HAZ和基材内的材料和尺寸在电阻焊点试样负载时的反应。焊点中各个区域的材料特性可根据硬

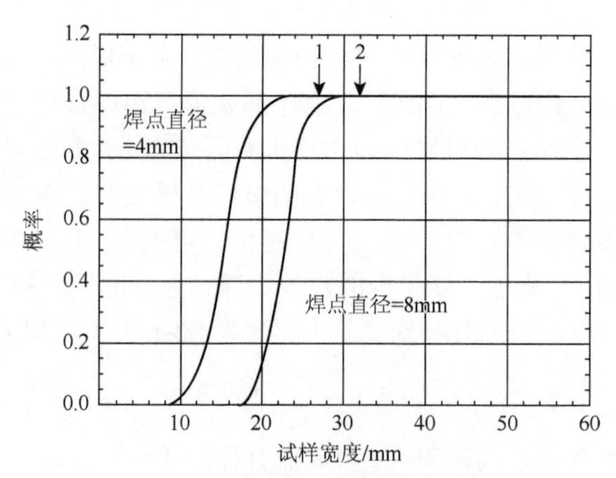

图 4.11　获得理想断裂形态的概率

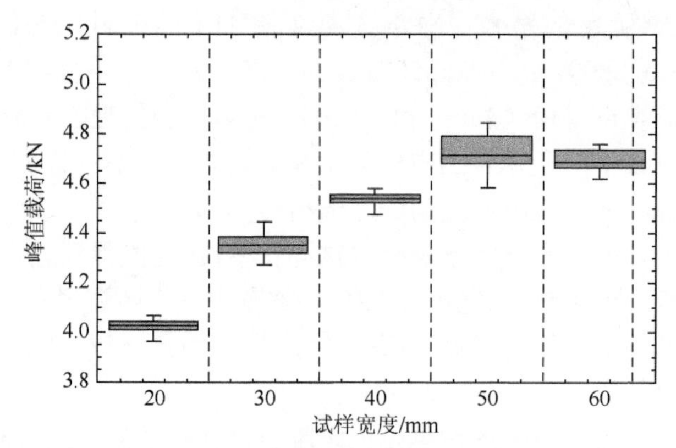

图 4.12　峰值载荷与试样宽度的关系

材料为 0.8mm DS 钢

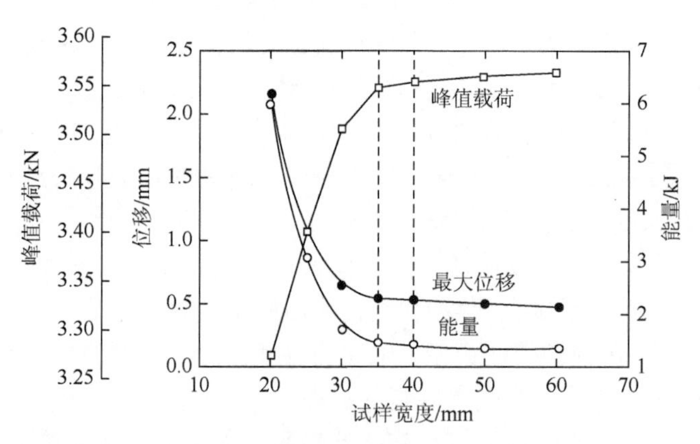

图 4.13　试样宽度对焊点强度的影响

度和屈服/极限之间的关系来估算，如第 6 章所述。研究人员采用计算机模拟中的实验设计方法来对临界宽度进行数值实验（详见第 10 章）。本章列出了步骤和主要结论。

1）有限元模拟

有限元法（finite element method，FEM）中使用了固定长度为 150mm（由试验确定）

的试样，而其宽度取为变量。重叠量与宽度相同，而且两片板材厚度相同。在模拟中，不同区域是通过不同的力学性质来区分的。该模型可以任意改变这些区域的尺寸及形状。各个区域的硬度和强度值可以通过式（6.6）（见第6章）计算出，该式描述了材料硬度和力学性质之间的关系。

2）数值实验

为获得相对大范围的应用结果，焊点的几何特征和材料性质都需要在一定范围内变化。几何因素包括板材厚度（t）和HAZ尺寸（h）。焊核直径取$6\sqrt{t}$以克服在真实实验中焊点尺寸和位置可能发生的变化引起的误差。材料特性是焊核和基材的杨氏模量（E）、屈服强度（σ_y）、极限拉伸强度（σ_{UTS}）、延伸率（e）和它们之间的硬度比（k）。

临界试样宽度（$W_{critical}$）可表示为这些变量的函数。通过与第6章相似的处理方式，可以减少变量的数目，并且将临界宽度写成

$$W_{critical}=f(t, h; E, \sigma_y, \sigma_0, e; k) \tag{4.2}$$

变量范围见表4.1。由表可知，这些被选择的变量覆盖了较大范围的钢板的厚度和材料特性。由于这项研究涉及大量的变量，所以采用了实验设计的概念来获得临界宽度与其他变量之间的关系。这样需要远比常规做法（物理实验或数值实验）要少的运行次数。具体做法遵循第10章中关于计算机实验的实验设计方法进行设计、模拟和分析。每次运行包括使用一组固定的几何和特性变量，通过几次计算来获得临界宽度。在该研究中共有640次这种运行。

表4.1　计算机模拟使用的参数范围

t/mm	h/mm	E/GPa	σ_y/MPa	σ_0/MPa	e/%	k
0.5～2.0	0.1～1.5	190～200	205～1725	50～200	2～65	1.0～3.0

临界宽度的统计模型包含以下几个主要变量的影响：t、h、E、σ_y、σ_0、e和k，以及变量的平方项和交互作用项（h^2、$e\cdot\sigma_0$、$\sigma_y\cdot\sigma_0$、$h\cdot\sigma_y$、$E\cdot\sigma_0$、$t\cdot\sigma_y$、$t\cdot\sigma_0$和$k\cdot\sigma_0$）。通过模型选择程序对这些项进行甄别，只保留那些具有显著影响的项。如图4.14所示，厚度对试样

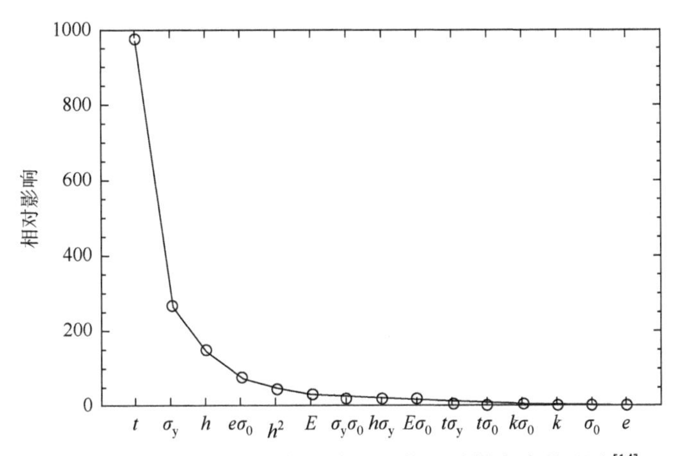

图4.14　各种参数及其相互作用对临界试样宽度的影响[14]

此图所示的是标准化后的参数

宽度影响极大，其影响大约是屈服强度（σ_y）的 3 倍。HAZ 的尺寸（h）也是很重要的确定临界宽度的因素。其他因素，如相互作用、延伸率、杨氏模量和极限强度对临界宽度的影响很小。有趣的是，焊核和基材之间的硬度差起着微不足道的作用。

3）结果与分析

对有限元结果的统计分析产生了几个临界宽度公式。因为板材厚度对临界宽度的影响最大，所以可以考虑仅包含厚度（作为变量）的函数如下：

$$W_{\text{critical},1}=13.4044613+18.5987839t \tag{4.3}$$

统计分析表明，临界宽度影响的 53%可以通过式（4.3）来解释。如果加入第二和第三大影响的项，该公式变为

$$W_{\text{critical},2}=-6.0291481+18.5839362t+0.0146654\sigma_y+6.6251147h \tag{4.4}$$

R^2 值增至 92.7%。如果将图 4.14 中所有影响排前 6 位的项都包括进来，临界宽度可以表示为

$$\begin{aligned}W_{\text{critical},3}=&45.6391799+18.5849834t+0.0146654\sigma_y+21.8791238h+28.3945601e\\&+0.0811080(\sigma_{\text{UTS}}-\sigma_y)-0.0003401E-9.5332611h^2-0.2280655e(\sigma_{\text{UTS}}-\sigma_y)\end{aligned} \tag{4.5}$$

临界宽度影响的 98.6%可用式（4.5）进行解释。在这些公式中，各个变量的单位如表 4.1 所示，临界宽度（$W_{\text{critical},1}$，$W_{\text{critical},2}$，$W_{\text{critical},3}$）以 mm 为单位。

通过上述公式得到的临界宽度介于如图 4.2 所示 ANSI/AWS 和 ISO 的推荐值之间。为了实际使用的便利，图 4.15 还展示了与推导的结果相应的阶梯函数（图 4.15 中的虚线）。值得一提的是，尽管本书建议的尺寸是最小的试样宽度，但它们应该在多数情况下都适用，因为它们是采用保守数值获得的。例如，焊核的尺寸使用了 $6\sqrt{t}$，而在实际情况中很少使用超过如此大的焊点。总之，关于焊点的拉伸-剪切试验的结论如下。

（1）与其他方法如使用约束板等相比，在拉伸-剪切试验中采用较宽的试样可以经济、有效地抑制焊点试样的旋转，减少试验结果的不确定性。

（2）在拉伸-剪切试验中观察到的断裂形态直接显示试样是否足够宽。尽管得到理想的断裂形态并不等同于合适的试样尺寸，但得到不良断裂形态则意味着试样宽度不够。

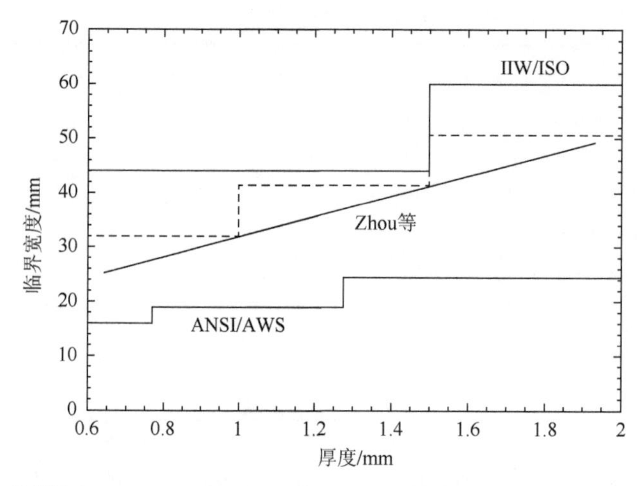

图 4.15　Zhou 等[1]计算的试样临界宽度（虚线）与现有标准所建议的试样宽度之间的比较

（3）试样宽度是影响试验结果的最重要的因素。试样的重叠长度可以取为与宽度相同，而 150mm 的长度对薄板材来说已经足够了。

3. 同时拉伸和剪切试验

实际产品中焊点所受的载荷通常都不是单一的。这一点在汽车上体现得尤其明显。多种形式的载荷使焊点同时承受几种应力，如果忽略实际载荷的多模式性，则有可能高估焊点的强度，导致焊点意外地“过早”断裂。因此，有必要了解双轴载荷（同步拉伸和剪切的产物）下焊点的表现。Lee 等[16]设计了一种专门的同时对焊件提供拉伸和剪切的加载装置（图 4.16），可灵活改变相对于焊接面的载荷角度，以改变拉伸和剪切载荷的比例。

图 4.17 是一个专门使用该装置进行双轴加载试验的试样。因加载而变形的试样如图 4.18 所示。通过调整锁板上拉条的走向，可获得相对于焊接面 30°、50°、70°和 90°的加载角度。当拉杆处于如图 4.16 所示的位置时，焊点承受的是没有剪切分量的纯拉伸载荷。另一个极端是采用标准的焊点试样和加载方式进行拉伸-剪切试验。

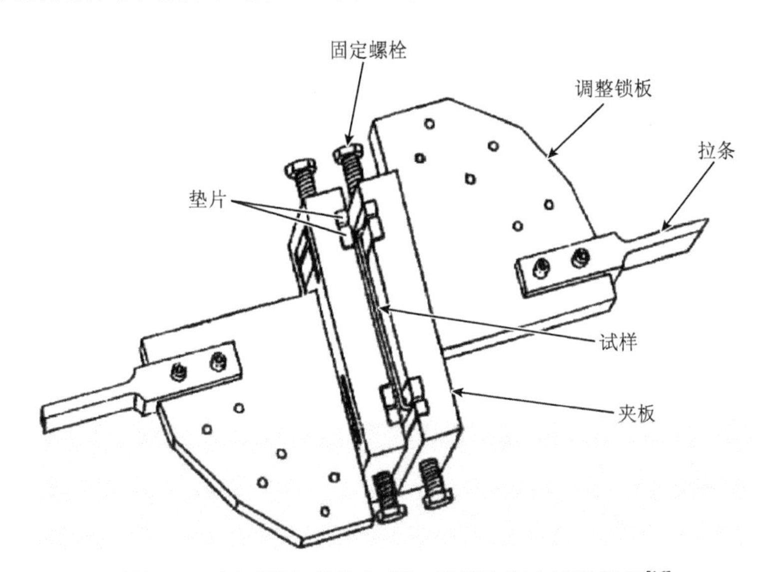

图 4.16 同时施加拉伸和剪切载荷的焊点试验装置[16]

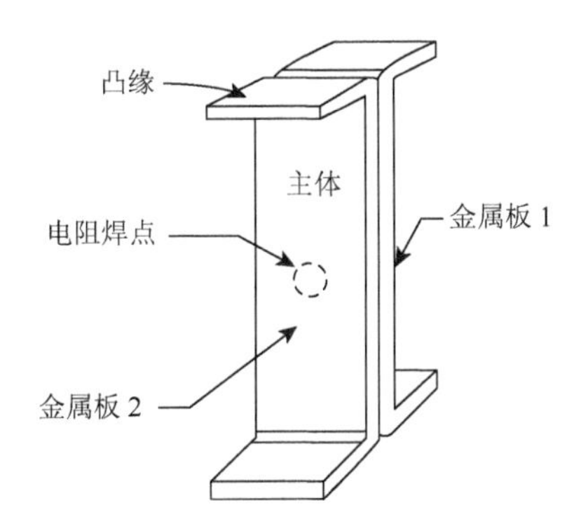

图 4.17 用于如图 4.16 所示试验装置的试样[16]

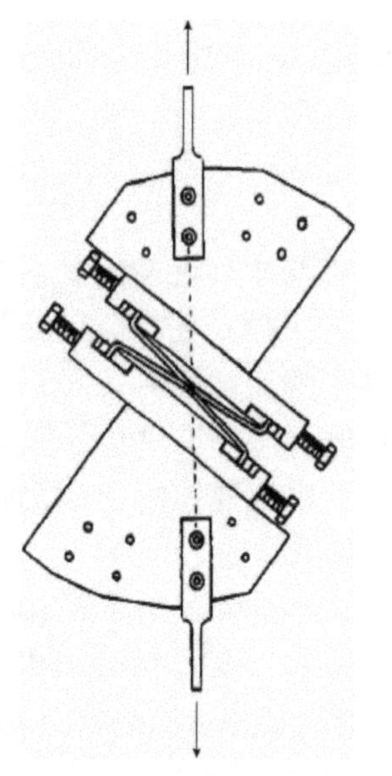

图 4.18　使用图 4.16 和图 4.17 中的装置和试样，一个焊件同时施加拉伸和剪切载荷[16]

使用这样的试验装置，Lee 等[16]在低碳钢上以不同的载荷角度对焊点进行了测试。测试结果发现，焊点的承载能力随载荷角度的增加而减小。当载荷模式从拉伸-剪切变为横向拉伸时，焊点强度约减少 20%。由试验结果的统计分析可知，焊点尺寸和试样宽度对测得的焊件强度有显著影响，而试样长度的影响最小。

虽然焊点质量包括动、静态性能，但通常只采用静态检测，如拉伸-剪切试验。多数金属板组件（如汽车）的使用过程的动态特性决定了焊点的动态强度作为焊点质量要求的重要性。它在焊接结构的安全性、可靠性和完整性方面起着关键性的作用。动态试验通常指疲劳和冲击试验。在某些情况下使用疲劳试验对焊点的动态强度进行测量，而冲击试验基本上仅限于测试焊接结构。与静态强度（主要是拉伸-剪切强度）不同，行业或专业机构对疲劳强度的要求很少，而对焊点的冲击强度没有任何要求。

4.3.2　动态试验

1. *疲劳试验*

在所有的结构中都能观察到振动，汽车尤其如此。除了噪声及乘员感受到的其他不适，振动还导致对车辆的焊接接头施加的重复载荷。一个对乘用车进行现场试验期间收集的（某一点）受力变化示例如图 4.19 所示。如果在一段相当长的时间里向某结构施加这种载荷，有可能会降低该结构的强度或完整性。这一过程称为疲劳，且常常引起部件的断裂，导致其完全丧失承载能力。与静态试验或冲击试验相比，疲劳试验中的断裂有以下三个特点。

（1）在低负载情况下，只有在多次加载后才发生断裂。

（2）断裂载荷明显低于结构设计允许的载荷或静态载荷的极限。

（3）断裂面通常会表现出脆性断裂的特征，即使相同的焊点在静态载荷下呈现韧性断裂形态。

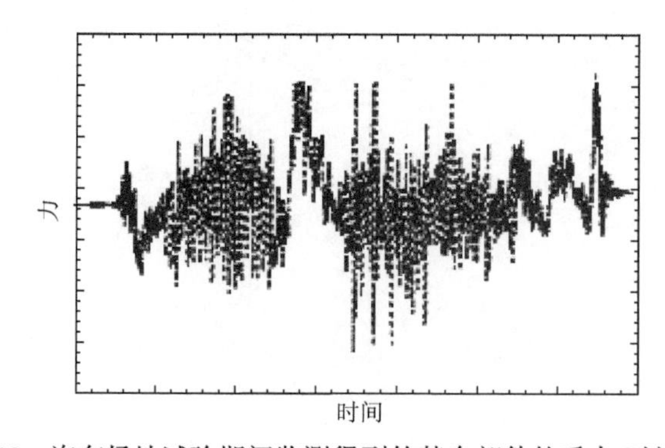

图 4.19　汽车场地试验期间监测得到的某个部件的受力-时间曲线

疲劳加载下的断裂载荷通常比静态的极限强度低得多，如果忽略这个事实则可能对焊接结构的安全性产生不利影响。电阻焊接头特有的几何特性，即它们的凹槽形状，使其成为应力集中的部位，对构件的抗疲劳性能产生不利的影响。由于特定载荷下的疲劳强度无法由其他的试验结果导出，所以大量的工作致力于通过对焊接结构或焊接接头进行模拟或加速试验以评估它们在实际工况下达到设计要求的使用寿命。虽然在使用过程中实际的循环载荷的幅度变化很大，且常常具有非常粗糙的周期性，如图 4.19 所示，但为简单起见，实验室试验通常在恒定载荷范围下进行。因为难以预料实际工况下的应力范围及加载周期数，经常采用比实际情况更苛刻的加载条件来模拟极端的工况。此外，还需要使用适当的安全系数以抑制随机变量的影响[17]。总之，由于关于实际使用情况方面的信息有限，而且结构使用过程中的不确定性使得精确计算结构的抗疲劳性能很困难。因此，实验室试验广泛用于指导焊接接头的选择/设计，使在预期的加载条件下接头不会因疲劳而断裂。电阻焊件中，两板材连接处的自然楔形缺口起到裂纹的作用，是应力集中和疲劳裂纹萌生的部位。下面将考虑影响焊接接头的疲劳强度的因素，详细讨论焊件的疲劳试验。

1）应力集中

电阻焊件中焊点周围的缺口形状使得焊点成为应力集中的部位。另一个重要的却常被忽视的因素是材料特性突变导致的应力集中。由于这种材料特性的不匹配主要发生在从焊核（或熔合线）到基材这样一个狭窄的范围内，当加载焊接接头时，在这个亚毫米范围内常产生很大的应力梯度。除此之外，内部缺陷也是应力集中的原因。尽管静载荷下它们对焊点的强度几乎没有影响，但对抗疲劳性的作用尚不清楚。

2）加载条件

焊接接头的疲劳寿命（用 N 表示，N 为断裂发生前在特定范围内施加循环载荷的周期数）由数个与加载相关的变量决定。在 ISO/FDIS 14324[4]中可以找到相关术语的定义。

（1）施加载荷的幅度和范围：尽管真实载荷取决于使用情况，且有极大的不确定性，但极端载荷通常可以通过实验室试验来确定。

（2）加载性质：加载模式，如拉伸/压缩、扭转或剪切，会对焊接接头施加不同的应力状态。各种加载模式的试验都是必要的。因为一种加载模式下测得的焊接接头的疲劳寿命与其他加载模式下相同接头的疲劳寿命的关联度很低。

（3）加载率：这对高应变率敏感材料有重大影响。然而，如果低频加载还伴随着其他环境条件如腐蚀，那么加载率对低应变率敏感材料也可能很重要。

（4）周期数或重复次数：它与焊接部件的使用寿命直接相关，所以获得该数值是疲劳试验的重要目的。值得注意的是，对最终产品的周期数的估计不应基于特定部件的使用寿命，而是整个结构的使用寿命。

3）残余应力

出现在电阻焊件中的残余应力主要源于其在加热和冷却中经历的热-力学过程。以下信息通常用于评估残余应力对焊点疲劳强度的影响。

（1）应力的性质：所施加载荷是压缩还是拉伸决定了整体应力状态，直接影响疲劳寿命。

（2）应力幅度：由于残余应力是热-力学相互作用的结果，所以其幅度可能相当大。其大小往往与焊件的变形和压痕的程度有关。

（3）位置：残余应力的位置与其幅度同样重要。残余应力存在的主要部位与焊点的几何不规则性有关，如靠近焊核的区域。这些位置通常也是外加载作用下的应力集中处。

由于数值模拟的局限性，要想精确预测焊点中的残余应力是不可能的（详见第 9 章）。当焊接板材配合不好时（实践中常见的情况），基材对焊点的约束会导致焊接接头处很大的应力。

4）材料性质

基材、HAZ 和焊核的疲劳强度都应该予以考虑。显而易见，由于焊点的 HAZ 和焊核经历了冶金变化，是存在应力集中和材料性质不匹配的部位，所以在疲劳分析时应该考虑。同时，焊接也可能在基材中引起应力集中，而导致疲劳断裂。

Wilson 和 Fine[18]对双相钢和冷轧 SAE 1006AK 钢进行疲劳试验所得出的结论如下：在长寿命的疲劳试验中，所有强度水平的钢具有类似的疲劳性能，而在短寿命的疲劳试验中，高强度钢表现出优异的抗疲劳性能。这意味着，焊点内 HAZ 的高硬度——这种情况常出现在高淬透性钢和可热处理铝合金上——可提高焊点的疲劳强度。然而，这种效应可能会被 HAZ 中的材料梯度以及应力集中而抵消。

5）环境效应

使用期间，焊接接头可能经历温度变化和其他的不利条件，如腐蚀性环境等。这些因素相互作用，共同影响电阻焊件的疲劳寿命。尽管这些因素的影响很难通过试验来精确地获得，而且任何试验也不可能涵盖所有因素，但还是应该尝试将起主要作用的变量与其他变量分离开来，用来预示焊接结构的疲劳寿命。

疲劳断裂有一个特征形貌可将其与其他类型的断裂区别开。通常裂化起始于一个非常小的局部，在几何形状或材料性质上存在不规则性，如可能引起应力集中的内部孔隙或杂质。疲劳裂纹的起始位置通常可以通过一种很特别的，与裂纹生长过程密切相关的贝壳状细纹来识别。它由从断裂起始点辐射开的同心圆组成。大部分的疲劳断裂面是脆性的，而在最终断裂区域具有高度的局部塑性变形。应该注意的是许多疲劳断裂的特性，如贝壳状标记，可能无法在薄板或稍厚的板材如点焊板材试样上观察到。

虽然疲劳断裂通常有脆性断裂的外观，但它与低温脆性断裂完全不同。与低温断裂相反，抗疲劳性能随着温度的降低而增加，而不是减少。

很多理论试图以材料在疲劳载荷下的反应为基础——无论是宏观尺度的塑性变形，还是微观尺度的位错的运动和原子键的分裂——来解释疲劳过程。然而，通过试验来证明某个理论是很困难的。实际的结构问题通常太复杂，以致无法利用这些理论对它们进行分析。因此，多数应用于实际结构问题的疲劳数据以从实验室试验得到的经验关系为基础。在过去的 10 年里，人们已经成功地使用计算机模拟，经济而高效地生成疲劳数据。

ISO 标准中的疲劳试验[4]概述了电阻焊接头的疲劳试验步骤。实验室疲劳试验通常包括以下步骤。

（1）试样制备。试样制备通常可以遵循 ASTM 焊接试样的疲劳试验标准进行[19]。试样制备应考虑基材对焊接组件/结构中的焊点所施加的约束，选择适当尺寸和几何形状的试样。在报告实验数据时应同时提交试样尺寸等细节。疲劳试验中常采用搭接状连接（焊接）试样。偶尔也对其他结构进行试验，如横向拉伸试验。然而，这种试验需要复杂的装置，可能会影响试验的准确性，所以不是很普遍。

（2）加载选择。疲劳寿命试验中，用公式或数值来表示的循环加载在试验中可以自动实现。常见的加载类型如下。

①波动拉伸载荷。最大和最小载荷都是拉伸载荷。

②波动压缩载荷。最大和最小载荷都是压缩载荷。

③波动相反载荷。最大载荷是拉伸载荷，最小载荷为压缩载荷。

④完全反转载荷。最大载荷（拉伸载荷）和最小载荷（压缩载荷）在量值上相等、符号相反。

疲劳试验中，载荷可以是力、力矩或扭矩。

（3）实验结果的表示。

对于均质材料来说，抗疲劳性通常是在所施加载荷下发生的断裂周期数，并以 *S-N* 图的形式表示。为了更清晰地表达，通常使用对数刻度。试验数据通常用式（4.6）表示：

$$F_n=S(N/n)^k \tag{4.6}$$

式（4.6）在对数刻度图中是一条斜率为 k 的直线。一旦确定了这条线，就可以获得对应于一定周期数（n）的最大允许载荷（F_n），或者对应于一定载荷（F_n）的疲劳寿命（周期数）。注意这种预测只有在满足以下条件时才有效：需要预测的部件与用来测量该曲线的试样有相似的几何形状，且加载条件相同。

然而，对于点焊试样，疲劳试验的结果一般表达为负载范围（而非应力范围）与疲劳寿命的对应关系，即 *L-N* 曲线。在重复性较差的试验中，有时需要采用统计方法来确定 *L-N* 曲线。除了 *L-N* 曲线，还应报告负载范围、对应的耐久极限、载荷比、循环频率和试验终止标准。因为 *L-N* 曲线的每一点都表示在一个特定载荷下的断裂周期数，所以产生这样一条曲线是很费时的。由于测得的疲劳强度与负载条件关系很大，所以必须说明每条曲线的载荷类型。

断裂力学的分析方法常用于分析点焊接头的疲劳特性。

6）实验室试验结果与实际观察之间的关联

因为对疲劳断裂最有影响的因素是应力集中，设计师和焊接从业人员应该了解应力集中的主要成因，努力避免不利的几何形状及减少焊点中瑕疵/缺陷的数量，以减少或消除应力集中的根源。通过合理地设计和制造焊接结构/组件可以控制各种不利因素。

研究人员付出了相当大的努力来预测焊点或焊接结构的疲劳强度。例如，Rui 等[20]基于应力强度因子导出了一个高强度低碳钢疲劳寿命的表达公式。在他们的研究中，疲劳寿命是一个复杂的函数，其变量包括焊接接头的形状、载荷条件、焊核直径和材料厚度等。这个公式提供了使应力强度因子最小化、获得最大疲劳寿命的最佳焊接位置，以及减少焊点数的方法。在一篇与焊点表征-性能关系没有直接联系的文章中，Wang 等[3]描述了AA5754 焊点及胶接-点焊组合情况下疲劳强度与断裂形态之间的关系。

7）焊点疲劳强度实例

Ma 等[21]研究了使用不同焊接电流生成的各种尺寸的焊点的疲劳性能。图 4.20 是在

50Hz 和 R=0.1 的条件下得到的焊点的室温疲劳寿命。可以看到疲劳载荷在 10^3～2×10^6 个周期迅速下降。图中曲线端部的水平线代表疲劳极限。如果考虑数据的分散程度，由图可知焊点尺寸对疲劳寿命没有太大影响。使用 8.54kA 焊接电流而产生的飞溅焊点的疲劳极限稍低。根据试验结果，作者总结出 4 类点焊疲劳断裂形态，如图 4.21 所示。可以得到图 4.20 中的试样结构与图 4.21 中 *S-N* 曲线上各区域之间的对应关系。当载荷水平非常高（图 4.20 中区域 I）时，试样或者沿着板材界面断开［图 4.21（a）］，或产生大量的塑性变形［图 4.21（b）］。当裂纹沿着焊点外围扩展，然后延伸至基材时，如图 4.21（c）所示，致使焊件的疲劳寿命陡然下降，如图 4.20 中区域 II 所示。当疲劳裂纹起始于 HAZ 并向与施加载荷垂直的方向延展时，如图 4.21（d）所示，测得的疲劳强度落在图 4.20 的区域 III 里，呈下降趋势。

Khan 等[22]把 HSLA350/DP600 钢不同材料组合的实验结果与公开的 HSLA350/HSLA350 和 DP600/DP600 钢同种材料组合的实验数据进行了比较。由图 4.22 可知，当 HSLA350 与 DP600 被焊接在一起时，其焊点强度比 DP600/DP600 组合的低，但非常接近 HSLA350/HSLA350 的组合。实验结果显示，较低强度的钢（在此试验中为 HSLA350 钢）似乎对异种钢材组合焊接的疲劳性能起主导作用。

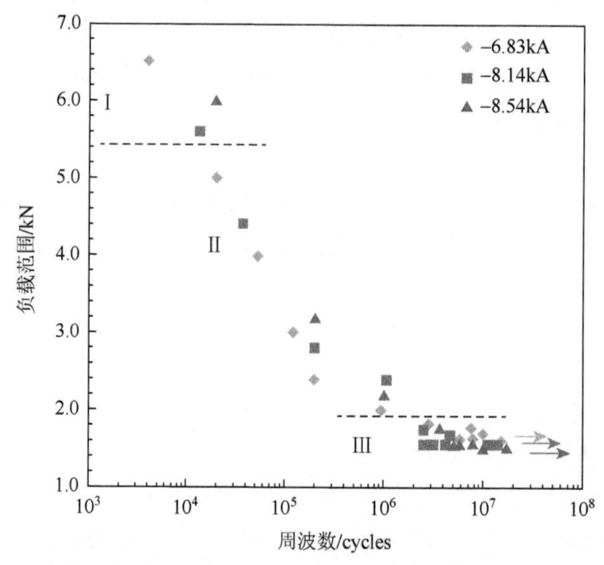

图 4.20　三组在不同电流水平下焊接 DP600 钢焊点样品的 *S-N* 曲线[21]（试验条件为 50Hz，R=0.1，室温）

(a) 沿板材界面断裂

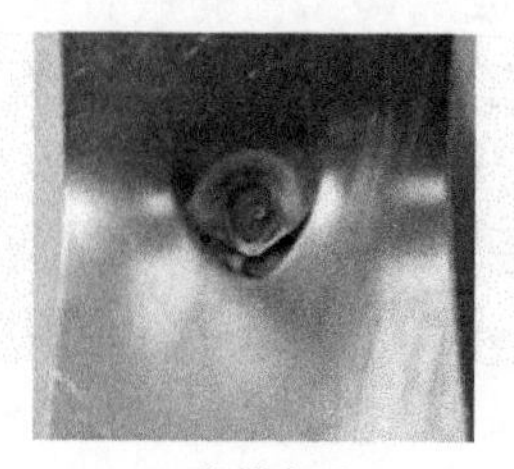

(b) 塑性变形

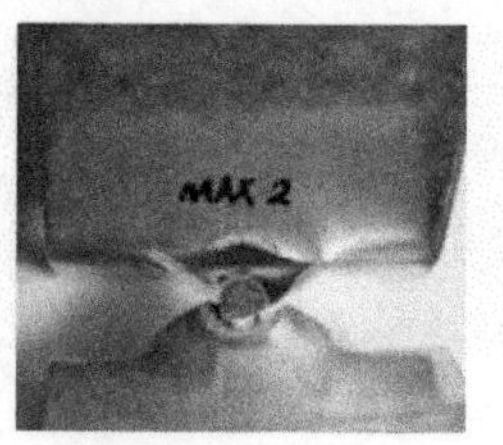

(c) 沿焊点周边的断裂

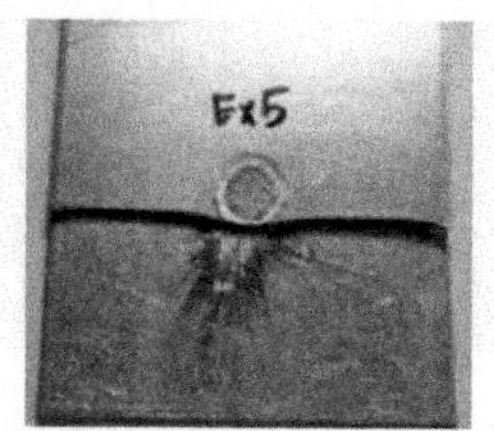

(d) 沿与载荷方向垂直的直线的断裂

图 4.21　DP600 钢焊点的典型疲劳断裂形态[21]

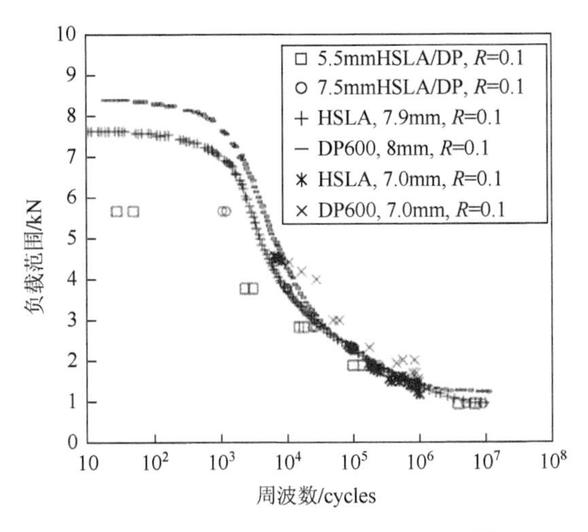

图 4.22 公开的疲劳强度数据比较[22]

2. 冲击试验

对于多数板材组件来说，点焊的冲击性能是首要考虑的问题，因为其在安全性、可靠性和焊接结构的完整性方面起着关键作用。然而，冲击试验的复杂性、相对来说比较低的可靠性及可重复性，以及较高的成本，严重阻碍了其在焊接性能试验中的广泛应用。

可以根据焊接接头负载的方式（加载模式）和冲击载荷的施加方式对冲击试验进行分类。常用的加载模式是拉伸（如拉伸冲击载荷试验）和剪切。可通过改造单摆冲击试验机或落重（如跌落冲击试验）来实现冲击。在此对这些试验进行简单的介绍。关于这类试验的详细信息可在 AWS C1.1-669 或 AWS D8.9-97.13 中找到。

1）剪切冲击试验

焊点的剪切冲击试验一般在改造后的单摆冲击试验机上进行。在此试验中，试样是通过一个特殊摆锤中的锯齿状楔形夹具和十字头附件来固定的。当锁销被打开时，与焊接试样相连的十字头和摆锤一起下摆，直至十字头在摆锤摆动至底部时被可调铁砧挡住。如果此时动能足够使试样断裂，则该摆锤可以继续自由地摆动。摆锤的残余摆动可以用来判断使焊点断裂所需的冲击能量。然而，这种方法的精确度不够，因为它在很大程度上受多种因素的影响。例如，断裂后继续飞行的铁砧的动能就无法精确计算，而且基材的塑性变形可能吸收相当大的能量。一些实验室还对单摆冲击试验机进行了其他改造以用于焊接试样的试验。

2）跌落冲击试验

这种试验主要应用于厚板试样的冲击强度测量。试样的结构如图 4.23 所示。跌落冲击试验的结果，即使在完美的设置条件下，也会包含两种误差。误差的来源之一是无法避免上、下板材的弯曲。误差来源之二是夹具中试样的滑动。这两类误差都以无法控制的方式吸收能量，因此无法获得焊点韧性的真实量值。避免上述误差可以通过使用锯齿式夹具来固定试样以减少打滑，或将一块板材直接与下板材进行点焊以增加板材刚度，减少弯曲。

此外，降低弯曲的一个有效方法是在板材上制造凸缘。

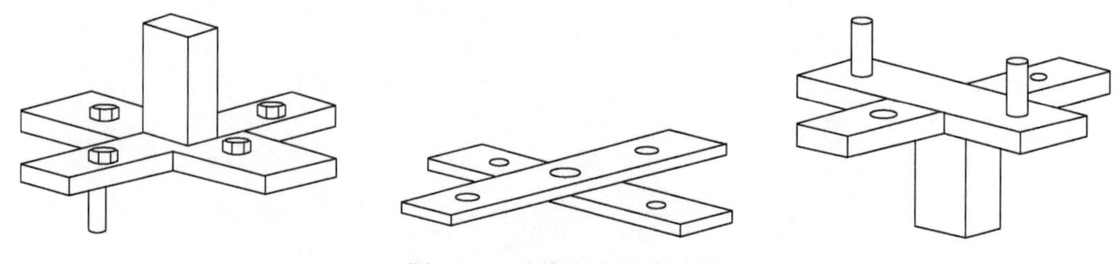

图 4.23　跌落冲击试验试样

3）剪切冲击载荷试验

这种试验采用的试样用单个点焊将两个 U 形部分背靠背接合而成，如图 4.24 所示。在单摆锤冲击试验机上对该试样进行动态加载。设计的试验装置使得施加到试样上的，使之断裂的载荷基本上是剪切力。由于试样会绕着使其固定的螺栓旋转，所以加载模式有可能在试验过程中变化。试验过程与剪切冲击试验相似。

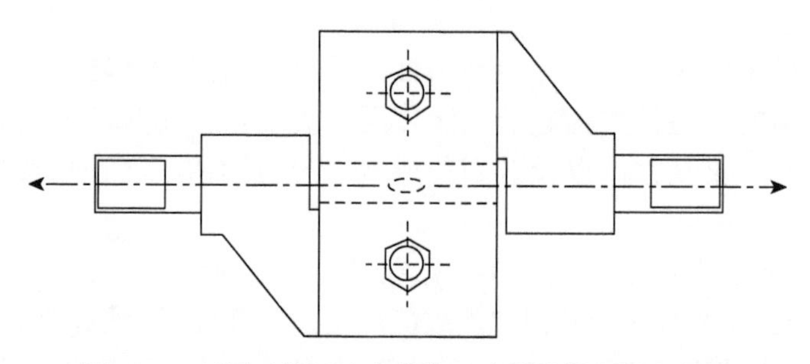

图 4.24　可用于剪切冲击载荷试验的试样和固定装置

4）拉伸冲击载荷试验

这种试验也采用了 U 形试样。试验装置的设计可以使得撕裂试样的载荷为拉伸力（图 4.25）。在这种载荷下，焊点周围的基材会不可避免地弯曲。在其他方面，该试验与剪切冲击载荷试验类似。

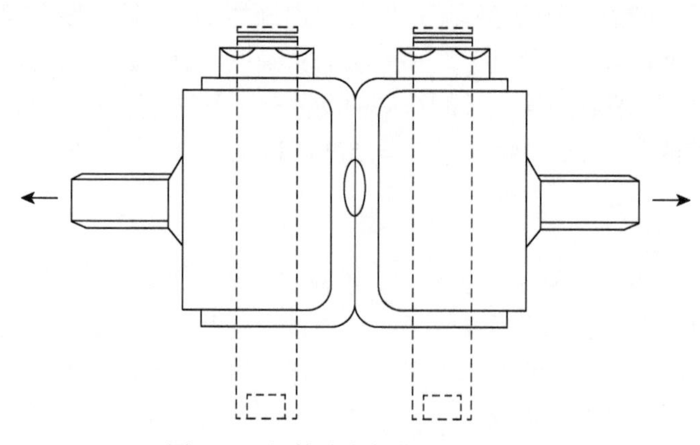

图 4.25　拉伸冲击载荷试验用试样

除了剪切冲击试验，其他三种试验的操作成本很高，且很难获得精确测量值。所需的复杂装置和试验设施决定了在常规的点焊质量试验中无法进行这些试验。与其他三种试验不同，剪切冲击试验具有操作简单、易于使用，以及成本相对较低的优点。

然而，利用原有单摆冲击试验机改造而成的剪切冲击试验机将试样安装在运动的单摆头上，而不是静止的基座上。这种做法有几个难以克服的缺点。首先，这样的夹具很难固定住试样。其次，由于试样安装在摆锤上，所以很难使用仪器对冲击过程中各种参数进行精确测量。此外，由于摆锤的重量通常是固定的，所以难以改变输入的能量。这些缺点导致这种装置不实用，难以用于日常的焊接质量试验。由于前述因素，一些很有限的早期的冲击试验工作的结果表现出相当大的不一致性。也有一些其他的对摆锤试验设备进行的改造，以此满足测试焊接试样的需要，但它们通常都存在一些上述的不足。

出于为点焊的冲击强度提供一种简易的测量方法的目的，Zhang 等研发出了一种用于焊接接头冲击试验的装置[23]。这种新设计最大限度地克服了改造常规冲击试验机的多数缺点。初步实验结果表明，使用这种实验装置有望提高焊点冲击强度测量的准确性，并使焊接接头的冲击试验成为一个例行试验。

3. 新型冲击试验机

新型冲击试验机如图 4.26 所示。与剪切冲击试验机相似，它采用摆锤进行输入和剩余能量测量。然而，这种装置有两个摆锤，而不像剪切冲击试验机上只有一个摆锤。

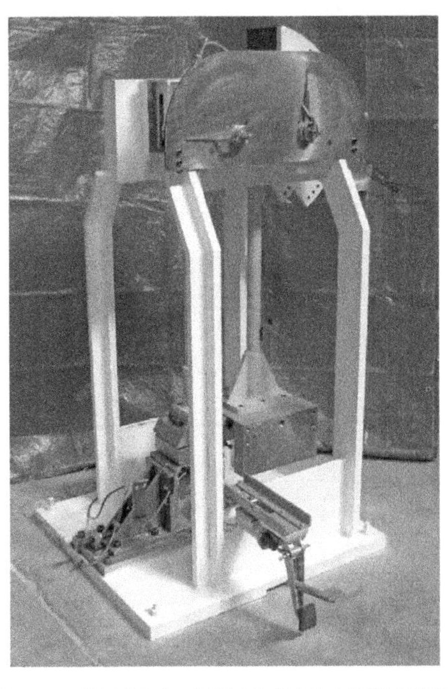

图 4.26 新型冲击试验机实物图（后附彩图）

一个摆锤是主动摆锤，提供冲击能量；另一个摆锤是被动摆锤，它们分别被标记为摆

锤 A 和摆锤 B，如图 4.27（a）和（b）所示。试验前，将一个 Z 形焊接试样［图 4.27（c）］一端与摆锤 B 连接，另一端连接到固定机座上。在两片弯好的试样的重叠部分的中央做一个焊点或其他连接点。试样的弯曲端部被夹紧以确保冲击期间试样不滑动。

图 4.27 还显示了冲击试验过程。试验前，将主动摆锤升高到一个特定的位置，如水平位置（θ_0=90°）。这时系统有一个确定的势能。可将额外的重物添加到摆锤上以调节输入的能量。摆锤被释放后，其势能转换成动能，其值在接触被动摆锤前达到最大值。碰撞后，受到撞击的被动摆锤趋向于沿碰撞的方向移动，从而将试样拉开。如果有足够的输入能量，试样会在接头处被撕裂成两片，然后系统中的剩余能量会使两个摆锤继续向前摆动。撞击后，指针盘记录下两个摆锤摆动的最大角度（θ_A 和 θ_B）。

焊接试样所消耗的能量可以表示为

$$M_A g L_A(\cos\theta_A - \cos\theta_0) - M_B g L_B(1-\cos\theta_B) - E_{\text{rror}} \tag{4.7}$$

式中，M_A 和 M_B 为摆锤质量；L_A 和 L_B 为摆锤的质量中心相对于各自的旋转中心的距离；g 为重力加速度；θ_0 为试验前主动摆锤的初始角度；θ_A 和 θ_B 为冲击后的最大摆角；E_{rror} 为系统消耗的能量，如克服摩擦或空气阻力而消耗的能量。确定 E_{rror} 后，摆锤的最大角度是计算由连接接头消耗的能量所需的唯一量值。

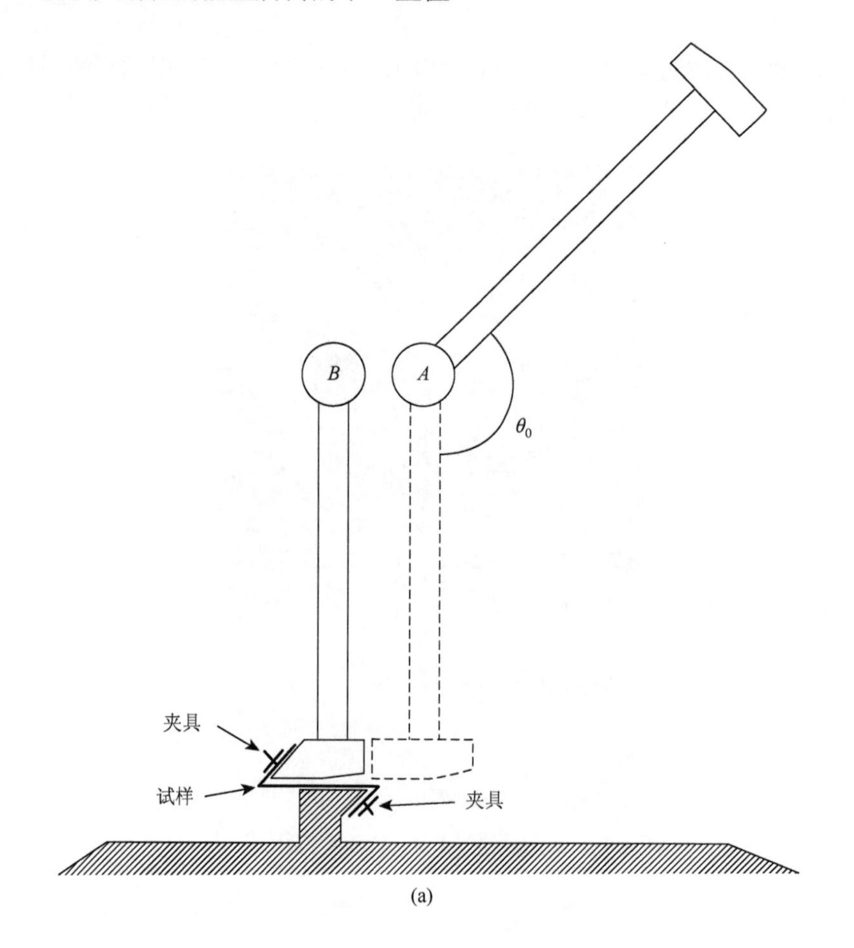

(a)

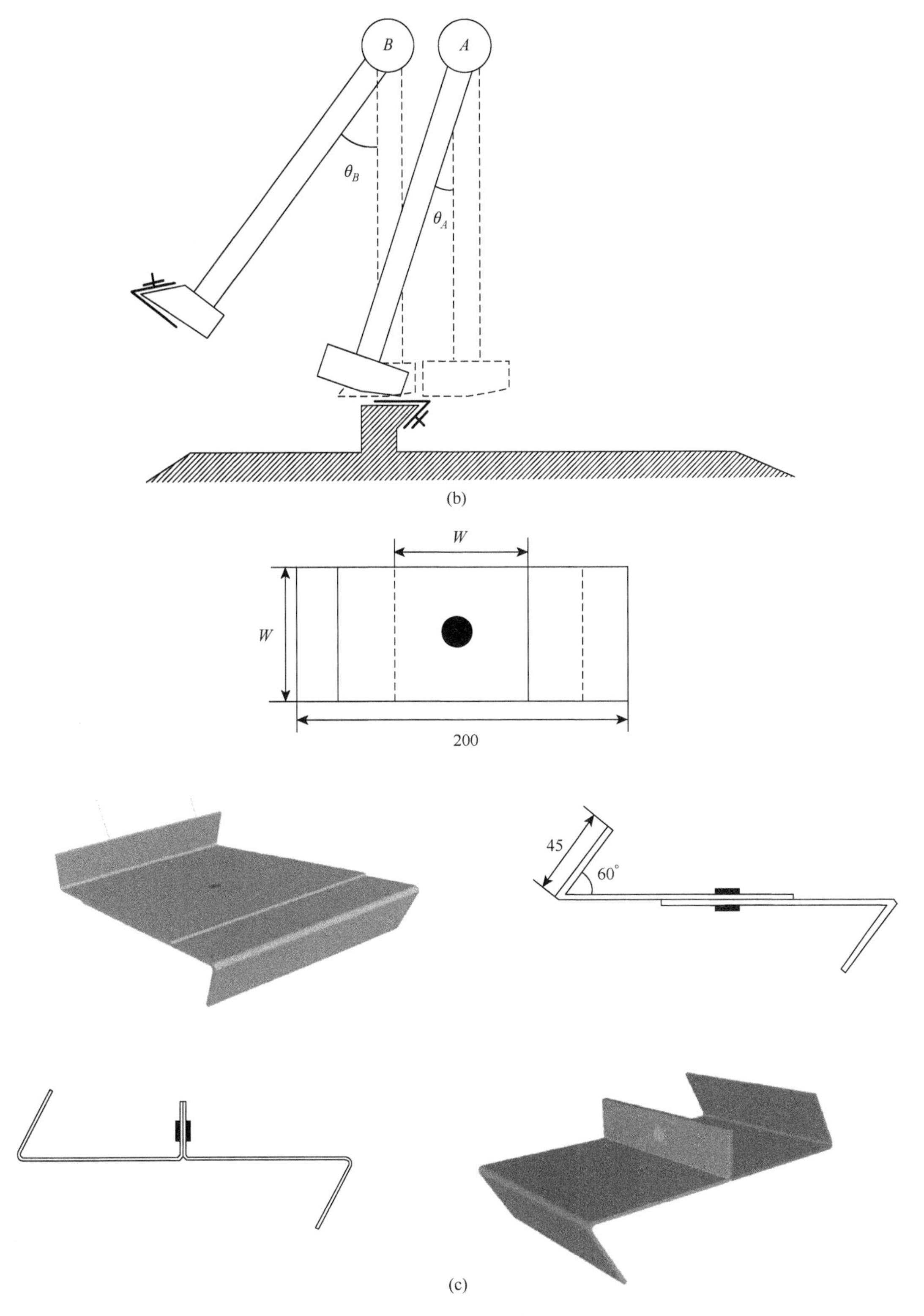

图 4.27 新型冲击试验机的试验过程和试样结构示意图

图 4.27（c）是可以与这种冲击试验机一起使用的试样。一个用于焊接/连接的拉伸-剪切试验，另一个用于剥离试验。

新型冲击试验机的优点之一是传感器安装简易，便于监测冲击过程，这对获得冲击过程中力和位移的变化曲线以评价焊点结构的强度和整体质量是至关重要的。得到点焊的动态特性，便可预测在冲击载荷下的焊接结构的实际特性，如抗冲击性。基于此信息，可通过优化设计在不降低安全性的情况下充分利用焊点强度。

冲击能量、冲击载荷和位移充分描述了焊点的抗冲击强度。进行结构建模和碰撞模拟时这三个量必不可少。图 4.28（a）～（c）对应于碰撞时焊点的三种不同的断裂模式的信号。

对一种拉伸钢（drawing steel，DS）的测量和计算结果见表 4.2。试样 1 沿板材的界面被破坏，试样 2 的焊点被拉出来。尽管焊点被拉出来的试样的位移信号的噪声比沿界面断裂的试样要大一些，但总的来说它们的冲击力和位移的信号看起来非常相似，

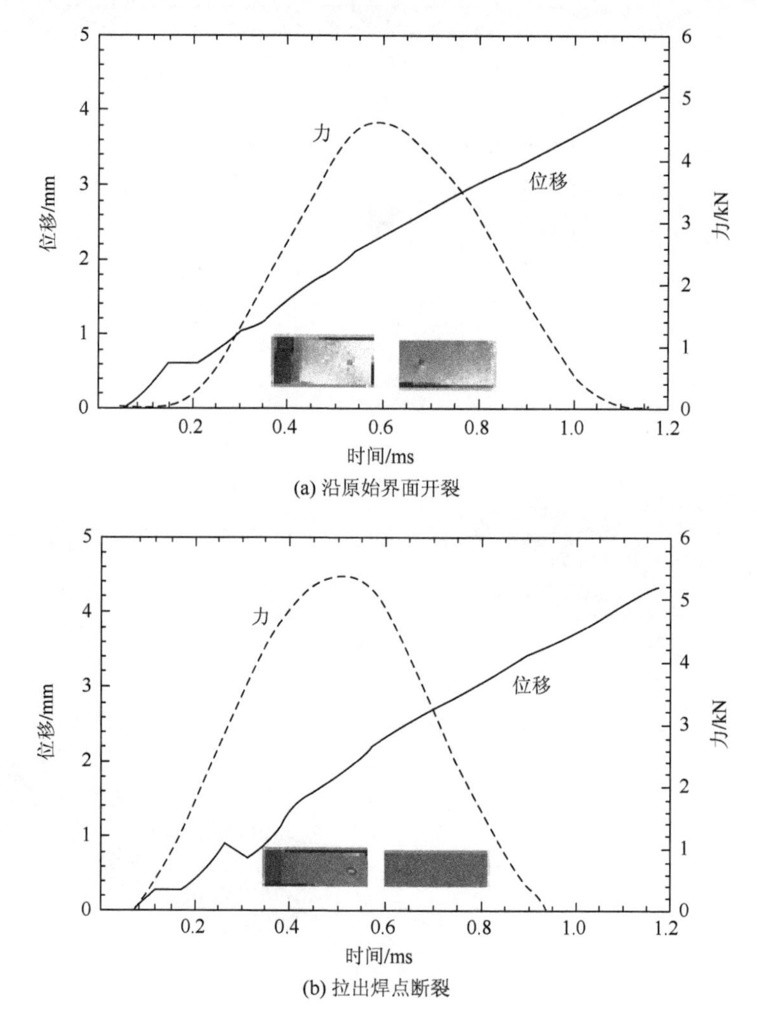

(a) 沿原始界面开裂

(b) 拉出焊点断裂

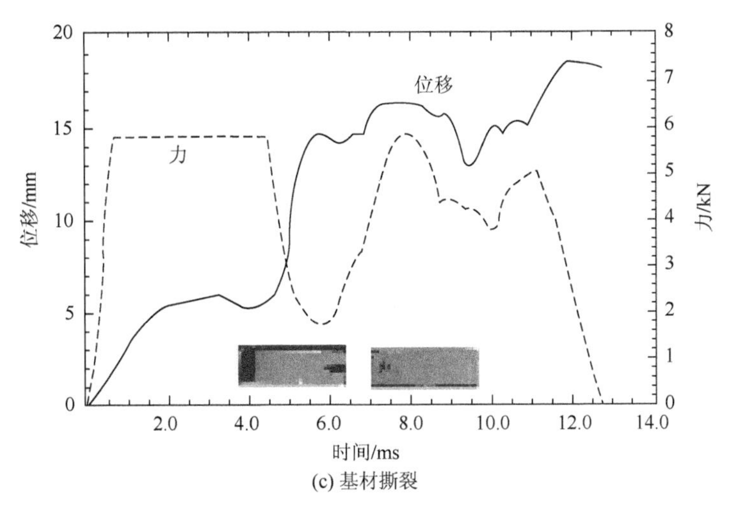

(c) 基材撕裂

图 4.28 各种断裂形态中的位移和冲击力

如图 4.28（a）和（b）所示。然而，当基材［图 4.28（c）］被撕裂时，试样的负载和位移曲线与其他两种情况有比较大的区别。图中，t=0.7～4.5ms 及 t=7.6～8.2ms 的两个电极力平台区对应于撕裂基材。表 4.2 含根据读取的数据通过式（4.7）或根据信号直接积分得到的能量。可以看到它们非常相似。

表 4.2 冲击试验中各种断裂形态的测量结果

试样编号	被动摆轴/（°）	主动摆锤/（°）	能量/J（直接读取）	能量/J（计算）	失效模式
1	75.5	48.5	7.1	7.7	界面断裂
2	76.0	47.5	9.9	12.2	拉出焊点断裂
3	48.5	36.0	107.6	111.2	撕裂

为了比较不同焊点的冲击及静态强度，使用加工成不同尺寸和形状的电极，对各种尺寸、形状和方位的焊点进行了试验，如图 4.29 所示。共有三种类型的电极：圆形（直径分别为 4mm、6mm、8mm）、矩形（3mm×6mm）、环形（外径/内径=6mm/3mm）。使用的材料是镀锌的 DS 钢板，用于静态拉伸-剪切试验的试样尺寸为 150mm×50mm×1.0mm，用于冲击试验的试样尺寸为 170mm×50mm×1.0mm。每种情况重复 5 次。焊接时间为 8 个周波（133ms），电极力为 770lb（3.4kN），电流为 8.1～15.9kA，根据电极面尺寸进行调整。选择的焊接电流使其足以产生对应于电极面的焊点，但又避免了飞溅。用于冲击试验的试样的制备方法与用于静态试验的完全相同。在 MTS 试验机（MTS-810）上以 10mm/min 的速度进行准静态试验，冲击试验在冲击试验机上进行。试验结果见表 4.3、图 4.30 和图 4.31。

金相检验表明，焊核通常反映焊接时电极面的形状。环形焊核内有一个未熔合区。对于热环，所选择的电流恰低于飞溅电流，约为 13.7kA。对于冷环，使用了 12.3kA 的焊接电流。而用矩形面电极制造的焊点实际上是椭圆形的。

图 4.29 焊接中使用的各种表面形状的电极

表 4.3 冲击和静态拉伸-剪切试验的测量结果（平均值）

电极	冲击试验		拉伸-剪切试验			
	能量/J	断裂模式	峰值载荷/kN	最大位移/mm	能量/J	断裂模式
D=4mm	9.39	剪切	5.12	1.06	4.25	剪切
D=6mm	142.06	焊点拉出	6.93	3.64	22.11	焊点拉出
D=8mm	153.85	焊点拉出	7.31	4.61	29.86	焊点拉出
“热”环状焊点	162.82	焊点拉出	7.03	4.07	25.57	剪切
“冷”环状焊点	6.14	剪切	5.15	0.48	1.58	剪切
矩形焊点（与加载平行）	8.14	剪切	4.48	0.74	2.57	剪切
矩形焊点（与加载垂直）	8.20	剪切	5.19	1.01	4.40	剪切

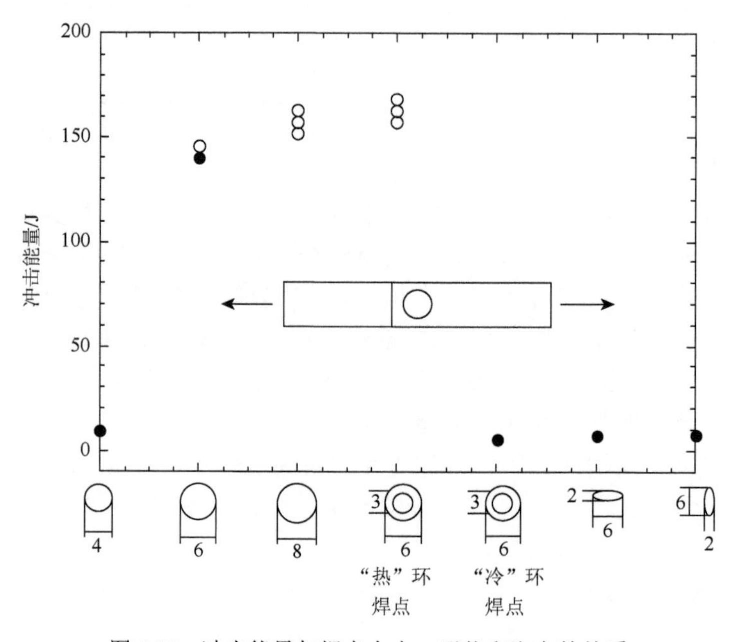

图 4.30 冲击能量与焊点大小、形状和取向的关系

加载方向如图所示

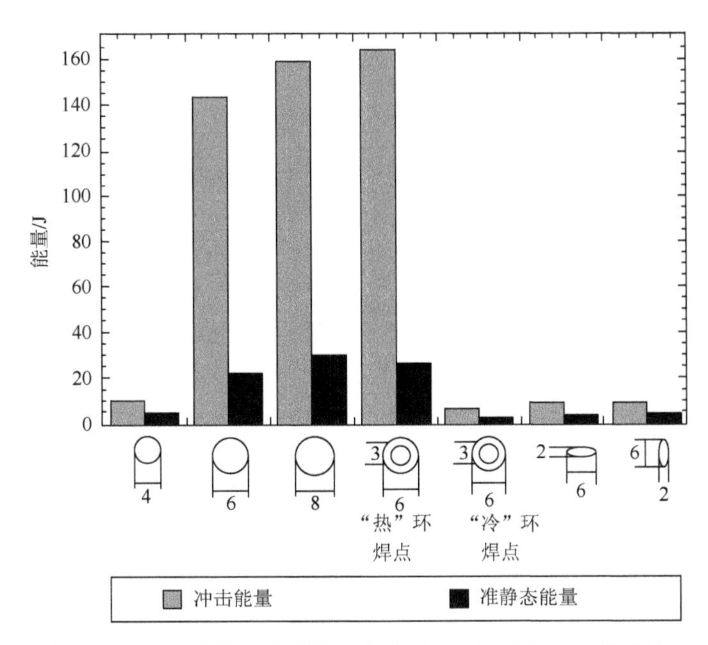

图 4.31　冲击和准静态能量与焊点大小、形状和取向的关系

冲击能量是根据指针盘计数，通过式（4.7）来计算的。如图 4.1 中所定义的静态拉伸-剪切试验的各种量值是通过记录的载荷-位移曲线来进行计算的。冲击能量一般比准静态拉伸-剪切能量要高。

冲击和准静态试验中的断裂形态也很有特点。除了“热”环试样，冲击试验和准静态拉伸-剪切试验之间的断裂形态几乎是一对一的对应关系（表 4.3）。因此，对于该试验使用的材料和测试方法来说，冲击试验可以得到与准静态拉伸-剪切试验同样的断裂形态。

由图 4.30 可知，冲击能量随焊核尺寸增大而增加。对于环形焊点，内部的缺陷或不连续性对“热”环焊点的冲击能量影响不大，而对“冷”环的影响却很大。当矩形或椭圆形的焊点分别与加载方向平行或垂直时，测得的性能没有明显的区别。然而，不应该根据上述观察得出结论，即对这些不规则形状的焊点来说，加载方向没有影响。事实上，这些焊点的高宽比非常接近 1。这种冲击试验有很好的重复性。每一种状态下的 5 个实验值都集中在很小的范围内。

把冲击能量和准静态能量绘制在一起进行比较，如图 4.31 所示。虽然它们的大小有明显的差异，但是准静态试验的能量与冲击试验的能量有类似的趋势。这种差异很大程度上归因于材料的应变率敏感性。

在冲击试验机上进行冲击试验时，施加于焊点上的最大应变率大致与被动摆锤 B 刚被 A 块撞击之后的速度成正比。这样的拉动会引起板材之间的连接部位，也就是接头部分迅速硬化，从而在较软的周边的金属内引发后续变形。因此，焊点周围的材料可能会吸收大量的能量。与此相反，因为没有显著的应变率硬化发生，静态试验期间变形仅限于焊点周围。这可以用来解释图 4.31 的现象，即冲击试验中的能量测量值远比相同试样的静态试验中的测量值要高。因此，在冲击试验中，或比较实验结果时，应该考虑应变率对测量可能产生的影响。

4.3.3 扭转试验

尽管扭转试验并不像其他试验那样常用，但偶尔也会用于点焊试样上。扭转试验分为两类。

1. 扭曲

如图 4.7 所示的标准拉伸试样可用于扭曲试验，以确定焊点直径及断裂的扭转角。试样的一端用老虎钳在水平位置上将边缘夹紧。端部安装了量角器的套筒套在试样的突出端上，并使量角器定心在焊点上。套筒在水平面上旋转（以焊点的垂直中心线为中心）直到发生断裂。测量并记录扭曲断裂角度。

2. 扭剪试验

扭剪试验可用于强度和延展性都需要测量的情况。试样是正方形的，焊点位于试样中心。试样嵌在凹槽内，夹具的上部用铰链刚性固定，下部固定在旋转盘上（图 4.32）。将试样放置在下部嵌板的正方形凹处，上部嵌板在其上闭合并锁定。转矩通过旋转盘上的齿条和小齿轮提供。重要的是，试样的上、下板分别与两块嵌板吻合，并且可以沿着焊点所对应的旋转轴线的中心旋转。以下是可以通过该试验得到的关于焊点的信息。

（1）将焊点扭转至断裂所需的极限转矩（用最大负荷乘以力臂）。

（2）最大载荷时的转动角度，定义为扭转角度。

（3）试样断裂后测量的焊点直径。焊点强度可由极限转矩、焊点直径和扭转角度表示的延展性来表示。这些量值可用于评估焊点质量。

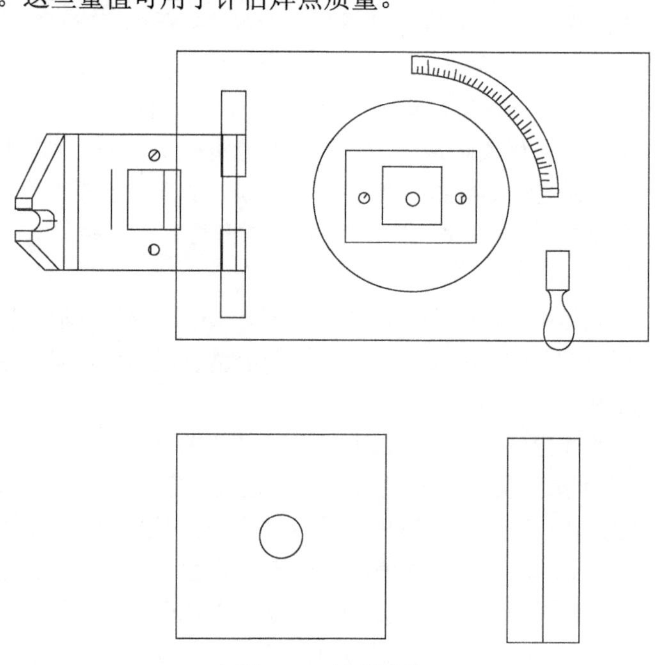

图 4.32　扭剪试验

除了与力学性质相关的质量指标，焊点质量的评估还应考虑其他方面。例如，焊点的耐腐蚀性，温度对焊接结构的影响，焊点老化也可能对焊点结构的完整性有显著影响。还应该注意到的是，实验室的常规试验通常无法全面地揭示焊点在使用过程中的表现。

参考文献

[1] Zhou M，Hu S J，Zhang H. Critical specimen sizes for tensile-shear testing of steel sheets. Welding Journal，1999，78（9），305s-313s.

[2] Resistance welding-Destructive tests of welds-Failure types and geometric measurements for resistance spot，seam and projection welds. International Standard，ISO 14329，2003.

[3] Wang P C，Chisholm S K，Banas G，et al. The role of failure mode，resistance spot weld and adhesive on the fatigue behavior of weld-bonded aluminum. Welding Journal，1995，72（2），41s-47s.

[4] Resistance spot welding-Destructive tests of welds-Method for the fatigue testing of spot welded joints. International Standard，ISO/FDIS 14324，2003.

[5] Specification for Resistance Welding of Coated and Uncoated Carbon and Low Alloy Steels. AWS C1.4M/C1.4. Miami：American Welding Society，2009.

[6] Military Specification-Welding，Resistance：Spot and Seam. MIL-W-6858D. Washington（DC）：U.S. Department of Defense，1992.

[7] Specimen Dimensions and Procedure for Shear Testing Resistance Spot and Embossed Projection Welds. International Standard，ISO/DIS 14273，1994.

[8] AWS D8.7. Recommended Practices for Automotive Weld Quality-Resistance Spot Welding. Miami：American Welding Society，2003.

[9] AWS C1.1. Recommended practices for resistance welding. Miami：American Welding Society，1966.

[10] Specimen dimensions and procedure for cross tension testing resistance spot and embossed projection welds. International Standard，ISO 14272，2000.

[11] Mukhopadhyay G，Bhattacharya S，Ray K K. Strength assessment of spot-welded sheets of interstitial free steels. Journal of materials processing technology，2009，209（4）：1995-2007.

[12] Radakovic D J，Tumuluru M. Modes in shear tension tests of advanced high-strength automotive steels. Welding Journal，2008，87（4）：96-105.

[13] AWS D8.9-97，SAE D8.9-97，ANSI D8.9-97. Recommended Practices for Test Methods for Evaluating the Resistance Spot Welding Behavior of Automotive Sheet Steel Materials. Miami：American Welding Society，1997.

[14] Zhou M. Relationship between Spot Weld Attributes and Weld Performance. Ann Arbor：PhD Dissertation，University of Michigian，2000.

[15] Rivett R M. Final contract report：Resistance spot welding of steel sheet（for the European Coal and Steel Community）. The Welding Institute，Report 3570/7/81，1982.

[16] Lee Y，Wehner T，Lu M，et al. Test of Resistance Spot Welds under Combined Tension and Shear. SMWC VII，1996，Paper C2.

[17] Maddox S J. Fatigue Strength of Welded Structures. 2nd ed. Abington（GB）：Woodhead Publ. Ltd，Abington Hall，1998.

[18] Wilson R B，Fine T E. Fatigue Behavior of Spot Welded High Strength Steel Joints. Society of Automotive Engineers（SAE），1981，Paper No. 810354.

[19] McMahon J C，Smith G A，Lawrence F V. Fatigue Crack Initiation and Growth in Tehsile-shear Spot Weldments. ASTM STP 1058. McHenry H I，Potter J M. American Society for Testing and Materials. Philadelphia，1990：47-77.

[20] Rui Y，Borsos R S，Gopalakrishnan R，et al. Fatigue life prediction method for multi-spot-welded structures. Society of

Automotive Engineers（SAE），1981，Paper No. 930571.

[21] Ma C，Chen D L，Bhole S D，et al. Microstructure and fracture characteristics of spot-welded DP600 steel. Materials Science and Engineering A，2008，485：334-346.

[22] Khan M S，Bhole S D，Chen D L，et al. Welding behaviour，microstructure andmechanical properties of dissimilar resistancespot welds between galvannealed HSLA350 and DP600 steels. Science and Technology of Welding and Joining，2009 ，14（7）：616-625.

[23] Zhang H，Zhou M，Hu S J. Impact strength measurement and a new impact tester. Journal of Mechanical Manufacture，2001，215 B：403-414.

第 5 章　电阻焊接过程的监控

5.1　引　　言

电阻焊质量评估的主要难点在于焊接的基本过程及其涉及的过程之间相互作用的复杂性。此外，材料本身（如基材成分和涂层的成分、厚度）和工艺条件（如电极损耗、焊件/板材的配合、冷却速度及焊机的刚度等）方面的波动也会影响电阻焊的监控。为获得焊接质量相关的信息，进而控制焊接过程以保证焊接质量，人们进行了大量的关于焊接过程监测的研究活动。电流、电压、电极力、电极位移和动态电阻是监控系统最常用的信号。例如，Gedeon 等[1]的研究发现电极位移曲线和动态电阻为评估焊接质量提供了重要信息。然而，获取这些信号通常比较困难，因为焊接过程伴有强电磁场的干扰，特别是使用交流电焊接时。对电阻焊过程的监控与焊点质量定义有非常密切的关系（详见第 6 章）。

电阻焊过程监控的目的可以概括如下。

（1）焊接尺寸估计。焊点（以焊核宽度或焊点直径的形式）尺寸是最常用的质量指标，因为它在无飞溅的情况下与接头强度密切相关。由于电阻焊过程的多元性，焊点尺寸是由许多因素决定的，且多数这样的依赖关系目前尚不完全清楚。理想的监控系统应该能够依据焊接过程中检测的信号，为焊核尺寸提供一个精确的在线估算。

（2）飞溅检测及其严重性评估。由于飞溅对焊点及焊接过程具有诸多负面作用（详见第 7 章），所以也会对焊接质量产生不利影响。因此，监控系统应该有能力检测飞溅发生和严重程度，必要时采取补救措施。

（3）过程故障诊断。不适当的工艺条件会导致不符合标准的焊点（如尺寸过小、冷焊、飞溅或含其他缺陷的焊点）。对过程故障的研究尤其重要，因为它是将实验室研发的监控算法应用于实际生产的第一步。

（4）过程控制。根据监控、模拟或两者一起得到的信息可用来研发有效的控制算法。

监控的最终目标是开发出可靠的在线监测和诊断系统以保证焊接质量，从而提高制造商的信心，并降低焊接结构的成本。

通用的电阻焊监控系统一般包括三个部分（图 5.1）：焊接系统、监测单元和控制单元[2-4]。在线监控系统起始于焊机的输入值，通常以焊接参数的形式表达，即采取的焊接电流（或电压或热量，取决于焊机控制器）、焊接时间和电极力。接着，焊机的输出信号反馈至监测单元（包括数据采集和信号处理单元）。然后，处理过的信息传递至控制单元。如果需要，控制单元将自动修改输入的焊接参数并更改后续的焊接工艺参数。监测的结果还可用于焊接质量的统计控制和决定工艺维护周期。理想的实时反馈控制系统可以在一个焊接周期内（即焊接过程中）调整焊接参数。

本章将首先讨论与过程监控相关的问题，如信号采集、数据分析和特征提取，还将提供几种控制算法。

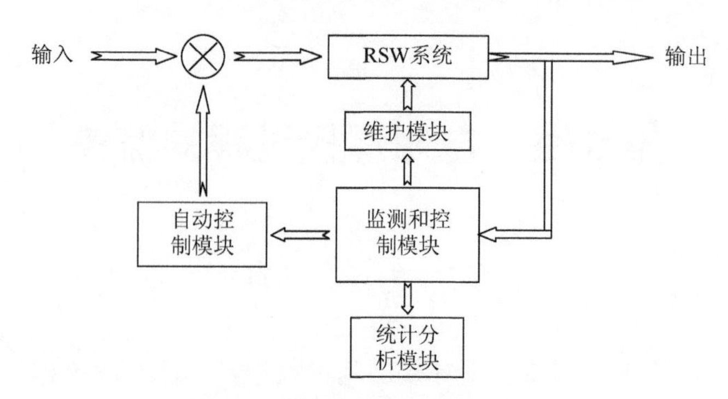

图 5.1　典型的电阻焊监控系统图

5.2　数据采集

收集过程信息如焊接期间的信号，是多数监测和实时控制系统的第一个操作。如图 5.2 所示，一个数据采集系统可测量电极端电压、焊接电流、电极力和电极位移。在焊机上安装传感器要尽可能地接近电极端，以捕捉与焊接过程直接相关的信号。所测的电压为电极之间的端电压。环形线圈传感器可用于采集感应电压，通过对环形线圈电压进行积分可得到电流。基于应变片的电极力传感器安装在电极附近。信号调节箱的作用是激励某些传感器，并缩放信号以便与计算机中模拟-数字转换器（A/D）板的电压等级相匹配。然后，使用计算机软件如美国国家仪器公司的 Labview™进行数据采集。常见的采样率为 5000Hz，采样时间也需要加以控制以便在必要的期间收集信号。例如，对于一个典型的焊接周波，2.5s 的采样时间就足够了。

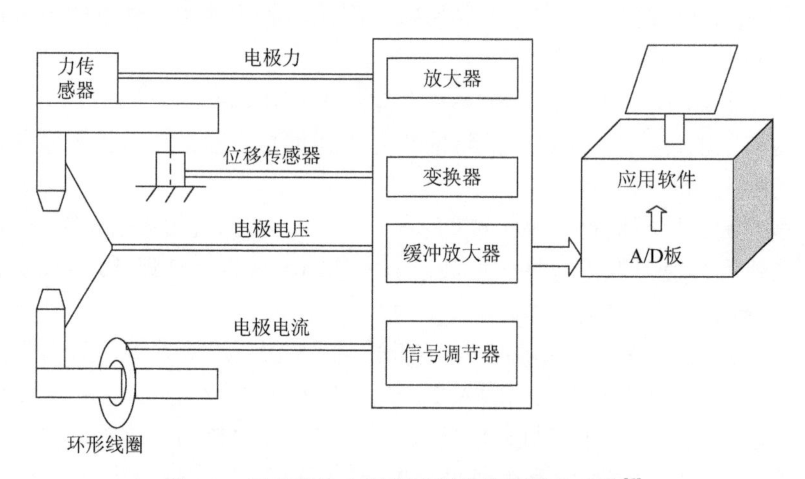

图 5.2　用于监控电阻焊过程的数据采集系统[5]

为了实现监控的目的，人们经常以常用的信号（电流、端电压、电极力和电极位移）为基础，建立物理模型以帮助了解电阻焊过程。然而，信号收集不是一个简单的过程，特别是使用交流电进行焊接时更是如此。高幅值的交流焊接电流会使测得的过程信号，尤其是电极力和端电压被强感应电压引起的噪声破坏。简单的 A/D 滤波器无法有效地去除这类噪声，可能需要采用自适应信号处理技术。

监测电极端电压是最早也是最简单的技术之一，虽然电压本身并不直接代表热的产生或焊核的生长。有很多基于电压的自适应控制单元，如 Nakata 等[6]开发的控制系统，当达到某个预定电压值时便切断电流。焊接电流是另一个需要监测的重要变量。某些控制器只感测焊接电流，当所测电流值不在规定的范围内时即发出故障信号。与端电压类似，焊接电流本身也并不直接代表输入的热量。为了确定输入至焊件的热量，必须对电压和电流都进行测量。因此，有一些基于恒定功率（热）控制算法的控制器已投放市场。但由于电阻焊时随时变化的能量需求和能量损耗，恒功率仍然不能保证焊接质量的一致性。

红外线发射、声发射（acoustic emission，AE）和超声波信号都曾用于焊接质量的监测。但是红外线发射法仅能用来测量远离实际焊点的温度。焊接过程中材料发射率的变化是影响这类系统测量精度的另一原因。AE 可以用来检测飞溅，但目前并不用它监测焊核生长[7]。还有利用超声波进行检测的研究。但它与焊接电极的配合程度要求很高，对其使用和维护都是一个挑战，作为一种在线监测方法并不可靠。

焊接过程中电极位移和电极力都能较好地反映焊核的成长过程。通常认为电极位移是一个更好的指标。研究发现，热膨胀、熔化和飞溅与位移曲线的斜率和幅度均有关。人们已根据监测位移曲线[2, 4, 8, 9]制定出几种控制策略，尽管这些策略更多地适用于座式焊机而非便携式焊机。焊接期间电极力的变化也与热膨胀、熔化和飞溅相关。但是这种相关性可能会因焊机的特性变化而不一样。一些研究发现，电极力可以反映焊核的生长过程，而其他研究则认为电极力的测量只能提供有限的有价值的信息[1]。

动态电阻是焊接时电阻变化的量度，可根据端电压和焊接电流对其进行计算。现已证明动态电阻与焊核生长有良好的相关性[10]，因而得到更多研究者的关注。

虽然电极位移是焊核生长最灵敏的信号，大多数在线电阻焊监测和诊断系统仅由端电压、焊接电流、电极力构成，用以描述在工业生产环境下焊核的生长。这主要是由于电极位移传感器与其他设备会相互干涉。

虽然人们已在用于检测电阻焊过程的仪器方面进行了大量的研究工作，但是关于各种信号波形的物理根源方面的工作还很少。人们一直致力于消除与电极力和端电压相伴的感应噪声。但这仍然是监测控制系统中信号处理方面的一个问题。

大部分监控方面的研究工作都假定理想的焊接条件（如电极完全对中、无边缘焊点情况）下的焊接；有关不同工艺条件下的焊接方面的研究非常有限。本章讨论异常焊接条件的影响，它是实验室研究与实际生产环境之间的结合点。

5.3　焊接过程的监测

对焊接过程的监测可获得与焊接的物理过程相关的有用信息，是成功地对焊接过程进行控制的一个必要步骤。对焊点质量如焊点尺寸或焊点强度的直接测量经常作为对焊接过程的一种监测方法。但由于这种监测方法忽略了焊接的过程，只考虑焊接的最终结果，其意义是很有限的。真正有意义的焊接过程的监测是使用各种传感器对焊接过程的细节进行仔细观察，且将观察结果与焊接质量联系起来。本节对电阻焊过程中收集的常用的信号进行讨论，并且介绍它们在焊接过程监测中的应用情况。

5.3.1 焊接过程中通常采集的信号

直观上，应对焊接电压和电流进行监测，因为它们直接关系焦耳热的产生及焊核的形成。另外，焊接的热过程反映在焊件的膨胀和收缩上，所以可以通过电极力和电极位移的变化来进行监测。图 5.3 是典型的在电阻焊过程中采集的信号[11]。电压、电流、电极力和电极位移将在本节分别进行详细讨论。

焊机周围存在的电磁场对焊接过程中信号的采集影响很大，因此有必要对焊机的电气方面进行了解。焊机的主要电气部分是变压器，它将很高的线电压降压为较低的二次电压，并向二次回路提供大电流[12-14]。可以用一个两端口的变压器来表示该系统（图 5.4）。r_{01} 和 L_{01} 分别为初级电阻和电感。同样，r_{02} 和 L_{02} 为变压器次级侧的参数。由焊机喉部形成的回路以电感元件（L）的形式出现在电路中。R 为焊件电阻，V_1 为初级电压，I_2 为次级电流，a 为匝数比。电极端电压是焊件总电阻两端的电压，而用来测量该电压的线路也处在电磁场中。这个环路的电感为 L_m。

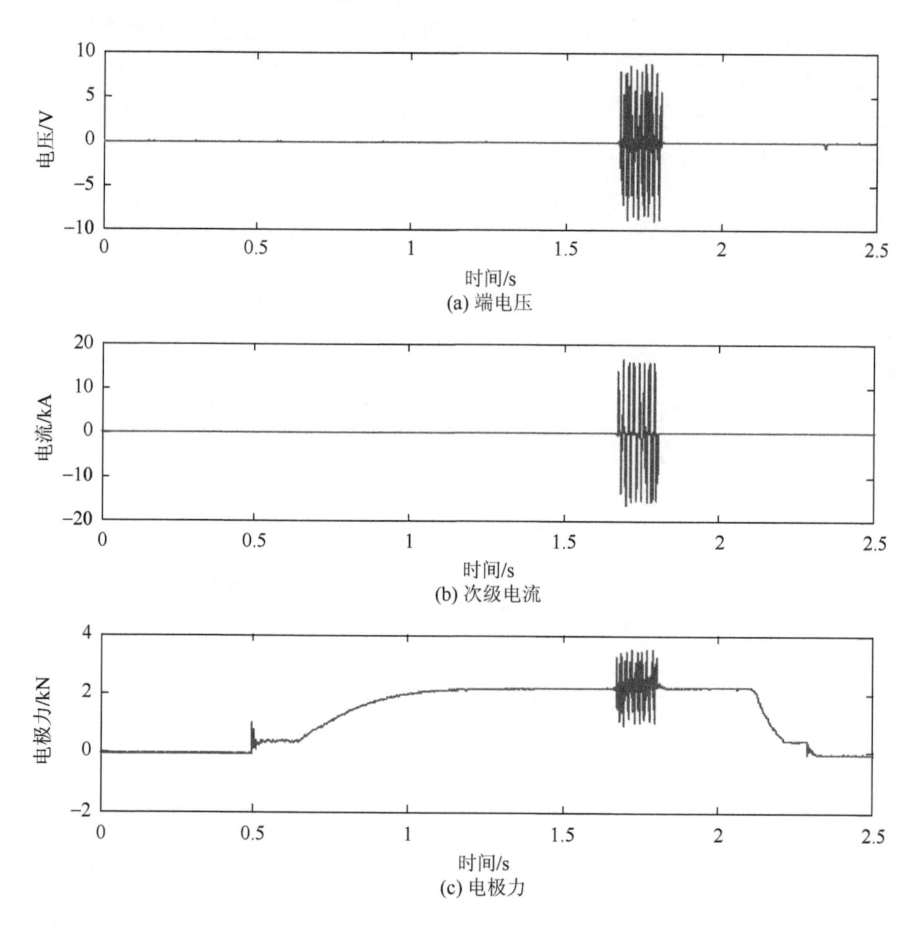

(a) 端电压

(b) 次级电流

(c) 电极力

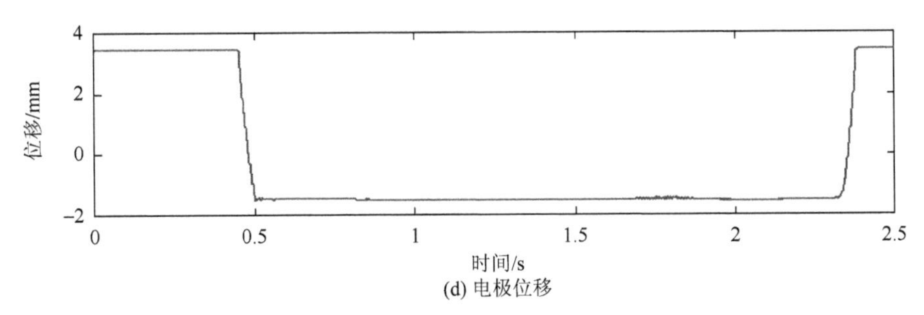

(d) 电极位移

图 5.3　电阻焊期间观察到的典型信号[11]

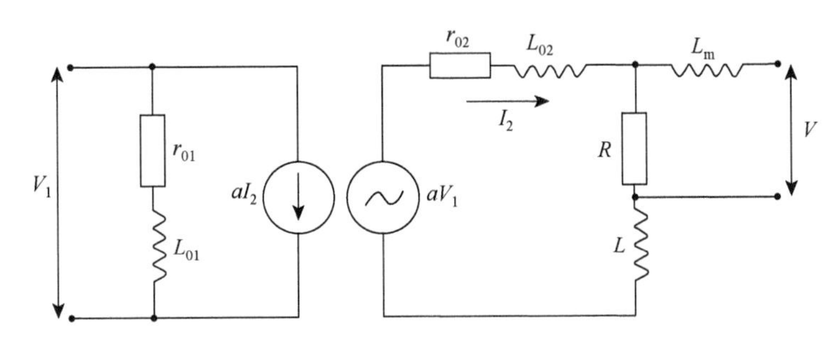

图 5.4　两端口变压器模型的示意图

根据图 5.4，通过焊件的电流和其两端的电压与其他变量的关系可以表述如下：

$$I_2 = \frac{aV_1}{(R + r_{02}) + j\omega(L + L_{02})} \tag{5.1}$$

$$V = I_2 R + L_m \frac{dI_2}{dt} \tag{5.2}$$

变压器的初级电压 V_1 由一个硅控整流器（silicon-controlled rectifier，SCR）控制。收到接通指令后 SCR 允许电流通过。它通常会在线电阻负荷的线电压达到 0 时关闭。当负荷具有感应特性时，SCR 将保持开通状态直到电流变为 0。由于电感电路中的电流和电压之间存在相移，变压器的初级电压具有如图 5.5 所示的波形。

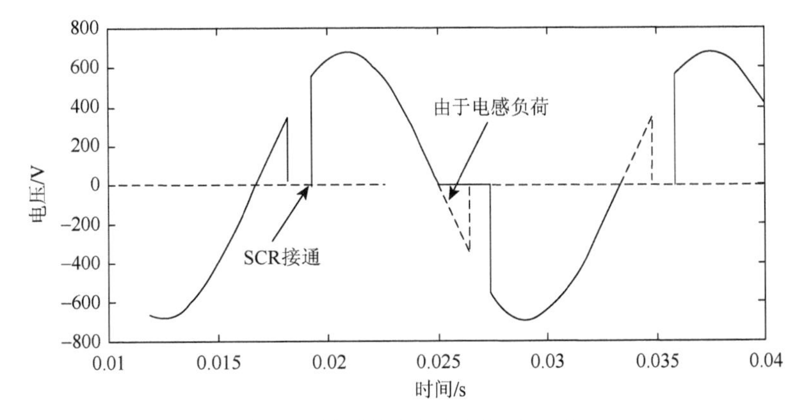

图 5.5　模拟的变压器的初级电压

1. 电压

端电压可用附着在电极头上的两条导线进行测量。由于电极间的电压保持在相当低的水平，所以可以用常用的标准设备对电压直接进行测量。然而，电压信号可能会被交流电产生的噪声损坏。

因为用于测量电压的线圈处于焊机的电磁场中，所以会不可避免地在其中产生感应电压，成为噪声。一般来说，为了降低感应噪声，可用采用捻绕线束来减小导线所包含的面积。然而，线圈的面积不可能完全消除。实际生产中两条导线必须沿着焊机臂布置，所以会围绕整个焊机的喉部。为抑制端电压测量过程中诱发的感应噪声，可以考虑使用补偿回路。但是补偿系数与机器有关，其调整过程很耗时。

2. 电流

电流信号比电压更难处理。通常次级回路的电流值非常高，且只能进行间接测量。通常使用基于霍尔效应的传感器或环形线圈传感器。其中环形线圈传感器常用于电流的测量。由于焊接电流的测量和焊接过程的噪声一样，都是由感应电压产生的，所以很难将所需要的信号与噪声分离开来。

大的交流焊接电流会导致随时间变化的强电磁场。该区域内任何一个导体回路中都会产生感应电压，其幅值由法拉第定律给出：

$$V=\frac{\mathrm{d}I}{\mathrm{d}t}A\cos\theta \tag{5.3}$$

式中，V 为感应电压；I 为感应电流；$\mathrm{d}I/\mathrm{d}t$ 为电流的时间变化率；A 为回路面积；θ 为回路与电磁场之间的角度。

法拉第定律是使用环形线圈传感器测量电流的基础。显然，线圈的位置或取向上的变化会导致其有效面积发生变化，因此影响电流的测量。但是，当线圈简单地挂在焊机臂上时，读数误差一般低于 5%。将线圈放置在电磁场中合适的位置可进一步降低误差率。

此外，还有两种其他测量电流的方法——霍尔效应传感器和电阻分流。霍尔效应传感器是通过对一个半导体上由周围电磁场产生的电压进行测量而得到电流的。这些传感器很小，因而对温度的变化很敏感，也对方向和位置的变化敏感。电阻分流法直接测量电流路径中经过一个已知电阻的导体的电压，是测量低强度电流或直流电的标准方法。然而，在使用电阻分流对电阻焊进行测量时，必须对电极进行改进。

3. 动态电阻

电阻器的电阻通常用电压与电流之比计算。然而，电阻焊期间测量得到的电压包含两个部分：电阻和电感的贡献，如式（5.2）所述。式中，L_m 为电感，是线路的（未知）函数，并受许多因素影响，如工件尺寸和材料特性等。很明显，只有当 $\mathrm{d}I_2/\mathrm{d}t=0$ 时才能用 V/I_2 来计算电阻值 R。

电流达到其峰（谷）值时，$\mathrm{d}I_2/\mathrm{d}t=0$。因此，使用交流电焊接过程中的动态电阻的测量点的数量是电流周波数的两倍。人们试图先去除感应电压的噪声信号，再用电压直接除以电流，以得到连续的动态电阻曲线。考虑焊接电流信号上零值会周期性地出现，无法在这些点上计算动态电阻。接近这些区域时，电流幅值很小，与靠近峰值的点相比，信噪比非常低。因此，只能在电流峰值点附近比较准确地计算出动态电阻。

动态电阻曲线可以通过使用分段多项式曲线对在电流峰值上计算的点进行拟合得到。这种做法虽然仅是一种近似，但保留了动态电阻的主要特征。图 5.6 显示了用 14 个周波的电流焊接 0.8mm 镀锌钢板得到的动态电阻曲线。曲线上的点是在电流峰值上计算得到的，然后通过立方平滑样条进行平滑处理（平滑系数为 0.5）。

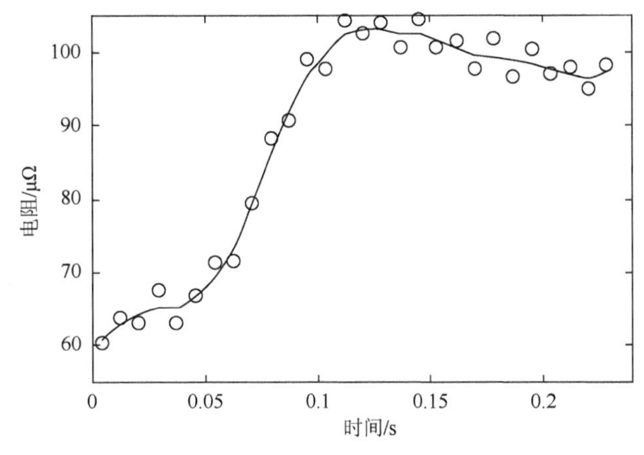

图 5.6　一个典型的动态电阻曲线

在焊接热浸镀锌（hot-dip galvanized，HDG）DP600 钢板时测得的动态电阻[5]对焊接电流的依赖如图 5.7 所示。该图描述的是在单相交流电峰（谷）值处测得动态电阻，以减小感应噪声的影响，所用电极力固定为 3.34kN。图中对应于大电流的是较低的动态电阻，这可能是由大电流或由此引起的高热量输入所形成的较大的接触面积导致的。对于所有的电流来说，由于锌的熔融扩大了界面处的接触面积，动态电阻先下降，然后继续加热使得金属的体电阻增加，动态电阻上升。动态电阻后续的波动反映了焊件中发生的加热、熔化/

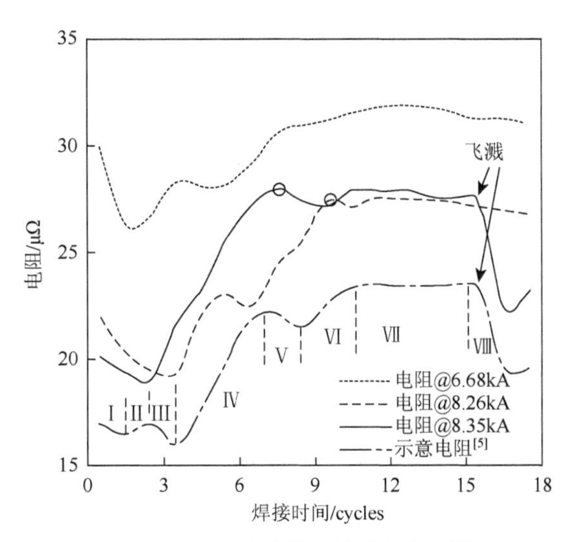

图 5.7　不同电流值下的动态电阻[5]

凝固、变形，以及界面处接触电阻的变化等的影响。研究人员还发现，当飞溅发生时动态电阻会骤降，这是当一些液态金属从液态焊核中飞溅出来时，接合界面的焊点厚度减小，而接触面增加所致。

4. 电极位移

电极位移一般是指电极头的相对运动，它直接反映了发生在焊点的热过程。为了避免焊机的其他可变形部件的影响，位移传感器应安装在尽可能靠近电极的地方。电阻焊过程监控中常用的位移传感器是线性可变差动传感器（linear variable differential transducer，LVDT）和光纤传感器。

1）LVDT

LVDT 常用于电极的位移测量。它们在捕捉电极与板材的初始接触及焊接过程中的信号方面的能力相当强。收集到的位移信号通常比电流或电极力的信号清晰。尽管收集的位移信号提供了大量的关于焊接过程的信息，但传感器及其固定件都会与被焊材料的输运、摆放及焊接过程相干扰。然而，通过 LVDT 了解到的关于焊接过程的信息，即使是在实验室条件下得到的，也对了解实际生产环境中的焊接过程有帮助。

2）光纤传感器

这类传感器是基于光的反射原理，利用玻璃纤维束向目标表面进行光的发射，并接收反射回来的光信号。通过对光源、纤维类型、纤维束的形状和大小等进行组合可以产生不同的位移敏感度。光纤传感器属于非接触式传感器。然而，探头和反射镜之间的距离必须足够小才会满足检测的要求。光纤传感器的优点之一是，相比于 LVDT，它们在焊接过程中受高电磁场的影响较小，可用于大多数材料而不必考虑材料的颜色或电导率。

由图 5.3（d）可知，用 LVDT 测得的位移信号直接反映了与焊接相关的物理过程。位移曲线中最初的下降对应着电极夹紧板材。当电极触及工件时，取决于焊机刚度和阻尼特性，在电极与板材碰撞过程中可能产生电极位移的波动。与此对应的电极力通常会显示更大幅值的波动，如图 5.3（c）所示。通电以后，由于交流电流产生的膨胀和收缩，图中还可以看到一串微弱的起伏。分析数据时需要将这一区间的信号放大，因为焊接过程中电极运动的幅度非常小。

在施加焊接电流的过程中，由光纤传感器测量得到的位移曲线的放大视图如图 5.8 所示。由图可知，焊件的厚度因受热而随电流增大而增加。曲线上第 4 个周期处呈下降趋势，可能是熔化引起的基材的软化导致的。焊接期间位移曲线的波峰和波谷数刚好是电流周期数的两倍。显然，电流周期的前半部内会有加热（对应于位移曲线的波峰）和冷却（对应于位移曲线的波谷）。同样，在电流周期的另一半内也会有位移的波峰和波谷。电流被切断后（第 12 个周期后），光纤传感器显示的可能是与焊核的冷却和收缩相对应的变化。

焊接过程中的电极位移是电极挤压焊件及焊件膨胀/收缩的结果。因此，它与电极力是相关联的。各种电极力下的位移曲线比较见图 5.9。施加电流前，工件在施加的负荷（电极力）的作用下发生变形，如曲线的不同起点所示。当电极力从 600lb 增加到 1000lb 时焊点的压痕有明显的增加。然而，继续将电极力从 1000lb 增至 1200lb 时焊点的压痕基本不变，说明机械变形的极限在 1000lb 的电极力左右。在焊接过程中，较低的电极力对应着较大的位移量值和斜率。当电极力较小（600lb 和 800lb）时，焊核的快速生长起始于第 3 个周期，而在较大的电极力（1000lb 和 1200lb）下，快到第 5 周期时才观察到焊核的快速生长。这是因为电阻（及电阻热）在一定范围内与电极力成反比，大的电极力对应于小的电阻值。实验中焊接电流保持在 58%的热量水平上，持续时间为 12 个周期，材料是 0.8mm 厚的镀锌钢板。

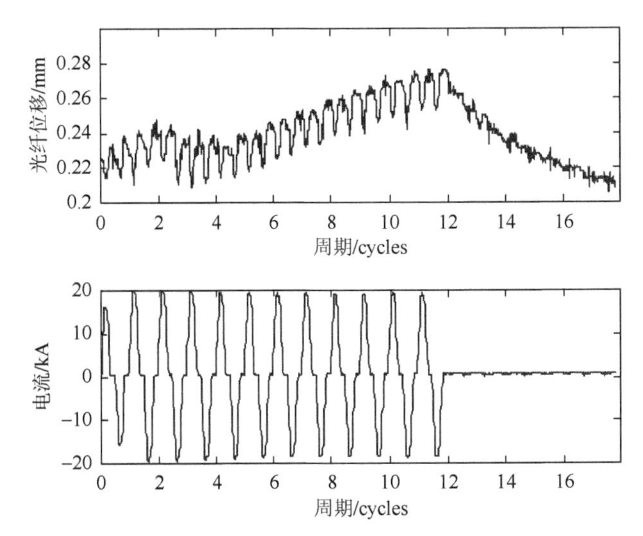

图 5.8 电极的光纤位移与电流曲线的比较（电极力为 1000lb；电流为 11.3kA；HDG 钢板厚度为 0.8mm）

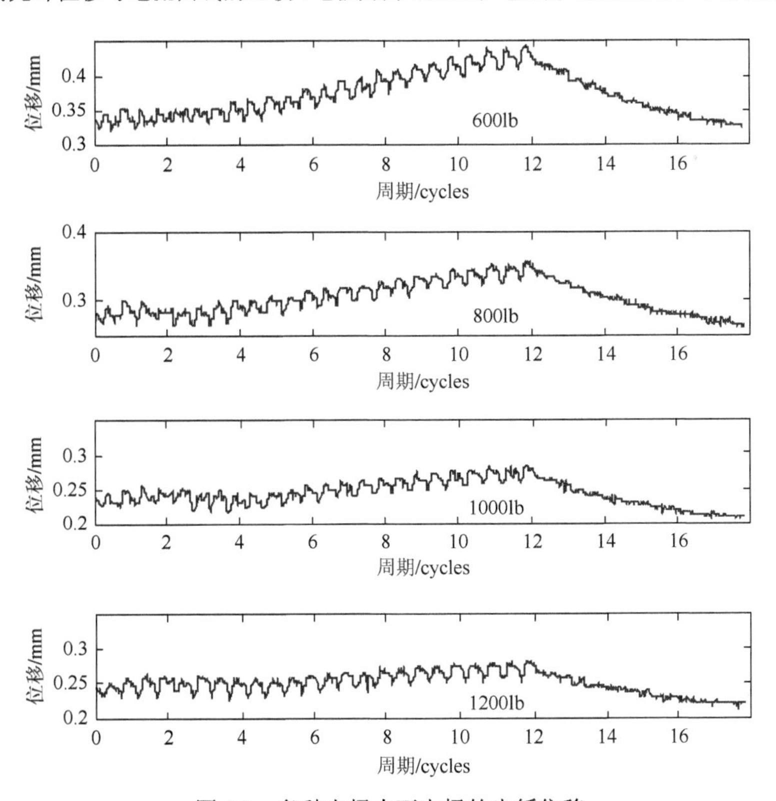

图 5.9 各种电极力下电极的光纤位移

5. 电极力

电极力的信号与电极和工件之间的相互作用有直接关系，它们反映了焊件对电极的反作用力的变化。因此，对电极力的监测有助于对焊接过程的了解。有两类传感器常用于电极力的测量：基于应变片的力的传感器和压电式力的传感器。使用交流电焊接时，因为传感器装置的线路不可避免地出现在电磁场中，感应电压会对所测的电极力产生强干扰。使用捻绕线束有助于减少导线线路的面积，从而减少噪声。因为应变片上的信号通常在毫伏量级，应变片式传感器上的感应噪声会被放大几百倍。添加补偿线路可缓解这个问题。然而，补偿系数依赖设备，对系统的调整费时费力，而且将补偿线路添加到应变片式传感器的设备上也很费时。图 5.3（c）为一个典型的电极力的信号，它清楚地显示了初始挤压（或接触）过程、焊接（施加电流）过程中电极力的波动，以及断电以后的保持期。

对于应变片式力的传感器来说，电磁场的感应除了会产生噪声干扰，还对它的取向敏感。如图 5.10 所示，对于应变片式电极力传感器，在取向为 0°、150°和 180°时感应电压值并不高。除了感应电压的大小，其量值的变化通常与传感器的取向密切相关。与应变片式电极力传感器相比，压电式电极力传感器受到感应电磁场的影响较小。图 5.11 显示了应变片式电极力传感器和压电式电极力传感器之间的比较。把应变片式传感器和压电式传感器分别安装在上电极的上方和下电极的下方，同时对它们进行测试。压电负荷传感器显示了每半个电流周期上电极力的变化，可以看到明显减小了的 $\mathrm{d}I/\mathrm{d}t$ 的影响，如图 5.12（图 5.11 的放大图）所示。然而，它没有显示类似于应变片式电极力传感器所展示的在焊核长大过程中电极力剧增的现象。

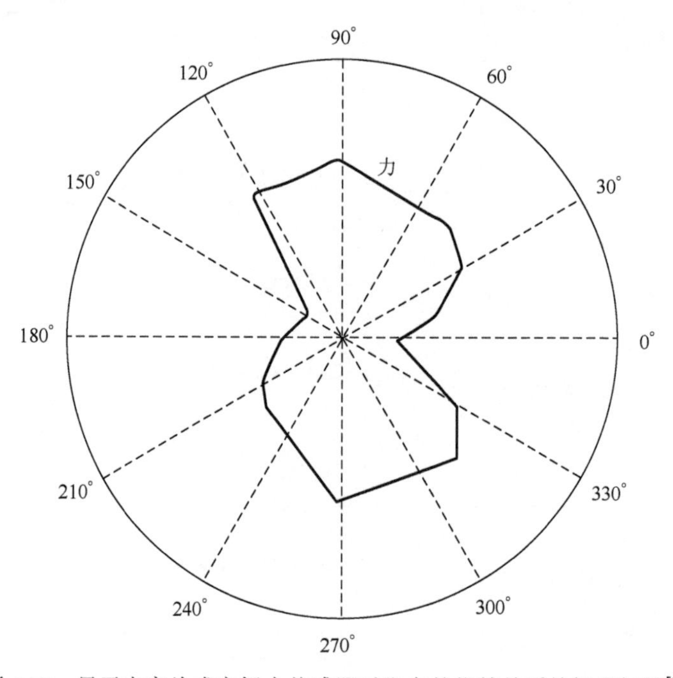

图 5.10　显示应变片式电极力传感器对取向的依赖关系的极坐标图[12]

施加焊接电流前，压电负荷传感器显示的测量值与应变片式传感器的相似，由于板材的振动引起电极力的较大的波动（图 5.11）。然而，由压电负荷传感器测量的电极力在焊接过程中有所减小，如图 5.12 所示。切断电流后，电极力在本应保持其恒定的区间内逐渐增加。但不应该把这种现象作为实际电极力的反映，因为切断电流后电极力应达到与通电前类似的水平。这一点可以通过压电式力的传感器的基本物理原理来说明。在受载变化时，即增加载荷或去除载荷时，压电式电极力传感器中的石英晶体会产生静电荷。这些静电荷会通过电阻最低的路径呈指数级泄漏至 0，而传感器内置的电子的电阻器和电容器会探测

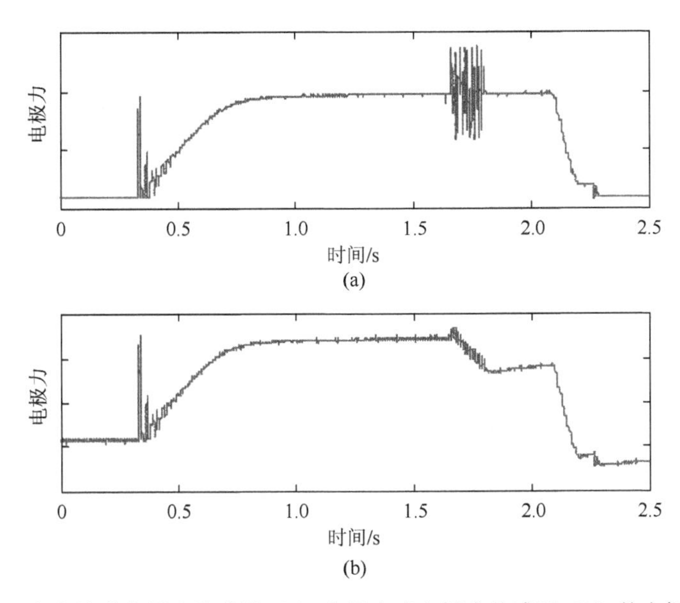

图 5.11　应变片式电极力传感器（a）和压电式电极力传感器（b）的电极力信号

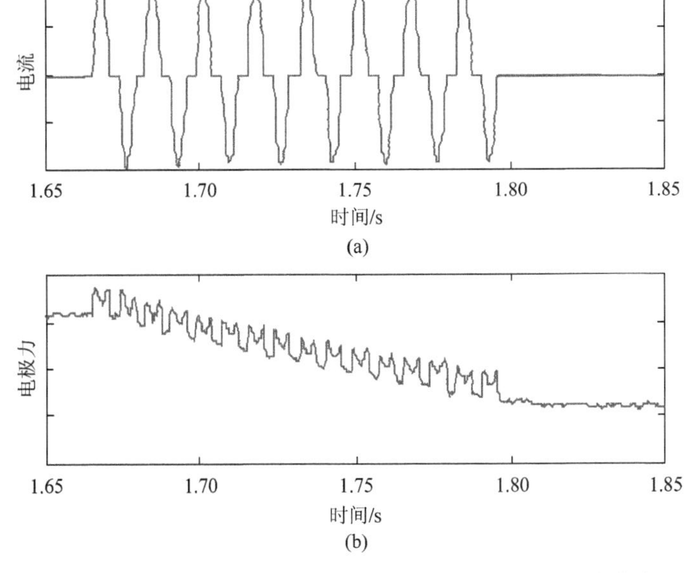

图 5.12　以焊接过程中的电流为参考的详细的压电反应曲线

到这种泄漏。焊接过程中逐渐下降的电极力与静电电荷的泄漏导致的输出信号类似。施加电流（焊接）过程中的强电磁场也可能会加快静电电荷的泄漏。切断焊接电流以后，这种电磁场的干扰消失，使得电荷泄漏的速度降低，导致电荷的积累，显示为电极力的增加。

6. 声发射检测

声发射信号已被一些研究者（如Ma 等[5]）用于监测焊接过程。典型的声发射监控系统使用波形记录仪或示波器来存储或展示信号。其探测阈值是以参考系信号设定的门控窗口来计量 AE 能量的。已发现总的声发射能量计数与点焊的焊核面积成正比。实验表明，声发射传感器安装在试样上，在加热周期内获得的信号图案比在其他位置获得的要好。图 5.13 是当传感器安装在试样上时提取的声发射信号。半个周期中点处的高强度值是该处较大的电流输入幅度引起的。每次电流接通或断开都会出现陡峭的峰值。最初几个半周期中间的较强的信号与锌镀层的熔化和飞溅有关。后部半周期的信号可能与焊核的形成过程有关。

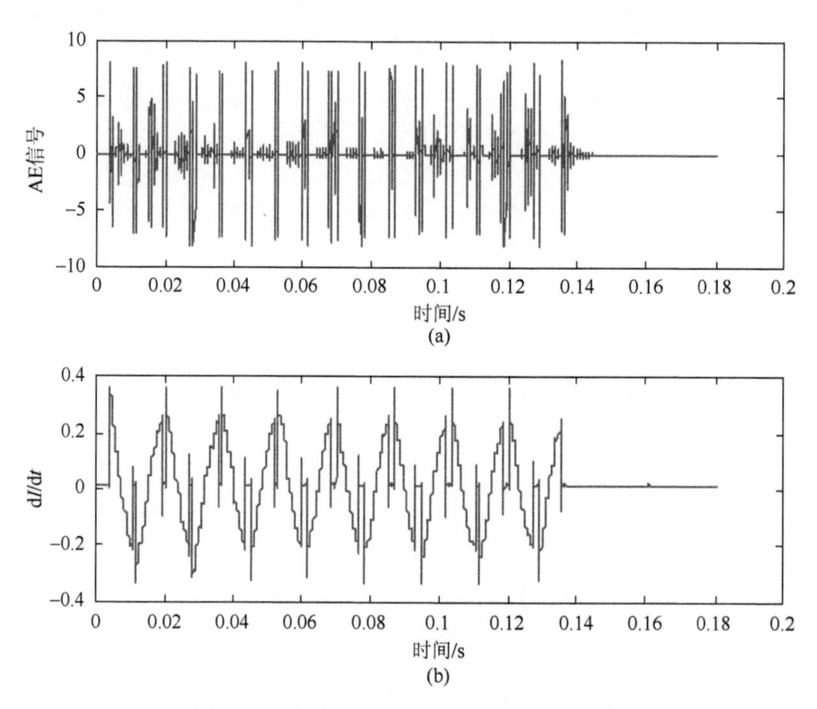

图 5.13 在试样上测得的 AE 和 dI/dt 信号

7. 气动压力波动

虽然位移和电极力会揭示大量的关于焊接过程的有用信息，但它们必须放置在非常靠近电极的地方，因而它们会产生干涉。最好是能利用在离电极和板材足够远的地方采集的信号。焊接时气缸内的空气压力变化可提供一些反映焊接过程的信息（见第 8 章）。这是因为电极力与气缸中的空气压力有直接的关系。典型的气缸的工作原理如图 5.14 所示。入口和出口的气流速度由调节阀控制。这两个阀的设置直接影响焊机上臂（移动臂）的移动速度。当电极压向焊件时，来自气源的高压空气通过调节阀进入气缸上部。由于这部分的空气压力高于气缸下部的空气压力，活塞向下推动。同时，下气缸的空气挤出缸体。当上电极接触到工件和下电极时，下电极被强制变形并产生反作用力。同时，气缸上部的空气迅速补充，压力恢复至设定的压力值。因为当电极向下移动时气缸内的空气释放到环境中，气缸下部最终达到与环境同样的压力。电流接通后，被加热的基材开始膨胀，使得两个电极分开。冷却引起的收缩使得电极相互靠近。由于电极的位置和电极力与气缸内活塞头的位置有直接关系，焊接时气缸内的压力可能有与电极力和位移相类似的变化。第 8 章显示的实验结果证明了这一点。

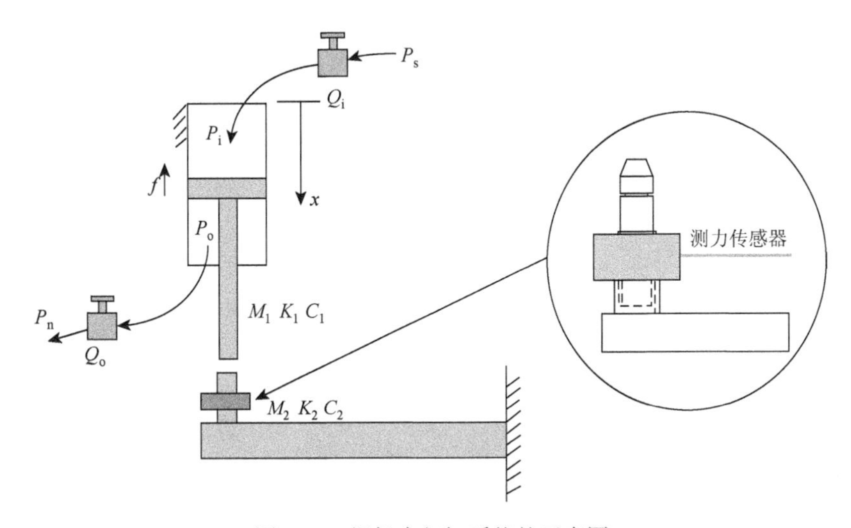

图 5.14 焊机中气缸系统的示意图

5.3.2 自适应噪声消除

由于焊接时交流电会导致很强的变化的电磁场，处于电磁场内的传感器的导线中会产生较强的感应电压，所以在这些传感器上收集到的原始信息其实是真实信号和感应噪声的总和。例如，电极电压和动态电极力的信号会被感应电压的噪声破坏。周期性的电磁场变化导致的周期性的噪声包含次级电流的基本频率（60Hz）的所有奇次谐波。感应噪声的幅值与 $\mathrm{d}I/\mathrm{d}t$ 成正比（其中 I 是次级电流）。使用普通的模拟信号或数字陷波滤波器很难消除这类噪声，因为真实的信号也是以 60Hz 为基频波动的。不过，可采用自适应噪声消除（adaptive noise cancellation，ANC）方案达到消除此类噪声的目的，如图 5.15 所示。

ANC 的原理是以自适应的方式从采集到的信号中减掉噪声部分，从而达到提升信号/干扰比的目的。通常情况下，这种方案并不可取，因为可能会使输出噪声的平均功率增大而产生更坏的结果。然而，如果采取适当的措施，如对采集的信号进行有自适应能力的过滤与去除，将有可能获得比直接过滤采集的信号更加有效的信号处理系统[15]。

由图 5.15 可知，主传感器同时从信号源和噪声源接收输入[3, 11]。因此，主传感器的输出是被噪声损坏的信号，而作为参考系的传感器只用来提取噪声信号。显而易见的是由主传感器和参考传感器采集的信号不会完全相同。假设参考传感器采集到的是真实的噪

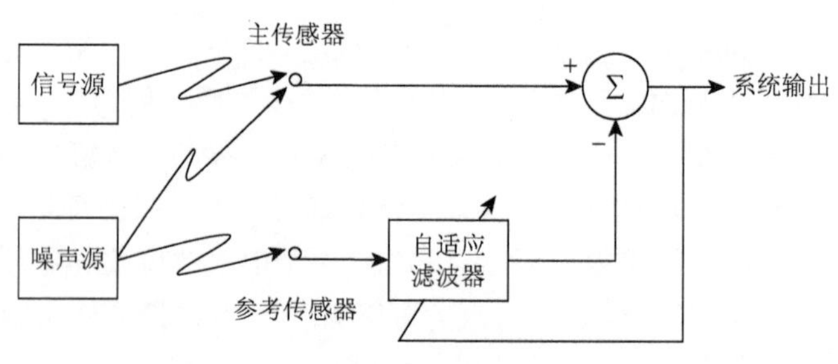

图 5.15　ANC 方案

声，那么可以假定主传感器采集到的是前者经过变换的版本。变换函数可以通过自适应滤波器进行递归估算。考虑电极力的测量：主传感器是用于测量电极力信号的负载传感器，可以使用环形传感器（用于电流测量）作为参考传感器以采集感应电压。自适应滤波器的功能可以通过标准递推最小二乘法来实现如下：

算法初始化 $\boldsymbol{P}(0)=\delta^{-1}\boldsymbol{I}$，$\delta=a$ 为一个小的正常数，

$$\hat{\boldsymbol{w}}(0)=0 \tag{5.4}$$

对于每一瞬时，$n=1, 2, \cdots$，计算下面的值：

$$\begin{cases}\boldsymbol{k}(n)=\dfrac{\boldsymbol{P}(n-1)\boldsymbol{u}(n)}{\lambda+\boldsymbol{u}^{\boldsymbol{H}}(n)\boldsymbol{P}(n-1)\boldsymbol{u}(n)}\\ \xi(n)=d(n)-\hat{\boldsymbol{w}}^{\boldsymbol{H}}(n-1)\boldsymbol{u}(n)\\ \hat{\boldsymbol{w}}(n)=\hat{\boldsymbol{w}}(n-1)+\boldsymbol{k}(n)\xi^{*}(n)\\ \boldsymbol{P}(n)=\lambda^{-1}[\boldsymbol{P}(n-1)-\boldsymbol{k}(n)\boldsymbol{u}^{\boldsymbol{H}}(n)\boldsymbol{P}(n-1)]\end{cases} \tag{5.5}$$

式中，$m\times m$ 阶矩阵 $\boldsymbol{P}(n)$为逆相关矩阵；$m\times 1$ 阶向量 $\boldsymbol{k}(n)$，$\hat{\boldsymbol{w}}(n)$ 和 $\boldsymbol{u}(n)$分别为时刻 n 的向量，用于估算的收益、抽头权重及抽头输入；标量值 $d(n)$和 $\xi(n)$分别为时刻 n 的期望输出值和先验估计误差；标量值 λ 是用来定义遗忘因子的正常数；星号表示复共轭；上标 $\boldsymbol{H}$ 表示厄密矩阵。用于电阻焊的 ANC 算法中，抽头输入向量 $\boldsymbol{u}(n)$由环形电压信号构造；设定期望的输出标量 $d(n)$为已损坏的电极力信号（或端电压信号）；先验估计误差标量 $\xi(n)$为滤波信号，其中感应噪声已被消除。

使用 ANC 之前和之后的动态电极力信号的比较如图 5.16 所示。其相应的功率谱如图 5.17 所示。由图可知，由感应噪声产生的谐波已被成功除去，只留下一些低频率分量。电极力传感器也可在焊接期间获取一些与金属膨胀和收缩相对应的信号。这些信号是 120Hz 谐波，受到加热和冷却及由 60Hz 的焊接电流产生的磁场的影响。

在电极端电压的测量中 ANC 比补偿法更具优势。使用补偿线路时，一般来说必须对线路尺寸进行调整以适应特定的机器。一些研究者试图使用具有固定尺寸的环形线圈传感器来测量电磁场的强度。通过调整所测量的环形线圈电压的增益来消除电子电路中的感应电压。因为环形线圈传感器在电磁场内的位置是任意的，所以这个基本假定是端电压信号采集过程中的噪声是线性的。一旦校准好系统，增益将固定，所以它不能处理回路电感随时间变化的情况。相比之下基于 ANC 的软件具有更大的优势。它可以处理随时间变化的电感，并且不需要冗长的校准过程。用于端电压的 ANC 法实例如图 5.18 所示。

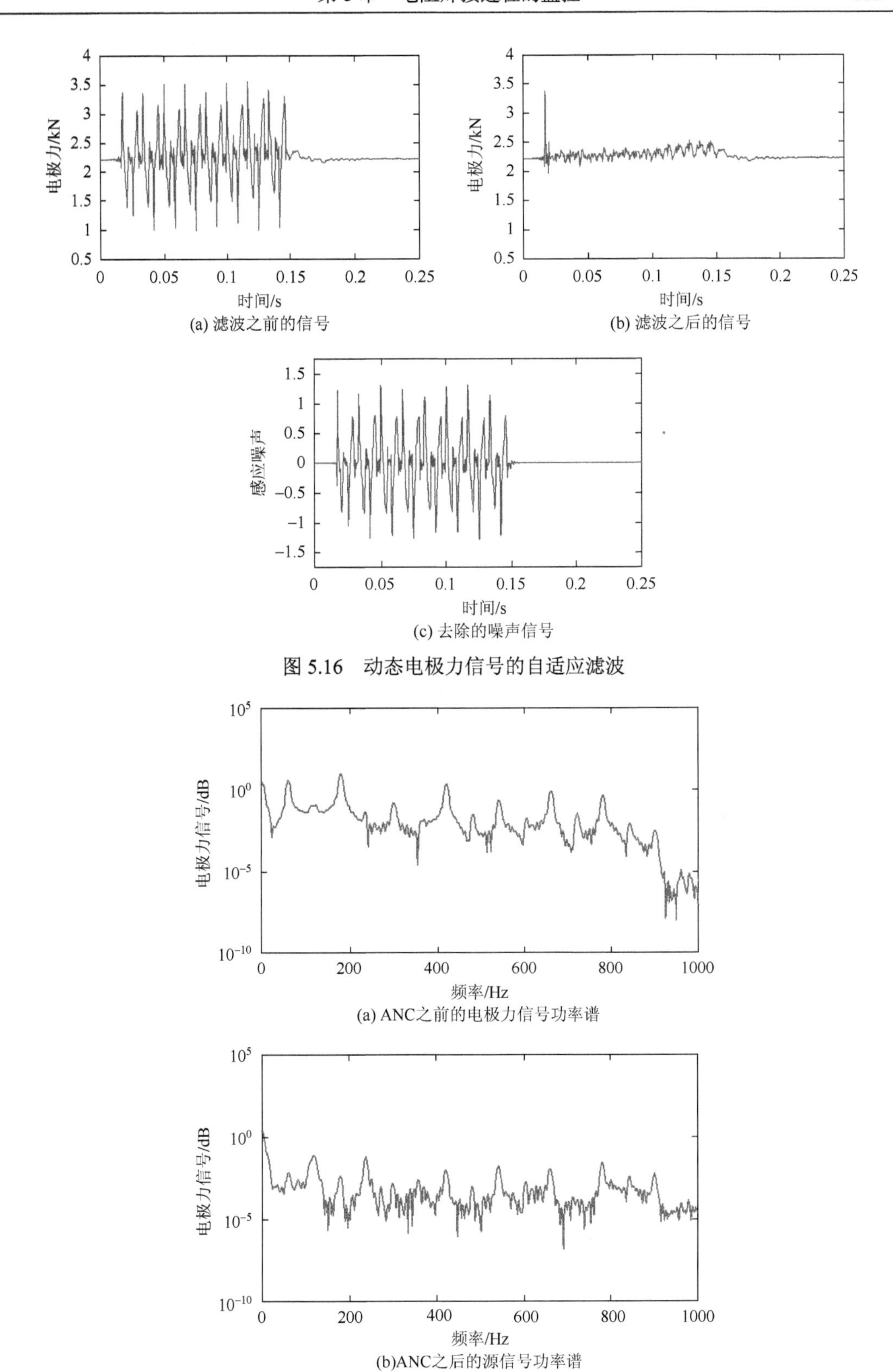

图 5.16　动态电极力信号的自适应滤波

图 5.17　电极力信号的功率谱比较

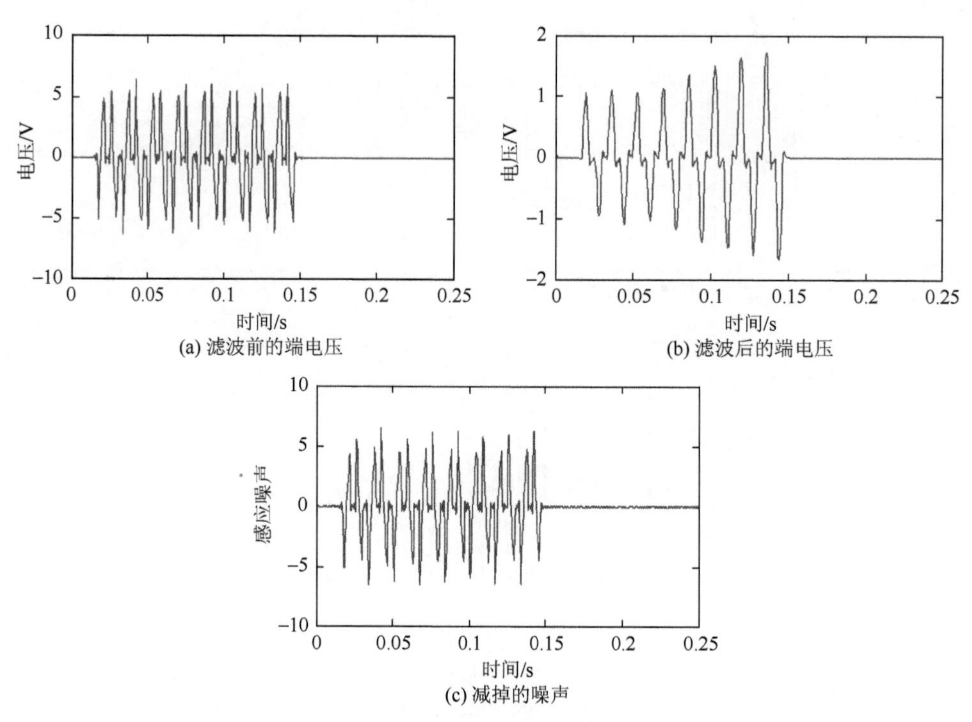

图 5.18　使用 ANC 对端电压进行滤波

5.3.3　监测信号和焊接工艺之间的关系

除了可以更好地理解焊接所涉及的物理过程，在焊接过程中采集的信号也可以用于建立起它们与焊接特性之间的关系。为便于比较，通常使用相同的（时间）尺度将各种信号绘制在一起。图 5.19 是一个典型的这种信号。本节将介绍使用各种信号对焊接过程进行监测，如识别异常的焊接条件和检测飞溅。

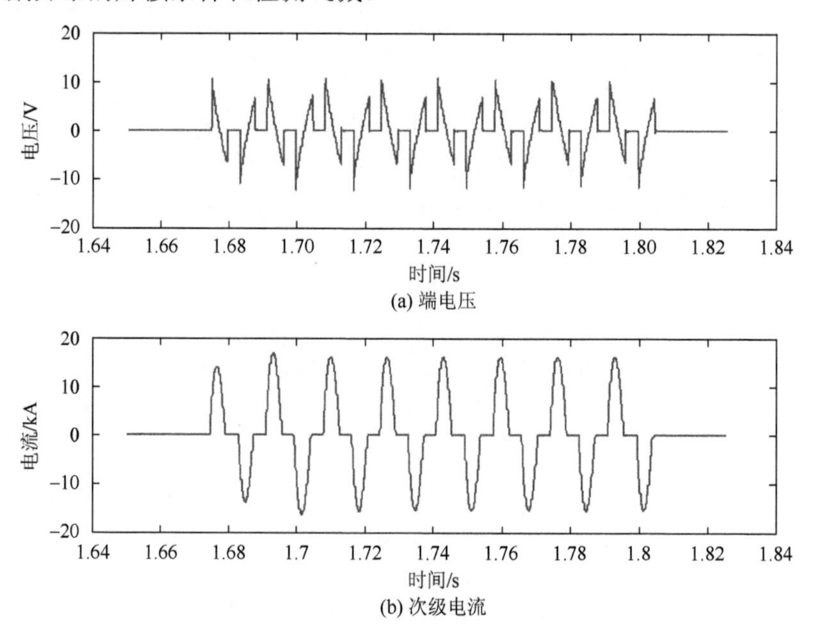

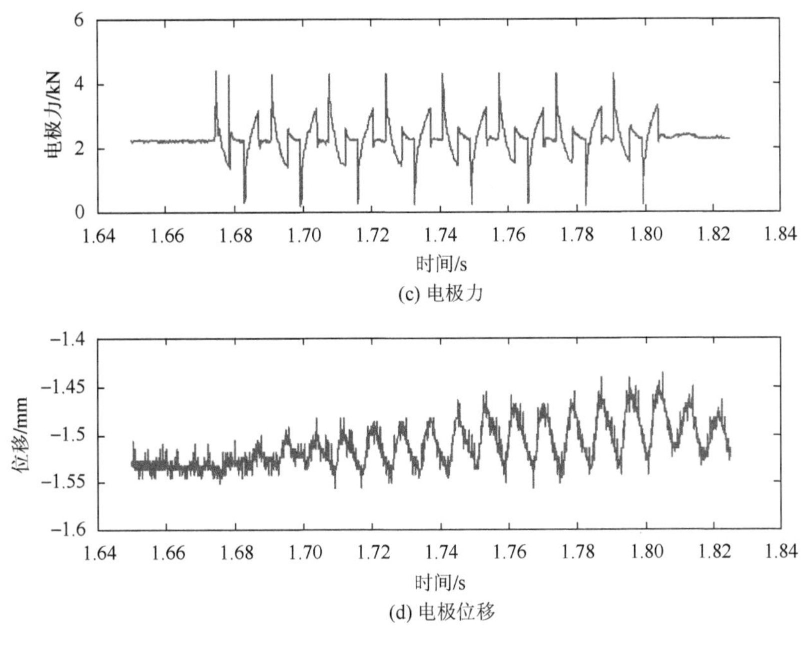

(c) 电极力

(d) 电极位移

图 5.19　焊接过程的典型信号

1. 焊接工艺条件的影响

一般情况下，焊接过程中采集的信号不仅反映焊接参数的影响，也反映焊接工艺条件，如电极的对中情况和焊点的位置。这些情况可通过观察动态电阻、电极位移和动态电极力得到。本节利用过程信号的特性，对正常和非正常工艺条件进行比较[11]。

在实际生产中，与焊接相关的工艺过程很少列入研究范围。然而，它们的重要性不容置疑。例如，边缘焊点情况在汽车装配过程中就很常见。因此，研究异常条件的影响比研究理想化的焊接条件更具现实意义。

图 5.20 是正常工艺情况下的焊接信号与边缘焊点情况下的焊接信号之间的比较。它们的动态电阻曲线相似，但电极位移和电极力信号之间的差异却很大。这反映在加热金属过程中各种信号的响应上。在正常的焊接条件下，固体在横向方向上对焊点的约束非常强烈以致金属膨胀的结果是将两个电极沿其轴向推开。而在边缘焊点情况下，焊点处于板材的边缘，焊核周边的固体约束很小。因此，熔化及软化的金属很容易被挤出焊接区，导致电极在电极力的作用下向焊核移动。由于电极力是通过电极施加到板材上的，它的变化趋势与电极位移趋势很相近。

2. 缺陷识别

在电极与焊件接触的初始阶段采集的信号可用于识别一些常见的配置方面的问题。在智能电阻焊（intelligent resistance welding，IRW）项目里进行的实验表明[13, 16]，电极力信号可以反映电极的偏心及焊件配合上的偏差。当上、下电极轴心不在一条直线上时出现偏心，由图 5.21 中的参数 d 表示。这项研究中，焊件配合缺陷是通过将一根直径为 D 的柱状体（如绝缘电线）安置在距离电极连接点中心 b 的位置来实现的。

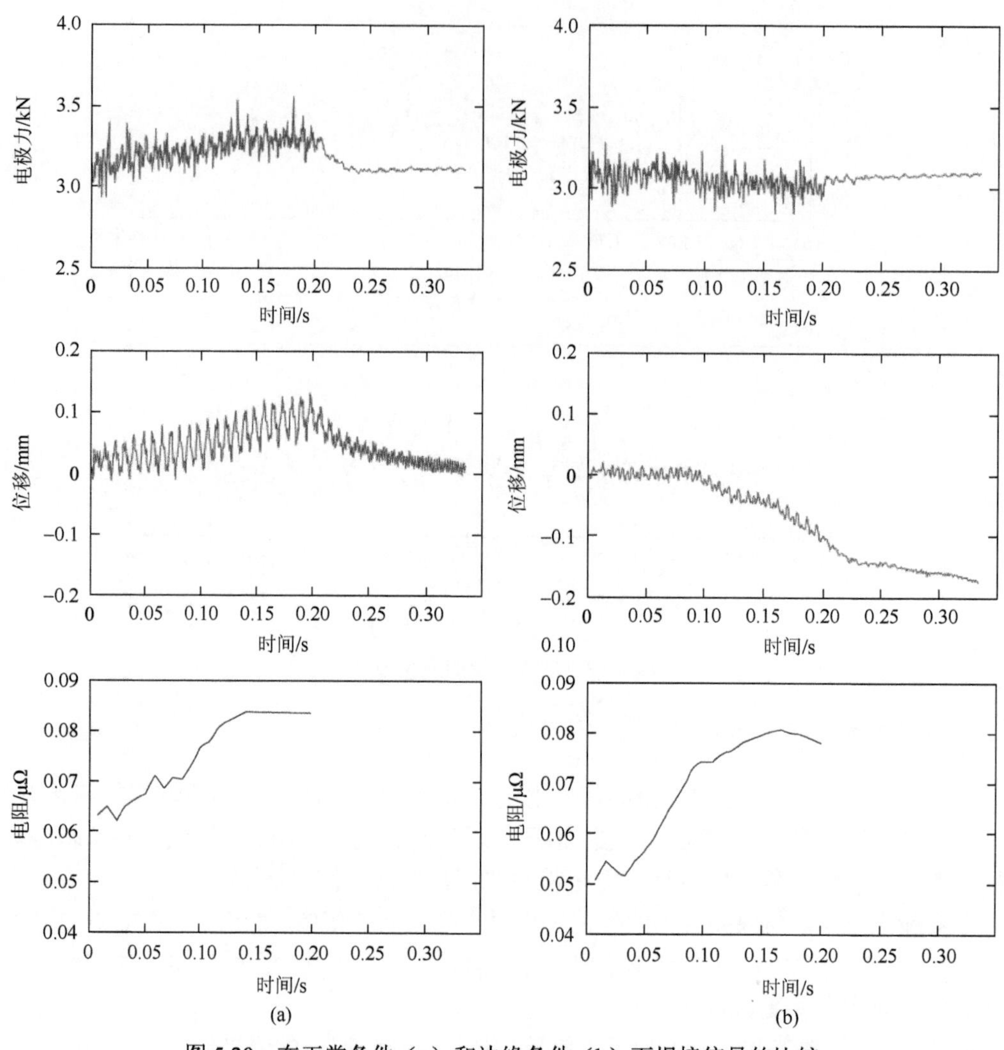

图 5.20　在正常条件（a）和边缘条件（b）下焊接信号的比较

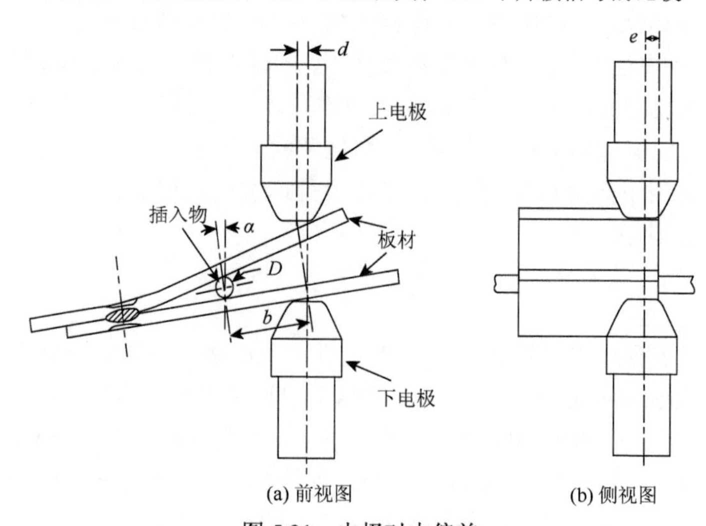

图 5.21　电极对中偏差

实验表明，电极与工件刚开始接触阶段采集的信号可以用来识别某些常见的系统设置方面的缺陷。图 5.22～图 5.24 分别显示了与图 5.21 中定义的理想状态、电极偏心，以及焊件配合偏差对应的电极力信号。每张图均显示了对使用相同设置的 10 个连续焊点测得的电极力。显然，很容易区分理想焊接条件和有缺陷的焊接条件。比较图 5.22 和图 5.23 可知，理想的焊接状态和具有电极偏心的焊接条件之间有着明显的区别。峰值电极力的瞬间变化在理想状态下为 2～2.5kN，而在偏心状态下为 3.5～4kN。此外，理想状态由 4 个指数衰减的等距峰值组成，而偏心状态在第一峰值和第二峰值之间有明显的延迟，且第三峰值比第二、第四峰值小得多。IRW 项目的研究还表明，电极的旋转偏差与边缘焊点状态的电极力信号没有明显不同。然而，理想状态与旋转偏差状态下的电极位移信号有着明显区别。多种配置偏差的同时存在使检测变得更复杂。电极夹紧焊件的过程中，电极力的变化尽管不明显，但重复性很好。这可能是因为这种观察是在施加焊接电流从而引发强电磁场前进行的，此时噪声比较小。利用神经网络对此进行分类有可能将各种设置条件区分开来。

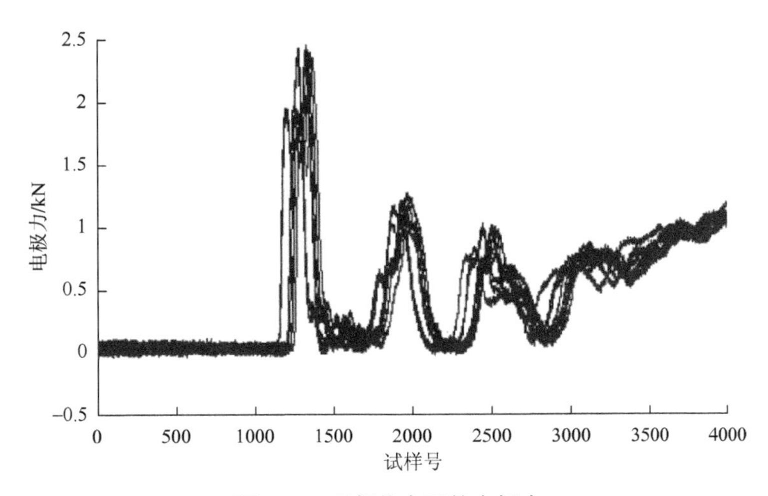

图 5.22　理想状态下的电极力

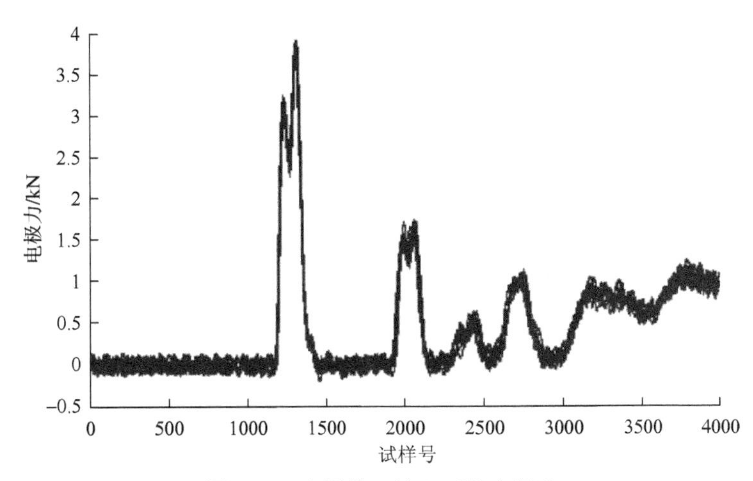

图 5.23　电极偏心情况下的电极力

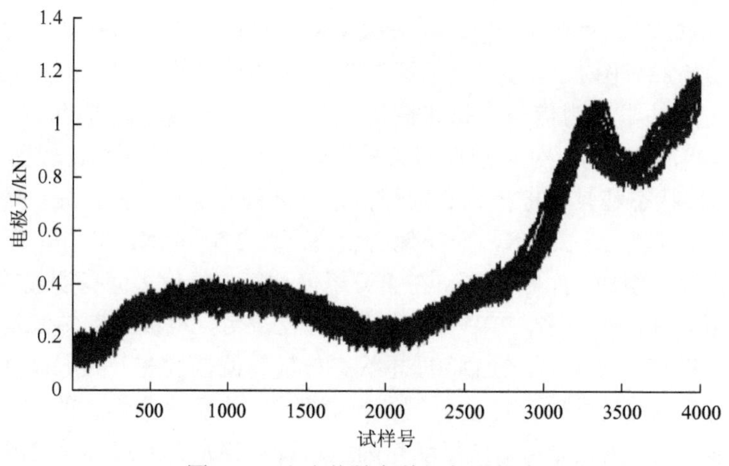

图 5.24　配合偏差条件下的电极力

图 5.25 显示了 7 条轨迹，每一条轨迹是在相同的条件下采集的 3 个电极力信号的平均值。图中，st 表示 0.5mm 钢板，sT 表示 1.8mm 钢板，At 表示 2mm 铝板，AT 表示 3mm 铝板。使用的电极力分别为 800lb（*f*）和 1000lb（*F*）。对于最终的焊点（pst*F*），通过添加额外的支撑结构来增强下焊接臂的刚度从而改变焊机的力学性能。由图中可知，这些变化并没有改变第 200 个试样和第 2000 个试样之间的反应。厚板的确降低了初始响应。下臂的强化和电极力影响焊接后期的反应。此方法可用于实际生产。

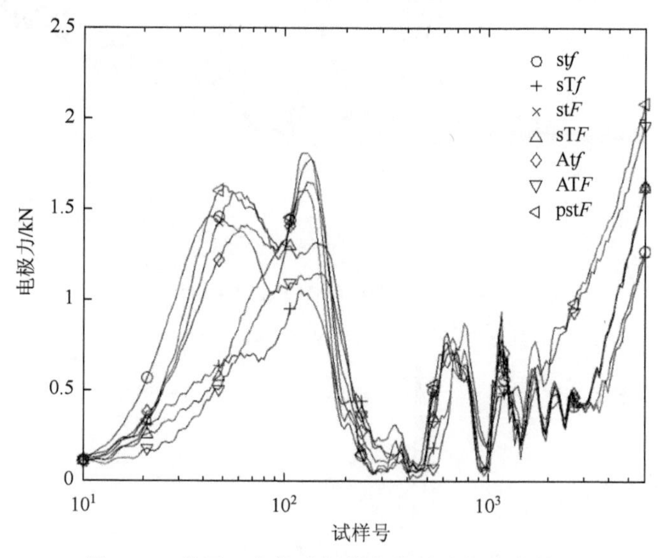

图 5.25　使用 7 个扰动焊接条件的电极力的轨迹

3. 飞溅检测

正如第 7 章所讨论的，飞溅通常作为焊接电流的上限值。由于涉及液态金属的突然损失，飞溅的发生可以直接反映在焊接过程信号中。

图 5.26 显示了有、无飞溅的焊点的在线信号之间的比较，这两个焊点仅在焊接电流上略微不同。由图可知，当发生飞溅时，电极位移信号显著下降。

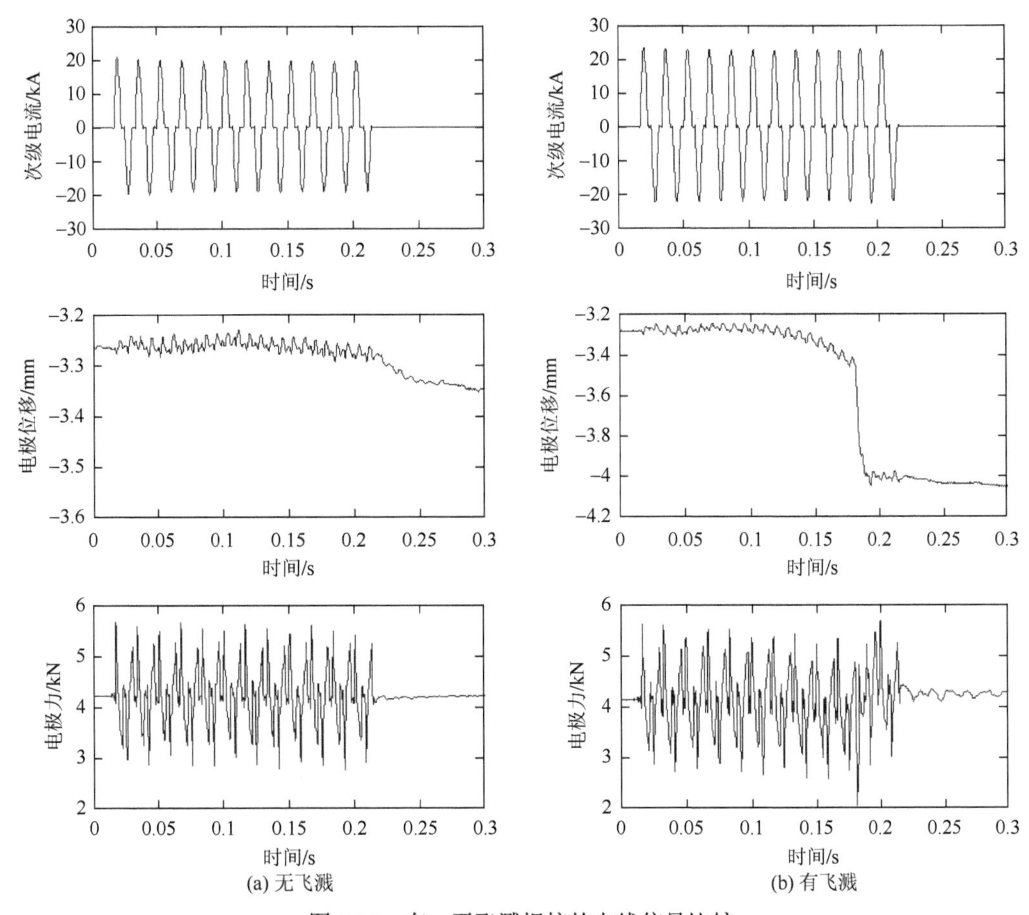

图 5.26　有、无飞溅焊接的在线信号比较

焊接过程中次级电流（焊接电流）信号基本没有变化。电极力信号在飞溅出现时有一些异常波动。但是强噪声的干扰使得很难利用原始的（未经处理的）电极力信号来区分这些差异。对采集到的信号进行 ANC 处理会显著地改善焊接过程中的电极力信号，增加有、无飞溅的情况之间的对比度（图 5.27）。利用焊接过程信号与飞溅的关联可以预测飞溅的

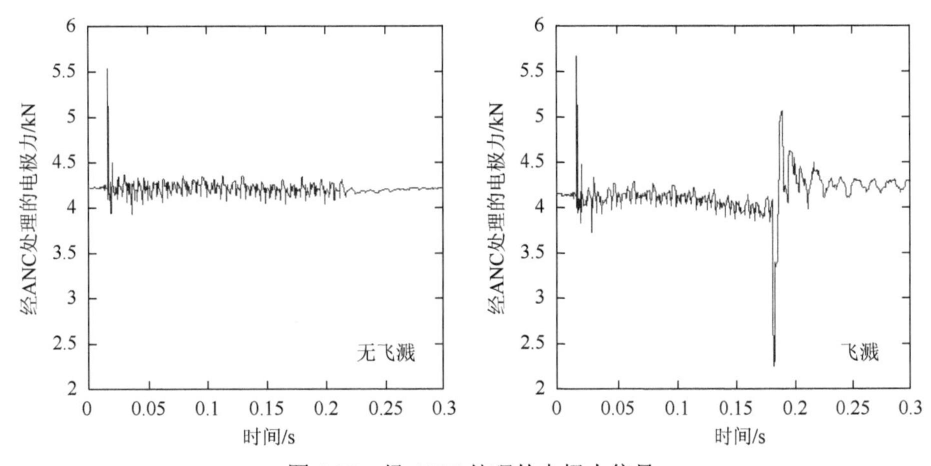

图 5.27　经 ANC 处理的电极力信号

发生，并有可能通过在线实时反馈控制系统对它的发生进行抑制。图 5.28 显示了具有两次飞溅过程的位移和电极力信号。

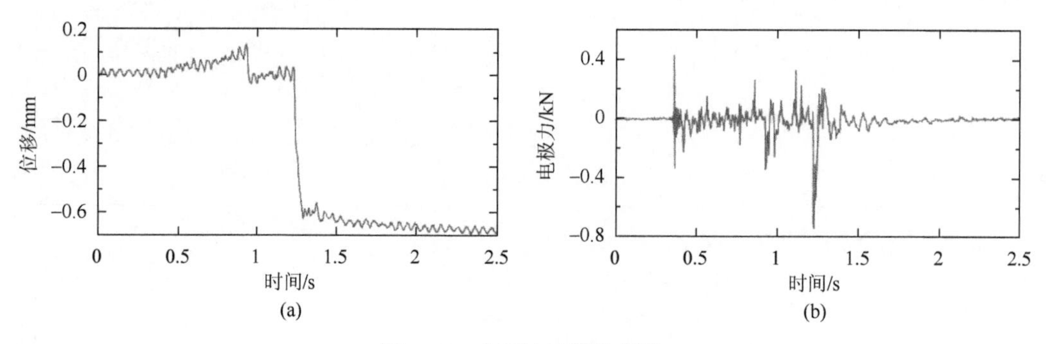

图 5.28　有两次飞溅的焊接

5.4　焊接过程的控制

监测焊接过程的一个重要目的是了解工艺参数对焊接质量的影响。常用的焊接工艺参数包括焊接电流、焊接时间和电极力。本节介绍控制焊接工艺的几种方法。

5.4.1　叶形图

控制焊接过程的最普遍的方法是采用所谓的叶形图，如图 5.29 所示。叶形图描述的是在电极力固定的情况下，焊接电流和焊接时间之间的关系。它表示的是能得到合格焊点的焊接电流-时间的组合。在一定的电极力下，叶形图中用两条线分别表示最小和最大允许电流，按照所生成焊点的质量将电流-时间区域分成三部分：太小或无焊点区、合格焊点区和飞溅区。在特定的焊接时间最小电流与满足最低要求的合格焊点相对应（通常以焊点尺寸为依据）。最小的合格焊点的尺寸由所使用的标准决定。它们通常为 $3.5\sqrt{t} \sim 4.5\sqrt{t}$，其中 t 为板材厚度，单位为 mm。最大电流与飞溅的发生相对应。偶尔也会将与额定焊点

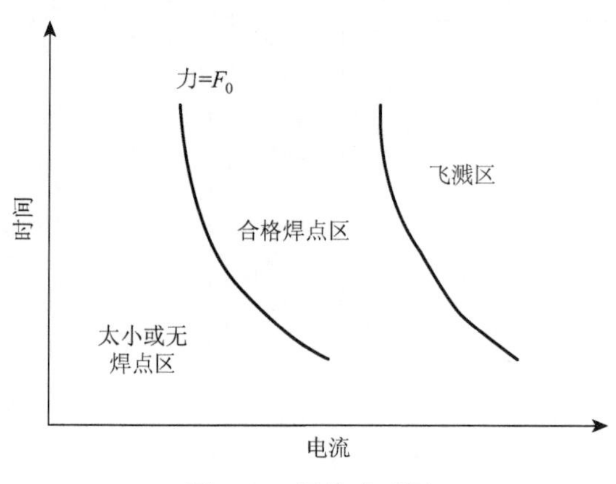

图 5.29　焊接叶形图

尺寸相对应的电流绘制在叶形图中作为选择焊接电流的参考。最大和最小电流之间的差别即为工作窗口或电流范围。除了最小焊点电流和飞溅电流，与过度压痕或电极粘着相对应的电流（远超出了飞溅限值）偶尔也会作为叶形图中的边界[17]。这是因为在一些生产线上是否产生飞溅经常作为输入的焊接热量是否足够的标志。某些焊接从业者为克服随机因素的影响会在飞溅限值之外的区域进行焊接操作，电极寿命的损失便是这一行为所产生的不良后果之一。

对于给定的材料和焊接设备，通常是在实验室中先获得焊接叶形图，然后基于它选择用于实际生产的焊接参数（设定焊接参数）。有很多可以用于研发叶形图的技术标准，如美国焊接学会（AWS/SAE D8.9M[18]）标准推荐的方法等。

1. 焊接参数和系统设置的影响

焊接叶形图通常包含两个边界——最小合格焊点边界和飞溅边界。许多研究者如 Gould 等[19]认为这些边界是电极力的强函数。很多研究发现，飞溅边界随施加的电极力的增大向右移动（即飞溅电流增大），且大的电极力往往意味着宽的工作窗口。

工作（工艺）窗口的大小受电流波形的影响也很大（详见第 2 章）。本节专门讨论焊接过程参数对叶形图的形状、大小、位置的影响。在实验室环境中，焊接参数可以很容易地保持在它们的额定量值。但是，许多异常的情况，如电极偏心、电极的磨损、焊件配合误差，以及焊接回路中的阻抗的改变等在生产中都很常见。这些异常情况会改变焊点尺寸和焊接参数之间的关系，从而影响焊接叶形图。

Kaiser 等[20]的研究显示，板材的表面条件和电极力的变化会改变焊接叶形图的位置和形状。Nagel 和 Lee[21]列出了在研发 RSW 控制方案过程中必须考虑的一些可能发生的异常情况。Karagoulis[22]报道了焊接叶形图因电极偏心而发生的移动。在考虑黏合剂对可焊性的影响的研究中，Rivett 和 Hurley[23]发现使用黏合剂会导致焊接叶形图的形状和大小发生变化。他们发现，使用黏合剂会使焊接叶形图变窄，且最小和最大电流限值变得更陡，即对焊接时间的依赖减少。

Li[3]系统地研究了各种焊接过程参数的影响，并对正常和异常的焊接过程条件都进行了考虑。根据实验数据，将焊点尺寸和叶形图作为响应变量对焊接过程参数的影响进行了分析。

研究者人为地制造了几种异常的焊接过程条件，用于研究它们对焊接的影响。实验中使用了截锥形电极，单相 AC 点焊机来焊接 0.8mm 的 HDG 冷拉钢。通过剥离试验对焊核直径进行测量。用两个变量来表征叶形图中电流范围或工作窗口：电流范围的中心（I_c）和长度（I_{leng}）。

$$I_c = \frac{1}{2}(I_{min} + I_{max}) \tag{5.6}$$

$$I_{leng} = \frac{1}{2}(I_{max} - I_{min}) \tag{5.7}$$

式中，I_c 表示由物理实验确定的平均电流设置；I_{leng} 确定可以形成合格焊点的电流范围。根据定义，I_{leng} 大于 0。对 I_c 和 I_{leng} 进行检查后发现两者并没有相关性。因此，它们可作为两个独立的响应分别进行分析。

对实验结果进行统计分析表明，电极尺寸和焊接时间是有显著影响的因素，而电极力、焊件配合、电极对中的线性偏差和旋转偏差的影响却没那么显著。分析还揭示了有些变量如电极尺寸、焊接时间和电极力对响应有二次效应。实验结果表明，异常焊接条件显著降低了电流范围的长度，而电极力却使电流范围的长度增加，电极尺寸和焊接时间的影响不大。

电流和电极尺寸都对焊核大小有很大的影响。通常，焊件匹配不当和电极对中旋转偏差分别导致焊核尺寸变大和变小。电极对中的线性偏差影响不大。电极力和焊接时间有轻微的二次效应。

各种条件下得到的叶形图如图 5.30 所示。一般情况下，当同时存在焊件匹配不当和电极对中旋转偏差时，焊接叶形图被移至左方且变窄。焊接叶形图左移意味着焊核的提前形成，这有助于增大焊核尺寸。然而，窄的焊接叶形图表明在这些条件下的焊接过程不稳定。此外还发现，焊核在不同条件下沿不同路径生长。异常焊接过程条件导致的焊核尺寸的差异取决于焊接时间。

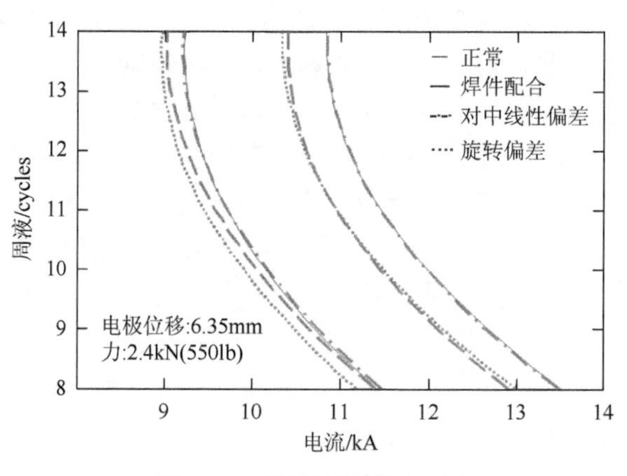

图 5.30　预测的焊接叶形图

当电极对中的线性偏差小于电极尺寸时，线性偏差对焊接叶形图的影响不大。小的线性偏差条件下的焊接过程特性与正常条件下的相似。

2. 叶形图中飞溅边界的概率表达

叶形图中最小的焊接电流和飞溅电流的边界通常是代表特定电流值的曲线。这意味着当这个特定电流被越过时，将会发生“合格焊点－缺陷焊点”或“飞溅－无飞溅”的转变。众所周知，由于焊接过程及其产生的焊点受到大量不可控的随机因素的影响，这种“是－不是”的情况是不可能发生在某个电流值的。由于飞溅具有很大的不确定性，最大电流或飞溅边界具有更大的概率性，而不是确定性。Zhang 等的研究表明[24]，叶形图的边界应为一个用发生概率表示的范围，而不是一个确定的限值（曲线）（详见第 7 章）。

叶形图中最大电流的确定与飞溅的检测密切相关。许多随机因素对飞溅的影响是难以量化的，如工件配合、电极对中和表面条件等。对此，Zhang 等[24]提出了一个飞溅的统计模型，用来涵盖随机因素的影响。他们把飞溅视为具有确定性和随机性双重特性的事件，并将飞溅边界表示为概率范围，而不是传统叶形图中的一条曲线。对该模型的详细介绍见第 7 章。然而，这种处理办法需要大量、系统性的统计研究以提供最大电流的概率边界，在实践中可能不易实行。更现实的做法是确定一个将最大和最小电流作为限值的电流范围，但使用者应该明白这种限值不是确定的量值，而是一个概率。

3. 电极力的影响

大部分的叶形图假定固定的电极力。事实上，如图 5.29 所示的叶形图中的最小和最大焊接电流是电极力的强函数。由于增加电极力可以导致板材之间及板材与电极之间的实际接触面加大，所以电极力对焊接中的接触电阻会有影响。因此，如果焊接电流恒定，大的电极力将导致热输入降低。所以，增加电极力会加大形成某一尺寸的焊点所需要的最小焊接电流值。由于大的电极力对焊件的约束也大，同时还降低了接触电阻（从而降低了热量输入），所以会延迟飞溅的发生（详见第 7 章），使得飞溅边界向上（右）移。这两种效应都增加了允许使用的电流值，所以有利于形成较大尺寸的焊点。对一种 HDG DP600 钢材的焊接性能的研究表明，电极力对叶形图中两个边界都有影响[25]。如图 5.31 所示，随着电极力的增大，最小焊点和飞溅边界同时提高，电流范围（对应于飞溅边界的电流减去对应于最小焊点的电流）也相应地加宽。

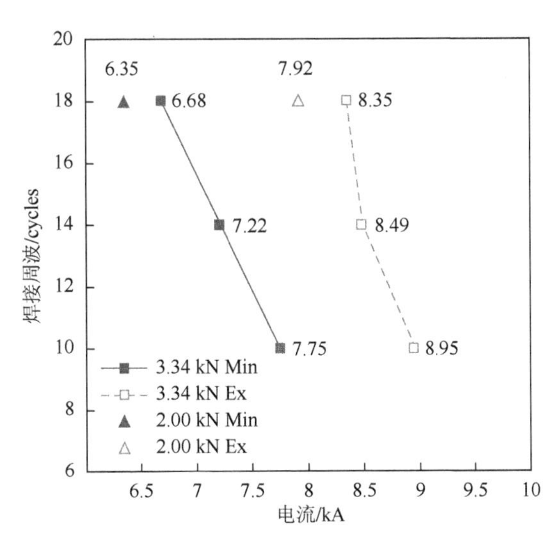

图 5.31　不同电极力下的 DP600 钢的叶形图[25]

可以通过透彻地研究电极力对飞溅限值的影响来了解电极力对叶形图的影响。图 5.32 显示产生飞溅所需的焊接时间随电极力的变化情况。它是从 1.2mm 的 AKDQ 裸钢和 2.0mm 的 AA5754 铝合金的飞溅模型[24]中推导出来的（详见第 7 章）。这些图展示的是飞溅概率为 0.5 的曲线，也就是飞溅范围的中间值。对于所用的钢板来说，发生飞溅的焊接时间随电流的增加而缩短，而随电极力的增加而延长，因为在多数情况下电极力可以抑制飞溅的发生，如图 5.32（a）所示。但是，飞溅的焊接时间会在电极力达到一定水平时停止变化，这意味着进一步增加电极力将不会对飞溅的发生起进一步的抑制作用（详见第 7 章中有关飞溅模型的解释）。焊接 AA5754 铝合金时电极力对飞溅限值（焊接时间）的影响与焊接钢材时的相似，但如果施加较大的电极力，飞溅时的焊接时间仍会继续增加，如图 5.32（b）所示。然而，这样的数学外推法并不合理，因为在现实中，过长的焊接时间会使焊件完全熔化，电极力也就不起任何作用了。飞溅时的电流也受电极力的影响。如图 5.33 所示，增加电极力会允许使用加大了的焊接电流（而不产生飞溅），在焊接时间短的情况下这种影响更显著。总之，焊接钢材时焊接时间对飞溅电流的影响很大，但在焊接铝合金时这种影响并不大，如图 5.33（b）所示。焊接 AA5754 铝合金时，不同焊接时间下飞溅电流相差不大，特别是当电极力很小时。这对应于铝合金焊接的叶形图里的曲线比焊接钢的更趋向于线性，表明飞溅电流对焊接时间的依赖很小。这可能与焊接 AA5754 铝合金时，小的电极力下飞溅倾向于在焊接初期发生的事实有关。当施加的电极力（对这种合金来说）达到约 5kN 的阈值时，飞溅的发生可以由电极力平衡模型来描述（详见第 7 章）。在这种情况下，由于液体焊核的大小与热输入量成正比例，在焊接时间较短的情况下可以加大电极力，使用较大的焊接电流来获得大的焊点而避免飞溅。

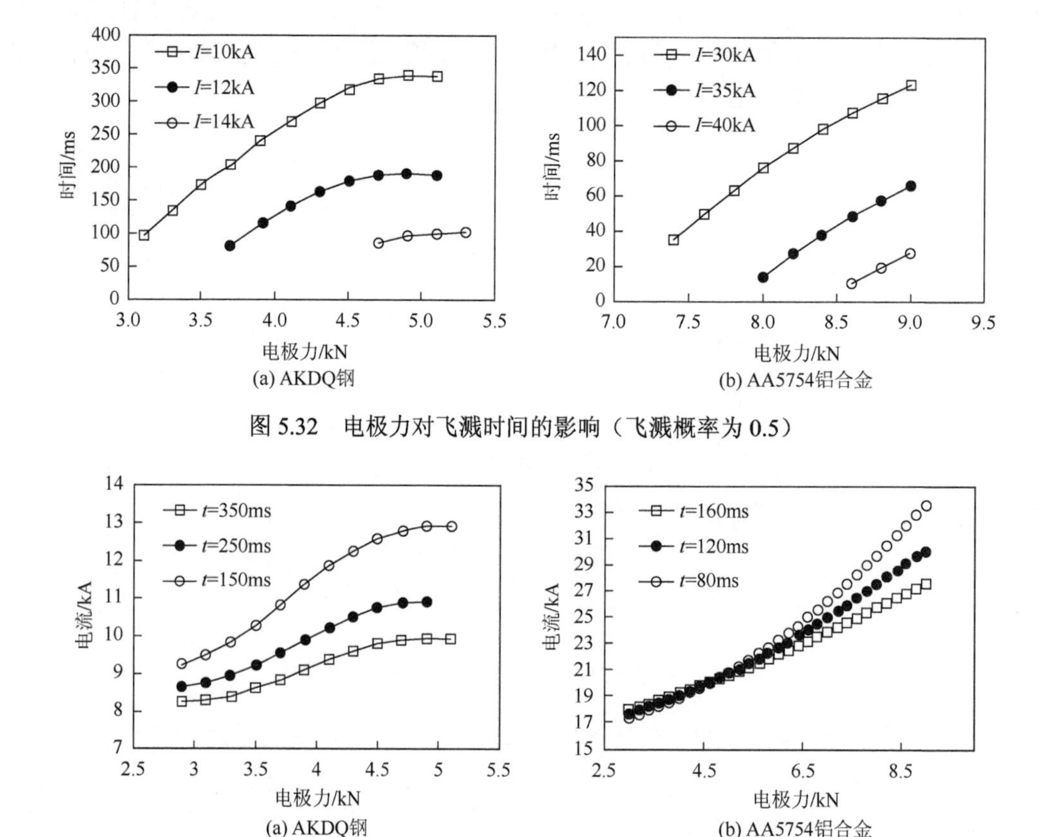

图 5.32　电极力对飞溅时间的影响（飞溅概率为 0.5）

图 5.33　电极力对飞溅电流的影响（飞溅概率为 0.5）

4. 三维叶形图

虽然焊接电流、焊接时间和电极力都是重要的焊接参数，但它们很少一起表示在叶形图中。部分原因是，电阻焊过程对焊接时间和焊接电流比电极力更敏感。同时，如果把电极力也作为一个变量，试验矩阵的规模会大幅度地增加。此外，在焊接参数叶形图中，同时以焊接电流、焊接时间和电极力为变量，来表示最小焊点和飞溅边界会比较困难。因此，三维叶形图通常很少见。

如果可以得到最小尺寸或飞溅限值的解析表达，则可以比较方便地构建 3D 叶形图。利用开发的（在第 7 章详细介绍的）预测飞溅的统计模型，Zhang[26]试图阐述飞溅概率受电极力、焊接电流和焊接时间等因素的影响。由于这些统计模型中飞溅概率表达为上述 3 个焊接参数的函数，所以可以用于在三维空间中描绘飞溅边界。图 5.34 显示了概率为 0.05 的飞溅面（边界）。图中显示了钢焊接和铝合金焊接过程各自的鲜明特点和明显不同。对于钢焊接，飞溅概率面覆盖了（I=最小值，F=最大值，τ=最小值）的角落，如图 5.34（a）所示。因此，当焊接参数落入这个由飞溅概率面围绕的区域时，就避免了飞溅。根据这个模型，当电流和时间过大或电极力太小时，飞溅就可能发生。

与钢不同，AA5754 铝合金的飞溅表面对焊接时间和电极力的依赖性很小，如图 5.34（b）所示。焊接电流的影响远大于焊接时间和电极力的影响。对于这种铝合金，由于飞溅通常发生在焊接的初期，所以飞溅与总的焊接时间无关。飞溅表面的形状也意味着 AA5754 铝合金可能具有一个临界飞溅电流。铝合金 AA6111 的飞溅表面不同于铝合金 AA5754 的飞溅表面。电极力起着越来越重要的作用，而且当焊接电流低、电极力小时，飞溅受焊接时间的影响很大，如图 5.34（c）所示。通常，焊接电流是铝焊接中飞溅发生的主要原因。

飞溅表面形状的差异反映了焊接钢和焊接铝合金之间的主要区别。这些差异源于这两类材料在电、热、冶金和力学性能方面的显著不同。虽然这些模型没有提供有关物理过程的确切信息，但它们提供了相关物理参数如何影响焊核的形成和飞溅的发生的可能解释。由于图中的表面代表较低的飞溅概率（0.05），在其上选择的焊接参数可用来产生较大的焊核，且飞溅风险很低。

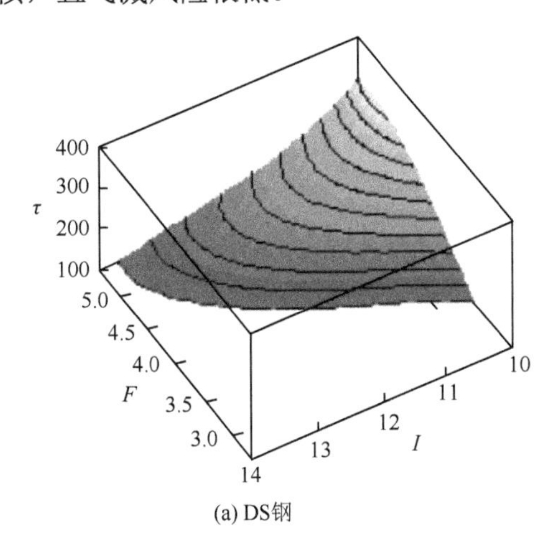

(a) DS钢

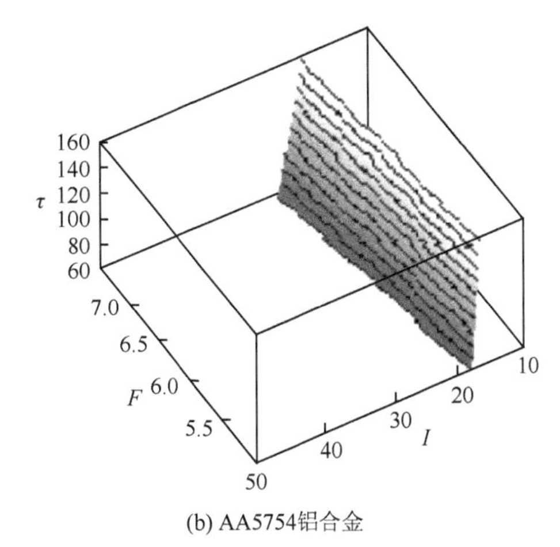

(b) AA5754铝合金

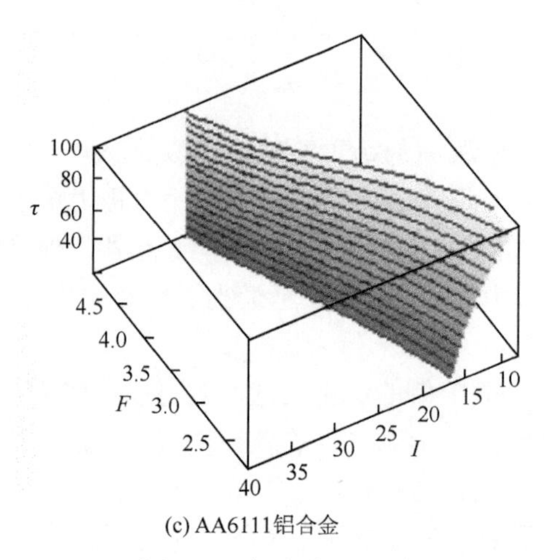

(c) AA6111铝合金

图 5.34 概率为 0.05 的飞溅表面

5.4.2 恒功率密度控制

在电阻焊中应用最广泛的控制策略是恒电流[14]。这种方法的目的是产生恒定的热量输入。然而，由于动态电阻不是常量，焊核的实际平均功率（$I^2 \cdot R_d$）在焊接过程中随时间而变化。例如，在焊接钢时，动态电阻（R_d）先随时间延长而增加（因为总体温度的升高导致电阻率的升高），然后略微下降（部分原因是焊件变薄）。这种算法没有考虑焊接过程中许多变化因素的影响，如表面和体积电阻率，以及接触面积等。经过最初几个焊接周波后，动态电阻（和热输入）的迅速增加会导致局部加热，可能会引起早期飞溅。恒流算法也可能在过高的电极力水平和非正常焊接条件（如电极的旋转偏差）下产生不合格的焊核，因为这些条件会对动态电阻产生很大的影响。

因此，使用恒电流控制算法可能不会得出理想的结果。如果合理地规范整个焊接过程中输入的平均功率，而不是仅使用恒电流，则可能降低焊接过程过热和飞溅的概率。这是控制焊核的平均功率为常数，即所谓的恒功率密度控制算法的动机。这种方法是建立在假设恒定的平均功率密度将导致一个恒定的热量输入的基础上的。

1. 假设

在恒电流控制策略中，也用叶形图定义焊接参数在电流与时间空间的范围。此二维曲线图表给出了对应于给定的焊接时间，会产生合格焊核的电流水平。已知的事实是，与不同的操作条件相对应的叶形图可能是完全不同的，没有任何的重叠区域。所以，对每一种工况都要花费相当大的努力去寻找合适的电流区间。

另外，各种条件下的叶形图可以用功率密度与焊接时间（焊接周波数）的关系来表达。如果这些不同条件下的叶形图有明显的重叠，则某个功率密度/时间组合将足以保证在各种条件下都产生合格的焊点。

为了实现恒功率密度控制，必须精确地估算焊接中的接触面积。在实际焊接中，非理想焊接条件（如电极错位）的主要后果之一是使得接触面积不同于正常条件下的接触面积。这种情况下，如果还使用与正常条件下相同的热量输入可使焊件过热，并导致焊接缺陷，如飞溅等。基于加热过程的考虑，可以将非正常的焊接条件模拟为与正常条件下不同的有效接触面积。有效面积会影响动态电阻和热损失。然而，如果调节平均功率密度（定义为功率除以有效接触面积），便可按照与制造正常焊点的过程相似的加热过程来制造焊点。很显然，这一策略是否有效取决于能否准确地估计有效接触面积。有关恒定平均功率密度算法和功率密度的计算将在下面进行简要说明。

2. 算法

恒功率密度算法是一种基于模型的控制算法。这种算法包含两个方面：①计算有效接触面积；②根据得到的面积值，将输入功率调整到合适的水平。功率密度定义为功率输入与有效接触面积之比，可以表示为

$$\text{功率密度}=\frac{I^2R_{\mathrm{d}}}{A_{\mathrm{eff}}} \tag{5.8}$$

式中，I^2R_{d} 为焊接的电源输入；A_{eff} 为有效接触面积。

在实际生产中，总的焊接时间通常固定，从而实现可预测的生产周期。因此，施加到焊核上的功率可视为具有固定时间范围的时间函数。功率可遵循一个随时间变化的轨迹，或保持在一个恒定水平。这些参考（理想的）功率轨迹可以离线利用一些模型，如低阶非线性热学模型来计算得到。轨迹一旦确定，则可以利用电气模型来设计系统的控制输入（通过控制点火角），这是因为焊接过程中唯一能比较容易地反馈的信号是电信号。以维持恒功率为基础的控制策略的研发将在下面进行概述。

3. 算法的实施

实时实施恒功率密度算法涉及两个问题：有效接触面积的估计，以及用于功率调节的控制策略。

在焊接的初期就应该使用一个热学模型来估计有效接触面积。在一个有 16 个周波的焊接试验中，前 3 个周波用来获取接触面积的估值。这 3 个周波也是在恒功率密度下进行的，并以某一额定的有效接触面积作为初始值进行估算。使用直径为 5.4mm 的电极时额定值取为 ϕ5.4mm，直径为 6.4mm 的电极时额定值取为 ϕ6.4mm。这些参数是使用通过实验验证了的模拟计算得到的。

通过前 3 个周波获得的有效接触面积反映了相应的电极与工件组合的焊接条件。将这个新得到的有效面积与预定的功率密度相乘便得到这种条件下焊接所需的真实功率。余下的每个周波里都对这个功率的量值进行更新，就会在 16 周波的焊接试验中的后 13 个周波里得到理想的功率水平。

在实时实施的过程中，可以通过理想的功率和标定的 R_{d} 来计算标定的点火角。在一个周波的正半部计算平均功率，然后在此基础上在周波的负半部完成与控制相关的计算。因此，在下一个正半周波开始时即全周波准备好所需的点火角。这种方法已经在实验室内标定的焊接条件下（理想功率为 1.8×10^4W）实时地实现了。图 5.35（a）显示了此焊接条件下测得的平均功率的变化。图 5.35（b）对应于图 5.35（a）的功率误差。可以看到，其渐变至 0，或换言之，实际功率逐渐调整到理想的水平。它还显示了由控制器计算出的每个周波内输入

的点火角的变化。该实验中测得的焊点尺寸（直径）为 5.5mm。这种控制策略还在不良装配的焊接条件下进行了实验。在使用同样功率值的情况下，获得了直径为 6.4mm 的焊核。

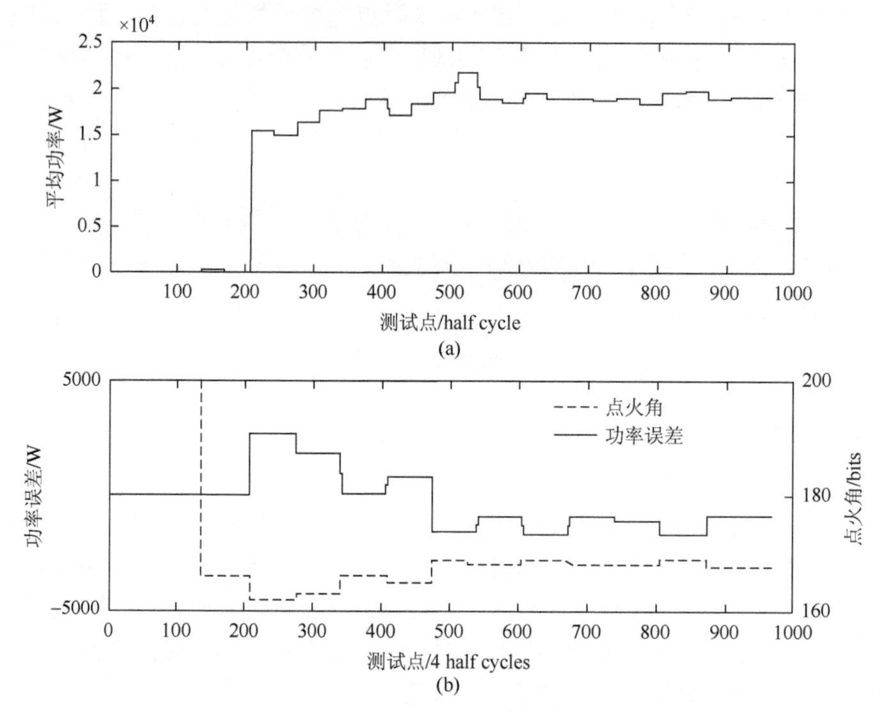

图 5.35　测量的平均功率（额定值）(a) 和功率误差与点火角输入（额定值）(b)

这种算法实施过程中的另外一个问题是对后来的 13 周波（对应于 16 个周波的焊接）里使用的功率的控制。因为控制系统给电气子系统的指令是变压器的初级线圈之反相可控硅组的初级点火角，所以可以通过选择控制器的输入来控制对焊点的能量输入。为了达到此目的，需要一个电气模型。该模型的输入值是点火角，输出值是所需的功率，模型参数包括焊机喉部电阻、次级线圈电感和焊件的动态电阻。动态电阻是随时间变化的参数，并且可在焊接过程中进行测量。

为实现调节，控制器的输入采取正反馈项和负反馈项的组合。正反馈项是在焊接开始时，通过某一假设的额定动态电阻进行计算的。负反馈项可以通过增益调度技术来获得。因为上述电气模型是非线性的，需要不同的控制增益，以便在不同的操作条件下实现适当的调节。

4. 增益调度

该技术将线性化方法的有效性扩展至一系列操作点[27]。不同的操作点由不同的所需功率水平和动态电阻（R_d）来区别。对应于每个功率水平（由有效面积估计算法计算得到）和测得的 R_d，该电气子系统的输入-输出模型都会产生一个相应的点火角输入。

如图 5.36 所示的二维曲面图可以通过选择合适的功率和动态电阻作为输入，点火角作为输出来得到。不同操作点的线性化是通过使用功率水平的差别来实现的。图 5.37 提供了在每个运行功率水平和动态电阻下相应于 1000W 的功率变化的点火角的变化。以此计算出的点火角可用来控制焊机。

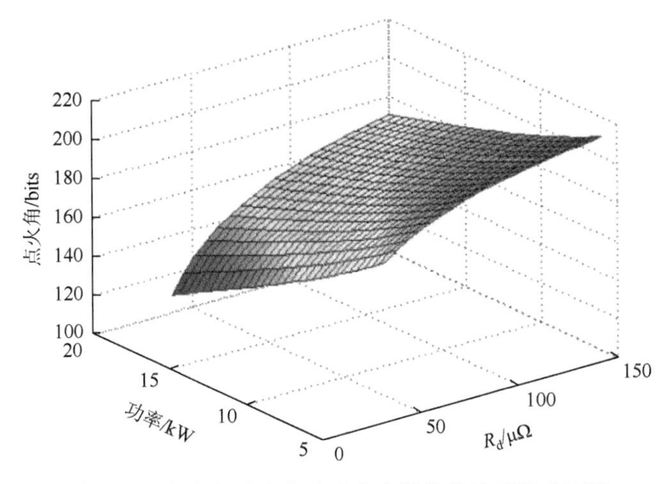

图 5.36　点火角对功率及动态电阻依赖关系的曲面图

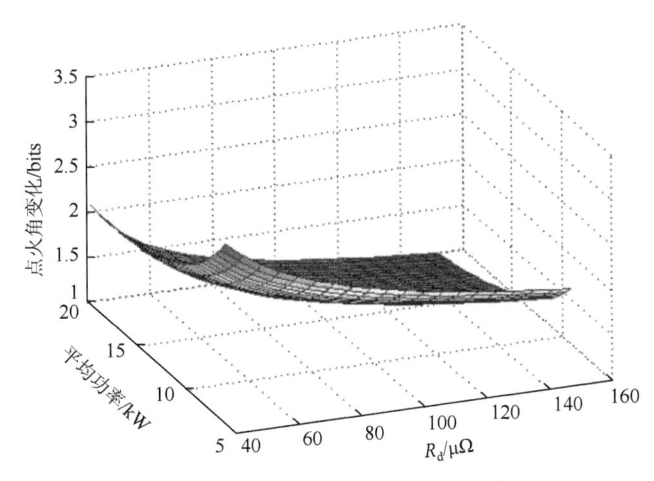

图 5.37　点火角的变化与运行功率水平和动态电阻的关系

5. 实验结果

这个项目的研究者使用恒功率密度算法进行了实验。将使用恒功率密度算法获得的叶形图与相同条件（电极力为 550lb，额定电极直径为 4mm 和 6mm）下的恒电流叶形图进行了比较。这两个叶形图分别如图 5.38 和图 5.39 所示。由图可知，恒功率密度叶形图之间有显著的重叠，而恒电流叶形图之间则没有这种情况。在此验证实验中使用的功率密度为 280BTU/in^2，焊接时间为 16 个周波。

另外，还对不同缺陷和电极力水平的组合情况也进行了实验。其结果如图 5.40 所示。该图提供了恒功率密度和恒电流算法之间的比较。图中标明了缺陷条件。例如，6FA950W 是指 6mm 的电极、电极中心旋转偏差（fit-up-angular，FA）缺陷、950lb 的电极力和磨损电极（W）的组合。恒功率密度策略的性能优于恒电流策略（对变化的电极力水平和缺陷进行补偿）。恒功率密度策略只在一个条件下产生飞溅，其他情况下则产生尺寸合格的焊点。恒功率密度的算法也显示了在焊核形成过程中的优势。如图 5.41

所示，它使焊核的形成提前发生，而且使用恒功率密度的焊核的形成过程相对于使用恒电流更加平缓。

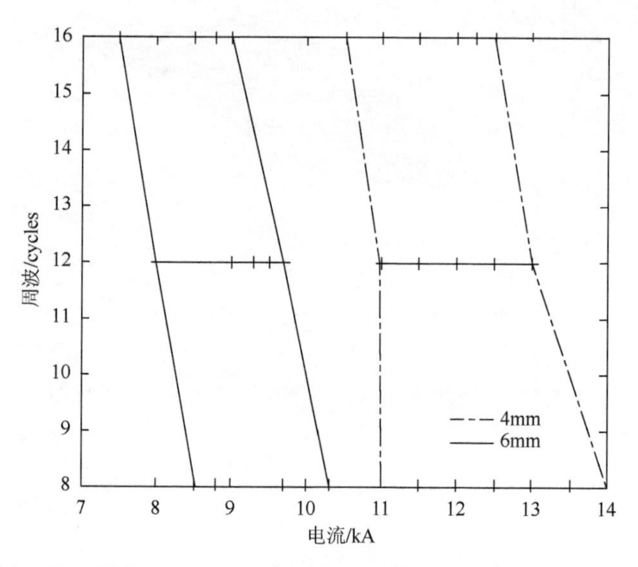

图 5.38　使用额定 4mm 和 6mm 电极（电极力=550lb）的恒电流叶形图

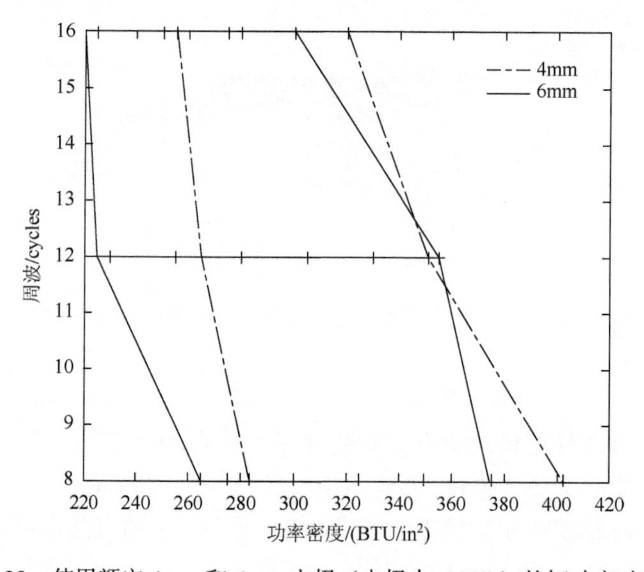

图 5.39　使用额定 4mm 和 6mm 电极（电极力=550lb）的恒功率叶形图

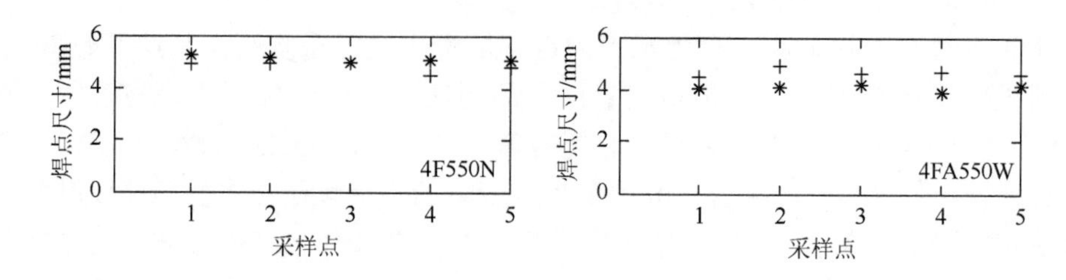

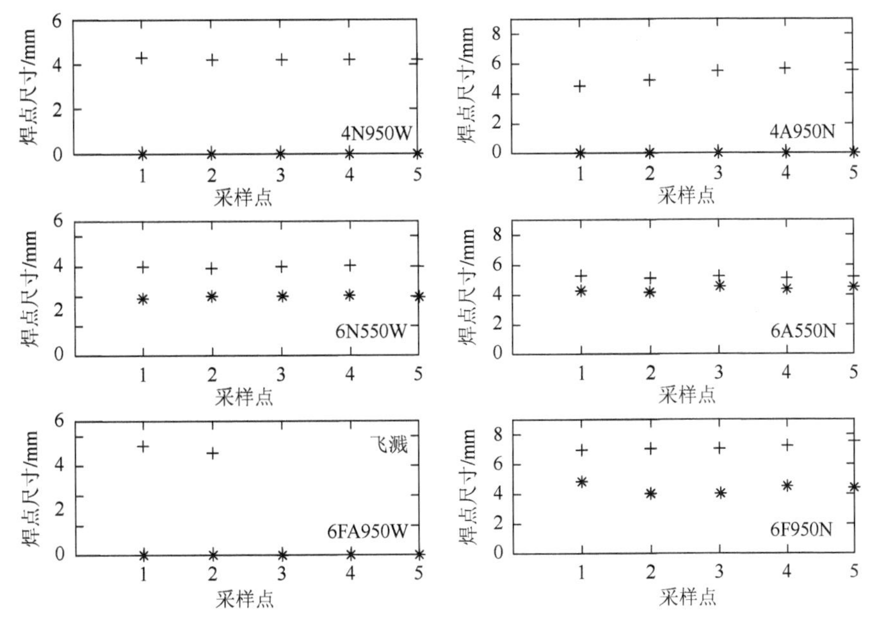

图 5.40　各种缺陷组合的恒功率密度和恒电流算法之间的比较

*表示恒电流；+表示恒功率密度

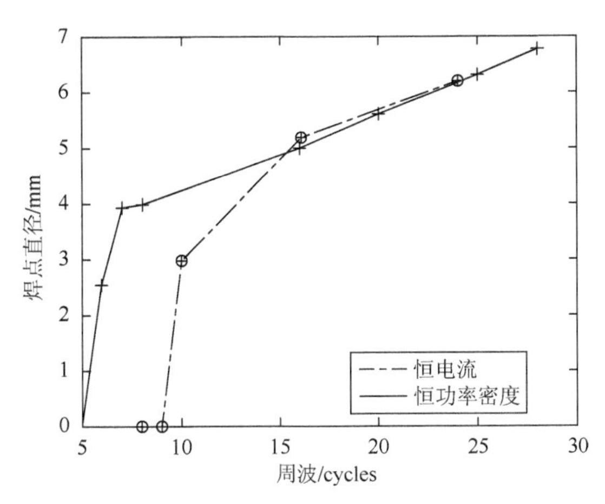

图 5.41　使用恒电流和恒功率密度控制方案，焊核形成过程的比较

5.4.3　人工神经网络模型

人工神经网络（artificial neural network，ANN）是哺乳动物大脑功能的数学表述。Tack[28]对人工神经网络方法进行了总结，并在使用这种方法对路面性能预测进行了研究。大脑内的信号处理和响应的产生是由神经元生成并接收的电脉冲来完成的，这些神经元是特殊的细胞——通过树突体接收脉冲，通过轴突体传输脉冲。如果神经元接收的脉冲总和超过某个脉冲阈值，它就会产生脉冲。对于接收脉冲的神经元，产生脉冲的神经元必须将电荷从轴突通过突触（神经元之间的空间）传输至接收神经元的树突。突触长度控制着可传送的脉冲量。

因此，每个神经元将以不同的方式将脉冲传输至其他的神经元。人类的大脑由大约 10^{11} 个神经元组成，每个神经元又与约 10^4 个其他的神经元连接[29]。

神经网络自 1943 年首次提出以后得到了广泛的应用[30]，特别是在 McClelland 和 Rumelhart[31]提出了新的多层学习规则和其他相关的概念，克服了 20 世纪 60 年代以后困扰神经网络方面研究的一个关键问题以后。神经网络因其在分类、联想和推理方面的优势而迅速引起人们的重视。在众多的神经网络方案中，使用监督下的误差反向延展训练的多层正反馈人工神经网络是许多应用中最常用的网络和学习规则。它也应用于诊断焊接过程中的非正常状态，并用来对焊接质量进行预测。

正反馈人工神经网络是脑神经传递过程的简化数学模型。人工神经网络对输入向量进行处理以生成输出向量。人工智能网络使用输入向量通过向一系列的、单向的、相互连接的层状的感知器传输的数学脉冲，形成输出变量。一层位于输入和输出之间的感知器标记为隐藏层。每个隐藏层由不同数量的感知器组成。每个感知器都与其前、后层上所有的感知器相连。这种连接方式使脉冲沿一个方向行进，从输入到输出。感知器是一个数学处理器，其功能类似于生物神经元，可以处理来自前层感知器的脉冲，然后产生它自己的脉冲，传向下一层的感知器。产生的脉冲幅度由接收的总脉冲幅度和激活函数决定[32]。感知器接收的脉冲的大小取决于其前一层的每个感知器中产生的脉冲及感知器之间的连接强度或权重。权重表示前层神经元将其产生的脉冲传输至当前层神经元的能力。高值权重表示一个重要连接，而低值权重则表示此连接不重要。

多层正反馈神经网络由输入和输出处理层之间的多个隐藏层组成。每个隐藏层又由若干相互连接的单向的感知器组成。Komolgorov 定律指出，如果有足够的隐蔽层感知器存在，并使用 S 形激活函数，那么一个神经网络可用来近似任何函数，无论它多么复杂[32]。因此，必须进行大量的实验以确保有足够数量的感知器进行精确的近似分析。同时必须注意不能使用太多的感知器，因为训练时间与感知器数量成正比。另外，最好使用一个单一的隐藏层，因为训练时间随隐藏层的数量呈指数增加。

Li 等[3, 33, 34]利用一个包含多层正反馈结构的神经网络用于电阻焊中非正常状况的诊断。模型输入层节点的数量是由需要的特征的数量来确定的。通过主成分分析选择了 7 个特征，在输入层中使用了同样的节点数。输出层只有一个节点，用于焊核直径。在网络中的输入层和输出层之间使用两个隐藏层，对此使用了不同的结构（节点数）进行试验。

为了得到相同范围内的输入和输出，应对神经网络的训练数据和测试数据进行标准化。可使用以下标准化公式：

$$x_{ni}=\frac{2(x_i-x_{\min})}{x_{\max}-x_{\min}}-1 \tag{5.9}$$

式中，x_{ni} 为经过标准化的输入-输出数据；x_i 为标准化前的输入-输出数据；$x_{\max}$ 和 $x_{\min}$ 分别为数据的最大值和最小值。可以看到，标准化后的数据分布在[−1, 1]。具有动量的反向延展算法可用于模型的训练。误差的二次成本函数（J）为

$$J=\sum_{t=1}^{M}[D_n(t)-\hat{D}_n(t)]^2 \tag{5.10}$$

式中，t 为迭代次数；M 为训练样本的数量；$\hat{D}_{\mathrm{n}}(t)$ 为第 t 次估计的焊核尺寸；$D_{\mathrm{n}}(t)$ 为第 t 次测得的焊核尺寸。迭代 t 的权重更新由式（5.11）计算得出

$$w_{ji}^{k}(t)=w_{ji}^{k}(t-1)-\eta\frac{\partial J}{\partial w_{ji}^{k}(t-1)}+\alpha\Delta w_{ji}^{k}(t) \tag{5.11}$$

式中，$w_{ji}^{k}(t)$ 是迭代 t 时的权重，Δw_{ji}^{k} 是以前权重的更新；η 为学习速率；α 为动量。在 Li 等的研究中，η 为 0.01，α 为 0.9。

使用过程输入变量和动态电阻对神经网络模型进行了验证，这项试验是在一台 75kVA 单相交流基座焊机上进行的。所测材料为 0.8mm AKDQ（HDG）钢。使用 Cu-Zr 截锥形电极。电极的初始表面直径为 6.4mm。

通过试验共收集了 170 组焊接数据。焊点的制作分两批依次进行。每批包含 85 个试样。每个批次都使用了各种焊接电流、电极力和焊接时间的组合。在两个批次之间进行了多次焊接，故意造成电极的磨损。两批次的平均电极接触直径分别为 6.5mm 和 7mm。焊接参数设置范围见表 5.1。

表 5.1　焊接参数的范围

参数	范围
力/kN	3.0～4.0
电流/kA	6.9～13.4
周波/cycles	3～36
接触直径/mm	6.4～7.2

他们根据试验收集的数据设计了 3 项试验，见表 5.2。这些试验使用了不同组的焊接数据作为训练和试验的样本。在试验 1 中，第 1 批试样用于训练模型，第 2 批试样用于测试模型。在试验 2 和试验 3 中，用于训练的试样是从批次 1 和批次 2 中随机采集而成的。试验 2 中 85 个试样用于训练，另外 85 个试样用于试验；测试 3 中 120 个试样用于训练，其他 50 个试样用于试验。

表 5.2　训练和试验批次的设计

试验	训练样本	试验样本
1	第 1 批样本	第 2 批样本
2	从第 1 批样本中随机选出 1/2	剩下的 1/2 样本
3	从两批样本中随机选出 120 个样本	剩下的 50 个样本

试验结果见表 5.3 和图 5.42。相对误差定义为估计的误差与所测得的焊核尺寸的比值，即

$$\overline{E}=\frac{\sum_{i=1}^{N}E_i}{N} \text{ 和 } E_i=\frac{\hat{D}_{\mathrm{n}i}-D_{\mathrm{n}i}}{D_{\mathrm{n}i}}\times 100\% \tag{5.12}$$

式中，$\hat{D}_{ni}$为根据模型估计的第 i 个焊核的大小；D_{ni}为第 i 个测定的焊核大小；N 为试验样品总数。作为一个例子，试验 3 采用了一个 14×5 的隐蔽层神经网络机构，其结果显示在图 5.42 中。这些数据根据估计结果进行了重新排序。除了焊核很小的情况，训练和试验结果都显示了所估计的和测量的焊核尺寸之间良好的一致性。焊核较小时误差相对较大的原因是，在焊接初始阶段，焊接过程往往不稳定，且用于产生小焊点的焊接参数难以克服随机效应；另一个原因是，在那个区域里的训练数据的数量不够多。

由表 5.3 可知，虽然试验 1 的训练平方误差的总和（SSE）和 σ 的训练值比试验 2 和试验 3 的相应值要小得多，但它的 σ 测试和平均相对误差却大得多。在试验 1 中，SSE 训练和 σ 训练比较小的原因是这个试验使用了相对一致的焊接条件下采集的训练数据。这部分中电极磨耗的情况是相似的。不过，将经过训练的模型应用于试验样品批次时，由于它们的电极损耗情况与训练试样批次中的完全不同，所以估计值的误差很大。在试验 2 和试验 3 中，通过在两个批次之间随机采集训练试样来考虑电极损耗的效应。如表 5.3 所示，试验误差极大地降低，表明该模型的鲁棒性增加。这些结果表明，必须在电阻焊的过程模型开发中考虑电极损耗的影响。

表 5.3　试验结果

试验	隐蔽层结构	SSE 训练（20000 次）	σ 训练/mm	σ 测试/mm	平均相对误差测试
1	5×5	0.1251	0.1437	1.7755	49.62%
	7×5	0.2656	0.2092	1.9516	34.15%
	14×5	0.2638	0.2082	1.9013	38.16%
2	5×5	0.4419	0.2719	1.0770	14.30%
	7×5	0.5071	0.2893	0.5156	10.79%
	14×5	0.7226	0.3462	1.4415	11.20%
3	5×5	0.3656	0.2074	0.7001	9.98%
	7×5	0.9863	0.3409	0.4298	9.42%
	14×5	1.0251	0.3470	0.3616	9.12%

试验 3 表明，在当前条件下估计误差小于 10%。随着更多训练试样的使用，估计精度可进一步提高。在焊核形成初期尤其需要更多的训练试样。

研发的人工智能网络多变量过程模型主要用于在线估计电阻焊接中的焊核尺寸。在生产环境中对其进行的试验获得了一定程度的成功。该模型的输入不仅包含在线信号，还包括焊接过程的输入变量。由于焊接过程的复杂性，需要使用多层而非单层的神经网络模型。用主成分分析方法来选择系统特征，已证明了不同的在线信号、动态电阻、电极力和位移提供相似的信息。由于动态电阻很容易通过电流和端电压来获得，所以作为唯一使用的在线信号。作为一个焊接过程的干扰变量，电极磨损效应在模型训练中明确提出。已使用该模型在各种焊接条件——焊接电流、电极力和焊接时间——下进行了试验。试验证明，该焊核尺寸估计模型是成功的，对于所测试的条件，其平均相对误差小于 10%。

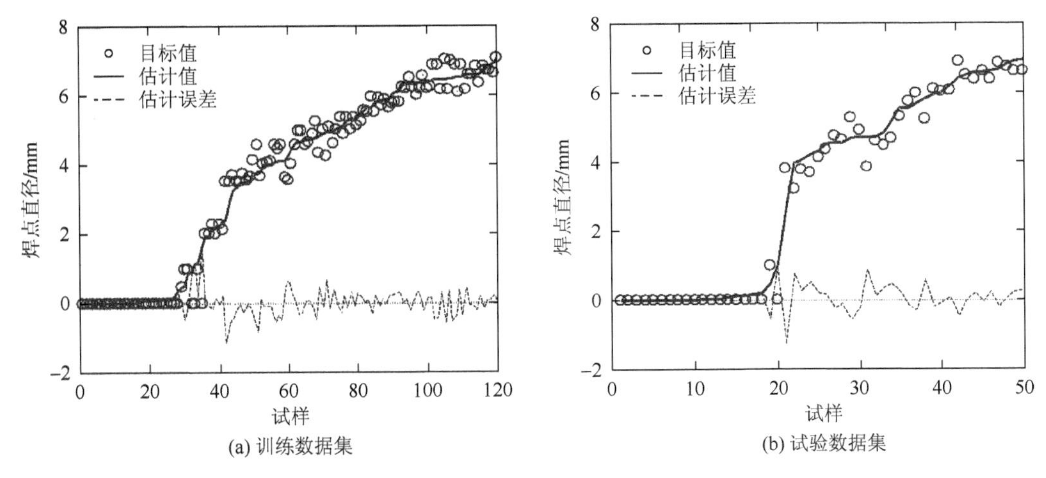

(a) 训练数据集　(b) 试验数据集

图 5.42　训练和试验数据集的估计结果

电阻焊过程的监控在研究和开发领域里都备受关注。检测和控制是紧密相关的，因为准确的监测是有效控制的基础。在线实时检测过程中通过过程信号得到的过程特性识别可以用于监测焊接质量，如有必要，还可以采取补救措施。可以在发现缺陷焊点后立刻进行修复，或者先记录下来，进行线下修复。更理想的控制方法是在一个缺陷过程实际发生以前就采取行动。这需要了解过程特性，尤其需要关于可能导致缺陷的知识。它还要求快速的信号处理、决策的制定和实时的反馈控制，所有这些都必须以毫秒的速度发生。随着对焊接过程认知的提升，以及在硬件和软件方面的技术进步，这种理想的电阻焊控制应该能够成为现实。虽然本章介绍的大多数算法仍在研究或实验室阶段，但已取得的进展使得它们距离实际生产环境中的应用并不遥远。

5.4.4　电流分级递进

正如 2.5 节所讨论的，焊接时不可避免的电极劣化的原因是焊接过程中由电极-工件界面的合金化和机械挤压导致的电极表面发生的化学反应和电阻率、表面形态、电极表面积等方面的变化。修整电极是应对电极磨损的有效方法，但是修整操作会使生产过程中断。另一种常见方法是利用电流分级递进。电流分级递进通过增加焊接电流的输入量来补偿电极的磨损，而电极磨损通常以蘑菇状的形式存在，随时间延长而加剧。

通过焊接顺序中的几个点进行编程，即所谓的步进（以先前的试验或模型预测为基础），来实现电流分级递进。在自动焊接控制中，对每个电流级别（每一步）中的焊点数及每一步的电流增加进行编程。图 5.43 显示了一种分级递进的控制过程，使用了需要增加的热输入的百分比（来表示增加的电流）[35]。

电极面直径的变化导致板材接合界面及电极-板材界面上电流密度和压力的变化。电极与板材之间接触面积减小会导致电流密度大于额定值，从而促成了飞溅的发生；而过低的电流密度会产生小尺寸焊点、冷焊点，甚至无焊点。偏离电极-板材接触面积的设定值会导致不合适的电流密度，其原因可能在于电极错位[25]、电极卷边[36]、在电极面的坑蚀或电极断裂。除了电流密度的变化，电极-板材接触面积的变化也会导致压力的变化，从而可能会影响对飞溅的控制。由于焊接过程对电极力的依赖程度远低于对焊接电流的依赖程度，可以使用大的电极力进行焊接。这样做通常是有益无害的，电极力值的预设可以考虑涵盖大范围的可能的电极-板材接触面积。

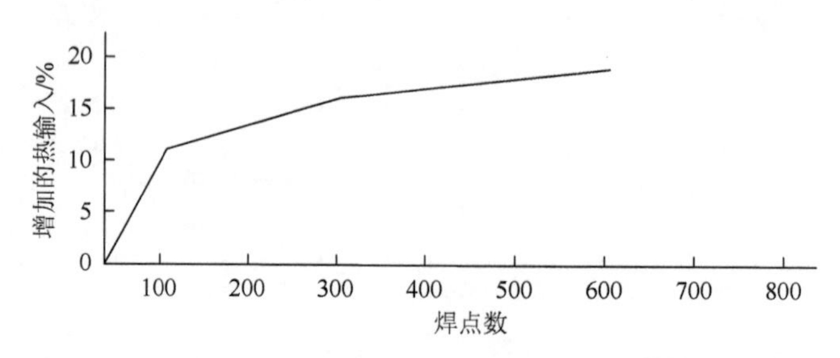

图 5.43　电流分级递进方案的示意图[35]

电流分级递进的基本思路是，在焊接过程中保持恒定的电流密度。其阶次或电流值，可以用两种办法来确定。可以采用不同尺寸的电极（或来自不同尺寸的电极，或通过加工电极逐渐加大电极面，或由自然磨损/卷边来加大电极尺寸）对特定类型的板材进行试验。首先对各种电极面积确定适当的电流密度，然后根据电极面的尺寸计算相应的电流值。图 5.44 是这种做法的一个简单的数学模型。在同时保持恒定的电流密度和恒定的电极压力的情况下，电流和电极力的变化可以作为电极面直径的函数来表示。在实践中，阶梯函数可能比连续曲线更有意义，一种可能的阶梯函数也绘制在图 5.44 中。但没有得到瞬时电极面尺寸信息之前，确定了的电极面尺寸和电流值之间的对应关系不能直接应用到焊接控制中。图 5.43 包含了电极面尺寸随制成的焊点数之间逐步变化的关系，利用这种对应关系在焊接控制中就很容易实现电流的梯次管理。图 5.44 显示电流和电极力以二次方的方式随电极接触半径变化，这意味着随着电极磨损的加剧，电流值和电极力的增量也在逐渐加大。此外还需要注意，电极面尺寸的变化未必是单调的。除了使电极面区域增加的电极卷边过程，还会发生电极在工件上的黏附或电极断裂，发生材料损耗。由于这些过程有效地降低了电极表面区域，因此需要减小电流。许多研究已发现电极面尺寸的波动，如

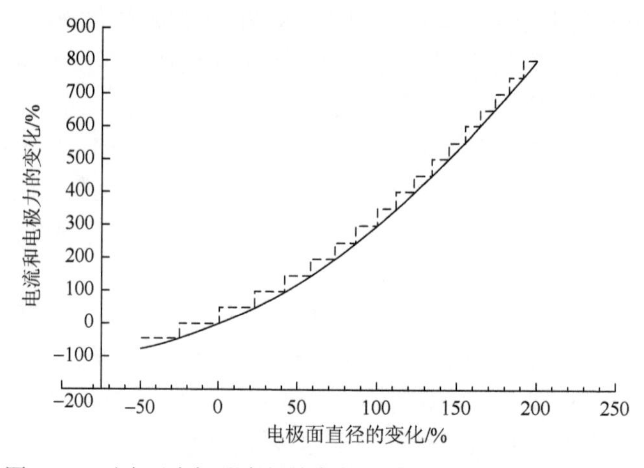

图 5.44　对应于电极面直径的变化所需的电流和电极力的变化

一项对各种厚度的镀锌钢的焊接研究就观察到了这种情况[37]。这时焊点尺寸通常与电极面的尺寸有相反的趋势。尽管固定的电流递进程序有应用简单的特点，但它无法顾及相邻焊点之间的波动。一些研究试图通过负反馈控制方法利用在前一个焊点上获得的信息来精确地选择下一个焊点的焊接电流。例如，通过监测动态电阻曲线或功率因数响应以获得自动的电流分级递进，从而保持最大电流密度，而不会产生飞溅[17]。

在焊接中使用依次递进控制方法可显著地延长电极寿命，加宽修整电极的间隔。因此，将电流分级递进和电极修整结合起来是延长电极寿命的有效方法。

参 考 文 献

[1] Gedeon S A，Sorensen C D，Ulrich K T，et al. Measurement of dynamic electrical and mechanical properties of resistance spot welds. Welding Journal，1987，66：378s-385s.

[2] Tsai C L，Dai W L，Dickinson D W，et al. Analysis and development of a real-time control methodology in resistance spot welding. Welding Journal，1991，70（12）：339s-351s.

[3] Li W. Monitoring and diagnosis of resistance spot welding process. Ann Arbor：Ph. D. dissertation，University of Michigan，1999.

[4] Haefner K，Carey B，Bernstein B，et al. Real time adaptive spot welding control. Trans. ASME-J. Dyn. Syst. Measurement and Contr.，1991，113（1）：104-112.

[5] Ma C，Bhole S D，Chen D L，et al. Expulsion monitoring in spot welded advanced high strength automotive steels. Science and Technology of Welding and Joining，2006，11（4）：480-487.

[6] Nakata S，Aono S，Suzuki M，et al. Quality assurance characteristics in resistance spot welds by adaptive control system and its field applications. Annual Assembly of IIW，Ljubljana（Yugoslavia），IIW Doc. No. III-720-82，1982.

[7] Cleveland D，O'Brien L J. Acoustic emission spot welding monitor. Final Technical Report，NSF under Award，No. MEA 82-60345，1983.

[8] Stiebel A. Apparatus and method for monitoring and controlling resistance welding：U. S.，Patent No.4419558. 1983.

[9] Stiebel A，Ulmer C，Kodrack D，et al. Monitoring and control of spot weld operations. SAE Technical，Paper，No. SAE 860579，1986.

[10] Dickinson D W，Franklin J E，Stanya A. Characterization of spot welding behavior by dynamic electrical parameter monitoring. Welding Journal，1980，59（6）：170s-176s.

[11] Li W，Hu S J，Zhang H. Signal Processing Issues in Resistance Spot Welding. Sheet Metal Welding Conference IX. Sterling Heights，2000，Paper 32.

[12] NIST-ATP Intelligent Resistance Welding Quarterly Progress Report. No.103，Ann Arbor，1996.

[13] NIST-ATP Intelligent Resistance Welding Quarterly Progress Report. No.203，Ann Arbor，1997.

[14] NIST-ATP Intelligent Resistance Welding Quarterly Progress Report. No.402，Ann Arbor，1999.

[15] Haykin S S. Adaptive Filter Theory. 2nd ed. Englewood Cliffs：Prentice Hall，1991.

[16] NIST-ATP Intelligent Resistance Welding Quarterly Progress Report. No.202，Ann Arbor，1997.

[17] Boilard R，Farrow J. Automatic Current Steppers for Improved Weld Quality. SMWC IV，1990，Paper 8.

[18] AWS/SAE D8.9M. Recommended Practices for Test Methods for Evaluating the Resistance Spot Welding Behavior of Automotive Sheet Steel Materials. Miami：The American Welding Society，2002.

[19] Gould J E，Kimchi M，Leffel C A，et al. Resistance seamweldability of coated steels. Part I：Weldabilityenvelopes. Edison Weld. Inst. Res. Rep.，No MR9112，1991.

[20] Kaiser J G，Dunn G J，Eagar T W. The effect of electrical resistance on nugget formation during spot welding. Welding Journal，1982，61：167s-174s.

[21] Nagel G L，Lee A. A new approach to spot welding feedback control. SAE Technical，Paper，No. SAE 880371，1988.

[22] Karagoulis M J. Process Control in Manufacturing：Control of materials processing variables in production resistance spot welding//Proc. AWS Sheet Metal Weld. Conf. V，Detroit（MI），Paper No. B5，1992.

[23] Rivett R M，Hurley J P. Weld Bonding of Zinc-coated Sheet Steels. SMWC IV，1990，Paper 4.

[24] Zhang H，Hu J S，Senkara J，et al. Statistical analysis of expulsion limits in resistance spot welding. Transactions of ASME-Journal of Manufacturing Science and Engineering，2000，122（3）：501-510.

[25] Ma C，Chen D L，Bhole S D，et al. Microstructure and fracture characteristics of spot-welded DP600 steel. Materials Science and Engineering A，2008，485：334-346.

[26] Zhang H. Expulsion and its influence on weld quality. Welding Journal，1999，78（11）：373s-380s.

[27] NIST-ATP Intelligent Resistance Welding Quarterly Progress Report. No.403，Ann Arbor，1999.

[28] Tack J. Pavement performance prediction using pattern recognition：Artificial neural networks and statistical analysis. Toledo（OH）：Ph. D Thesis，The University of Toledo，2002.

[29] Ballard D H. An Introduction to Natural Computation. Cambridge（MA）：MIT Press，1997.

[30] McCulloch W S，Pitts W H. A logical calculus of the ideas imminent in nervous activity. Bull. Math. Biophy.，1943，5：115-133.

[31] McClelland J L，Rumelhart D E. Explorations in Parallel Distributed Processing. Cambridge（MA）：MIT Press，1988.

[32] Zurada J M. Introduction to Artificial Neural Systems. New York（NY）：West，1992.

[33] NIST-ATP Intelligent Resistance Welding Quarterly Progress Report. No.204，Ann Arbor，1996.

[34] NIST-ATP Intelligent Resistance Welding Quarterly Progress Report. No.301，Ann Arbor，1997.

[35] Androvich D A. New Approaches in Resistance Welding Controls. SMWC Ⅲ，1988，Paper 18.

[36] Stiebel A，Ulmer C，Kodrack D，et al. Monitoring and Control of Spot Weld Operations. SMWC Ⅱ，1986，Paper 4.

[37] Kuo M，Kelly D，Boguslawski V，et al. Methodology Development of Tip Dresser Application in the Production Environment. SMWC Ⅸ，2000，Paper 3-3.

第 6 章　焊接质量和检测方法

焊接质量的评估是焊接中最重要的部分。一组焊接参数是否合适是由它们能否产生质量合格的焊点来评判的；一种材料在投入实际生产之前必须对材料进行可焊性试验：使用标准的焊接设备和参数会产生尺寸和强度或质量符合要求的焊点。但是，目前还没有普遍适用的焊接质量标准。正如美国国家标准（《标准焊接术语和定义》，ANSI/AWSA3.0：2001[1]）所反映的，可接受的焊点的定义是“符合特定应用要求”的焊点。因此，焊接质量的标准在很大程度上是由制造商自行决定的。本章将讨论业界内评估焊接质量的常用做法。

6.1　焊 接 质 量

一个焊点的质量通常由其可测特征表示，如以破坏性或非破坏性方式进行试验时得到的几何形状和各种强度信息。本节首先讨论常用的关于焊点的可测量的质量特征和要求，其次介绍相应的测量方法和焊点强度之间的关系。

6.1.1　焊点特征

焊接质量可用三种方式来描述：物理或几何特征、强度或性能和焊接时的工艺特性。根据具体要求，通常需要一个以上的质量特征来对焊点质量进行评估。

1. 几何特征

这些几何特征在焊件制成后直接可见，或通过破坏性试验（如剥离试验或金相检验）和无损测试方法（使用如超声波或 X 射线等设备）来显现。常用的焊点特征是焊核/焊点尺寸、熔透、压痕、裂纹（表面及内部）、孔隙率/孔洞、板间间隙、表面状况。

在这些焊点特征中，由于焊点尺寸（焊核宽度或焊点直径）在衡量焊点强度方面有决定性的意义，所以经常测量，作为焊点质量的指标。当两块板材在焊核处被焊接在一起时，焊点的大小决定了连接的面积及其承重能力。然而，仅靠焊核/焊点尺寸不足以描述焊点质量，因为它不能代表焊点结构的完整性。焊点的其他特征如熔透率等可以与焊核的大小一起对焊点的粘连程度提供有用的信息。很多人（尤其是在口语表达中）不区分焊点和焊核的使用。尽管两者密切相关，但它们在定义和测量方面并不相同。事实上，除了焊核，焊点还包括焊件的其他部分，如 HAZ。另一个容易引起混淆的是焊点直径和焊核直径。由于通常需要金相检验来揭示焊核及其大小，所以对焊核仅能测量其宽度而非直径，如图 6.1[2]所示。该图还显示了通过金相检验可以得到的焊件的其他特征。

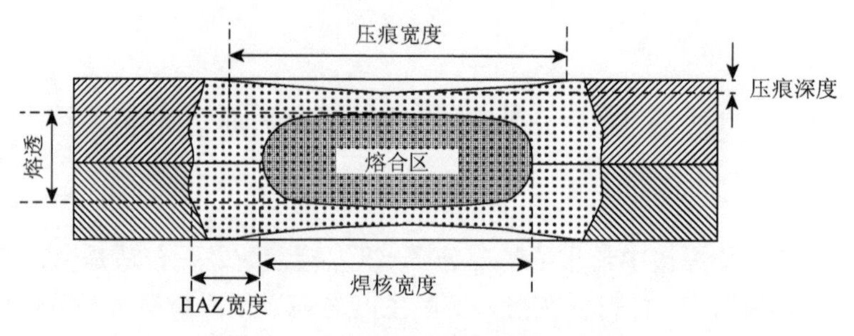

图 6.1 由金相切片揭示的焊点特征

还有其他一些不常见的焊点的属性，其使用需要大量的准备工作，其意义和影响必须通过大量的研究才能获得。例如，在焊点横截面上沿对角线测量得到的硬度分布，可以用于了解该焊件可能经历的加热和冷却过程，以及对其性能进行推断。焊核和 HAZ 的结构和尺寸也是类似的焊接属性，它们有助于在焊接工艺参数和焊点性能之间建立起直接的联系。

还有少量的一些关于焊点的其他特征，如焊核的 HAZ、压痕、熔透率和材料特性，对焊接质量影响的研究。人们还在区分焊核、HAZ，以及基材的材料特性方面进行了一定的努力[3, 4]。

2. 焊接性能

除了偶尔考虑焊点外观的影响，人们关心的点焊质量主要指焊点的性能。焊点性能通常包括焊点的静态和动态强度，而与钣金业相关的主要的焊点的性能特征是拉伸-剪切强度、拉伸强度、剥离强度、疲劳强度、冲击强度、抗腐蚀性。

最常测量的焊点质量特性是拉伸-剪切强度，因为它的测量相对简单，而且许多焊接结构的设计使得焊点承受拉伸-剪切负荷。这些焊点强度的试验细节见第 4 章。

3. 工艺特点

有几个与工艺相关的特征可以作为焊接过程的指示，它们也常常影响焊接质量。其中，最值得注意的是飞溅现象。飞溅是焊接过程中液态金属的喷射，也是可能被弱化了的焊点的明显标志。事实上，即使在焊点制作完成后，飞溅轨迹也能清晰可见。钢材中的飞溅除了在板材表面留下金属碎屑，还留下了烧痕（详见第 7 章）。不过，在铝的焊接中，无论是在飞溅发生时还是在焊接完成后都看不到燃烧的迹象。飞溅的发生可以用传感器检测到。有些信号如声发射和电极位移等可以很容易地显示出飞溅的发生。不需要太多经验或培训，操作者就会很容易地听到、看到飞溅的发生。

另一种应在生产环境中连续监测的工艺特性是焊接的一致性。这项监测对于大批量生产的意义重大，因为这关系产品质量的一致性。它实际上是综合所有质量参数的一个指标。

6.1.2 焊接质量要求

在实际应用中，经常以图表的形式对大多数容易测量的焊接质量指标的要求进行量化。很多标准和建议由相关的公司制定，如福特汽车公司和通用汽车公司。同时，很多行业协会/学会和其他专业组织，如美国焊接学会和国际标准化组织，也对这类标准作出了很大贡献。

由于在设计、产品质量要求、对焊接质量的理解及生产和试验条件等方面存在差异，汽车制造商及其他使用者对焊接质量的要求也显著不同。由图 6.2 可知，不同的行业和专业组织对焊核尺寸的要求明显不同。对于相同的厚度，所要求的焊点尺寸最大的可以超过最小的两倍。但是，通常它们的尺寸为 $3\sqrt{t} \sim 6\sqrt{t}$（t 是板材的厚度）[5]。大多数的要求为 $4\sqrt{t} \sim 5\sqrt{t}$，这个范围还经常用来设定额定焊点尺寸，以确定焊接的工作窗口。对焊点尺寸的要求是最常用的焊接质量标准。在应用这种标准时最可能产生混淆的是“焊点尺寸”的使用。在生产实践中，出于方便，焊点直径和焊核宽度都作为焊点尺寸使用。然而，在某些情况下焊点和焊核可能完全不同。对同一个焊点来说，测得的焊核尺寸比测得的焊点尺寸或小、或大、或相似。一般来说，焊点直径的测量比焊核宽度更不稳定，因为它受到试验方法、所测试件的几何形状和尺寸、断裂模式和测量方法的影响。因此，使用焊核宽度会更一致且具备可比性。然而，为了测量焊核宽度必须进行金相检验，这阻碍了它在日常生产中的使用。本章后半部分介绍了一些有效的无损评价方法，可以简单而精确地测量焊核的宽度。日常生产中通常只测量焊点直径，它可以用凿子和卡尺来完成。在这种情况下焊点的尺寸是指焊点直径。另一个与焊点质量相关的指标是熔透率。它描述了焊接过程中材料在厚度方向上的熔化量。低的熔透率意味着加热量不足，可能产生冷焊。一般情况下，人们希望获得较高的熔透率。然而，熔透率与电极之间的板材的受热量有直接关系，高的熔透率意味着金属板的软化及大（深）的压痕面。对熔透的要求通常不是很严格；如图 6.3 所示，理想的熔透率在 20%～90%，甚至更高的熔透率也是允许的。图中所比较的制造商之一没有给出熔透率的上限，但这并不意味着 100%的熔透。总之，只要熔透不会产生过大的压痕就是可以接受的。对熔透的要求通常与对焊点尺寸的要求一起使用。除了对焊点的几何特征（如焊点尺寸和熔透）方面的要求，也有一些对焊点性能方面的要求，如有些标准也对拉伸-剪切强度作出了规定。与焊点尺寸方面的要求相似，各制造商和专业机构之间在拉伸-剪切强度上的要求也存在着巨大的差异。

如图 6.4 中所示的拉伸-剪切强度值与基材的强度密切相关。对焊点尺寸的要求并未针对某种特定的材料，但对不同材料的拉伸-剪切强度的要求是不同的。从图 6.5 可以看出，由于铝合金及镁合金的基体强度一般较钢材低，对它们焊点的强度的要求也比同样厚度的钢板要低。

有时焊核或焊点尺寸作为描述焊接质量的唯一的指标。这是因为由直觉即可知，焊核/焊点的尺寸对焊接强度的影响最大。另一个原因，是这些量值可以很方便地获得。然而，在实践中，更多时候需要用多个焊接特性指标才能反映制造者所关心的质量问题。Spinella[6]对好焊点的定义是具有大的焊核和高的拉伸强度，没有飞溅或部分界面断裂。Newton 等[7]对好焊点的定义是焊核尺寸达到标定值，强度高于最低要求值，无裂纹及火花（飞溅），无孔隙。他们还试图将不合格焊点定义为，具有过小的焊核、裂纹、过度的孔隙率、过度飞溅，以及在同时使用焊接和黏合剂时不破坏黏合剂。

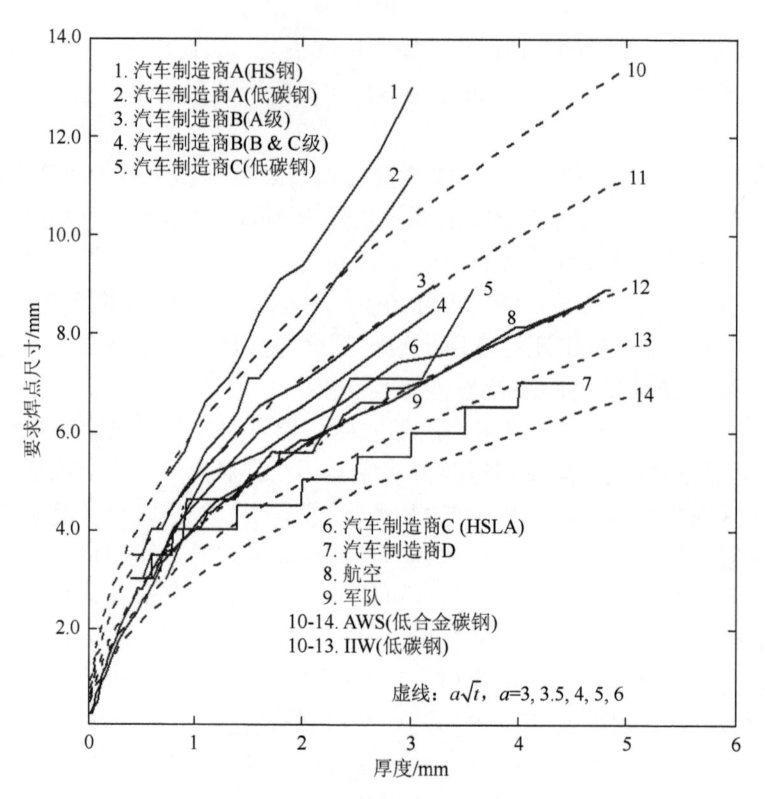

图 6.2　焊核尺寸要求的比较

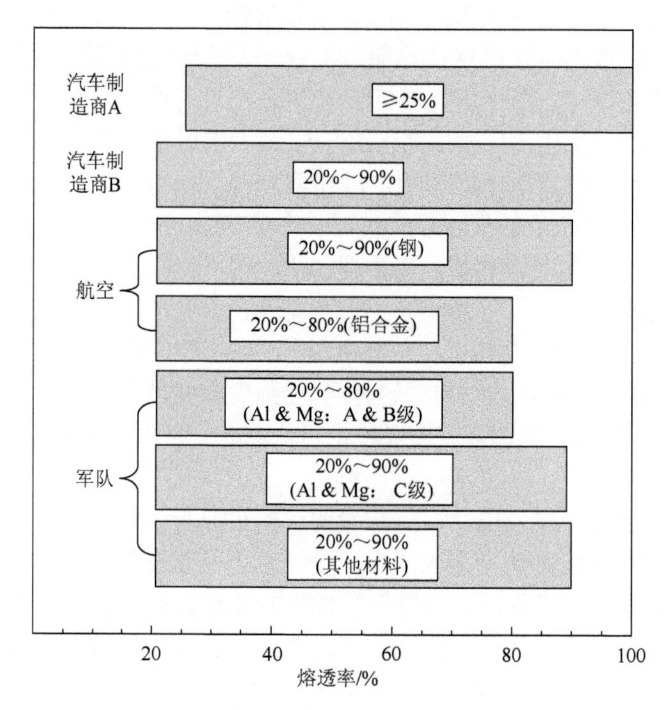

图 6.3　焊核熔透率要求比较

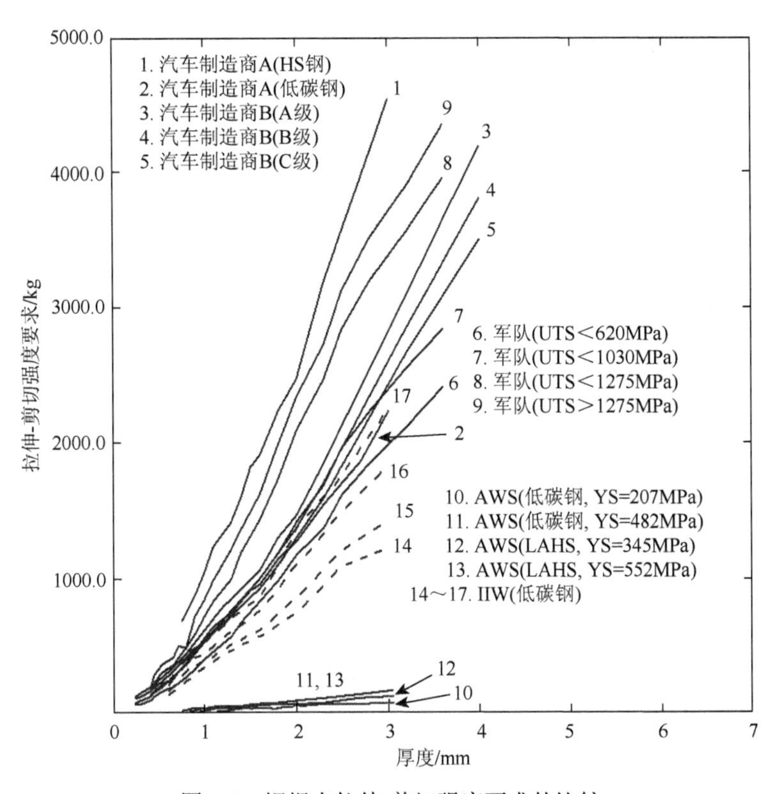

图 6.4　钢焊点拉伸-剪切强度要求的比较

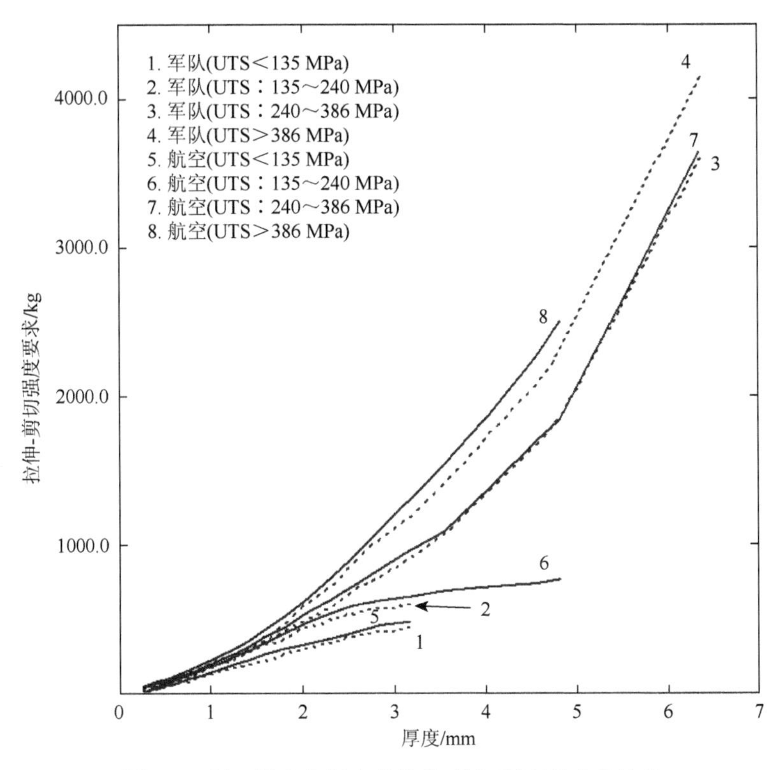

图 6.5　铝、镁合金焊点的拉伸-剪切强度要求的比较

6.1.3　焊点属性和强度之间的关系

由于多数焊接质量检测仅能获得可测几何量，如焊点尺寸，人们期望能从这些可测量值中得到关于点焊接头强度的信息。最常见的量化焊点质量的方法是建立焊点属性和强度之间的关系。由于焊点尺寸是最常用的测量项，而拉伸-剪切试验是最常规的试验，因此，大部分工作是关于建立焊点尺寸和拉伸-剪切强度之间关系的。本节介绍一些这方面的工作。

首先，应对准静态拉伸-剪切试验的强度特征进行定义。该试验的峰值载荷是最常用的测量。由于它描述了一个焊点可承载的最大负荷量，是设计者和其他用户需要的信息。但是，从峰值载荷中并不能获得有关焊点延展性方面的信息，也无法了解焊点在动态载荷，而非静态载荷下的表现[8]。有必要定义一个与焊点韧性相关的量，以便对静态或动态载荷（尤其是冲击载荷）下的焊件表现进行充分的描述。由如图 6.6 所示的一个典型的焊点的拉伸-剪切试验负载与位移关系的曲线可知，试验开始时负载增加，达到峰值载荷后，载荷随着位移的增加而减小。好的焊点一般有较大的位移（较好的韧性），而一个冷焊点可能有较高的峰值载荷，但最后断裂时的位移很小。因此，位移可用于描述焊点的延展性。应该注意的是试样最终失效时的总位移与焊点质量无太大关系，它更多反映的是试样的影响而非焊点的影响。试验表明，对相同的焊点来说，试样上重叠部分大的试件在撕裂时的总位移比重叠部分短或窄的试样要大。因此，总的位移并不能准确地表示焊点的质量。由图 6.6 可知，对应于峰值载荷的位移量不受基材断裂过程的影响，因此可用于描述焊点质量。这就是所谓的最大位移。一个与此相关的量是试样从开始加载到达到峰值载荷时吸收的能量，它可以通过负载-位移曲线下的面积进行计算。它和最大位移一样可以作为焊点韧性的指标。峰值载荷连同最大位移或能量一起，应该能充分描述一个焊点的强度[8]。

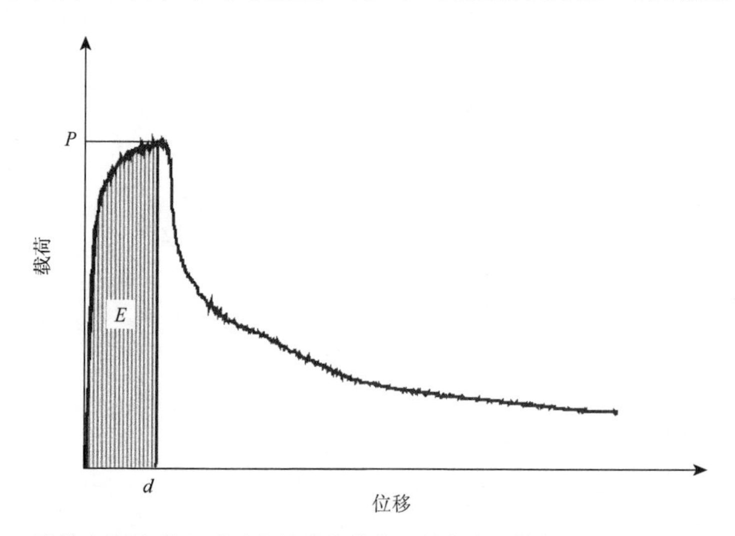

图 6.6　准静态拉伸-剪切试验中的峰值载荷、最大位移和能量的定义（同图 4.1）

在进行拉伸-剪切试验时，焊接试件中的 HAZ 经常是承受应力最高的部位。其结果是，试件在 HAZ 周围发生弯曲，开裂也常发生于这个区域。这一点通过图 6.7 中 1/4 搭接焊件的模型（由有限元模拟得到[9]）可以清楚地看到。事实上，HAZ 的性质对焊件性能的影响要高于焊核的影响。图 6.8 比较了焊核和 HAZ 的材料性质的变化对拉伸-剪切载荷下的搭接接头的影响。在所有其他尺寸和性质固定的情况下，增大焊核尺寸会导致峰值载荷、最大位移和能量的增加。因此，有限元模拟的结果与试验观察到的焊核尺寸的影响是一致的。然而，增加焊核的延展性对强度没有影响，而焊核的极限拉伸强度和屈服强度的变化的影响也可忽略不计。由于焊核尺寸决定了板材之间连接/接头的强度，直观上它应该是影响焊件强度的重要因素。与此相反，在拉伸-剪切加载模式下，焊核的内部经受的应力很小，甚至无应力。因此，焊核内部材料性质的变化对试件的总体性能没有影响。

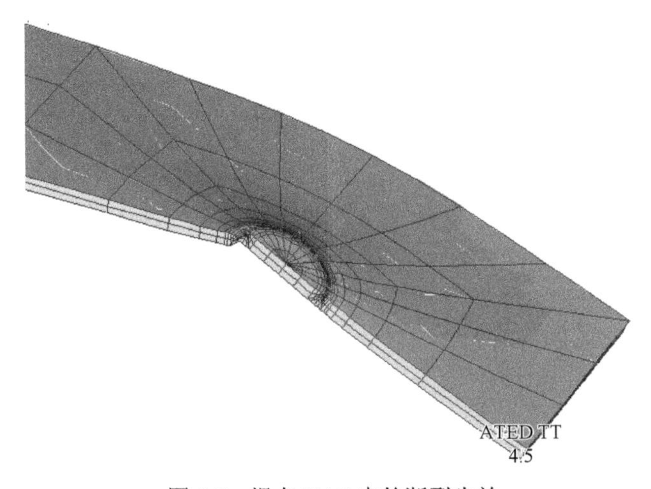

图 6.7　焊点 HAZ 中的断裂失效

与之相反，焊件的力学性能对 HAZ 的变化非常敏感。如图 6.8 所示，增加 HAZ 的尺寸、延展性，以及极限拉伸应力和屈服应力会导致更高的峰值载荷、最大位移和能量。在载荷的作用下，对焊点来说只有其周边的区域承受应力。而 HAZ 由于处于焊点的周边，始终处于应力的作用下。HAZ 中较高的延展性、极限拉伸应力及屈服应力会提高焊件的强度。由于 HAZ 是基材和焊核（它们之间材料性质的区别很大）之间的过渡区，较宽的 HAZ 使得过渡比较平滑，由焊核和基材之间的强度不匹配引起的应力集中较低。在实践中，很难控制 HAZ 的特性，而且当其大小发生变化时，它的材料性质通常也会变化。上面的研究是利用理想化了的例子来解释各个参数的影响。

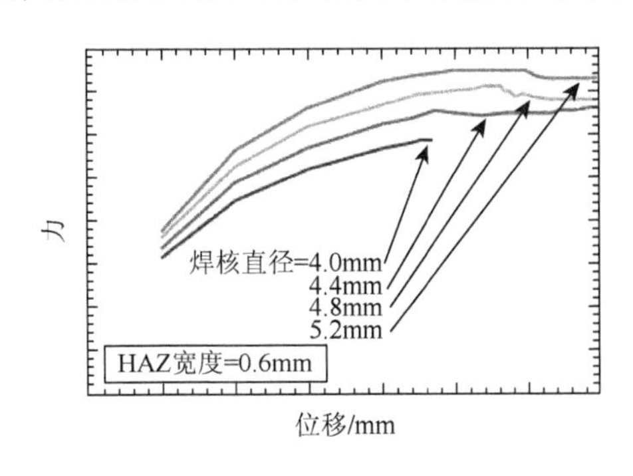

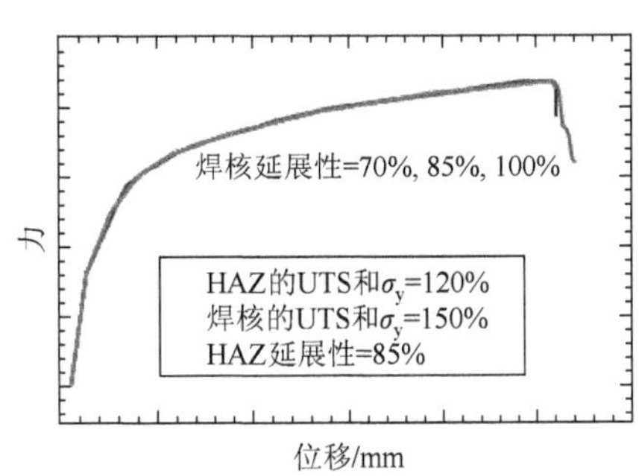

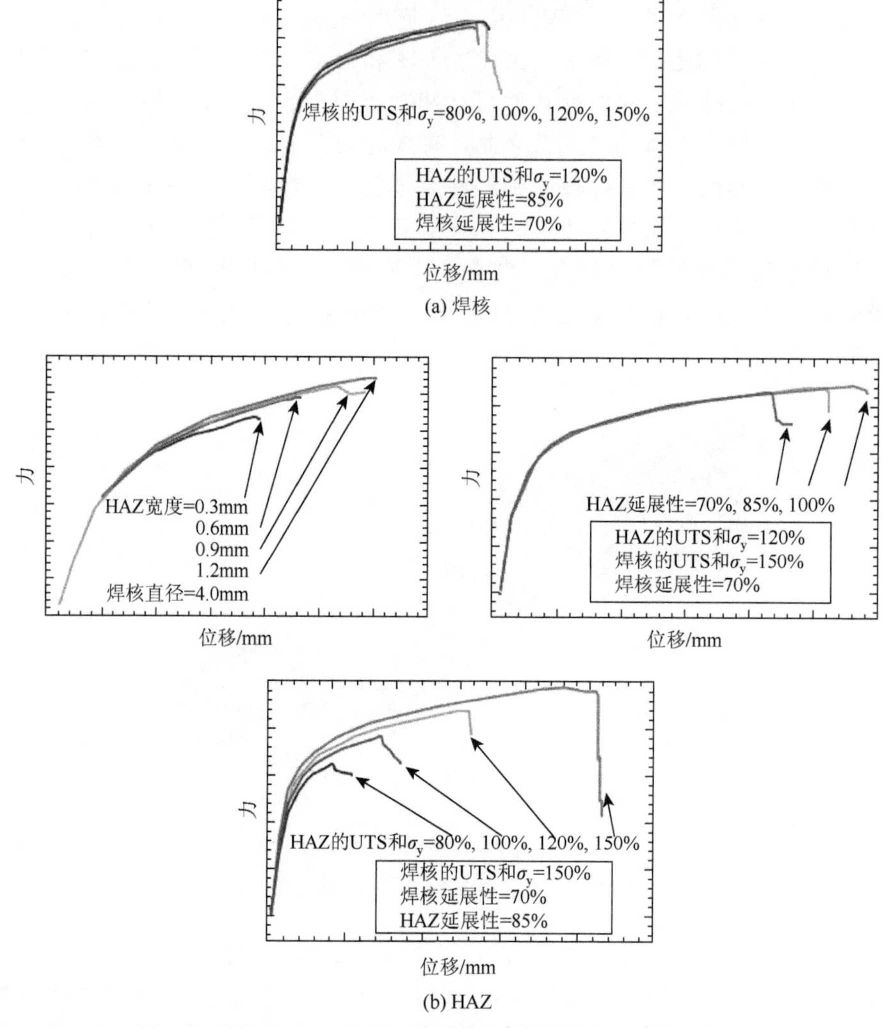

(a) 焊核

(b) HAZ

图 6.8　焊核和 HAZ 的尺寸及力学性能的影响（后附彩图）

有很多研究试图将焊点直径与焊点拉伸-剪切强度联系起来。20 世纪 40 年代，Keller 和 Smith[10]及 McMaster 和 Lindrall[11]给出了焊点强度与焊点直径之间关系的非常简单的表达：

$$P = 120d^2 \tag{6.1}$$

式中，P 为拉伸-剪切载荷，N；d 为焊点直径，mm。Heuschkel[12]提出了焊点拉伸-剪切强度的线性经验关系如下：

$$S = t \cdot S_0 \cdot d \cdot [\alpha - \beta(\mathrm{C} + 0.05\mathrm{Mn})] \tag{6.2}$$

式中，S 为拉伸-剪切强度；S_0 为基材强度；d 为焊点直径；t 为板材厚度；C 和 Mn 为合金元素的重量百分比值，以反映基材的化学成分的贡献；α 和 β 为厚度 t 的函数。参照 Heuschkel 的研究，Sawhill 和 Baker[13]提出了另一个类似的，可用于重新磷化和消除应力钢的公式：

$$S = F \cdot t \cdot S_0 \cdot d \tag{6.3}$$

式中，F 为一个依赖材料的参数，其值为 2.5～3.1。考虑焊点的断裂模式，Thornton 等[14]提出了用于铝合金的表达式：

$$P=(0.12t-a)d \tag{6.4}$$

式中，P 的单位为 kN；t 和 d 的单位为 mm；a 为断裂模式系数。这些公式提供了宝贵的关于焊点直径和拉伸-剪切强度之间的经验关系。但是，它们大多只适合于特定材料的特定的焊接接头（几何形状），而非任意材料的焊接接头。Ewing 等[15]试图得到点焊的失效载荷、基材强度、试验速度、接头构造与焊接工艺参数之间的关系。为此他们对汽车车身常用的几种材料进行了各种试验，包括拉伸-剪切试验、交叉拉伸试验，以及剥离试验。然而，他们最后得出的结论是“焊点的失效过程是如此复杂，以致很难区分各种因素的作用。”

Zhou 等[8]尝试了通过数值模拟方法将焊点强度与试件的几何形状、HAZ、焊核，以及焊件的材料性质联系起来。他们提出用峰值载荷及相应的能量和位移来表示焊件强度。很自然它们可表示为

$$P=f_P(\text{几何形状;HAZ、金属基材、焊核的材料性质}) \tag{6.5a}$$

$$U=f_U(\text{几何形状;HAZ、金属基材、焊核的材料性质}) \tag{6.5b}$$

$$W=f_W(\text{几何形状;HAZ、金属基材、焊核的材料性质}) \tag{6.5c}$$

式中，P 为峰值负载；U 和 W 分别为相应的位移和能量。通常，这些关系很复杂，是不可能用解析的方法进行推导出来的。为了建立这些关系，他们采用了一种新的方法，利用实验设计（DOE 或 DOX，见 Koehler and Owen[16]）的概念进行数值模拟。

参考文献[8]使用了两组变量。一组是几何变量，包括板厚、试件宽度、HAZ 尺寸和压痕深度。另一组变量包括材料特性（杨氏模量、泊松比、屈服强度、极限拉伸强度和延伸率）。由于焊核、HAZ 和基材的材料性质不同，对于焊件的不同部分应该使用不同的材料特性。然而，可以假定其他部分的材料特性与基材的硬度有如下关系：

$$\sigma_{\mathrm{UTS}}=\sigma_0+k_1\cdot H_v \tag{6.6a}$$

$$\sigma_{\mathrm{y}}=k_1\cdot H_v \tag{6.6b}$$

$$e=k_2/H_v \tag{6.6c}$$

$$H_v=k\cdot H_{v\mathrm{BASE}} \tag{6.6d}$$

采用这些公式极大地减少了材料参数的数量。为了简化计算，只考虑了钢材，其杨氏模量和泊松比为 E=210 GPa 和 ν=0.3。因此，在实验设计中，仅需考虑将基材特性（屈服强度 σ_{y}、极限拉伸强度 σ_{UTS} 和延伸率 e）及焊核和基材的硬度比（k）作为材料变量。几何特性包括板厚 t、板材宽度 W、HAZ 尺寸 h 和压痕 t_{i}。因此，式（6.5）可简化为

$$P_{\max}=f_P(t,W,h,t_{\mathrm{i}};\sigma_{\mathrm{y}},\sigma_{\mathrm{UTS}},e,k) \tag{6.7a}$$

$$U_{\max}=f_U(t,W,h,t_{\mathrm{i}};\sigma_{\mathrm{y}},\sigma_{\mathrm{UTS}},e,k) \tag{6.7b}$$

$$W_{\max}=f_W(t,W,h,t_{\mathrm{i}};\sigma_{\mathrm{y}},\sigma_{\mathrm{UTS}},e,k) \tag{6.7c}$$

表 6.1 列出了统计实验设计时每个设计变量的范围。

表 6.1 设计变量的值

t/mm	h/mm	W/mm	t_{i}/%	σ_{y}/MPa	σ_0/MPa	e/%	k
0.5～2.0	0.1～1.5	30～50	0～20	205～1725	50～200	2～65	1.0～3.0

注：运算中 σ_{UTS} 由 σ_0 代替，表示极限拉伸强度 σ_{UTS} 和屈服强度 σ_{y} 之间的差，这确保了极限拉伸强度总是大于屈服强度。否则，σ_{UTS} 可能小于 σ_{y}

研究中选用了基于最大距离准则，包括 8 个变量的最优化的拉丁超立方设计[16, 17]。设计空间内的设计点分布得相当均匀以消除随机性，并确保所有的点之间离得既不太远也不太近。

为了有效地进行上述模拟实验，开发了一个通用的有限元模型（图 6.9），使几何变量（宽度、厚度、焊核尺寸、HAZ 尺寸、压痕）和材料变量（基材、焊核、HAZ 的弹塑性性质）的变化可以方便地完成。使用这种模型得到的应力分布如图 6.10 所示，由图可知最大应力位于 HAZ 内。

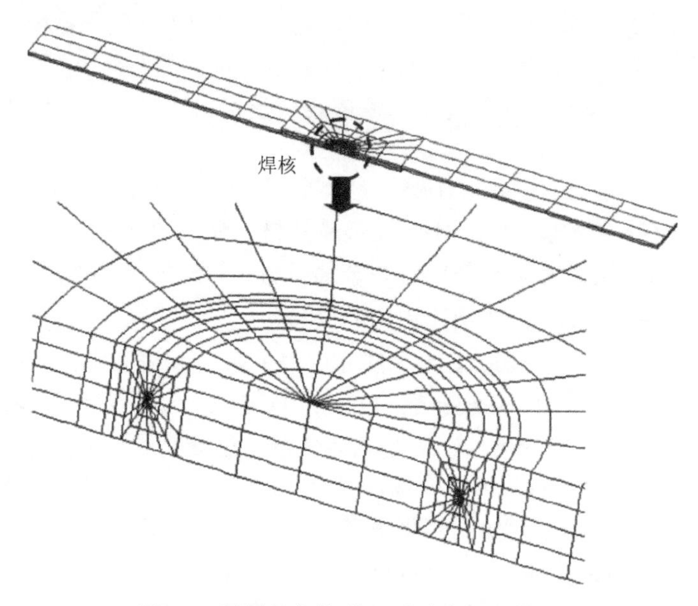

图 6.9　通用的拉伸-剪切试验有限元模型

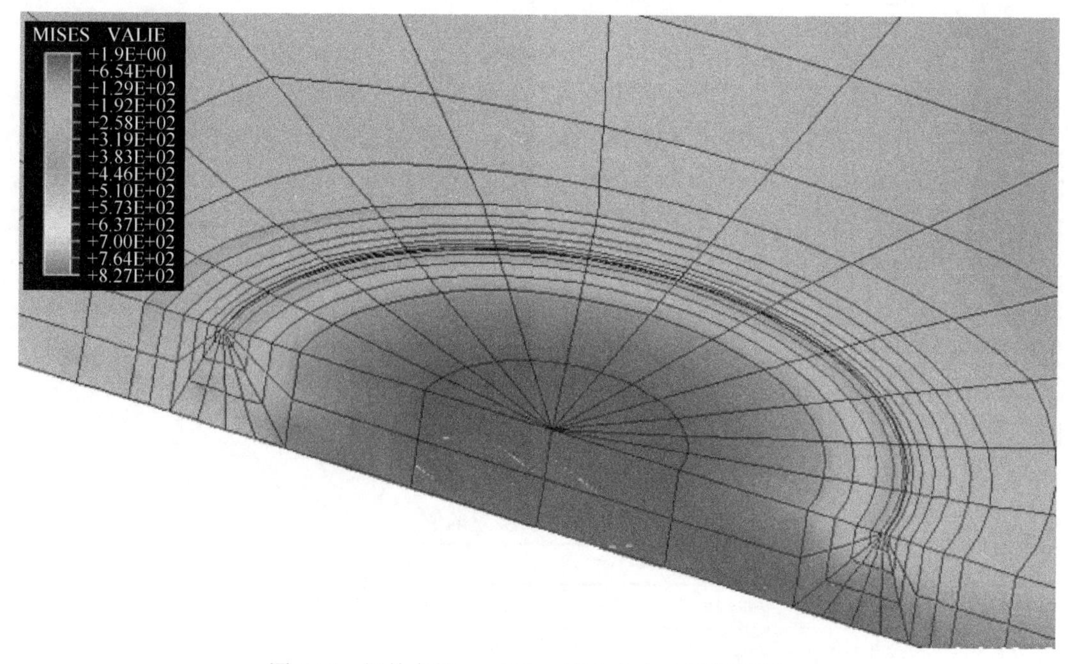

图 6.10　焊件中的 von Mises 应力分布（后附彩图）

利用获得的通用有限元模型，可以获得每个效应的影响。按它们的影响排序，以此确定哪些效应应该包括在回归模型中。

图 6.11 是各个变量对峰值载荷 P_{max} 的影响。由图可知，屈服强度和板厚对 P_{max} 的影响比其他变量要大。其次，HAZ 尺寸对 P_{max} 也有相当大的影响。因此，P_{max} 可仅用板厚 t、屈服强度 σ_y 和 HAZ 尺寸 h 来表示而不会产生太大的误差：

$$P_{max} = -6.42 + 3.02t + 0.01576\sigma_y - 10.06h + 15.34t \cdot h(\text{kN}) \tag{6.8}$$

它的确定系数高达 94.5%。

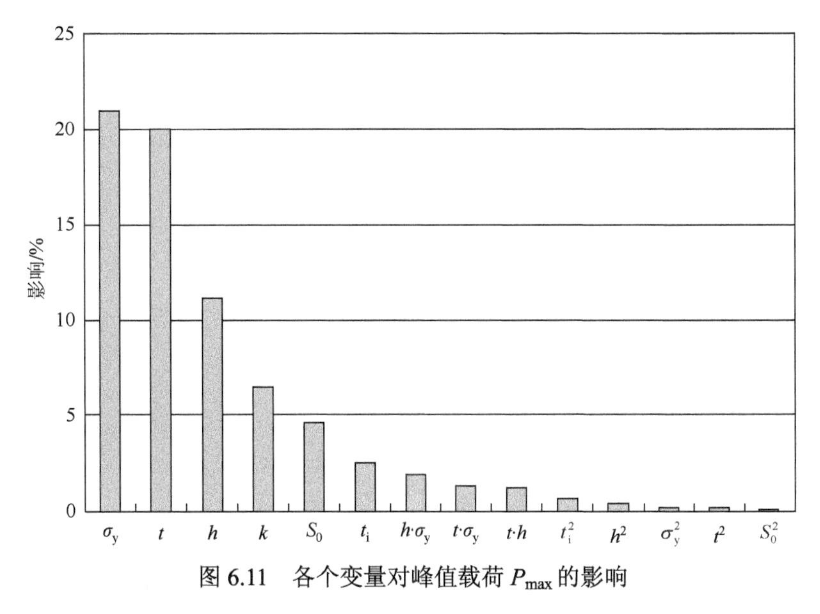

图 6.11　各个变量对峰值载荷 P_{max} 的影响

基于图 6.12 和图 6.13 显示的各个参数的重要性，通过同样的步骤可以获得 W_{max} 和 U_{max} 的表达式。用式（6.9）和式（6.10）来表示它们，其确定系数分别为 97.6%和 97.0%。

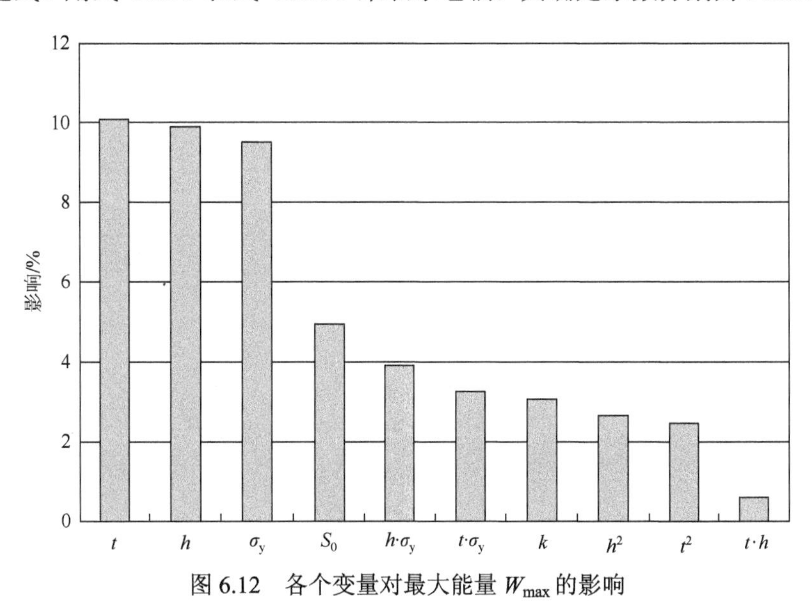

图 6.12　各个变量对最大能量 W_{max} 的影响

$$W_{\max}=126966-414160t+325520h-106.718\sigma_{\mathrm{y}}+70.452\sigma_{\mathrm{UTS}}+3288k \\ -6898.8t\cdot h+22.50t\cdot\sigma_{\mathrm{y}}+26.916h\cdot\sigma_{\mathrm{y}}+164950t^{2}-204840h^{2} \quad (6.9)$$

$$U_{\max}=3.4129-12.485t+10.255h-0.012032W-1.0705t_{\mathrm{i}}-0.0525\sigma_{\mathrm{y}}+0.048391\sigma_{\mathrm{UTS}}+0.34688e \\ +0.064421k+5.0534t^{2}-6.1509h^{2}+0.0000022609\sigma_{\mathrm{y}}^{2}-0.00018391(\sigma_{\mathrm{UTS}}-\sigma_{\mathrm{y}})^{2} \quad (6.10)$$

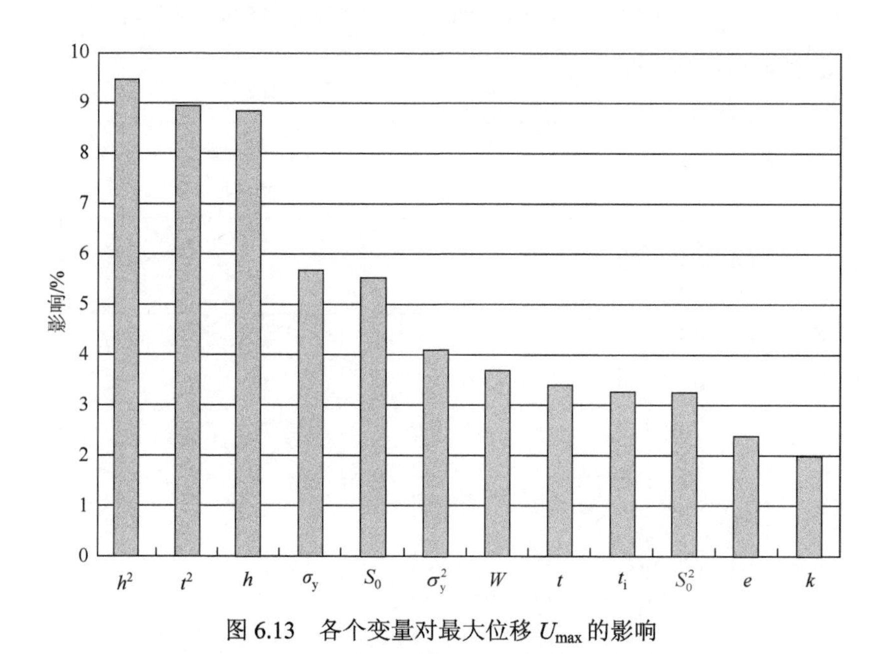

图 6.13　各个变量对最大位移 $U_{\max}$ 的影响

图 6.12 显示了板材厚度 t、HAZ 尺寸 h、屈服强度 σ_y 对能量的影响很大。但是对于最大位移，最重要的变量是 h 和 t 的二次项，以及 h 的线性项，因此最重要的变量是 HAZ 的尺寸（图 6.13）。对能量和最大位移来说，其他效应也不能忽略，包括二次项和一些交互作用项。

基于上述分析可知，板材的厚度（也包括焊点尺寸，因为它与厚度直接关联）、HAZ 尺寸，以及材料的屈服强度是确定点焊质量的最重要的因素。

总之，这项研究使用了一组与焊点性能、焊点的物理特性及焊接工艺相关的参数来描述焊点质量。一个焊点的质量很难用一个单一的指标来描述。然而，基于对焊点特征和焊点强度之间关联的理解，产生一个统一的质量参数的努力无疑是有意义的。

6.2　破坏性试验

焊接质量的评估经常是通过破坏性试验进行的，如剥离试验和凿子分离试验。焊点的形状、大小及其他特征用来判断焊点是否符合要求。由于定量化的破坏性试验（通过使用仪器、设备）除了可以提供和定性试验一样的焊点的特征，还可以获得关于焊点强度的定量信息，所以是实验室环境下很常见的一种测试手段。这类试验需要样品制备、安装，试验和数据分析方面的经验。经常进行的这类试验见第 4 章。

剥离试验和凿子分离试验是实验室和生产环境中最常使用的测试手段。这些试验会提供快速而有价值的焊接质量信息，也是设置焊接参数的主要手段。

6.2.1 剥离试验

焊点的剥离试验（图 4.3）是将焊接试件以剥离的方式进行破坏性的分离，以确定焊点的大小和断裂模式。如果剥离试验得到的焊点尺寸大于或等于要求值，则这个点焊（质量）是可以接受的。

6.2.2 凿子分离试验

凿子分离试验包括通过敲打或其他加载方式使锥形凿从板材的间隙进入焊点两侧，直到焊点分离，导致拉出的焊点可能沿界面断裂。试验中要注意凿子的边缘一定不能接触被试焊点（图 4.3）。当剥离试验无法进行时应考虑使用这种试验方法。验收焊点的标准与剥离试验的相同。可采用人工或机械化的方式进行凿子分离试验，包括液压或其他类型的驱动方式。

在剥离试验中，拉伸载荷施加在焊点的一侧，而凿子分离试验是向焊点的两侧施加张力。在实践中，凿子分离试验比剥离试验会造成更多的沿界面断裂，尤其是当焊点两侧的约束力比较大时更是这样。即使对一个合格的焊点来说，剥离或凿子分离试验并不总是产生剥离的焊点，试验的结果除了依赖于焊点质量，还受材料性质和加载过程的影响。在沿界面断裂的情况下，如果外观检查不能决定断口的熔合部分的尺寸，则必须对熔合区进行金相检验，以确定焊点是否可以接受。

6.2.3 金相检验

金相检验可用于确定焊点的几何特征，如焊核宽度、熔透率、压痕和 HAZ 宽度（图 6.1）等，还可用来检测裂纹、孔隙率和非金属夹杂物等。在试验中，从产品样品上切出含焊点部位，再打磨、抛光至焊点的中心线，然后进行化学腐蚀显示其微观结构，用于光学检查。合格的焊点具有等于或大于指定值的熔合区面积，且无过多的内部不连续性如缺陷等。

目前，已经建立起一些通过剥离试验或凿子分离试验得到的断裂焊点的外观或特征与使用仪器试验测得的强度的联系，而且这种关联是屈服强度低于 420 MPa 的材料验收标准的基础。一般认为必须有剥离的焊点，且焊点的尺寸必须足够大才是合格的，因为大焊点的强度通常也比较高。但目前在高强钢上没有发现这种相关关系。由于定性化的破坏试验经常是实际生产中唯一可行的试验手段，而在高强钢中经常得不到剥离的焊点，所以使用这种方法对先进高强钢（advanced high-strength steel，AHSS）和其他高强度钢材中焊点质量进行定义和检测是一个严峻的挑战。

对单独制作的试样可以按标准程序来进行剥离试验或凿子分离试验。如 6.1 节所述，对实际产品所涉及的焊点质量的评价通常是在实际组装产品或亚组装产品上的所有焊点完成以后，对焊点的大小进行测量，以决定它们是否符合标准。进行破坏性试验时应该选择实际生产中最小单位的点焊产品来进行。

确定焊接质量时的一个难点是发生沿界面断裂模式的时候。在对焊点进行破坏性试验时，断裂可能沿着整个或者部分界面发生，而是否产生沿焊件界面断裂或焊核拉出主要取决于四个因素：①焊接强度，即其抵抗拉伸和剪切的能力；②加载模式，其所承受的拉伸和剪切力的分量；③试样靠近焊点处的刚度；④加载速度。

点焊试件在所有类型的加载过程中，包括剥离、正拉伸、拉伸-剪切和扭转试验，都存在拉伸和剪切分量。焊件的刚度和加载模式决定着焊点上剪切和拉伸载荷的大小。如果剪切载荷分量大或焊点抗剪切强度低，或者这两种情况同时存在，则导致沿界面断裂。拉伸-剪切和扭转载荷会对焊点施加比较大的剪切力，所以与其他加载形式（如剥离和正拉伸）相比更容易导致沿界面断裂。在拉伸-剪切试验时，如果试样刚性大，如在高强度钢或厚铝板的情况下，则试样的接合部位（焊点周围）的旋转小。其结果是，焊点上的剪切分量比较大，可能导致沿界面断裂。反之亦然，刚度低的焊件会产生大的转动，如果焊点的拉伸强度低，则导致焊点被拉出。

较高的加载速度可能导致焊点沿基材表面断裂，而同样的焊点在准静态加载下可能会出现焊核拉出的现象。总之，沿界面或局部界面断裂的模式可能在合格的和不合格的焊点内都会观察到，这取决于焊点质量、加载方式和试样的刚度。具有沿界面或局部界面断裂模式的焊点是可以接受的，前提是它们在指定的焊接区有明显的熔合迹象，并且熔合区的尺寸不小于所要求的焊点的最小尺寸。这类焊点通常具有合适的强度，不应该作为不符合要求的焊点。图 6.14 展示了美国焊接学会汽车电阻焊专业委员会及汽车-钢铁联合会[18]关于焊接高强钢及铝合金中常见的沿基材表面断裂的焊点的质量评价程序。

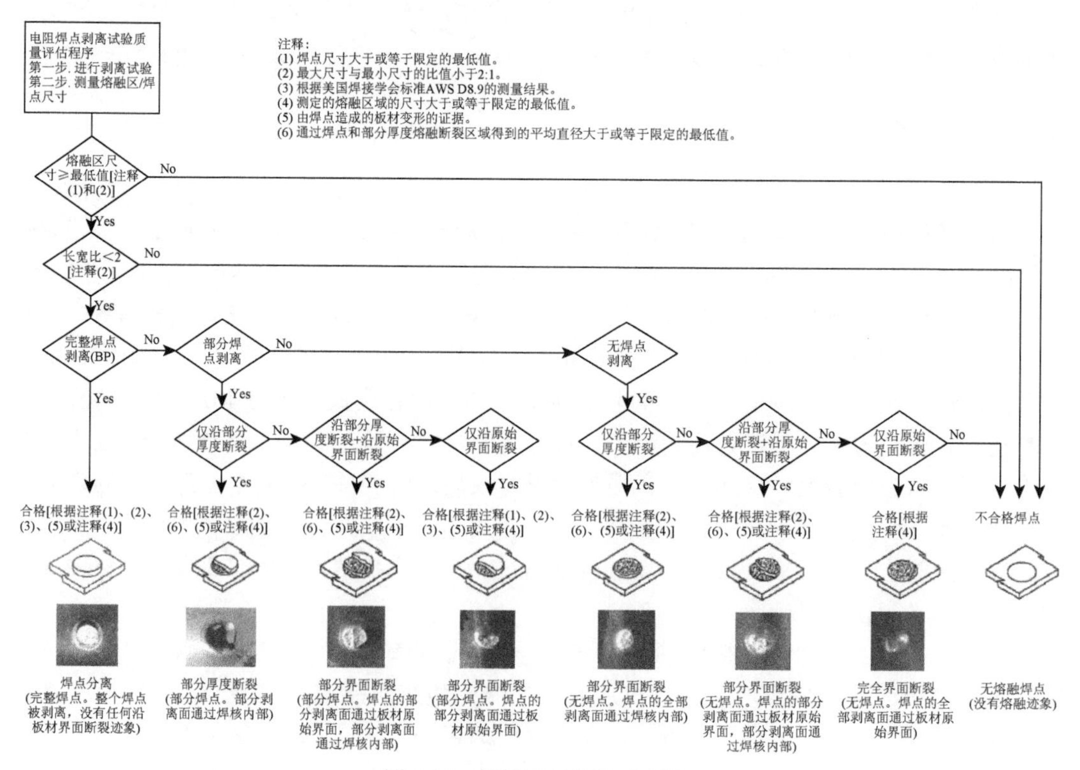

图 6.14　焊接质量的评估程序

6.3　无损评价

传统上，对焊接质量进行监控是通过破坏性试验进行的。焊接质量的最终保证要求破坏一定比例的组件以验证焊接工艺。这种做法的缺点是显而易见的：调整焊接控制程序的过程需要时间，而这个过程中不可能改正焊接工艺，导致继续制造不合格的焊点。只能在一定数量的焊点形成以后再采取补救措施。在发现问题之前可能已经形成不合格的焊点，而且焊点的检测和修复成本很高。为了节约检测成本并降低在验证过程中破坏的焊接件的比例，人们花了很多精力来研究焊点的无损检测。

人们尝试了多种方式对电阻焊进行无损评价，如声发射、涡流和 X 射线等用于对电阻焊焊接质量的检测。然而，这些检测方法本身的局限性使得它们不适合在生产线上应用。目前大多数无损检验技术严重依赖于操作者的经验或技能水平，同时将检测设备与生产设备的结合也需要大量的工作。用于电阻焊质量检测的理想的无损解决方案将是对工作场所要求的技能水平和工作程序的变化最小，并能够精确地提供有关焊点质量的信息的系统。

现已证明在生产环境中采用超声波技术对电阻焊质量进行检测是可行的[19-23]，这也是本节讨论的重点。利用超声波技术对焊点内部缺陷进行检测始于 1978 年，使用的是众所周知的“下降回声”的做法。术语“下降回声”贴切地描述了超声波在焊件的各个表面之间来回震荡时产生的一系列的回声组成的波形。这种技术称为 A 型超声波扫描。用回声的时间间隔来测量焊接件内的各种厚度。不完整的焊点会产生大约半区间的回声，而含有缺陷的焊点会显示一系列的包括半区间的回声和较长区间的回声。利用这种技术的难点在于将半区间或更长区间的回声的幅度与焊点的物理特征，尤其是焊点质量联系起来。为避免解释上的困难，一般使用与焊点直径匹配的超声波探头。由于焊点表面形状不规则、不平滑，以及可能存在的焊接缺陷的位置及类型等方面的差异，收集到的信号存在着相当程度的不确定性。使用传感器的自然焦点可以观察到一种重要而常见的缺陷，即冷焊所导致的低幅回声（如 Krautkramer 和 Krautkramer 所观察的[19]）。使回声通过传感器的自然聚焦区域可以提升超声传感器的灵敏度。据报道，由经验丰富、技术精湛的操作者使用这项技术会产生令人满意的结果。

先进的分析技术，如人工智能技术，已用于处理超声波信号。这些处理技术有时称为先进的学习网络[24]、神经网络[25]及其他等。这些人工智能技术已用于帮助解释超声波的波形，它依靠一组称为训练集的实际缺陷来获取设置仪器所需的好、坏波形的数据集。这种做法的问题是，如果缺陷是通过破坏性试验来验证的，那么这个样品就不能再用于训练或测试。类似的人工智能技术也曾应用于核电行业，但大部分建立在这些原则上的设备都已淘汰，转而采用以更加坚实的物理原理为基础的技术。大部分的超声无损设备都基于如前面所述的 A 型超声波扫描技术。在过去的 20 多年中，已开发了用于评价点焊质量的 B、C 型超声波扫描技术[22]。

6.3.1　A 型超声波扫描

由于超声波用于无损检测的鲁棒性和准确性及在其他行业运用的成功，将其应用于检测电阻焊质量的尝试受到极大的关注。

进行 A 型超声波扫描时，固体的内部结构是通过界面反射的一系列超声波回声来表征的。超声波是由压电传感器产生的声波（频率从几兆赫到数百兆赫），它在传播的过程中遇到一个界面（如试样的背面或内部缺陷的表面）时会被反射回传感器中。这个反射界面的位置可以通过超声波在试样中传播的时间来确定。此外，传感器接收到的超声波的衰减、相转化和其他参数也可以帮助表征固体的结构。

下降回声技术是用于测试电阻焊质量的一种 A 型超声波扫描方法。各个回声的时间间隔用来测量焊件中的各种厚度。用于电阻焊质量评价的 A 型超声波扫描的基本原理如图 6.15 所示[26]。图中根据超声波的特性对焊点进行了分类[27, 28]。

焊点质量可通过传感器接收到的回声序列的形状来判断。对应于一个合格的焊点，即熔合充分、尺寸大的焊点，超声波信号通常会显示来自焊点背面的回声和迅速衰减的信号，如图 6.15（a）所示。回声的振幅从初始值迅速下降的原因是通过熔化-凝固形成的焊点的微观组织具有高声衰减特性。回声信号是等间距的，它反映了焊点的厚度。尺寸小的焊点将声束分成两部分：声束的中心部分可以穿过焊点达到焊件的背面再被反射，而靠边缘的声波被靠近焊点的板材界面所反射。因此，除了如图 6.15（a）所示的正常回声序列，还能观察到由板材之间的界面的回声导致的幅度较小的处于正常回声中间的回声，如图 6.15（b）所示。这种情况的发生是由于焊核尺寸小于声束直径，所以在实践中通常使用不同直径的探头测试不同额定直径的焊点。虽然 A 型超声波扫描不能定量地测量焊点尺寸，但它可以揭示焊点是否达到额定尺寸。一个冷焊点的信号与观察到的合格焊点的反射信号非常相似。但有两个细微的差别，如图 6.15（c）所示，两个相邻回声之间的间隔比合格焊点的要大，这是因为合格焊件由于熔合充分，两侧的压痕导致焊件的厚度较冷焊点的顶部和背面之间的距离要小。此外，冷焊点中只在板材界面处有少量的金属经历过熔融和凝固过程，因而具有比较精细的固体结构，而合格焊点具有由凝固产生的大量粗晶组成的微观结构。因此冷焊点对声波的衰减作用比较小，具有更长的回波序列。在无焊点的情况下，只能观察到单层板造成的反射，并以非常缓慢的速度衰减，如图 6.15（d）所示。

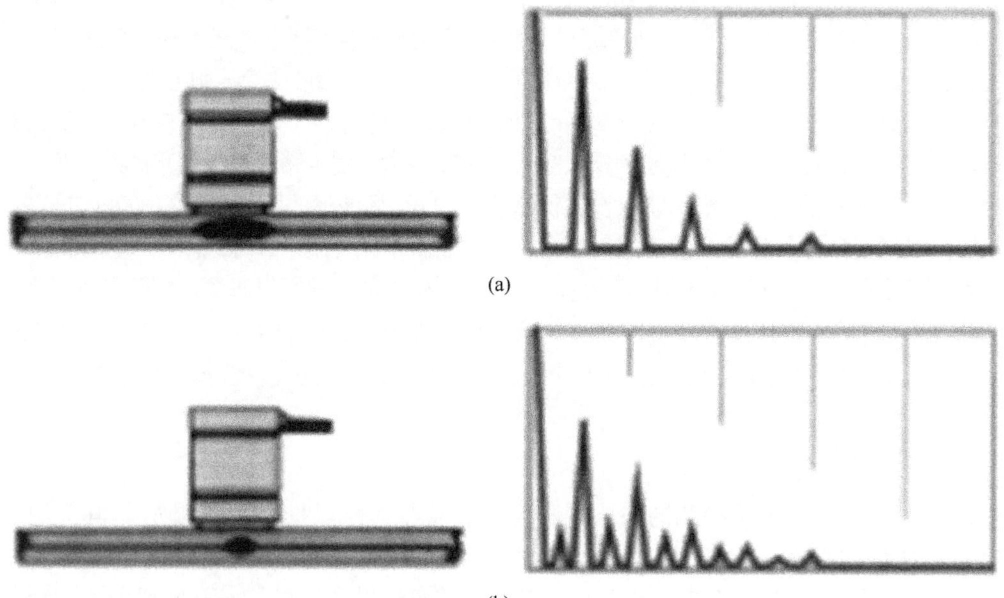

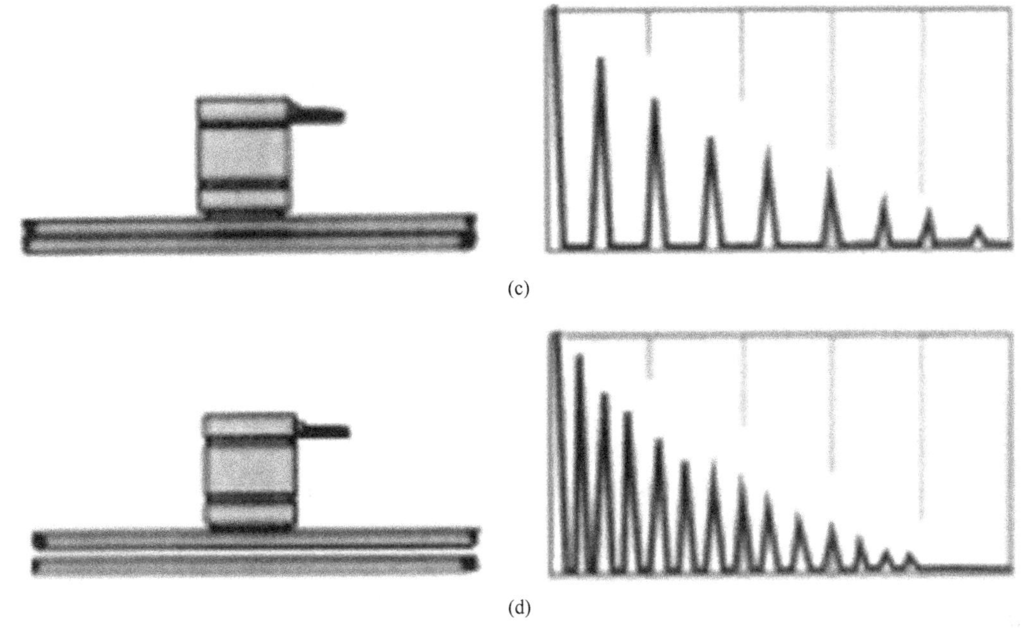

(c)

(d)

图 6.15 A 型超声波扫描原理[26]

由于点焊的变化很多，其几何特征及物理特征复杂多样，导致获取的超声波信号在波幅和序列上通常都存在相当多的不确定性。大多时候，使用 A 型超声波扫描仪检验焊点不是一项简单的工作。同时，很难将 A 型超声波扫描信号与焊点的物理特征或焊接质量直接联系起来。很多因素会影响收集到的信号，如焊件上部和底部的形状和表面光滑程度、焊点缺陷的位置和类型，以及焊点的微观结构等都会对回声信号产生影响。此外，操作者在焊点质量评价方面的专业知识水平及经验起关键性的作用。因此，研究人员致力于将焊点扫描过程和数据分析计算机化。已经研发了一些算法，以实现检测工艺的自动化，减少对检测人员在培训方面的要求和经验的依赖。

A 型超声波扫描测试的精度取决于 A 型超声波扫描仪本身、所测试的部件/焊点及操作者。研究者在美国托莱多大学的材料连接实验室里对一种工业用 A 型超声波扫描系统的重复性和再现性（repeatability and reproducibility，R&R）进行了研究[29]。此外，还通过比较超声波检测结果和破坏性试验结果验证了超声波检测的精度。将测量焊点得到的超声波信号与制造这些焊点所使用的工艺参数之间联系起来，可以对焊接过程的监控起到重要的指导作用。主要的研究结果如下。

1）实验

实验中使用了 0.7mm 的低碳钢（mild steel，MS），以及 1.0mm 和 1.5mm 的双相高强度钢（dual-phase high-strength steel，DP）。由于相同厚度/材料的焊接在钣金行业并不常见，使用了以下不同材料/厚度的组合以反映实际汽车装配中的情况：①组合 1（C1）：MS0.7mm/DP1.5mm；②组合 2（C2）：DP1.0mm/DP1.5mm。

实验中制作了各种不同的焊点，以尽可能地反映实际生产过程中可能产生的焊点的各种特征。制造的焊点有以下类型。

（1）合格的焊点：直径 $d \geq 4\sqrt{t}$，其中 t（mm）为板材厚度。

（2）尺寸过小的焊点：直径 $d < 4\sqrt{t}$。

（3）“极”冷焊点：该焊点在界面上没有或只有很小的熔合区。

（4）“中等”冷焊点：该焊点有比“极”冷焊点大的熔合区，但板材间的结合不足，强度低。

（5）有缺陷的焊点：内部有孔洞和/或裂纹的焊点。

（6）过度变形的焊点：制造焊点时在板材间插入钢丝以造成大的变形。

（7）过度飞溅焊点：使用过高焊接电流制造的焊点。

对各种材料组合进行了广泛的前期实验以确定理想的焊接参数。对上面定义的每一种焊点都采用不同的焊接参数进行实验，并将焊点进行剥离，用目视检查的方法来确定它们是否满足特定的定义。制成的每一类焊点的特征都存在一定程度的变化，有些类别的焊点的变化比其他的要更大些。如图 6.16 所示，对不同的材料组合使用相同的焊接参数，制造的焊点可能具有极为不同的特征。这些用于确定焊接参数的焊点中，只有如图 6.16（a）所示的焊点可以称为合格的焊点。通常，对不同的材料组合需要使用不同的焊接参数以制造合格的焊点。实验中的试样都是使用为每种材料组合单独研发的焊接参数制成的。

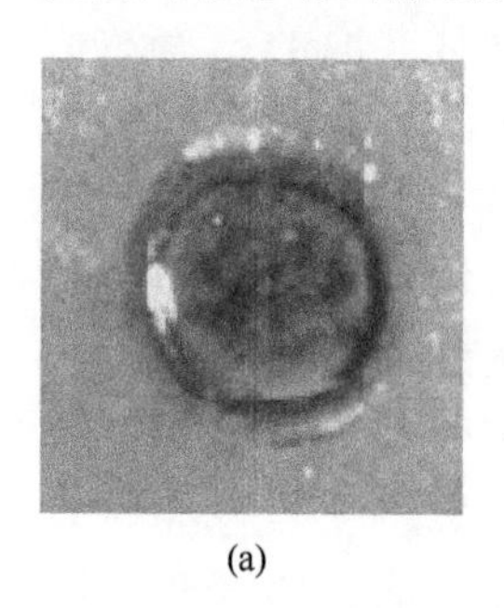
(a)

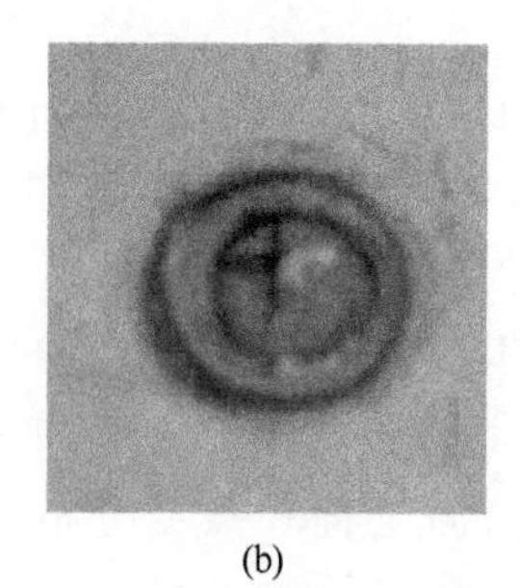
(b)

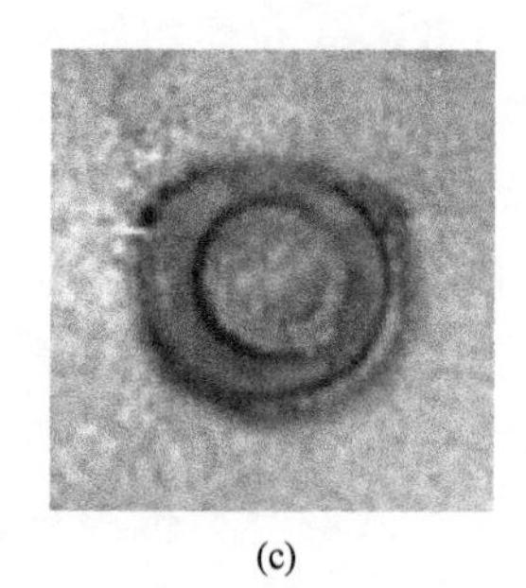
(c)

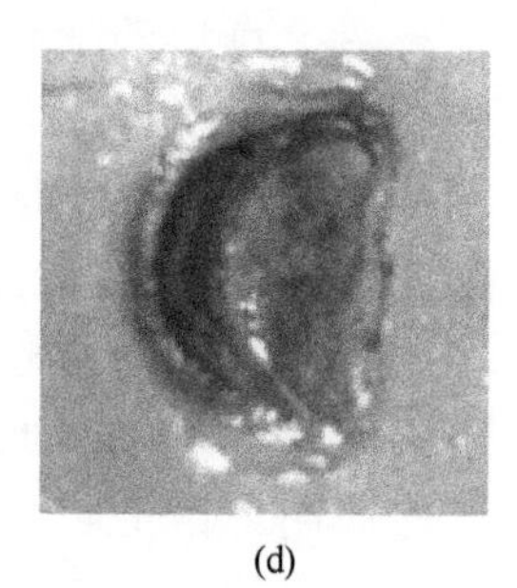
(d)

图 6.16　为“合格焊点”制造的样品

对以上 7 种类型的焊点中的每一种准备了一组试样，每个试样上有 11 个焊点，间距为 1.5in，使用相同的焊接参数。每一组包括 4 个在同样条件下使用相同的焊接参数制作的试样。每一组中 2 个试样先经过超声波检测（简称 UT），再将它们剥离（破坏性试验，简称 DT）进行验证。对剥离得到的焊核进行检查和测量。把焊核剥离检测的结果与超声波检测的结果进行直接比较，可以得到对超声波检测结果的精确性的估计。有选择地对第 3 个试样进行金相截面检验，而最后一个试样留作备份。

实验中总共有 2（材料组合）×7（焊点类型）×4（重复）=56 个焊接试样，由 4 位操作者按随机确定的顺序对焊点进行超声波检测。UT 检测是按以下顺序进行的。

（1）在超声波检测专业人员的帮助下设置 A 型超声波扫描仪。

（2）按照设备生产厂家设定的标准程序对操作者进行使用超声波装置及软件的培训。

（3）对试样进行超声波检测（由 4 位操作者进行）。

（4）数据收集和分析。

2）UT 检测的精度

对每个类型的焊点，先对试样进行超声波检测，再将它们剥离以直接测量和检查。焊点直径是在两个相互垂直的方向上测定的直径的平均值。对非完全剥离的焊点进行近似估算。

通过 UT 和 DT 的比对可知，UT 的精确度取决于焊点类型、材料组合和操作者。图 6.17 和图 6.18 显示了对两种材料组合进行 UT 检测的准确率。操作者在测试 C1 材料组合中表现得相当一致。很明显，“极”冷焊点，即只有极少量的金属被熔化的焊点让超声波仪器和操作者感到迷惑。这一点从不同操作者得到的测量结果之间存在的相当大的差异就可以看出。实际上，任何无损技术应用于冷焊点的检测都存在一定的困难，因为板材界面上很薄的一个熔化层，虽然只能提供非常有限的附着力，但它能使焊接接头具有许多可由无损检测装置检测到的物理特性。另外，大部分“中等”冷焊点（超过 90%）可以准确地检测到。这在很大程度上归因于这类焊点的一致性较高，相比之下“极”冷焊点的差异很大。对有内部孔洞的焊点的观察精度最低，因为产生的焊点中孔洞的尺寸小、数量少，所以很难检测到它们。

C2 材料组合的测试结果显示出很大的差异。如图 6.18 所示，除了对“极”冷焊点和飞溅焊点，操作者对其他情况进行的判断基本是不一致的。UT 的精度受测试焊点类型的影响很大。对过小尺寸焊点的 UT 检测的准确率最差，这与测试 C1 材料组合时观察到的情况有相当大的差异。与 C1 组合相比，这种组合的测试对含有孔洞的焊点精度更高，而对“中等”冷焊点精度较低。图 6.17 和图 6.18 之间的显著差异可归因于低碳钢和高强度钢之间的超声特征的差异。与 MS 相比，DP 钢焊点产生的超声波信号更难分辨。因此，从一类材料的 UT 测试中得到的经验可能无法推广到其他类型的材料中。

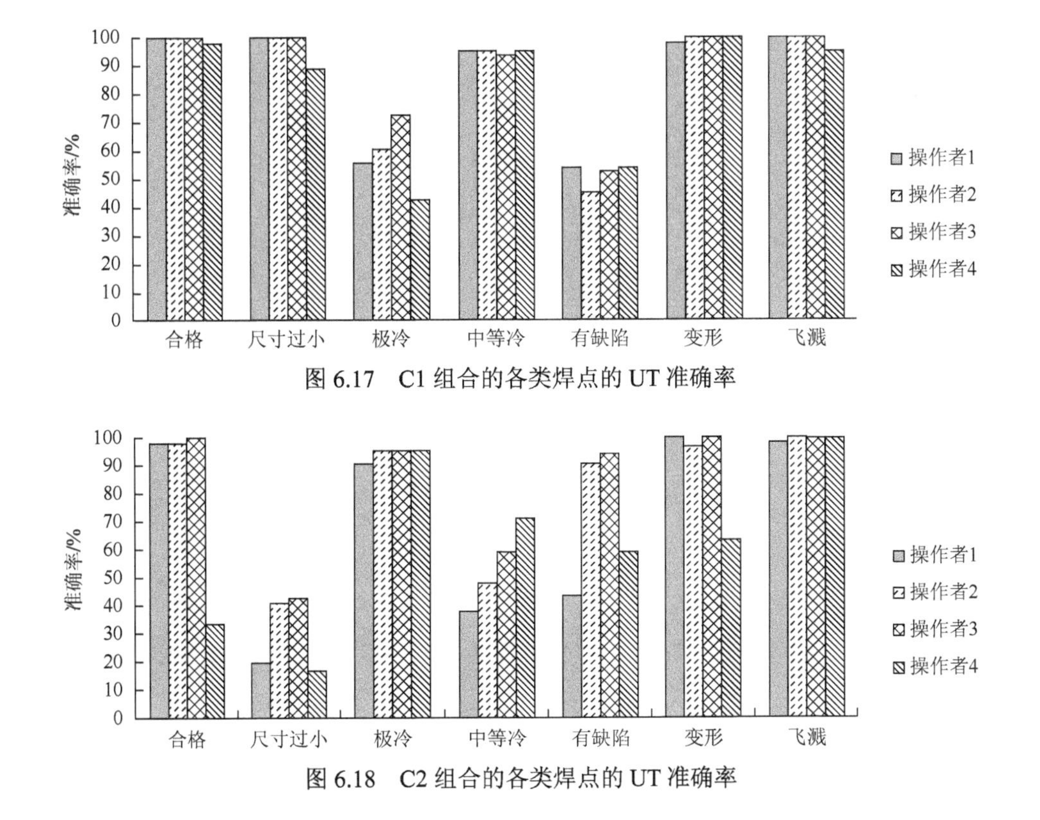

图 6.17　C1 组合的各类焊点的 UT 准确率

图 6.18　C2 组合的各类焊点的 UT 准确率

3）重复性和可再现性

R&R 的研究对各种测量设备进行资格验证都是必要的。对实验中使用的 UT 设备也进行了这种测试，结果如图 6.19 所示。测试的重复性，如图 6.19（a）所示，即由相同的操作者对同样的样品进行测试，显然受材料组合的影响，测量 C2 组合的重复性略低于 C1 组合。操作者之间也有不同：操作者 3 在两种组合中都比较一致，而操作者 1 展示了最大的不一致性。

两种材料组合的整体重复性和再现性如图 6.19（b）所示。对所有操作者来说测量的重复性高于再现性，这意味着相同的操作者有相当一致的判断，不同的操作者使用相同的设备会有明显不同的判断。C1 组合在重复性和再现性方面都比 C2 组合高，这与在图 6.17 和图 6.18 中所观察到的检测精度的结果一致。

4）“通过—不通过”级别的精度

在生产实践中，与依上述将焊点分成 7 类相比，把焊点分为“通过”和“不通过”会更有意义些。把合格焊点放在“通过”组，不合格焊点放在“不通过”组里。焊点合格与否主要取决于相关公司或行业在此方面（经常明显不同的）意见或标准。在这项研究中，“通过”组包含合格的焊点，“不通过”组包含尺寸过小的和冷（极冷、中等冷）的焊点。其他类型的焊点，即那些有内部孔洞、过度变形及飞溅的焊点不包含在上述两组中，因为这些缺陷对焊点质量的影响一般依情况而定。根据这种分类，可以计算检测各种焊点（“通过”与“不通过”）的成功率。“通过”组的成功率是指通过破坏性试验而确定的真实合格焊点，占所有通过超声波检测而确定的合格焊点的比例。“不通过”组的成功率是指（通过破坏性试验测得的）真实不合格焊点占所有通过超声波检测的过小的或过冷的焊点的比例。

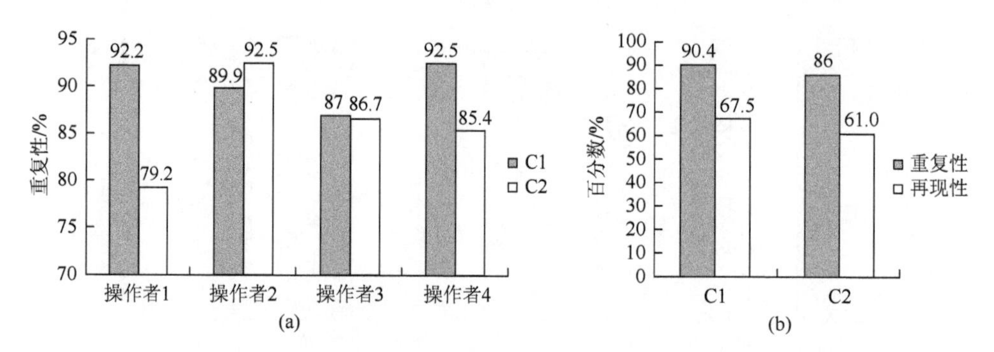

图 6.19　C1 和 C2 组合中操作者的重复性（a）和 C1 和 C2 组合的整体 R&R（b）

为简单起见，将焊点进行以下四种分类。

（1）UT 结果“合格”，DT 结果“合格”。

（2）UT 结果“合格”，DT 结果“不合格”。

（3）UT 结果“不合格”，DT 结果“合格”。

（4）UT 结果“不合格”，DT 结果“不合格”。

因此，“通过”组包括 1 类和 2 类，“不通过”组包括 3 类和 4 类。不管焊点“合格”或“不合格”，1 类和 4 类意味着 UT 的测量是准确的，而 2 类和 3 类意味着 UT 的测量是不准确的。用这种分类可很容易地计算出 UT 的准确率：在“通过”组中，用 1 类的焊点数量除以 1 类和 2 类焊点的总数。3 类和 4 类中的焊点是被 UT 确定为不合格的焊点。准确的测量结果，即通过破坏性试验证明了的不合格的焊点属于 4 类。因此，“不通过”的准确率可用 4 类的焊点数与 3 类和 4 类的焊点总数的比值来表示。

UT 的精度受操作者和材料组合的双重影响。在研究中，以操作者个体和整体为单位，对每一种材料的组合计算了“通过”和“不通过”的准确率。表 6.2 列出了 UT 和 DT 的测量结果。

在 C1 组合中，所有的操作者在测试“通过”组中的合格焊点的准确率都比“不通过”组中的高（图 6.20）。但如图 6.21 所示，C2 组合的结果虽然也具有类似的趋势，但“通过”组与“不通过”组之间的准确率存在着显著的差异。单个操作者在对两种材料组合进行“通过”和“不通过”测试的准确率如图 6.22 所示。它显示了与图 6.20 和图 6.21 相同的趋势。应该注意的是，“不通过”组的低准确率对焊件安全性和完整性没有影响，因为在这一组里的误判意味着一个合格的焊点。真正有影响的是由错误的信号导致的不必要的维修工作和改变焊接参数。因此，为确保焊点质量和避免生产的中断，需要将“通过”组和“不通过”组的准确率保持在一定的水平以上。

表 6.2　UT 和 DT 的试验结果

组合	破坏性试验	超声波检测							
		操作者 1		操作者 2		操作者 3		操作者 4	
	DT（通过）	UT（通过）	UT(不通过)	UT（通过）	UT(不通过)	UT（通过）	UT(不通过)	UT（通过）	UT(不通过)
C1	168	164	4	163	5	163	5	154	14
C2	120	72	48	84	36	81	39	62	58
	DT(不通过)	UT（通过）	UT(不通过)	UT（通过）	UT(不通过)	UT（通过）	UT(不通过)	UT（通过）	UT(不通过)
C1	45	6	39	5	40	7	38	3	42
C2	51	19	32	9	42	25	26	6	45

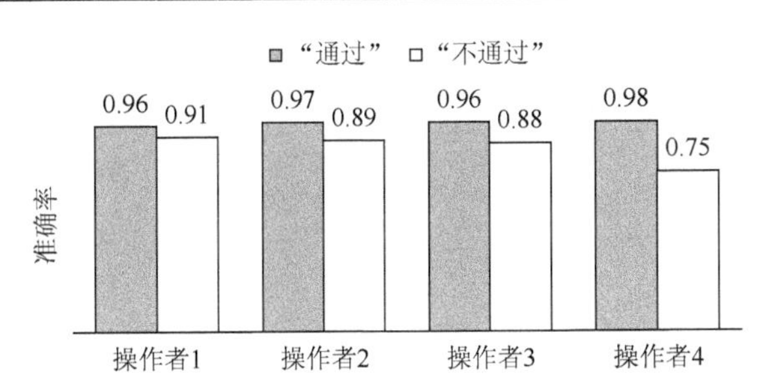

图 6.20　C1 组合的“通过”与“不通过”的准确率

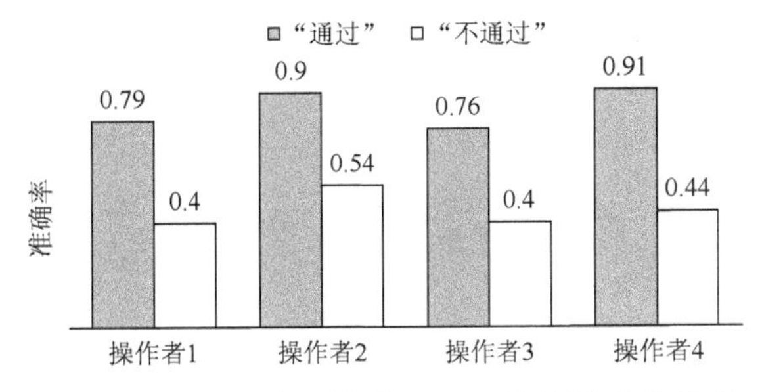

图 6.21　C2 组合的“通过”与“不通过”的准确率

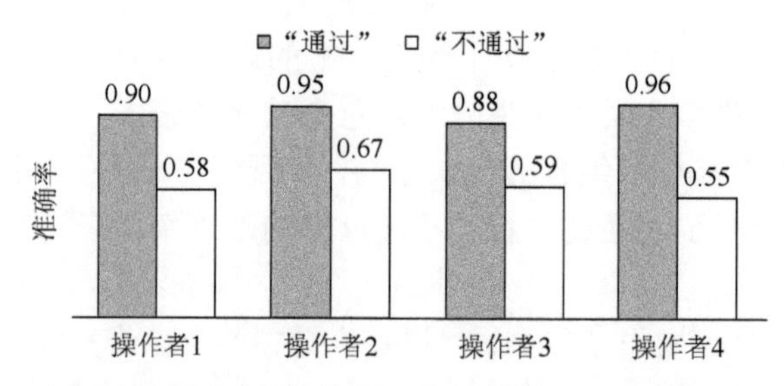

图 6.22 整体的"通过"与"不通过"的准确率

5）UT 操作者的层次分析（AHP）

很显然，UT 装置的测量结果依赖于操作者。前述的测试结果可用来获得关于操作者技能水平的基本信息，并确定操作者是否适合使用该 UT 设备进行测量。层次分析法（analytic hierarchy process，AHP），是 Saaty 和 Vargas 研发的用来了解操作者影响力的多准则决策法[30, 31]。

AHP 主要用于决定优先顺序和制定最佳决策。AHP 是通过一对一的比对，对满足一定准则的替代方案进行评估，得到设定范围内的比例值用以进行判断。AHP 是对替代方案通过一对一的比对，根据相应准则得出一种替代方案相对于另一种替代方案的优先强度和等级。在 AHP 中，复杂的决策过程可以简化为对替代方案的一对一的比对，并产生合理的决定[32]。

在这项研究中，使用了在线 AHP 软件[32]对测量的可重复性和操作者的准确率进行了 AHP 分析。把两种材料组合的结果进行汇总，且使得可重复性的重要性（=0.5）和操作者的准确率（=0.5）达到平衡。根据操作者在 UT 测量时的准确率和可重复性对他们进行排序，结果如图 6.23 所示。这种通过 AHP 得到的层次决策决定了操作者的排序（根据他们的工作质量）如下：操作者 3、操作者 2、操作者 4 和操作者 1。这种分析法可用于确定最合格的 UT 试验位置操作者，以及操作者是否需要再培训。

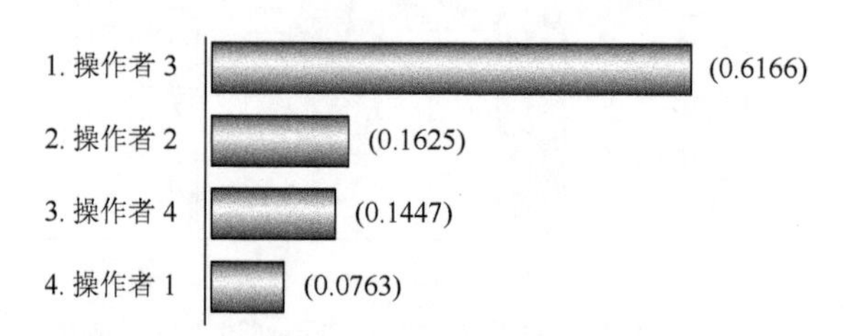

图 6.23 根据重复性和准确率的数据通过 AHP 分析得出的操作者排名

总之，上述试验结果表明了 UT 测量对材料/组合、焊点类型和操作者的依赖关系。使用 UT 测量低碳钢焊点的准确率和一致性比 DP 钢高，并且操作者对测量的可重复性影响很大，这种依赖性也取决于材料组合的种类。

6.3.2 B 型超声波扫描

历史上，B 型超声波的概念始于 20 世纪 40 年代初第一部雷达系统发明时，至今已有多个在用的版本。焊点的B超图像与其金相截面的图像类似；它代表了当传感器扫过焊点时产生的一系列的回声响应。回声响应与超声波束的形状有关，一般可覆盖焊件的相当大的部分。可以把B超作为将一系列的A型超声波扫描信号旋转90°，并用彩色码代表信号的幅度而形成的（图6.24）。该图显示了焊件上不同位置的A型扫描信号。在每个位置上，传感器都会接收焊件的顶部和底部之间产生的一系列的回声。把它们按比例缩放使之嵌入焊件中。然后用颜色为回声的信号强度编码，将每个超声波的传播时间（对应于距离）上的信号强度（颜色）连成计算机图像中的一条由彩色像素组成的线，如图6.24所示。传感器扫描过的每个位置都可以得到这样的一条彩色像条，一系列这样的回声信号形成的图像称为B扫描。图6.24清楚地显示了焊件的横截面，包括上基材、压痕和焊核区域。

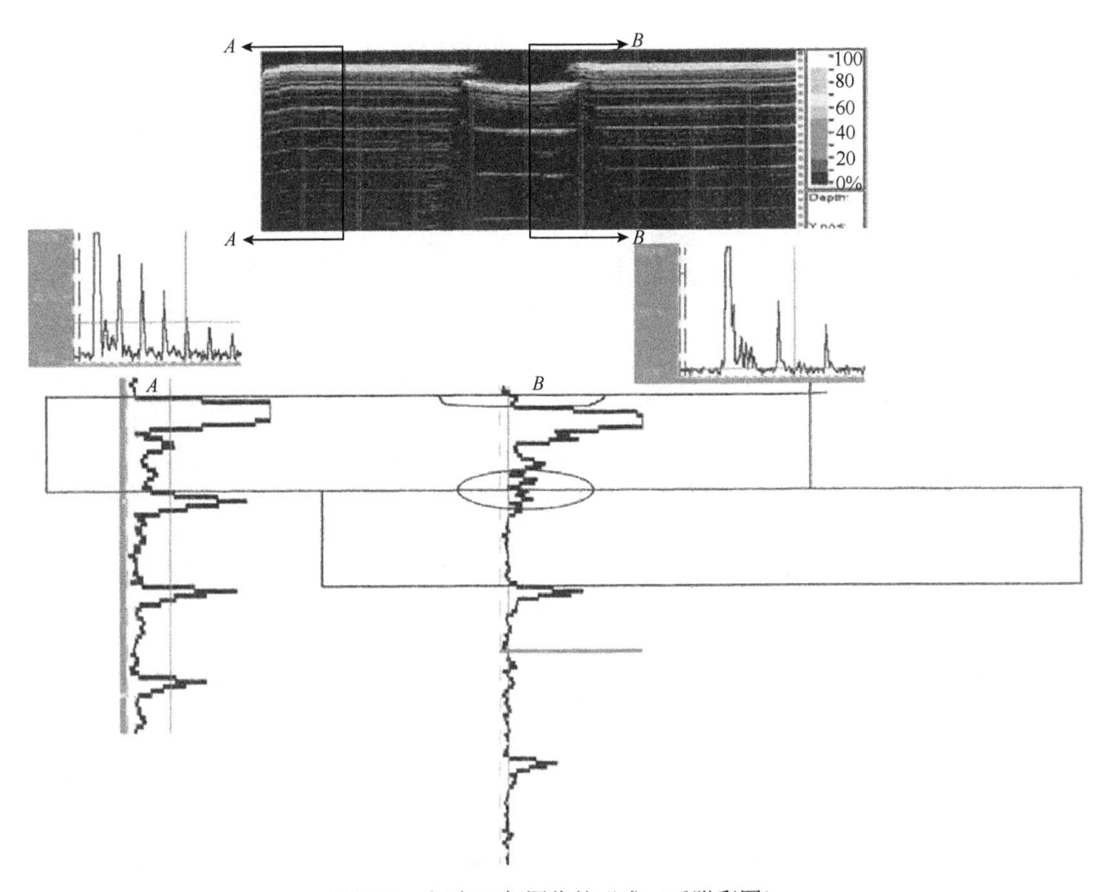

图6.24 焊点B超图像的形成（后附彩图）

B超检测的重要指标是超声波对焊件的顶/底部表面，以及焊件内异常处的位置和尺寸测量的精确度。图6.25是由Applied Metrics[22]生产的B超焊点检测系统的示意图。它由高分辨率的扫描编码器组成，并具有实时解决高分辨率厚度数据的能力。这是一个专门为汽车制造环境研发的焊点扫描仪，使用同一个探头可以对宽度范围为4～12mm的焊核进行测量。所需的耦合剂（流体）被特制的吸附系统回收，而传感器的移动路径允许所测焊点与最近干扰物的最短距离为 6mm。

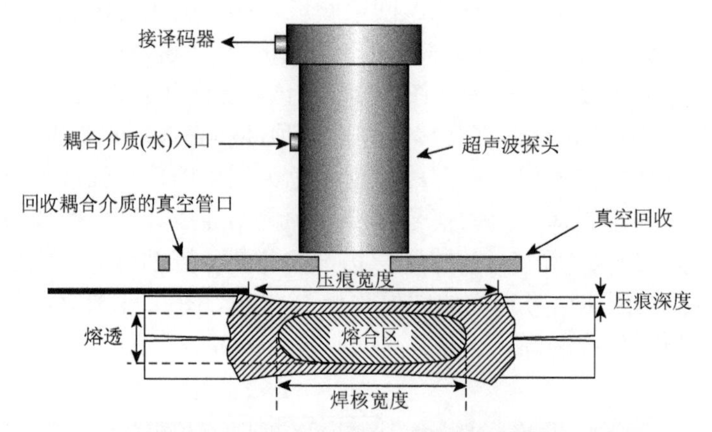

图 6.25　基于 B 超的焊点质量检测系统

B 型超声波的管状探测器包含如图 6.26 所示的由一个标准的沉浸式传感器组成的探头。管状传感器的长度决定了其与被探测物的距离，以此保证超声波束聚焦在正确的距离。在管状传感器和焊件之间使用了一个套管，用以容许焊件表面的不规则性。此外，套管还具有将使用过的水（作为耦合剂）回收的功能。这样的传感器可以方便地用于手动操作和使用机器人操作。

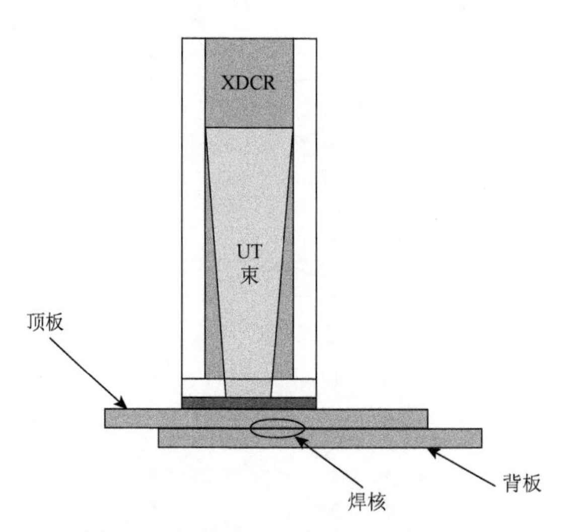

图 6.26　探头设置示意图（后附彩图）

图 6.27 显示的是使用上述系统生成的一个合格焊点的 B 超图像。可以看到焊点的左、右两侧的板材的上表面都清晰可见。板的上表面以下显示了 5 个可用来精确测量上板厚度的回波。如前所述，上板的厚度可用于计算合格焊点的最小尺寸。可利用上板的反射信号对超声波系统进行原位校准。焊点的上表面在图的中部，图像显示左侧有较深的电极压痕。从该图可以看到，电极面的形状比较平坦，因此可以肯定电极基本无磨损。紧接电极压痕的是两个可用于测量焊点厚度和熔融区长度的回声。

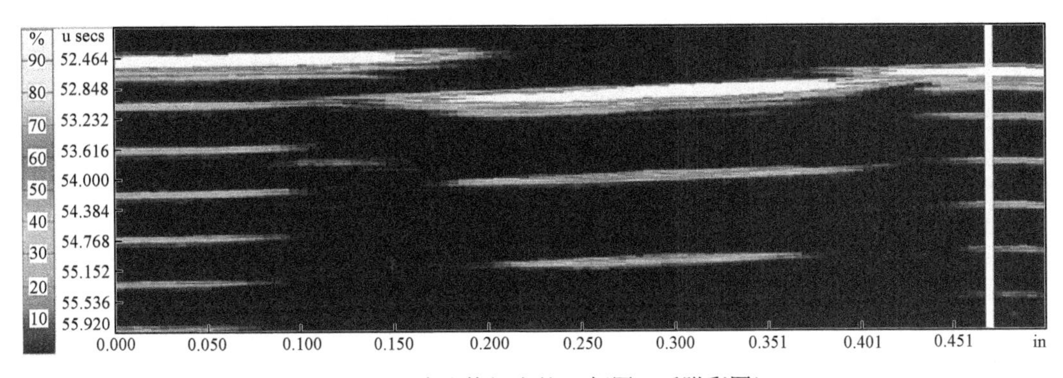

图 6.27　一个合格焊点的 B 超图（后附彩图）

6.3.3　使用 B 超系统检测各种焊点

B 超系统已成功应用于测量具有各种几何特征的焊点[23, 33]。图 6.28 是 DP600 钢板上的一个合格焊点和它的 B 超图像。其特点是，在接触界面的熔融区域足够大，焊核宽度足够大，压痕足够深，且无飞溅迹象。一个好的焊点的图像只在焊核区内有从顶板表面和背板表面的反射。图像中在焊核区内没有发现其他的反射或回声，这意味着焊核内不存在未熔融区、夹杂物或孔洞。一个低碳钢的好焊点也具有类似的特征（图 6.29）。

图 6.28　一个合格焊点的 B 超图像（DP600 钢）

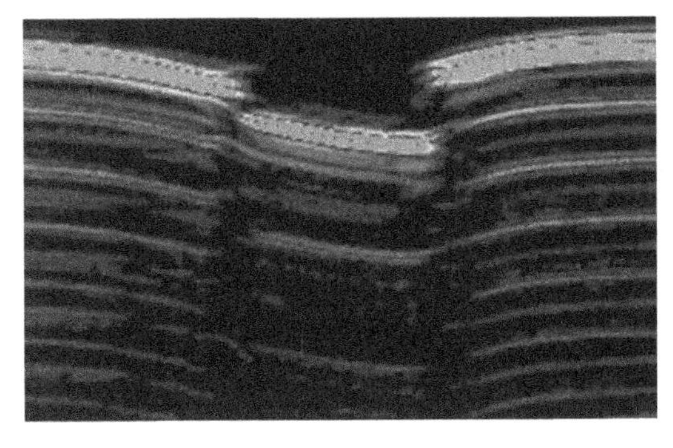

图 6.29　一个合格焊点的 B 超图像（低碳钢）

对一系列试样扫描后，将样品切开以观察焊件的内部结构。与 B 超的扫描结果的直接比较列在表 6.3 中。

表 6.3　B 超测量值和直接金相检测值之间的比较

参数	良好焊点		冷焊点		含孔洞焊点		尺寸过小焊点		变形焊点	
	B 超测量	金相检测	B 超测量	金相检测	B 超测量	金相检测	B 超测量	金相检测	B 超测量	金相检测
板厚/mm	0.7		0.7		0.75		0.75		0.7	
焊核宽度/mm	4.25	3.526	2.80	2.116	4.98	4.794	2.83	2.290	4.78	3.410
压痕宽度/mm	4.51	4.048	3.16	2.621	4.76	4.612	2.56	2.285	5.92	4.586
压痕深度/mm	0.19	0.093	0.03	0.026	0.08	0.074	0.11	0.079	0.79	0.634
孔洞尺寸/mm	N/A	N/A	N/A	N/A	0.95	0.794	N/A	N/A	N/A	N/A

冷焊点的特点是原始板材的界面处基材存在部分或不完全熔合。熔融面积太小、太浅以致无法形成一个工程意义下的焊核。由冷焊连接的板材可以很容易地被拉开，有时会在界面（断裂面）上留下一些小的凸起。一个冷焊点的 B 超图像，如图 6.30 所示，通常有一个极浅的电极压痕，在（焊接过程中）电极接触面的投影区域内可以清楚地看到从上层板材底面的反射，但没有来自于下层板材的底面的反射信号。与其他类型的焊点不同，冷焊点具有不同程度的熔合，因此产生不同的 B 超信号。

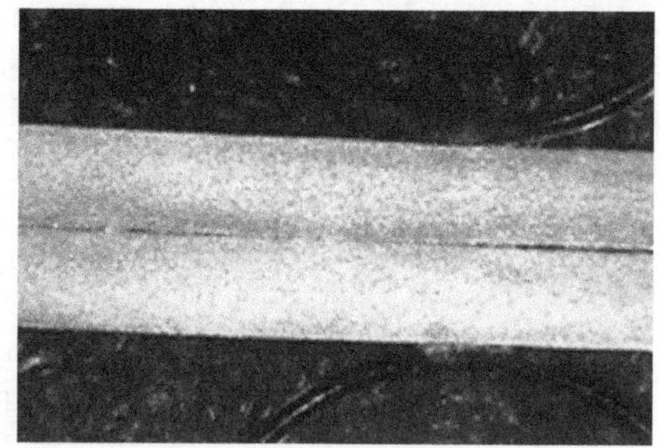

图 6.30　DP600 钢中的冷焊点

B 超技术能够在超声波束的方向上检测介质的不连续部分。图 6.31 显示了用中空电极制成的有裂纹（未熔合的界面部分）的焊点的图像。应该注意的是，包含孔洞或裂纹的焊点在剥离载荷的作用下也有可能产生纽扣状的剥离焊点。用 B 超，凭借孔洞/裂纹的顶部的反射信号，会很容易检测到孔洞/裂纹的存在。

过小尺寸焊点在板材界面处完全熔融，但这种熔融的区域过小，导致尺寸过小的焊核（比对特定板厚推荐的最小焊核尺寸更小）。由于 B 超可直接测量焊核宽度，所以能很容易地检测过小尺寸焊点（图 6.32）。过小焊点的超声波图像的电极压痕深度较浅，且其宽度较窄。

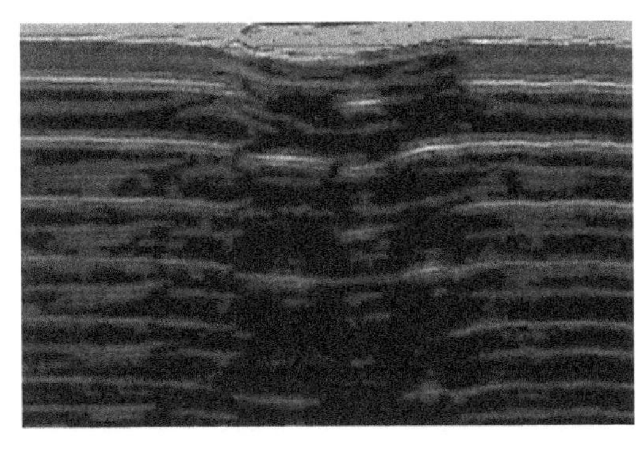
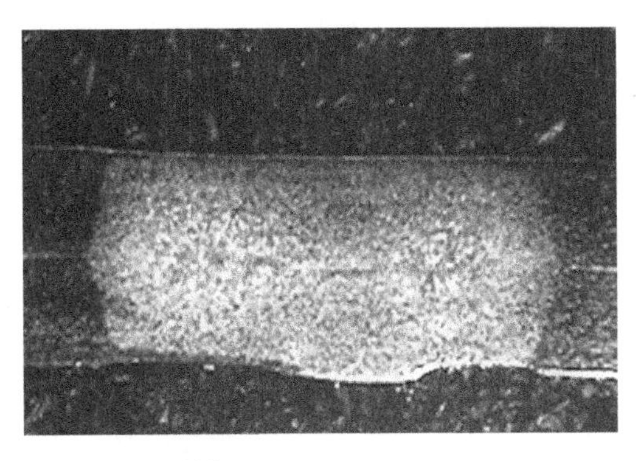

图 6.31　低碳钢焊点中心的孔洞/裂纹

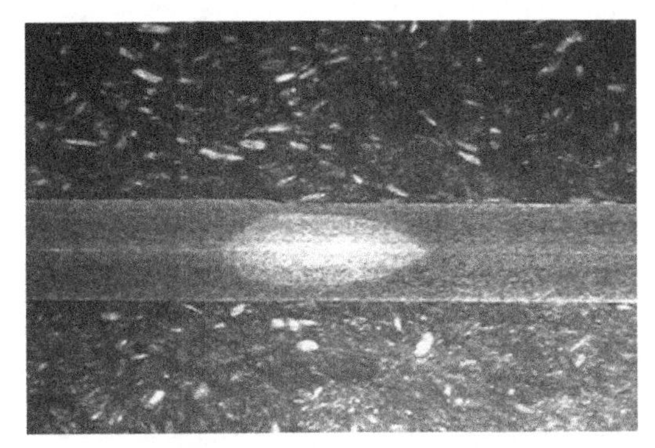

图 6.32　低碳钢的过小焊点

B 超还可以检测焊点的其他几何特征。例如，它可用来定量地描述板材的压痕、分离和过度变形。图 6.33 是一个有过度飞溅的焊点，导致了板材较大的分离和较深的电极压痕。

表 6.3 显示了直接的金相检测值和 B 超图像之间有相当好的一致性，这表明 B 超技术可用于电阻焊质量的无损评估。

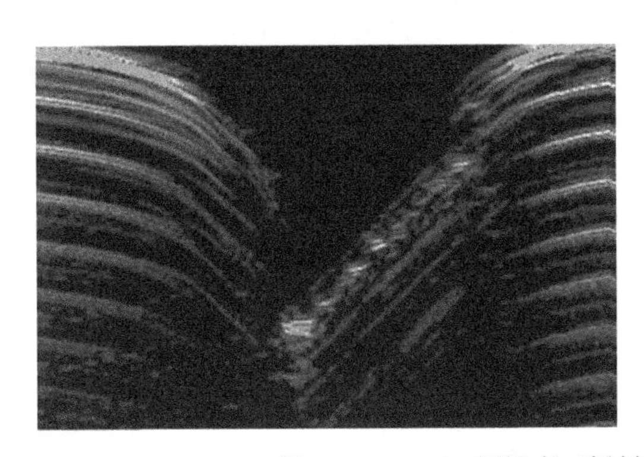
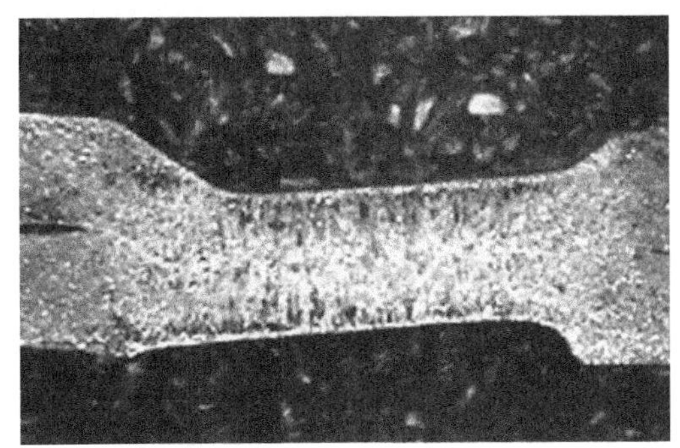

图 6.33　DP600 钢焊点（板材分离、深压痕和沿界面飞溅）

6.3.4　冷焊点的鉴定法

作为一种不合格的焊点，冷焊点是一个很特殊的类别，它们的鉴定对焊点质量的超声检测系统来说是一个挑战。冷焊点在板材之间的熔融程度很低，焊核很薄甚至完全无焊核。超声检测冷焊点的困难在于这些焊点“冷”的程度不同，即金属的熔融数量不同。本节将B超图像特征与冷焊点冷度联系起来，有助于解释B超图像的实际应用。

使用1mm镀锌软钢板制造了一组冷度不同的焊点。焊接时间固定为10个周波（167ms），保持时间为50个周波（836ms），电极力为600lb（2.67kN）。唯一的变量是电流。通过控制热输入量，在板材之间产生不同的熔融量，从而生成不同冷度的焊点。

在B超图像中超声波信号的强度由各种颜色表示，这为用视觉识别板材之间的附着力提供了一个途径。焊接中使用的最小焊接电流为5000A。实际试样中被分离的界面和对应的B超图像如图6.34所示。B超图像中对应于焊接过程中被电极挤压的中间部分与基材部分的差异很小，说明该区域的熔融量很小或不存在。剥离的样品上仅有锌镀层的熔化的现象证明了这个判断。

将焊接电流增加了500A，如图6.35所示，焊点的B超图像与前一个焊点的差异很小。不过，断裂面上可以看到，除了镀层中的锌熔化，在接触面的中心区域有一些基材熔化，但是数量非常有限。

当电流升高到6500A时，虽然仍是一个冷焊点，B超图像开始显示焊接区域和基材之间的差异。如图6.36所示的B超图像上的彩色线不再连续，表明在接触界面有熔融区。断裂面显示了一个较图6.35中的断面更大的、更粗糙的熔融区。

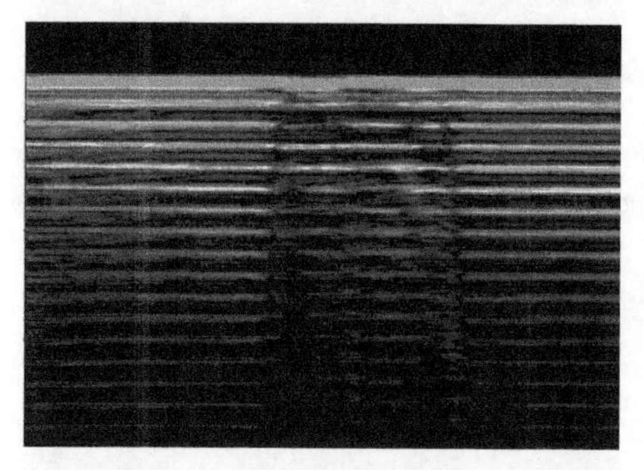
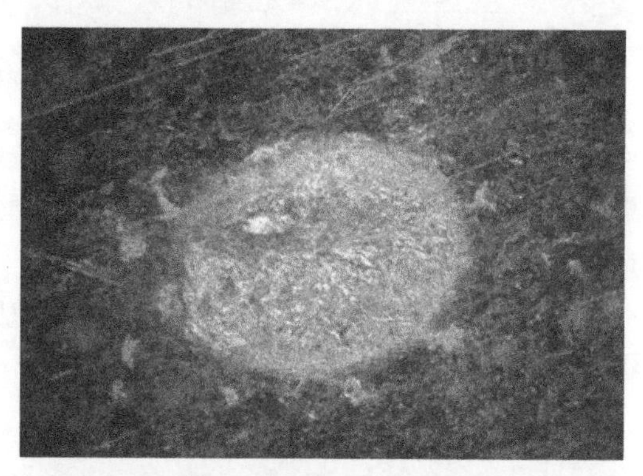

图6.34　冷焊（电流=5000A）的B超图像和沿板材接合界面的断裂面（后附彩图）

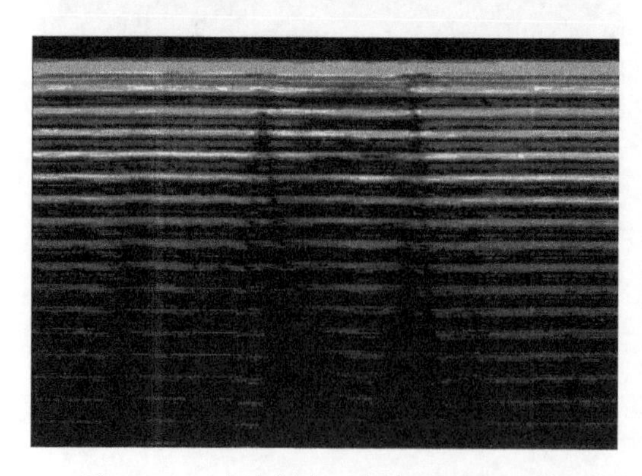
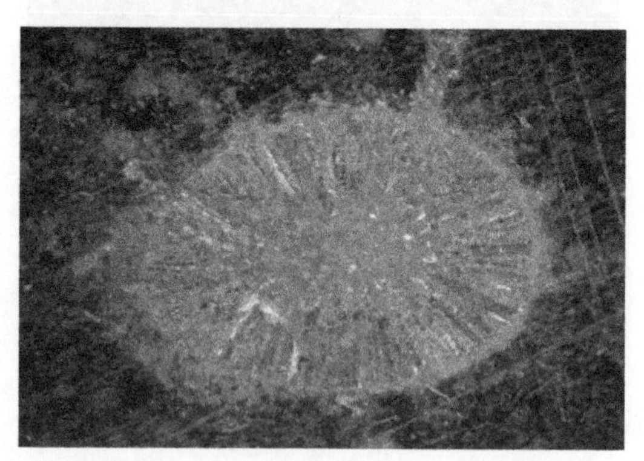

图6.35　一个冷焊点（电流=5500A）的B超图像和沿板材接合界面的断裂表面（后附彩图）

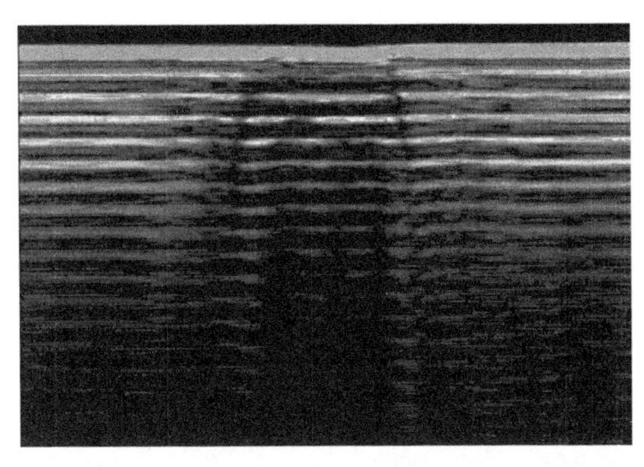
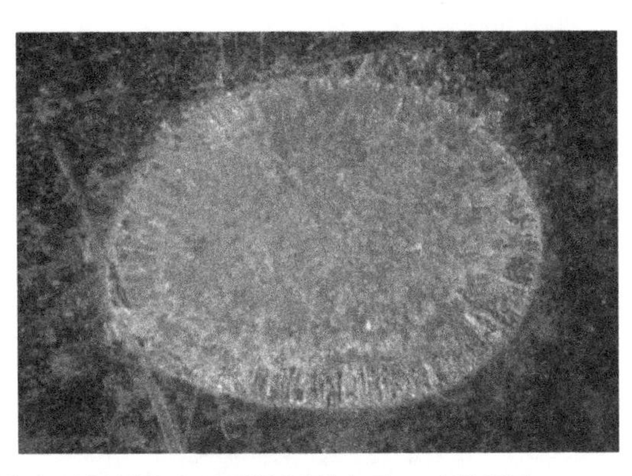

图 6.36　一个冷焊点（电流=6500A）的 B 超图像和沿板材接合界面的断裂表面（后附彩图）

将电流增大到 8000A 时，可以制成一个焊点，如图 6.37 所示。由图可知，在焊接过程中受电极挤压的区域表现为一个（约）双层板厚度的与临近单层板材不同的区域。这个焊点的压痕也比之前的焊点更加明显。在焊点的中心可以看到一个由熔融金属环包围的未熔融区。这一点通过图中的焊件的断裂面得到证实，可以看到在焊点中心处有大面积的平滑区域。由于焊点内的熔融不充分及大裂纹的存在，所以进行剥离试验时沿界面断裂。

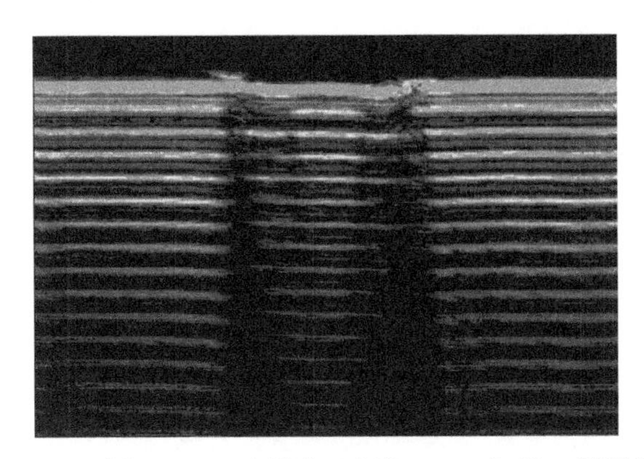
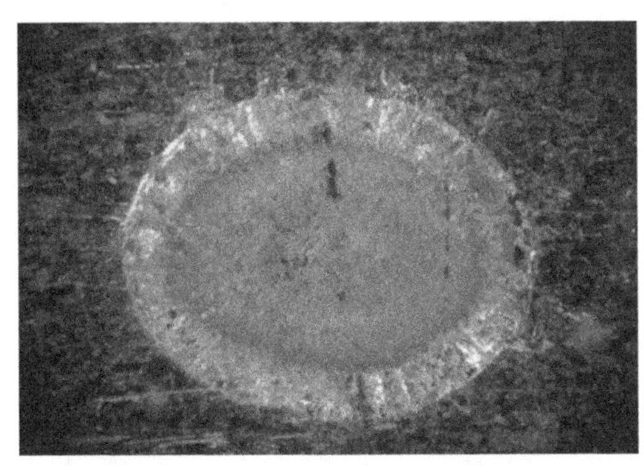

图 6.37　一个焊点（电流=8000A）的 B 超图像和沿板材接合界面的断裂表面（后附彩图）

将电流进一步增加至 9000A 会产生一个小焊核，如图 6.38 所示。此时的 B 超图像具有常规焊点的特性，但可以看到，熔融区的尺寸或焊核宽度比较小。对该焊点的剥离试验生成了一个比较粗糙或多粒的断裂表面，表明基材有一定的熔融。当再增加 500A 的电流时，就可以制成一个合格的焊点（图 6.39）。进行剥离试验时，可以拉出一个纽扣状的焊点，不再具有前述焊点的"冷度"。由上述分析可知，B 超信号/图像可以有效地表明焊点的黏附度或冷度。

通过比较由不同焊接电流制成的各种焊点的 B 超图像，可以总结出根据 B 超图像鉴定焊点特征时需要注意的一些方面。

（1）区分由不同界面反射的彩色线条很重要，包括颜色（强度）和线条的厚度。图 6.39 为一个典型焊点的 B 超图像上的彩色线条。由于压痕较小（所以 B 超中由板材分离引起的变形比较小），可以使用基材部分的反射信号为参考来描述焊接区内的结构。第一条线是板材（压痕）的表面。这条线亮且厚，是在板材表面上多次反射的结果。它在压痕的边缘略微弯曲。比较图 6.34 和图 6.39 可知，在冷焊点（图 6.34）中第一条线相当直。一条弯曲的线对应着焊接区内的熔融现象。第二条线对应的是顶板下表面的超声波反射。当焊点是冷的时，可能有也可能没有颜色或厚度的改变，这条线从基材延伸进焊点区（图 6.34），表明接合界面处没有或只有很少的熔化。当热量输入增加时，焊接区内的线条部分变暗且模糊。

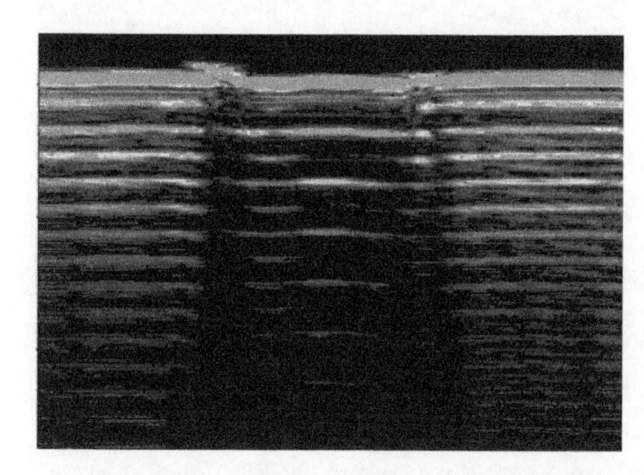

图 6.38　一个焊点（电流=9000A）的 B 超图像和沿板材接合界面的断裂表面（后附彩图）

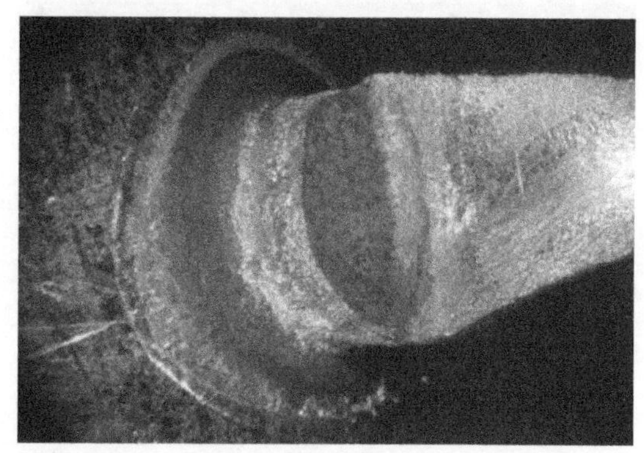

图 6.39　一个焊点（电流=9500A）的 B 超图像和焊点剥离的断裂表面（后附彩图）

（2）仅从第二条线来判断熔融是否充分是不够的。即使在焊接区有充分的熔融，这条线也可能是明亮的，这是由于最初的板材的接合界面处的熔化和凝固过程与焊点中其他部分不同造成的结构上的差异而产生的反响造成的。然而，如果原始板材界面处有一定量的熔融，虽然这部分固体也会反射超声波，但如第四条线所示，它反射的信号与原始界面处未熔融或只有轻微熔融的情况是不同的。比较图 6.36 和图 6.39，两图中第二条线都清晰可见，但它们的第四条线却截然不同。冷焊点（图 6.36）中的第四条线是明亮的，这是由于焊接区内的板材变形和少量熔融部分的存在形成的反射导致这条线的厚度增加。而一个好的焊点（图 6.39）的第四条线很细，甚至很难观察到，这是因为其充分熔合区会使超声信号快速衰减。因此，可以用第四条线与第二条线一起来判断接合界面的熔融程度。

（3）B 超回声模式的衰减率反映了微观结构的粗糙度和反射界面的平滑性。根据 B 超图像研究超声波的衰减，有助于粗略了解材料粘连的结构特征。

6.3.5 焊点特征和焊接强度之间的关系

人们通常使用一些焊点特性如焊点尺寸和压痕来评价焊接质量，这意味着一种默认的焊件的几何特性与焊点的性能或强度之间的对应关系。因此，为了正确地利用破坏性的或无损检测的手段，以便通过焊点的几何尺寸来评价焊点的质量，建立一个焊点特征与焊点强度之间的对应关系是必要的。可以在对焊件进行破坏性试验之前先利用 B 超检测系统来测量焊点的几何特征，从而建立上述关系。下面是建立一个 AHSS 钢板焊点的冲击性能与通过 B 超获得的几何量的关系的尝试[34]。

使用4种不同的焊接参数来获得具有各种特征的AHSS钢的焊点。在进行冲击试验前，用 Applied Metrics 公司生产的 B 超扫描仪对试样进行扫描，以确定其物理特征，如焊核宽度、压痕深度和宽度等。相关的试件、测试装置和测试程序等见第 4 章。然后，将焊件的测量尺寸与冲击性能联系起来，如冲击能量和峰值载荷。

对这种 AHSS 钢板来说，焊核的宽度和冲击能量之间没有明确的依赖关系（图 6.40）。与通常观察到的（准）静态拉伸-剪切试验不同，大的焊点并不一定意味着高的冲击强度。然而，试件的冲击强度与断裂模式密切相关。对于相似尺寸的焊点来说，一个从两块板材上完全分离的焊点对应着最大的冲击能量，而低的冲击强度对应着沿原始界面的断裂。这有力地表明，除了焊点尺寸，焊接结构也决定焊点性能。试验还观察到冲击能量对焊点厚度的依赖性很小（图 6.41）。通常，比较薄的焊点厚度对应于比较大的焊核的熔透率，产生一定的黏附强度。该图又显示了完全的焊点分离比其他断裂模式具有更高的强度。对这种材料来说，电极压痕与焊点的冲击强度有很紧密的关联。由图 6.42 和图 6.43 可知，在大多数情况下，冲击能量和峰值载荷随着压痕深度增大而单调上升。冲击能量在压痕为 0.7mm 时最高，压痕约为 0.6mm 时峰值载荷最大。进一步增加的压痕深度实际上削弱了焊接件强度，从而导致能量和峰值载荷呈降低的趋势。

要注意的是这里得到的结论与所研究的材料密切相关，不同的材料焊点特征和焊接性能之间的关系不同。这种关系对于无损焊接质量的评价至关重要。

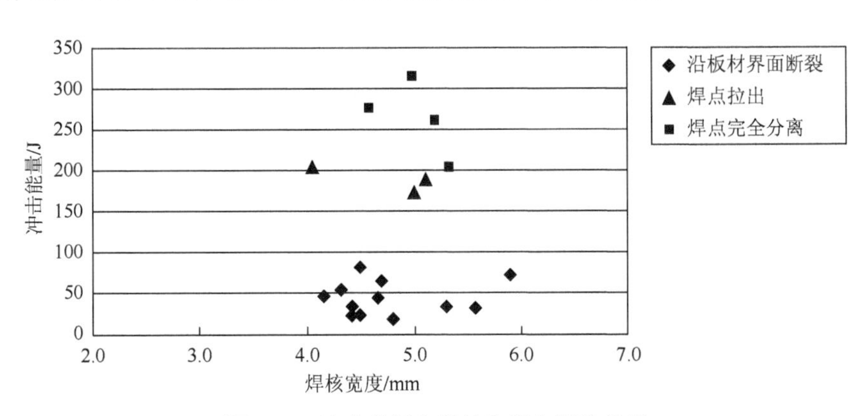

图 6.40 冲击能量和焊核宽度之间的关系

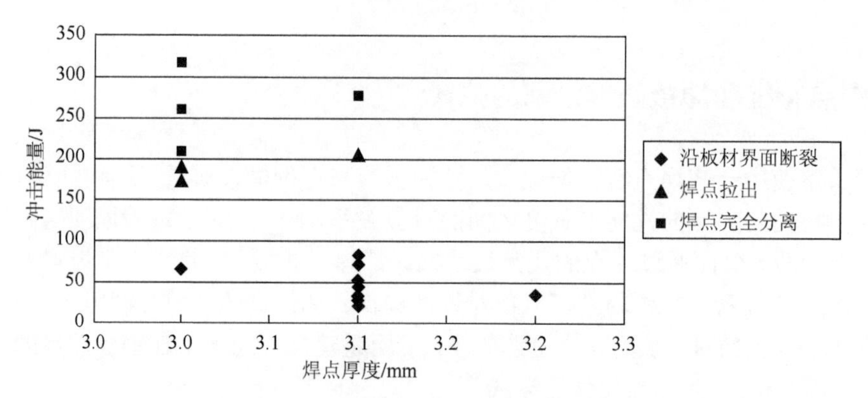

图 6.41 冲击能量和焊点厚度之间的关系

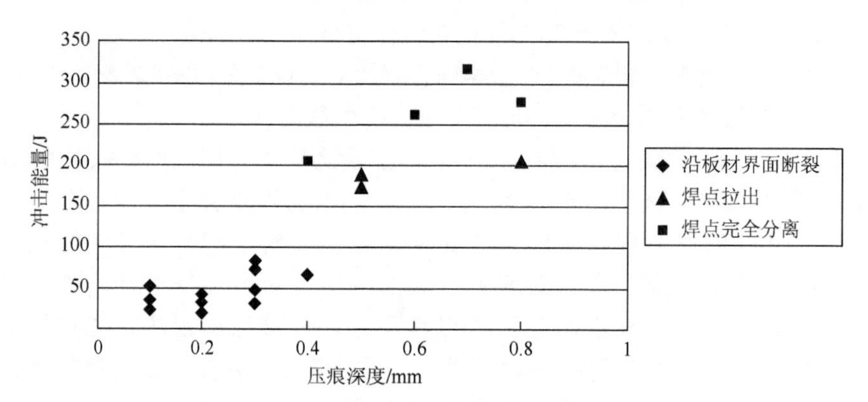

图 6.42 冲击能量和压痕深度之间的关系

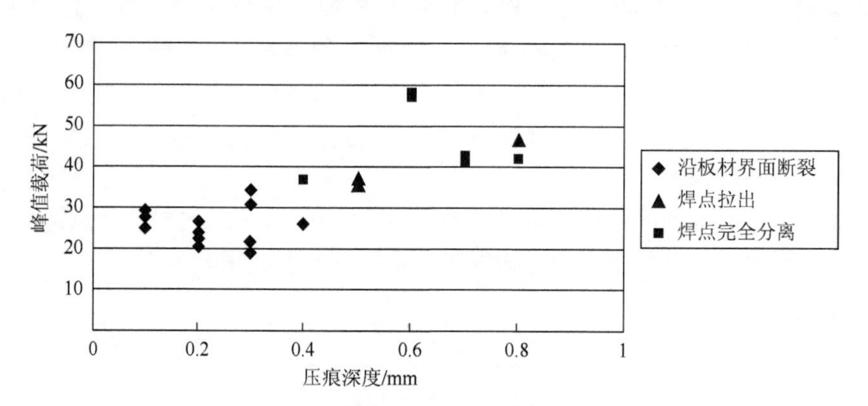

图 6.43 峰值载荷和压痕深度之间的关系

参 考 文 献

[1] AWS A3.0：2001. Standard Welding Terms and Definitions；Includes Terms for Adhesive Bonding，Brazing，Soldering，Thermal Cutting，and Thermal Spraying. The American Welding Society（AWS）and the American National Standards Institute（ANSI）. Miami，2001.

[2] AWS D8.7. Recommended Practices for Automotive Weld Quality-Resistance Spot Welding. American Welding Society. Miami，2004.

[3] Zuniga S M，Sheppard S D. Determining the constitutive properties of the heat-affected zone in a resistance spot weld. Modelling & Simulation In Materials Science & Engineering，1995，3（3）：391-416.

[4] Gao Z，Zhang K. Comparison of the fracture and fatigue properties of 16MnR steel weld metal，the HAZ and the base metal. Journal of Materials Processing Technology，1997，63（1-3）：559-562.

[5] Procedure for Spot Welding of Uncoated and Coated Low Carbon and High Strength Steels. Resistance and Related Welding Processes. International Institute of Welding. Doc III-1005-93，1993.

[6] Spinella D J. Using fuzzy logic to determine operating parameters for resistance spot welding of aluminum. Sheet Metal Welding Conference VI. Detroit，1994.

[7] Newton C J，Browne D J，Thornton M C，et al. The fundamentals of resistance spot welding aluminum. Sheet Metal Welding Conference VI. Detroit，1994.

[8] Zhou M，Hu S J，Zhang H. Critical specimen sizes for tensile-shear testing of steel sheets. Welding Journal，1999，78（9）：305s-313s.

[9] Zhou M. Relationship between Spot Weld Attributes and Weld Performance. Ann Arbor：PhD Dissertation，University of Michgian，2000.

[10] Keller F，Smith D W. Correlation of the strength and structure of spot welds in aluminum alloys. Welding Journal，1944，23（1）：23s-26s.

[11] McMaster R C，Lindrall F C. The Interpretation of radiographs of spot welds in alclad 24S-T and 75S-T aluminum alloys. Welding Journal，1946，25（8）：707s-723s.

[12] Heuschkel J. The expression of spot-weld properties. Welding Journal，1952，31（10）：931s-943s.

[13] Sawhill J M，Baker J C. Spot weldability of high-strength sheet steels. Welding Journal，1980，59（1）：19s-30s.

[14] Thornton P M，Krause A R，Davies R G. The aluminum spot weld. Welding Journal，1996，75（3）：101s-108s.

[15] Ewing K W，Cheresh M，Thompson R，et al. Static and impact strengths of spot-welded HSLA and low carbon steel joints. SAE Paper 820281，1982.

[16] Koehler J R，Owen A B. Computer Experiments in Design and Analysis of Experiments. Amsterdam：North-Holland，1996.

[17] Ye K Q. Orthogonal column Latin hypercubes and their application in computer experiments. Journal of the American Statistical Association，1998，93（444）：1430-1439.

[18] AWS D8.9. Recommended Practices for Test Methods for Evaluating the Resistance Spot Welding Behavior of Automotive Sheet Steel Materials. American Welding Society. Miami，draft，2005.

[19] Krautkramer J，Krautkramer H. Ultrasonic Testing of Materials. New York：Springer-Verlag，1983.

[20] Mansour T M. Ultrasonic inspection of spot welds in thin-gage steel. Materials Evaluation，1988，46：650-658.

[21] Raj B，Subramanian C V，Jayakumar T. Non-destructive Testing of Welds. New Delhi：Narosa Publishing House，2000.

[22] SWIS Operation Manual. Fremont：Applied Metrics，2003.

[23] Zhang J. Ultrasonic evaluation of resistance spot weld quality. Toledo：MS Thesis，University of Toledo，2003.

[24] Mucciardi A N，Gose E E. A comparison of seven techniques for choosing subsets of pattern recognition properties. IEEE Trans. Computing，1971，C-20，1023.

[25] Murthy S K. Automatic Construction of Decision Trees from Data. Princeton：Siemens Corp. Res.，1997.

[26] Roye W. Ultrasonic Testing of Spot Welds in the Automotive Industry. Special Issue no. SD 298. Hürth：Krautkrämer GmbH & Co.

[27] Chertov A M，Maev R Gr，Severin F M. Acoustic Microscopy of Internal Structure of Resistance Spot Welds. http：//www.andrey-chertov.com/SAM%20for%20Industry%20Final%20Version%202006%2006.pdf，accessed on Jan.26，2011.

[28] Shayan A，Zhang H，Gan Z. Quality Test of AHSS Steel Spot Welds Using Ultrasonic Technique. SMWC XIV，2010，Paper 3-2.

[29] Saaty T L. Fundamentals of decision making and priority theory with the analytic hierarchy process. RWS，1994.

[30] Saaty T L，Vargas L G. Models，methods，concepts & applications of the analytic hierarchy process. Boston：Kluwer Academic，2001.

[31] http：//www.123ahp.com/OMetodi.aspx. Accessed on April 20，2010.

[32] Zhang H，Jayatissa A H，Gan Z. Monitoring Resistance Spot Welding Using Ultrasonic B-scan Techniques. EIT conference，Illinois：IEEE，2010.

[33] Karve G. An impact tester and impact strength measurement of advanced high strength steel welds. Toledo：MS Thesis，University of Toledo，2004.

[34] Karve G，Zhang H. Impact strength measurement of advanced high strength steel welds//Proc. Sheet Metal Weld. Conf. XI. Sterling Heights，2004，Paper 5-3.

第 7 章　电阻点焊过程中的飞溅现象

飞溅是电阻点焊（resistance spot welding，RSW）过程中一个普遍现象，即熔融金属的喷射。飞溅可以发生在板材的接合面或电极-工件的界面处，分别如图 7.1 和图 7.2 所示。后者会严重影响焊件的表面质量和电极寿命，而如果仅局限于焊件表面，就不会影响焊点的强度。但沿板材接合界面的飞溅会影响焊点质量，因为它意味着焊接过程中焊核内液态金属的损失。点焊铝合金和镁合金时飞溅的发生率特别高，这是由高度动态且不稳定的焊接过程决定的，是在很短的焊接时间内施加很高的电流（与焊接钢相比），也就是过高的加热速率的结果。飞溅的产生既有技术方面的原因，也有操作者的原因。在钢材焊接过程中，飞溅常作为判断焊接过程是否正确的标志。为了获得尽可能大的焊点尺寸以满足一定的要求，人们普遍采用接近甚至超过飞溅极限的大焊接电流。在生产过程中，还经常故意使用超出飞溅极限的电流，以压制因随机因素而导致的焊接质量的波动。但是，飞溅产生的材料损失会导致焊核内出现空隙和气孔等缺陷，从而降低焊点强度。此外，飞溅对胶接也有不良影响。具体体现在当胶接与点焊共同使用（所谓“焊-胶接”）时，飞溅会破坏（尚未固化的）胶接层。

钣金业中要想消除不合格焊点，在电阻焊过程中必须尽可能地避免飞溅的发生。因此，预测和控制飞溅具有重大的实际意义。

本章将讨论飞溅的理论和模型，并结合实例展示一些模型的应用。本章对飞溅现象的基本原理的探索，以及它对焊接质量的影响的讨论，对进一步研究飞溅现象，从而得到控制飞溅的有效方法会有帮助。

图 7.1　钢焊件沿板材界面的飞溅痕迹

箭头指向焊接过程中喷射出的、瞬间凝固的液态金属

图 7.2 焊接 AA5754 铝合金时沿板材表面（电极和板材之间的界面）的飞溅

7.1 飞溅对焊点质量的影响

通常情况下，飞溅会导致不理想的焊点外观和不合格的焊点质量。它往往与过度的表面压痕、电极磨损、板材变形或分离，以及缺陷形成有直接的关系。图 7.3 显示了一个由剧烈飞溅导致的，焊点凝固后因体积不足而在焊点内形成的很大的孔洞。

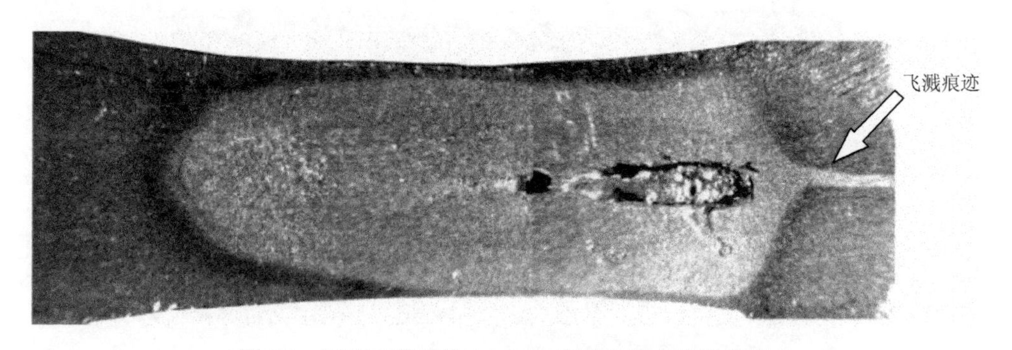

图 7.3 剧烈飞溅后的 AA5754 铝合金焊点的横截面

关于飞溅对焊点性能的影响，业界有两个截然相反的观点。第一个观点如 Kimchi[1] 和 Karagoulis[2]的研究工作所代表的，即飞溅不会降低焊点性能，在有限的范围内是可以接受的。第二个观点认为飞溅会给焊点性能和外观带来不良影响，应被抑制。Newton 等[3]和 Hao 等[4]的论文中描述的就是这种观点。两个观点的差异主要源于使用的材料是不同的。第一个观点建立在焊接钢材的基础上，而第二个观点基于铝合金的焊接。总之，业界一致认为飞溅可能对焊件产生某些不利的影响。

为了澄清混乱，Zhang[5]进行了一系列试验以证实飞溅对钢材焊点性能的影响。第一组试验采用了一个固定的焊接时间（200ms 或 12 个周波）和电极力（2.8kN），焊接电流在一个小范围内变化。

案例 A：7.7kA，非常低的飞溅概率。

案例 B：7.8kA，中度飞溅概率。

案例 C：7.9kA，高飞溅概率。

案例 D：8.0kA，非常高的飞溅概率。

这些案例中焊接电流是根据一个飞溅的统计模型来选取的，关于这个模型的详细介绍见 7.3.3 节和 7.4.2 节。这些案例代表从非常低的飞溅可能性到非常高的飞溅可能性。选定的小范围的焊接电流的目的是制成类似尺寸（和其他物理属性）的焊点，而这些焊点有些有飞溅，有些则没有。在这项研究中，使用了厚度为 0.78mm 的 AKDQ 钢板。

图 7.4 展示了这些焊点的特征值（平均值和变化范围）的测量结果。与没有飞溅的焊点相比，有飞溅的焊点直径略小，熔透率略低，并且 HAZ 和焊件的总厚度都较小，但电极压痕标记稍大。这些焊点的特征方面的差异较小的原因是制造这些焊点的焊接参数近似。从该图可知，有飞溅的焊点与无飞溅的焊点相比，它们的物理特征的偏差（波动）较小。这就是在某种情况下故意进行飞溅焊接的原因。仔细观察焊核和 HAZ 的微观结构，可以发现在未经试验的试件上，有与没有飞溅的焊点之间的差异很小。检查经过拉伸-剪切试验的试样的微观结构也没有发现显著差异。这些焊点中可以清楚地看到焊核内部的柱状结构，还能看到 HAZ 晶界周围的析出物。总之，有、无飞溅的焊点之间没有显著的差异。它们之间唯一明显的差异是，有飞溅的试件通常有较大的变形和板材分离。

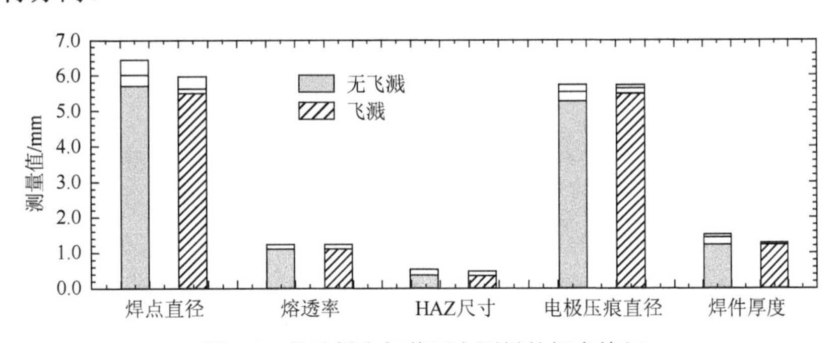

图 7.4　从试样金相截面上测量的焊点特征

对于每一种测量值，比较有飞溅的和无飞溅的焊点，其变化范围显示为最小值、平均值和最大值

当对试件进行拉伸-剪切试验时，有飞溅的和无飞溅的焊点的峰值载荷之间的差异很小（图 7.5）。但是通常情况下，有飞溅的焊点最大位移较小，能量较低（第 4 章中可见这些物理量的定义）。如果仅测量峰值载荷，这些差异可能会被忽略。而在许多研究飞溅的工作中，峰值载荷是唯一用于度量焊点质量的物理量，所以飞溅造成的不同可能就不会被注意到。很明显，导致图 7.5 中测量值差异的原因是飞溅。事实上，最大位移和能量是描述焊点强度的重要指标，它们代表了焊件的延展性（和断裂韧性）。一个好

的焊点应具备足够的承载能力（峰值载荷），以及一定的延展性。将峰值载荷作为焊接强度的唯一指标，不仅不能完整地描述焊点的质量，还可能误导，例如，一个脆性焊点可能有很高的峰值载荷，但具有很低的最大位移和能量。图 7.5 还显示了有飞溅的焊点的测量值的偏差较大，因此飞溅对焊点质量一致性有不良影响。对试件的检查表明，有飞溅的试件通常在邻近焊核的 HAZ 内发生断裂，如图 7.6（a）所示，而无飞溅的试件的断裂发生在远离焊核的部位，如图 7.6（b）所示。因此，焊件在变形量上的差异有可能是强度上的差异的原因。

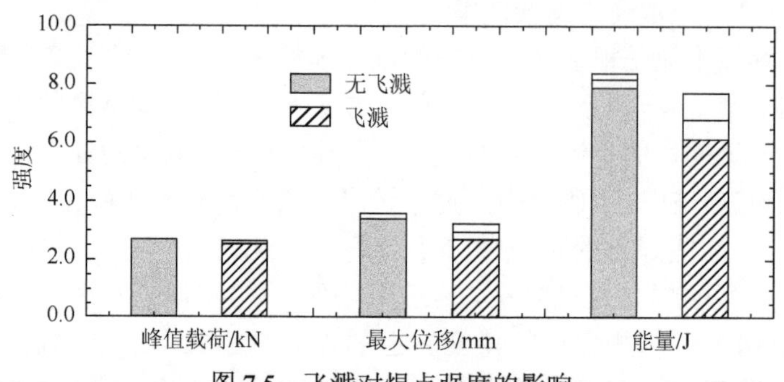

图 7.5　飞溅对焊点强度的影响

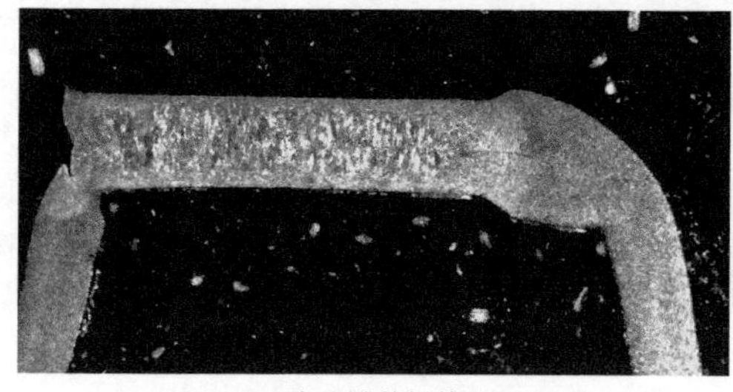

(a) 有飞溅的焊件

(b) 无飞溅的焊件

图 7.6　拉伸-剪切试验后的样品

在另一项试验中，采用更大范围的电极力、焊接时间和焊接电流来研究飞溅的影响。试验用材料为 0.8mm 镀锌钢。为了制造各种尺寸的焊核和 HAZ，采用了两种表面直径的电极（6mm 和 10mm）和几组不同的焊接参数。使用的电极力为 600lb 和 1667lb（2.67kN 和 7.4kN），焊接电流为 9968～23232A，焊接时间为 6～24 个周波（100～400ms）。

图 7.7 显示了峰值载荷和最大位移对平均焊点尺寸的依赖。可以看到，峰值载荷和最大位移都随焊点尺寸增大而增大，但飞溅发生时会中断这一趋势。将有飞溅的焊点与相同尺寸的无飞溅的焊点相比较可知，前者的峰值载荷显著下降，约为 10%，最大位移的下降幅度更大，约为 30%。类似的现象也出现在能量的测量中（图 7.8）。在本组试验中，在相同的焊接条件下，有飞溅的焊点的焊核和焊点尺寸略大，但强度比无飞溅的焊点低。

分析试验结果后得出以下结论。

（1）有飞溅的焊点强度比相同尺寸的无飞溅的焊点强度低。

（2）当无飞溅现象发生时，焊点直径与拉伸-剪切强度有很强的相关性。

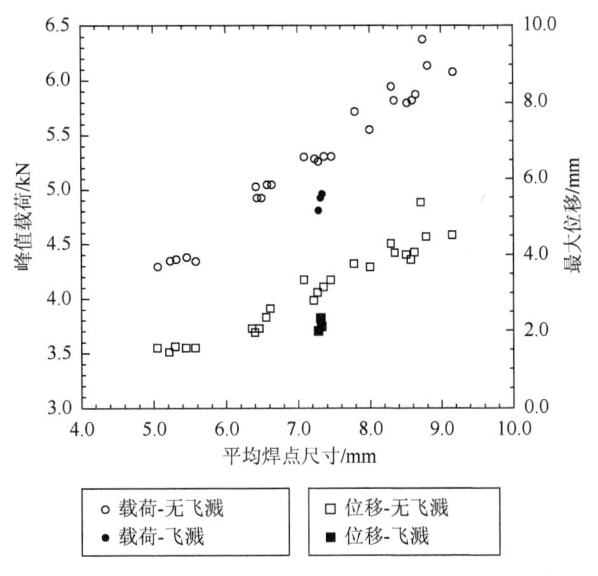

图 7.7　峰值载荷及最大位移对平均焊点尺寸的依赖

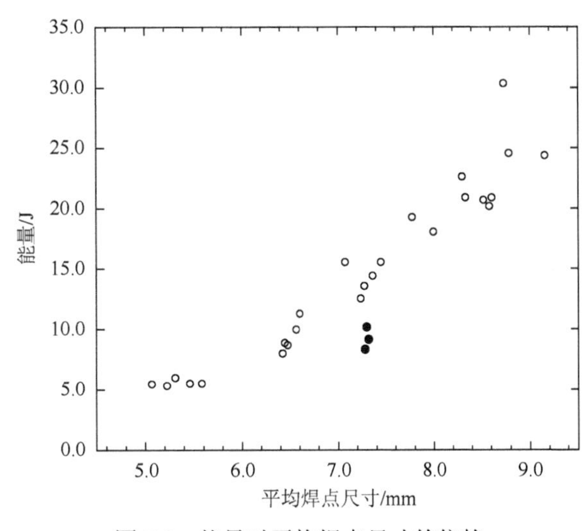

图 7.8　能量对平均焊点尺寸的依赖

7.2　飞溅的机理和检测

为了了解飞溅现象和预测产生飞溅的条件，人们提出了几种有关飞溅机制的理论或假说。Davies 认为电极力是飞溅发生的原因[6]，即焊核内的熔融金属被电极力挤出，而发生飞溅。但是，这个结论与其他研究者的观察截然相反。值得一提的是 Dickinson 等[7]和 Wu[8]在飞溅方面的研究工作。Dickinson 等[7]认为，当施加于焊点的总的有用能量超过一定值（定义为临界飞溅能量，是给定材料的物理性质或特征的函数）时，飞溅便会发生。但是，在实际情况中此临界飞溅能量及总的有用能量很难计算。Wu[8]认为飞溅是由过大的电流密度引起的。这种电流密度过大的现象可能是施加的电流过大导致的，也可能是在焊接的初期，板材接触面上由氧化层或污染引起的局部、小面积甚至微观尺度的接触而导致的。

虽然这些研究为理解飞溅机理提供了一定的帮助，但利用它们在实际应用中对飞溅进行定量分析还是很困难的。一项更为实际的研究以焊接时作用于焊件上的各种力的平衡为基础，得到飞溅模型[9]。它的主要观点是当来自于液态焊点的力高于电极所施加的力时，飞溅就会发生。来自焊点的力包括熔化和液态金属受热膨胀引起的应力，以及其他来源的力。

如上所述，飞溅可能会降低焊点强度，因此应当避免它的发生。飞溅在电阻焊中是很常见的，是焊接涉及的所有过程的相互作用的结果。例如，焊接电流决定了热量输入的速度，它又影响着焊核的形成、焊件内温度的分布，以及最终是否发生飞溅。除了焊接参数，其他因素如表面状况、材料强度（尤其是屈服强度）、载荷和散热条件等都会影响飞溅的发生。由于飞溅过程的复杂性，很难对其进行预测或控制。可以利用叶形图将焊核从萌生到生长，最终发生飞溅的过程分成几个主要阶段进行分析（图 7.9）：①焊核的萌生；②焊核的快速生长；③逐渐放缓的焊核生长；④飞溅[7, 10]。然而，这种基于叶形图对飞溅现象的研究，仅仅是对通电时间和焊接电流的影响的直观描述，并没有从根本上解释飞溅现象的机理。

人们已经尝试着使用各种手段来检测飞溅的发生。从已出版的文献可以看出，可以通过测量动态电阻[7]、声发射信号[11]、电极位移[12, 13]和其他电气[4]信号对飞溅进行检测。这些测量中很多难以实现，而且用于实际生产中的成本通常很高。在这方面，Hao 等[4]提出的飞溅测量法似乎是可行的。他们的方法以交流电（alternating-current，AC）或中频直流电（medium-frequency direct-current，MFDC）焊机的电信号为基础，实现对铝合金电阻焊中的飞溅的监测，具有一定的鲁棒性，可以应用于大规模生产。所有这些努力通常只用于检测飞溅现象。因此，只能在当前焊点完成之后对焊接参数进行调整，以避免制造后续焊点时发生飞溅。这些方法对于消除/减少飞溅的效果是有限的。

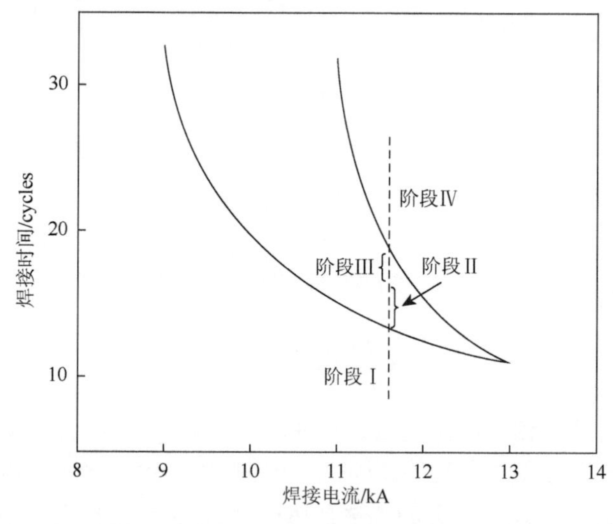

图 7.9　在一种 HSLA 钢的焊接叶形图上，一个特定的电流值对应的不同的焊接阶段[14]

7.3　飞溅的预测与避免

各种用于检测电阻焊中飞溅的技术向人们提供了了解飞溅现象的重要线索。例如，电极间的位移显示了焊点生长是如何导致焊件的热膨胀的，以及当飞溅发生时焊件的厚度是如何瞬间骤减的。使用 0.8mm 的热浸镀锌（hot-dip galvanized，HDG）钢的焊接过程中，使用光纤传感器测得的位移信号如图 7.10 所示。这类观察有助于理解飞溅的基本过程，以及开发预测和控制飞溅的模型。

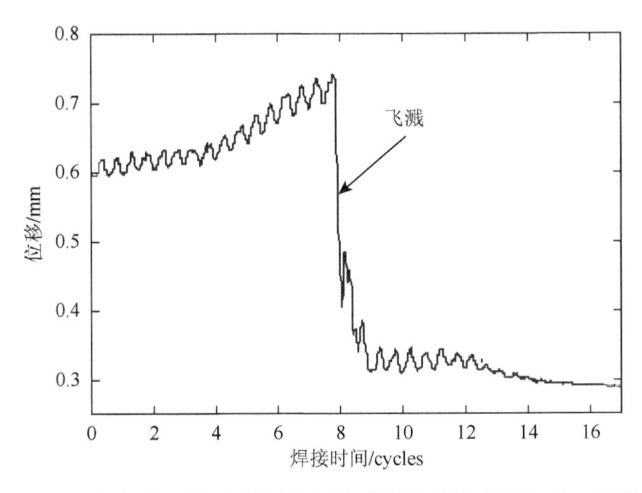

图 7.10　0.8mmHDG 钢的焊接过程中使用光纤传感器测得的电极位移（焊接频率是 60Hz）

目前研究人员已经在飞溅的模型构造方面做了很多努力，主要部分可以参考 Senkara 等[9]的论文。其中，四款模型对飞溅现象的解释比较合理，有望应用于实际生产中。这四款模型是几何比较模型、力平衡模型、液态金属网络模型和统计模型。以下总结了这四种模型，并列举了应用于实践的例子。

7.3.1　几何比较模型

Alcan 铝业公司研究人员的一系列论文中[3, 15, 16]提出了一个以焊点尺寸与受压区尺寸的对比为基础的模型，并进行了验证。在该模型中，使用焊接参数作为输入，通过有限元方法（finite element method，FEM）计算出焊核的半径。当不断增长的焊核半径超过电极产生的压应力区域的半径时，即 $r_N > r_F$，如图 7.11 所示，就会发生飞溅。这个模型抓住了飞溅的特点，即当焊件内由压应力形成的约束不足时，液态金属就从焊点里溅射出来。这个模型的预测与试验结果相当吻合[16]。

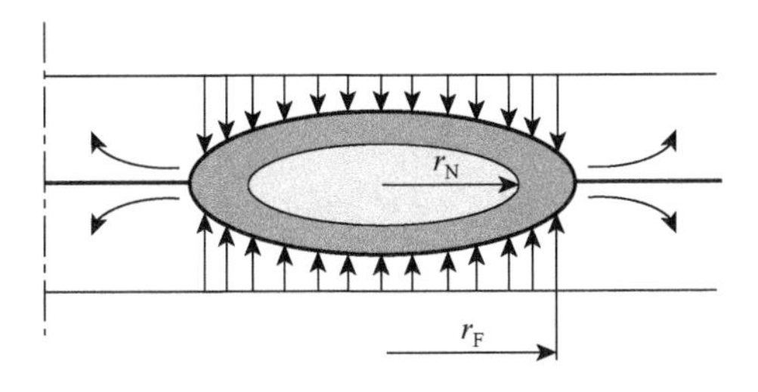

图 7.11　几何比较模型的飞溅机制

但是，由于数值模拟技术的局限性及可以模拟的实际情况比较少，在实践中很难使用这个模型对飞溅现象进行准确的预测。因为数值模拟方法的局限性，使用这个模型时必须对焊接条件和工艺进行理想化处理，而且这种预测仅依赖于几何尺寸间的比较。由于焊核需要时间成长到一定的尺寸，这个模型预测的飞溅通常发生在焊接过程的后期。然而，实际观察到的飞溅经常发生在焊接的起始阶段，这时熔融金属的尺寸比由电极产生的受压区要小得多。此外，实际焊接中飞溅的发生不仅与不当的焊接时间、电流和不足的电极力有关，不良的电极条件、电极的对中情况和工件的条件也有很大影响。在实际焊接过程中，电极完全对中且板材配合完美的情况是很少见的。另外，一些材料比其他材料更容易发生飞溅。这些情况下应用几何比较模型是很困难的，主因是有限元模型的局限性。

7.3.2　力平衡模型

基于对电阻点焊涉及的物理过程的理解，通过分析焊接过程所涉及的各种力及它们之间的相互作用，Senkara 等提出了一个飞溅模型[9]。这个理论提出了一个将电极力与液体焊核产生的力进行比较来判断飞溅的标准，即当后者超过前者时会发生飞溅。在模型中使用有效电极力来取代所施加的/额定的电极力。通过分析载荷条件及焊核和电极的相对位置，提出了一种确定有效电极力的方法。通过热力学分析可以估计由熔融、液体膨胀及其他因素导致的液体焊核内的压力，并根据焊核的内压力和焊核尺寸来计算液体焊核的力。其细节如下。

1. *原理*

尽管飞溅的原因极为复杂，但这个模型将其基本过程精炼为源于液态焊点的力与其周边的固体约束之间的相互作用。焊接时，作用于焊件的主要的力如图 7.12 所示。这些（合）力包括由电极提供的压力（$F_{E,\ applied}$），施加于其周边固体的由熔融金属内的压力（P）导致的液体焊核力（F_N），以及作用于接合界面上的压应力（F_x）。在板材的接合表面靠近焊核处，由固相扩散（固相结合）引起的黏结会提供一些阻止板材分离的力，但它远小于其他力。因为这种模型只考虑极端的飞溅条件，所以这种固相结合力在分析中可以忽略不计。

基于上述认识，提出了一个有关飞溅的模型。这个模型中，飞溅的标准如下：当作用于周边固体的液体焊核力（F_N）等于或超过有效电极力（F_E），即 $F_N \geqslant F_E$ 时，就会发生飞溅。

这两种力和飞溅模型的示意图如图 7.13 所示。在实践中，所施加的电极力很少与总的液体焊核的力在一条线上。电极对中、零件的配合和电极几何形状等条件，如电极磨损会导致这两个力之间有一定的距离。因此，在多数情况下施加的电极力并没有完全用于抵抗液体焊核的力。所以需要引进“有效电极力”，即施加的总的电极力中真正用于抑制液体焊核力的部分。

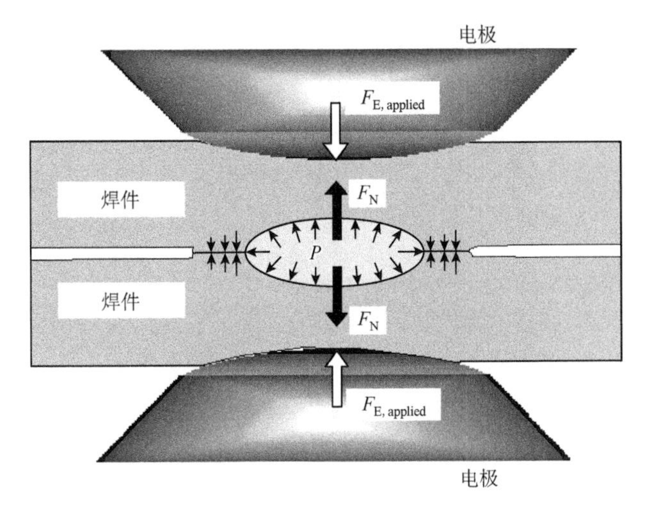

图 7.12　电阻焊过程中，在理想的电极对中和焊件配合的条件下，作用于焊件上的力

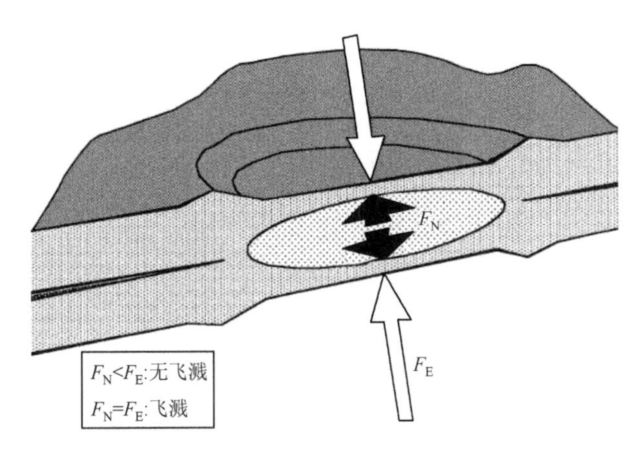

图 7.13　力平衡示意图

F_N是液体压力导致的焊核力，F_E是有效电极力

2. 有效电极力的估算

有效电极力是总的施加的电极力的一部分，它真正起到平衡液体焊核力的作用。对其估算的方法如下。

可以对飞溅发生时工件所受的实际的力进行理想化，如图 7.14 中的箭头所示。图中，$F_{E, applied}$是施加的电极力，F_N是作用于固体边界的总的液体焊核力，F_x是其他工件施加的力。图 7.14 中，d 为总焊核力和电极力之间的距离；r 为 F_N和焊核边缘之间的距离，在一个圆形焊点的情况下，它就是焊核的半径；x 是 F_x 和 F_E之间的距离。关于 F_x 作用点的力矩平衡导出 F_E 和 F_N之间的关系如下：

$$F_{E,applied}x = F_N(d + x) \tag{7.1}$$

金属熔化前，因为 $F_N=0$，$F_{E, applied}$和 F_x 必须在一条直线上，$x=0$。随着焊接过程的进行，焊核尺寸在增加，导致 F_N 的增加（因为它与焊核面积成正比）；同时，因为 $F_x+F_N=F_{E, applied}$，而 $F_{E, applied}$可以认为不变，所以 F_x 变小。通过关于 $F_{E, applied}$作用点的力矩平衡

可以得到 $F_N d=F_x x$，所以 x 随着焊接过程变大。这里 d 是电极力与焊点中心的偏离距离，可以假定为常数。

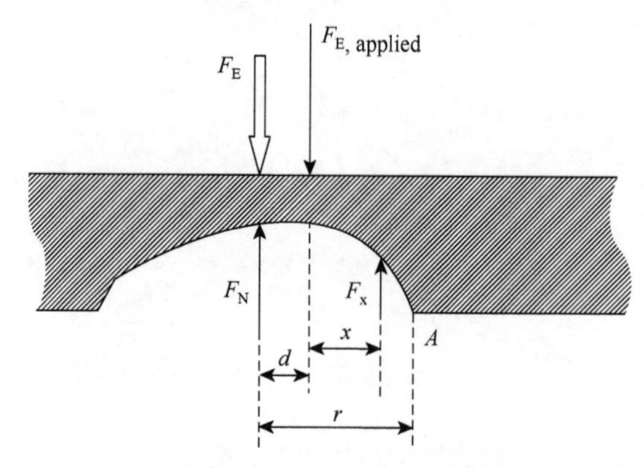

图 7.14　飞溅发生时各种力的简力及它们在工件上的位置示意图

由于 F_N 的增大和 F_x 的减小，x 必须变大，也就是 F_x 在焊核生长过程中逐渐远离焊核中心。可以认为当 F_x 移过焊核右边缘（A 点）时，周边的固体完全失去对焊核的抑制作用。因此，$x=r-d$ 可以认为是飞溅发生的临界条件，飞溅条件是

$$F_{E,applied}(r-d)=F_N r \tag{7.2}$$

如果施加一个如下的等效力：

$$F_E=\frac{r-d}{r}F_{E,applied} \tag{7.3}$$

则当它与焊核力相等时，焊件处于平衡条件下。因此，当电极力与焊核力的施加位置之间有差异时，施加的电极力可由一个与焊核力共线的等效或有效的电极力代替。由式（7.3）可以看到，等效电极力比施加电极力小，所以施加的电极力中仅有部分用于抑制飞溅。

偏心 d 通常是由非对称载荷造成的，如电极的偏差（轴向或角偏差）、电极损耗、工件配合不当的情况。在图 7.12 中，电极完全对中且工件配合很完美。由电极提供的力完全用来抵消焊核力，即 d=0 和 $F_E=F_{E,\ applied}$。然而，这样的理想状况即使在实验室里也很少见到。图 7.15 显示了一种电极有角偏差的情况。由于角偏差，焊核倾向于沿着最短电流路径或最小电阻路径周围形成，而不是沿着所施加的总的电极力的方向。其结果是，在施加的电极力和焊核力之间存在着一个偏移 d。如果施加的电极力不够，飞溅可能发生在焊核的一侧，如图 7.15 所示。

如图 7.3 所示的 AA5754 铝合金焊核截面上有 1.3mm 的偏移，因此 $F_E \approx 0.7F_{E,\ applied}$，即施加的电极力中只有 70%用于抑制飞溅。施加的电极力的位置可以通过表面压痕来估计，而焊核力可以认为穿过焊核的几何中心。

实际焊接中，电极力可通过气动或其他机制来施加，而不同机制提供的电极力的特征是不同的。为简单起见，可在焊接过程中将电极力视为常量。焊接期间电极力变化的描述详见第 8 章。偏移通常是不易确定的，因为它由大量的实际焊接工艺中的随机因素决定。

然而，可以通过对极端情况的考虑来获得电极力/焊接工艺参数的选择准则。

液体焊核力可以通过焊核的尺寸和焊核内的压力来计算。下面将描述计算熔融金属内的压力和焊核力的方法。

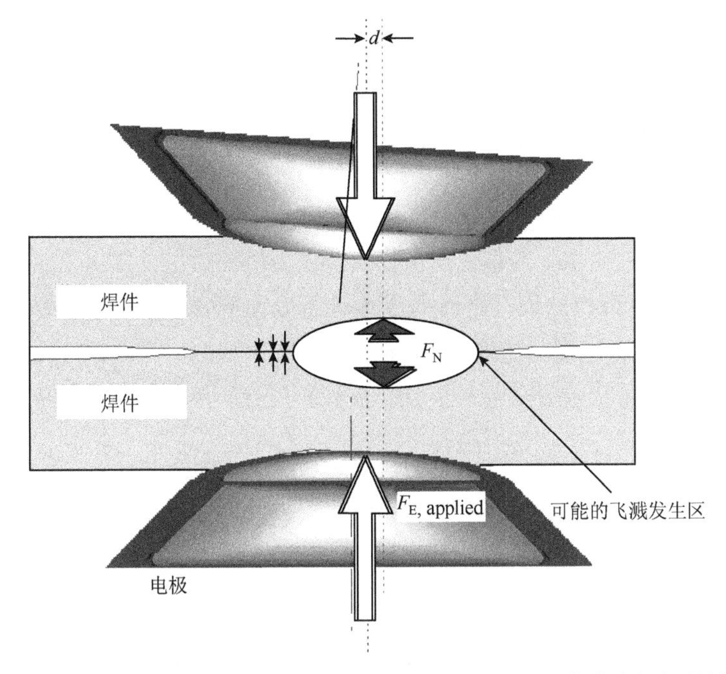

图 7.15　由电极的角偏差导致的，所施加的电极力与焊核力之间的差异

3. 液体焊核内的压力和焊核力

液体焊核内的压力源自液体体积的受约束的膨胀。这种约束来自其周围的固体，它受几种因素的影响。图 7.16 是纯铁和一种 Al-Mg 合金的体积如何随温度的变化而变化。这个图[9]是使用（根据《化学和物理手册》[17]和《金属手册》[18]得到的在固体和液体状态下的）比密度数据，以及铝、镁、铁的线性热膨胀系数[19, 20]来制作的。在焊接期间，工件

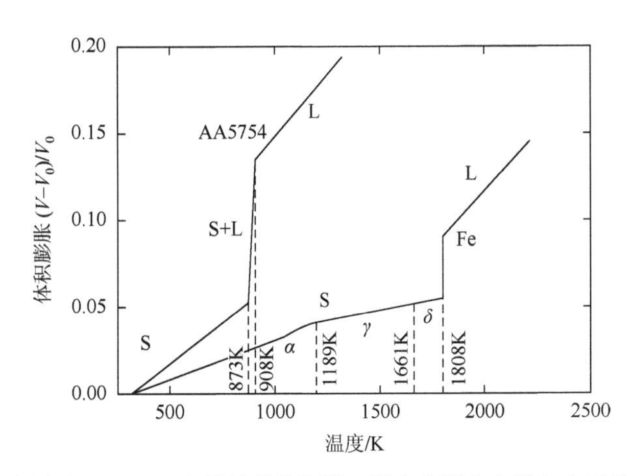

图 7.16　铝合金 AA5754 和纯铁的热膨胀（温度范围在室温和大于熔点之间）

从开始被加热至熔点再至熔点之上。加热的过程中会发生固态热膨胀、固体-液体相变（熔化）及液态热膨胀。由熔化引起的体积变化对纯金属来说发生在熔点温度，而对合金（除共晶合金外）来说发生在固相线和液相线温度之间。这种相变可能导致相当大的体积变化，如铝的体积变化在其熔点约为 7%。加热液态金属会导致热膨胀，其幅度大于固态下的热膨胀。

但是，焊接期间不可能发生液体焊核的自由体积膨胀，这是因为其周围存在固体约束和电极的挤压。由于液体的可压缩性很低，焊核内的压力可能会很高。应该注意的是，当液态焊点周围的固体膨胀时，液态焊点内的压力会相应地降低。固体到液体的相变（熔化）是导致焊核内压力的主因。而这种相变常发生在一个相对窄的温度范围内，期间由于热膨胀引起的周围固体的体积变化不是太大，所以对压力的释放效应不明显。因此，为简单起见，可以将熔化的同时产生的固体膨胀而导致的压力释放忽略不计。这种简化可能引起的误差并不大，因为焊件中远离熔融金属焊核的固体处在较低温度下，会抑制靠近焊核的固体的膨胀。这种约束及由电极施加的挤压使得液体焊核难以在熔化时或持续加热时产生的压力下膨胀。

液体焊核内的压力的另一个来源是金属蒸汽压。根据热力学原理，在熔融温度以上，一个封闭的系统趋向于达到液-气相平衡，从而导致一个蒸汽压的存在。这部分压力也应该计入总压力中，尤其是当工件含有高挥发性元素时，如一些系列的铝合金内所含镁和锌、镀层钢板内的锌、镁合金中的镁。金属的蒸汽压甚至在低于金属沸点的温度下也会很明显。除了金属蒸汽压，由板材表面涂层或其他残留物的热分解导致的气体压力也应予以考虑。这些表面残留物可以是金属板材的润滑剂、表面预处理剂、黏合剂（在焊接-胶接的情况下），甚至是表面吸附的水分或气体。这种压力可通过考虑气体产物的类型和数量、它们与液体合金的反应活性、在气体中的溶解度来进行评估。

因此，电阻焊过程中，液体金属内的压力主要有四种来源：①固-液相变（熔化，P_{melt}）；②液态膨胀（$P_{\text{exp.}}$）；③液态金属产生的蒸汽压（P_{vapor}）；④表面剂残留物的分解（$P_{\text{lubr.}}$）

液体焊核内的总压力是上述所有因素产生的压力的总和：

$$P = P_{\text{melt}} + P_{\text{exp.}} + P_{\text{vapor}} + P_{\text{lubr.}} \tag{7.4}$$

要计算总压力就必须知道熔点以上材料的性质。因为材料的高温数据的缺乏，在计算中需要假定一个合金 $Z_{A\text{-}B}$ 的性质是可以利用元素 Z_A 和 Z_B 各自的性质及它们在合金中的原子分数 x_A 和 x_B 通过线性插补法得到的

$$Z_{A\text{-}B} = Z_A x_A + Z_B x_B \tag{7.5}$$

本节的剩余部分也使用了相同的假设。四个压力因素的计算如下。

1）熔化产生的压力

当被固相包围的一部分金属熔化时，这部分液体会受到压缩。在给定的热力学温度 T 下，液体焊核内的体积 V 和压力 P 之间的关系可以用压缩系数 κ[21]来描述：

$$\kappa = -\frac{1}{V}\left(\frac{\partial V}{\partial P}\right)_T \tag{7.6}$$

因此，对应于一个很小的体积降低，压力的增加为

$$dP = -\frac{1}{\kappa V}dV \tag{7.7}$$

由于电极力的挤压及周围固体的约束导致熔融金属不能自由膨胀，所以因熔化导致的压力增加与将液态金属从自由状态压缩到熔化前的原始体积需要的压力相同。这种压力可通过对式（7.7）进行积分获得

$$\int_0^P dP = -\int_{V_L}^{V_S} \frac{1}{\kappa V}dV \tag{7.8}$$

式中，V_S 和 V_L 分别为在熔化温度下，固态和液态金属的摩尔体积。因此，由熔化产生的压力为

$$P_{melt} = \int_{V_S}^{V_L} \frac{1}{\kappa V}dV = \frac{1}{\kappa}\ln V\Big|_{V_S}^{V_L} = \frac{1}{\kappa}\ln\frac{V_L}{V_S} \tag{7.9}$$

因此，熔化过程中大的体积变化导致高的压力。几种金属和合金在熔化温度下的体积变化如图 7.16 和表 7.1 所示。

表 7.1　铝、铁及它们合金中主要合金元素的一些特性

特性	单位	Al	Fe	Cu	Mg	Zn
熔点固体密度（ρ_S）	10^3kg/m^3	2.55①	7.31①	8.32②	1.65②	6.84②
熔点液体密度（ρ_L）	10^3kg/m^3	2.37②	7.07②	8.09②	1.58②	6.64②
液体密度变化率（$-d\rho_L/dT$）	10^{-1}kg·m^{-3}·K^{-1}	3.11②	6.34②	9.44②	2.60②	11.3②
熔化带来的体积变化 $[(V_L-V_S)/V_S]$	%	7.06①	3.16①	4.68①	4.2①	2.9①
熔点在液相中的体积热膨胀系数（α）	10^{-4}K^{-1}	1.31①	0.89①	1.17①	1.65①	1.70①

注：①计算数据来源参见文献[17]～[20]
　　②数据来源参见文献[17]

2）液体膨胀产生的压力

恒定体积下压力和温度之间的定量关系可用热压力系数 β 来描述，定义如下：

$$\beta = \frac{1}{P}\left(\frac{\partial P}{\partial T}\right)_V \tag{7.10}$$

其值对大多数液态金属来说是未知的。然而，偏导 $\partial P/\partial T$ 可以表现为两个偏导的乘积：

$$\left(\frac{\partial P}{\partial T}\right)_V = -\left(\frac{\partial V}{\partial T}\right)_P\left(\frac{\partial P}{\partial V}\right)_T \tag{7.11}$$

引入体积热膨胀系数 α，定义为

$$\alpha = \frac{1}{V}\left(\frac{\partial V}{\partial T}\right)_P \tag{7.12}$$

使用式（7.6）所定义的压缩系数 κ，β 可通过几个其量值在公开的冶金数据库中可以找到的变量来表示：

$$\beta = \frac{1}{P}\frac{\alpha}{\kappa} \tag{7.13}$$

因此，对应于一个小的温度增量，压力的增加为

$$\mathrm{d}P = \frac{\alpha}{\kappa}\mathrm{d}T \tag{7.14}$$

对式（7.14）进行积分，可以得到从熔点 T_{melt}（忽略合金的熔化温度范围）加热至某个特定温度 T 时液态金属在体积不变的情况下的压力：

$$P_{\mathrm{exp.}} = \frac{\alpha}{\kappa}(T - T_{\mathrm{melt}}) \tag{7.15}$$

式中，κ 为常数；α 的值可通过考虑加热期间体积的变化来进行估算。由于温度在熔点以上时液体的密度线性地依赖于温度，所以 α 可表示为

$$\alpha = -\frac{C}{\rho_{\mathrm{L,melt}} + C(T - T_{\mathrm{melt}})} \tag{7.16}$$

式中，C 等于$-\mathrm{d}\rho_{\mathrm{L}}/\mathrm{d}T$，是可以从表 7.1 中列出的值推导出的常数；表 7.1 列出了几种金属的 α 值。

3）蒸汽压力

几种常用金属的蒸汽压如图 7.17 所示。尽管单一元素/纯金属很少直接用于工业焊接，但是合金的蒸汽压可以从它们的组成元素中获得。

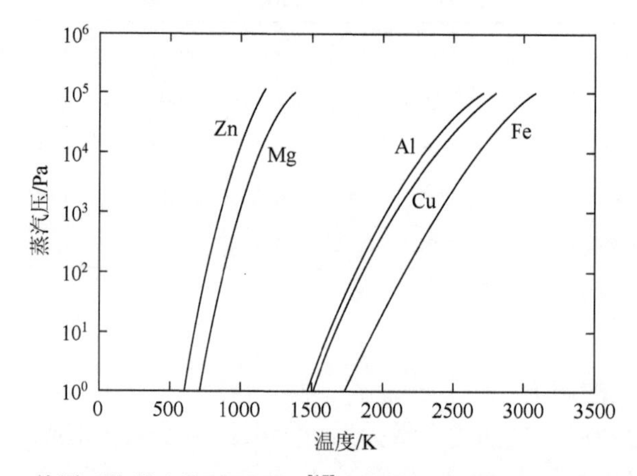

图 7.17　使用《化学和物理手册》[17]中的数据计算的几种金属的蒸汽压

液体合金表面的总蒸汽压 P_{vapor} 等于特定组分的部分蒸汽压的总和 $\overline{p}_i$：

$$P_{\mathrm{vapor}} = \sum_i \overline{p}_i \tag{7.17}$$

根据拉乌尔定律，$\overline{p}_i$ 可以写成液体溶液中的给定组分 i 的热力学活度 a_i，与该组分在纯态下的蒸汽压 p_i^{o} 的乘积：

$$\overline{p}_i = a_i p_i^{\mathrm{o}} \tag{7.18}$$

式中，a_i 可写成

$$a_i = x_i \gamma_i \tag{7.19}$$

其中，x_i 和 γ_{i} 是给定温度下，溶液中成分 i 的摩尔分数，以及它的活度系数。不幸的是，对于液态金属溶液来说，关于 a_i 和 γ_i 及它们对温度的依赖关系所知甚少[22]，并且在许多

情况下，是不可能得到 a_i 的。然而，对多组分金属溶液可以使用 Gibbs-Duhem 公式计算 γ_i：

$$\sum_i x_i d\ln\gamma_i = 0 \tag{7.20}$$

Krupkowski[23]为准正规的金属溶液导出了上述方程的很有用的结果。根据他的工作，γ_i 可以表达为两个相互独立的函数的乘积，一个是温度的函数 $w(T)$，另一个是浓度的函数 $f(x_i)$。

$$\ln\gamma_i = w(T)f(x_i) \tag{7.21}$$

在双组分溶液（*A-B*）中，活度系数可以表示为

$$\ln\gamma_A = \left(\frac{a}{T}+b\right)x_B^m \tag{7.22}$$

以及

$$\ln\gamma_B = \left(\frac{a}{T}+b\right)\left(x_B^m - \frac{m}{m-1}x_B^{m-1} + \frac{1}{m-1}\right) \tag{7.23}$$

式中，*a*，*b*，*m* 是可以通过热力学或根据现有数据计算得到的常数。根据双组分溶液的结果，可用以下公式对多组分溶液中的 γ_i 进行计算：

$$\ln\gamma_i = \sum_{j=1,k=2}^{j=n-1,k=n}[\ln\gamma_i]_{j,k} \tag{7.24}$$

式中，$[\ln\gamma_i]_{j,k}$ 是双组分溶液 *j-k* 中成分 *i* 的活度系数。

4）表面成分分解时产生的压力

焊接以前，通常有某些物质（如润滑剂、黏合剂和涂料等）存在于板材接合界面。此外，接合面上还可能有吸附了气体和水分的薄层。电阻焊过程中，表面上的物质通过热分解会在接合界面处释放出气体。部分气体，如 H_2、H_2O、CO、CO_2 和 C_xH_y 链等，会在接合界面处被困在迅速蔓延的液态金属内。虽然气体的类型和数量随情况不同而不同，但是计算其对总焊核压力的贡献的一般步骤如下。

（1）首先判断所关心的区域内气体的种类，并计算它们在标准状态（298K）下的数量（摩尔数）。

（2）减去溶解在液态金属里的气体的量，以及与液态金属发生反应的气体的量。应考虑作为温度函数的气体在金属中的溶解度及化学亲和力。

（3）在由其他因素产生的总压力已知的条件下，计算在焊接温度（$>T_{\mathrm{melt}}$）下由这部分气体导致的压力的增加量。

在实践中，焊接过程中板材表面释放的特定气体的量可通过适当的化学分析来确定。可以假定表面物质彻底分解，并且这些气体在熔融金属中的溶解度和反应都为零，来获得表面物质对焊核压力贡献的极限值。

因此，表面物质分解产生的压力取决于系统的特定气体的组分、溶解性和活性。使用理想的（释放的）气体的状态方程，通过热力学考虑可以得到如下的气体压力满足的方程：

$$\kappa P_{\mathrm{lubr.}} + \ln\left(V_{\mathrm{nugget}} - \frac{nRT}{P_{\mathrm{lubr.}}+P_{\mathrm{L}}}\right) - \ln V_{\mathrm{nugget}} = 0 \tag{7.25}$$

式中，$n=n_{\text{total}}-n_{\text{diss.}}-n_{\text{react.}}$，其中，$n_{\text{total}}$ 是在即时焊接温度下，标准热力学条件下所有释放的气体的摩尔数之和，$n_{\text{diss.}}$和 $n_{\text{react.}}$是溶于及与液态金属反应的气体量；R 为气体常数；V_{nugget}为液体焊核的体积；P_{L} 为熔化、液体膨胀和金属蒸汽压的总压力。对一个特定的系统可以采用数值方法来解式（7.25）。

5）液体总压力和焊核力的计算

总的焊核力可以用数值方法（如有限元法）来估算。可将液体焊核看作一个单连通空间域。最低温度发生在固-液边界，即熔化温度（简称固相线）。有限元模拟[24, 25]显示在焊核中心达到最高温度，并且焊核内的等温线为椭圆形。因此，液体焊核内的温度分布可近似为层（或壳），而且每层/壳内的温度为常数。在液体焊核内任意一个达到熔点的壳体 i 内的总压为

$$p_i = p_{i1} + p_{i2} + p_{i3} + p_{i4} \tag{7.26}$$

分压 p_{i1}～p_{i3} 如式（7.9）、式（7.15）和式（7.17）所示，分压 p_{i4} 是由板材的表面物质分解而造成的，可以通过式（7.25）来计算。整个焊点的总压力为

$$P = \frac{1}{V_{\text{nugget}}}\int_{V_{\text{nugget}}} p\mathrm{d}V \approx \frac{1}{V_{\text{nugget}}}\sum_i p_i V_i = \sum p_i f_i \tag{7.27}$$

式中，p 为一定温度下的单位体积内的总压力；V_i 为壳体 i 的体积，假定每个壳体内的温度为常数；f_i 为壳体 i 的体积分数。详细的压力计算可见 7.4.1 节。图 7.18 显示了计算得到的液体 Al、Mg 和 Fe 焊核内的总压力。

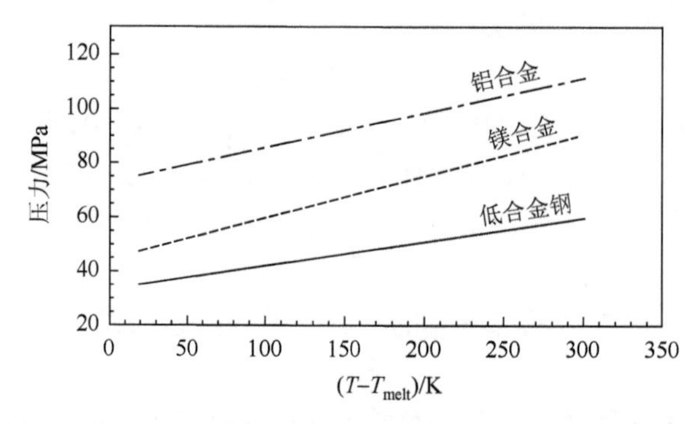

图 7.18　计算得到的一种低合金钢、一种镁合金和一种铝合金（AA5754）中液体焊核的总压力（作为过热的函数）

T_{melt} 为熔融温度

一旦获知压力和焊核在所涉及的方向的投影面积就可估算出液体焊核对其周边固体施加的力。在图 7.19 的固-液界面上一个微小单元 dS 上，沿着所考虑的方向（在此假定为 z 方向）的力的分量为

$$\mathrm{d}F_z = P\mathrm{d}S\cos\gamma = P\mathrm{d}S_{xy} \tag{7.28}$$

式中，γ 是 z 轴和 dS 的法线 $\boldsymbol{n}$ 之间的角度；dS_{xy} 是 dS 在 x-y 平面上的投影。在 z 方向上的总力为

$$F_z = \int_S \mathrm{d}F_z = P\int_S \mathrm{d}S_{xy} = PS_{xy} \tag{7.29}$$

式中，S_{xy} 是焊核在 x-y 平面上的总投影面积。因此，总的焊核力与焊核的具体形状无关。这也意味着，总力的位置是 S_{xy} 的几何中心。

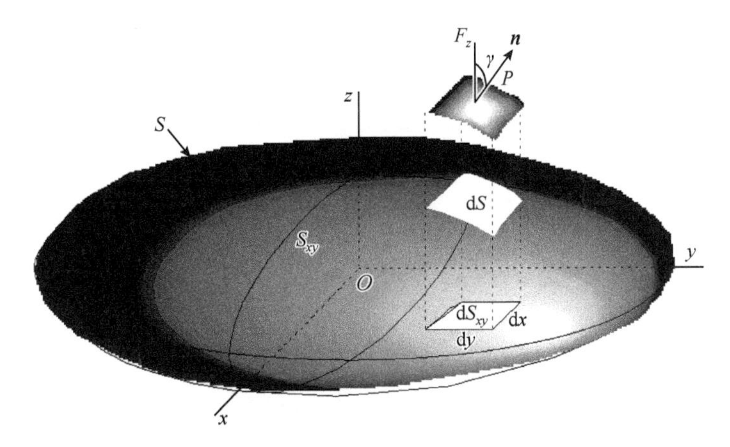

图 7.19　液体焊核示意图

S 是 x-y 平面以上的焊核的表面（固相和液相之间的界面）；$\mathrm{d}S$ 是 S 的一小部分；$\mathrm{d}S_{xy}$ 是其在 x-y 平面上的投影；S_{xy} 是 S 的总投影面积

力平衡飞溅模型提供了判断飞溅发生的准则，以及计算所涉及的各种力的方法。总之，该模型提供了以下各点。

（1）电阻焊期间，以作用在焊件上的各种力的平衡为基础制定的飞溅准则。

（2）一个详细而系统的，以热力学分析为基础的评估液体焊点内压力的方法。

（3）根据焊核内压力和焊核尺寸计算液体焊核力的步骤。

（4）根据施加的电极力和焊核力之间的偏移来估计有效电极力的方法。

7.3.3　通过 HAZ 内的熔融液态网络的飞溅

对电阻焊镁合金 AZ31 和 AZ91 的研究发现，焊接 AZ91D 时发生的飞溅与焊接 AZ31B 或铝合金时产生的飞溅明显不同。总之，焊接 AZ31B 与焊接铝合金的过程很相似，而 AZ91D 焊接中的飞溅并不遵循 7.3.2 节介绍的力平衡模型。

焊接 AZ91D 时，即使在施加的电极力按照前述飞溅的力平衡模型足以抑制飞溅的情况下，界面飞溅也会发生。一个有飞溅的 AZ91D 焊点的整体外观（图 7.20）与 AZ31B 或 Al 焊点非常相似，即在焊核两侧都有喷射出的金属残片，以及焊核内有较大的空隙和一些裂纹。但对焊核仔细观察可知，焊核被 HAZ 内靠近熔融线的一个部分熔化区包围，其内有沿晶界熔融相形成的密集而宽厚的网络。试验中通过改变电极力水平和热输入量来制造各种尺寸的焊点。但大量的试验表明，在焊接 AZ91D 时飞溅的发生几乎不可避免。焊接 2.0mm AZ91D 时，即使电极力升高至 9kN，飞溅还会发生，只是其严重程度稍微降低一些。总之，与焊接其他金属时不一样，焊接 AZ91D 时增加电极力并不能很有效地抑制飞溅。因此，Luo 等[26]根据大量的对该合金焊接的观察提出了一种新的飞溅机制。

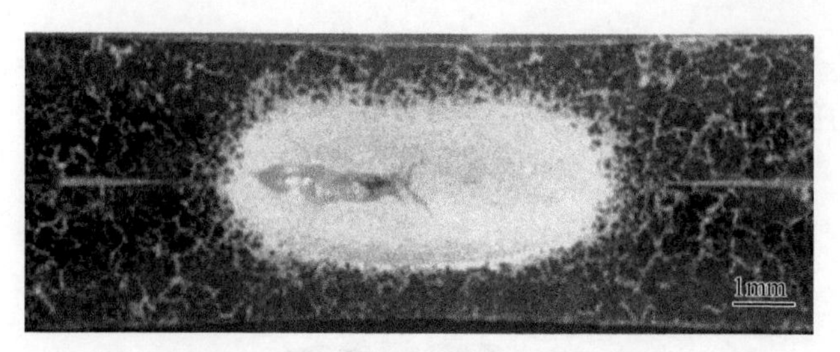

图 7.20　有飞溅的 2.0mm AZ91D 焊点

1. AZ91D 焊点的飞溅特点

镁合金和其他材料的电阻焊的焊核附近的 HAZ 内，板材的接合面处经常可以观察到显著的塑性变形。这种现象如图 7.21（a）所示的 AZ31B 焊点，其中板材在焊核附近的接合界面处被连接起来。HAZ 内靠近焊核的部位被加热至稍低于熔点的高温，当它们被电极挤压时很容易发生塑性变形。这种在高温下发生的塑性变形有利于固态连接的发生，而形成的环状的固体接合可有效地密封焊核，阻碍飞溅的发生。但是在 AZ91D 焊接结构中，在板材的接口处通常只可以观察到很小的塑性变形。图 7.21（b）中的焊点几乎无塑性变形，并且接合界面处的原始表面几乎没有变化。

有飞溅的 AZ91D 焊点的另一个特征是，焊核周围的 HAZ 内有密集的晶界网络，它们可能在焊接时熔化，然后凝固。图 7.22 显示了一个被 HAZ 内的大量的黑色的晶界网络包围的相当小的焊核的两个不同角度的视图。这个网络中有一些裂纹，它们或者张开或者被液态金属填充然后凝固，如图 7.22（a）所示。虽然低熔点共晶体可以在许多材料的晶界中找到，但 AZ91 中的低熔点共晶体在数量或体积分数及形态方面与多数其他材料不同。Salman 等[27]对两种镁合金（AZ91 和 AZ31）的腐蚀性能进行了比较。从他们的试验结果可以看到，AZ91 晶界处的微观结构是几乎连续的 $Mg_{17}Al_{12}$ 网络，而 AZ31 中仅含有离散的这种金属间化合物的颗粒（图 7.23）。这种共晶体的连续网络只有在其体积分数足够大时才可能在晶界形成。这两种合金晶界处的 $Mg_{17}Al_{12}$ 的熔化温度为 437℃，比两种合金的熔化温度低 100 多摄氏度，因此处于 HAZ 内的这种化合物在焊接期间可能熔化。这种共晶体在晶界处的熔化也能在一份关于电弧焊 AZ91D 的研究中观察到[28]。仔细观察如图 7.24 所示电弧焊点熔合线附近的微观结构，可以确定晶界的熔融，以及由 β 相（$Mg_{17}Al_{12}$ 相）引起的晶界裂纹。

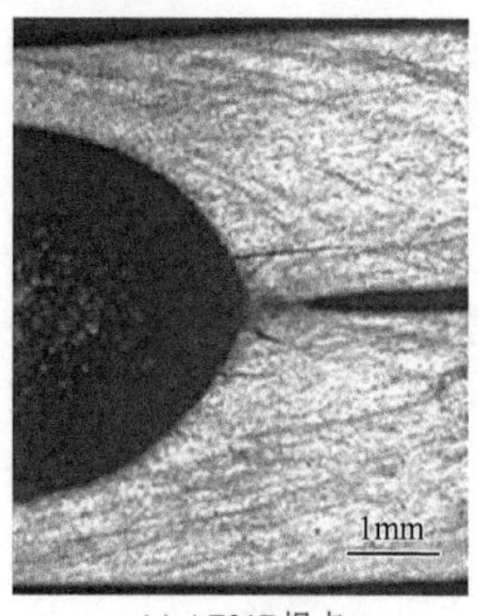

(a) AZ31B焊点

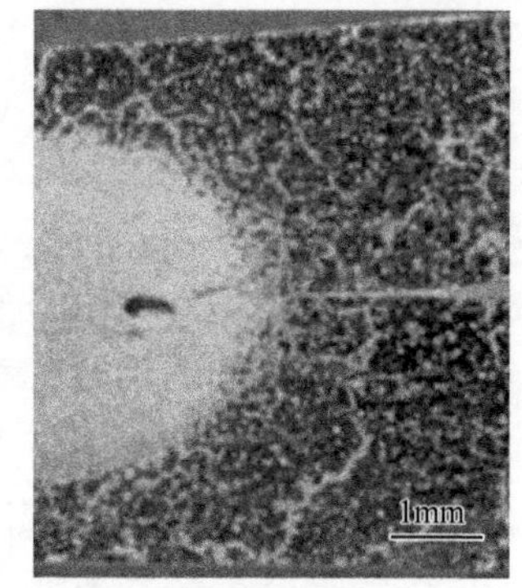

(b) AZ91D焊点

图 7.21　焊点的塑性变形

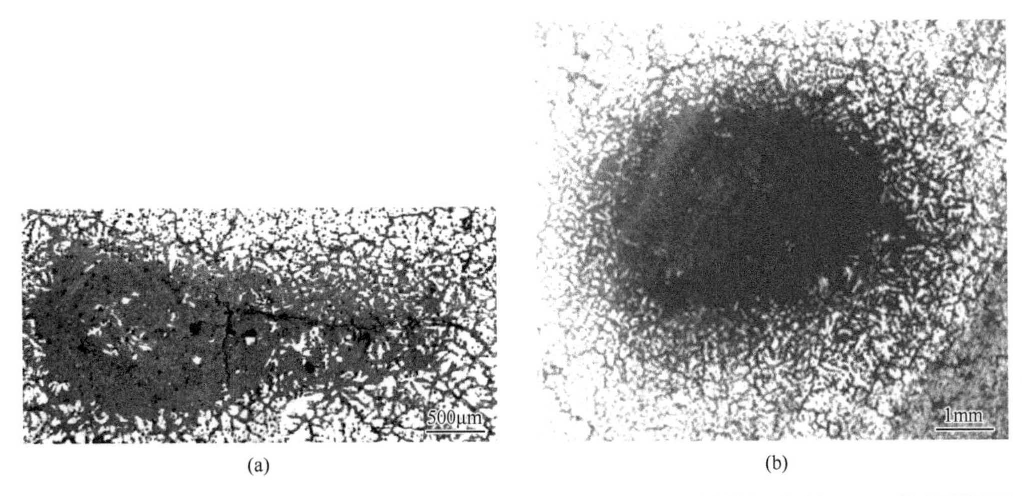

(a) (b)

图 7.22 一个很小的 AZ91D 焊点的与板材表面垂直（a），以及与板材表面平行（b）的截面视图

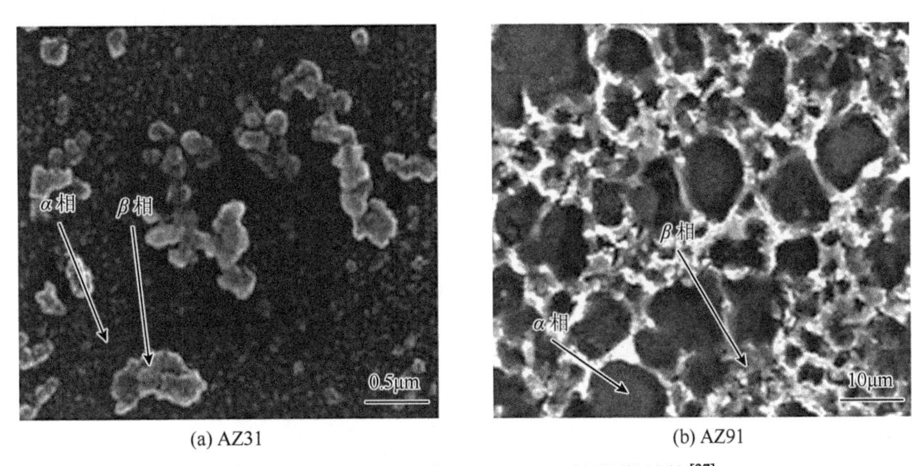

(a) AZ31 (b) AZ91

图 7.23 AZ31（a）和 AZ91（b）的显微结构[27]

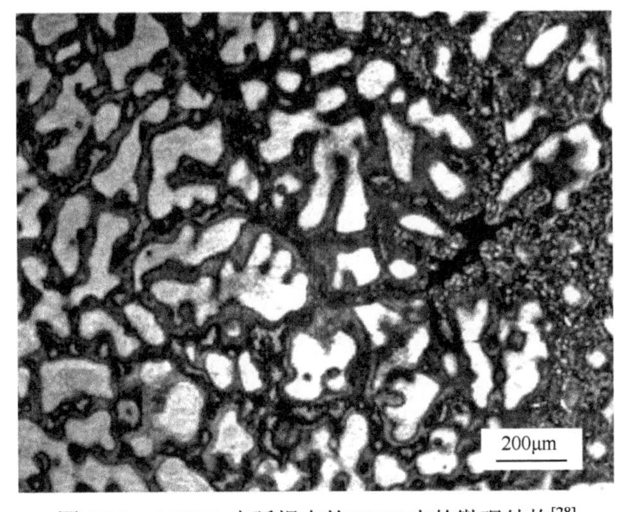

图 7.24 AZ91D 电弧焊点的 HAZ 内的微观结构[28]

研究发现，在所有含飞溅的 AZ91D 焊点中都能观察到晶界熔化[26]。如图 7.25 所示，HAZ 中在靠近熔合线的区域内有相当高比例的熔融晶界。作为熔化、再凝固的产物，HAZ 内的晶界中充满因快速冷却而生成的细小的等轴晶粒，这与 Munitz 等[29]观察到的情况相似。

当 AZ91 晶界处的连续 $Mg_{17}Al_{12}$ 网络熔化时，液态金属可以穿过 HAZ 从焊核内喷射出来。使用相同的焊接参数制成小焊点的横截面［图 7.22（a)］和沿着板材接合界面的截面［图 7.22（b)］都表明在焊接期间这种液体网络的存在。如果焊核内的压力足够高，且该网络有足够多的与板材接合界面的交叉点作为液体金属的出口，则飞溅可能通过这个液体网络发生。如图 7.20 和图 7.22 所示，在靠近焊点的地方有很多界面与 $Mg_{17}Al_{12}$ 网络的交叉点，它们的数目随着与焊点的距离的增加而减少。当这种液体网络存在时，即使在焊核与接合界面处被电极力挤压密封时也会发生飞溅，因为液态金属可以由焊核流经熔融晶界网络，绕过电极力产生的密封区到达接合界面。检查焊点截面可以证明这正是实际发生的情况。在图 7.26（a）中，焊点周围的所有方向都能观察到金属喷射的痕迹。喷射残留的金属碎片清楚地出现在图的下半部，覆盖了环状承压环，这证明飞溅确实是穿过接合界面发生的。但是，焊点的上半部分板材界面处似乎被电极力封住，而且环形压力环上没有残余金属。在该压力环外可以看到大量的喷射金属，可能是由透过熔融晶界网络，绕过被压缩环密封的接合界面的飞溅造成的。沿焊核半径方向分布的大空隙，如图 7.26（b）所示，是上述飞溅的产物。

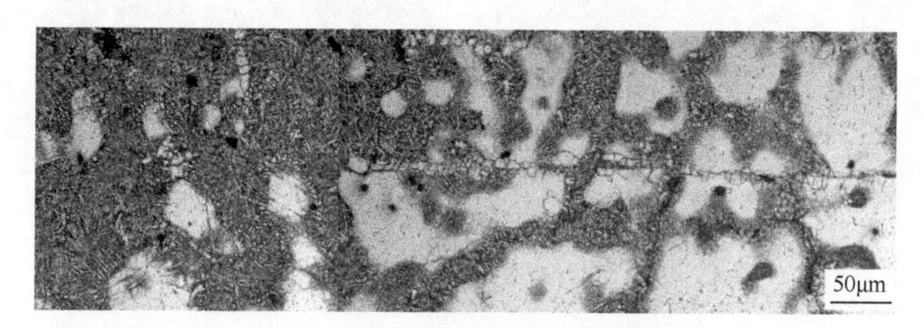

图 7.25　AZ91D 焊点的 HAZ 的微观结构

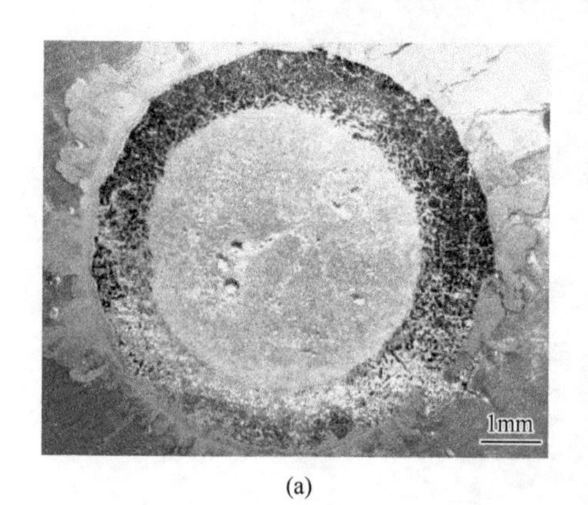

(a)

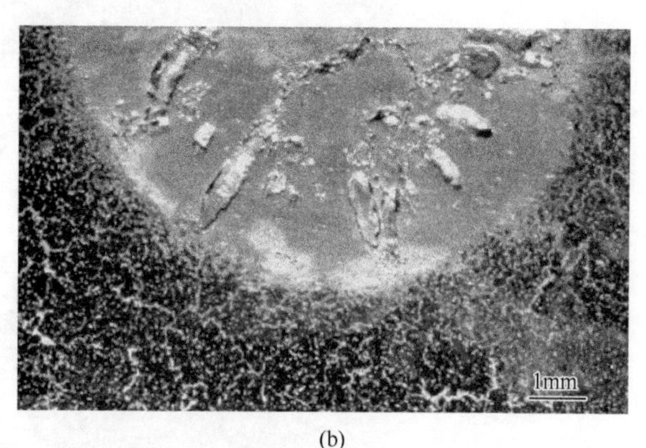

(b)

图 7.26　AZ91D 中沿界面的飞溅

2. 电极力的影响

如 7.3.2 节所述，使用力平衡模型通过电极力与液体焊核力相比较可以很好地预测飞溅。如果电极力大于焊核力，则根据该模型飞溅会被抑制。尽管电极力是可以直接测量的，液体焊核力只能在焊核压力的基础上估算得到。化学性质不同的金属会产生不同的液体压力，因此，焊接不同的金属需要不同的电极力。如果力平衡模型适用于镁合金的焊接，则抑制其飞溅所需的电极力比焊接铝时所需的电极力要小，因为在同样过热下，镁合金中液体的压力与铝合金焊接中的相比至少低 20MPa。但是，焊接 AZ91D 过程中，当电极力低于 9kN 时，飞溅基本上无法避免，即使此时的电极力足以抑制同样尺寸的铝合金焊点中飞溅的发生。例如，图 7.22（b）中的焊点直径约为 5mm。假设该焊点的过热温度为 200℃（超出熔点），根据图 7.18 进行估算，其焊核的液体压力约为 75MPa。根据力平衡模型，液体焊核力与所需的抑制接合界面飞溅的电极力是相等的，都是 6kN。然而，焊接时使用的电极力是 9kN，飞溅还是发生了。因此，一定存在着飞溅的力平衡模型没有考虑到的飞溅机制。

使用飞溅的力平衡模型的一个隐含条件是存在着一个环绕着焊点的，在板材界面处的 HAZ 内形成的“密封环”。制造这种密封需要界面处板材有合适的可塑性和足够大的电极力。如前面所讨论的，焊接 AZ91D 时，板材表面没有明显的塑性变形，即使施加很大的电极力也无法形成一个有效的密封。电极力只能闭合表观接触面积的一小部分，其余部分向液态金属敞开，允许其渗透而过，因此电极力对控制该合金焊接中飞溅的发生是有限的。

3. 通过液体晶界网络的飞溅

Zhang 等[26, 28]的研究过程中发现，焊接 AZ91D 时，即使在大电极力的条件下，飞溅也几乎不可避免，这表明现有的关于飞溅的理论并不能有效地解释焊接某些材料如 AZ91D 中的飞溅过程。

如前面所述，因为缺少有效的密封环（由电极挤压引起的塑性变形而成的），以及在晶界处存在由熔融共晶体构成的液体网络，使用飞溅的力平衡模型来解释焊接 AZ91D 中的飞溅效果不好。对于这类合金的焊接，上述因素对飞溅的影响可以通过对焊接过程中焊点的各个部分的演化过程的近似来理解。首先，使用几个不同焊点的相应部分来构建一个 AZ91D 焊件的 1/4，如图 7.27 所示。当熔化开始时，焊核周围晶界处的共晶体便发生熔融，形成一个液体网络。这是因为邻近焊核的 HAZ 的温度刚好低于合金的熔化温度，但高于该共晶体的熔点。这种液体网络的尺寸（从焊核的中心点测量）为 r_{melt}（图 7.27），并随焊核（用 r_{nugget} 测量）的长大而增长。在液体焊核周围的板材接合界面处因所施加的电极力而产生的压缩区可以认为是一个（与焊核同心的）圆形，半径为 r_{force}。在这样一个区域内，如果压应力足够高，则液体焊点或者在板材界面处被封住，或者由低熔点共晶混合物沿晶界形成的网络与板材界面之间的交叉处（网络的出口）被封住。如果电极力太小而不能提供有效的密封，压缩区就有可能不存在，即 $r_{force}=0$，即使在接合界面存在压应力。由于 $r_{melt} \geqslant r_{nugget}$ 总是成立的，通过液体网络的飞溅就有可能在通过板材界面的飞溅之前发生。因此，只要不断生长的液体网络超出压缩区，即 $r_{melt}>r_{force}$ 时就会发生飞溅。

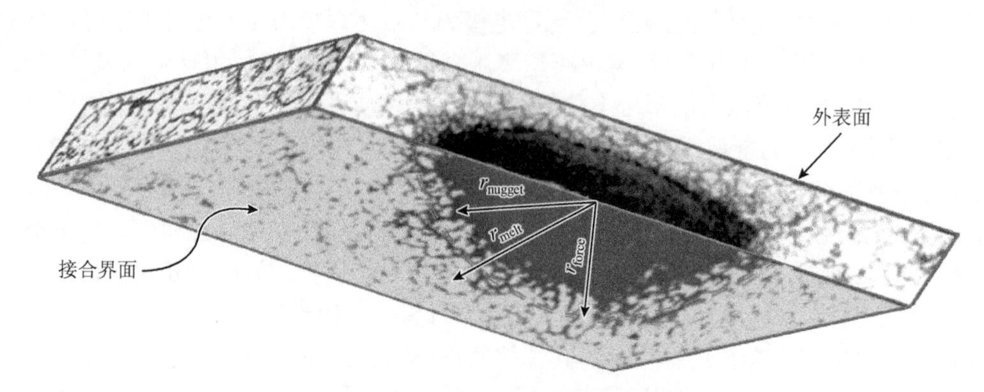

图 7.27　一个 AZ91D 焊件的 1/4

因此，焊接 AZ91D 时的飞溅既取决于电极力水平，也取决于焊接的进程，因为它决定了 r_{melt} 的值。考虑一个在中等电极力下正在生长的焊核。在开始时，部分熔化区很窄，并被压缩区所涵盖（$r_{melt}<r_{force}$）。由于液体既不能直接沿着板材接合界面流出焊核，也无法穿过熔融的液体网络，所以飞溅被抑制了。随着焊接时间的延长，焊核和液体网络的尺寸都在变大，同时，液体压力和焊核的合力也在增大。如果满足以下两个条件之一，AZ91D 中就可能会发生飞溅：焊核力的水平与电极力的水平相当，或液体网络的尺寸超过了压缩区（$r_{melt}>r_{force}$）。因此，电阻焊 AZ91D 时飞溅可能会通过接合界面或液体晶界发生。前者会在所有材料的焊接中观察到，而后者只在特定材料中出现，如 AZ91D。低熔点相（在这种情况下是 $Mg_{17}Al_{12}$）在晶界的体积分数必须大到可以形成一个允许液体通过的连接的液体网络才能发生这种飞溅。

通过实验对上述的飞溅机制进行了验证。电极力依次取为 3kN、5.4kN 和 9kN，而电流和焊接时间保持不变，可以观察到焊核在宽度和高度方面都会变小，如图 7.28 所示。这些实验表明，增大电极力在降低飞溅的严重程度上有一定作用，但不足以阻止其发生，因为在三种焊点（包括用 9kN 电极力制出的焊点）上都检测到飞溅。另外，为了检测压缩区的效应，使用了两个大垫圈来夹紧板材，然后透过垫圈的中心开口处进行焊接。在这种约束下制成的焊点如图 7.29 所示。采用这种约束使飞溅发生率明显降低，这在很大程度上可以归因于有效压缩区（阻碍飞溅通过液体网络发生）的扩展。在使用约束垫圈，且电极力为 9kN 的条件下进行焊接时，没有检测到飞溅的发生。

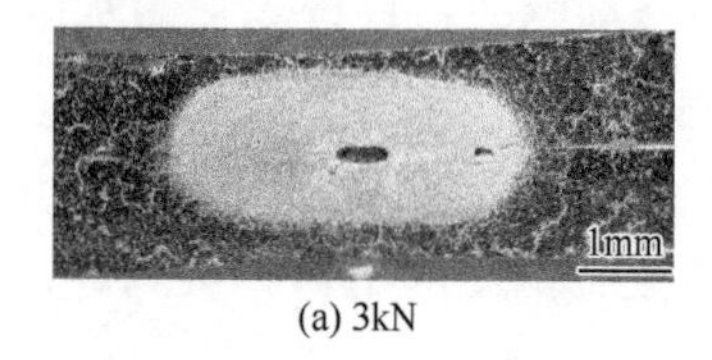

(a) 3kN

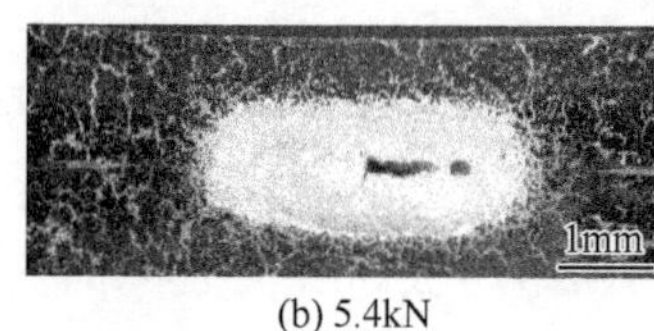

(b) 5.4kN

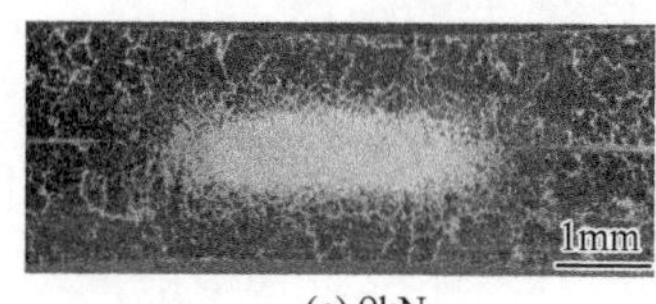

(c) 9kN

图 7.28　用不同电极力制成的 AZ91D 焊点

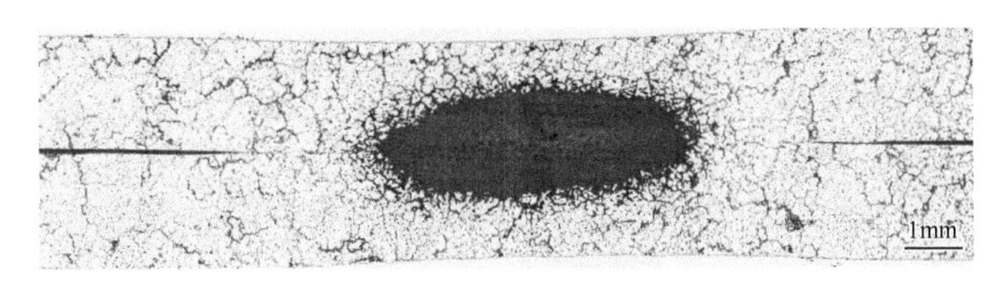

图 7.29　在约束条件下制作的 AZ91D 焊点

尽管电极力本身不足以完全消除焊接 AZ91D 时的飞溅，但是大的电极力有助于减小接合界面间的空隙并扩大压缩区的面积。因此，大的电极力依然有利于抑制在研究过程中观察到的飞溅。当电极力增大至 9kN 时，飞溅发生的比例降至 50%以下。

7.3.4　飞溅的统计模型

飞溅受电气、力学、热学和冶金等多种因素的影响。前面介绍的模型一般考虑焊核尺寸和其他几何因素来了解飞溅（或预测飞溅）。但在实践中并非总能获得这些因素的量值。此外，还有很多随机因素对飞溅有影响，如电极对中性与工件配合，把这些因素包括在几何比较模型和力平衡模型中也不是很容易。此外，这两个模型因为不直接反映焊接电流和时间的影响，使用不方便。选择正确的焊接参数（通常包括电极力、焊接电流和焊接时间）仍是控制飞溅方法的首选。根据这些考虑，研究人员提出了一个基于统计分析的可用于飞溅预测的模型[30]。

确定焊接参数通常的做法是在固定电极力和焊接时间的条件下找到发生飞溅的电流极限，通常用叶形图来表示，如图 7.9 所示。可接受的最小尺寸的焊点和飞溅极限（作为焊接时间和焊接电流的函数）是叶形图中的界限。焊接叶形图提供了力学、热学和电气过程之间复杂的相互作用对飞溅限值影响的简化描述，只能对飞溅的物理过程提供有限的信息。由于多数叶形图是在某个固定的电极力下制成的，电极力对飞溅的影响事实上是被忽略的。许多研究者已经注意到了这个问题，并在反映电极力的影响方面做出了很多努力。例如，Browne 等[16, 31]展示了电阻焊铝合金时，焊点叶形图或飞溅极限随电极力的变化，其结果与 Kaiser 等[32]在低碳钢和 HSLA 钢的焊接中观察到的结果相似。Karagoulis[2]的研究还显示焊点叶形图因电极偏心而移动。这些结果与力平衡模型预测的结果一致。还有几位研究者尝试着用与处理焊接电流和焊接时间相同的方式来处理电极力。Gould 等[33]创建了三维焊点叶形图来描述电阻焊时的电极力、焊接电流和焊接时间的相互作用。该项研究及其他类似的研究中，仅使用了少数几个电极力，部分原因是电极力没有焊接电流和时间那么重要，部分原因是在使用气缸的焊机中改变电极力比较困难，且很耗时。然而，基于上述这些零散的实验数据进行的分析对理解焊接参数及它们之间的相互作用对飞溅的影响帮助有限。此外，如果电极力如焊接电流和焊接时间一样取为变量，实验矩阵将会变得太大，费用太高。

Zhang 等[30]提出了一个基于统计学的方法对实验结果进行统计分析以获得飞溅限值。这个过程中，与通常将飞溅视为在一组固定的焊接参数下必然发生的现象的做法（如确定飞溅极限的做法）不同的是，飞溅的发生作为一个受随机因素影响的随机现象，可以用从没有飞溅到 100%的焊点都有飞溅的发生概率来描述。意识到飞溅现象的概率本质，以及设计、生产中常常需要确保一定比例，而不是一定数量的合格焊点这样的事实，使用飞溅的概率作为一个度量是更合理的。

本节概述研究飞溅限值的统计学方法，最后将用焊接 AKDQ 钢，以及 AA5754 和 AA6111 铝合金的例子对这种方法进行说明。

1. 建模过程

飞溅的统计模型包括两个主要部分：实验和统计分析。由于这个模型是基于这样一个假设，即飞溅是一种具有发生概率的现象，所以相应的实验设计及实施要考虑这个特点。焊接参数应该集中在可能的（由以往经验判断的）飞溅边界附近，并且为有效地捕捉飞溅的范围，在实验的过程中应该不断调整焊接参数。在研究中，使用几种电极力（而不是一个单一的力），而且焊接电流和焊接时间都随电极力的改变而改变。在每次焊接实验中监测和记录飞溅的发生情况，并依此确定后续的实验参数。飞溅的发生可以通过动态电阻、电极力、次级电压或电极位移信号的突然变化来识别。此外，基于经验的视觉判断也相当准确。每个焊接参数需要一定数量（不少于 5 个）的重复，以便得到飞溅概率的估计值。

一旦收集好实验数据，便根据下面介绍的步骤进行统计分析以建立飞溅概率和焊接参数之间的解析关系。统计分析的细节见第 10 章。

首先选择一个合适的统计模型。该模型必须有以下功能：①解释并预测飞溅发生的频率；②识别重要的影响并估算其大小；③描述飞溅发生的随机性。

有几种拥有这些功能的统计模型。这项研究采用的是对数模型，它可以接受连续输入量，而其输出是计数数据。

在对数模型中，用于描述 p_x（飞溅发生的概率）和 x（焊接参数）之间的关系可以用如下模型中常用的链接功能来表示：

$$\ln[p_x/(1-p_x)] = f(x) \tag{7.30}$$

式中，$f(x)$为 x 的实函数，可使用 x 的多项式进行估算。用电流（I）、时间（τ）和力（F）代替 x，那么一个三次多项式 $f(I,\tau,F)$ 可以表示为

$$\begin{aligned} f(I,\tau,F) \approx\ & \alpha_{000} + \alpha_{100}I + \alpha_{010}\tau + \alpha_{001}F + \alpha_{200}I^2 + \alpha_{020}\tau^2 + \alpha_{002}F^2 + \alpha_{110}I\tau \\ & + \alpha_{101}IF + \alpha_{011}\tau F + \alpha_{300}I^3 + \alpha_{030}\tau^3 + \alpha_{003}F^3 + \alpha_{210}I^2\tau + \alpha_{201}I^2F \\ & + \alpha_{021}\tau^2F + \alpha_{120}I\tau^2 + \alpha_{102}IF^2 + \alpha_{012}\tau F^2 + \alpha_{111}I\tau F \end{aligned} \tag{7.31}$$

式中，α_{ijk} 为系数，通常称为参数，可以通过实验数据进行估计。式（7.31）使用了三阶多项式用于演示这个过程。多项式的项数通常由数据的量和变量的取值数量决定。通常不建议选取高阶项（对于对数模型的细节，请参阅 McCullagh 和 Nelder 的著作[34]）。

实验数据在进行统计分析前必须转换成合适的形式。可用正交代码系统通过（Gram-Schmidt）正交化过程将含 x 值的多项式矢量转变为正交矢量。通过将以 I、τ 和 F（自然单位的电流、时间和电极力）表示的线性组合向以多项式项 I_s、τ_s 和 F_s（标准化后的电流、时间和电极力）的线性组合变换，方程（7.31）可以重写成如下形式：

$$f(I,\tau,F) \approx \theta_{000} + \theta_{100}I_s + \theta_{010}\tau_s + \theta_{001}F_s + \theta_{200}I_s^2 + \theta_{020}\tau_s^2 + \theta_{002}F_s^2 + \theta_{110}I_s\tau_s + \theta_{101}I_sF_s + \theta_{011}\tau_sF_s + \theta_{300}I_s^3 + \theta_{030}\tau_s^3 + \theta_{003}F_s^3 + \theta_{210}I_s^2\tau_s + \theta_{201}I_s^2F_s + \theta_{021}\tau_s^2F_s + \theta_{120}I_s\tau_s^2 + \theta_{102}I_sF_s^2 + \theta_{012}\tau_sF_s^2 + \theta_{111}I_s\tau_sF_s \quad (7.32)$$

式中，当 θ_{ijk} 的下标 i、j 和 k 分别等于 0、1、2 和 3 时，θ_{ijk} 代表相应于输入变量的顺序的常量、线性效应、二次效应和三次效应项的系数。

使用标准化的焊接参数的原因是，它使正交代码系统中的多项式形成的模型对模型系数的估计更有效且具有统计学意义上的独立性。这使得模型的选择更精确，但以失去对系数直观的物理解释为代价。使用正交代码体系拟合得到的模型可以通过变换回到原始变量 I、τ 和 F 的函数，而它的系数是有直观物理意义的。通过式（7.32）获取一个拟合的模型，然后将其转化，获得以自然参数为变量的飞溅模型，即式（7.31）。

在实验中，无需使用小电流和短时间的设置，以及大电流和长时间的设置，因为在这些区域中，飞溅或者完全不可能发生（低设置）或者必然发生（高设置）。这类不必进行具体实验即可获得的信息在统计学中称为先验知识。虽然不必进行实验，但在建立统计模型时却需要这部分信息。通常可以使用伪数据来代表先验知识。在统计分析中，可以加进一定数量的小电流下的无飞溅的（伪）数据及大电流下的（伪）飞溅数据，它们不需要进行实验即可得到，可以增加数据的数量，改进数据的完整性。

2. 统计分析

数据集准备好以后，需要选择适当形式的多项式及其系数，即一个模型来进行统计分析。

1）模型的选择

不同的多项式项的影响力是不同的，有些更重要，对模型的输出（获得飞溅的概率）的影响更大。影响微弱的项（效应）可通过模型选择的过程筛选出来、从模型中去掉。模型选择也提供了拟合优度和普适性之间的平衡（详见第 10 章）。

C_p 准则既包含对拟合优度的度量，也包括对效应的数量的测定，在该研究中应用到完整模型的每个子集上。然后对每个子模型（完整模型的子集）的 C_p 值进行比较可以得到一个适当的模型。

2）识别有影响的效应

按上述步骤选择的模型通常包含许多效应（对应于模型中的多项式项）。由于效应之间线性相关，所选择的模型中那些不太重要的效应可以用其他的效应取代，而新的模型仍然保持先前的拟合优度。

模型选择的结果可用于确定重要的效应。直观地说，如果一个效应对实验的响应有很大的影响，它应该在大多数好的模型上重复出现。因此，每个效应在最好的那些模型中出现的频率可以用于识别有影响的效应。

3）估计各个项（效应）的量值

通过上述的模型选择程序选择了统计模型以后，即可对 θ_{ijk}（模型中各个效应的系数）的量值进行估计。在对数模型中，可以使用迭代加权最小二乘法来得到 θ_{ijk} 的最大可能的估计值[34]。

然后，该模型转换回到自然尺度的代码系统（使用焊接电流、时间和电极力的真实值）。将函数 $f(I,\tau,F)$ 中的焊接参数进行标准化有助于辨别有影响的项（效应）。拟合得到的飞溅概率可以通过对 $f(I,\tau,F)$ 的如下简单的转化来得到

$$p_x = e^{f(I,\tau,F)}/[1+e^{f(I,\tau,F)}] \tag{7.33}$$

统计模型建立之后，通常需要对它与原始数据的差异（如残差分析）进行分析，以确定是否有任何明显的矛盾。

通过上述步骤建立的统计模型包含实验过程中所遇到的所有焊接参数和随机因素的影响，这些模型对理解飞溅这个复杂的现象起着很重要的作用。尽管所建立的模型依赖于具体使用的材料/焊接系统，不能直接用于其他材料系统，但所采用的方法是通用的。

总之，得到的飞溅的统计模型具有以下特征。

（1）与传统的叶形图相反，该模型中飞溅既作为确定性效应的函数，也包含它受随机因素的影响。因此，它的边界表示为概率范围，而非一条线。

（2）所有重要的焊接参数（即焊接电流、焊接时间和电极力）都包含在该模型中，不像传统的叶形图使用的是固定的电极力。

（3）飞溅的发生可直接与焊接参数相关联。这是一个优于其他飞溅模型的重要特点。

（4）对数模型可在含有（焊接电流、电极力和焊接时间及其相互作用的）线性、二次项、三次项及高阶效应的正交代码系统中进行研发。将在代码系统中得到的模型转换到原始空间以后，可以直接用于实际工况。

（5）使用这些模型可以估计焊接参数对飞溅的影响，并提供抑制飞溅的方法。

7.3.5　总结

在现有的各种飞溅模型中，几何比较模型、力平衡模型、液体网络模型和统计模型已通过验证，可有效地控制飞溅的发生。与其他模型一样，它们既有优点也有缺点。

（1）几何比较模型靠捕获重要的焊点几何尺寸来处理飞溅，而无需关于焊点形成的知识及焊接参数的影响。然而，需要使用有限元模拟来提供几何尺寸，这严重限制了它在实践中的应用。

（2）力平衡模型提供了一种计算和分析电阻焊过程中各个力的系统的方法，提出了飞溅的标准。它揭示了电阻焊中飞溅现象涉及的物理现象，有助于理解飞溅过程，还可用于制定抑制飞溅的焊接规程。然而，这个模型需要从其他途径得到焊点尺寸的信息。

（3）液体网络模型描述了在某些材料上发生的特殊的飞溅现象，除了板材结合界面，液体还可以通过辅助通道完成喷射。该模型对了解一些无法用其他模型来解释的飞溅现象尤其重要。由于 HAZ 内的液体网络是上述飞溅发生的机理，基材的晶界处低熔点相的数量必须超过一定值才会发生这种飞溅。因此，这种模型只适用于特定的材料系统。

（4）与以往的研究不同，统计模型将飞溅视为一个具有随机性的现象。这种方法尤其适用于处理具有不确定性的物理过程。对特定的材料/焊接系统使用这种通用的统计方法可以获取飞溅的模型或飞溅界限的定量预测。引入飞溅概率的概念为控制电阻焊接的质量提供了定量准则，可以获得最大的无飞溅的焊点。

这些模型描述了飞溅现象的重要方面。正确使用这些模型不仅可以监测飞溅，还可对其进行控制。如第 5 章所示，这些模型可以提供必要的知识，用于反馈控制系统。需要对适用于各种材料系统和焊接条件的模型进行进一步的研究。

7.4　实　　例

本节将详细介绍力平衡模型和统计模型用于几种材料系统的实例。

7.4.1　力平衡模型的应用

首先将力平衡模型用于 AA5754 铝合金的焊接。这种材料在一定范围的汽车制造中作为结构材料。通常，铝合金对飞溅的敏感度高于钢材，且电极力的影响更明显，这是由铝的高导电、导热性，低熔化温度，以及高热膨胀（无论固态还是液态）决定的。下面给出了力平衡模型的使用，包括液体焊核力的计算。AA5754 铝合金的化学成分见表 7.2[35]。

表 7.2　工业用 AA5754 铝合金化学成分　（单位：wt.%）

Mg	Mn	Cu	Fe	Si	Ti	Cr	Zn
2.6～3.6	Max. 0.5	Max. 0.1	Max. 0.4	Max. 0.4	Max. 0.15	Max. 0.3	Max. 0.2

1. 压力和力的计算

液体焊核力可以通过焊核内压力和焊核尺寸来计算。所有的主要压力分量，即由固-液转换（熔化）、液体膨胀、液体的蒸汽压，以及由表面物质分解导致的压力中，除了熔化产生的压力，都受温度的影响。因此，了解温度在液体焊核内的分布很重要。一旦得到一个特定液体的体积中的温度分布，这部分液体内各个压力分量就可以通过 7.3.2 节的公式获得，从而可以计算出各部分液体对总压力的贡献。通常需要采用数值方法来近似计算总的压力和焊核的力。简要步骤如下：①在液态焊核中获得材料性质和温度分布；②将液态焊核分成几部分，并假定每一部分的温度相同；③计算每一部分内的压力分量；④将各部分的压力分量加到一起，从而获得总压力；⑤计算由此压力产生的沿特定方向的力。

首先需要了解液态焊核内的温度分布以计算液体的膨胀量、蒸汽压及表面物质分解的压力。多数研究人员如 Gould[10]认为焊核内熔融金属的温度通常是不均匀的。与此相反，Alcini[36]宣称，整个焊核内的温度是均匀的。焊核内近似的温度分布可以从有限元模拟的结果中[25]获得，如图 7.30 所示。焊核中的等温体是椭圆形壳体。图中显示的是一个 AA5754 铝合金的焊核，焊接时间为 160ms，焊接电流（DC）为 28kA，电极力为 7kN。有限元计算中没有考虑流体动力学，因此，这个温度分布只是真实情况的一个近似。图中沿着宽度和高度方向上的温度梯度是不同的。为简单起见，将蒸汽压力和表面物质分解产生的压力忽略，以有限元模拟得到的温度分布为基础对各个分压力进行了计算，得到了如下的结果：

$$P_{\text{melt}} = 74.05\text{MPa}, P_{\text{exp.}} = 18.49\text{MPa}, P_{\text{vapor}} = 0, P_{\text{lubr.}} = 0$$

压力的比例为 P_{melt} : $P_{exp.}$: P_{vapor} : $P_{lubr.}$=80.02 : 19.98 : 0 : 0（%）。

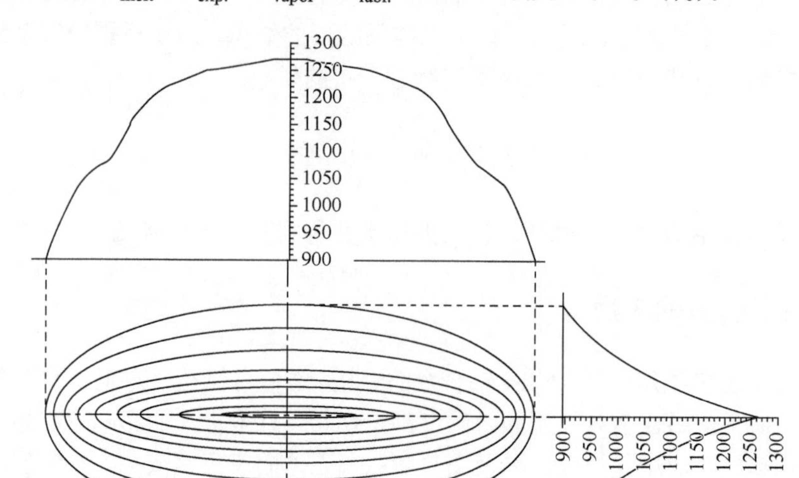

图 7.30　使用 FEM 模拟[25]得到的温度分布

椭圆环是液态焊核的等温线；温度单位为 K

焊核内的压力产生的沿焊核高度方向的力是 2.62kN。为了了解焊核力与温度分布和过热（加热至熔化温度以上）之间的关系，在焊核尺寸和焊核热量相同的情况下，对三类温度分布情况进行比较，如图 7.31 所示。虚线表示 FEM 的温度分布，峰值温度为 1275K。其他两条线分别表示钟形和矩形分布，峰值温度分别为 2133K 和 1029K。结果见表 7.3。

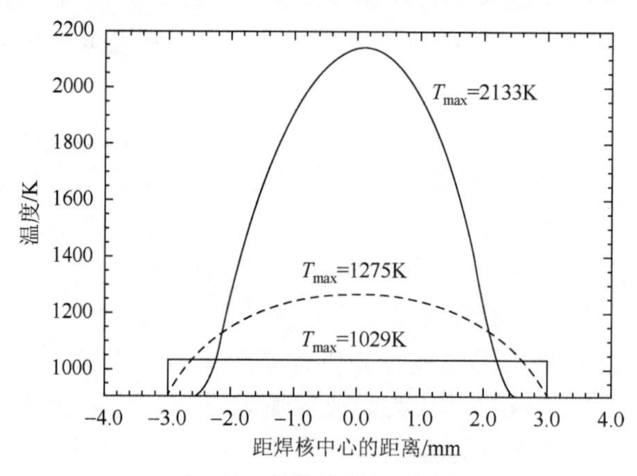

图 7.31　焊核内的温度分布

虚线是有限元模拟[25]结果，实线为假设的温度分布

表 7.3　各种温度分布下的力、压力比和热的比较

温度分布	F_N/kN	压力比（P_{melt} : $P_{exp.}$: P_{vapor} : $P_{lubr.}$）	Q/J
FEM 分布	2.62	80.02 : 19.98 : 0 : 0	15.99
钟形分布	2.65	79.05 : 20.95 : 0 : 0	15.99
矩形分布	2.61	80.09 : 19.91 : 0 : 0	16.02

由表 7.3 可知，虽然温度分布和峰值温度有很大的差异，但是在同等的总热量情况下过热很相似，导致焊核的总压力非常相似，液态焊核力也如此。因此，详细而准确的温度分布对于焊核力的计算来说并不重要。事实上，焊核力主要与过热有关。如表 7.3 中的例子所示，压力主要源于熔化导致的体积变化和熔化后继续加热产生的液态金属的膨胀。后者与过热成正比。一旦获得总的过热量，平均温度就可通过假设一个均匀的温度分布进行计算得到，也就可以得到焊核力。

图 7.32 显示了焊核力的计算随着分割焊核得到的薄壳的数量的增加而收敛。每个壳体由椭圆形内表面和外表面组成。由图 7.32 中所示的所有情况可知，使用 150 个壳体来计算力和过热是足够的。图 7.33 是一个直径为 6.0mm、深度为 2.5mm 的焊核内，力和过热随着焊核平均温度的增加而增加。温度每上升 100K，大约导致 0.5kN 力的增加。焊核力和过热对焊核尺寸的依赖如图 7.34 所示。计算中假定焊核的高度为其宽度的 1/2，对于所有的焊核尺寸使用了一个固定的平均温度 1275K。图 7.34 表明力及过热随着焊核变大而增加。这个力必须用电极力来平衡以避免发生飞溅现象。如果电极力和焊核力不同线，则有效电极力（所施加的电极力的一部分）必须足够大以平衡焊核力。

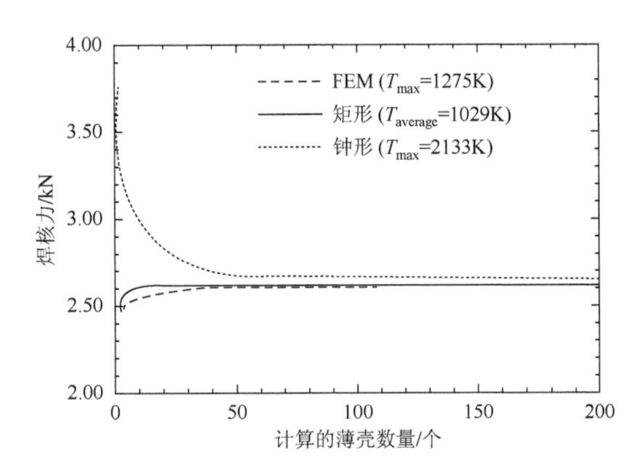

图 7.32 焊核力对用于计算的薄壳数量的依赖

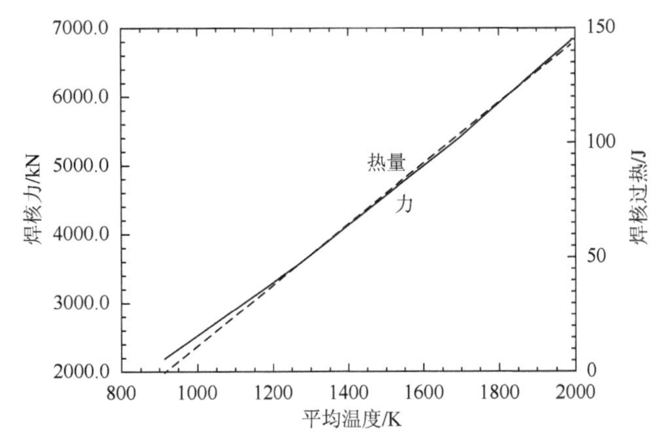

图 7.33 焊核力和焊核过热与焊核内平均温度的关系

假设焊核内温度分布均匀；焊核的直径为 6mm，焊核深度为 2.5mm

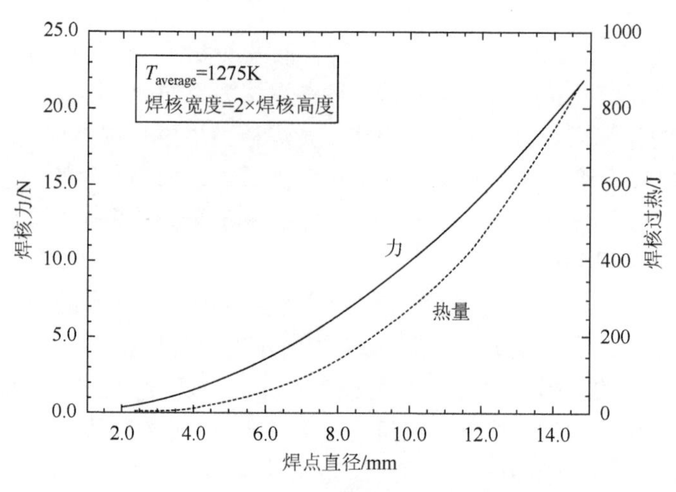

图 7.34　焊核力和过热对焊点直径的依赖

假定焊核内的温度分布均匀

2. 实验验证

为了验证飞溅的力平衡模型，使用了与上述计算中假定的相同的材料，即 AA5754 铝合金进行了实验[9]。选这种材料来验证模型的原因是铝合金通常比钢更易发生飞溅。板材由 Alcan 铝业公司提供，并采用了 Alcan 表面处理技术对板材进行了处理，以确保具备可重复的表面状态。在实验中使用了一台装有 MFDC 变压器的钳式焊枪。所选择的焊接参数涵盖了相当大的范围。电极力为 2～9kN，电流为 20～35kA，焊接时间为 67～167ms（4～10 个周波）。

在焊接过程中，对飞溅的发生进行了监测。然后，按照标准的金相检验流程对焊接件进行切割、研磨、抛光和腐蚀。用光学显微镜测定焊点直径、电极压痕的大小，以及焊核中心和压痕中心之间的偏移量。基于 FEM 的结果，对每个焊点在液态下的平均温度进行了估计。计算时假定液态焊核中的平均温度正比于总的热量输入减去熔化焊核所需热量。这种近似避免了焊接期间的所有热-电过程的细节。而且，这种假设可能造成的误差很小，因为液体膨胀导致的压力贡献通常低于总压力的 20%。然后，按照 7.3 节所列的步骤，用焊点尺寸和平均温度计算出液体焊核力。再由式（7.3）计算有效电极力。

计算出的焊核力与有效电极力的对比如图 7.35 所示。对角线是两种力的平衡边界。因此，根据该模型，当一个点落在这条线以上或以下的时候，将会发生飞溅。如图 7.35 所示，多数飞溅点在边界以下，有些点在线附近，还有几个飞溅点在对角线以上。这种差异的产生有几种可能。首先，用金相技术并非总能精确地测量非对称焊核的大小。因为液态焊核产生的力与焊核的大小成正比，所以这可能是产生误差的最主要原因。所施加的电极力和焊核力之间的偏差也很难精确测定。此外，电阻焊具有非常强的动态特性，在焊接过程中，许多过程远非平衡状态，而且焊接中的随机因素也难以预测和控制。另一个因素是现在尚缺乏广泛接受的关于飞溅的定性或定量的定义，以及其严重程度的定义。考虑上述因素，可以认为实验结果与模型的预测基本吻合。

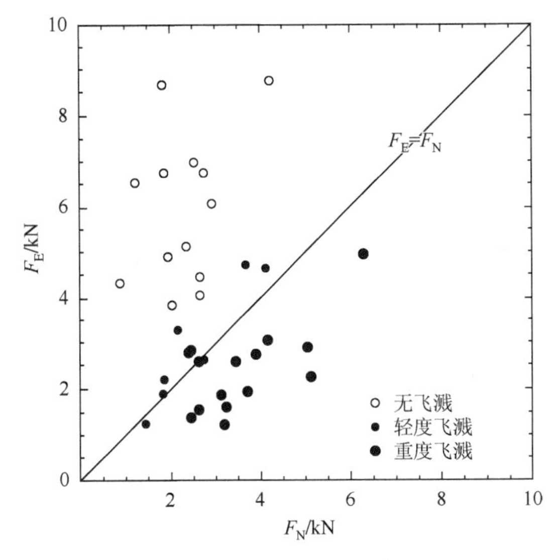

图 7.35　模型预测和实验观察的比较

实验中有些焊点存在着非对称焊核生长和非对称压痕(表面压痕的深度在不同的位置上不一样)的现象。这种后果可能与焊枪电极的夹持特性及铝合金对接触电阻的高度敏感有关。以上观察结果也证实了把有效电极力与额定电极力区分开来的重要性；也就是说，当焊核不对称生长时，它们是不同的。

3. 模型的应用

这个模型的结果可在电极力的选择方面提供指导。图 7.36 显示了在存在一定程度的不确定因素的情况下的焊接中，为抑制飞溅所需要的电极力的大小。假设 AA5754 铝合金的液体焊核内的平均温度为 1275K。在理想的焊接条件下，即电极对中性和板材配合都完美时，施加的电极力和焊核力之间的偏差为零。可以计算出这种条件下限制焊核所需的最小电极力，在图中用实线表示飞溅—无飞溅边界。然而，这种理想的焊接条件很少存在，而且实际焊接中焊接条件与理想状态的差别也不稳定。假设电极与焊核中心的偏差是焊核宽度的 1/4，则对这个焊核需要施加的约束，即电极力是它最小值的两倍，如图 7.36 中的虚线所示。假设这是最坏的情况，如果在 *A* 区中选择电极力，飞溅发生的概率就很低。在 *C* 区中，发生飞溅的风险很高。*B* 区中是否会发生飞溅取决于焊接条件。在验证该模型的实验中，已观察到 $0.01x\sim0.38x$（x 为焊核宽度）的偏差。同一组数据也绘制在这个图中。没有飞溅的数据点落在 *A* 区，所有落在 *C* 区的数据点都有飞溅。在 *B* 区能观察到所有的可能性（无飞溅、轻度飞溅和重度飞溅）。因此，该实验结果已基本证实了模型的预测。实际焊接中，除了飞溅，其他因素如电极力对电极压痕和接触电阻的影响等，在选择电极力时也应给予考虑。

因此，可以用上述模型来控制飞溅，尽管使用它需要知道所施加的电极力、液态焊核的力，以及它们之间的偏差。另外，材料的性质，尤其是它们的高温性质对这个模型的应用也很重要。虽然很难对一些材料性质进行精确计算，但可以利用现有的数据库来近似。

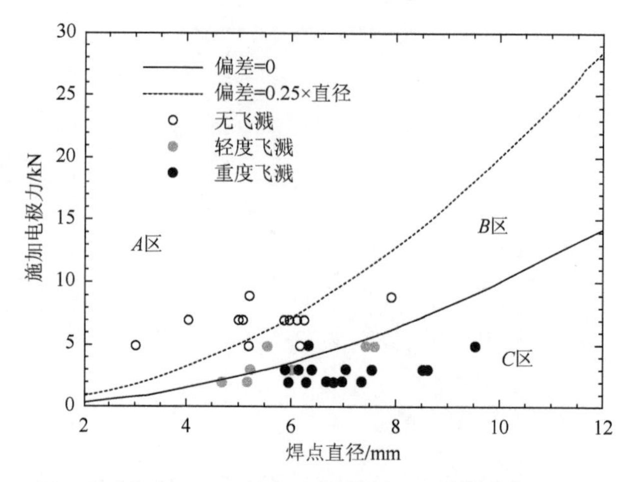

图 7.36 抑制 AA5754 铝合金焊接中飞溅所需的电极力

实心点和圆圈是从实验中得到的数据，如图 7.35 所示

7.4.2 统计模型的应用

Zhang 等[30]的工作使用了钢材和铝合金来验证前述统计模型。采用了 7.3.4 节所述步骤来计划、实施、分析该实验。

1. 实验

1）钢

实验中使用了 1.2mm 的 AKDQ 钢板，其化学成分见表 7.4。焊接时使用了单相 AC 台座式焊机。该实验包含大量的焊接电流、焊接时间和电极力的组合。焊接电流（均方根值，RMS）的范围为 6.5～13.9kA，焊接时间为 133～400ms（8～24 个周波），电极力为 2.7～5.3kN（600～1200lb）。共有 76 个焊接参数组合（实验），每个组合重复 10 次。

表 7.4 实验中使用的 AKDQ 钢的化学成分 （单位：wt.%）

C	Mn	P	S	Si	Cu	Ni	Cr	Mo	Sn	Al	Ti
0.035	0.210	0.006	0.011	0.007	0.020	0.009	0.033	0.006	0.004	0.037	0.001

注：数据来源为 National Steel Corp.，Livonia，MI.

2）铝合金

AA5754（2.0mm）和 AA6111（1.0mm）铝合金板是由 Alcan 铝业公司提供的，并用 Alcan 铝表面处理技术处理以确保可重复的表面状况。目前，在一些品牌的汽车中，AA5754 铝合金用于结构部件，AA6111 铝合金用于覆合件。由供应商提供的化学成分见表 7.2（AA5754）和表 7.5[32]（AA6111）。试验时使用了一个 MFDC 钳式焊枪。所选择的焊接参数涵盖了广泛的可能性。对于 AA5754 铝合金，电极力为 2～9kN（450～2000lb），电流为 20～35kA，焊接时间为 67～167ms（4～10 个周波）。对于 AA6111 铝合金，电极力为 2～6kN（450～1350lb），电流为 5～40kA，焊接时间为 17～84ms（1～5 个周波）。AA5754

铝合金的实验中有35种组合，每种组合重复5次；AA6111铝合金的实验有132个组合，每个重复5次。

表7.5　工业用AA6111-T4的化学成分　（单位：wt.%）

Mg	Mn	Cu	Fe	Si	Ti	Cr	Zn
0.5～1.0	0.15～0.45	0.5～0.9	<0.4	0.7～1.1	<0.10	<0.10	<0.15

焊接期间对飞溅进行了监测。使用一个固定焊接参数进行重复实验，其中有飞溅的焊点所占百分比为飞溅的发生率。再将实验结果用于这些材料的统计分析及飞溅限值建模。

根据7.3.3节中所述的模型选择标准来选择用于这几种材料的最佳统计模型。使用 C_p 准则的方法可以得到很多具备较小 C_p 值的模型，但是它们未必都能反映真实的物理过程。选择最佳模型时必须进行物理过程的考量。例如，如图7.37所示的钢的模型都有小的 C_p 值，但如图7.37（a）所示的趋势与实际经验稍微矛盾，而如图7.37（b）所示的趋势与实际观察一致。因此，图7.37（b）中的模型是更好的选择。

按照7.3.3节中所述的步骤，这些模型中各种效应的幅度 θ_{ijk} 的最大可能估计值，可以通过迭代加权最小二乘法得到。将标准化的代码系统转回自然尺度的代码系统（使用焊接参数的真实值：电流，kA；时间，ms；力，kN）以后，就可以显性地表示所研究的钢和铝合金的飞溅概率。

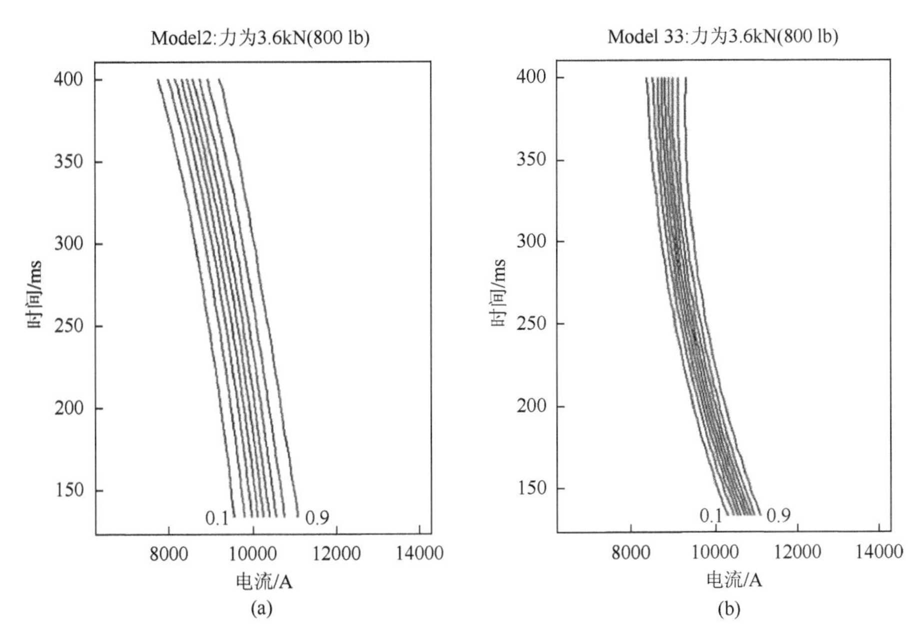

图7.37　两个有类似的较小 C_p 值的模型的等高线图

飞溅概率为0.1～0.9

（1）AKDQ 钢。

$$\begin{aligned}\ln[p_x/(1-p_x)] \approx & (-7.6449\times10^{2})+(1.6731824\times10^{2})I+(7.12636\times10^{-1})\tau+(9.7174\times10^{1})F \\ & +(-1.54168327\times10^{1})I^2+(-1.49\times10^{-5})\tau^2+(-4.234\times10^{1})F^2 \\ & +(6.251982\times10^{-1})I^3+(1.4202468)F^3+(-1.540455\times10^{-1})I\tau+(8.088965)IF \\ & +(6.08688\times10^{-2})\tau F+(7.5306\times10^{-3})I^2\tau+(-1.4449971)I^2F+(-5.12\times10^{-5})\tau^2F \\ & +(2.6919807)IF^2 \\ \equiv & f(I,\tau,F)\end{aligned} \tag{7.34}$$

在实际尺度中有影响的效应确定为（按照重要性的顺序）I^2、I^3、I、I^2F、IF^2、$I\tau$、$I^2\tau$、F^2和 IF。

（2）AA5754 铝合金。

$$\begin{aligned}\ln[p_x/(1-p_x)] \approx & (-2.372\times10^{1})+(2.172)I+(3.9\times10^{-3})\tau+(6.56\times10^{-1})F \\ & +(-2.79\times10^{-2})I^2+(-1.4\times10^{-3})I\tau+(-1.796\times10^{-1})IF \\ & +(-8.0\times10^{-4})\tau F+(2.7\times10^{-3})I^2F+(3.0\times10^{-4})I\tau F \\ \equiv & f(I,\tau,F)\end{aligned} \tag{7.35}$$

有影响的效应确定为 I、F、IF、I^2、I^2F 和 τF。

（3）AA6111 铝合金。

$$\begin{aligned}\ln[p_x/(1-p_x)] \approx & (-1.394\times10^{1})+(1.15\times10^{1})I+(9.81\times10^{-2})\tau+(-3.15\times10^{-1})F \\ & +(-1.69\times10^{-2})I^2+(6.17\times10^{-2})F^2+(-6.3\times10^{-3})I\tau \\ & +(-1.37\times10^{-1})IF+(1.0\times10^{-4})I^2\tau+(2.8\times10^{-3})I^2F \\ \equiv & f(I,\tau,F)\end{aligned} \tag{7.36}$$

有影响的效应确定为 I、IF、I^2F、$I\tau$、I^2 和 $I^2\tau$。值得注意的是，AA5754 和 AA6111 铝合金的模型具有非常相似的有影响的效应项，这揭示了铝合金焊接中的相似性。

这些模型的残差分析显示了观察值和拟合值之间近似一致。

2. 讨论

式（7.34）～式（7.36）显示了所研究材料的飞溅的统计模型，其中飞溅的概率表达为焊接时间、焊接电流和电极力的连续函数。使用这些统计模型可以研究各种焊接参数对飞溅的影响。以下是几个例子。

图 7.38 显示了焊接钢和铝合金过程中影响因素之间的比较。一个因素的影响是通过它在其本身所在的影响因素组里的相对值（百分比）来表示的。没有显示影响小于 5%的因素。如图 7.38 所示，与焊接电流相关的效应在钢和铝合金的焊接中的影响最大，这是因为焦耳加热是电阻焊的基础。与电极力相关的效应对飞溅的影响位居第二，在钢的焊接中尤其如此。有趣的是，焊接时间的影响最小。

图 7.39 是这些模型的三维表示。飞溅的概率 p_x 表示为以焊接电流和焊接时间为变量的曲面。它们可作为三维飞溅叶形图。三个模型中每个飞溅概率表面都包含两个平台。一个对应于零飞溅概率的低热输入端，另一个对应于 100%飞溅概率的高热输入端。在这两

者之间有一个过渡区，在该区内的飞溅概率在 0～1 连续变化。

因此，与此方面的大多数研究工作不同，飞溅极限不是用一个边界或一条线表示，而是用一个范围来表示的。尽管传统的焊接叶形图已广泛用于焊接参数的选择，但仍没有一个广为接受的确定飞溅边界的步骤。部分原因是在飞溅和无飞溅之间没有明确的界限。由于飞溅是在一个过渡区内随机发生的，用概率统计法来处理飞溅的发生既合理又实用。

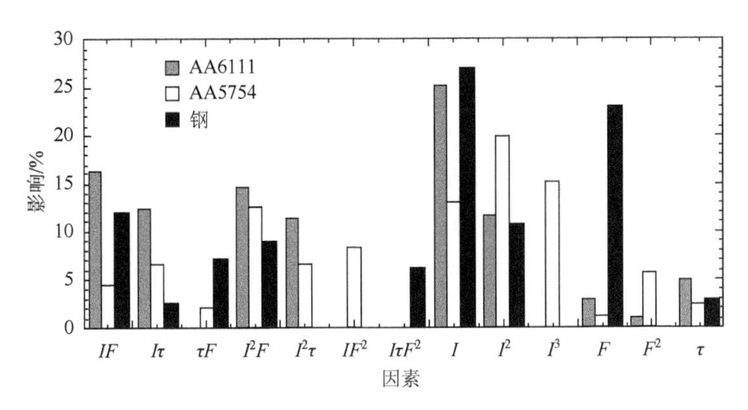

图 7.38　模型中影响因素的比较

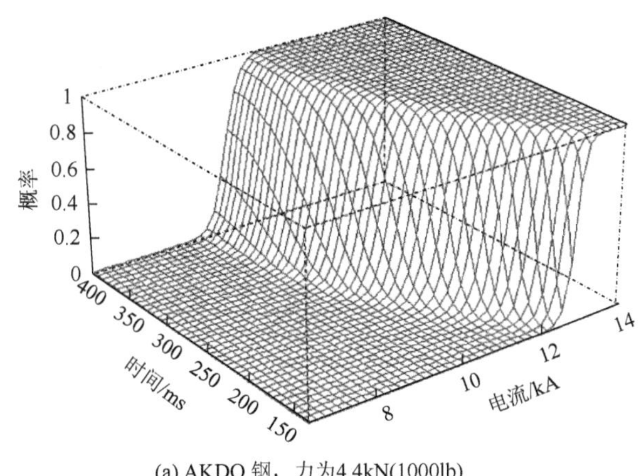

(a) AKDQ 钢，力为4.4kN(1000lb)

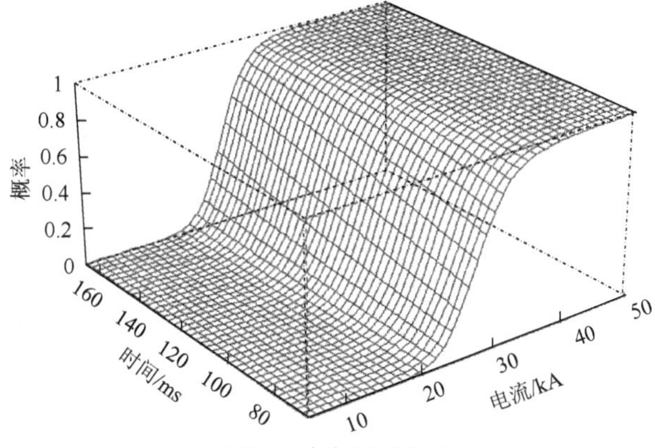

(b) AA5754，力为7kN(1600lb)

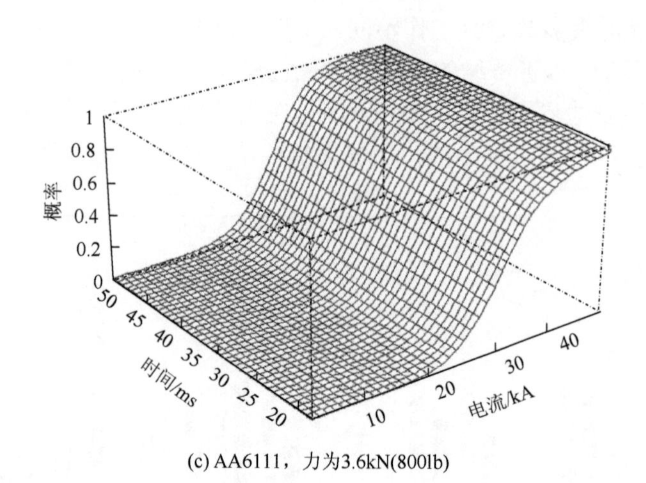

(c) AA6111，力为3.6kN(800lb)

图 7.39　固定电极力下的飞溅概率表面

钢材焊接的飞溅概率表面形状［图 7.39（a)］与铝合金［图 7.39（b）和（c)］的不同，这点可以从图中过渡区的形状看出。从图 7.39（a）可以看出，焊接钢时飞溅极限取决于焊接时间，与其他研究者的结论相同（如 Kaiser 等[32]的研究）。然而，焊接时间对铝合金焊接的影响较小（与 Browne 等[31]的研究结果一致）。钢材和铝合金的飞溅极限之间一个明显的不同是铝合金的飞溅边界（从无飞溅到 100%飞溅的过渡区）通常比钢焊接的要宽，这意味着，对此实验所选择的材料来说，铝合金焊接中的飞溅具有较大的不确定性。AA6111 中的过渡比 AA5754 中的更平缓。从图 7.40 中飞溅概率为 0.05 和 0.95 的等高线中可以更清楚地看到这一点。在该图中，当电极力增大时，飞溅边界向右侧移动。这种现象与 Kaiser 等[32]的观察相似，并且与力平衡模型的原理（飞溅与有效电极力有直接关系）一致。

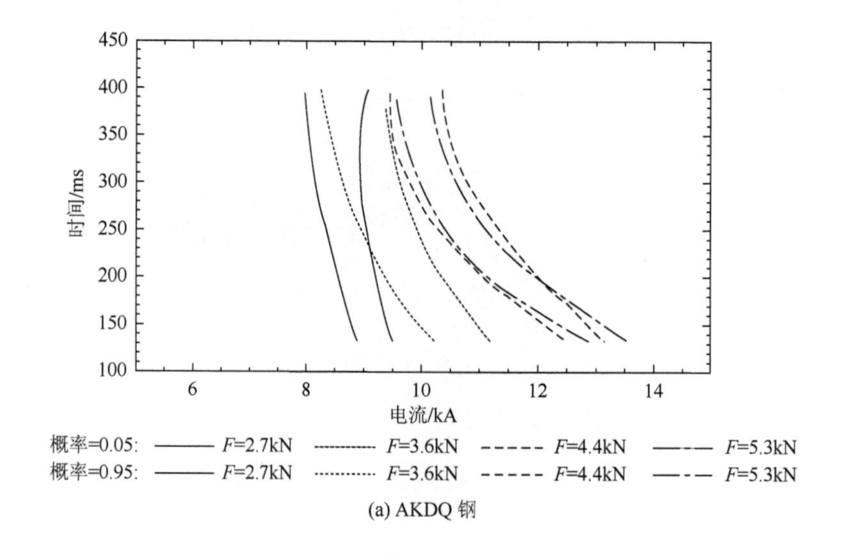

(a) AKDQ 钢

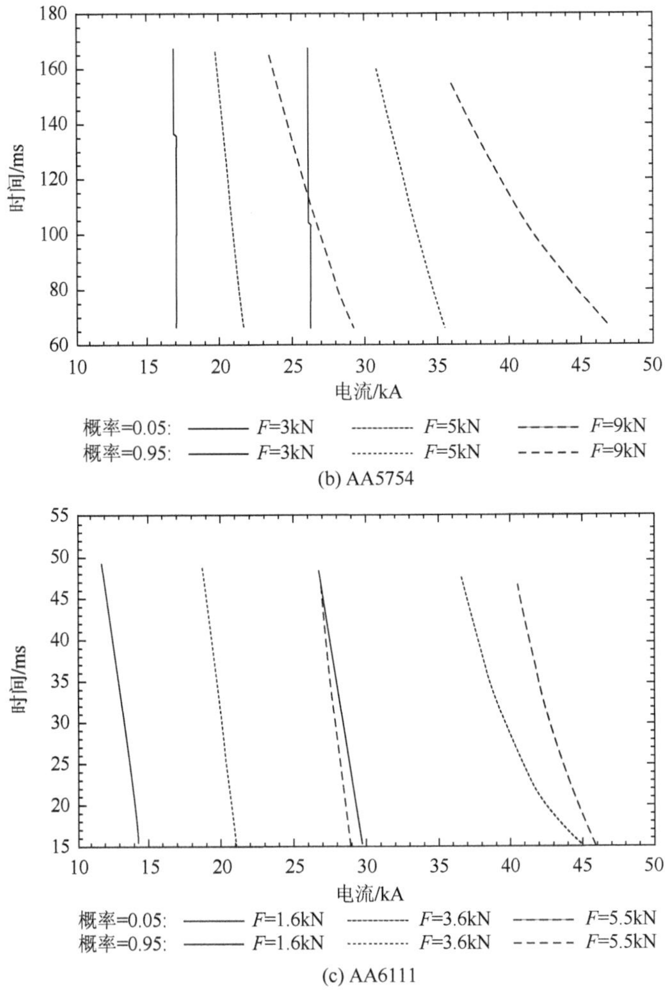

(b) AA5754

(c) AA6111

图 7.40　各种电极力下飞溅边界的等高线

图中概率为 0.05 的线在左边，概率为 0.95 的线在右边

在铝合金焊接实验的统计研究中，研究人员还发现，飞溅现象在很大程度上取决于电极条件。由于铜对铝具有高的化学亲和力，电极表面上会发生与铝的粘连，形成铜-铝合金（或 α 相青铜），使电极表面受到影响。由于电极（在高温下）有较低的屈服强度，在焊接期间很容易沿横向被挤压变形，也会粘连到焊点的表面而造成电极表面上的材料缺失，所以电极表面在焊接过程中不断改变，从而对所制造的焊点有一些随机效应，而且飞溅的发生也具备随机性。所有这些都增加了铝焊接中飞溅的不确定性，加宽了飞溅概率的范围。

铝合金焊接中电极力对飞溅极限的影响明显大于钢的焊接，这是因为钢的焊接主要受体积电阻的影响，而铝合金的焊接中表面电阻的影响非常大。电极力或压力对体积电阻的影响小，但对表面电阻的影响显著，它会直接破坏铝板表面的 Al_2O_3 层。因此，铝合金焊接中的接触电阻（占铝合金焊接中总电阻的大部分）是电极力的强函数。图 7.41 是焊接实验过程中记录的动态电阻信号，可以清楚地看到在焊接 AA6111 铝合金中总电阻随着电极力变化的过程。由图可知，对于相同的焊接时间和焊接电流，较大的电极力会降低表面电阻，从而降低铝合金的总动态电阻。Auhl 和 Patrick[37]，以及 Patrick 和 Spinella[38]也从各自的研究中得出了相似的结论。

除了飞溅概率对焊接电流和焊接时间的依赖（图 7.39），飞溅的统计模型还提供了它受电极力和焊接电流的影响（图 7.42）。通常，飞溅的发生取决于电极力和焊接电流。模型中电极力作为一个连续变量来处理有助于更好地理解其对焊接过程中的影响。电极力的增大降低了飞溅发生的概率。然而，这种关系取决于焊接材料。从如图 7.42 所示的飞溅概率表面的形状变化可以看出，在钢的焊接中，电极力和焊接时间之间存在着很强的相互作用，而在铝合金焊接中则较弱。焊接时间较长时，钢焊接中电极力的影响会减弱。主因是充分加热以后，焊核尺寸接近电极表面的大小（或电极力产生的压缩区域），焊核尺寸对控制飞溅的影响逐渐加大。此时飞溅受电极力和焊接时间的共同影响。AA5754 和 AA6111 铝合金［图 7.42（c）～（f）］的飞溅概率表面与钢的有相似的趋势。在这两种材料中，电极力和焊接电流对飞溅的影响小于钢的焊接。总之，焊接时间对铝合金焊接的影响非常有限，与图 7.39 的观察结果一致。通过对电极位移信号的分析可知，铝合金焊接中飞溅常发生于焊接的初始阶段，因此总的焊接时间的影响不大。

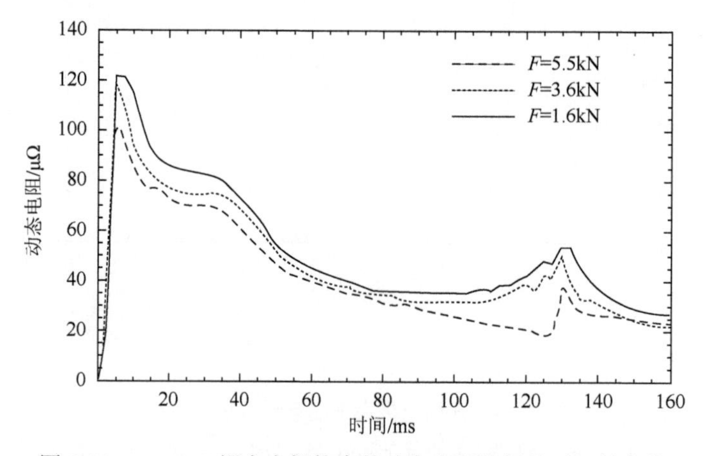

图 7.41　AA6111 铝合金焊接中的动态电阻随焊接时间的变化

焊接电流固定，电极力取三个不同的水平

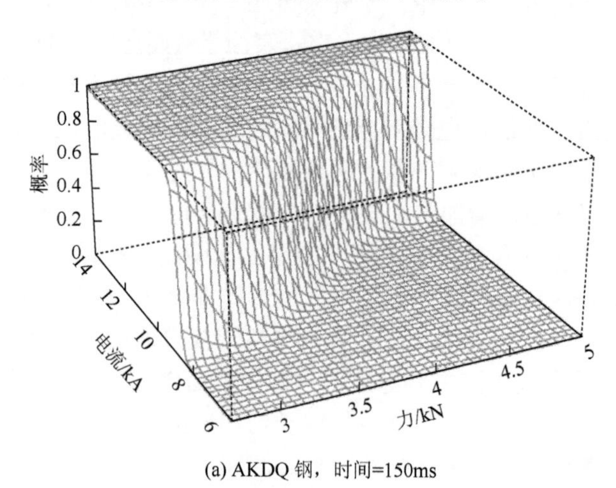

(a) AKDQ 钢，时间=150ms

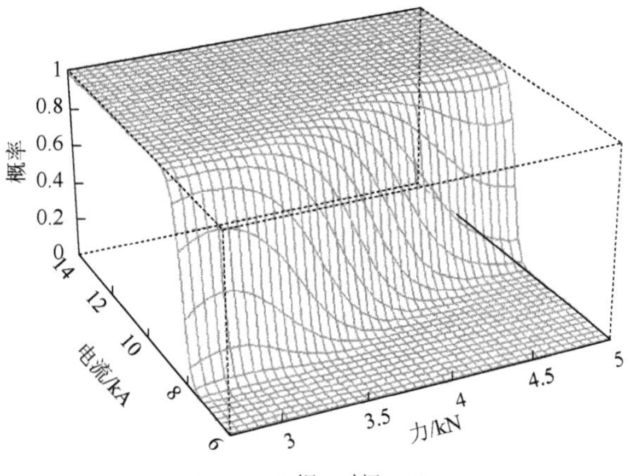

(b) AKDQ 钢，时间=350 ms

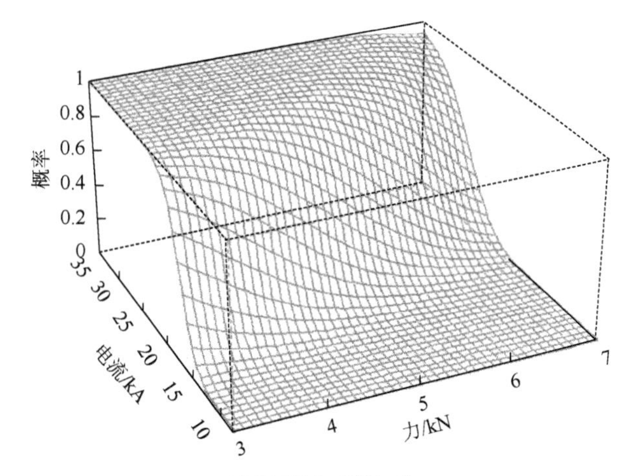

(c) AA5754，时间=60ms

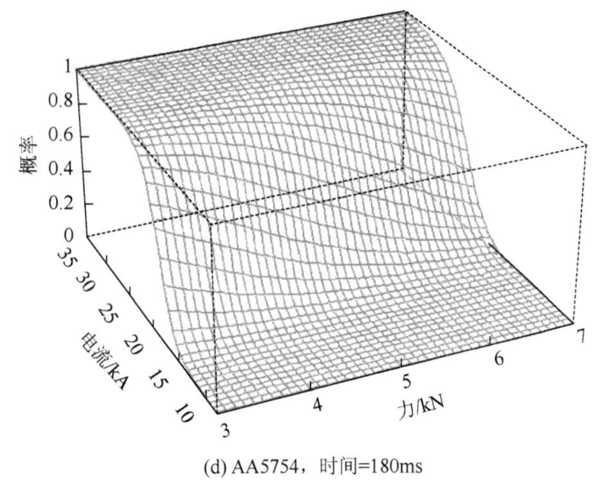

(d) AA5754，时间=180ms

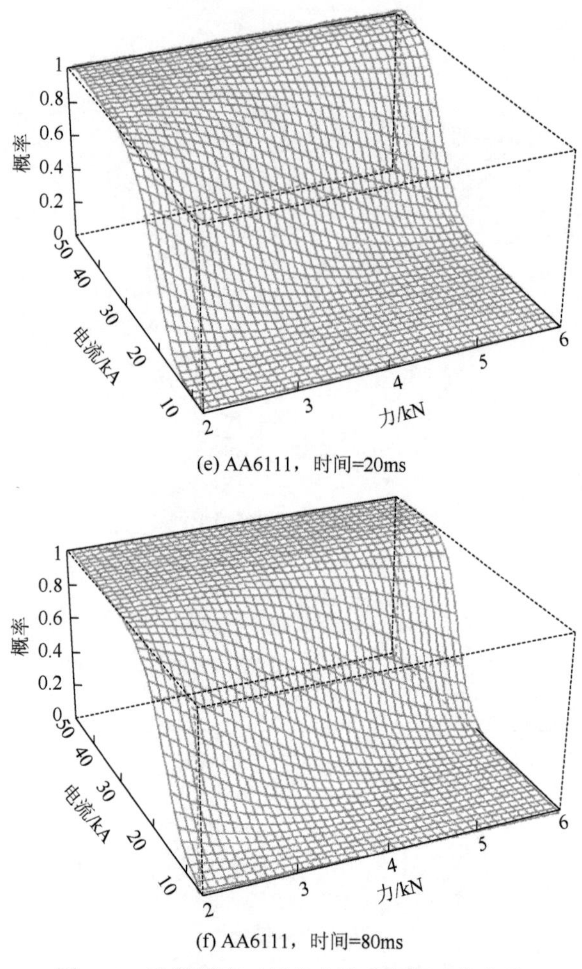

(e) AA6111，时间=20ms

(f) AA6111，时间=80ms

图 7.42　飞溅概率对焊接电流和电极力的依赖

通常情况下，与其他参数相比，焊接时间对飞溅的影响很小。对飞溅边界受焊接电流和电极力的影响的仔细观察会对了解飞溅过程的内在机理有帮助。图 7.43 显示了作为焊接电流和电极力的，函数概率为 0.05 和 0.95 的飞溅边界。可见如果焊接时间不变，控制飞溅所需要的电极力随电流的增大而增大。然而，这种增加在焊接钢和铝合金时有很大的差别。

根据图中曲线的特征，电极力的影响可以根据图中标明的各个电流区间分为三类。以图 7.43（a）为例。在 I 区中，当电流较低时，随机因素如板材/电极表面的凹凸和工件的配合的影响显著。因此，电流的一个小变化可能会引起飞溅的概率发生明显改变。然而，随机因素/变量的影响会通过增加电极力来消除。在Ⅱ区中，飞溅对电极力和焊接电流的依赖更可预见。这是一个焊接工作窗口，即一个对飞溅的发生可以相当准确地预测的区域。在该区域中，飞溅的发生遵循由 Senkara 等[9]提出的飞溅的力平衡模型。而在Ⅲ区中，焊接电流进一步增加，电极力对飞溅的影响减弱，这是焊接期间电极和焊核之间相互作用的结果。大电流（当焊接时间固定时）会产生大焊核。无论电极力有多大，一旦增长的焊核边缘超过电极力的控制范围，液态焊核将处于不受控制的状态。当焊核尺寸与电极产生的压应力区域大小相似，或者部分焊核处于这种压应力区域之外时，有可能发生飞溅。因此，几何比较模型比较适合Ⅲ区。一般情况下，如图 7.43 所示，铝合金焊接中的Ⅱ区比钢焊接的要窄得多，所以铝合金焊接中飞溅的不确定性要更大。

尽管进行了大量研究工作,人们对飞溅机制和飞溅对焊接质量的影响的理解仍不够全面。统计模型显然特别适合这种情况，因为它将飞溅直接与焊接参数联系在一起，而不需要对物理过程进行详细的、定量的理解，同时还可以获得一些有关飞溅现象的较深入的了解。由前述分析可以清楚地看到焊接钢与焊接铝合金的特点和它们的不同。调节电极力通常能有效控制飞溅，这与力平衡模型是一致的。当焊核大小接近电极面尺寸时，增大电极力不再能有效地控制飞溅，这时使用几何比较模型更合适。

飞溅在电阻焊中是常见的现象，它会对焊接强度、电极磨损、焊点外观、焊点质量、焊点性能等产生不良影响。尽管有飞溅的焊点，尤其是钢焊点，常常可以达到甚至超过工业标准的要求，但这并不表示故意在飞溅边界上甚至越过这个边界的焊接是合理的。应该抑制飞溅以实现高质量焊接和较长的电极寿命，这在铝、镁合金焊接中尤为重要。基于本章的讨论，有可能开发一种可用于实践的在线飞溅预测和控制算法。

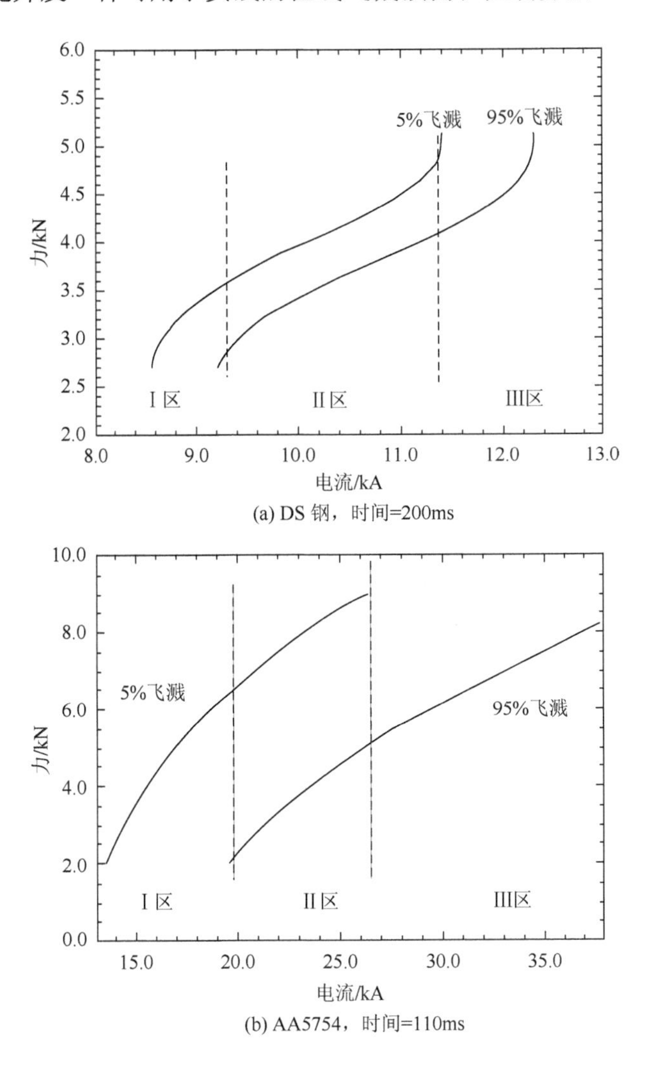

(a) DS 钢，时间=200ms

(b) AA5754，时间=110ms

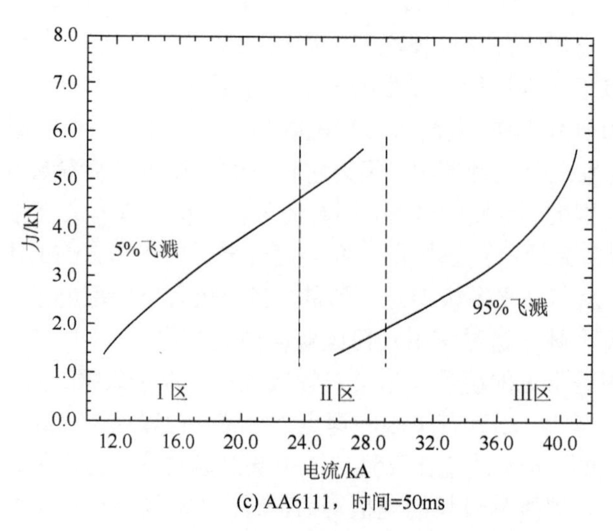

(c) AA6111，时间=50ms

图 7.43　飞溅极限对电极力和焊接电流的依赖

参 考 文 献

[1] Kimchi M. Spot weld properties when welding with expulsion-a comparative study. Welding Journal，1984，63：58s-63s.

[2] Karagoulis M J. Control of materials processing variables in production resistance spot welding//Proc. AWS Sheet Metal Welding Conf. V. Detroit（MI），1992，Paper No. B5.

[3] Newton C J，Browne D J，Thornton M C，et al. The fundamentals of resistance spot welding aluminum//Proc. AWS Sheet Metal Welding Conf. VI. Detroit（MI），1994，Paper No. E2.

[4] Hao M，Osman K A，Boomer D R，et al. Developments in characterization of resistance spot welding of aluminum. Welding Journal，1996，75（1）：1s-8s.

[5] Zhang H. Expulsion and its influence on weld quality. Welding Journal，1999，78（11）：373s-380s.

[6] Davies A C. The Science and Practice of Welding，Vol. 2. The Practice of Welding. 10th ed. Cambridge：Cambridge University Press，1993.

[7] Dickinson D W，Franklin J E，Stanya A. Characterization of spot welding behavior by dynamic electrical parameter monitoring. Welding Journal，1980，59：170s-176s.

[8] Wu K C. The mechanism of expulsion in weldbonding of anodized aluminum. Welding Journal，1977，56：238s-244s.

[9] Senkara J，Zhang H，Hu S J. Expulsion prediction in resistance spot welding. Welding Journal，2004，83：123s-132s.

[10] Gould J E. An examination of nugget development during spot welding using both experimental and analytical techniques. Welding Journal，1987，66：1s-10s.

[11] Vahaviolos S J，Carlos M F，Slykhouse S J. Adaptive spot-weld feedback control loop via acoustic emission. Materials Evaluation，1981，39：1057-1060.

[12] Kilian M，Hutchenrenther A. Monitoring and control of electrode indentation//Proc. AWS Sheet Metal Welding Conf. VI. Detroit（MI），1994，Paper No. C4.

[13] Hao M，Osman K A，Boomer D R，et al. On-line nugget expulsion detection for aluminum spot welding and weld bonding. SAE，1996，Paper No. 960172.

[14] Han Z，Indacochea J E，Chen C H，et al. Weld nugget development and integrity in resistance spot welding of high-strength cold-rolled sheet steels. Welding Journal，1993，72（5）：209s-216s.

[15] Browne D J，Chandler H W，Evans J T，et al. Computer simulation of resistance spot welding in aluminum-part Ⅱ. Welding Journal，1995，74（12）：417-422.

[16] Browne D J，Chandler H W，Evans J T，et al. Computer simulation of resistance spot welding in aluminum-part II. Welding Journal，1995，74：417s-422s.

[17] Lide D R. Handbook of Chemistry and Physics. 74th ed. Boca Raton：CRC Press，1993-1994.

[18] Taylor L. Metals Handbook，Vol. 1. 8th ed. Materials Park：ASM，1977.

[19] Bauccio M. ASM Metals Reference Book. 2nd ed. Materials Park：ASM，1984.

[20] Hatch J E. Aluminum：Properties and Physical Metallurgy. Materials Park：ASM，1984.

[21] Prigogine I，Defay R. Chemical Thermodynamics. London：Longmans，1967.

[22] Hultgren R，Orr R L，Anderson P D，et al. Selected Values of Thermodynamic Properties of Metals and Alloys. London：J. Wiley，1974.

[23] Krupkowski A. Basic Problems in Theory of Metallurgical Processes. Warsaw：Polish Sci. Publ，1974.

[24] Tsai C L，Jammal O A，Papritan C，et al. Modeling of resistance spot welding nugget growth. Welding Journal，1992，71：47s-54s.

[25] Zhang H，Huang Y，Hu S J. Nugget growth in spot welding of steel and aluminum//Proc. AWS Sheet Metal Welding Conf. VII. Troy（MI），1996，Paper No. B3.

[26] Luo H，Hao C，Zhang J，et al. Characteristics of Resistance Welding Magnesium Alloys AZ31 and AZ91. Welding Journal，2010，90（12）：249s-257s.

[27] Salman S A，Ichino R，Okido M. A comparative electrochemical study of AZ31 and AZ91 magnesium alloy. International Journal of Corrosion，Volume 2010，2010，Article ID 412129.

[28] Luo H. New joining techniques for magnesium alloy sheets. MS Thesis，Shenyang：Institute of Metal Research，Chinese Academy of Sciences，2008.

[29] Munitz A，Kohn G，Cotler C. Resistance spot welding of Mg-AM50 and Mg-AZ91D alloys. Magnesium Technology 2002. TMS（The Minerals，Metals & Materials Society）. Warrendale，2002.

[30] Zhang H，Hu J S，Senkara J，et al. Statistical analysis of expulsion limits in resistance spot welding. Transactions of ASME-Journal of Manufacturing Science and Engineering，2000，122（3）：501-510.

[31] Browne D J，Newton C I，Boomer D R. Optimization and validation of a model to predict the spot weldability parameter lobes for aluminum automotive body sheet//Proc. of International Body Engineering Conf. IBEC'95：Detroit：Advanced Technologies and Processes Section，1995.

[32] Kaiser J G，Dunn G J，Eagar T W. The effect of electrical resistance on nugget formation during spot welding. Welding Journal，1982，61：167s-174s.

[33] Gould J E，Kimchi M，Leffel C A，et al. Resistance seam weldability of coated steels，part I，Weldability envelopes. Edison Welding Institute Research Report. Columbus，1991，No. MR9112.

[34] McCullagh P，Nelder J A. Generalized Linear Models. 2nd ed. London：Chapman & Hall，1989.

[35] Automotive Sheet Specification. Farmington Hills：Alcan Rolled Products Comp.，1994.

[36] Alcini W V. Experimental measurement of liquid nugget heat convection in spot welding. Welding Journal，1990，69：177s-180s.

[37] Auhl J R，Patrick E P. A fresh look at resistance spot welding of aluminum automotive components. SAE，1994，Paper No. 940160.

[38] Patrick E P，Spinella D J. The effects of surface characteristics on the resistance spot weldability of aluminum sheet//Proc. AWS Sheet Metal Welding Conf. VII. Troy，1996，Paper No. B4.

第 8 章　焊机机械特性的影响

8.1　引　　言

在相同的工件上使用完全相同的焊接参数，但不同的焊机来制造两组焊接试件，这些试件的几何特性和强度方面的区别可能会非常大。对此唯一合理的解释是焊机造成了上述差异。电阻焊机有两个截然不同却又密切相关的系统：电气系统和机械系统，如图 8.1 所示。焊机机械系统的特性如焊机的刚度、运动部件的摩擦特征和机器的体积/质量等在焊机的功能和性能方面起着重要作用，从而影响着焊接过程和焊接质量。

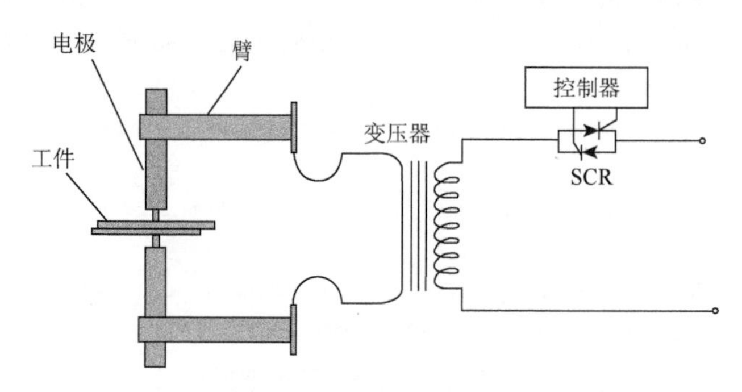

图 8.1　点焊系统的示意图

根据公开发表的文献，对焊机影响的研究始于 20 世纪 70 年代。早期的研究重点是焊机机型的差异，并没有尝试去理解其影响的机理。例如，Ganowski 和 Williams[1]研究了机型对镀锌钢焊接中电极寿命的影响。Kolder 和 Bosman[2]使用了 5 个不同的焊机来研究焊接设备对高强度低合金（high-strength low-alloy，HSLA）钢的焊接叶形图的影响。Satoh 等[3, 4]利用四种焊机进行试验后指出，机型是影响焊接性能的重要因素。Hahn 等[5]发现大的电极位移会导致电极接触的变化和焊接质量的下降。Williams 等[6]发现，焊喉深度的增加及电极合拢时冲击的加大会缩短电极寿命。同样，Howe[7]发现，电极偏转的程度会显著影响电极寿命。

研究者还讨论了焊机的各个特点对焊接过程的影响[8-11]。Dorn 和 Xu[8, 9]指出，焊机的（固定）下臂的刚度对电极-焊件接触时的电极力的波动和电极力的平均值都有影响。Tang 等[10, 11]在发表的论文中偏重于在焊机力学特性影响的研究中使用各种传感器进行监测。另一项由 Wang[12]主持的研究进一步探讨了如何使用焊接的过程信号对焊机进行表征和区分。这些研究对了解焊机特性的机理起着关键性的作用，也是焊机优化设计的基础。

本章对焊机的重要力学特性进行讨论，重点讨论它们对焊接质量可能产生的影响。

8.2　典型焊机的机械特性

点焊机通常根据它们的运行机制进行分类，例如，焊机臂是如何相对于工件运动的。

由于大多数焊机是为特定用途制作的，它们在结构，以及术语和定义方面的差异很大。然而，还是可以用如图 8.2 所示的五种典型的焊机来说明电阻焊机之间的主要差异。

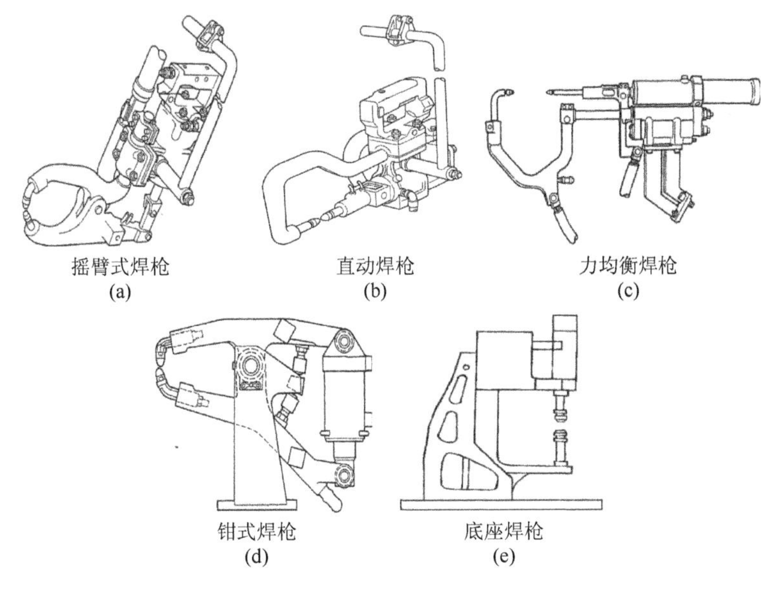

图 8.2 典型焊机示意图

焊接的第一步是将电极闭合，施加电流以后再将电极分开。尽管使用伺服电机驱动的焊枪日趋流行，气缸仍是电阻点焊机中最常用的驱动装置。

焊机的运动部分包括从气缸活塞到电极的组件。气缸的内摩擦及滑轨的摩擦可能在电极与板材的接触过程中及其后的随动过程中影响电极的运动。

焊接开始时，气缸的内压力的快速增加导致活塞、电极和曲轴一起被推动。电极力的大小直接取决于气缸的压力和尺寸，它同时又受到焊机臂（运动臂和固定臂）的刚性或刚度的影响。这种限制可以通过焊机臂的最大容许挠曲来测量，以避免因挠曲导致过多的电极偏心。因为设计焊机或焊枪时的一个非常普遍的做法是一只机臂的刚度比另外一只大，所以经常只考虑刚度较低的机臂。

焊接期间，电极因工件的膨胀和收缩而产生相对运动。虽然这种运动幅度极小（通常小于 0.1mm），但其导致的电极力的变化对焊点的形成有显著影响。电极刚开始接触工件的过程中焊机的运动质量的影响可能很大。这些及其他与焊机的机械系统相关因素的影响将在下面各节里讨论。这些影响可以通过检查一个完整的焊接周期里得到的可检测的信号来理解，包括电极力、电极位移、电流和电压。电极力和位移信号可以提供通过其他方式无法得到的信息。如图 5.2 所示的数据采集系统可用于电阻焊的信号采集，如图 5.3 所示为电压、电流、电极力和位移的典型信号。根据需要，可以使用一个或三个线性可变差分传感器（LVDT）来监控焊接周期中电极的相对运动（位移）。

位移传感器可用于记录沿其轴向的运动，从而得到焊机臂的轴向刚度。然而，一些焊接系统中，垂直于电极的横向刚度也是一个需要关注的问题，因为它会导致电极的角偏心，尤其是在大电极力下会很显著。在这种情况下，可以设计一种能同时测量轴向和横向刚度的装置，如图 8.3 所示。这种夹具可以夹持 3 个 LVDT，并用收集的轴向位移信号对与电极平行（沿轴向）和垂直两个方向上的位移进行计算，如图 8.4 所示。

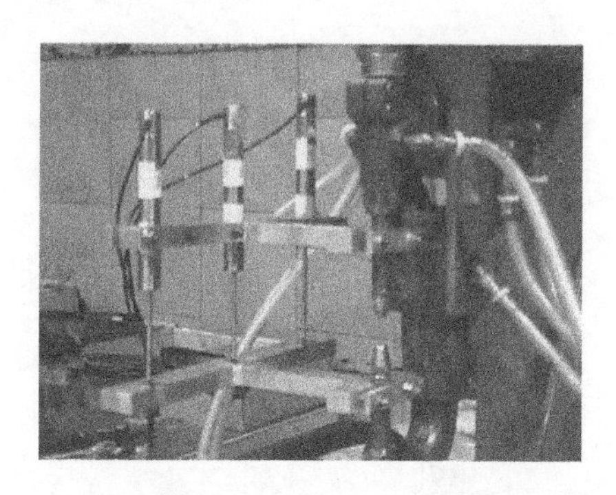

图 8.3　一个 C 型焊枪点焊机（直动焊枪）及固定于其上的位移传感器和夹具

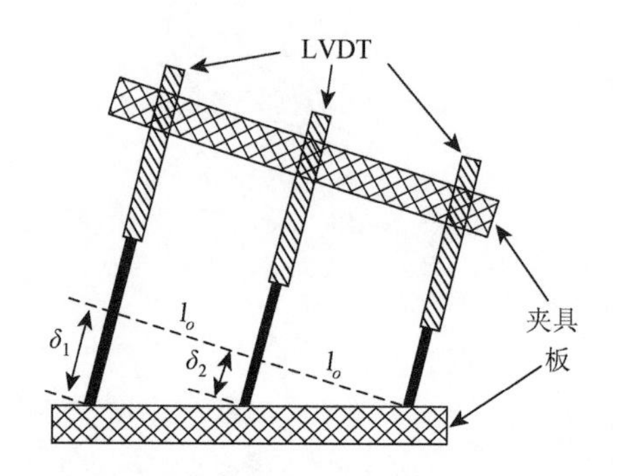

图 8.4　用于计算轴向和横向挠曲的几何量

通常需要一个完整焊接周期内的电极力、位移和电流的信号来表征焊机的整体性能。一个典型的焊接周期包括挤压、焊接、冷却、夹持和关闭等阶段，如图 8.5 所示。

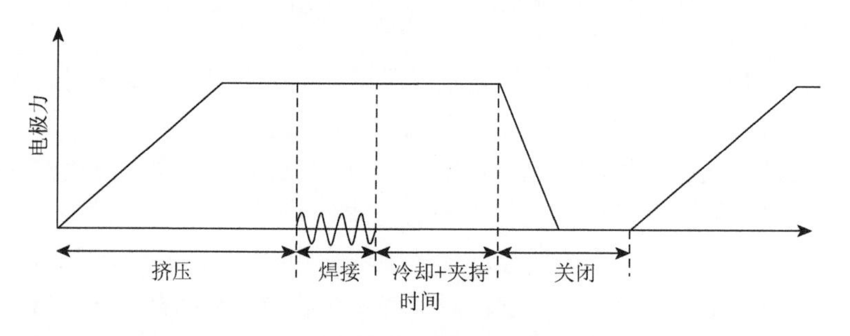

图 8.5　一个典型的焊接周期中各个阶段

实际焊接中通常根据经验/标准来选择这些阶段（持续的时间），并通过焊机电子控制器来实现。焊接中机械系统与焊机的控制器相互作用，其真正的反应往往偏离预定值，偏离的程度取决于焊机的机械特征和控制系统，详见 8.6 节。

下面将使用焊接期间采集的信号对焊机的机械因素的影响进行讨论，并将焊接质量作为这种影响的量度。

8.3　焊机刚度的影响

刚度通常用于衡量在荷载情况下抵抗挠曲的能力。电阻焊中所关心的是，在施加的电极力的作用下电极的相对位移量。焊机刚度的影响体现在焊接工艺的许多方面。本节用实验来揭示因焊机刚度值的不同而导致的电极力、电极位移及焊点的形成过程等方面的不同。此外，还展示了近期研究工作得出的焊机的刚度值估计方法。

8.3.1　对电极力的影响

焊机刚度的影响直接反映在焊接过程中收集的电极力信号上。Tang 等[10]对刚度的影响进行了详细的试验。在他们的试验中，只考虑基座焊机的下部结构的刚度，因为上部结构是运动的且其刚度很高。调整下（静止）电极与基座焊机的支持结构之间弹簧的刚度，使焊机具有两种不同的刚度（图 8.6），刚度值分别为 8.8kN/mm 和 52.5kN/mm。由图 8.7 可见，虽然这两种情况中电极的接触过程很类似，而且达到电极力的设定值的路径几乎完全一样，但当施加电流时，由于焊机的刚度不同，两种情况的电极力有明显的不同。焊接过程中低刚度下电极力的增量为 133N（30lb），而在高刚度下其值为 334N（75lb），即大刚度导致电极力发生大的变化。不同刚度的焊机提供不同的电极力，因此对焊核的生长给予的约束是不同的。在高刚度条件下，焊核的膨胀会更困难，因为高刚度会导致来自电极的更大的反作用力。

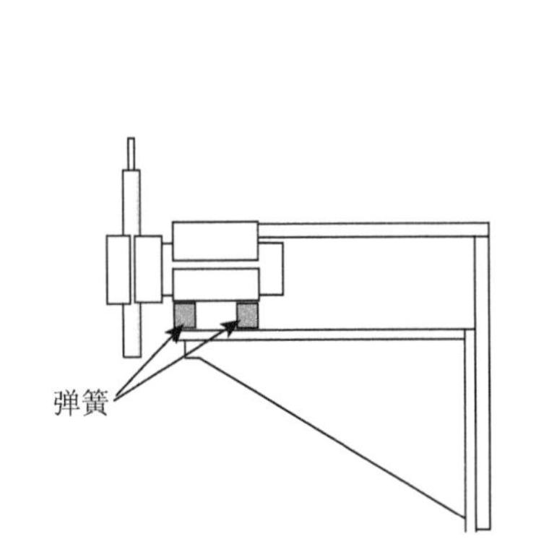

图 8.6　调整基座焊机下臂的焊机刚度

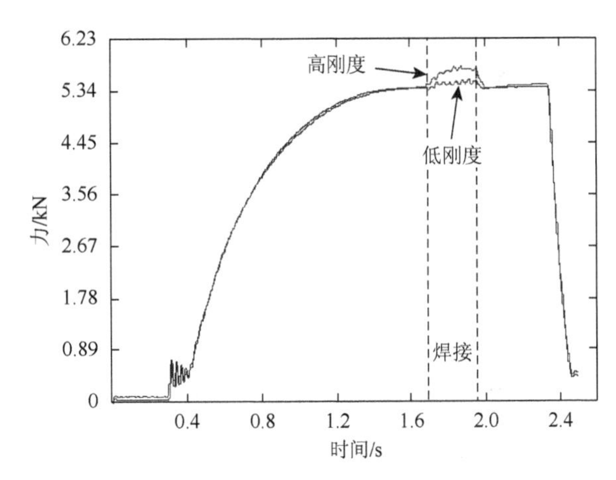

图 8.7　不同焊机刚度下的电极力

8.3.2　对电极位移的影响

电极位移是观察焊核开始形成和生长的最佳信号，也可以通过它对其他焊接过程的特点进行了解。虽然焊接时电极的位移量随焊机刚度发生变化，但使用上述基座焊机，在不同的焊机刚度下焊接时的位移特点是相似的。如图 8.8 所示，两个焊点成长经历中的膨胀量是类似的，$d_1 \approx d_2$，但对于刚度较高的焊机来说，达到飞溅需要较长的时间。这是因为刚度大的焊机提供了一个更大的力或一个更大的约束，从而延迟了飞溅的发生[13]。由图 8.8 可知，当焊接时间设定为 16 个周波时，使用刚度低的焊机飞溅发生在焊接开始后的第 5 个周波（0.083s），而刚度高的焊机飞溅发生在第 13 个周波（0.217s）。如果焊接时间设定为 10 个周波，则使用高刚度的焊机不会发生飞溅，但低刚度的焊机仍可能导致飞溅。因此，刚度高的焊机会延迟飞溅并拓宽工作窗口。一种极端情况出现在 Howe[7]的研究中，试验中用于将电极组件固定于焊机臂的螺栓因反复使用而松动。这使得电极的挠曲增加且允许电极在板材表面上滑移，更多的电极头表面用于焊接，电极寿命加倍。

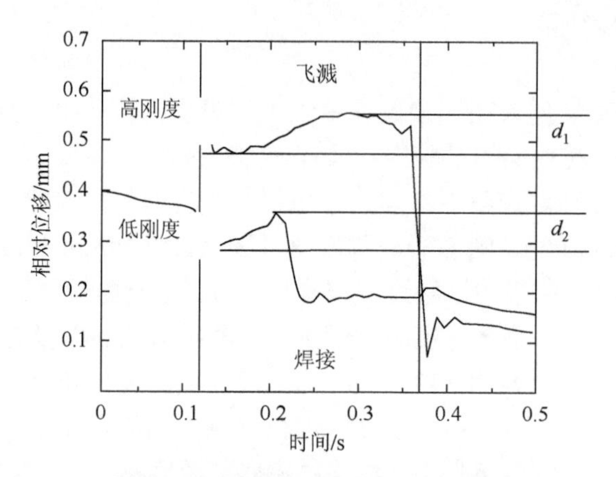

图 8.8　不同焊机刚度下的位移比较

8.3.3　对电极与板材接触过程的影响

焊机的刚度直接影响电极对工件的冲击过程。这种冲击决定了瞬时力的大小和电极力振荡的持续时间。因为运动中的电极和工件之间的机械冲击会使电极面发生明显变形，电极与板材的接触过程直接关系电极寿命。Dorn 和 Xu[8, 9]指出，他们使用的焊机下臂的刚度对电极接触时电极力的振荡及平均值有影响。在工程实际中，常常尽早地接通电流以缩短焊接周期，可能在电极达到稳定状态以前即开始焊接。因此，电极的接触过程可能对焊接过程有影响。这样做的后果是在电极力不够大的情况下进行焊接，可能引起飞溅，详见第 7 章。如果施加焊接电流时电极和工件之间有间隙，则无论这个间隙多么小，都会产生电弧。是否存在这样的振荡取决于焊机、工件材料及装配条件。根据电极位移或力的信号可清楚地观察到振荡，而电极力的信号更加明显，如图 8.9 所示。在电极表面由电弧产生的多余的热量加速了电极与板材基材或其涂层材料之间的合金化过程，极大地缩减了电极寿命。

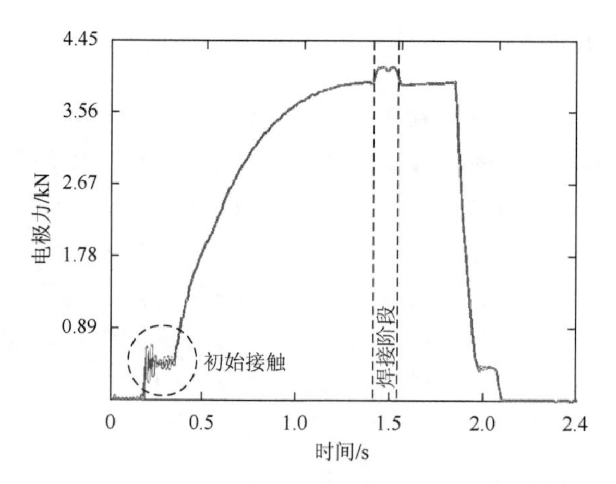

图 8.9　电极与板材初始接触和焊接期间的电极力的变化

8.3.4　对焊点形成的影响

刚度对电极力有直接的影响，这反过来又影响了焊接过程。因此，很自然地将焊机刚度与焊点形成过程联系起来。由 Tang 等[11]进行的试验清楚地表明了焊点的形成与焊机刚度之间的关系。

如图 8.7 所示，不同刚度的焊机在焊接期间的实际电极力可能明显不同。这种差异可能会在飞溅的发生和焊核的锻造（焊核结构）方面影响焊接过程。由图 8.8 可知，可以通过增加焊机的刚度来延迟飞溅的发生。

据报道，对一个 C 型焊枪进行改造增加其刚度后，使用该焊机的焊接飞溅极限（飞溅电流）也随之增大。这是因为高刚度的机架会向工件上施加较大的约束力，阻碍了飞溅的发生（详见第 7 章）。这种飞溅极限的增加效应在薄板焊接中更明显。飞溅极限的增加量（即飞溅电流的增加量）见表 8.1。由于高飞溅极限允许高焊接电流的使用，可以在无飞溅的情况下得到更大的焊点。

表 8.1　刚度对飞溅极限的影响

材料	飞溅极限/kA（低刚度）	飞溅极限/kA（高刚度）	飞溅电流增量/kA
0.8mm 裸钢	7.0	8.0	1.0
0.8mm 镀锌钢	8.3	8.7	0.4
1.7mm 裸钢	6.9	7.1	0.2

8.3.5　对焊接强度的影响

采用比较试验的方法来说明焊机刚度对焊接质量的影响。允许研究所使用的基座焊机的刚度在原始刚度和高刚度之间变化。由图 8.10 可知，焊机刚度的增加使得焊点的拉伸-剪切强度略有增加。然而，这种改善并不显著，因为只存在约 3%的差异，且数据范围重叠。

8.3.6　对电极对中度的影响

电阻焊期间，应尽量保证电极对中，因为电极偏心将对焊接过程和焊接质量产生不利影响。无论是电极的轴向还是角偏心都可能导致不规则形状的焊点并使焊点尺寸减小，因为偏心导致压力和电流的不对称分布。很明显焊机机架的刚度对电极的对中有影响，因为刚度小的焊机上的电极会在电极力的作用下产生轴向和角偏心，如图 8.11 所示。因此，人们通常倾向于使用高刚度的焊机机架。但是，应确定合适的刚度，因为太高的刚度既不经济也无必要。

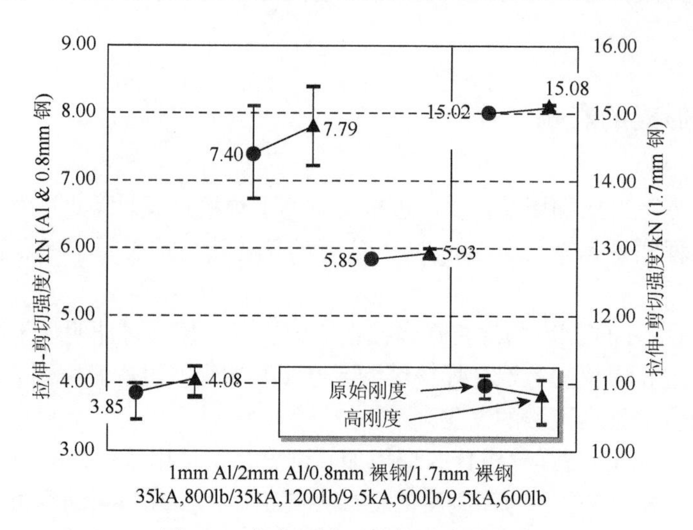

图 8.10 焊机刚度对焊接强度的影响

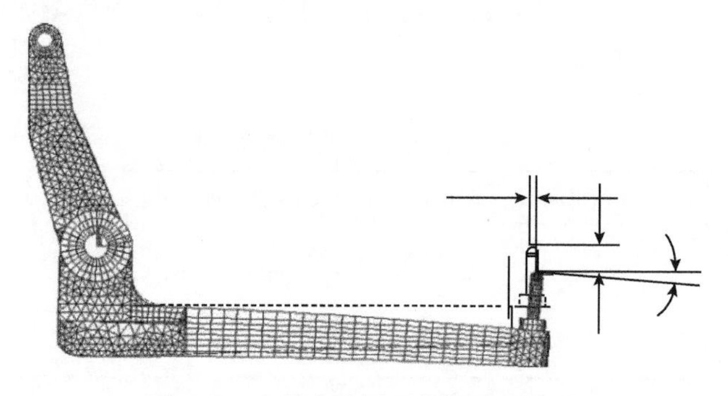

图 8.11 电极力作用下焊机臂的挠曲

在条件允许的情况下，应该优先选择大刚度的焊机，因为它有利于电极对中，提供的锻造力大，并提高飞溅极限。

8.3.7 焊机刚度和阻尼的估计

由于电阻焊机的复杂性，不可能获得可用于计算焊机的刚度及其他特征的解析式。然而，研究人员尝试开发了一种能便利且精确地测量焊机刚度和阻尼的试验方法。通过对焊接系统中动态力平衡的考虑，电极力的变化可表示为

$$\Delta F_{\mathrm{e}} = M\frac{\mathrm{d}^2 x}{\mathrm{d}t^2} + \rho\frac{\mathrm{d}x}{\mathrm{d}t} + K\Delta x + A\Delta P \tag{8.1}$$

式中，x 为电极之间的相对位移；Δx 为 x 的变化；ΔF_{e} 为电极力的变化，可以通过力传感器测量得到；M 为运动部件的质量；ρ 为阻尼系数；K 为电极臂的刚度；A 为气缸的内横截面面积；ΔP 为由位移 x 产生的压力波动。为简单起见，可忽略运动部件产生的摩擦效应的贡献。由于焊接过程的复杂性，式（8.1）的系数不应该假定为常数。然而，在焊接中电极挤压板材的阶段将它们作为常量不会引起太大的误差。Tang 等[11]的工作揭示，当

电极接触焊件时，其加速度很小。所以在运动部件质量不大的情况下，方程可以进一步简化。对一个具有合适的压力跟进特征的大气缸来说，气缸内的压力可以假设为常量。考虑这些因素，方程（8.1）可以简化为

$$\Delta F_{\mathrm{e}}=\rho\frac{\mathrm{d}x}{\mathrm{d}t}+K\Delta x \tag{8.2}$$

式中，ΔF_{e}和 x 可通过传感器来测量；而 $\mathrm{d}x/\mathrm{d}t$ 可通过位移信号导出。用一组 ΔF_{e}和 x（或 Δx）值可以对两个未知数 ρ 和 K 进行估计。

试验中使用了两台 C 型焊枪（C-I 和 C-II）和一个基座焊机，它们具有不同的刚度和阻尼系数。虽然两台 C 型焊枪有相似的力学特性，但它们配备了不同型号的电子控制器，所以可能在焊接周期中的挤压期和冷却期产生不同的响应。

在试验中，收集到的原始信号一般都包含一定的噪声。如果不考虑焊接部分，则对数据进行简单的过滤就可以获得清晰的力和位移的信号，可用于 ρ 和 K 的计算。收集到的关于 C-I 焊枪的信号如图 8.12 所示。

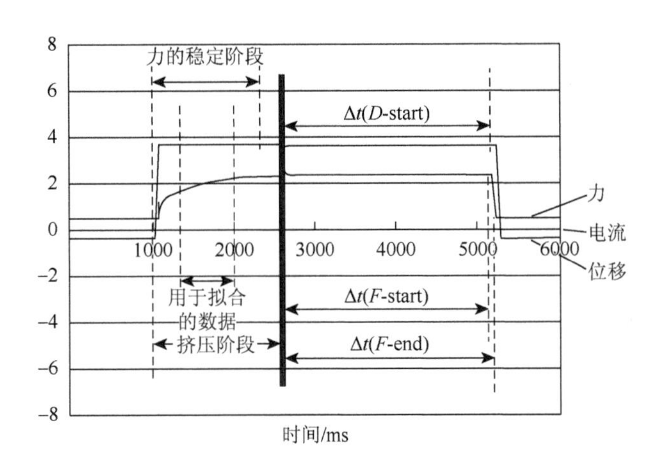

图 8.12　使用 DAQ 系统获得的一个典型焊接周期的信号（后附彩图）

在挤压阶段虽然信号不被电磁场污染，但需要对这些信号进行一些处理以便计算阻尼和刚度。由于计算中使用位移差及它们的导数作为分母，位移数据中很小的波动就可能导致很大的误差。为了克服这一点，使用了拟合曲线而非原数据。这样的曲线拟合只应该在所研究的焊接区间内进行，且应该对力和位移都进行拟合。取自如图 8.12 所示的感兴趣部分的拟合的力和位移曲线显示在图 8.13 中。使用按上述步骤处理的数据计算 C-I 焊枪的刚度和阻尼系数见表 8.2。

与在挤压阶段的预期一样，计算得到的刚度和阻尼系数是相当稳定的。这表明该模型[式（8.2）]适用于估计 ρ 和 K。

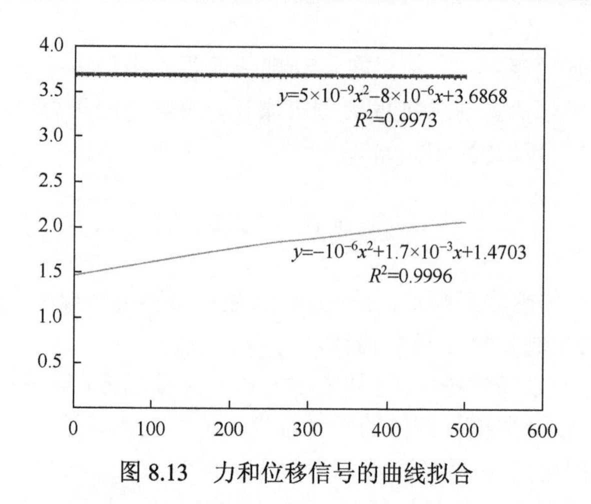

图 8.13　力和位移信号的曲线拟合

表 8.2　C-Ⅰ焊枪的刚度和阻尼系数的计算值

力/kN	位移/mm	速度/（mm/s）	刚度/（kN/mm）	阻尼系数/（kN·s/mm）
5.54091	1.8367998			
5.54092	1.8374992	0.019982		
5.54093	1.8381982	0.019970	17.33853474	1.318514441
5.54094	1.8388968	0.019958	17.33853474	1.319913624
5.54095	1.8395950	0.019946	17.33853474	1.321314143
5.54096	1.8402928	0.019934	17.33754601	1.322942507
5.54097	1.8409902	0.019922	17.33858821	1.324124114
5.54098	1.8416872	0.019910	17.33853474	1.325523742
5.54099	1.8423838	0.019898	17.33853474	1.326929629
5.54100	1.8430800	0.019886	17.33853474	1.328336866
5.54101	1.8437758	0.019874	17.33848191	1.329740551
5.54102	1.8444712	0.019862	17.33858821	1.331160358
5.54103	1.8451662	0.019850	17.33848191	1.332561778
5.54104	1.8458608	0.019838	17.33858821	1.333984317
5.54105	1.8465550	0.019826	17.33858757	1.335398277
5.54106	1.8472488	0.019814	17.33842843	1.336842551
5.54107	1.8479422	0.019802	17.33858821	1.338221543
5.54108	1.8486352	0.019790	17.33853474	1.339615844
5.54109	1.8493278	0.019778	17.33848191	1.341563246
5.54110	1.8500200	0.019766	17.33858821	1.342421879

在挤压阶段的后期，如果达到预设的电极力水平，力和位移都将保持常数直到开始施加电流。在此期间，电极几乎是静止的，所以 dx/dt 接近 0。式（8.2）可以进一步简化为

$$\Delta F_e=K\Delta x \tag{8.3}$$

因此，可以根据力和位移信号直接计算刚度 K。为此，使用了不同的电极力，采集了力和相应的位移信号。利用式（8.3），刚度可以用两组数据间的力的变化与相应的位移的差异之比来表示：

$$K = \frac{\Delta F_e}{\Delta x} \tag{8.4}$$

对 C-I 焊枪计算的结果见表 8.3。用式（8.4）计算出的刚度值比用式（8.2）的略低。这种结果归因于几个因素。虽然力的测量的可重复性很好，但每次测量中的位移则可能不同。由于在电极与板材的接触期间发生冲击，电极面会略微塑性变形（在微米尺度）。这样就导致了测得的位移值一次比一次高，系统的柔性也显得更高。另一种可能的原因是，电极与板材开始接触瞬间及其后的接触期间，LVDT 和夹具之间可能发生轻微的相对运动。当用公式（8.2）来计算 K 值时，这些因素的影响很小，因为它使用相同的焊接周期内的数据点，而不是在两个焊接期之间收集的信号来进行计算。用公式（8.2）能更准确地计算焊机刚度，同时得到阻尼值。但是，公式（8.3）或公式（8.4）提供了一种估计焊机刚度的简单方法。

表 8.3　用公式（8.4）计算的焊机的刚度

力/kN	ΔF/kN	位移/mm	ΔD/mm	刚度/（kN/mm）
3.6662	—	42.26516	—	—
4.0244	0.3582	42.29054	0.02538	14.11
5.0468	1.3806	42.39051	0.12535	11.01
5.4118	1.7456	42.41589	0.15073	11.58
6.1732	2.5070	42.46572	0.20056	12.50
6.7072	3.0410	42.51586	0.25070	12.13

对基座型焊机也进行了上述试验，可以预见它会与 C 型焊枪有明显不同的刚度。基座焊机的力和位移信号与图 8.12 中相似。选取与前面试验相似区间的力和位移的信号进行计算，得到如图 8.14 所示的结果（包括拟合曲线）。

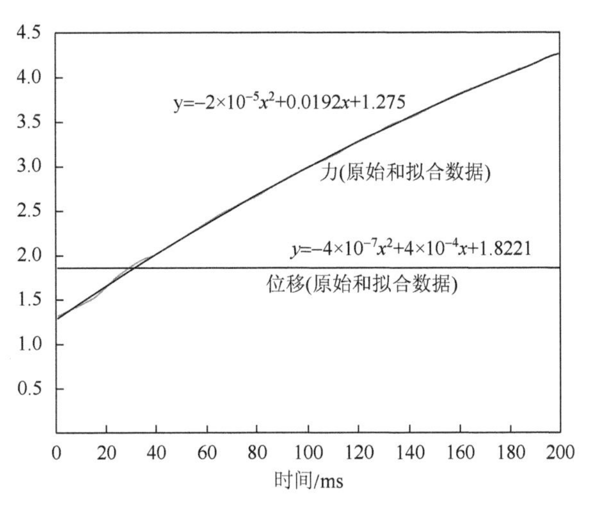

图 8.14　基座焊机的曲线拟合

在此期间，电极力不像刚开始接触时那样不稳定，而且位移的增加比较明显，利于计算。用式(8.2)对基座焊机的刚度和阻尼计算后得到的值分别约为 50kN/mm 和 1.0kN·s/mm（表 8.4）。还对另外一台 C 型焊枪（C-II 焊枪）进行了测试，用来与 C-I 焊枪进行比较。这两台焊枪有相似的力学特性，但使用不同的控制器。测试这台焊枪时，除了轴向刚度，还通过如图 8.3 所示的夹具上的三个 LVDT 对横向刚度进行了测量。电极力分解为平行于和垂直于臂轴的分量，相应的位移分量是根据如图 8.4 所示的图表进行计算的。所得到的刚度值如下：轴向刚度为 13.26kN/mm，横向刚度为 0.025kN/mm。测量 C-II 焊枪的方法与 C-I 焊枪相似。

表 8.4 基座焊机的刚度和阻尼系数的计算值

力/kN	位移/mm	速度/（mm/s）	刚度/（kN/mm）	阻尼系数/（kN·s/mm）
1.29418	1.822500	—	—	—
1.31332	1.822898	0.3988	—	—
1.33242	1.823296	0.3980	50.00000007	1.000000035
1.35148	1.823694	0.3972	49.99999993	0.999999965
1.37050	1.824090	0.3964	50.00000007	1.000000035
1.38948	1.824486	0.3956	49.99999990	1.000000035
1.40842	1.824880	0.3948	50.00000010	1.000000035
1.42732	1.825274	0.3940	49.99999993	0.999999965
1.44618	1.825668	0.3932	50.00000007	1.000000035
1.46500	1.826060	0.3924	49.99999993	0.999999965

8.4 摩擦的影响

焊机中的摩擦对焊接过程和焊接质量的影响已引起一些研究者的注意。Satoh 等[4]发现摩擦对焊点直径和板材的分离程度有影响。他们还注意到，如果摩擦效应显著，焊接膨胀就主要发生在垂直于电极轴的方向上。Dorn 和 Xu[8]的研究指出，摩擦的增加改善了电极的接触特性。他们还发现，增加焊机的摩擦会降低焊点的拉伸-剪切强度和扭转力矩。

一般情况下，只有当出现相对运动或运动的趋势时，两个接触表面之间才可能发生摩擦。运动部件和可能的摩擦来源可通过目检焊机进行确定。不正确的焊枪的安装或保养可能会造成过度摩擦。总摩擦力通常包含两部分：缸内摩擦和滑轨摩擦。然而，测量一台特定焊机的摩擦并不简单。在所有气动系统中，静摩擦和动摩擦都不是常量。在无焊点条件下测定的值只能作为焊接期间摩擦的一个参考。因此，对摩擦的定量测定（和对比）不仅难以实施而且无必要。为了研究摩擦的影响，同时保证其他因素不变，设计了一种设备将额外的摩擦添加到焊机上。在 Tang 等[11]的工作中，使用了一个如图 8.15 所示的特别设计来改变焊机的摩擦特性。将该装置安装在基座焊机的上、下部结构之间的位置。当上、下结构之间发生轻微相对运动时，它可提供大约 0.36kN（80lb）的摩擦力。该装置的静摩擦力约为 0.45kN（100lb）。由于焊接阶段电极之间的相对运动，他们在研究中并未考虑静摩擦的影响。

他们的试验中使用了两种不同的摩擦情况：原始的设置及额外增加 0.36kN（80lb）摩擦力的设置。如图 8.16 所示的设备会产生明显的静摩擦。然而，增加气缸压力的预设值可以补偿这类静摩擦。需要注意的是动摩擦，因为它会影响电极在焊接过程中的随动行为，影响焊点的形成。

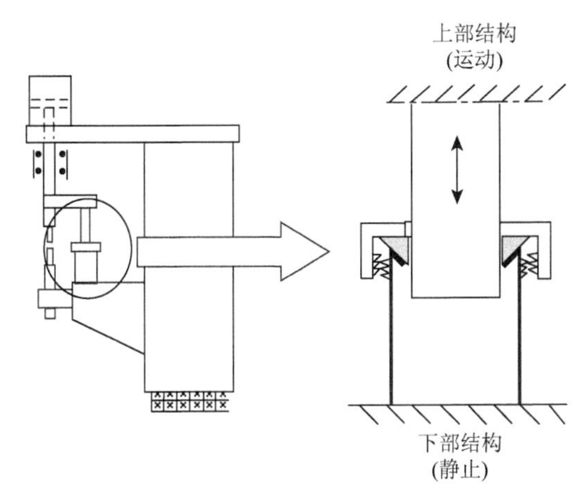

图 8.15　基座焊机上用于对机械摩擦进行修正的装置示意图

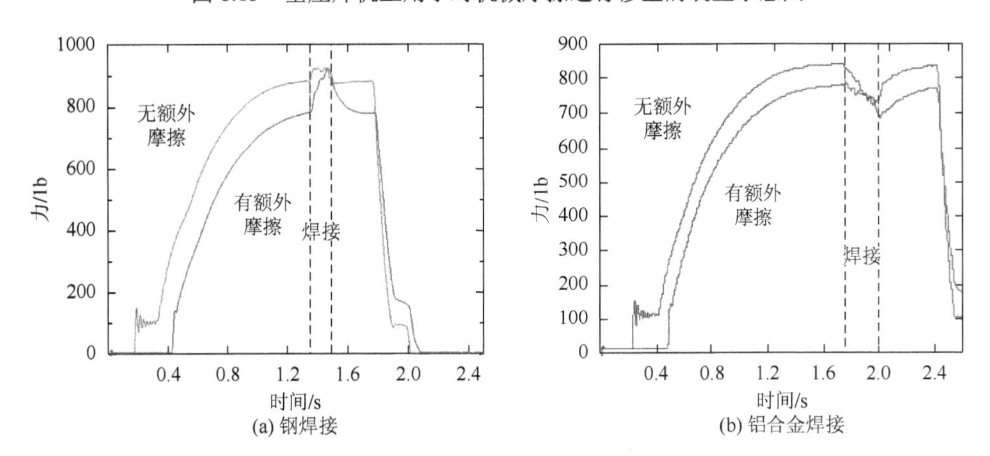

图 8.16　摩擦对电极力的影响

8.4.1　对电极力的影响

电阻焊的机械摩擦对总电极力的影响非常显著。在同样的设定电极力值的情况下，大的摩擦的情况下实际达到的力的水平比小的摩擦的情况下低得多（图 8.16）。如果摩擦力比较大，电极的运动就会不平顺，很难跟进焊接件的收缩。因此，极有可能在焊点内部产生不连续性，如孔隙等。理想的状况应该是，在施加电流和断电夹持阶段电极是可以自由移动的。在电极接触工件过程中，因为大的摩擦产生大的阻尼，额外的摩擦降低力的振荡。此外，电极的接触过程延长。因为摩擦阻碍并抵消了部分来自气缸的力，加大摩擦会导致通电以前能施加的电极力变小。但是，在焊接期间，加热使得焊核膨胀，趋向于推离电极，而摩擦力倾向于抵制这种膨胀，导致施于焊核的总力增加。因此，有额外摩擦的情况下，测得的电极力的增加较没有额外摩擦的情况更加迅速。摩擦是焊接期间电极力变化的主要原因。摩擦力通常与接触面的法向力成正比。而焊机的机械结构特点决定了活动的电极组件会受到弯矩的作用，而不完美的电极对中会加剧这个问题，两者都使得活动的电极组件受到接触表面的法向力与预设的电极力大致成正比。换言之，摩擦力与电极预设力成正比。因此，预设力越大，摩擦引起的电极力的变化就越显著。

8.4.2 对电极位移的影响

位移信号会提供明确的焊接压痕的信息。以如图 8.17 所示的 2mm 铝合金焊接为例，其设定的电极力为 3.56kN。可见较大的摩擦将减少电极对工件的挤压。电极收回时有、无额外摩擦情况的位移约差 0.1mm。相对于初始的 0.4mm 的压痕，减少 0.1mm 代表着 25%的改进。上述观察结果与对焊点压痕的测量一致。此外，摩擦使得电极对工件的初始冲击（与锻造过程相似）减轻，因而有可能有助于延长电极寿命。

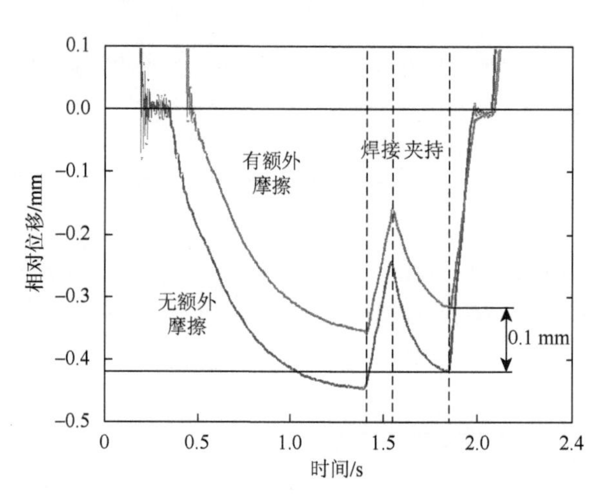

图 8.17 不同摩擦下电极位移的比较

8.4.3 对微观结构的影响

为了获得对摩擦效应的进一步的理解，切开不同摩擦下的焊点试样，通过标准金相手段进行了检验。典型的横截面如图 8.18～图 8.20 所示。由图可知，不同摩擦条件下的横截面存在着差异。由于摩擦总是阻止电极的运动，电极在夹持阶段很难跟进焊核的收缩，从而导致焊点出现内部不连续性（缺陷）。

由图 8.18 可知，当焊机有额外摩擦时，0.8mm 钢的原始板材接合面附近有未完全熔合现象。这可能是焊接强度降低的原因。由图 8.19 可知，1.7mm 钢的焊点在大的摩擦下出现收缩孔洞。类似情况也出现在 2mm 铝合金焊点上（图 8.20）。焊点内的大的空隙是电极压力不足导致的飞溅造成的[14]。然而，内部的孔隙可能不会影响焊点的拉伸-剪切强度。

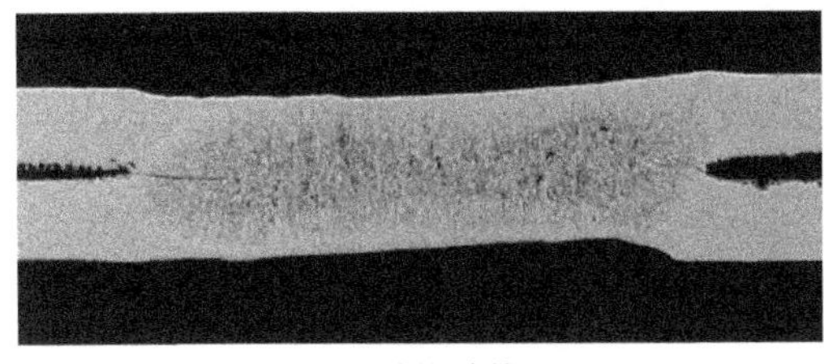

(a) 无额外摩擦　　(b) 有额外摩擦

图 8.18　不同摩擦力下焊点的横截面（0.8mm 钢）

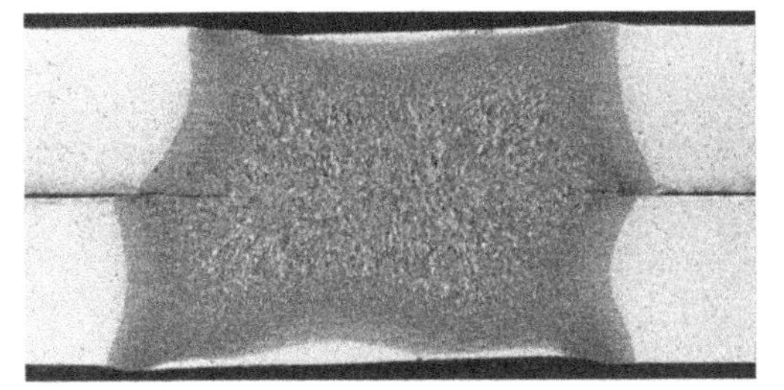

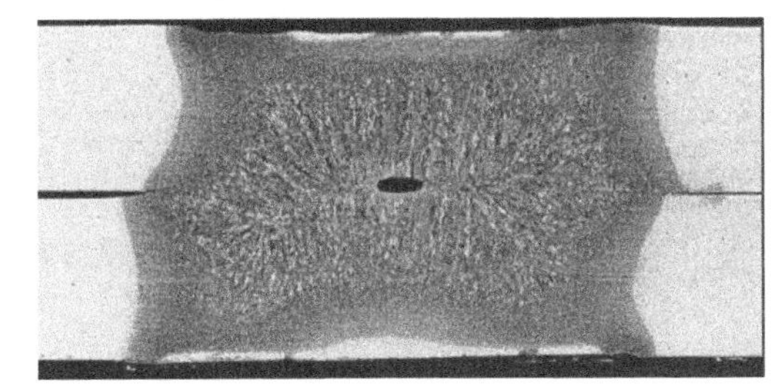

(a) 无额外摩擦　　(b) 有额外摩擦

图 8.19　不同摩擦力下焊点的横截面（1.7mm 钢）

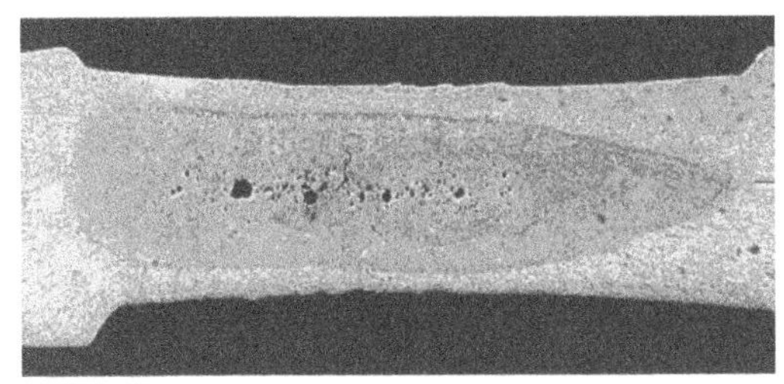

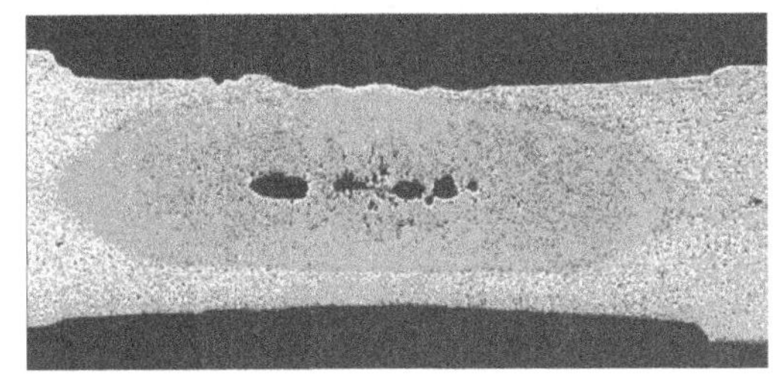

(a) 无额外摩擦　　(b) 有额外摩擦

图 8.20　不同摩擦力下焊点的横截面（2mm 铝合金）

8.4.4　对拉伸-剪切强度的影响

在大多数情况下，额外的摩擦只会促使孔隙的形成，焊件内并无其他类型的缺陷。因此，焊点的拉伸-剪切强度不会受到太大影响，如图 8.21 和图 8.22 所示。所测试的钢和铝合金的强度没有统计意义上的明显降低。

这些图也显示了不同条件下得到的焊点接合强度之间的比较。根据比较结果可以得出结论，大的摩擦对钢和铝合金的焊接都是不利的。但是，因为数据范围的重叠，某些强度的降低从统计学角度看并不显著。总之，摩擦的影响取决于焊接条件。

综上所述，焊机的摩擦特征对焊接过程和焊接质量都有影响。摩擦总是阻碍电极的运动，致使电极在加热和冷却期间难以跟进焊核的膨胀和收缩。后者可能会导致焊点内部产生缺陷。因此，一般来说，摩擦对焊接质量会产生不利影响，这是在焊机中应尽可能保持低摩擦的原因。有几种减小摩擦的实用方法，如焊机的运动部件应由滚轮滑轨支撑，使用滚珠丝杠，而非滑动机构。

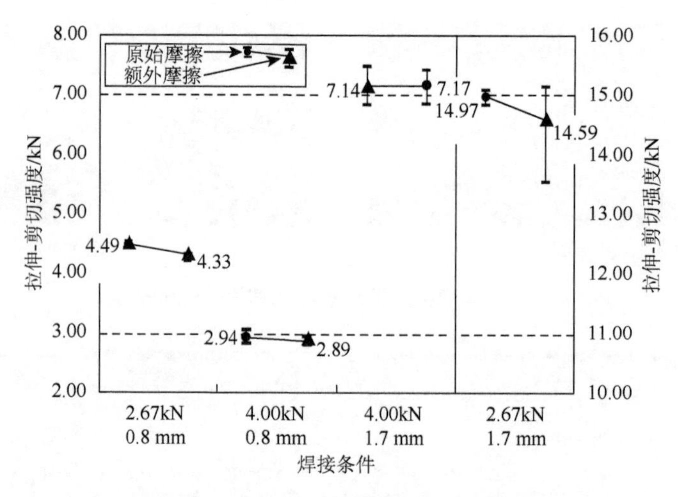

图 8.21　摩擦对焊接强度（钢）的影响

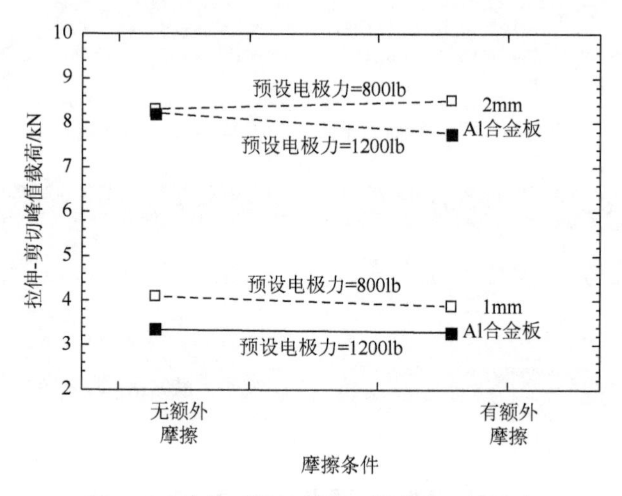

图 8.22　摩擦对抗拉强度（铝合金）的影响

8.5　运动部件质量的影响

现已发现焊机的运动质量对焊接质量的影响不如刚度和摩擦力大。Satoh 等[4]没有发现运动质量对焊核形成有太大的影响。然而，他们指出，考虑电极寿命，焊机的运动部件存在着一个最佳质量，这与点焊机的固有频率有关。Dorn 和 Xu[9]观察到在焊机下臂刚性大而摩擦力小的时候，运动质量会影响焊机的振动特性。然而，他们并没有发现运动质量对焊接质量有任何明确的影响。Gould 和 Dale[15]及 Tang 等[11]还尝试了在理论上对焊机的运动部件的动态行为进行解释。

8.5.1　动态力的分析

由于焊接时电极的运动幅度很小，可以预料运动质量的影响不会那么重要。以动态力的形式体现的运动质量的效应只有当焊件在热膨胀导致很高的加速度的情况下才会明显。

已知焊机的运动质量和电极的加速度即可计算动态力。力（F）可通过 $F = M\dfrac{\mathrm{d}^2x}{\mathrm{d}t^2}$ 计算得出，其中 M 是运动质量，$\dfrac{\mathrm{d}^2x}{\mathrm{d}t^2}$ 是加速度，可以通过如下的差分方程来算出：

$$\frac{\mathrm{d}^2x}{\mathrm{d}t^2} = \frac{x(t+\Delta t) - 2x(t) + x(t-\Delta t)}{(\Delta t)^2} \tag{8.5}$$

式中，$x(t)$为焊接期间的某一瞬间 t 的电极位移；Δt 为采样间隔。

一旦记录了焊接过程的电极位移历史，加速过程就可以通过方程（8.5）来计算得到。例如，焊接 1.7mm 钢时使用 6.8kA 的电流和 2.67kN（600lb）的力，计算出的焊点的膨胀加速度如图 8.23 所示。结果表明，在焊接阶段的第 1 个周波内产生的加速度最大，但其幅度非常小（0.23m/s^2）。此后，加速度几乎为 0。如果运动质量为 40kg，则最大动态力将为 9N（2 lb）。与所施加的电极力相比非常小，其效应可忽略不计。

除了幅度小，动态力只存在于焊接初期；因此，它对焊点的形成影响很小。为了更好地理解运动质量的影响，并验证如图 8.23 所示的结果，对基座焊机进行了改造（图 8.24），以便将运动质量的影响孤立出来。估计原始运动质量约为 40kg。在焊机的上部结构上加入 20kg 的重量。结果是，焊机的运动质量从 40kg 增至 60kg。由图 8.25 可以看到，只有在电极初始接触阶段及电极脱离工件后才能观察到电极力的明显差异。这种差异在焊接时可以忽略。

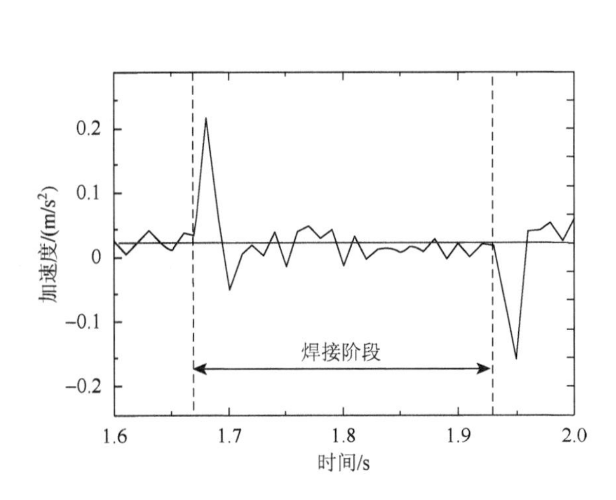

图 8.23　沿电极轴向的电极加速度

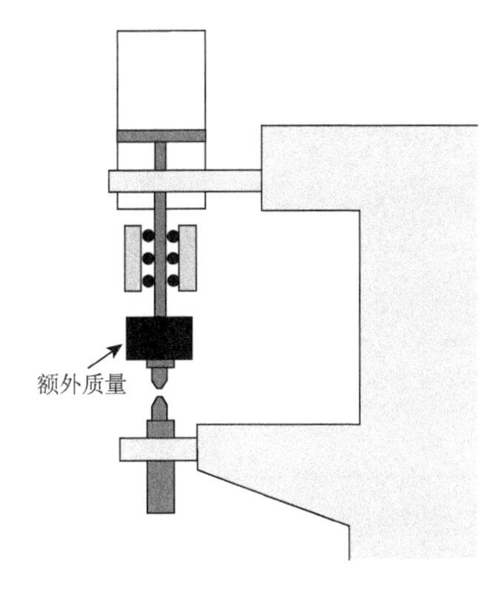

图 8.24　对焊机的运动质量的改造

总之，一旦电极力在初始接触后稳定下来，运动质量对电极力的影响就可以忽略不计，如图 8.25 所示。因此，运动质量对焊接质量的影响微乎其微。但是，这种影响在电极接触过程中非常明显（图 8.25），其中电极力的持续时间和波动幅度都被运动质量所左右。最初的大波动会引起过度的电极变形，因此运动质量可能会影响电极寿命。

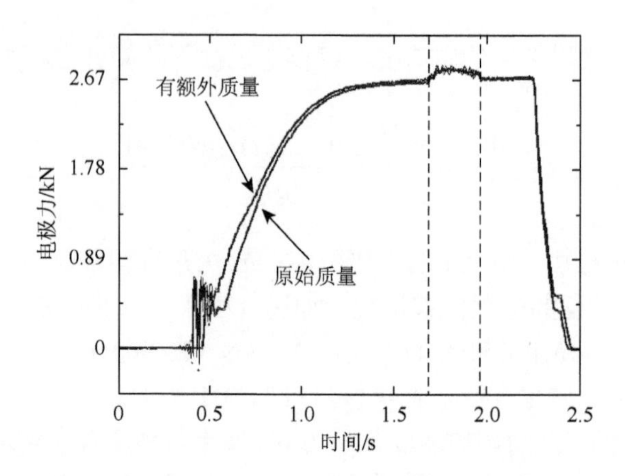

图 8.25　运动质量对电极力的影响（后附彩图）

8.5.2　对焊接质量的影响

Tang 等[11]对基座焊机的上部结构进行了改造，在各种运动质量的条件下进行了试验。试验结果显示，运动质量对焊点的拉伸-剪切强度和焊接飞溅极限没有显著影响。图 8.26 和图 8.27 是在有额外运动质量和无额外运动质量情况下的焊接（钢和铝合金）强度的比较。因此，可以安全地得出结论，运动质量对焊接质量没有影响。

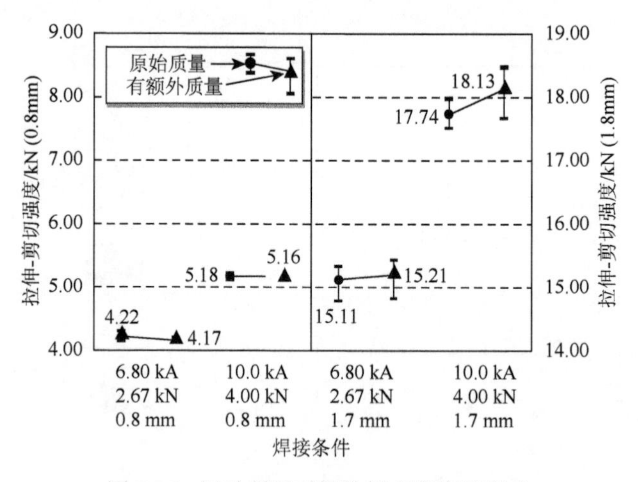

图 8.26　运动质量对钢的焊点强度的影响

虽然运动质量对焊点强度没有影响，但是仍然应该尽量减小焊机运动部分的质量，以降低电极与焊件接触时的冲击，延长电极寿命，提高焊机的可移动性，节能并改善工作环境。

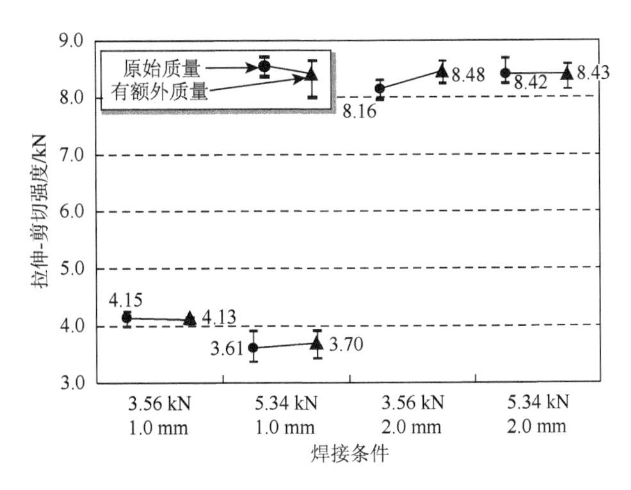

图 8.27　运动质量对焊接铝合金强度的影响

8.6　焊接周期内电极的跟进

以电流的施加作为标尺，一个焊接周期可分为接触阶段和跟进阶段。这种分类可以帮助人们更好地理解机械系统对焊接的影响。本节将对施加焊接电流期间和断电之后焊机的机械过程和气动（假设气缸用于驱动电极）过程进行分析。

8.6.1　热膨胀

施加焊接电流就会产生焦耳热，其直接后果是焊件的热膨胀。然而，这种扩张受到焊机臂的约束。这种约束的程度取决于焊机刚度。刚度比较大的焊机较刚度小的焊机对焊件的热膨胀有更大的约束作用。因此，高刚度焊机在焊接过程中的电极力较大，如图 8.7 所示。可以通过估计焊件的膨胀及电极施加于其上的约束来更好地理解这种现象。焊件的热膨胀包括液体膨胀和固体膨胀两部分。如第 7 章所述，熔化（即固-液相变）对总的焊件热膨胀有很大影响。因此，应对膨胀所需的电极力可通过公式（7.9）描述的压力-容积关系近似得到

$$P=\frac{1}{\kappa}\ln\frac{V_{\mathrm{L}}}{V_{\mathrm{S}}} \tag{8.6}$$

式中，κ 为常数；P 是将体积为 V_{L} 的液体压缩为体积为 V_{S} 时（与熔化前的固体的体积相当）所需的压力。如果液体不被压缩至 V_{S}，而是某一中间体积 V（$V_{\mathrm{S}}\leqslant V\leqslant V_{\mathrm{L}}$），则所需的压力是

$$P=\frac{1}{\kappa}\ln\frac{V_{\mathrm{L}}}{V} \tag{8.7}$$

假设垂直于电极轴线的液体焊核的投影面积 A 在压缩过程中不发生变化，而体积变化只引起高度变化，那么压缩液态金属所需要的力（$V_{\mathrm{L}}\rightarrow V$）为

$$F=PA=\frac{1}{\kappa}A\ln\frac{V_{\mathrm{L}}}{V}=\frac{1}{\kappa}A\ln\frac{H_{\mathrm{L}}}{H} \tag{8.8}$$

式中，H_{L} 和 H 分别为压力为 0 和 P 时，液态金属的高度。其高度分别由 $H_{\mathrm{L}}=V_{\mathrm{L}}/A$ 和 $H=V/A$ 来计算。这种力如图 8.28 所示，是液态金属高度的函数。图中 $H_{\mathrm{S}}=V_{\mathrm{S}}/A$，（$H_{\mathrm{high}}$，$F_{\mathrm{high}}$）

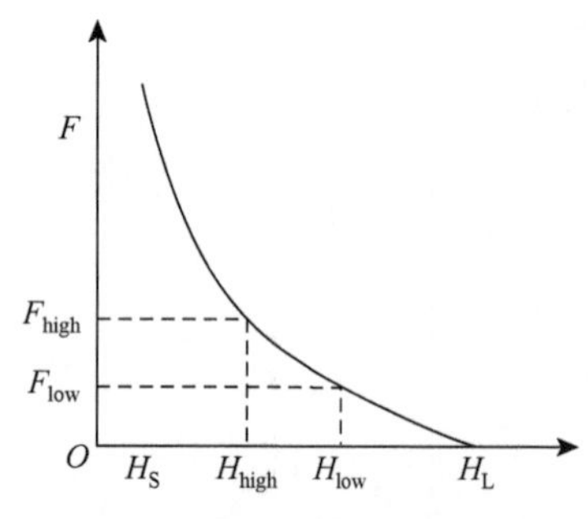

图 8.28 施加于液态金属的力和液态金属高度之间的关系

和（H_{low}，F_{low}）是对应于较高和较低刚度的焊机的液态金属的高度和电极力。

与低刚度焊机相比，由于高刚度焊机在焊接期间只允许少量的膨胀，通过焊机架上的电极施加到液体上的力会很大（图 8.28）。这种近似分析可以帮助理解焊接期间焊机刚度和电极力之间关系的基本原理。因为过于简单和理想化，它不能用于定量计算或预测。其他因素如材料软化等也会在焊接期间显著地影响电极的运动。

8.6.2 气缸的影响

焊接过程中电极的闭合可以通过气动（气缸）、液压和电力（伺服电机），或任意两种上述机制的混合形式（组合）来完成。其中，气动系统由于其低成本的特点成为最普遍的驱动系统，且在以下分析中作为模型系统。本节推导焊接期间力和压力变化的简单解析表达式，并给出相应的试验结果。

如在前面的章节所讨论的，焊接期间电极之间距离的变化和电极力的变化直接受焊件的热-力学性能的影响，它们也受焊机的机械系统（通过与运动系统相关的摩擦和其他因素）的影响。

运动部件的摩擦性质直接关系焊接过程中电极的跟进。摩擦虽然使电极力的设定值降低，但它在焊接期间会使得运动部件迟滞而明显增大电极力。不过，这种电极力的增大有一定的延迟，可能无助于对焊件的锻造和阻止飞溅。力锻是金属加工中一个很重要的工艺，如果电极可以自由运动，其对焊件的挤压类似于力锻，有助于降低焊核内部缺陷的形成。为达到上述目的，人们发明了焊枪电极的自锁机构，能够阻止气缸在达到预设力值后由于焊核收缩引起的电极力的减小，可以迅速提供所需的电极力。

由于焊接时电极运动中的加速度相当小，运动质量的影响通常可以忽略不计。然而，对以气缸为驱动机制的焊机来说，排量和供气压力，或者对电动焊枪而言，伺服电机的速度对焊接过程中电极的灵敏度也有影响。

1. 理论分析

通过采用简化结构和假设工作条件对系统中的力进行分析，有助于理解运动系统对电极跟进过程的影响[16]。

焊机的气缸和焊头部分可简化为气缸、活塞、滑轨，以及电极及其夹具，如图 8.29（a）所示。在焊接过程中，焊机的运动系统受到各种力的作用。这些力包括由作用在活塞头上的空气压力产生的力 F_p、活塞头和气缸壁之间的摩擦力 F_{f1}、滑轨的摩擦力 F_{f2}、焊件的反作用力或电极力 F_e，如图 8.29（b）所示。

由于不需要考虑特定位置的加载状态，运动组件可假定为一个刚体，可以使用摩擦合力 $F_f=F_{f1}+F_{f2}$。根据牛顿第二运动定律得

$$F_e-F_f-F_p=ma \tag{8.9}$$

式中，m 为运动组件的总质量；a 为加速度。a 通常相当小（见 8.5 节），所以为简单起见，可以忽略 ma。因此，

$$F_e - F_f - F_p = 0 \text{ 或 } F_e = F_f + F_p \tag{8.10}$$

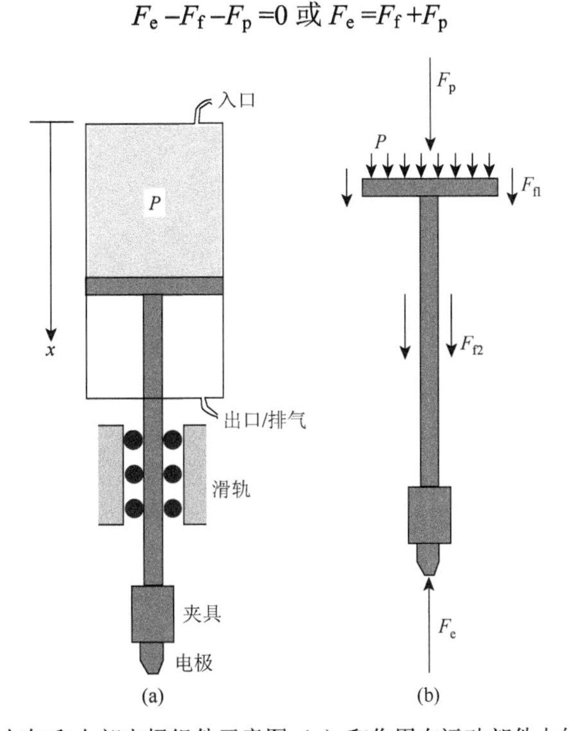

图 8.29　气缸和上部电极组件示意图（a）和作用在运动部件上的力（b）

电极力的任何变化都会通过压力和摩擦力的变化反映出来：

$$dF_e = dF_f + dF_p \tag{8.11}$$

假定电极稳定后开始焊接或施加电流，则初始摩擦力为 0。那么，摩擦力的变化属于动摩擦，假定摩擦系数为一个常数：

$$dF_f = \left(-\frac{dx}{|dx|}\right)\mu_k N \tag{8.12}$$

式中，μ_k 为动摩擦系数；N 为运动和固定部件之间的接触面上的合力，其方向与接触面垂直；dx 为距离的变化或运动电极发生的位移。因此$-dx/|dx|$表明与 dx 方向相反的运动。摩擦力通常不是恒定的，当滑动系统（滑轨）安装不正确时尤其如此。由电极对中偏心引起的弯曲会对正交力 N 及 N 的变化有相当大的影响，这取决于弯曲的严重程度。

因压力产生的力的变化可利用理想气体定律近似得到。理想气体定律描述了压力 P、体积 V、气体物质的量 n 和温度 T 之间的关系：

$$PV = nRT \tag{8.13}$$

式中，R 为气体常数。如果只考虑气缸内的空气状态（图 8.29），则其温度可假设为恒定，因为焊接周期极短，而热在气缸中的传递可忽略不计。一般情况下，电极的振荡会引起气缸压力容积发生变化，压力和空气的量（摩尔数）也有相同的效应。

压力室的瞬时容积可用腔体的长度 x 和横截面积 A 表示，$V=xA$。代入式（8.13），得

$$xPA=nRT \tag{8.14}$$

对其微分，可得到

$$x\mathrm{d}P+P\mathrm{d}x=\frac{RT}{A}\mathrm{d}n \tag{8.15}$$

或

$$\mathrm{d}P=\frac{RT}{xA}\mathrm{d}n-P\frac{\mathrm{d}x}{x} \tag{8.16}$$

它可以进一步简化为

$$\mathrm{d}P=P\left(\frac{\mathrm{d}n}{n}-\frac{\mathrm{d}V}{V}\right) \tag{8.17}$$

式（8.17）表明，压力的变化可以归因于两部分：空气量的增加，以及体积膨胀引起的压力的减小。用式（8.17），因空气压力导致的活塞头上的力，$F_p=AP$，发生的变化可以表示为

$$\mathrm{d}F_p=A\mathrm{d}P=F_p\left(\frac{\mathrm{d}n}{n}-\frac{\mathrm{d}V}{V}\right) \tag{8.18}$$

因此，电极力的变化为

$$\mathrm{d}F_e=F_p\frac{\mathrm{d}n}{n}-F_p\frac{\mathrm{d}V}{V}-\mu_k N\frac{\mathrm{d}V}{|\mathrm{d}V|} \tag{8.19}$$

注意 $\mathrm{d}V/|\mathrm{d}V|=\mathrm{d}x/|\mathrm{d}x|$。式（8.19）为焊接时力变化的定量表达。此式表明，电极力的变化与电极力的值或电极力的预设值大致成正比。电极向工件挤压时，$\mathrm{d}V>0$，所以电极力的变化 $\mathrm{d}F_e$ 是由空气供给对电极的移动是否能及时作出反应决定的，或者由流速 $\mathrm{d}n/n$ 是否高到足以弥补由气缸体积膨胀和摩擦导致的电极力的减小决定的。

当飞溅发生时会出现一种特殊的情况。由于飞溅发生的时间很短（通常在几毫秒内），进出气缸的气流量可以忽略不计，或 $\mathrm{d}n/n\approx 0$。因为部分液态金属从焊核中喷射出，电极在这个过程中向工件移动，所以 $\mathrm{d}V>0$ 且

$$\mathrm{d}F_e=-F_p\frac{\mathrm{d}V}{V}-\mu_k N\frac{\mathrm{d}V}{|\mathrm{d}V|}<0 \tag{8.20}$$

这导致电极力的减小。由飞溅引起的气缸内的压力变化可以通过理想气体定律来估计。由于 $\mathrm{d}n\approx 0$，所以 $P_{\text{after}}V_{\text{after}}\approx P_{\text{before}}V_{\text{before}}$，而且

$$\begin{aligned}\Delta P&=P_{\text{after}}-P_{\text{before}}\\&=\frac{P_{\text{before}}V_{\text{before}}}{V_{\text{after}}}-P_{\text{before}}\\&=P_{\text{before}}\frac{V_{\text{before}}-V_{\text{after}}}{V_{\text{after}}}\\&=-P_{\text{before}}\frac{\Delta V}{V_{\text{after}}}\end{aligned} \tag{8.21}$$

这种表达可进一步简化为

$$
\begin{aligned}
\Delta P &= -P_{\text{before}} \frac{\Delta x}{x_{\text{after}}} \\
&= -P_{\text{before}} \frac{\Delta x}{x_{\text{before}} + \Delta x} \\
&\approx -P_{\text{before}} \frac{\Delta x}{x_{\text{before}}}
\end{aligned} \tag{8.22}
$$

由此可以清楚地看出，气缸内压力的突然下降是由飞溅引发的电极的突然运动导致的。压力变化的幅度反映了飞溅的程度。压力变化对飞溅的敏感程度与气缸中的压力水平成正比，与上部空气室的初始高度成反比。

气缸的活塞头两侧的压力通常都受到控制：一个是通过入口阀控制的，另一个是通过出口（排气）阀控制的。上述压力是两种压力之差，并考虑了排气侧活塞杆覆盖的面积。

2. 试验结果

爱迪生焊接研究所使用了一台 30kVA Taylor Winfield 压力型焊机对上述理论进行了实验验证[17]。试验装置如图 8.30 所示。在电极附近安装了两台位移传感器，分别用来测量上部电极与机架之间的位移及两个电极之间的位移。测得的位移曲线是用来确认飞溅现象的。将两个测量范围为 100lb/in^2、精度为 0.2%的压力传感器分别安装在气缸的入、出口处，对焊接周期内的压力变化进行监控。此外，还收集了次级回路中的焊接电流。

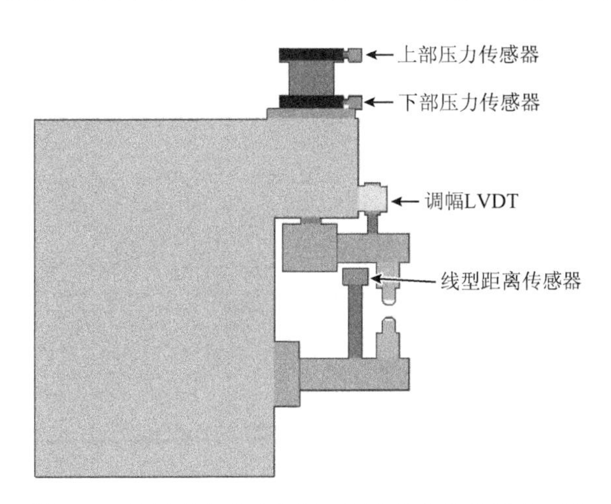

图 8.30　检测基座焊机的气缸压力和位移的试验装置

图 8.31（a）和（b）分别显示了焊接期间有飞溅和无飞溅时的位移和压力变化实例。次级回路中焊接电流的波形为图中的其他信号提供了一个时间坐标的参考系。没有发生飞溅时[图 8.31（a）]，压力在焊接周期中逐渐增大，与焊件受热时产生的热膨胀相对应，焊接电流被切断后又逐渐降低。而飞溅发生时压力会突然下降[图 8.31（b）]。图中所示的压力信号为传感器直接提取的、未经过处理的原始信号。这些传感器受到来自次级回路中焊接电流的电磁干扰很小。

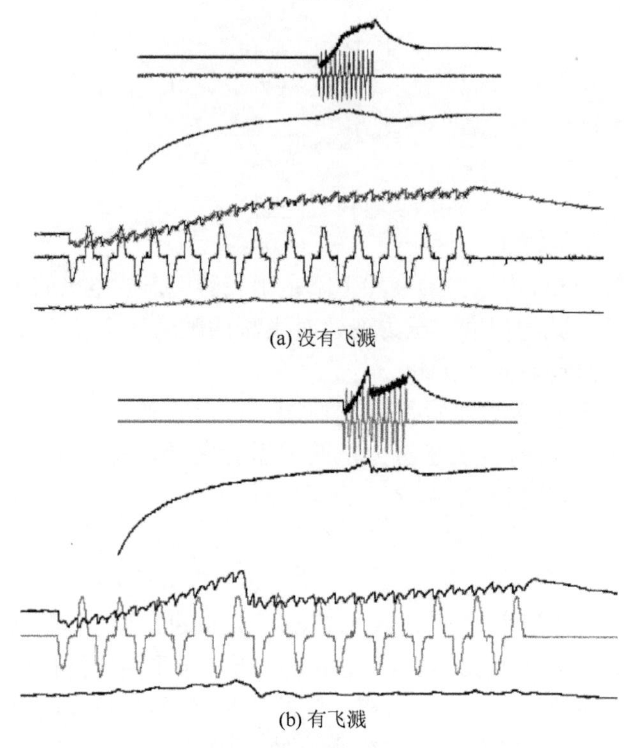

图 8.31　焊接时的位移和压力变化

下部是焊接周期内的放大图

表 8.5 总结了试验中在不同气缸尺寸、预设压力水平和板材厚度条件下发生飞溅时的压力变化。由表可知，压力的变化范围为 0.2～1.5lb/in^2，所以使用标准的压力传感器即可测得这种变化。

表 8.5　与飞溅相关的压力减少一览表

板材厚度/in	气缸直径/in	压力/（lb/in^2）（上部/下部）	飞溅	焊接期间 ΔP/（lb/in^2）
0.034	4	80/15	Yes	1.190
0.034	4	50/15	Yes	0.300
0.047	4	50/15	Yes	0.300
0.047	4	80/15	Yes	1.480
0.034	3	80/15	Yes	0.210
0.047	3	80/15	Yes	0.196

将基于本节理论分析的计算与采用了如图 8.30 所示设置的实际测量之间进行了对比。由试验得到的测量值如下：x_0=25.4mm，P_0=80lb/in^2，Δx=0.15mm，ΔP=0.3lb/in^2。利用式（8.22）得到的变化值为 0.47lb/in^2，与测试数据相当接近。

测试结果表明，焊接过程中的突然压降可用于生产线的自动化焊接飞溅监测，也可用于研发简单、有效的控制反馈系统以消除飞溅。

总之，无论是试验数据还是理论分析都表明，焊接期间发生飞溅时，气缸内电极的突然移动与压力的突然变化之间有直接的联系。压力变化的幅度可作为飞溅程度的指标。压力水平的变化取决于气缸内的压力水平和上部空气室的高度。市场上可以购买到的压力传感器可以直接应用于测量试验中所使用的焊机压力变化的范围（$0.2\sim1.5\mathrm{lb/in^2}$）。

试验表明，压力信号显然是一种监测飞溅期间电极运动的可行的方法，因而可以作为飞溅检测和反馈控制的一种有吸引力的方法。由于压力传感器的安装位置远离焊点，所以使用压力信号来检测飞溅有不少优点。压力传感器对焊接区域/焊接过程的干扰小于位移传感器。另外，不同于力和位移的测量，它也很少受到来自焊接电流回路的电磁干扰。因此，利用压力变化来检测飞溅在实际生产环境中简单易行。

电极的跟进过程也与电极的几何形状密切相关。平面电极与工件之间有一个相对稳定的接触面，而且板材受热软化导致球面电极和板材之间的接触面在焊接期间不断发生变化。因此，焊接的过程信号如电极位移、力和动态电阻在焊接过程中因使用不同的电极而具有不同的特性。总之，把从一个焊接过程中得到的经验推广到另一个焊接过程时，应注意其适用范围。

8.7　电极挤压时间和夹持时间的测量

电极力、位移和电流的测量信号可用于分析焊机的力学性能（详见 8.3 节）。这可以用于定量地检测设定的焊接参数和焊机的真实响应之间的差异。通常人们把焊接参数的设定值（用电子控制器上的键盘输入的数值）作为误差可以忽略的，在焊接周期内得到的焊机的真实响应。但是，机械系统的响应可能并非如预期的那样，因为它在接收来自控制器的命令后需要一定的时间才能做出响应。例如，电子驱动打开阀门后，气缸需要经过一定的时间才能达到预设压力。这可能会对一个焊接周期内的挤压阶段和夹持阶段都产生影响。如果在施加电流前未达到电极力的预设值，可能会因高接触电阻率而在接触面产生过多的热量，而且在某些情况下可能会在两种金属之间形成电弧。然而，从另一个角度来说，如果切断电流以后，电极不在合适的时刻脱离焊件，则刚刚形成的焊核可能经历过分冷却或冷却不足。对于高强度钢来说这可能是一个严重问题。因此，理解设定值和焊机的真实响应之间存在的差异程度有一定的实际意义。这种差异取决于焊机/系统。由于大规模生产往往希望达到高质量的焊点和相对短的工艺时间之间的平衡，一旦（真实的）工艺参数和焊接质量之间的联系建立起来，就可以通过这类研究来了解焊接系统，预测焊接质量。

Wang[12]的一项研究使用焊接中测得的信号对预设的电极挤压时间和实际测量得到的挤压时间之间的差异进行了估算。该研究使用了三种传感器来测量力、位移和电流。电流传感器用来确定挤压期的结束（电流的开始）和冷却期的开始（电流的结束）。所测的挤压周期的开始定义为电极开始运动的那一刻，此时位移值开始增大，如图 8.12 所示。这个周期在开始施加电流时结束。挤压过程中，另外一个需要考虑的是稳定电极力，即电极力达到稳定水平（或预设值）所需的时间。有关这些时间的定义如图 8.12 所示。预设的挤压时间和测量的挤压时间之间的比较，以及稳定电极力所需的时间见表 8.6（C-Ⅰ焊枪）和表 8.7（C-Ⅱ焊枪）。

表 8.6　设置和测量的挤压时间（C-I 焊枪）

设置/cycles	测量/ms	测量/cycles	稳定/ms	稳定/cycles	挤压时间差值/ms	挤压时间差值/cycles
35	518.0	31.1	486.8	29.2	65.10	3.9
35	519.0	31.1	502.0	30.1	64.10	3.8
37	548.0	32.9	483.0	29.0	68.42	4.1
38	559.0	33.6	483.0	29.0	74.08	4.4
39	572.5	34.4	477.0	28.6	77.24	4.6
39	579.0	34.8	440.0	26.4	70.74	4.2
99	1573.0	94.4	491.0	29.5	76.34	4.6

表 8.7　设置和测量的挤压时间（C-II 焊枪）

设置/cycles	测量/ms	测量/cycles	稳定/ms	稳定/cycles	挤压时间差值/ms	挤压时间差值/cycles
1	425.0	25.5	342.8	20.6	408.34	24.5
2	461.2	27.6	362.7	21.8	427.88	25.7
5	557.6	33.5	359.1	21.6	474.30	28.5
10	173.4	10.4	346.7	20.8	6.80	0.41
20	260.6	15.6	335.5	20.1	−72.60	−4.4
30	429.2	25.8	329.1	19.8	−70.60	−4.2
35	505.8	30.3	320.7	19.2	−77.30	−4.6
40	590.3	35.4	333.6	20.0	−76.10	−4.6
45	674.3	40.5	341.1	20.5	−75.40	−4.5
50	755.6	45.3	335.5	20.1	−77.40	−4.6
60	920.6	55.2	335.5	20.1	−79.00	−4.7
70	1091.0	65.5	362.6	21.8	−75.20	−4.5
80	1263.0	75.8	361.2	21.7	−69.80	−4.2
90	1422.0	85.3	357.2	21.5	−77.40	−4.6
99	1573.5	94.4	343.4	20.7	−75.84	−4.6

由表 8.6 可知，在实际（测量）的挤压时间和预设的时间之间存在着大致恒定的差值。正的差值（约 4 个周波）是指所测的时间比预设的时间长，这是可以允许的情况，因为不会导致过早施加电流或过早开始焊接。与此相反，对 C-II 焊枪来说，当预设的挤压时间增加时，实际的挤压时间和预设的时间之间的差从正变为负（表 8.7）。这类焊机在电极力达到预定水平之前就有可能开始焊接，因此，应使用额外的挤压时间。电子控制器应对焊机之间的这种差异负主要责任。达到稳定的电极力所需的时间对每台焊机都是一定的。C-I 焊枪约需 30 个周波，C-II 焊枪约需 21 个周波才能达到预设力水平。这些是焊接所需的最短挤压时间。短于这些挤压时间可能会因接触界面过热而导致不良焊点或引起过大的电极磨损。

这部分数据也可以用来对夹持时间的响应进行分析。电极夹持周期始于电流的停止，但其结束点可以有多种定义。电极力下降的开始时刻（*F*-start）对应着焊件通过电极冷却过程的结束，可以作为夹持周期的结束点。另外，电极力下降到 0（*F*-end）的那一刻，以及电极开始离开工件（*D*-start，所以电极与工件脱离接触）时，也都可以定义为冷却期的结束（时刻）。上述时段如图 8.12 所示。表 8.8 和表 8.9 分别列出了针对 C-I 和 C-II 焊枪根据上述的各种定义得到的电极夹持时间（表示为测量的和预设的夹持时间之差）。

表 8.8　C-Ⅰ焊枪的夹持时间设置和实际夹持时间

设置/cycles	Δt（*F*-start）/cycles	Δt（*F*-end）/cycles	Δt（*D*-start）/cycles
0	3.12	6.72	6.88
1	2.60	5.95	6.35
9	2.29	5.64	5.96
9	2.32	5.56	5.83
12	2.26	5.62	5.96
40	2.32	5.22	5.70
50	2.69	5.55	6.22
100	2.34	6.08	6.12
150	2.52	6.66	6.24
180	3.66	7.92	7.38
198	2.46	6.78	6.12

表 8.9　C-Ⅱ焊枪的夹持时间设置和实际夹持时间

设置/cycles	Δt（*F*-start）/cycles	Δt（*F*-end）/cycles	Δt（*D*-start）/cycles
1	2.1	4.7	5.5
10	1.4	4.7	4.9
20	1.4	4.6	5.1
30	1.5	4.7	5.1
40	1.5	4.6	5.2
60	1.3	4.7	5.3
80	1.5	4.8	5.2
99	1.6	4.9	5.3

将电极开始移动的时刻作为夹持阶段的结束是合理的，因为电极从工件上的实际脱离标志着冷却结束。由表 8.8 和表 8.9 可知，C 型焊枪的实际夹持时间都大于预设值。与预设值相比，C-I 焊枪有 5～7 个周波的额外夹持时间，而 C-II 焊枪有约 5 个周波的额外夹持时间。由于电流被切断后（夹持期间）焊点受到来自电极的冷却，其冷却速率决定了焊点的微观结构，也决定着焊件的力学性能，所以了解实际夹持时间和预设夹持时间之间的差异有一定的重要性。由于夹持时间对低碳钢、HSLA 钢和先进高强度钢的效应各有不同，应该对这种效应进行研究，在焊接中需要考虑实际夹持时间与预设值之间的差别。

研究使用的两台同样类型的 C 型焊枪在响应中即存在一定的差异，所以可以预期不同类型的焊机将有不同的响应。因此，得到的关于 C 型焊枪的各种时间的数值不应该应用到其他焊机上，但该方法是通用的。

8.8 其他因素

根据前面各节的讨论可以看到，刚度可能是焊机最关键的力学特征。它对电极对中和电极力有直接的影响，从而影响焊接质量。这两个因素及工件材料的影响将在本节进行进一步的探讨。

8.8.1 电极的对中及工件的结合

焊接中理想的情况是电极完全对中，从而使电极面平行，以使它们在焊接期间重叠。电极对中的目的是形成一个均匀的接触面，以利于导电及产生形成焊核所需要的热量。与理想情况的偏离（无论是轴向偏心还是角偏心）称为电极的对中偏心。这些条件如图 8.32 所示。

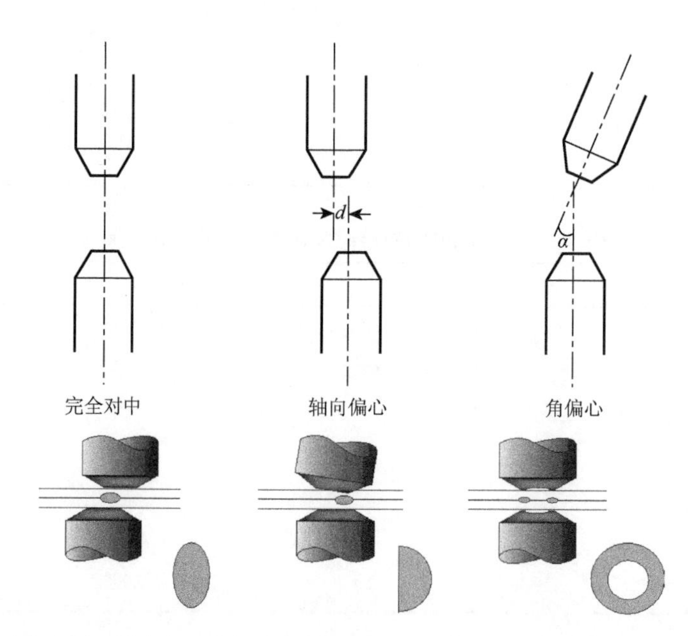

图 8.32　完全对中电极、轴向偏心电极和角偏心电极，以及各种电极条件下可能形成的焊核形状

基于几何方面的考虑，可以通过板材的变形在电极的轴向偏心与板材实际接触面之间建立起近似关系。电极的轴向偏心减少了板材之间的实际接触（重叠）面积，如图 8.33 所示。实际接触面（C_r）作为电极表面面积的百分比近似如下：

$$C_r = \frac{2r^2 \arccos\left(\frac{\delta}{2r}\right) - 2\delta\sqrt{r^2 - \left(\frac{\delta}{2}\right)^2}}{\pi r^2} \tag{8.23}$$

式中，r 为电极面半径；δ 为轴向偏心量值。由式（8.23）可知，接触面的减少受轴向偏心的影响很大。

电极偏心的另一个后果是板材间接触压力的变化。假定电极偏心分别为轴向 0.75mm、旋转角度 0.28°，在电极力为 2.67kN（600 lb）的条件下，利用有限元模型得到了板材接合界面处的非对称压力分布，如图 8.34 所示。电极完全对中情况下板材接合界面上的平均压力为 83.0MPa。在理想的对中条件下，高的压力发生在电极（焊核）的边缘，它在约束熔融焊核、防止飞溅发生方面起着重要的作用。当电极对中发生偏离时，压力的分布变得不对称。显然，这种不对称的压力分布不利于防止飞溅发生[13]和延长电极寿命。

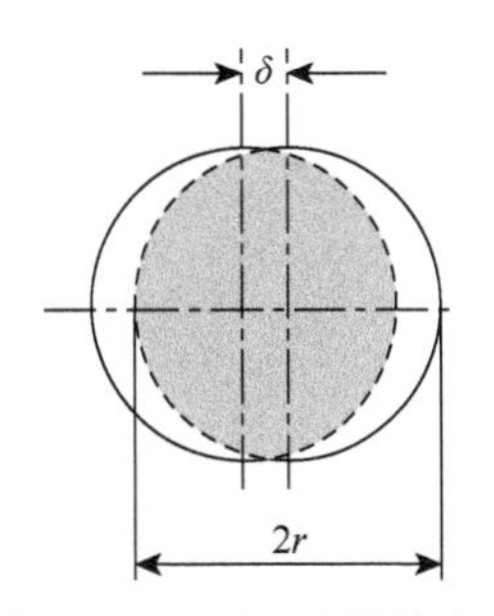

图 8.33　用于计算轴向偏心情况下的接触面积的几何模型

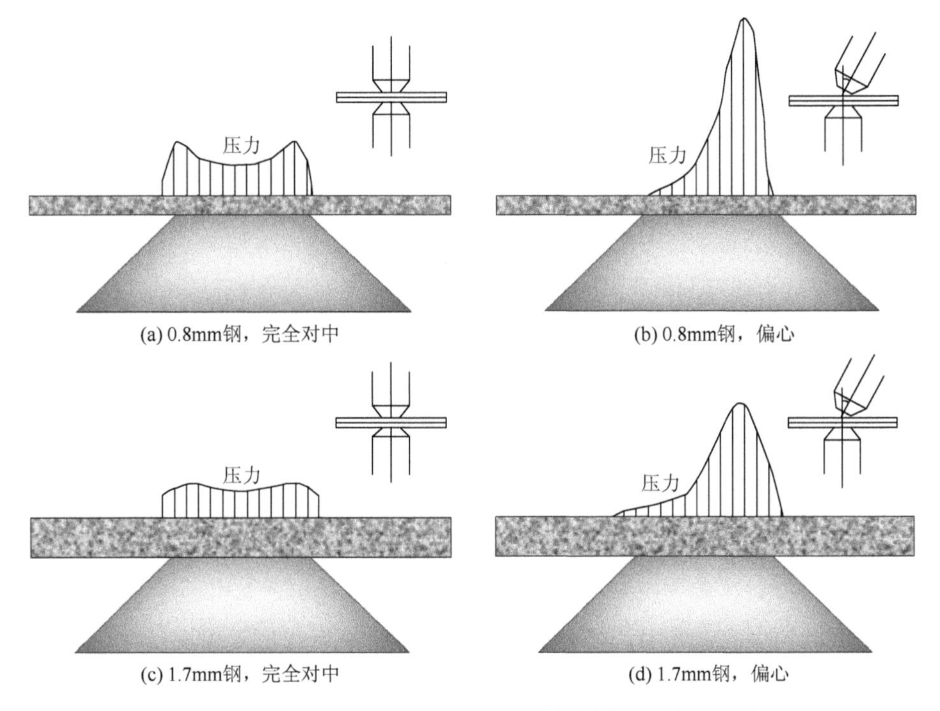

图 8.34　焊接 0.8mm 和 1.7mm 钢板时板材接合面的压力分布

此外，分析结果还表明，板厚也是影响压力分布的因素之一。较厚的板材在接合表面的压力分布更均匀。

尽管这一计算没有考虑焊接过程中发生的热-力学的相互作用，但是它表明了焊机刚度对电极对中和焊接质量的影响。在实践中，一定量的角偏心可通过电极（在制造几个焊点后发生）的轻微磨损及球形电极的使用来得到补偿。总之，设计焊机时，需要建立轴偏心和角偏心的容限，还需要进行进一步的有限元分析和试验研究。

电极的对中情况与焊机架的刚度和工件的堆叠有直接关系。调试过程中对中了的电极并不能保证焊接过程中电极的对中，它取决于焊件及两个电极与焊件的相对位置。一些焊件的堆叠形式如图 8.35 所示。

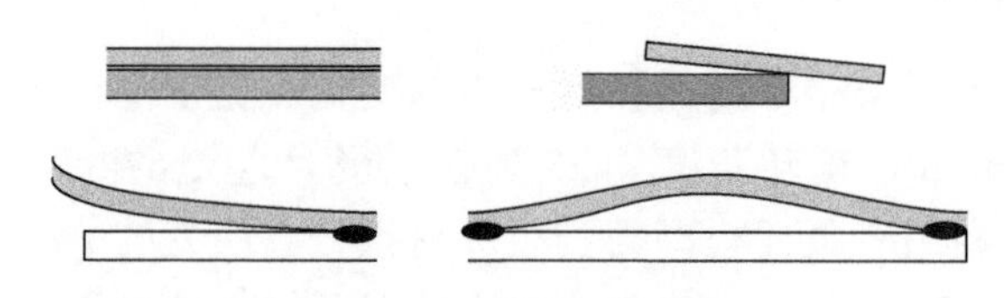

图 8.35　典型的焊件堆叠

考虑可能的电极对中与工件堆叠的组合方式，如图 8.32 和图 8.35 所示，实际情况中可能存在大量的堆叠形式。所以，电极对中是由具体情况决定的，其影响和处理方法取决于焊机和焊件，应该同时考虑这些因素。使用碳纸的压印法记录电极面的相对位置可以很方便地测量轴向电极对中情况。但是它提供的与角对中条件相关的信息相当有限。当这种方法用于有一个或两个旋转臂的枪式焊机（通过旋转焊机臂将焊件夹紧）时尤其应该注意。另外，焊件的堆叠（总厚度和配合）可能对轴偏心和角偏心都有明显影响。工件配合的影响取决于板材的厚度。实验研究发现，不太严重的焊件配合问题对低强度钢薄板的焊接的影响有限[18]。

除了电极及其套筒的安装过程，焊机的刚度可能是影响电极对中的最大因素。它决定了焊机臂的挠曲，因而影响电极对中。这类挠曲会随施加的电极力的增大而增加。因此，应该在工作范围允许的最大电极力下建立电极对中。

由于电极的对中情况直接影响焊件中的电接触和电流的分布，它是确定焊核位置的最重要的因素（详见第 7 章）。因此，良好的电极对中将产生较小的偏移，可以施加更多的电极力来约束液态焊核以避免发生飞溅。电极偏心还会导致不规则形状的焊核的形成和过度的电极损耗，这是由电极和工件之间的接触压力分布不均匀造成的，如图 8.34 所示。例如，Howe[7]发现电极偏转会明显改变电极寿命，这是由电极偏转引起的电极偏心造成的。

使用球面电极代替平面电极会稍微减轻偏心的影响。同样地，轻微磨损的电极要比新电极好，因为它们在电极的角对中方面更容错（电极偏心）。

8.8.2　电极力

如上所述，焊机的力学特性如刚度或摩擦发生改变会直接导致电极力的变化。因此，电极力的变化不仅影响焊接质量，也预示着焊机的性能，以及电极施加到焊件上的可能的约束。了解电极力变化的趋势有助于改进焊机的设计，提高焊接质量。

Tang 等[10]在几个预设力（其他参数保持恒定）下进行了试验，以便找到预设的电极力对焊接过程中实际电极力的特性的影响。所监测的电极力如图 8.36 所示。在所有的情况下，预设力越大，则力增加的幅度越大。例如，对于 5339N（1200 lb）的预设力，力的增量约为 338N（76 lb）；对于 3500N（800 lb）的预设力，力的增量约为 160N（36 lb）。力的变化（ΔF）和力的变化率（$\Delta F/F$）如图 8.37 所示。

需注意的是焊接期间的电极力并非总是增大的。如图 8.16 所示，焊接铝合金时电极力实际上会降低。

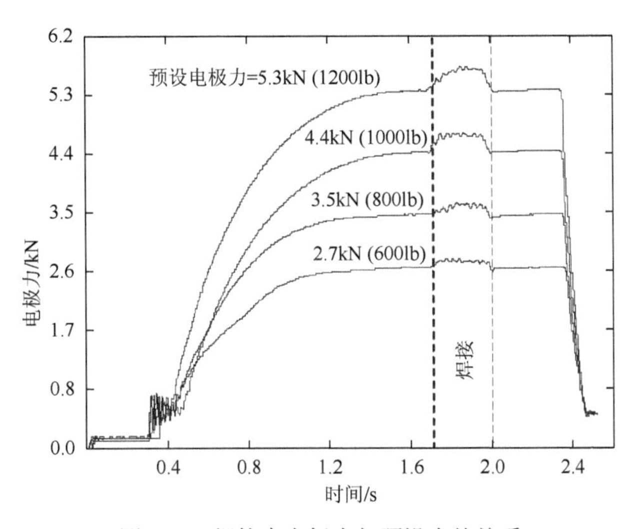

图 8.36　焊接中电极力与预设力的关系

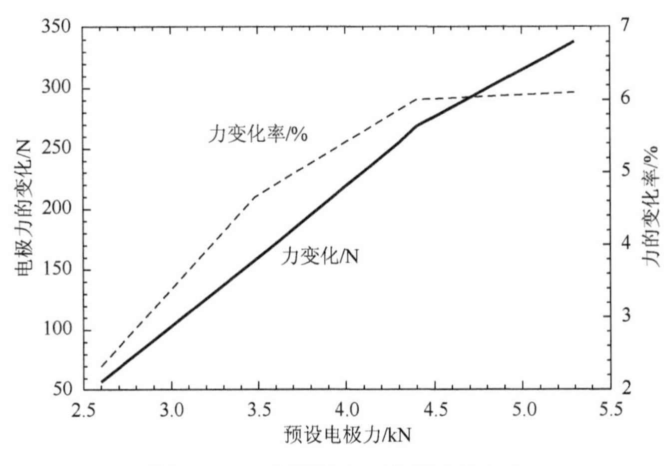

图 8.37　各种预设力下电极力的变化

8.8.3　材料

除了材料的电特性，工件的热-力学性能对焊接工艺也有显著的影响。例如，在加热过程中，固、液体的膨胀导致焊件膨胀。这种膨胀受电极的约束，而在这种约束下，不同材料（根据其独特的热-力学特性）的表现也不同。焊接钢和铝合金的不同之处可以通过比较焊接这两种材料过程中的电极力显现出来。钢焊接时的电极力在施加电流过程中具有比预设力更高的值，而铝合金焊接时的电极力却在焊接期间陡然下降。这种现象是由上述两种材料在高温下的力学特性和热学特性导致的。施加于焊件电极上的力是增大还是减小很大程度上取决于板材的受热膨胀和软化的相互作用。钢和铝合金的屈服强度和热膨胀系数（作为温度的函数）的比较如图 8.38 所示。一方面，焊件的膨胀（包括液相和固相）倾向于将电极推开，因而对电极施加额外的力。另一方面，材料在高温下软化使电极很容易挤进焊件中，从而导致电极力减小。焊接时板材的分离（变形）也会导致电极力的减小。焊接钢材时，热膨胀效应大于软化效应，因此总电极力增大。与此相反，铝合金焊接时因为软化的效应较大，导致电极力减小。需要注意的是电极力的变化趋势：电极力在钢（减小）和铝合金（增大）的焊接中的趋势都在焊接过程中间发生逆转。这一点可以通过考虑板材所经历的热膨胀和软化这两种起相反作用的过程来解释。当熔化开始或熔池的尺寸达到一定规模时，温度的影响也随之增强，两种作用的影响程度也发生变化。

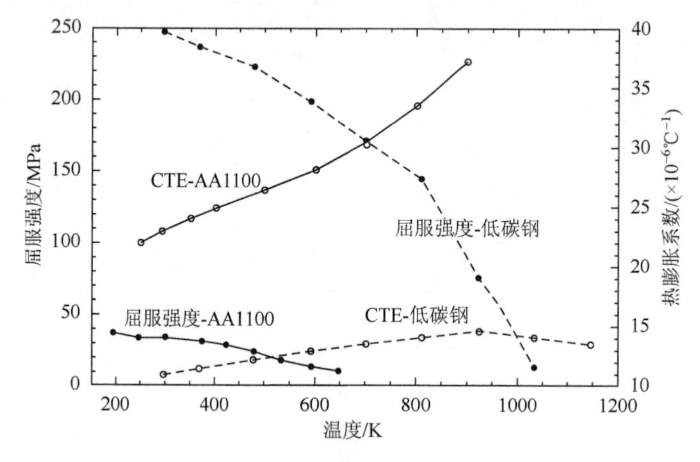

图 8.38　一种钢和铝合金之间材料特性的比较

加热产生的热-力学效应可以通过焊接过程中电极力的变化以焊接电流的函数形式表现出来，如图 8.39 所示。焊接过程中最大电极力在钢焊接时比预设值要高，在铝合金焊接时比预设值要低。然而，在钢的焊接中随着焊接电流的增加，板材的受热/软化也增加，这种电极力的增大会逐渐消失。同样的原因使得铝合金焊接时的电极力随焊接电流的加大减小得更加迅速。

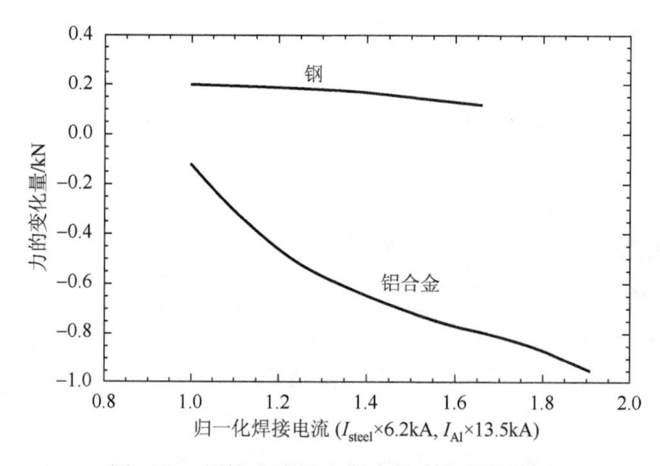

图 8.39　焊接电流对电极力的变化量的影响

由于材料性质上的差异，铝合金在焊接过程中的表现与钢完全不同。因此，铝合金和钢的焊接参数完全不同。例如，如果钢焊接时的电极面直径为 6mm，工件表面的压力则为 126MPa，约为室温下钢的屈服应力的 36%。相比之下，铝合金焊接时的电极面直径为 7mm，工件表面压力约为 133MPa，约为铝合金屈服应力的 116%。所以，即使在室温下铝合金在预设电极力下也已经屈服。铝合金与钢截然不同的特性决定了焊接铝合金需要使用特殊的焊机，通常无法使用焊接钢材所用的焊机。

参 考 文 献

[1] Ganowski F J，Williams N T. Advances in resistance spot and seam welding of zinc coated steel strip. Sheet Metal Industries，1972，49（11）：692-704.

[2] Kolder M W，Bosman A W M. Influence of the welding equipment on the weldability lobe of an HSLA-steel. IIW Doc. No. III-796-84，1984.

[3] Satoh T，Katayama J，Okumura S. Effects of mechanical properties of spot welding machine on electrode life on electrode life for mild steel. IIW Doc. No. III-912-88，1988.

[4] Satoh T，Katayama J，Nakano T. Effect of mechanical properties of spot welding machine on spot weld quality. IIW Doc. No. III-912-88，1988.

[5] Hahn O，Budde L，Hanitzsch D. Investigations on the influence of the mechanical properties of spot welding tongs on the welding process. Welding and Cutting，1990，42（1）：6-8.

[6] Williams N T，Chilvers K，Wood K. The relationship between machine dynamics of pedestal spot welding machines and electrode life. IIW Doc. No. III-994-92，1992.

[7] Howe P. The effect of spot welding machine characteristics on electrode life behavior on two welders//Proc. AWS Sheet Metal Welding Conf. VII. Detroit（MI），1996，Paper No A3.

[8] Dorn L，Xu P. Influence of the mechanical properties of resistance welding machines on the quality of spot welding. Welding and Cutting，1993，45：12-16.

[9] Dorn L，Xu P. Relationship between static and dynamic machine properties in resistance spot welding. Welding and Cutting，1992，44：19.

[10] Tang H，Hou W，Hu J S，et al. Force characteristics of resistance spot welding of steels. Welding Journal，2000，79（7）：175s-183s.

[11] Tang H，Hou W，Hu S J，et al. Influence of machine mechanical characteristics on RSW process and weld quality. Welding Journal，2003，82（5）：116s-124s.

[12] Wang Y. Mechanical characterization of resistance welding machines. Toledo：MS Thesis，The University of Toledo，2005.

[13] Zhang H. Expulsion and its influence on weld quality. Welding Journal，1999，78（11）：373s-380s.

[14] Senkara J，Zhang H，Hu S J. Expulsion prediction in resistance spot welding. Welding Journal，2004，83：123s-132s.

[15] Gould J E，Dale，W N. Theoretical analysis of weld head motion//Proc. Sheet Metal Welding Conf. VI，Detroit，1994.

[16] Gould J E，Feng Z，Chou J，et al. Analytical models for the mechanical response of a resistance spot welding machine. CRP Report SR9902. Columbus：Edison Welding Institute，1999.

[17] NIST-ATP Intelligent Resistance Welding Quarterly Progress Report. Ann Arbor，1998，No. 304.

[18] Natale T V，Pickett K. The effect of Workpiece Fit-up and Electrode Composition on the Resistance Spot Welding Behavior of Hot-dip Galvanized Sheet steel. SMWC IV，1990，Paper 9.

第9章　电阻焊的数值模拟

9.1　简　　介

与其他的焊接工艺不同，在电阻焊（RSW）中很难监测焊核的生成过程。这是因为焊接中的熔化和凝固过程主要发生在工件之间，无法直接观测。通常的做法是控制输入量（如焊接参数），并监控输出量，如焊点的特征和焊接过程的信号。然而，从这种输入和输出信号得出的只是一种间接的信息，无法直接了解焊核的形成过程。因为电气、力、热和冶金过程的相互作用，焊核的形成过程极为复杂。数值模拟如有限元分析是处理这种情况的有力工具。详细的热学过程、应力和应变的分布，以及不同阶段的变形可以通过数值模拟揭示出来。焊接工艺参数，如电极力、焊接电流和焊机刚度可在有限元计算中轻易改变以研究它们的影响，而进行类似的物理实验研究会非常困难。

已有许多研究人员进行了电阻焊的有限元模拟，而且大部分工作集中在钢的电阻焊方面。例如，商业有限元软件ANSYS™[1]即可以用来实现电-热学和热-力学过程[2, 3]的耦合，进行电阻焊钢的模拟。目前有关电阻焊铝合金的研究只占这类研究工作的一小部分。此外，数值模拟还用于研究电极几何形状、电极磨损，以及热塑性本构关系的影响。

要想精确地预测焊点的结构与性能需要精确地模拟电阻焊过程中力-热-电过程的相互作用。因为市场上尚无能够将上述过程完全耦合的商业软件，电阻焊的模拟结果并不令人满意。除此之外，数值模拟所需的材料性质，尤其是它们对温度的依赖性，明显地阻碍在此方面的进展。例如，由于缺乏准确的材料数据和焊接过程的随机性，数值模拟无法完全反映接触电阻在焊接过程中的巨大变化。近几年数值模拟的精度有所提高，但它主要是数值模拟技术和计算软、硬件进步的结果。因此电阻焊的模拟需要更可靠的材料数据，而这些数据只能从对材料的研究中获得。本章论述有限元模拟电阻焊过程的基本原理，然后介绍它们在了解焊核生长和微观组织演变方面的应用。

9.1.1　有限差分和有限元法之间的比较

解决工程问题的数值法主要有两种：有限差分法（finite difference method，FDM）和有限元法（finite element method，FEM），均已用于电阻焊过程的模拟。研究人员早期基本上只使用FDM，而后来FEM基本上取代了FDM，成为电阻焊过程的唯一的模拟方法。这两种方法在离散化处理、边界的处理、问题的数学表达，以及模拟精度等方面是不同的。本节比较这两种方法，以期使读者简略了解它们的相似和不同。

1. 离散化

这两种方法都需要对结构、对象或需要分析的区域进行离散化处理。但离散化的方式完全不同。这种差异可通过两种方法使用的两种二维矩形单元清晰地观察到，如图 9.1 所示。

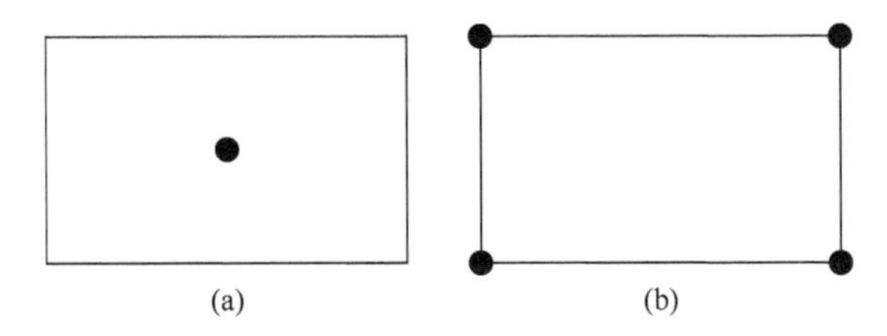

图 9.1　有限差分分析中使用的团（a）和有限元分析中使用的一种单元（b）

在有限差分法中，一个物体或者区域分成有限个数的团。然而在有限元分析中，它分为有限个数的单元。因此，在有限差分法中，假定每个团上相关的场变量的值为常数。例如，在热学分析中，可以假定一个团上作为场变量的温度是一个常量，则整个团成为等温的。这表明，标示一个团的节点不是团的边、角，而是它的几何中心，如图 9.1（a）所示。有限元分析中，单元的节点在单元的角落上，且同一单元的不同节点具有不同的场变量值，如各角落处的不同的温度。通过所定义的内插方式或函数，场变量可以以某种特定的方式在整个单元范围内变化。在有限元模拟中采用高阶内插多项式即形成高阶单元。

2. 几何结构

在有限差分分析中，离散化处理假定了节点是等距的。如图 9.2（a）所示，如果计算中使用了矩形团，而且需要在边界上放置节点用于施加边界条件，则有必要使用大小只有内部团 1/2 的表面团，以及只有内部团 1/4 大小的角落团。而有限元模拟中可以使节点落在边界上的单元，如图 9.2（b）所示。

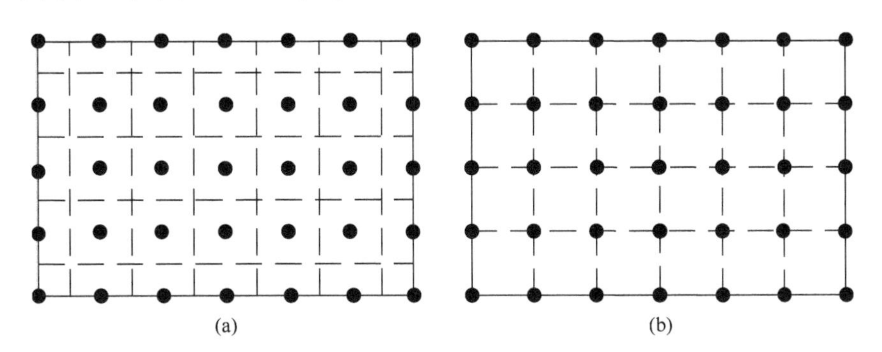

图 9.2　将一个矩形域离散成用于有限差分分析的团（a）和用于有限元分析的单元（b）

出于同样的原因，在 FDM 中将复杂的几何形状（如弯曲的表面）离散化时需要使用锯齿状的有效边界，如图 9.3（a）中虚线所示。然而，有限元模拟可以使用各种类型的单元，如三角形（平面问题）或四面体（三维问题）单元，对弯曲边界进行很接近的模拟。可以根据所需的形状构造这些单元，使它们的节点正好落在预设的边界上。减小（FDM 中的）团或（FEM 中的）单元的尺寸即可以使网格更接近实际的构型。然而，必须在计算精度和计算成本之间折中。通常在 FDM 中还需要为边界节点编写专门的有限差分方程，以包括弯曲边界的效应。在有限元分析中，可以使用各种单元如三角形或四边形单元来处理复杂的几何形状。这是有限元分析与有限差分法相比的主要优点。使用可变节点间距和各种形状的单元在 FEM 中是常规的做法。

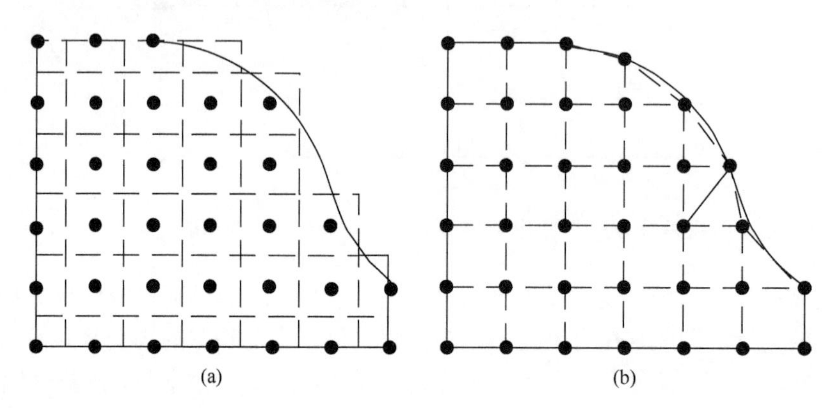

图 9.3　将不规则形状的边界离散成有限差分中的团（a）和有限元中的三角形和四边形单元（b）

3. 基本公式

在 FDM 中，需要为每个节点编写控制方程。例如，在传热计算中要在每个团上达到能量平衡。在 FEM 中既可使用直接能量平衡法，还可以使用一些其他的方法（如虚功原理、变分法和加权残值法），因而在工程应用方面更灵活、更有效。

4. 精度及其他

由于模拟计算的精确性受很多因素的影响，很难对一种方法的精确度进行一般性的评判。与 FDM 相比较，FEM 在处理有曲线边界的应用方面更精准。对 FEM 和 FDM 的运行时间进行比较也很困难。一般情况下，FEM 需要较长的运行时间，而 FDM 与 FEM 相比需要更多的模型准备时间。

9.1.2　模拟电阻焊过程的方法

多数早期的电阻焊模拟是以 FDM 为基础的。过去的十几年间，商用 FEM 软件，如 ANSYS[1]和 ABAQUS™[4]，展示了它们在模拟电阻焊方面的灵活性，尤其是它们使用实际的工艺参数和条件的能力。但是，FDM 对一些与电阻焊工艺相关的基础的物理和力学过程来说仍是一个有效的工具。早期的电阻焊模拟工作可以追溯到 20 世纪 60 年代。例如，电阻焊过程中温度的分布首先由 Bentley 等[5]使用数值方法确定。Rice 和 Funk[6]使用 FDM 创建了一个简化了的一维传热模型来预测焊点的温度历史。另外，Gould[7]使用一维 FDM 对电阻焊进行了模拟，并将计算结果与实验中实测的焊核生长进行了比较。

由于建模时的假定所限，这些模型都不允许径向的热传导，所以无法模拟焊核沿径向的生长。此外，这些模型无法用于不均匀电流密度分布的情况。使用二维模型可以克服上述缺点。随后，人们利用 FDM 开发了用于电阻焊过程分析的轴对称热传递模型来克服上述局限性[3, 8]。

由于 FDM 的局限性，在使用这种方法处理电阻焊时通常会忽略点焊中的热-力学过程。因此，必须对电极-板材接触面和板材-板材界面的面积进行一定的假设。例如，Cho 和 Cho[8]使用的二维模型假设板材-板材的接触面直径是电极端面直径的两倍。Huh 和 Kang[9]开发的三维热-电 FEM 模型使用了商业 FEM 软件包 ANSYS[1]，得到了电极-板材组件的温度场历史。而另一个商业软件 ABAQUS[4]也用来模拟焊接中的热-力学过程，尤其是有限应变热塑性的影响。Wei 等[10-12]提出了考虑了质量、动量和能量传递及磁场强度的模型。这些模型与早期研究相比通常有显著的改善。然而，它们的重点大多在传热响应上，忽视了电阻焊过程中的热-力和热-电方面的影响。

早期的模拟工作通常是关于钢的焊接。近几年由于汽车车身组装用的铝合金板的使用迅速增加，对焊接铝合金的研究，包括数值模拟，吸引了更多的关注。电阻焊钢和铝合金都基于相同的基本物理原理，所以模拟所用的基本方程也不变。但是，焊接铝合金和钢之间的物理过程存在着很大的差别，这主要是它们在力学、热学、电学和冶金性能等方面的差异造成的。例如，由于铝合金的电阻较低，所以需要更高的焊接电流，通常是焊接相同厚度钢板所需的 3 倍以上。某些参数和材料特性，如接触电阻，可能对（无镀层）钢焊接无关紧要，但对铝合金焊接却有很大影响。这种差异使铝合金的焊接过程与钢的不同，因而数值模拟的处理方式也不同。

研究者对电阻焊铝合金的数值模拟进行了很多尝试。Browne 等[13-15]有关电阻焊铝合金的模拟方面的工作具有一定的代表性。他们在模拟焊核生长的同时，还预测了最小焊核和飞溅的边界。他们基于焊核生长的模拟提出了一个飞溅准则，详见第 7 章的几何比较模型。Khan 等[16-18]也建立了能预测焊核成长的焊接铝合金的模型。该模型考虑了以下效应：工件-电极界面的接触热阻、接触界面的摩擦系数、工件-电极界面和板材接合界面的接触电阻、接触电阻的变化对界面压力和温度的影响，以及焊核内糊状及熔化区内的对流。

由于使用 FEM 对焊接工艺进行模拟有相当大的灵活性，通用的商业软件包并不提供力、热及电过程的完全耦合。因此，利用现有的商用软件包进行焊接模拟时需要采取适当的措施以达到以上重要的物理过程的耦合。事实上，焊接过程模拟研究的历史可以用模拟中的耦合程度来代表。在一个完全解耦的或部分解耦的模拟计算中，通常利用 ANSYS 等软件，用电-热过程来计算温度场，然后将其输入同一个或不同软件（如 ABAQUS）中进行热-力方面的计算。单独进行电-热计算时必须确定电极-板材和板材-板材的接触面积，因为它们对电流密度（焦耳热）有直接的影响。为此人们提出了预测焊接时接触区域变化的理论。这种做法中这些物理过程解耦，所以它们之间的交互作用忽略，由此产生的误差可能会很大。许多研究者还尝试了分部耦合，在一定程度上改善了模拟的精度。Zhang 等[19]的文章里描述了这种计算的框架，与其他同期的工作不同，这种方法不是把整个焊接过程的温度场的历史计算完，再输出同一个或不同的软件的热-力模块中进行计算，而是将电-热模块的计算每隔一个焊接时间区间即中断，将得到的温度场输出。可以取小于 1/4 周期为时间间隔。在电-热模块中，在恒定的力负荷下施加电流。基于先前生成的温度场和在新的时间间隔里产生的热量得到一个新的温度分布。然后将这个新温度场施加至热-力耦合系统中，在该系统内计算与几何、接触面等相关的信息。这些信息随后传递至用于下一个加热增量的电-热模块。通过重复这个过程来模拟焊核的形成过程，即加热、熔化，以及工件的冷却。为捕捉该过程的细节，必须仔细选择时间增量，但应避免不合理的过长的计算机运行时间。

一个理想的、真实的电阻焊过程的模拟应包括透彻的传热分析、电场分析、热弹塑性分析、接触电阻的实际变化、焊接材料的相变，以及与温度有关的材料性质。电阻焊模拟过程中最困难的部分可能是对金属的熔化和凝固的处理。Feng 等[20]和 Li 等[21]的研究证明了预测 HAZ 和凝固的焊核的结构和性质及焊件内残余应力的可能性。

9.2　电-热-力的耦合分析

由于电阻焊工艺的特殊性，目前通用的工程 FEM 软件不具备模拟电阻焊过程中电-热-力相互作用的能力。模拟这个过程需要的理论推导和程序编码方面的困难阻碍了这类软件的开发。本节给出了能处理各种物理过程的耦合作用的电阻焊过程所需的计算公式，用于解决二维和三维问题。

9.2.1　通用（三维）的有限元模型

电、热和力学过程的分析推导可以分别进行，然后通过各种过程变量的相互依赖关系在程序的运行中将各个过程联系起来。然而，由于电、热过程紧密相关，可以方便地将它们一起考虑。然后通过考虑应力-应变分析中的热效应来实现与力学过程的耦合。实现电-热过程的基本步骤如下。

（1）取得整个区域的电动势，并根据给定的电流进行调整。电势场可用来计算因材料电阻而导致的能量耗散。

（2）使用热传导方程，将由电气分析得到的能量耗散用于计算温度的分布。

（3）根据温度的计算值，将整个单元的材料特性进行更新，并用于应力-应变分析。

在上述分析中，电极-板材和板材-板材界面的接触电阻起着重要的作用。可使用特定的界面单元对其进行处理，对这种单元的电、热性质进行处理，以便对其上发生的物理过程进行合理的模拟。这种过程可以考虑焊接过程的工艺参数的变化，如电流，接触电阻，电极与板材的电、热特性。

9.2.2　电气过程的公式

电动势可由拉普拉斯方程来表示。假设没有内部电流源，控制方程为

$$\frac{\partial^2\phi}{\partial x^2}+\frac{\partial^2\phi}{\partial y^2}+\frac{\partial^2\phi}{\partial z^2}=0 \tag{9.1}$$

式中，ϕ（x, y, z, t）为电势，是坐标（x, y, z）和时间 t 的函数。方程（9.1）与下列方程相等：

$$\frac{\partial}{\partial x}\left(\frac{\partial\phi}{\partial x}\right)+\frac{\partial}{\partial y}\left(\frac{\partial\phi}{\partial y}\right)+\frac{\partial}{\partial z}\left(\frac{\partial\phi}{\partial z}\right)=0 \tag{9.2}$$

通过伽辽金方法，此方程可改写为

$$\int \bar{\phi}\frac{\partial}{\partial x}\left(\frac{\partial \phi}{\partial x}\right)+\int \bar{\phi}\frac{\partial}{\partial y}\left(\frac{\partial \phi}{\partial y}\right)+\int \bar{\phi}\frac{\partial}{\partial z}\left(\frac{\partial \phi}{\partial z}\right)=0 \tag{9.3}$$

式中，$\bar{\phi}$ 为加权函数。通过分部积分对其进行求解并使用欧姆定律，该方程变为

$$\int_V \frac{\partial \bar{\phi}}{\partial x}\cdot\sigma\cdot\frac{\partial \phi}{\partial x}\mathrm{d}V=\int_S \bar{\phi}\cdot j\mathrm{d}S \tag{9.4}$$

式中，σ（θ,f）为电导率矩阵；$\theta=\theta$（x, y, z, t）为温度，是时间和坐标的函数；f 为预定义场变量；$j=-\boldsymbol{j}\cdot\boldsymbol{n}$ 是穿过 S 进入控制体积的电流密度。

9.2.3　热传导过程的公式

（有内热源的）通用的三维热传导的控制微分方程可表示为

$$\frac{\partial}{\partial x}\left(k\frac{\partial \theta}{\partial x}\right)+\frac{\partial}{\partial y}\left(k\frac{\partial \theta}{\partial y}\right)+\frac{\partial}{\partial z}\left(k\frac{\partial \theta}{\partial z}\right)+\dot{Q}=\rho\frac{\partial U}{\partial t} \tag{9.5}$$

式中，ρ 为材料的密度；k 为热导率；$\dot{Q}$ 为每单位体积的内部生热率；U 为内能。使用伽辽金方法可以将上述公式改写为

$$\int_V \rho\dot{U}\bar{\theta}\mathrm{d}V+\int_V \frac{\partial \bar{\theta}}{\partial x}k\frac{\partial \theta}{\partial x}\mathrm{d}V=\int_V \partial\theta r\mathrm{d}V+\int_S \bar{\theta}q\mathrm{d}S \tag{9.6}$$

式中，x 表示坐标的矢量形式；k 为热导率；q 为流入主体的单位面积的热量（即热通量）；r 为因焦耳热而在主体内产生的热量。

在电阻焊过程中，工件经历了很大的温度跨度（从室温至熔点以上），所以模拟中很自然地要考虑与温度有关的电、热性质。然而，并不总是能够得到这样的材料性质，在高温范围内更是如此。通常采用外推法，利用已知的材料的低温性质来推出它们在高温下的性质。据观察，使用这种与温度相关的材料性质并不能明显改善焊核生长模拟的精度。

9.2.4　边界条件

总表面积 S 可分为 S_p 和 S_i。S_p 为可规定边界条件的表面；S_i 代表与附近其他物体表面相互作用的表面。P_ec 为电流流过导体时产生的电能耗散速率。这样，可将式（9.4）和式（9.6）改写为

$$\int_V \frac{\partial \bar{\phi}}{\partial x}\cdot\sigma\cdot\frac{\partial \phi}{\partial x}\mathrm{d}V=\int_{S_\mathrm{p}} \bar{\phi}\cdot j\mathrm{d}S+\int_{S_\mathrm{i}} \bar{\phi}\cdot j\mathrm{d}S \tag{9.7}$$

和

$$\int_V \rho U\bar{\theta}\mathrm{d}V+\int_V \frac{\partial \bar{\theta}}{\partial x}\cdot k\cdot\frac{\partial \theta}{\partial x}\mathrm{d}V=\int_V \bar{\theta}\cdot\eta_\mathrm{V}P_\mathrm{ec}\cdot\mathrm{d}V+\int_{S_\mathrm{p}} \bar{\theta}q\mathrm{d}S+\int_{S_\mathrm{i}} \bar{\theta}(q_\mathrm{c}+q_\mathrm{r}+q_\mathrm{ec})\mathrm{d}S \tag{9.8}$$

式中，η_V 为计算电能转换为热能的能量转换系数；q_c 为热传导；q_r 为辐射；q_ec 为界面处产生的热。

9.2.5 热-力分析的框架

除了通过电极来施加的机械载荷，因热量的产生和消散而导致的局部温度梯度也会引起焊件内热-力学响应。可用虚功原理来建立一个平衡条件，即物体内部应变能的虚拟变化必须由所施加的同样的外部虚功的变化来补偿：

$$\delta U=\int_V \tau\cdot\delta\varepsilon\cdot \mathrm{d}V=\int_S T\cdot\delta u\cdot \mathrm{d}S=\delta V \tag{9.9}$$

材料的力学性质对温度的真实依赖性对模拟精度有重要影响。同样，材料的电-热性质对温度的依赖性还缺乏实验数据，尤其是在高温下的实验数据。使用真实的热力学性质可以显著地提高模拟精度。

在早期的模拟工作中，通常假设小应变甚至线弹性材料反应。例如，Browne 等[13, 14]的研究中假定小应变的塑性变形。理想的情况是，为了获得在焊核形成过程中各个界面接触情况的精确信息，以及关于残余应力和回弹的信息，应使用有限应变理论。用更先进的计算机硬件和软件可以进行更复杂的模拟。

9.2.6 熔化和凝固的模拟

在加热期间，当温度达到熔点，固体开始熔化的时候，焊核开始形成。数值模拟中很难直接将熔化作为一个冶金过程来处理。模拟熔化过程中材料性质变化的通常做法是人为地使材料性质，如杨氏模量、热容等，在固相线或液相线附近快速变化。材料的潜热（熔化热）可以作为比热容的增加量来处理，当 $T_S < T < T_L$ 时，可以用如下表达：

$$\overline{C}=C+\frac{L}{T_L-T_S} \tag{9.10}$$

式中，L 为潜热；T_S 为固相线温度；T_L 为液相线温度。可用相同的方式处理凝固过程。

金属在熔化后基本上失去了承载任何负荷的能力。因此，其强度从有限数量降至 0。在数值模拟中，一些依赖温度的力学性质，如杨氏模量等，通常取一个较低的值作为熔化以后的量值，其在熔化温度以上的量值可取为其在室温下的相应值的 10%。为避免模拟过程中不收敛的问题，需要在一个物理量的固态值与液态值之间建立平滑的过渡。熔化一旦发生，液态焊核内固体力学意义上的应变，尤其是塑形应变的记录便彻底消失。这种转变是基于固体力学的商业软件如 ANSYS 和 ABAQUS 无法应对的。此外，因为不能用商业 FEM 软件对凝固过程进行模拟，还应特别关注对刚凝固的金属的模拟。熔化金属凝固后，必须将先前的零应变历史施加于 FEM 模拟中。用户定义的子程序如 ABAQUS 中的 UMAT 可以用来模拟熔化和凝固过程中的材料性质的变化。

9.2.7 有限元公式

在有限元分析中，将一个区域分成多个单元如等参数单元。在二维问题中使用等参数三角形或矩形单元的例子如图 9.3（b）所示。商业代码通常都允许使用等参数单元和高阶单元，它们可用于电阻焊工艺的二维或三维仿真模拟。

考虑一个二维四节点的等参数单元。其上任意一个变量，如电势（ϕ），可表示为电势的节点值（ϕ_i）与形状函数的乘积的总和：

$$\phi = \phi_1 \cdot N_1 + \phi_2 \cdot N_2 + \phi_3 \cdot N_3 + \phi_4 \cdot N_4 \tag{9.11}$$

式中，N_1、N_2、N_3 和 N_4 为四节点单元的形状函数。

类似的方程可用于温度和应变/应力，且可通过有限元瞬态分析进行求解。对于这种情况，克兰克-尼科尔森方法通常可以提供一个稳定解，故经常采用。

在电阻焊的有限元模拟中，首先使用公式（9.7）计算由电势产生的热量。将计算得到的热量代入式（9.8），获得特定时刻的温度分布。根据得到的温度分布，将单元所有的电-热性质进行更新，为下个时间增量的计算做准备。同时，利用温度分布通过热-力学模型求解单元上的应变和应力值，为下个时间增量的计算做准备。

9.2.8　二维有限元分析

尽管实际问题都是三维的，但在保证精度的条件下许多问题可以简化为二维问题，而其分析过程可以极大地简化。9.2.7 节描述的基本原理不变，而它们应用于二维空间的步骤可以归纳如下。

（1）计算电动势。

（2）用所得到的电场计算由材料电阻（焦耳加热）引起的能量耗散。

（3）通过热传导分析得到温度分布后，使用热-力学模型来计算应力的分布、工件和电极的变形，以及接触界面的变化。

1. 电气分析公式

在二维问题中，电势分布的控制方程由拉普拉斯方程表示为

$$\frac{\partial^2 \phi}{\partial x^2} + \frac{\partial^2 \phi}{\partial y^2} = 0 \tag{9.12}$$

式中，电势 ϕ（x, y, t）是坐标和时间的函数。这个方程的有限元计算可以通过与三维分析同样的方式进行。在电学分析过程中，需要划分两种边界条件：一种是与电势为 ϕ_0 的电源相接触的边界

$$\phi = \phi_0 \tag{9.13}$$

另一种是自由边界，其法线方向为 $\boldsymbol{n}$

$$\frac{\partial \phi}{\partial n} = 0 \tag{9.14}$$

确定电势分布后，电流密度可以表示为

$$J_x = -\frac{1}{\rho}\frac{\partial \phi}{\partial x} \text{ 和 } J_y = -\frac{1}{\rho}\frac{\partial \phi}{\partial y} \tag{9.15}$$

式中，J 为电流密度；ρ 为电阻率。每单位体积生热率的计算公式为

$$\dot{Q} = \rho \cdot J^2 \tag{9.16}$$

2. 热学分析公式

有内部热源的二维瞬态热传导的控制微分方程为

$$\frac{\partial}{\partial x}\left(k\frac{\partial T}{\partial x}\right)+\frac{\partial}{\partial y}\left(k\frac{\partial T}{\partial y}\right)+\dot{Q}=\gamma\cdot C\frac{\partial T}{\partial t} \tag{9.17}$$

式中，温度 T 是坐标和时间的函数；k 为热导率；γ是质量密度；C 为单位质量的热容。所涉及的三种类型的边界条件如下。

（1）在指定温度的边界上，

$$T=T_0 \tag{9.18}$$

（2）在对称线上，

$$-k\frac{\partial T}{\partial n}=0 \tag{9.19}$$

（3）在允许对流换热的自由表面上，

$$-k\frac{\partial T}{\partial n}=h(T-T_e) \tag{9.20}$$

式中，h 为周围空气的对流传热率；T_e 为环境温度。

3. 有限元公式

区域划分为一组有限单元，如三角形或矩形单元。在有限元计算中，先对每个单元进行分析，进而得到整个区域上基本方程的组合解。假定在电-热分析中使用矩形等参数单元，未知的电势和温度可表示为

$$\phi=\phi_1\cdot N_1+\phi_2\cdot N_2+\phi_3\cdot N_3+\phi_4\cdot N_4 \tag{9.21}$$

和

$$T=T_1\cdot N_1+T_2\cdot N_2+T_3\cdot N_3+T_4\cdot N_4 \tag{9.22}$$

使用与式（9.11）相同的形状函数。应用伽辽金方法并利用分部积分，电势分布的方程组可以写成

$$\boldsymbol{A\phi}=\boldsymbol{F} \tag{9.23}$$

式中，$\boldsymbol{A}$ 为以 $n\times n$ 矩阵形式表示的电导，其中 n 是模型中的节点总数；$\boldsymbol{F}$为边界条件矢量；$\boldsymbol{\phi}$ 为未知的电势的向量。

同理，用于求解温度分布的方程组为

$$\boldsymbol{AT}+\boldsymbol{C}\left[\frac{\partial T}{\partial t}\right]=\boldsymbol{F} \tag{9.24}$$

式中，$\boldsymbol{A}$ 为以 $n\times n$ 矩阵形式表示的热传导；$\boldsymbol{C}$为热容矩阵；$\boldsymbol{F}$为热源和边界条件矢量；$\boldsymbol{T}$ 为未知温度值的向量。

克兰克-尼科尔森方法可用于解决上述瞬态问题：

$$(\boldsymbol{C}+0.5\Delta t\boldsymbol{A})\boldsymbol{T}_{t+\Delta t}=(\boldsymbol{C}-0.5\Delta t\boldsymbol{A})\boldsymbol{T}_t+\Delta t\boldsymbol{F}_t \tag{9.25}$$

式中，$\boldsymbol{A}$ 和 $\boldsymbol{C}$为 $n\times n$ 矩阵；$\boldsymbol{T}$和 $\boldsymbol{F}$为 $n\times 1$ 矩阵。通过求解上述方程，可得到电气相关的物理量及温度的分布。

9.2.9 轴对称问题

轴对称模型是一种特殊的二维问题。9.2.8 节描述的二维方程等可以直接应用；但是，必须使用柱面坐标。因此，那些如电势和热传导等的方程具有相同的物理意义，但形式不同。

9.3 接触性质和接触面积的模拟

正确地模拟焊接中材料的接触特性（如导电性和导热性）和接触面积的变化，以及它们对其他物理量（如温度和压力）的依赖关系是电阻焊模拟的关键。在早期的模拟工作中，通过采用二维固体单元以设定等效接触电阻性质的方法对接触电阻进行模拟。在 Browne 等[13-15]研发的模型中，在选定的时间增量上对电极-板材和板材-板材界面处的接触区域进行了更新。在处理接触电阻方面，大多数模拟计算采用反复测试的办法，即在模拟中先假设一个接触电阻值进行计算，然后将模拟结果与实验结果比对，如果差距太大，则改变接触电阻值，重新模拟计算，直到得到满意的结果。尚有待于开发一种可靠的方法，将接触特性作为焊接过程变量的函数体现在模拟计算中，而且接触区域的性质可以在无人工干预的情况下更新。

由于直接测量接触电阻率很难，模拟中通常使用接触电阻来进行计算。此外，为便于更好地理解电阻在焊接过程中的作用，可以将总的电阻分为静态电阻和动态电阻两类。

由润滑剂、污物、氧化物等所形成的表面薄膜产生的电阻是静态电阻，其效应在焊接过程的初始阶段更加明显。静态电阻的测量可以通过施加一个较小的试探电流来实现。这个电流的幅度足够小，使得在接触面附近产生的电阻热可以忽略。可以利用一个直流桥来解决这个问题。这种直流桥可以提供用于测量的 1A 左右的电流。由实验可知，表面状态或薄膜效应是静态电阻值的主因。除了表面状态，静态电阻还取决于电流强度、温度和施加的力。在此条件下的电接触通常称为准金属接触。在焊接的初期，表面薄膜在机械载荷和集中加热的条件下分解，使接触变成纯粹的金属接触。然而，这种测量值的用处不大，因为通常它们的一致性较差，无法直接用于数值分析。事实上，表面薄膜的分解所需时间很短，而在此期间测得的电阻对剩余的焊接过程中电阻的影响很小。由于接触电阻的复杂性和不一致性，又因为其在第 1 个焊接周波内的存留时间很短，所以可以忽略薄膜分解前的接触电阻。大多数现有模型主要考虑表面薄膜分解后的电阻，即动态电阻。

一般情况下，动态电阻可以通过瞬时电压与相应的（在实际焊接期间选择的时刻）瞬间通过纯电阻导体的电流的比值进行测量（详见第 5 章）。实际焊接过程中的动态电阻值更有意义。然而，许多因素对动态电阻值有影响（如电极的几何形状、焊接电流、板厚和电极力），并且难以单独定量它们的影响。

静态和动态电阻不是纯粹的材料特性，它们还取决于焊接条件及焊接参数。这种依赖关系通常需要通过实验进行测定。电极力和静态电阻之间的关系如图 9.4 所示[22, 23]。当电极力增加时，静态阻力几乎呈线性降低，如图 9.4（a）所示。同样，在各种电极力下获得的动态电阻与力成反比，也就是说电极力越大，动态电阻越小，如图 9.4（b）所示。其他研究者（如 Babu[24]）也观察到这种现象，如图 9.5 所示。

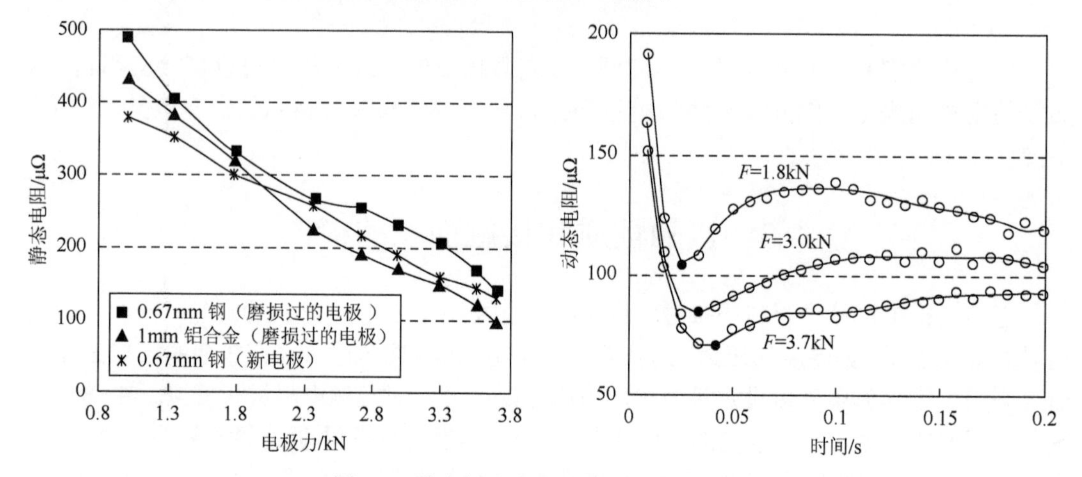

图 9.4　随电极力变化的静态和动态电阻

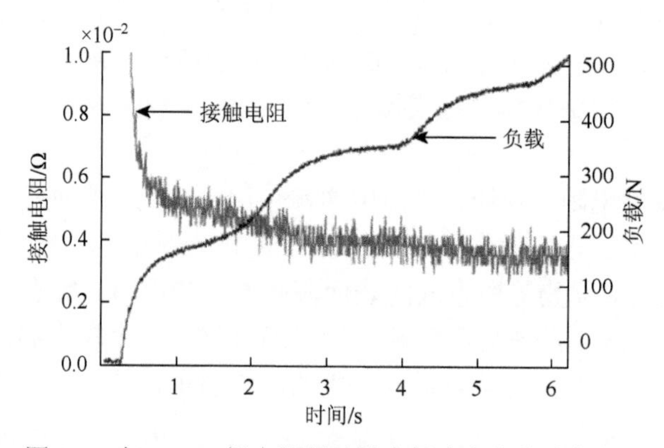

图 9.5　在 DF140 钢上测得的随电极力变化的动态电阻

尽管可以用实测的总电阻来比较或校准有限元模型，但是它对电阻焊的模拟帮助不大。有限元模拟需要关于接触电阻和体电阻对温度和压力的依赖关系的详细信息。一方面，体电阻通常是压力的弱函数，温度的强函数，可通过实验得到精准的测量结果。另一方面，接触电阻率对表面条件和负载条件都有较强的依赖关系，即使非常小心的实验也只能提供平均值。因此，人们提出了各种模型（理论）来描述接触电阻率或在多数情况下总的接触电阻对压力、温度和其他条件的相关性，用于 FEM 模拟中需要的接触电阻。

根据 Bay 和 Wanheim 研发的模型[25]可以估算界面处的接触电阻 ρ。该模型考虑了表面接触点的塑性变形，以确定粗糙表面之间的实际接触面积：

$$\rho_{\text{contact}} = 3\left(\frac{\sigma_{\text{soft}}}{\sigma_{\text{n}}}\right)\left(\frac{\rho_1+\rho_2}{2}\right)+\rho_{\text{contaminant}} \tag{9.26}$$

式中，σ_{soft} 为较软金属的屈服应力；σ_{n} 为界面处的接触（正）压力；ρ_1 和 ρ_2 为金属的体电阻率；$\rho_{\text{contaminant}}$ 为表面沉积的总电阻率，如氧化物、水蒸气和油脂等。有必要将表面沉积物的影响包括进去，因为它存在于所有表面，而且有时可能对某些材料的总接触电阻有显著的影响。

同样地，界面处的接触热传导率 k_{contact} 可表示为

$$k_{\text{contact}} = \frac{1}{3}\left(\frac{\sigma_{\text{n}}}{\sigma_{\text{soft}}}\right)\left(\frac{k_1 + k_2}{2}\right) \tag{9.27}$$

Vogler 和 Sheppard[26]提出了一个类似的模型，考虑了提供电接触的表面接触点的贡献。该模型将接触电阻与板材的表面和体特性联系起来：

$$R_{\text{CA}} = (\rho_1 + \rho_2)\left(\frac{1}{4\eta a} + \frac{3\pi}{32\eta l}\right) \tag{9.28}$$

式中，ρ_1 和 ρ_2 分别为相接触的两块板材的体电阻率；η 是实际接触面上的接触点的“数量密度”，即单位面积上的接触点的数量；a 为接触点的平均半径；$2l$ 为接触点之间的平均平面距离。为了在电阻焊的模拟中使用这个模型，与表面接触点相关的因素需要表征为温度和压力的函数。

Kohlrausch[27]的模型描述了跨越一个金属接触界面的电压降与其接触电阻之间的关系。Bowden 和 Williamson[28]，以及 Greenwood 和 Williamson[29]也支持这种模型。根据该模型，跨越接触界面的电压降可估计为

$$V^2 = 4L(T_{\text{s}}^2 - T_{\text{o}}^2) \tag{9.29}$$

式中，V 为跨越接触界面的电压降；T_{s} 为界面的最高温度；T_{o} 为体积温度；L 为洛伦兹常数。大多数金属的洛伦兹常数值是 2.4×10^{-8}（V/K）[2]。

这种模型适用于金属触点，且触点遵守维德曼-弗兰兹-洛伦兹定律：

$$k\rho = LT \tag{9.30}$$

式中，k 为热导率，$\text{W}\cdot\text{m}^{-1}\cdot\text{K}^{-1}$；$\rho$ 为电阻率，Ω/m；T 为温度，K。

因此，接触电导可以表示为间隙电导，写为

$$\sigma_{\text{g}} = \frac{1}{\rho h} = \frac{1}{R_{\text{c}} A_{\text{c}}} \tag{9.31}$$

或者

$$\sigma_{\text{g}} = \frac{1}{2\pi r_{\text{c}}^2 \sqrt{L(T_{\text{s}}^2 - T_{\text{o}}^2)}} \tag{9.32}$$

上述公式是以假定接触区域（由半径 r_{c} 表示）内金属紧密接触为基础的。它表明了接触间隙电导（通过 r_{c}）对压力的依赖性。研究表明，在整个界面达到金属接触之前，接触点数量的增加几乎与接触压力的增加成正比。

真正的接触面积通常只是宏观表观接触面积的一小部分。表面没有残留物质时，真正的接触面积与承载面积相同。所以可以预计真正的接触面积将随载荷的增加而增加。

显而易见的是，接触电阻与实际接触面积成反比。因此，接触电阻大致与接触压力成反比。但是，这种依赖关系与材料有关。例如，低碳钢的接触电阻在达到阈值压力之前与压力成反比，而达到或超过阈值之后变为恒定。这就意味着间隙电导在达到公式（9.31）和公式（9.32）表示的值之前应与接触压力大致成正比。因此，如果界面压力大于阈值压力，则界面的电导由公式（9.31）和公式（9.32）计算得出。如果界面压力小于阈值压力，

则电导率可以通过线性插值来获得。

因此，当基材的温度（T_o）低于 T_s 时，跨界面的电势降可以用来计算作为温度函数的等效接触电阻或电阻率，即电阻等于电势降除以焊接电流。当温度高于固相线温度 T_s 时，模拟中的接触单元可以使用材料的体电阻率。

在电阻焊的模拟中，先从已经完成的热-力学分析中得到接触半径 r_c 和接触间隙压力，再通过场变量将它们输入电-热分析模型中。可以使用用户子程序进行编码用以计算基于节点温度、节点压力和总接触面积的间隙电导率。

9.4　其他因素的模拟

除了接触电阻，在数值模拟电阻焊工艺时还需要考虑其他因素的影响。例如，镀锌钢板的导电性与裸钢的导电性完全不同，这种效应应该包含在数值模拟的模型中。锌涂层和电流分布对模拟的影响简述如下。

9.4.1　锌涂层的影响

焊接镀锌钢板时，通常在施加电流后不久（大约 1 个周波的焊接时间），板材-板材界面上的锌就会熔化。因为接触面的周边在此阶段内仍是固体，受机械接触的限制，熔融的锌处于接触区域的中间。经过几个周波以后，在板材-板材界面处，机械接触区周围的锌涂层也熔化了。所施加的电极力将一定量的熔融锌挤压至机械接触区的周围，在板材-板材界面处重新得到固体间的接触。被挤出的熔融锌扩大了有效电接触面积，从而降低了接触电阻和电流密度。更多几个周波的加热会使机械接触区的周边的温度升高到足够使锌气化的程度。结果使积聚在机械接触区域边缘的熔融锌的量减少，有效的电接触面积趋于机械接触的面积。总之，表面上的游离锌既影响接触电阻率也影响接触面积，准确地模拟其效应是一项艰巨的任务。

上述分析仅适用于镀锌层。不能将其推广至经过退火处理的镀锌层，因为这样处理过的镀锌层在焊接初期以固体方式存在，对总电阻的影响与游离态的锌截然不同。

9.4.2　电流波形的影响

许多模拟交流电（alternating current，AC）电阻焊的模型使用电流的均方根（root mean square，RMS）作为焊接电流值。然而，在模拟过程中使用 RMS 电流值实际上是将交流焊接作为直流焊接来处理。尽管使用均方根值可以极大地简化模拟过程，但却忽略了交流电焊接固有的加热-冷却过程对焊接过程的影响。一条典型的 AC 曲线如图 9.6 所示。可以看到，电流接通后并非立即达到预设值，而是需要几个周波（约 3 个周波）的时间才能达到其预设电流值。需要的周波数取决于变压器和焊机控制器。在任何一个电流周波内，当电流值趋于零时（与时间轴相交时），产生的热量变少。此时，由于热量可以通过基材和水冷却系统下的电极流失，焊核实际上处于冷却过程。模拟应该使用任何时刻的实际电流值，以真实地反映加热-冷却循环的影响。9.1 节中描述的用以模拟焊接中耦合效应所选择的时间增量应该反映所用交流电流的循环特性。一般来说，最大时间增量不应超过 1/8 周波。

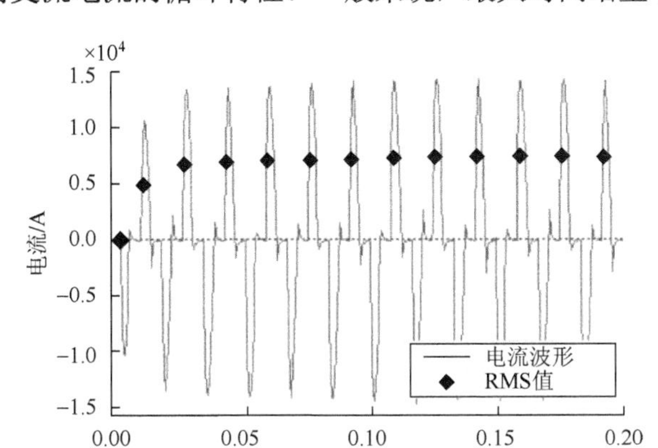

图 9.6　电阻焊使用的一个典型的交流电流曲线[24]

9.5　模拟焊点微观结构的演变

除了模拟上述的焊件在焦耳生热作用下熔化的过程，研究人员还在电阻焊焊件微观结构形成的模拟方面进行了一些努力。这在确定焊件的力学性能及其他性能方面是必要的。通过前述对焊接过程的数值模拟，可以确定熔融区和周围的固体所经历的温度历史。利用这种温度历史和相关的冶金信息便可预测整个焊件的微观结构。而焊件的微观结构梯度会导致力学性能梯度，决定了焊件对外部载荷的响应。人们提出的各类模型中多数采用 FEM 作为平台，通过对加热、冷却和回火期间的相变进行模拟来得到形成的焊件的微观结构。这部分的模拟可以分为模拟熔化区及 HAZ 内微观结构的生成和演变。在钢焊接过程中，这包括奥氏体和铁素体之间的相变、马氏体中碳化物的析出，以及碳化物和氮化物的分解。

Ion 等[30]的模型使用了碳等效值和冷却时间来确定贝氏体、马氏体、铁素体和珠光体混合物的体积分数。Watt 等[31]使用了以高碳钢的时间-温度相变图（TTT 图）为基础研发的转换速率方程，开发了另一个适用于高碳钢的焊接模型。Bhadeshia 和 Svensson[32]开发了一个基于实验观察的模型，可用于奥氏体向各种铁素体的序贯分解/转变。这种模式适用于低碳钢的大范围的冷却速率的情形。例如，基于该模型的 TTT 和连续冷却相变（continuous-cooling transformation，CCT）的图表的预测非常适用于低碳钢。然而，这种模型不能描述奥氏体向不同铁素体同时转变的情况。Jones 和 Bhadeshia[33]的模型更加详细。基于整体相变动力学方程，它描述了自形铁素体和他形铁素体的同时生成过程。他们的工作有可能扩展到其他铁素体形态的转变及反向转变。

9.5.1　冷却速度的影响

一旦切断电流，热-电分析在电阻焊的夹持期间变为纯粹的传热分析。电极夹持的作用是在熔融焊核的凝固过程中维持一定的锻造压力，以消除气孔等缺陷。夹持的时间基本上由焊接的工艺要求来确定，电极与焊件的接触使得其中的热量通过水冷的电极迅速消散，它直接影响焊件的冷却过程。

除了夹持时间，还有一些影响散热过程的其他因素。例如，焊接镀锌钢板时，围绕电极头的锌环对冷却的加速起着重要作用。据估计，当电极与工件接触时，也就是在夹持期间，焊核中心的冷却速度是非常高的，在温度高于500℃时冷却速度在每秒数千摄氏度的量级。冷却速度随温度的降低而减慢。但是即使在 500℃左右，冷却速度仍然能达到1000℃/s。这么高的冷却速率很难在受控的实验室条件下进行实际模拟。

下面，首先以钢焊接为例对固态相变的机制进行讨论。然后，讨论焊核结构的模拟。焊核一旦凝固，其模拟过程与 HAZ 的模拟有许多相似之处。

9.5.2　HAZ 中的微观结构演变

与在焊核中不同，HAZ 中的峰值温度低于焊接期间的熔化温度。因此，HAZ 只经历固态相变，从而使 HAZ 具有与焊核和基材都不同的结构和力学性质。如在第 1 章中所讨论的，这个区域由于焊接造成的材料力学性质的梯度、应力集中/残余应力，以及所涉及的冶金过程如液态金属脆化，容易产生微观缺陷。因此，了解 HAZ 的微观结构和力学性能在预测焊点的质量和性能方面相当重要。

固态相变的模拟或计算可以以（第 1 章中概述的）冶金学原理为基础进行。由于不同金属的冶金性质通常有很大差别，焊接过程的模拟与被焊板材有关。本节将以焊接钢为例来说明这种模拟的基本过程。

对微观结构的预测需要先获得 HAZ 经历的温度历史，这通常是由另外一个有限元分析来提供的。模拟 HAZ 中微观结构演变的模型的主要功能如下：①预测平衡相的成分和相变特点；②利用反应动力学模型预测冷却过程中奥氏体的分解；③利用动力学模型预测奥氏体晶粒的长大。

这种模型的输入信息是温度历史和材料成分。通常将微观结构的演化历史及对应的室温下的硬度分布作为输出信息。由于焊接过程中 HAZ 经历了非平衡的冷却，所以无法从平衡相图中获得其相变温度；它们应该通过热力学计算得到。

在加热过程中，渗碳体通常溶解，铁素体转变成奥氏体，而且会发生一些晶粒长大。钢的 HAZ 中的微观结构演变主要取决于温度历史和钢的成分。基本的冶金工艺包括钢在室温和熔化温度之间的加热和冷却（详见第 1 章）。

为了方便模拟，焊件中微观结构的演变可以从奥氏体向其他相的转变开始。一般情况下，冷却时的相变受到杂质、奥氏体晶粒大小，淬硬性和冷却速度的控制。如图 9.7 所示，钢材冷却过程中，奥氏体向铁素体的转变可能是重建型的，也可能是位移型的。

研究人员已经研发出几种预测碳钢的微观结构的方法。Ion 等[30]的工作利用碳等价把马氏体和贝氏体的体积分数与从 800℃至 500℃的冷却时间联系起来（图 9.8）。这项工作总的来说已经相当成功，但当冷却速度很低时，该模型不是很理想。另一种方法是使用基于 TTT/CCT 曲线获得的方程，如 Kirkaldy 和 Venugopolan[34]，以及 Watt 等[31]的工作所示（图 9.9）。然而，该方法并不适用于低碳钢的焊接。后来人们又提出了用于预测钢内固态相变的更复杂的模型，如由 Bhadeshia 和 Svensson[32]的奥氏体向各种铁素体相分解的现象学模型，以及由 Jones 和 Bhadeshia[33]推导的同时相变动力学方程。

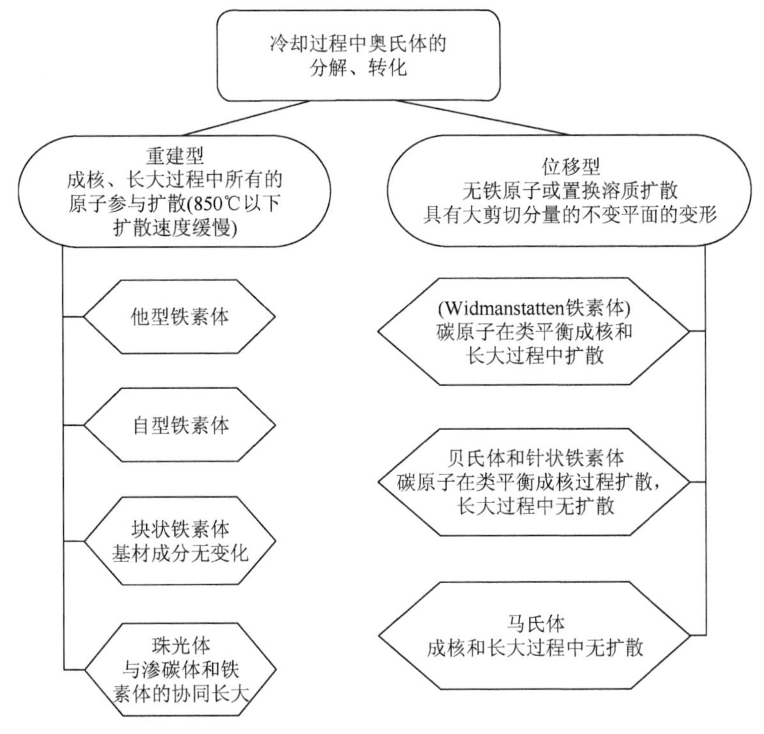

图 9.7　钢焊接中冷却循环期间奥氏体的分解[24]

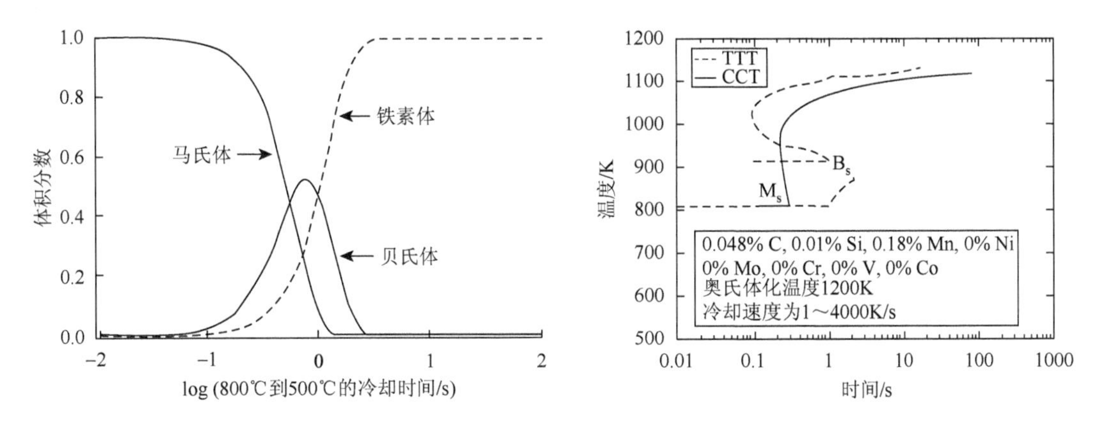

图 9.8　使用基于碳当量和冷却时间的方程预测的不同阶段的各种相的体积分数

图 9.9　TTT/CCT 图用于预测在冷却速度大于 3000K/s 的条件下贝氏体和马氏体的形成[25]

9.5.3　焊核微观结构的模拟

焊点凝固微观结构由温度梯度和晶体生长速度控制。通常，熔融焊点的形状、冷却的速度，以及焊点的成分都对焊点的显微结构有影响；焊点显微结构的变化依赖于温度梯度（G），晶粒长大速率（R），以及它们的组合（$G{\cdot}R$ 或 G/R）。

平衡凝固可以通过以下

$$C_S^* = kC_o(1-f_S)^{k-1} \quad \text{(Scheil 方程)} \tag{9.33}$$

或

$$C_S^* = kC_o\left(1-\frac{f_S}{1+\alpha k}\right)^{k-1} \quad \text{(Brody-Fleming 方程)} \tag{9.34}$$

来描述。

然而，电阻点焊的焊核凝固过程远非平衡。为预测焊核的微观结构需要对这些方程进行相当程度的修正。人们对焊接期间在快速冷却条件下的凝固过程中的成核现象和生长进行了尝试性的描述。焊点凝固的研究通常需要如 Babu[24]给出的下列四个方面的考虑。

（1）结晶学。晶粒在液态金属中的长大主要采取外延生长的方式，取决于成分，也可能会在夹杂物上发生异相成核。

（2）宏观和微观偏析。（如由温度梯度导致的）液体的流动和冷却速度会影响偏析。有必要对多组分分隔和凝固动力学进行预测。

（3）相的选择。当过冷太大时，奥氏体的生长可能超过铁素体。

（4）非平衡分隔。当界面速度较高时，会发生溶质受限，分隔系数会接近 1。

液态焊核过冷包含三个部分[35]：

$$\Delta T=\Delta T_d(\text{本构})+\Delta T_\gamma(\text{毛细作用})+\Delta T_k(\text{动力学}) \tag{9.35}$$

可以对各部分单独进行分析，然后估计整体过冷。在一个封闭的系统如熔融焊核内，磁力搅拌和温度梯度可能产生流体对流，对溶质的分布产生影响。Khan 等[17]使用一个允许热-电-力学耦合的轴对称模型预测了电阻焊铝合金期间液态焊核中的对流。他们的研究表明，在多孔糊状区各相之间的相互作用导致对流效应，且由温差产生的浮力在点焊焊核的形成过程中作用不大。图 9.10 显示了糊状区和熔化区的速度矢量，所得到的最大液体速度约为 2×10^{-5}m/s。该速度太低以致不能产生显著的对流效果。

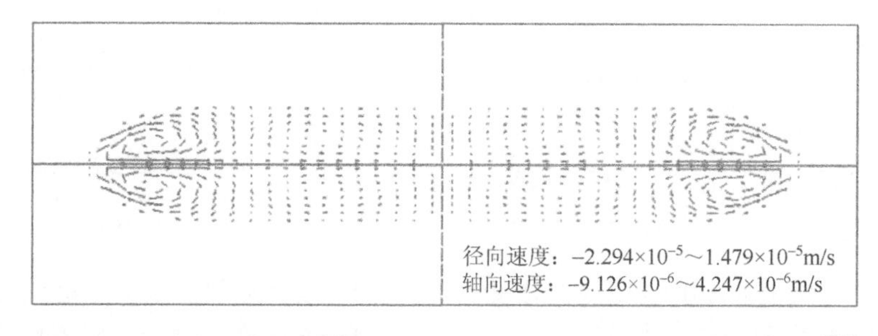

图 9.10　一个铝合金焊核中的（液体流动）速度分布及其周边糊状区[17]

9.5.4　模拟点焊焊件内微观结构演变的实例

由 Babu[24]开发的焊接过程模型可用于预测温度历史、微观结构，以及由此生成的焊点的力学性能。模型和计算的细节可见参考文献[20]和[24]。基于商用 FEM 软件包 ABAQUS，它们的模型预测了在一个碳素钢（0.05wt.%的 C，0.1wt.%的 Si，1.0wt.%的 Mn，其余为 Fe）的焊核内不同部位的温度分布，如图 9.11 所示。图中节点 1 对应于靠近焊核中心的位置，其在加热过程中发生熔化，而节点 14 和节点 270 在 HAZ 内。表 9.1 列出了得到的微观结构（相）和性能（硬度），焊件内的硬度分布如图 9.12 所示。

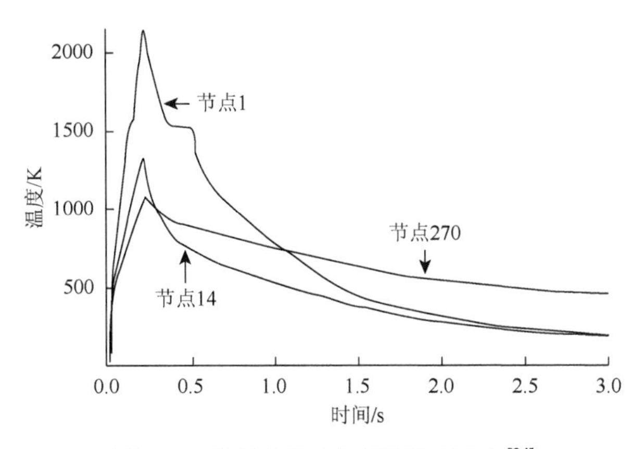

图 9.11　焊件中各个位置的温度分布[24]

表 9.1　焊核和 HAZ 内产生的相和它们的硬度[24]

位置	铁素体/（vol. %）	贝氏体/（vol. %）	奥氏体/（vol. %）	硬度/Hv
节点 1	0.01	0.02	0.97	245
节点 14	0.00	0.01	0.99	258
节点 270	0.50	0.00	0.50	182

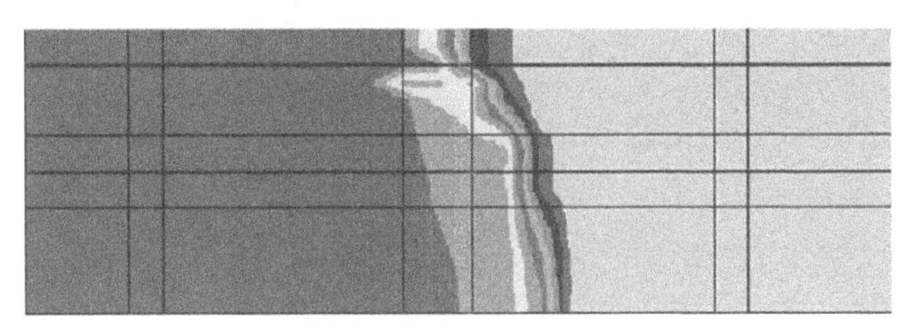

图 9.12　预测的焊件硬度梯度[24]（后附彩图）

9.6　电阻焊过程的数值模拟实例

9.6.1　案例一：电极表面几何形状的效应

Babu[24]研究了电极几何形状（使用未初始化的和初始化的电极）和物理过程耦合的影响。如图 9.13 所示，新的，也就是没有进行初始化的电极的外形有清晰的边缘，而经过初始化的电极有轻微磨损，且边缘被钝化。电极表面轮廓的差异导致电极-工件界面上不同的接触压力分布，因此产生不同的接触电阻。此外，板材-板材界面上的压力分布也受电极几何形状的影响，虽然影响的程度较小。另外，它对飞溅现象也有影响（详见第 7 章）。

使用初始化了的电极模拟焊核的生长，如图 9.14 所示。模拟中使用了实际电流波形，而不是 RMS 电流值。模拟中使用的时间增量为一个焊接周波的 1/8。模拟显示焊接开始时热量集中在接合界面的附近，如图 9.14（a）所示。经过 2.125 个焊接周波以后，温度接近钢的熔点。随着进一步加热[图 9.14（b），3.125 个焊接周波后]，熔化始于接合界面，且 12 个焊接周波后焊核完全长成[图 9.14（c）]。该结果与实验进行了比较，两者基本一致。

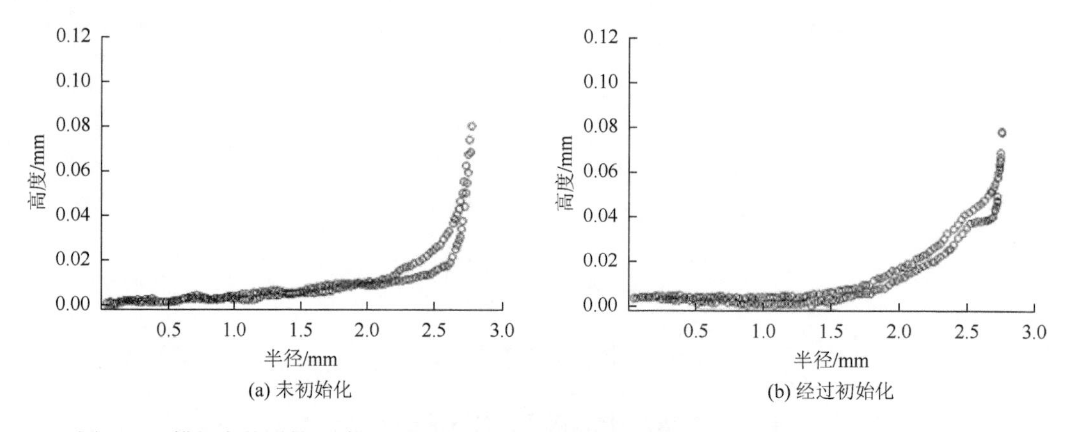

图 9.13　模拟中使用的经过初始化和没有经过初始化的电极的表面轮廓（从中心到边缘）

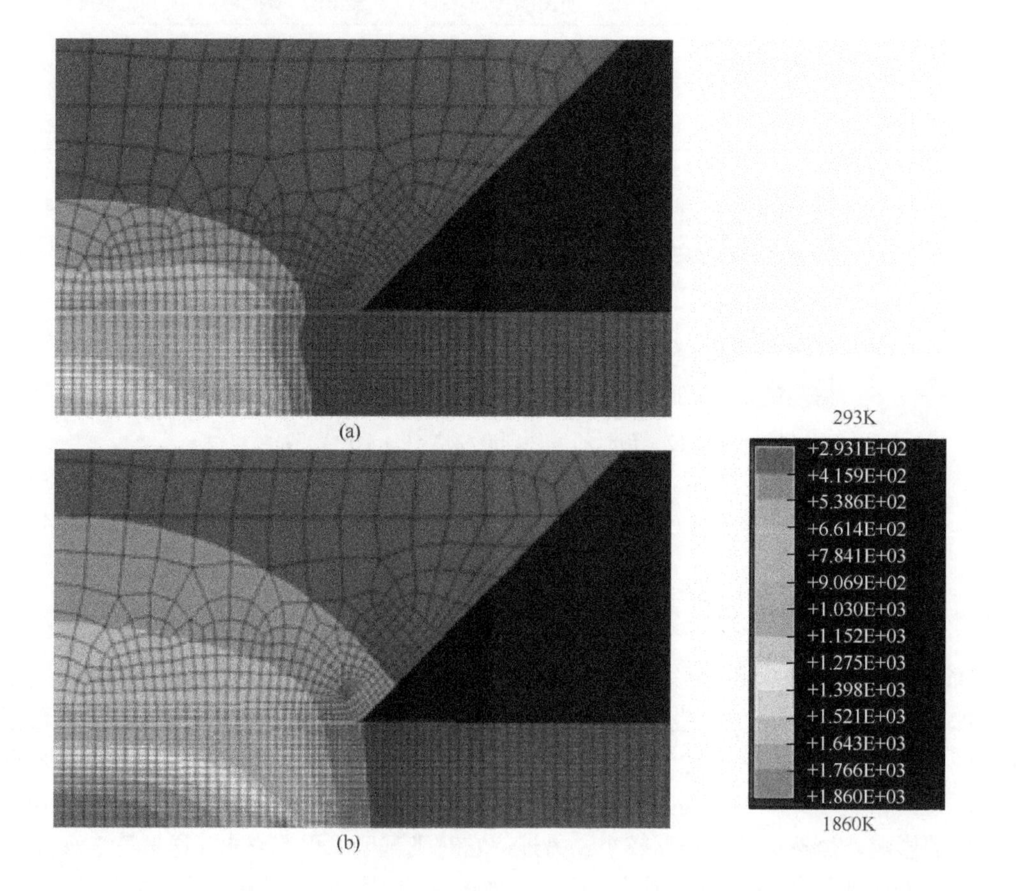

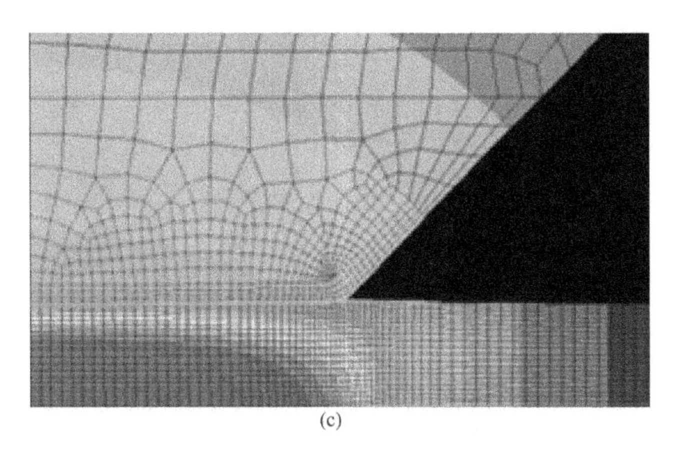

(c)

图 9.14　使用初始化的电极模拟得到的焊核形成（后附彩图）

9.6.2　案例二：使用耦合与非耦合算法之间的差异

在模拟焊核生长的过程中使用不同的算法来处理电、热和力学过程之间的相互作用可能得到不同的结果。Babu[24]使用相同的有限元网格，但不同的耦合算法，清楚地表明在低碳钢的焊接模拟中，如何耦合对焊核的生长有很大的影响。在非耦合模型的模拟中，先使用电-热模块对整个焊接周期的温度（作为时间的函数）进行计算。假设接触电阻只是温度的函数，并且必须预先假定接触面积的值，而非在焊接进程中计算得到的即时面积。而压力对界面接触电阻的影响需要使用热-力学模块才能得到，所以无法在这种模拟中实现。因此，模拟得到了不切实际的过度加热，如图 9.15 所示。经过 12 个周波加热后使用非耦合模型得到的焊核的尺寸[图 9.15（a）～图 9.15（d）]明显大于通过耦合算法得到的焊核尺寸[图 9.15（e）～图 9.15（h）]，在焊核熔透率方面尤其如此。耦合模型中的接触面积和接触电阻作为接触压力和温度的函数在模拟过程中随时间得到更新。耦合算法使得焊接时焊件的瞬时变形的影响得到直接体现，这对获得真实的模拟结果是至关重要的。事实上，如图 9.16 所示，在新电极和初始化后的电极的情况下使用耦合算法时，模拟结果与实验结果非常接近。

9.6.3　案例三：电极轴向错位的影响

文献[36]使用以递增耦合的电-热-力学过程为基础的 FEM 模型对点焊钢中上电极轴向偏心的影响进行了研究。他们使用的焊接条件如下：0.8mm 厚裸钢板；A 型电极（表面直径 6.4mm）；8.4 kA（均方根值）的焊接电流；450lb 的电极力；50%的电极轴向偏心。

这项研究采用了二维平面模型。通过研究发现使用二维平面模型会得到高于三维模型的温度和变形，这是因为二维模型中通过焊核周边固体的热传导，以及周围固体对液态焊核的限制均小于三维模型。然而，使用二维模型可以极大地减少建模和计算时间。因此，它用于定性说明电极错位的影响。在模型中，以电流密度和负载的分布为基础计算出等效电流和负载，用同样的方式还计算了等效接触电阻。模拟中每半个周波便更新焊件的变形和接触面积。

计算结果显示，电极的错位减小了电极-板材界面的接触面积，并且引起了严重的应力集中。电极错位还直接影响了加热和焊核形成的过程。与完美对中情况不同，加热在焊

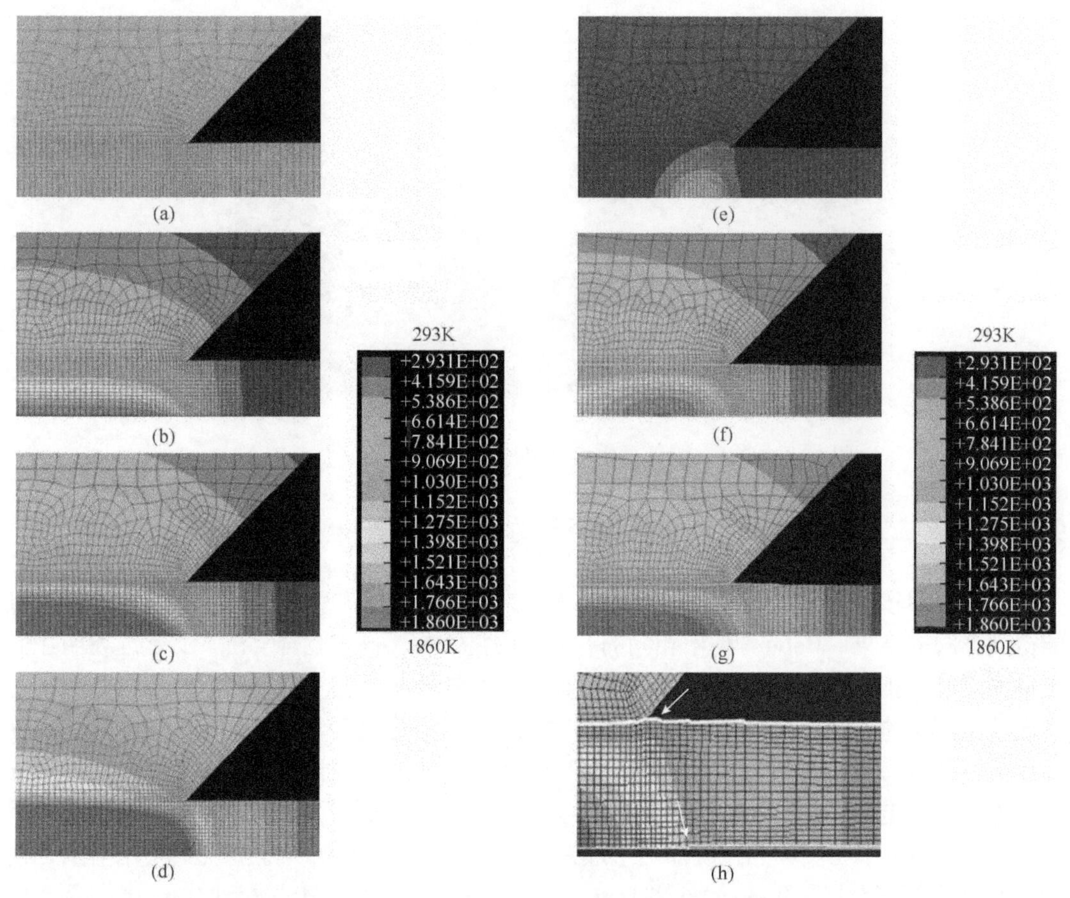

图 9.15 使用考虑电-热-力的耦合[（e）～（h）]和没有考虑这种耦合[（a）～（d）]的算法模拟的焊核生长（后附彩图）

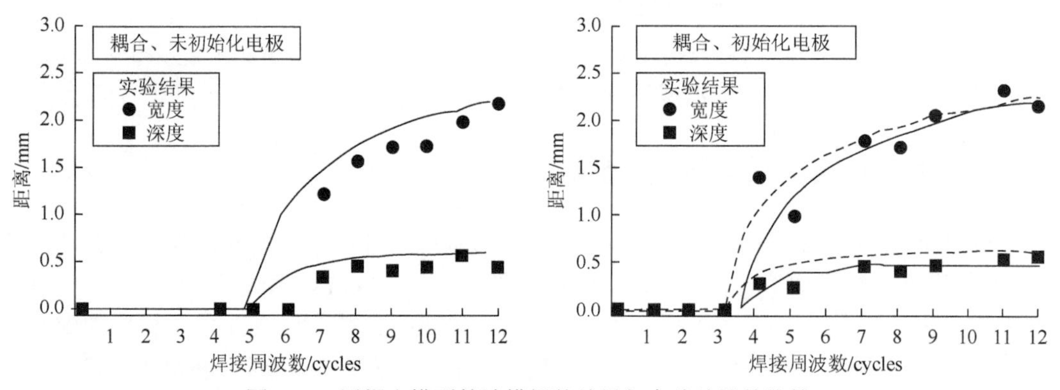

图 9.16 用耦合模型算法模拟的结果与实验结果的比较

件中产生了非对称的温度分布（图 9.17）。

1.5 个周波后，在接合界面处，电极表面的边缘附近首先观察到熔融现象。在使用相同材料和工艺参数的焊接模型中，在电极完全对中的条件下，在第 3 或第 4 个周波之前都不会发生熔化。当电极发生错位时，较小的接触面积或更集中的加热导致了熔化发生得较早，因而形成不规则焊核。

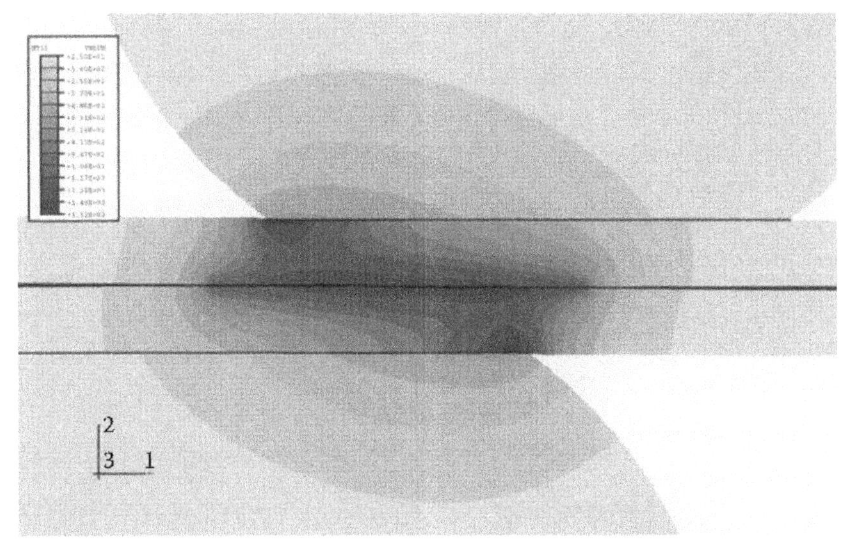

图 9.17　焊接时间为 1.5 个周波时的等温线

9.6.4　案例四：球面电极的角偏心的影响

Sun 和 Li[22]还采用了 Alcan 的标准球面电极来研究焊接 2.0mm 铝合金 AA5754 时的角偏心的影响。所用焊接条件如下：26kA 的焊接电流；5°的电极角偏心；60 个周波的挤压时间；10 个周波的焊接时间；30 个周波的夹持时间。

他们使用了递增耦合的二维平面模型。用二维模型计算了等效电流、接触电阻率和负载。每半个周波便更新焊件的几何形状和接触面积。

图 9.18 和图 9.19 显示了当焊接进行到第 2 个周波和第 5.5 个周波时的等温线（温度

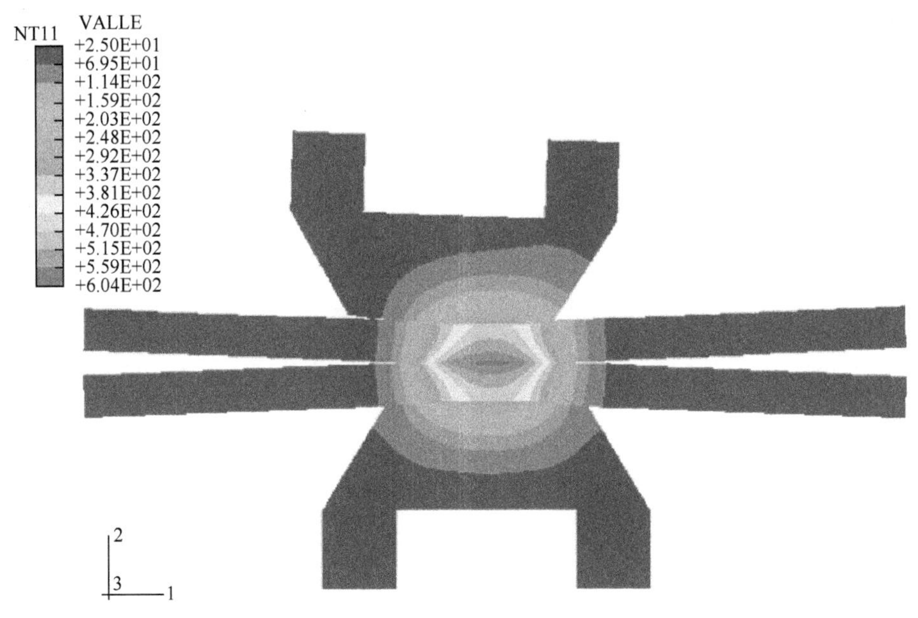

图 9.18　第 2 个周波后的温度分布（后附彩图）

分布）。在第 2 个周波结束时，可以观察到接合界面处开始熔化。此时，熔融区的形状与完全对齐焊接情况下的形状相类似。但是，5.5 个周波以后，该熔融区开始倾斜，上部电极端部向工件内嵌入。此外，由于接合界面上挤压区域的半径比熔融区的小，根据第 7 章介绍的飞溅的几何比较模型，接合界面处会发生飞溅。

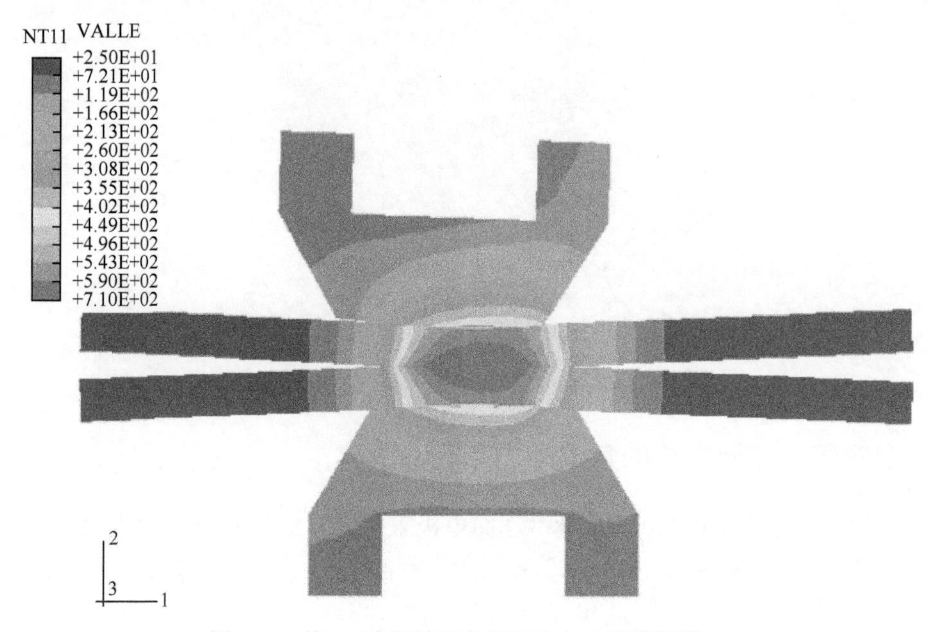

图 9.19　第 5.5 个周波后的温度分布（后附彩图）

图 9.20 显示了第 8 个周波结束时熔融区的大小和形状。此时，熔化已在电极-板材界面发生，而这不利于电极寿命。作为比较，图 9.21 显示了在完全对中的情况下使用相同

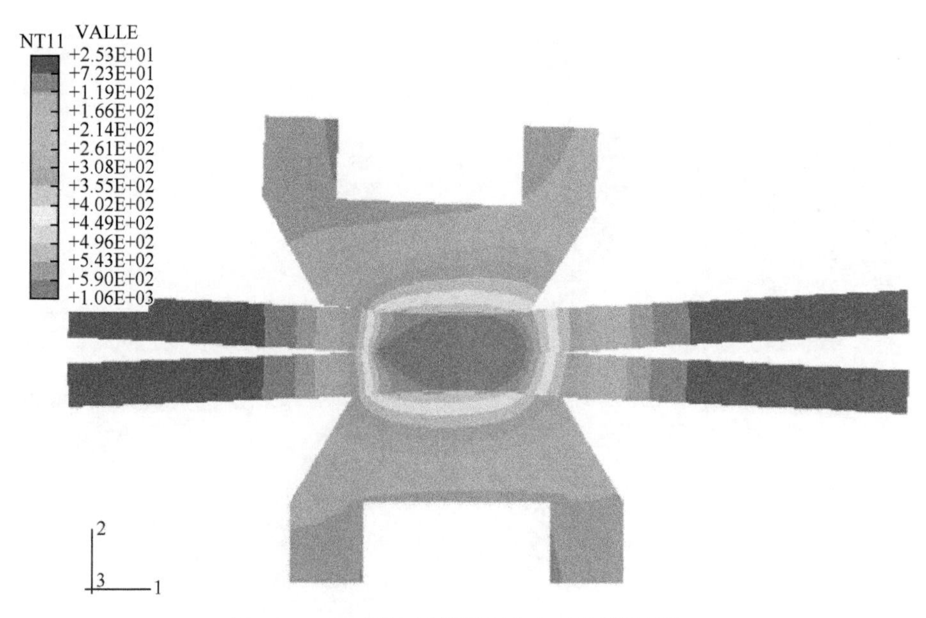

图 9.20　8 个周波后的温度分布（后附彩图）

的焊接参数，第 8 个周波结束时的焊核。可以看到，当电极处于对中状态时，焊核相对于电极中心线是对称的，熔透或飞溅不会发生。

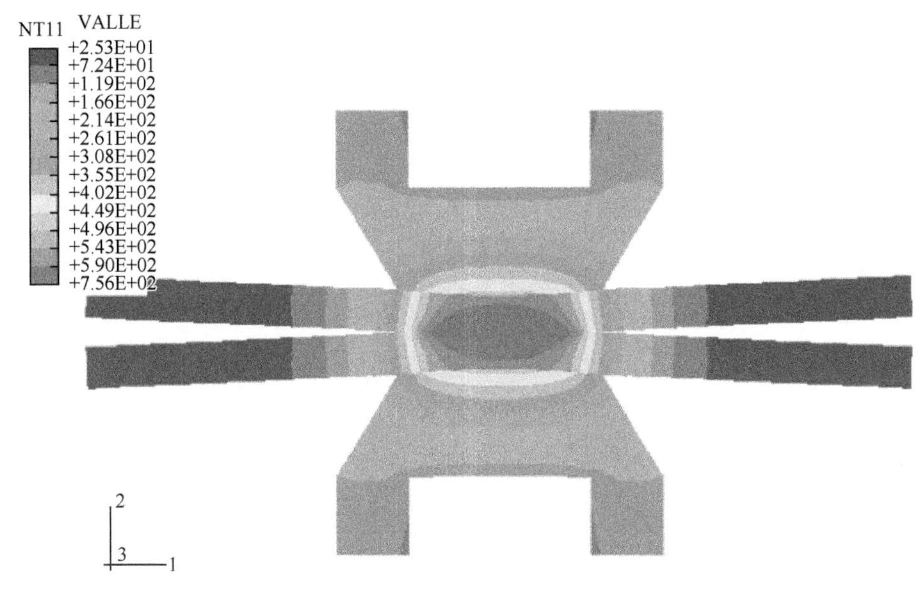

图 9.21 完全对中电极条件下 8 个周波后的温度分布（后附彩图）

总之，电阻焊的数值模拟的技术难点在于焊接中涉及的物理过程的耦合。相关的电、热、力学和冶金过程都已在各自的领域得到很好的理解和分析。将这些过程组合成一个可靠的模拟软件需要所有学科，包括数值模拟领域研究人员的协同努力。除了模拟焊核的形成和微观结构的演变，数值模拟也用于电阻焊的其他方面（例如，本书关于焊点强度的表征和试样尺寸的确定）。此外，可靠材料数据的普遍缺乏，如材料（通常是合金而非纯金属）的导电率对温度的依赖关系等，使电阻焊过程的数值模拟的准确性面临相当大的挑战。

参 考 文 献

[1] Hibbitt. ABAQUS. Pawtucket：Karlsson& Sorensen Inc，1988.

[2] Nied H A. The finite element modeling of the resistance welding process. Welding Journal，1991，70：339s.

[3] Tsai C L，Jammal O A，Papritan C，et al. Modeling of resistance spot welding nugget growth. Welding Journal，1992，71：47s.

[4] ANSYS. Canonsburg：Ansys Inc，1999.

[5] Bentley K P，Greenwood J A，Knowlson P M，et al. Temperature distribution in spot welds. British Welding Journal，1963，10：613-619.

[6] Rice W，Funk E S. An analytical investigation of temperature distributions during resistance welding. Welding Journal，1967，46：175s.

[7] Gould J E. An examination of nugget development during spot welding，using both experimental and analytical techniques. Welding Journal，1987，66：1s-10s.

[8] Cho H S，Cho Y J. A study of the thermal behavior in resistance spot welding. Welding Journal，1989，68：236s-244s.

[9] Huh H，Kang W J. Electrothermal analysis of electric resistance spot welding process by a 3-D finite element method. Journal

of Materials Processing Technology，1997，63：672-677.

[10] Wei P S，Ho C Y. Axisymmetric nugget growth during resistance spot welding. J. Heat Transf.，1990，112（2）：309-316.

[11] Wei P S，Yeh F B. Factors affecting nugget growth with mushy-zone phase change during resistance spot welding. Journal of Heat Transfer，1991，113（3）：643-649.

[12] Wei P S，Wang S C，Lin M S. Transport phenomena during resistance spot welding. Journal of Heat Transfer，1996，118（3）：762-773.

[13] Browne D I，Newton C I，Boomer D R. Optimization and validation of a model to predict the spot weldability parameter lobes for aluminum automotive body sheet//Proceedings of International Body Engineering Conference，IBEC'95. Detroit：Advanced Technologies and Processes Section，1995.

[14] Browne D J，Chandler H W，Evans J T，et al. Computer simulation of resistance spot welding in aluminum：Part I. Welding Journal，1995，74（101）：339s-344s.

[15] Browne D J，Chandler H W，Evans J T，et al. Computer simulation of resistance spot welding in aluminum：Part II. Welding Journal，1995，74（101）：418s-422s.

[16] Khan J A，Xu L J，Chao Y J. Prediction of nugget development during resistance spot welding using a coupled thermal-electrical-mechanical model. Journal of Science and Technology of Welding and Joinin，1999，4（4）：201-207.

[17] Khan J A，Chao Y J，Xu L J. Modeling and simulation of resistance spot welding process for Al-alloy//Proc. AWS Sheet Metal Welding Conference IX. Sterling Heights，2000，Paper No 5-1.

[18] Khan J A，Xu L J，Chao Y J，et al. Numerical simulation of resistance spot welding process. Numerical Heat Transfer Part A-Applications，2000，37：425-446.

[19] Zhang H，Huang Y J，Hu S J. Nugget growth in resistance spot welding of aluminum alloys//Proc. Sheet Metal Welding Conference VII. Detroit，1996，Paper No. B3.

[20] Feng Z，Babu S S，Santella M L，et al. An incrementally coupled electrical-thermal-mechanical model for resistance spot welding//Proc. 5th Int. Conf. on Trends in Welding Research. Pine Mountain：ASM International，1998.

[21] Li M V，Dong P，Kimchi M. Analysis of microstructure evolution and residual stress development in resistance spot welds of high strength steels//Proc. Sheet Metal Welding Conference VII. Detroit，1998，Paper No. 5-6.

[22] NIST-ATP Intelligent Resistance Welding Quarterly Progress Report. Ann Arbor，1997，No 202.

[23] NIST-ATP Intelligent Resistance Welding Quarterly Progress Report. Ann Arbor，1997，No 203.

[24] Babu S. http：//mjndeweb.ms.ornl.gov/Babu/default.html. Accessed in Nov. 2004.

[25] Bay N，Wanheim T. Real area of contact between a rough tool and a smooth workpiece at high normal pressures. Wear，1976，38：225-234.

[26] Vogler M，Sheppard S. Electrical contact resistance under high loads and elevated temperatures. Welding Journal，1993，72（6）：231s-238s.

[27] Kohlrausch F. An Introduction To Physical Measurements：With Appendices On Absolute Electrical Measurements. Waller T H，Proctor H R. New York：D. Appleton and Company，1891.

[28] Bowden F P，Williamson J B P. Electrical conduction in solids I. Influence of the passage of current on the contact between solids//Proceedings of Royal Society of London，1958，246：1-12.

[29] Greenwood J A，Williamson J B P. Electrical conduction in solids II. Theory of temperature-dependent conductors//Proceedings of Royal Society of London，1958，246：170-171.

[30] Ion J C，Easterling K E，Ashby M F. A second report on diagrams of microstructure and hardness for heat-affected zones in welds. Acta Metall，1984，32（11）：1949-1962.

[31] Watt D F，Coon L，Bibby M. An algorithm for modelling microstructural development in weld heat affected zones（Part A）：Reaction kinetics. ActaMetallurgica，1988，36（11）：3029-3035.

[32] Bhadeshia H，Svensson L E. Modelling the evolution of microstructure in steel weld metals//Mathematical modeling of weld phenomena. Cerjak H，Easterling K E. London：Institute of Materials，1993.

[33] Jones S J，Bhadeshia H. Kinetics of the simultaneous austenite into several transformation products. Acta Metalurgica，1997，45（7）：2911-2920.

[34] Kirkaldy J S，Venugopolan D. Phase Transformations In Ferrous Alloys//Marder A R，Goldstein J I. Warrendale：AIME，1984.

[35] Brooks J A，Yang N C Y，Krafcik J S. On the origin of ferrite morphologies of primary ferrite solidified austenitic stainless steel welds. Recent Trends in Welding Science and Technology//David S A，Vitek J M. Materials Park：ASM International，1992.

[36] NIST-ATP Intelligent Resistance Welding Quarterly Progress Report. Ann Arbor，1997，No 201.

第 10 章　电阻焊研究的统计学设计、分析和推理

10.1　引　　言

在电阻焊的研究中，大量的工作致力于发现焊接质量对焊接参数的依赖性。然而，通过实验获得的两者之间关系常受随机因素，如板材涂层的厚度和成分、电源电压，以及冷却水温度等可能存在的扰动的影响。另外，焊接过程涉及的变量的数目通常很大，使得焊接的定量研究非常困难。同时，焊接中通常很难把一个因素的影响与其他因素的影响区分开来。即使实验中可以实现只改变一个变量的值，而使其他变量保持不变，这样得到的结果并无太大的实际意义，因为这种理想化了的条件在实践中几乎不存在。

传统的（也是流行的）解决物理问题的方法是（基于所涉及的物理过程）选择一组有适当边界和初始条件的控制方程，然后通过理论推导或数值计算得到问题的解答。该过程称为推理，固体结构分析中即常采用这种方法。一经给出载荷条件，且对固体的力学性质（通常以一组方程，如应力和应变的关系的形式给出）有充分的了解，数值模型可以给出非常精确的结果。但在电阻焊中，这种方法被证明是无效的，因为它牵涉的物理过程（电、热、力学和冶金），以及这些过程在焊接期间的相互作用非常复杂。同时，关于材料性质对温度的依赖关系方面的知识还相对缺乏，使得使用解析方法和数值方法对焊接过程进行定量研究几乎不可能。因此，很多电阻焊的研究工作避免了对物理过程的探究，而是直接从实验数据中了解所研究变量的影响。这就是所谓的统计法。

统计法与推理法正好相反。它需要从实际情况中得到实际数据（偶然获得的或通过设计的实验得到的），并用该数据来验证一个特定的模型，对该模型的参数进行理性地猜测或估计，或者通过对数据的观察、分析得到一个模型。这个与推理法相反的过程称为归纳。这种反向的归纳过程之所以可行是因为概率论为推理提供了必要的工具。一般来说，对一个过程的统计学分析始于系统性的数据收集，以获得与此过程相关的信息。然后将观察到的数据用于对统计模型中未知参数的数值进行估计。目的是根据样品数据的信息（或其他相关的信息）得到关于模型的推理、结论，以及预言，或者提出一个可以用于决策的、与具体情况相关的程序。统计模型与通过推理得到的物理模型完全不同。在统计分析中，物理过程被（根据数据的特征推断得到的）模型代替。因此，统计模型可以作为真实物理过程的近似。作为物理过程的理想化形式，一个统计模型通常包含两部分：①（通常）以多项式形式表达的对输入和输出间关系的描述/近似；②一个概率部分用于反映过程的随机因素的影响。本章将论述统计分析所需的相关信息的构成、统计理论的描述性和决策性功能中隐含的差异，以及统计理论在电阻焊研究中的实例。

10.2　基本概念和步骤

统计学是一门与数值观察（通常称为数据）相关的科学。统计学中经过长期努力完善的系统地研究数据的方法已广泛用于许多学科。统计学中的数据是指对所研究的系统所进行的观察。所涉及的系统必须具有一定程度的不确定性。由于物理世界中事物的不确定性，基于数据而得出的结论通常包含一定程度的不确定性。统计学为人们提供了将观察到的现象中的系统性的模式与扰动及不确定性分离的策略和方法。所以需要通过对数据的分析得到对系统性的模式的了解。为达到此目的，统计学将数据研究分为三个步骤：①数据采集；②统计建模和数据分析；③推断或决策。

统计分析中数据采集的目的是产生有代表性的、优质的数据，以便获到正确的信息。而统计设计提供了产生代表性数据的原则和方法。在建模和分析过程中，使用通过概率语言建构的统计模型来代表所模拟的系统。模型是系统的简化表示，它应捕获该系统的主要特点。数据分析的结果常以基于数据的统计模型制作的图表的形式呈现，用来揭示来自数据的重要信息。这是一种以简单易懂的方式处理和呈现数据的实用方法。可以使用各种图形和数值工具，以及各种策略来探索、挖掘数据包含的信息。而统计学方法的推理或决策是利用数据分析的结果来回答研究者感兴趣的问题。最终的结论常常以概率的形式来阐述研究者对所得结论的正确性的估计。下面将对这三个步骤进行进一步的阐述。

10.2.1　数据采集

统计分析从数据采集开始，而如何收集数据对根据这些数据进行分析所得的结论的有效性有直接影响。在使用这些数据以前必须对它们进行观察、收集或处理。观测的数据是指在不故意干扰系统的情况下记录的数据，如在焊接工作站记录的数据。使用观测数据时要小心，需要进行自己的判断。这是因为观测数据通常只代表事物的一方面，而将据此得到的结论普遍化可能产生误导作用。因此，要想知道一个系统对输入的变化如何响应就必须诱导这种变化。这需要一个与前述以观察方式获得数据不同的、主动的方法来收集数据。这种通过实验产生数据的方法已广泛应用于工程/工业研究中。这种方法通过对实验条件进行设计和控制，系统地建立起输入和输出变量之间的关系。利用实验来研究特定变量（单独的或组合的）的影响，而非简单地观察系统的自然变化。统计学中的设计是指根据研究对象的特点及使用的统计学方法所做的实验计划。实验的设计是其成功的关键。一方面，不理想的设计无法获得足够的有用信息。另一方面，全面的实验虽然可以提供大量的信息，但成本过高。此外，这种实验还可能提供一些不相关的无用信息。高效的设计应在得到的信息量和实验成本之间保持平衡。例如，如果在生产线的焊接站上监控作为焊接工艺参数（如电极力和冷却水流速）的函数的焊接质量，可以在一定程度上对工艺进行改进，但无法在焊机及其控制器的现有能力范围之外进行优化。即使改进也很有限，因为各个变量变化的范围不够宽，且难以考虑变量之间的相互作用。

10.2.2　统计建模和数据分析

统计模型可以作为体现一个过程的基本物理系统，以概率形式来描述其行为的表现形式。实验数据的统计模型通常包含描述输入和输出变量间关系的确定性的成分。在统计模型中唯一未确定的部分是一些可利用数据进行估计的参数的值。每一个统计模型都是在一些用以简化系统复杂性的假设的基础上进行建构的。因此，统计分析的主要目的是使用合适的假设去构建一个适当的模型。数据分析是理解包含在数据中的信息的过程。在数据分析中，统计模型代替了真实的物理系统，所以任何基于模型的数据分析结果都可以作为真实系统的一种替代性的描述。对数据进行组织、归纳和计算，以便提取可供研究者使用的信息。数据分析的第一步往往是使用图表来组织并展示数据，因为这种直观的表现形式，可使研究者对数据有一个初步的了解。人的眼睛和大脑从图表中捕获信息的能力比从一串数字中捕获信息的能力要高得多。更先进的数据分析通常需要以统计模型为基础。例如，模型拟合技术可用来估计模型中的参数，并将模型从一般形式转变为特定的形式；检验则是对针对模型参数设定的特定的假设进行测验，结果是接受或拒绝这些假设；模型验证如残留分析用于检验模型的结构和假设是否合适。这些分析都是以所提出的统计模型为基础的。

10.2.3　推断或决策

统计分析中一个重要的步骤是推断，即利用数据分析中得到的信息来进行推理，以回答研究者感兴趣的问题。而决策则是将推断得到的结果扩展为建议或规则。在此过程中，除了统计分析的结果，还应该考虑实际经验和工艺知识以提高推断和决策的准确性。

应该注意的是，即使严格按照上述步骤和原则进行操作，仍然不能保证一定会获得正确的信息和推断。例如，统计分析使用的数据可能包含错误信息，或实验可能意外中断，导致数据不准确、不完整。实际情况中有许多可能导致实验失败的因素，如设计实验时忽略了一些因素的变化；逐日、逐批次或者操作者之间不一致性的影响；实验中未考虑的工艺条件的不稳定性；数据记录过程中的测量误差，甚至笔误。即使收集的数据所含的信息是正确的，也可能因为没有考虑关于所模拟的系统的一些特殊性而曲解信息。不适当的统计模型或推理都会导致这些问题。如果统计学家和研究人员/实验者从实验设计阶段即紧密合作，在一定程度上是可以避免这种情况的发生的。将所研究的题目相关的知识融入实验的设计和分析中会使得统计工具的应用更加有效。跨学科的合作和知识交流对实验及数据分析的成功至关重要。这两类信息——关于所模拟的系统的知识，以及收集的实验数据都应在研究中给予充分的考虑。同时，应重视依据已知的关于所模拟的物理过程的了解对统计分析的结论进行判断。如果已有的、已经证明了的关于系统的知识不支持统计分析结果，而又无法提供一个合理的解释，就需要对整个统计分析过程进行检查，看是否出了错误。必须时刻注意，尽管统计分析是帮助研究者收集、处理信息的重要而有效的手段，但不能取代相关专业研究人员的参与。研究人员和统计学家之间是相互依赖的关系，必须密切合作才能使研究获得成功。由于本章的重点是解释统计学在电阻焊研究中的应用，因此，需要先对统计学中一些相关的定义和术语进行说明。

通常，统计学中实验的目的是在输入变量中引入一定的变化，来观察输出变量是如何响应的，以建立起输入和输出变量之间的关系。现代意义上的统计实验设计与传统的研究方法之间一个重要的不同点，是在一组输入变量（称为因素）中有计划地、同时引入变化，而不是分别地变化每个因素，固定其他因素的值。实验中一个因素所能取的值称为参数（因素）层次，所有参数层次的一个组合称为一个运行。输出变量称为响应，是让研究者感兴趣的实验结果。在实际物理实验中，测得的响应通常是随机的，它们可以是连续的也可以是离散的。连续响应可以取某一范围内的任何可能值。例如，电阻点焊焊点的直径、厚度和强度是连续响应。离散响应所取值涉及类别，如飞溅的发生。可以按飞溅发生与否分类，也可以按无飞溅、轻度飞溅和重度飞溅来分类。另外，如果用位移传感器的量化信号检测飞溅的发生及其严重程度（详见 7.3 节），飞溅变成一个连续响应。除了实际物理实验，还可以用计算机程序对物理系统进行模拟。近年来很流行采用统计学的实验设计方法处理计算机模拟（数值）“实验”。计算机模拟实验中系统的响应与传统物理实验有很大不同。物理实验得到的响应是随机的，而计算机模拟实验中的响应是确定的——相同的输入产生的观察结果（响应）总是相同的。计算机模拟实验中这种缺乏随机性的特点要求使用不同的实验设计和分析方法来处理。相关的实验设计、建模和数据分析及推理都在 10.3 节中用一个具有连续响应的实验中得到的真实数据集进行详细的解释。具有离散响应的物理实验和计算机模拟实验的详述见 10.4 节和 10.5 节。

10.3　具有连续响应的实验

在电阻焊中有很多具有连续的输出（响应）的例子。使用相近的焊接参数得到的焊点尺寸通常以连续而非离散的方式出现。这是焊接系统对焊接参数的复杂的物理响应的结果。此外，它还受到焊接、检测和测量过程中大量的随机因素的影响。其他的连续响应的例子是电极压痕深度、HAZ 的大小和拉伸-剪切强度等。因此，在电阻焊的统计实验设计和分析中应考虑电阻焊的上述特点。

10.3.1　统计设计

1. 因子设计

科学研究中同时研究多个因素的影响时通常使用因子设计，因为它是处理这种情况最有效的方法，所以也是最常用的[1, 2]。一个全因子设计考虑因子层次的所有组合。例如，k 个变量的全因子设计（每个因子有两个层次）需要 2^k 次运行。这种设计可以用来了解任意变量的主线性影响及任意 i 个变量之间的交互作用（$i\leqslant k$）。当 k 比较大时，全因子设计可能需要大量的运行（例如，如果 k=7，运行的次数为 128），这在实践中可能因为成本太高而无法实施。出于成本考虑，人们经常使用部分因子设计（fractional factorial design, FFD），它是全因子设计的子集。例如，一个 2^{k-p} FFD 设计是使用 p 个定义字节定义的一个子集，仅使用 2^{k-p}，而非 2^k 次运行便可对 k 个因素进行研究。然而，这种设计是一个折中方案。它减少了运行次数却导致了 FFD 中的效应重叠。FFD 中重叠的两个效应是无法区分的。FFD 中低阶效应一般比高阶效应重要，基于该原则可以制定一套选择最佳 FFD 的准则。依据这个原则，提出了两个常用的准则，最大解析度法和最小像差法。这两个标准的同时使用可以有效地防止低阶效应之间的混叠。最小像差的 FFD 及其像差的完整列表请参阅 Wu 和 Hamada 的专著[2]（附录 4A 的二级设计和附录 5A 的三级设计）和 Montgomery 的工作[1]。FFD 的一个关键特性是所有可估计效应都是正交的。正交性确保一个效应的估计不受其他效应的影响。从统计分析的角度来看，此特性使分析更简单容易。有些直观的表现方式，如半正态图等，对部分因子设计中的数据分析很有帮助。

2. 正交表

FFD 设计是通过定义因子之间的关系来构建的。那些不具有此特性的设计通常称为非正规设计。实践中常用的非正规设计是正交表（列阵）（orthogonal array，OA）。考虑一个正交列阵，其任何两列之间的强度为 2，则所有变量值之间的组合都有相同的机会出现。与 FFD 比较，OA 有一个优点。因为许多实验采取两个或三个层次，FFD 的运行数量通常可以表示为 2 或 3 的指数。而 OA 在运行规模上要灵活得多。例如，有 12、18、20、24、36 和 48 次运行和许多其他运行大小的 OA。这是因为 OA 中的因子可以具有不同的层次，而 FFD 中的因子必须具有相同的层次。Wu 和 Hamada 在他们的著作[2]的附录 7A～7C 中给出了一些有用的 OA 设计。虽然 OA 比 FFD 灵活，但它们的统计分析通常比较复杂。与 FFD 中可估计的正交效应不同，OA 中效应之间的混叠关系通常非常复杂，这意味着一个效应与其他效应之间的相关性通常不为零。Wu 和 Hamada 的专著[2]介绍了使用先进的统计学工具分析复杂混叠的实验数据的方法，详见第 8 章。

3. 二阶设计

统计学中响应曲面的优化方法主要使用二阶设计。在这种方法中，通常使用序贯的实验策略，与前面介绍的一阶设计，如二层次的部分因子设计一起使用。二阶设计可以对二阶模型中所有的线性效应、二次效应和线性效应之间的相互作用进行估计。中心复合设计是最常用的二阶设计，由三部分组成：立方体点（阶乘点）、中心点和星点（轴点）。当实验区邻近或处于物理过程的最佳区域内时，可利用二阶设计来拟合一个二阶模型。然后可采用规范的分析方法对响应曲面进行分类。

4. 鲁棒参数设计

鲁棒参数设计是一种常用来减少系统方差的方法。这类设计包含两种变量：控制因子和噪声因子。控制因子是输入变量，其值固定在最佳层次以获得最佳结果。噪声因子是不可控的变量，或在正常过程中或正常条件下很难测量其影响的变量。然而，在实验中可以采取措施系统性地改变噪声因子的设置以表示它们在一个正常过程中的变化。鲁棒参数设计可对控制因子的最佳设计进行选择，使它们对噪声因子引起的变化不那么敏感。FFD 或 OA 常用于鲁棒参数设计。用于实验设计的格式有两种：交叉阵列和单阵列。在交叉阵列中，位置-扩散模型可用于分析数据，而单个阵列中不能使用该模型，取而代之的是响应建模法。Wu 和 Hamada[2]对这两种格式及其相应的分析策略进行了比较。

5. 嵌套设计

因子设计的一个基本假设是任何一个因子的层次可与另一个因子的任何层次进行配对。换句话说，所有可能的因子层次的组合在设计过程中都是有意义的。然而，这对许多试验（包括焊接）来说并非总能实现。可以通过第 7 章中描述的一个关于飞溅现象的焊接实验来理解这种区别。实验包含 1.2mm 的 AKDQ 钢的焊接和 1.0mm 的 AA6111 铝合金的焊接。如果把材料、焊接电流和焊接时间作为变量，一个完全层次设计（即使用这些因素层次的所有数学组合）并无太大的意义。例如，AKDQ 钢和 AA6111 铝合金的焊接电流范围分别为 6.5～13.9kA 和 5～40kA。另外，AKDQ 钢和 AA6111 铝合金的焊接时间分别为 133～400ms 和 17～84ms。因此，应用于一种材料的焊接时间和电流的量值可能不适于另一种材料，也就是说焊接参数不能在钢和铝合金之间互换。这种情况下需要使用不同于全因子设计的方法。嵌套设计的出现就是为了应对这样的情况。因此，如果一个因子如焊接电流的层次与另一个因子（材料）的相应的层次相似而非完全相同，那么就有必要采用嵌套设计。

图 10.1 是一个假想的三阶嵌套设计。这种设计与参考文献[1]所述的完全一样。焊接电流（变量 B）的数值（因子层次）取决于材料（变量 A）的因子层次，B 因子称为“嵌套”在 A 内；而针对不同焊接电流的焊接时间（因子 C）通常也不同，因此变量 C 被“嵌套”在 B 内。嵌套设计的方差分析模型与全因子设计不同，区别之一就是它无法评价一个因子和那些嵌套在其中的因子的相互作用。在上述例子中，不应该试图估计其三个变量（因子）：材料、焊接电流和焊接时间之间的相互作用，因为这种相互作用是无意义的。

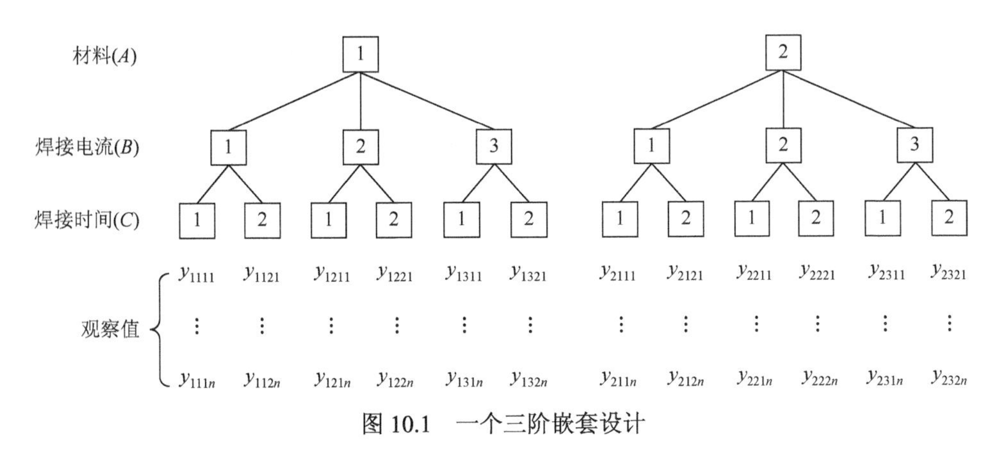

图 10.1　一个三阶嵌套设计

焊接中的许多实验需要使用嵌套设计，而忽略这种要求可能得到错误的结论。

6. 实验设计中组群的应用

统计实验中系统性的误差（变异）可能会降低实验的精度，而这个情况可能不是研究者最关注的。系统性变异的例子有逐日的或逐周（即关于时间）的效应、操作者（人与人之间）的效应、逐批次的效应等。实验设计中的组群方法是将相对均匀（实验条件）的实验运行归入同一个组（群）中，以孤立并减小系统性误差带来的影响，是提高实验效率的有效方法。处理工程问题，如焊接问题时常犯的一个错误是在该使用组群方法的时候没有使用。例如，如果实验涉及镀锌钢板的使用，其镀层厚度可能会不一致，尤其是当试样是从原始板材的不同部位截取的。当涂层的影响比较显著，但实验分析没有意识到、确定并分离这种变化时，这种变化的影响可能会被放大。有关组群方法在实验设计中的作用的详细、全面的讨论参见 Wu 和 Hamada 的专著[2]。在部分因子设计 2^{n-k}（3^{n-k}）中使用 2^p（3^p）个组群的优化了的组群设计可参见同一部著作的附录 3A、4B 和 5B。

10.3.2　分析与建模

1. 图表的使用

图表为数据的直观观察提供了一个有用的工具。日常生活中经常可以看到显示各种信息的图表，如每月开支百分比的饼状图、显示焊点大小对焊接电流的依赖性的 *x-y* 图。图表传达的关于数据的整体视觉印象比数值形式的总结要强烈得多。在统计数据分析中，图表是使人们即时生动地感知数据信息的有效途径。对于许多数据来说，适当的图形往往能揭示大部分的信息。统计分析中常用的表示实验数据的图形类型如下。

（1）主效应图：对一个因子（变量）用直线将其每个层次的观测平均值连起来即得到这个因子的主效应图。曲线的形状显示的是层次变化的影响。例如，对于一个二层次的因子，陡峭的线表示主要效应明显，而比较平的线则表示效应微不足道。通常将所有因子的主效应图放在同一个图表里，以便对它们的相对大小进行比较。

（2）相互作用图：相互作用是两个或多个因子对输出的共同影响，即因子对响应的联合效应。交互作用通常定义为相应变量的主效应之间的乘积。例如，两个变量 *A* 和 *B* 之间的线性-线性交互作用定义为这两个变量的主效应之间的乘积。可以利用交互作用图来显示变量共同的影响。对一个 2 变量的交互作用，它显示的是这两个因子每个层次组合上响应的平均值及将这些平均数连接起来的曲线的形状。对于一个因子的某个层次，将另一个因子的层次的平均值用线连接起来。图中的曲线数与（上述第一个）因子的层次数相同。通过比较这些曲线的形状可以更加深入地了解变量之间的相互作用：形状和趋势相似表示无相互作用，而不同的线形意味着有相互作用。

（3）散点图：它显示的是由两个变量值组成的点，可以用来探究它们之间的关系。这种图常用于残留分析。

（4）箱线图：箱线图是揭示数据集中有关位置和变量的信息的工具。对于单个变量来说，箱线图展示了最小值、第一四分位数（25%）、中值、第三四分位数（75%）和最大值。从一个箱线图中可以快捷地发现变量值的中心、变化及范围。这种图尤其适于将几组数据的箱线图放到一起，来观察不同的数据组之间的位置和变化的区别。

（5）正态和半正态曲线：这些图形工具可以用来判断效应的重要性。它们包含了效应的估计值（绝对值），用来与相应的标准正态分布的分位数相比较。非显著的效应一起形成了一个靠近原点（0, 0）的集群。通过这个集群可以绘制一条直线。显著的效应倾向于远离该直线。这两种图表都是基于视觉判断的方法，对分析未重复的实验尤其有用。

尽管图形对统计分析很有用，但仅仅依靠图形得出结论时应注意。例如，如果响应的比例尺（范围）改变，主效应曲线的“陡度”可能会明显不同，因此对效应的显著性的判断也会改变。虽然视觉法很方便，但它也可能是虚幻和任意的，因此，还需要更严格的统计分析处理。

2. 多元回归模型

多元回归模型是一个应用广泛的统计工具，可用于具有连续响应的实验，对实验数据进行建模。这类模型将一个过程的响应表达为效应和实验误差的线性组合。多元回归模型把连续响应 y 与相应的效应 $x_1, x_2, \cdots, x_p$ 联系起来如下：

$$y=\beta_0+\beta_1x_1+\cdots+\beta_px_p+\varepsilon \tag{10.1}$$

式中，ε 表示不可预测的实验误差的误差项。它是一个随机变量，其分布通常可以假定为正态分布，其均值为零，方差为 σ^2。对公式（10.1）的两侧取数学期望值，则因为 $\mathrm{E}(\varepsilon)=0$，该模型的结构部分可以表示为

$$\mathrm{E}(y)=\beta_0+\beta_1x_1+\cdots+\beta_px_p+\mathrm{E}(\varepsilon)=\beta_0+\beta_1x_1+\cdots+\beta_px_p \tag{10.2}$$

因此，$\mathrm{E}(y)$是线性的，其参数为 $\beta_0, \beta_1, \cdots, \beta_p$。每个参数都表示一个效应的大小，可以作为未知常数。使用数据提供的信息可以得到对参数的估计。如果在一个实验中收集了 n 个观察值，则据此开发的模型的形式为

$$y_i=\beta_0+\beta_1x_{1i}+\cdots+\beta_px_{pi}+\varepsilon_i,\ i=1, \cdots, n \tag{10.3}$$

式中，y_i 是第 i 个响应值，$x_{1i}, \cdots, x_{pi}$ 是相应的 p 个效应的值。这 n 个方程可写成矩阵的形式

$$\boldsymbol{y}=\boldsymbol{X\beta}+\boldsymbol{\varepsilon} \tag{10.4}$$

式中，$\boldsymbol{y}=(y_1, \cdots, y_n)^{\mathrm{T}}$，$\boldsymbol{\beta}=(\beta_0, \beta_1, \cdots, \beta_p)^{\mathrm{T}}$，$\boldsymbol{\varepsilon}=(\varepsilon_1,\cdots,\varepsilon_n)^{\mathrm{T}}$，且 $\boldsymbol{X}$ 是 $n\times(p+1)$阶矩阵，向量（$1, x_{1i}, \cdots, x_{pi}$）是它的第 i 行，$i=1, \cdots, n$。通过使用矩阵符号，可很容易地导出未知参数的估计值 $\boldsymbol{\beta}$。对于 $\boldsymbol{\beta}$，通常使用的估计方法是最小均方估计，它最大限度地减小了所观察到的响应和预测的响应之间方差的总和：

$$(\boldsymbol{y}-\boldsymbol{X\beta})^{\mathrm{T}}(\boldsymbol{y}-\boldsymbol{X\beta}) \tag{10.5}$$

$\boldsymbol{\beta}$ 的最小二乘估计的矩阵形式表示为

$$\boldsymbol{\beta}=(\boldsymbol{X}^{\mathrm{T}}\boldsymbol{X})^{-1}\boldsymbol{X}^{\mathrm{T}}\boldsymbol{y} \tag{10.6}$$

估计后，可利用标准的统计学中假设测试方法以检验得到的估算是否具有统计意义（有关多元回归的更多细节参见 Draper 和 Smith[3]的著作）。

1）经过编码的效应

在实验数据的分析中，使用经过编码变换的变量会使统计分析、计算更加有效。编码变量是由自然尺度中的因子变换而来的。即使经过编码变换，一个编码变量仍然包含对相应因子的物理解释。对于一个具有两个层次的因子，它的（线性）主效应通常表示为一个矢量，其中高和低层次的编码分别为−1 和+1。对于具有三个层次的数量因子，其线性主效应是一个矢量，其中，高、中、低层次的编码分别为 1、0 和−1；二次主效应分别为 1、

–2 和 1。对于分类（定性）的三层次因子来说，有几种方式的主效应编码。例如，(–1, 1, 0) 或（–1, 0, 1）都可以用于类别 1、2 和 3 的主效应编码。第一个三位数矢量表示类别 1 和 2 之间的差异，第二个三位数矢量表示类别 1 和 3 之间的差异。如果有兴趣将第一类与其他类进行比较，则可采用这两个编码效应。详细讨论参见 Wu 和 Hamada[2]的专著中 5.6 节。

2）哑变量的使用

哑变量在将数据分成两组（如处理或控制）的过程中非常有用。通常情况下，可以将两个值如 0 和 1（或–1 和 1）分配到两个不同的类别，以便生成哑变量。哑变量可以用在多元回归模型中，作为一个效应来度量两组数据的不同，以及这种不同是否显著。使用哑变量的实例见实例 10.3。当有两组以上的数据时，可能需要几个哑变量来定量地确定这些类别。

3）选择模型的方法

模型选择的目的是获得一个最佳的回归方程，以达到拟合优化和适用性优化之间的平衡。一方面，为了使得回归方程有较好的预测功能，模型应包含尽可能少的效应以减少方差。模型的普适性随着偏差的减小而增加。另一方面，模型应包含尽可能多的效应以使得该预测的方差小，因而产生更好的拟合优度。这两个极端的、相互矛盾的要求之间需要妥协，可以依靠模型选择技术来达到一种平衡。研究人员为此提出了多种模型选择方法。常用的模型选择方法包括基于 Akaike 的信息准则的所有子集的选择法、调整过的 R^2、C_p 法和分步线性过程（如正向和负向选择法）。当在一次实验中重复时，Draper 和 Smith[3]提出了一个基于广泛使用的 Mallow 的 C_p 准则的全子集选择方法。C_p 准则的公式为[4]

$$C_p=(\mathrm{RSS}_p/\hat{\sigma}^2)+2p-n \tag{10.7}$$

式中，p 为模型中效应的数量；n 为总的设置数；RSS_p 是在这个（包含 p 个效应的）子模型框架下计算的残留平方的总和；$\hat{\sigma}^2$ 是全模型下的方差估计。公式的第一部分可以作为拟合优度的测量。$\hat{\sigma}^2$ 对所有子模型都是一个常数。在实验设置为 x 时，如果拟合的表面接近 y_x/n_x，则 RSS_p 值较小。如果子模型中效应的数量较小，那么公式的其余部分 $2p-n$ 也小。因此，C_p 值越小越好。如果将 C_p 绘制成 p 的函数，Mallow 建议选择使得 C_p 最先接近 p 的那个模型。

如果实验中无重复，就不能使用 C_p 准则，因为它无法估计误差的方差。针对这种情况，Hamada 和 Wu[5]提出了一种基于效应稀少和效应遗传原理的分步回归形式的模型选择方法。效应稀少原理指出，并不是所有的效应都是显著的。效应遗传是指交互作用只有在其所涉及的主效应之一是显著的情况下才可能是重要的。虽然 Hamada-Wu 方法可以用来识别大部分的显著效应，但它没有给出逐步回归方法的停止准则。

人们还开发了一些用于解决复杂的混叠现象（详见 10.3.1 节）的选择技术。例如，基于前述的效应遗传原理的正向迭代选择和贝叶斯模型选择。相关细节参见 Wu 和 Hamada 的专著[2]中 8.4 节和 8.5 节。

3. 残差分析

残留分析常用于检测数据集或拟合的模型中存在的问题，以评估该模型是否适用。残差是指观察到的响应和拟合的响应之间的差异。回归模型[公式（10.1）]的建立需要几个假定。例如，假定这些误差有相同方差的独立的正态分布。残留分析可用于评估拟合的模型中这些假定是否得到满足。此外，它还可用来解答如是否捕获到所有的重要效应、数据集里是否存在极端的或不合理的观测值（如异常值）的问题。残差分析通常通过对如残差-拟合响应、残差-变量层次、残差-时间（顺序）等离散点图的目测来实现。

4. 针对于削减方差的位置-弥散模型

当进行重复实验或用交叉阵列进行鲁棒参数设计时，在数据分析过程中可以进行位置-弥散分析以达到缩减方差的目的。在此方法中，构建两个回归模型，一个用于位置，另一个用于弥散。构建位置和弥散模型是为了了解响应的平均值和偏差。例如，生产某种产品的过程中测得的某个量的平均值可能与产品的性能有关，而这个量的小的变化范围会影响产品的质量稳定性。定位模型将重复实验的均值（噪声）与因子的效应联系起来，可以使用公式（10.1）来实现。而弥散效应的模型是将式（10.1）的左边变为 $\ln(s_i^2)$，ln 是自然对数，s_i^2 是相应于第 i 个因素组合的重复实验（噪声）的方差。采用对数变换的原因是它可以将样本方差从（0，∞）映射至公式（10.1）的右边的线性组合所在的范围（$-\infty$，∞）。本章介绍的方法可用于估计模型的参数并测试其显著性。使用模型选择技术可分别独立地获得位置-弥散的拟合模型。根据这样得到的位置-弥散拟合模型，可采用一种两步的方法（参见 Wu 和 Hamada[2]的研究及本书 10.5 节）进行优化，从而得到最小方差及理想位置。构建位置-弥散模型的实例见实例 10.6。

10.3.3　推理和决策

1. 因子筛选

通常在研究的初始阶段进行因子筛选实验。一个系统开始进行研究时，对该系统的认识非常有限，但可能会有相当多的潜在的重要因素。对于一个包含大量因子和它们的组合的实验来说，对所有的运行进行实验的成本会很高且不切实际。此外，通常情况下只有少数因子是真正重要的。因子筛选的目的是将关键的少数因子从次要的多数因子中区分出来，使研究者能在后续实验中专注于最重要的因子。因子筛选实验的运行数量与以开发模型为目的的实验相比要小得多，因为后者涉及模型参数的确定等复杂的运算。选择因子筛选实验的实验计划的大致要求是，运行数量的大小应该接近所研究的因子的数量。因子筛选法由以下实例进行说明。

【实例 10.1】识别异常焊接过程中的影响因子。

Li 等[6]研究了下列六类异常焊接过程的影响：轴偏心（Ax）、角偏心（An）、边缘焊接（Eg）、板材配合（Ft）、冷却水（Cl）和电极损耗（Wr）。这六个因子选为两个层次，编码为−1 属于正常状况，编码为+1 属于异常情况。响应是焊点直径。对于有六个因素的筛选实验，一个有 12 次运行的 Plackett-Burman 设计（参见 Wu 和 Hamada[2]和本书第 7 章）是不错的选择。然而，因子筛选以后，通常还要研究这些因子的主效应及两个因子间的相互作用。所以他们又设计了一个包含更多运行的实验。由于电极磨损是一个难以改变的因子，所以使用了分割实验。整个实验分成两批——新电极和磨损电极。每个批次中，对于其他五个因素，即 Ax、An、Eg、Ft 和 Cl 使用了 2_{IV}^{5-1}（16 次运行）部分因子矩阵（设计）。因此，总共有 32 次运行。每次运行至少重复 5 次。传统的筛选过程是先根据实验数据分析估计因子的主效应，确定主效应明显的重要因子。因子筛选中通常不考虑相互作用的效应。Box 和 Meyer[7]提出了代替上述分析法的贝叶斯分析法，此法允许在筛选过程中既考虑主效应，也考虑相互作用效应。进行贝叶斯分析法时，边缘后验概率是一个活性因子，是鉴定因子是否重要的指标。根据该实验数据计算的边缘后验概率如图 10.2 所示。分析结果表明，两种异常状况——边缘焊接和轴偏心对焊点直径的影响明显大于其他四个因子（角偏心、板材配合、冷却水和电极损耗）的影响。该研究结果与经验一致。

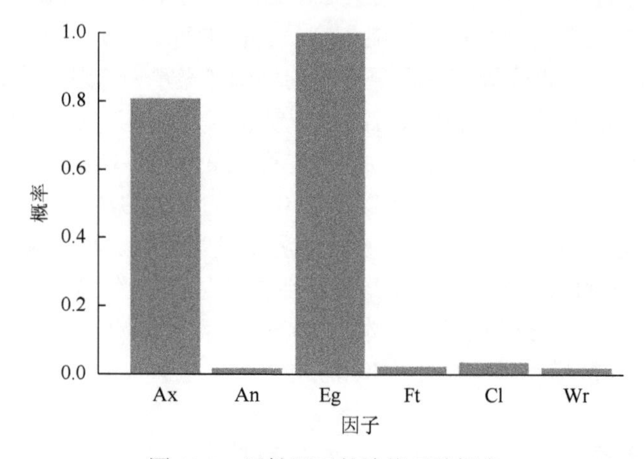

图 10.2　活性因子的边缘后验概率

2. 实验设置的比较

一个实验设置是一组输入参数的组合，如一组焊接参数。当同时有几种参数组合可以使用时，通常用实验法对它们进行比较。研究人员通常对下面几个问题感兴趣：几种设置是否不同；哪些设置相似；哪些设置优于其他设置。以下实例是关于焊接参数设置的研究，目的是取得质量好、变化小的焊点。

【实例 10.2】焊接参数设置的比较和实验。

为了了解焊接质量及质量变化对焊接参数的敏感度，进行了针对 0.8mm 镀锌无间隙原子钢的试验。这个试验把拉伸-剪切试验、剥离试验，以及冲击试验的结果联系起来。采用五个不同的设置——每一个都是电流和时间的组合：①电流=11000A，时间=6 个周波；②电流=10000A，时间=10 个周波；③电流=9750A，时间=14 个周波；④电流=9500A，时间=16 个周波；⑤电流=9000A，时间=18 个周波。电极力设定为 2.8kN。每个组合重复 30 次。测试中，每一种测试方法（拉伸-剪切试验、剥离试验和冲击试验）各重复 10 次。然后对实验的响应如焊点直径、位移、峰值载荷和能量进行测量。相关的研究人员对五种实验设置之间的差异和测量（测试）方法之间的差别感兴趣。在此只对焊点直径的分析进行描述。常用于设置比较的数据分析法为方差分析法（analysis of variance，ANOVA），用于检验这些设置是否产生相同（或相似）的结果。对拉伸-剪切、剥离和冲击试验所得数据分别进行了 ANOVA 分析。相关效应的 F 值和 p 值见表 10.1。ANOVA 中的 F 值用来评估各种设置的效应是否相等。计算出的 F 值与 F 分布表（Wu 和 Hamada[2]著作中的附录 D）中的 F 值进行了比较。F 值大意味着设置之间存在统计意义上的明显差异。p 值是获得一个与观察到的 F 值明显不同的值的概率。由于所有的 p 值都相当小（比 0.05 小得多），所以可以比较肯定地认为五种设置对响应的影响明显不同。根据 F 值也可以得出类似的结论。然而，ANOVA 仅测试了这些设置具有相同效应的假设。

表 10.1　ANOVA 分析中的 F 值和 p 值

	F 值	p 值
拉伸-剪切试验	25.0815	7.284151×10^{-11}
剥离试验	27.9803	1.371314×10^{-11}
冲击试验	27.9327	1.090872×10^{-11}

这个假设被拒绝后，出现了一个更令人该兴趣的问题：它们是怎么不同的。要回答这一问题需要使用更高级的、基于线性模型的分析。进行正式分析之前，使用图形分析（如箱形图等）对初步了解问题是很有帮助的（图 10.3）。图中从左至右是拉伸-剪切试验（TS）、剥离试验（P）、冲击试验（Ⅰ），以及用于每个设置（T_1～T_5）的箱形图。

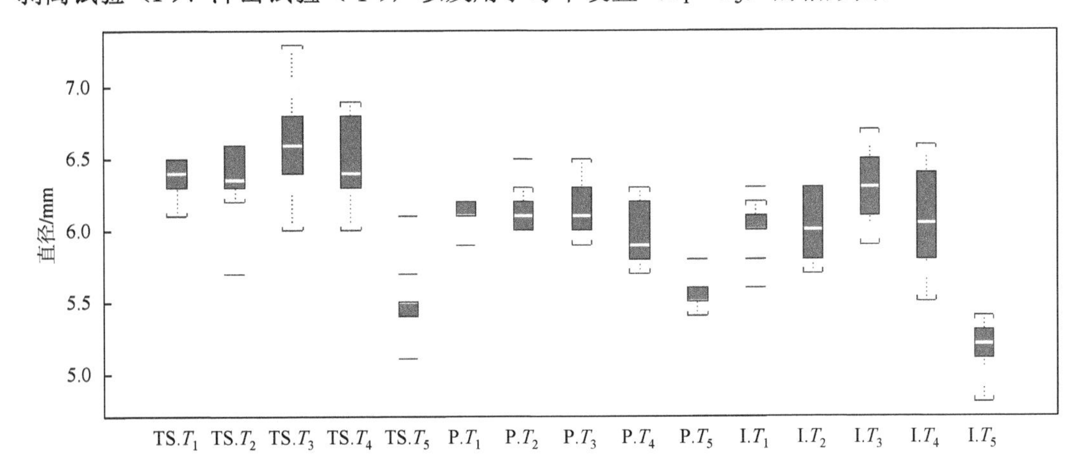

图 10.3　不同测试法和设置（焊接参数组合）得到的焊点直径的箱形图

尽管图表提供了对数据直观而有价值的信息，但它比较粗略，无法得到准确的结论。所以需要引入能够反映各种设置（参数组合）及方法之间不同的效应，并使用定量分析手段（如线性模型）对它们进行分析。基于 C_p 准则的模型选择方法可以帮助建立一个所有所含的效应都显著的模型。经过这些步骤得到的用于前述示例问题的模型如下：

$$D=6.06+(-0.14)\cdot M_2+(-0.07)\cdot M_3+(0.07)\cdot T_3+(-0.16)\cdot T_5+(-0.04)\cdot M_2T_3 \\ +(-0.02)\cdot M_2T_4+(0.04)\cdot M_2T_5 \tag{10.8}$$

式中，D 为试验后测得的焊点直径；M 为试验方法，即 TS（$=M_1$）（拉伸-剪切试验）、P（$=M_2$）（剥离试验）或 I（$=M_3$）（冲击试验）；T_1～T_5 为设置（参数组合）。常数 6.06 为使用所有的组合（设置）得到的焊点，通过拉伸-剪切试验（M_1）得到的焊点平均直径。

用该模型确定的显著效应与箱形图展示的完全一致。效应 M_2 描述了第二种方法（剥离试验）和第一种方法（拉伸-剪切试验）之间的平均差异。根据其系数–0.14 可知剥离试验的结果比拉伸-剪切试验的结果平均低 0.14mm。由箱形图可知，剥离试验（中间 5 个图）的箱形图组与左边 5 个拉伸-剪切试验的箱形图相比一律下移。其他效应也与箱形图有关。M_3 描述了冲击试验的平均直径和拉伸-剪切试验的平均直径之间的差异。效应 T_3 和 T_5 的意义在于与第一种设置相比，第三种设置产生 0.07mm 的较大的平均直径，而第五种设置产生 0.16mm 的较小的平均直径。M_2T_3、M_2T_4 和 M_2T_5 三个效应是交互作用，它们反映了第二种方法（剥离试验）中，第三、四、五种设置的结果比其他试验的相应结果高或者低。如箱形图所示，剥离试验中 5 个箱形图从左至右的偏差低于拉伸-剪切试验和冲击试验。这表明剥离试验产生具有较小偏差，即更均匀的结果。这个实例表明，从图形中能得到对问题的一个直观的了解，而数值分析能产生详细的信息。图形和数值分析的适当配合使用可使信息（数据）更容易理解，结论更加准确。

3. 实验的综合分析

对于比较大的实验，为方便起见或其他实际原因，经常先在各子系统上进行实验。对从各子系统收集的数据分别进行分析，可以得出关于每个子系统的结论。然而，一个子系统的结论未必适用于其他子系统。例如，一个子系统中最显著的效应与其他子系统中的显著效应相比可能微不足道。为了获得对整个系统全貌的了解，必须将每个子系统的数据集集中起来进行分析。对合并后的数据进行分析时，应该在模型中包括一些效应用以解释最初相互独立的数据集之间的差异。哑变量常用来构建这些效应。但实验中记录的一些信息可替代哑变量。下面的实例显示了这种情况。

【实例 10.3】将单独实验的结果组合起来。

为了解一些焊接参数的影响，汽车-钢铁联合会的电阻焊项目组（Resistance Welding Task Force of Auto/Steel Partnership）进行了一项研究。选择了 5 个因子（每个因子有两个层次）用于该研究。它们是焊点直径（bd）、焊接时间（wt）、热输入（ht）、力（fo）和焊机类型（ma）。针对这 5 个因子的实验使用了 9 种材料，分别表示为材料 *A*、*C*、*E*、*G*、*H*、*I*、*K*、*M* 和 *N*。对应于每一种材料，使用了一个 16 个运行的部分因子设计（最小相差，2^{5-1} 设计），每种设置重复 3 次。所测得的响应是拉伸强度（*F*，峰值载荷）。先对实验得到的 9 个数据集单独分析，得到每个数据集的显著效应。然后研究人员试图了解 5 个因子是否对 9 类材料有相似的效应。因此，将 9 个数据集合并成一个数据集进行了分析。

据观察，9 个数据集的方差是不同的。对应于每一组数据的线性模型残差的箱形图（共 9 个）如图 10.4（a）所示。由图可知，偏差方面的差异可能与材料的厚度有关。图 10.4（b）表明，厚度和残差的标准偏差之间存在比例关系。还观察到，一些效应与厚度之间存在很强的相关性。例如，如图 10.5（a）所示，常数效应和厚度之间的关系几乎是一条直线，而图 10.5（b）显示焊点直径和厚度的主效应之间存在着曲率关系。

所有观察表明，材料厚度作为一个变量，应该包括在整个模型中，以解释由材料引发的效应。应该注意，最初的分析是在同一种材料数据的基础上单独进行的，没有考虑材料的效应。使用原来的 5 个变量，再加上厚度（T），可以得到一个描述峰值载荷对这些变量的依赖关系：

$$\begin{aligned}F = &(-497.86)+(1174.85)\cdot \mathrm{bd}+(-104.38)\cdot \mathrm{ht}+(-80.11)\cdot \mathrm{fo}\\&+(-129.18)\cdot \mathrm{ma}+(2330.39)\cdot T+(-94.15)\cdot \mathrm{fo}\cdot \mathrm{ma}\\&+(-1990.60)\cdot \mathrm{bd}\cdot T+(120.87)\cdot \mathrm{ht}\cdot T+(116.66)\cdot \mathrm{fo}\cdot T\\&+(128.06)\cdot \mathrm{ma}\cdot T+(76.64)\cdot \mathrm{wt}\cdot \mathrm{ht}\cdot T+(92.59)\cdot \mathrm{fo}\cdot \mathrm{ma}\cdot T\\&+(966.30)\cdot \mathrm{bd}\cdot T^2\end{aligned} \tag{10.9}$$

在此分析中，发现一个用来描述 9 种材料{A，C，I，K，M}和{E，G，H，N}之间的差异的哑变量有显著的效应。

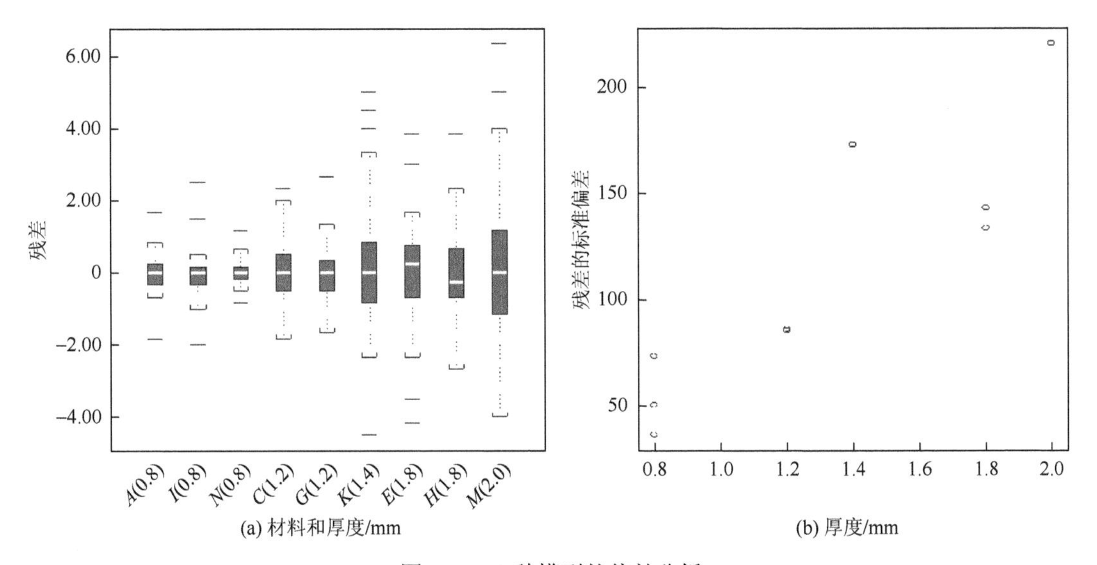

图 10.4　9 种模型的偏差分析

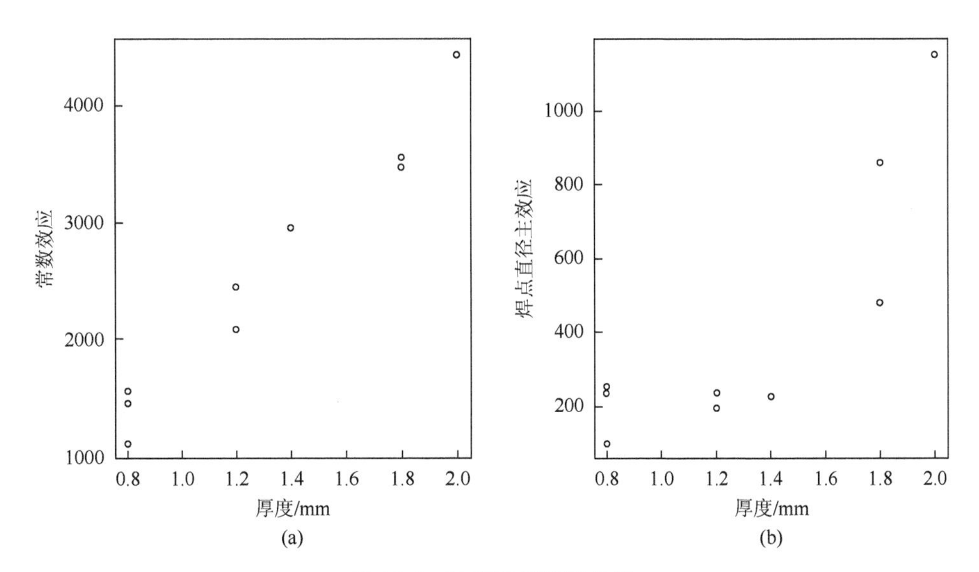

图 10.5　效应和厚度的关系

然而，当研究者追踪实验记录时，很难找到可以解释这一观察的物理量，所以既无法接受也无法拒绝这个结果。在实验研究中，应该尽可能完整地收集、记录所有的信息，以备将来使用。

4. 响应曲面方法的应用

如果研究的目的是取得一个针对目标系统的精确的近似函数，以获得输入与输出之间关系的一种描述，则响应曲面是一种有效的方法[1]。这种方法在输入因子为定量时经常使用。具体做法是将局部使用输入参数的多项式函数作为响应曲面的一种近似。这种方法的原理是以泰勒展开为基础，得到一个满足特定条件的，表示为多项式之和的函数。多项式中每一项的系数均为未知参数，需要通过数据估计得到。由于不可能用一个有限的数据集来估计作为无限多的项的总和的多项式的参数，通常将响应曲面的研究中使用的模型限制为二阶。可以认为二阶模型是通过实验得到的对真实响应函数的一种替代。它可以作为响应的最大化或最小化运算，获得某个特定的响应值，或者用于理解响应的曲率特征等。

【实例 10.4】焊点属性对焊接参数的依赖性研究。

这项研究选择了三个因素——焊接电流（C）、焊接时间（T）和电极力（F）。实验中，电流有 4 个层次，而时间和电极力各有 3 个层次。对电流、时间和电极力的所有 36 种组合进行了实验。记录了焊核的几种响应（焊点属性）：焊点的直径、高度、体积和形状。这里仅以焊点直径的分析为例来说明分析的过程。可以使用二阶响应曲面模型，即包括因子的二次幂或更低的多项式。但是它不包含加热速率[=（电流）^{2}×（时间），是一个三阶项]，而电阻焊是以焦耳加热为基础的，所以它可能带来较大的误差。所以这项研究需要一个三阶模型对数据进行模型拟合，以便将热的影响纳入模型中。因此，所有最高三次幂的效应都包括在模型里。在使用响应曲面时，通常需要对完整的模型进行估计。然而，在这项研究中，无法对时间和力的立方效应（即 T^3 和 F^3）进行估计，因为时间和力为三层次因子，不能拟合立方效应。通过分段模型选择，以焊点直径（ND）为响应所开发的拟合模型如下：

$$\mathrm{ND}=(6.71)+(1.22)\cdot C+(-0.77)\cdot C^2+(-0.30)\cdot T\cdot F+(1.24)\cdot C^2\cdot T+(-0.29)\cdot T^2\cdot F \quad (10.10)$$

R^2=0.7754。此结果通过另一种模型选择技术 C_p 方法得到进一步验证。由图 10.6 可知，在分步回归模型中确定的五项显著效应也出现在由 C_p 确定的最佳模型中。该结果给了研究者足够的信心认为公式（10.10）是真实响应的良好近似。

这个模型有多种用途，如响应的优化，即取得最大的焊点。将 ND 对 C、T 和 F 取偏导，并使之为零，方程（10.10）可以用来取得响应（曲面）的最大（小）值。注意该模型是真实响应曲面的局部多项式近似，其推断仅适用于实际试验所在的区域，可以采用插值法得到模型没有涵盖的点上的响应。通过外推法将得到的结果推广到试验区域以外是危险的，如果必须这么做则需要经过对其进行合理的验证。响应曲面的探索仅是整个响应曲面方法的一部分。更多关于响应曲面方法的细节可参见 Myers 和 Montgomery 的著作[8]。

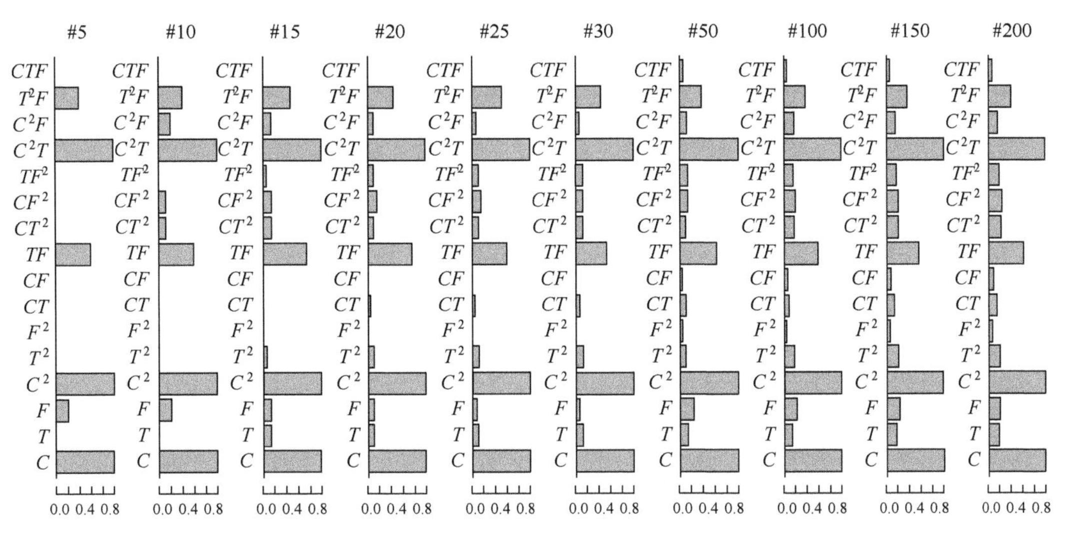

图 10.6　各个效应在前 5、10、15、20、25、30、50、100、150 及 200 个最佳模型中的出现频率

5. *方差缩减*

以上主要分析了响应的平均产出（即平均值）。然而，即使两种组合有相似的平均产出也可能会有完全不同的方差。例如，焊接某种材料时使用两个焊接参数（组合）。一个参数的焊接电流高、焊接时间短，另一个参数的焊接电流低，但焊接时间长。这两个参数可能会产生相似的平均焊核（平均响应），但一个参数对应的焊核的方差可能比另一个参数的大。这说明一个过程没有另一个过程稳定，因而选择一个过程时还应该考虑方差，这是产品质量控制的一个重要方面。减小过程中的方差见下面的电阻焊研究实例。

【实例 10.5】拉伸-剪切强度对试件尺寸的依赖性。

在 Zhou 等[9]的工作中，拉伸-剪切试件的两个尺寸——宽度（W）和厚度（T）决定了试件的大小，被选为试件尺寸的效应。选择宽度为 5 层次因子，厚度为 3 层次因子。对所有宽度和厚度的 15 个组合中的每个组合进行 10 次重复。对拉伸-剪切试验中通常使用的两个响应，峰值载荷和位移进行了测定。在该实例中，仅以位移为例展示如何通过实验实现方差的缩减。对每个宽度和厚度的组合进行 10 次重复以便计算方差。方差是数据变化幅度的数值表示。在分析中，将方差的对数作为实验的响应，用以探索因素和响应之间的关系，建立一个统计模型。使用所得的实验数据，可以开发一个二阶模型如下：

$$\ln D = (-1.17) + (1.62)\cdot T + (-1.71)\cdot T^2 + (-2.82)\cdot W + (1.78)\cdot W^2 + (-0.82)\cdot T\cdot W \quad (10.11)$$

式中，D 为方差。由此模型可知，对应于较小的厚度和较大的宽度的设置的偏差比较小。这个观察结果与如图 10.7 所示的交互作用关系一致。对于所有的厚度，响应的变化范围一般随宽度的增加而减小，而且这种效应在薄板中更显著。这是因为约束焊点周围的局部变形直接取决于板材厚度。薄板试样的局部变形区比厚板试样小。因此，薄试件的变化范围缩减的速度比厚试件要快。

位移的变化范围的缩减可以用来确定最佳试件的宽度，而该实例说明了如何通过实验来缩减位移的变化。通过方差的对数的分析开发的模型通常称为弥散模型。通常弥散模型是和均值模型一同开发的（如实例 10.1～实例 10.4 中所述模型），以便选择一个好的设置。

均值模型提供有关平均产出的信息，而弥散模型揭示了有关变化的信息。基于这两个模型得到的设置通常能满足对产出的要求并使变化最小化。有时，这两种模型可能在选择最佳设置方面相互矛盾。如果发生这种情况，妥协是必需的。

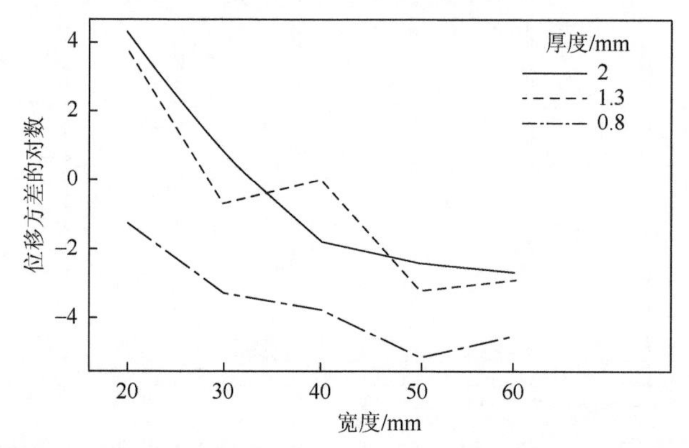

图 10.7　以位移方差的对数作为响应的宽度和厚度的相互作用

10.3.4　两级滑动层次实验

连续响应在电阻焊研究中很常见，因为大多数的响应都具有连续性。本节说明在异常情况下的电阻焊过程中，针对连续响应的特殊统计分析过程。

通常选择一定数量的焊接电流和时间的层次以覆盖所感兴趣的参数范围，而实验设计通常是以矩阵的形式来表示的。然而，在电阻焊研究中这样的设计效率可能不高。在实践中，两个弯曲的边界限制了可接受的焊点范围，如焊接时间-电流的叶形图中的边界（图 10.8），所以，涵盖所有 τ 和 I 组合的实验矩阵会包括那些明显无用的组合，即在矩阵的低端，当 τ 和 I 的值都很低时，得到的焊点尺寸将低于最低要求，而在矩阵的另一端，当 τ 和 I 的值都很高时，飞溅将不可避免。这些结果可以不通过实际的实验得到，以伪数据的形式在数据分析中使用（详见 10.4.3 节）。因为标准的统计分析工作需要均匀的设计（或长方形矩阵），伪数据的使用使得既可以不进行无意义的、结果已知的实验，又可以使用标准的分析方法进行分析。然而，处理这种情况的更有效的方法是使用 Cheng 等[10]和 Li 等[6]开发的滑动层次设计。

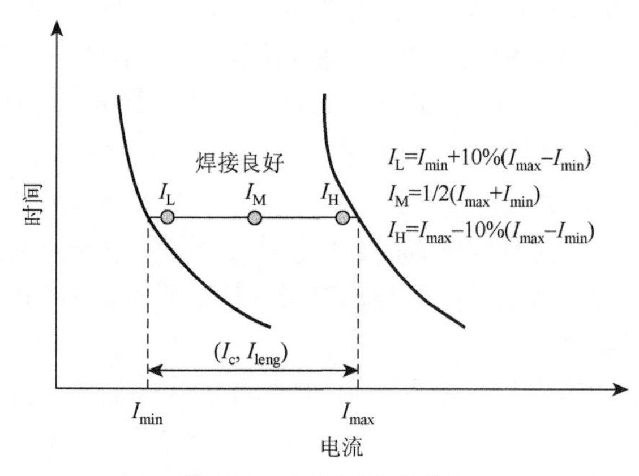

图 10.8　电流层次的确定

在他们的研究中，由于过程变量之间的相互依存关系，使用了滑动层次设计以考虑异常工艺条件的影响。在实验中考虑了正常和异常工艺条件。根据实验结果，将焊点尺寸和叶形图作为响应变量进行了分析。然后开发用于检验工艺条件效应的数学模型。这种实验的设计中，不使用固定的焊接电流值，而是把它作为一个滑动因子，并以其他过程变量的设置为基础进行确定。

1. 实验设计

在该实验中选择异常工艺条件如轴偏心、角偏心、不良装配和焊接参数（表 10.2）进行了研究。然后用电极尺寸取代电极损耗，因为电极损耗是通过电极面的直径的尺寸变化表现出来的。使用 3 个电极尺寸层次。为方便起见，用 Ed 表示电极大小，F 表示力，T 表示焊接时间，I 表示电流。由于过程变量之间的相互依赖性，焊接电流的确定是确保在其他过程变量的所有设计条件下都得到可以接受的焊点。这将导致电流的设置在焊接叶形图里滑动，因为电流的效应对时间的依赖性很大。选择焊接电流为滑动因子是因为在给定的焊接时间内，可接受的焊点的边界可以很自然地用电流来表示。由此可知，该实验需要两个阶段。首先，为其他过程变量的设计条件找到适当的电流设置。然后，用这些电流设置进行实验，制造实验焊点。按照 Taguchi 的鲁棒性参数设计[11]的内、外部阵列法构建实验矩阵。将焊接电流布置在外阵列中，所有其他变量都设置在内阵列里。对于内阵列中的每个设置，首先确定电流的极限值（I_{min}和 I_{max}），然后在外阵列中选择 3 个层次的电流（I_L、I_M和 I_H）用于实验。这种设计保证了所有变量组合的平衡。表 10.3 列出了这个设计矩阵的一部分。

表 10.2　用于实验的焊接参数和层次

过程变量	低	中	高
电极尺寸（Ed）	4.50mm	6.35mm	7.87mm
力（F）	2.45kN	3.34kN	4.23kN
焊接时间（T）	8cycles	12cycles	16cycles
轴偏心（Ax）	0	N/A	1.5mm
角偏心（An）	0	N/A	10°
装配（Ft）	0	N/A	5mm
电流（I）	量值根据其他参数而定		

表 10.3　两级层次滑动实验设计

内阵列						电流限		外阵列		
								I_L	I_M	I_H
Ft/mm	Ax/mm	An/（°）	Ed/mm	F/kN	T/cycles	I_{min}/kA	I_{max}/kA	平均焊点直径/mm		
0	0	0	6.35	3.3	12	10.56	12.44	4.67	5.71	6.94
5	0	10	6.35	4.2	8	11.25	13.25	3.23	5.14	6.37
0	0	10	6.35	4.2	16	10.40	12.50	1.78	5.19	6.24
⋮	⋮	⋮	⋮	⋮	⋮	⋮	⋮	⋮	⋮	⋮

首先采用标准的方法来获得焊接的叶形图，以确定电流的层次。很多实验证明，电阻焊的焊接叶形图的边界具有不确定性[12]。为提高制造的可接受焊点的比例，高、低电流层次（分别为 I_H 和 I_L）取为焊接叶形图边界内相应边界值的±10%。而中间电流层次（I_M）是 I_L 和 I_H 之间的中心点。此过程如图 10.8 所示。

2. 分析与建模

由于前述的实验设计很复杂，常规的实验设计的统计分析方法不能直接应用。需要开发一种修改的以逐步回归为基础的新的分析方法。首先需要解决的问题是编码系统和模型的选择。

利用回归模型，可以对二层次的变量的线性效应，以及三层次变量的线性和二次效应进行估计。因此，回归模型可表示为一阶和二阶多项式变量加上可能的交互项的总和。例如，如果 x_1 和 x_2 分别为二层次和三层次的变量，那么回归函数可表示为

$$f(x_1,x_2)=\beta_0+\beta_1x_1+\beta_2x_2+\beta_3x_1x_2+\beta_4{x_2}^2+\beta_5x_1{x_2}^2 \tag{10.12}$$

式中，β_i 值为需要根据实验数据来估计的因子的系数。如果多项式项之间存在共线性，则这种系数的估计值可能不准确。因此，需要采用一个正交编码系统将原始的多项式转换成一组正交向量。在这个过程中，线性和二次效应需要不同的转换。

对于线性效应：

$$z=\begin{cases}\dfrac{x-x_1}{x_m-x_1}-1, & x_1\leqslant x\leqslant x_m\\ \dfrac{x-x_m}{x_h-x_m}, & x_m\leqslant x\leqslant x_h\end{cases}=\begin{cases}-1, & x=x_1\\ 0, & x=x_m\\ 1, & x=x_h\end{cases} \tag{10.13}$$

对于二次效应：

$$z=x\cdot(\boldsymbol{X}^{\mathrm{T}}\cdot\boldsymbol{X})^{-1}\cdot\boldsymbol{X}^{\mathrm{T}}\cdot y=\begin{cases}1, & x=x_1\\ -2, & x=x_m\\ 1, & x=x_h\end{cases} \tag{10.14}$$

而

$$x=\begin{bmatrix}1 & x & x^2\end{bmatrix}\boldsymbol{X}=\begin{bmatrix}1 & x_1 & x_1^2\\ 1 & x_m & x_m^2\\ 1 & x_h & x_h^2\end{bmatrix}y=\begin{bmatrix}1 & -2 & 1\end{bmatrix}^{\mathrm{T}}$$

设置 x_h、x_m、x_1 分别为高、中、低层次设置。这种代码系统使用了[−1 0 1]来代表三层次变量的线性效应，用[1 −2 1]代表它们的二阶效应。这种代码方式也适用于实际情况中变量的量值不是均匀分布的情况。例如，电极尺寸的编码如图 10.9 所示。

如本章前部所述，常规实验设计中有许多模型选择法，如 ANOVA 和半正态图。然而，对这次实验中的复杂结构的研究不多，已出版的文献中只有很少量的叙述。

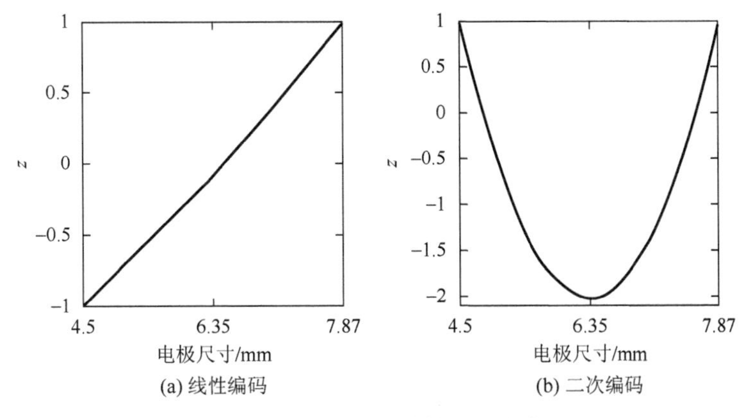

(a) 线性编码　　(b) 二次编码

图 10.9　电极尺寸的线性和二次编码

在这个二级实验中，模型选择必须采用与以往不同的方法，因为在不同阶段的响应变量是不同的。第一阶段的响应为电流范围，而第二阶段的响应为焊核大小。这两种情况都采用了前向逐步回归的模型选择方法。然而，在焊核尺寸的阶段，需要使用 C_p 准则作为判断规则，因为每个实验设置有 5 次重复，并且可以用所收集的数据来估计实验误差。而在电流范围的阶段，因为电流范围的搜索没有重复，所以无法估计实验误差。决断规则必须以实验误差的工程估算为基础进行开发。这两种情况都应遵守效应稀少与效应遗传原理。

3. 电流范围的分析

如图 10.10 所示，电流范围可用两个相应变量来表征：电流范围的中心（I_c）和电流范围的长度（I_{leng}），为方便起见将它们定义为

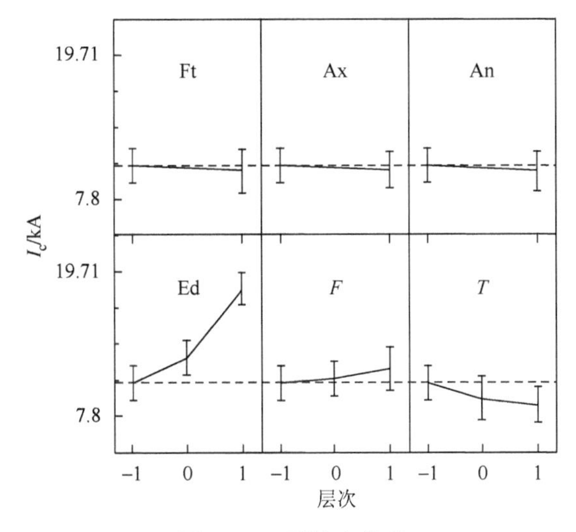

图 10.10　平均主效应

$$I_c = \frac{1}{2}(I_{min} + I_{max}) \tag{10.15}$$

$$I_{leng}=\frac{1}{2}(I_{max}-I_{min}) \tag{10.16}$$

式中，I_c代表由物理工艺条件确定的平均电流的设置，可作为一个正态分布变量，I_{leng}是制造良好焊点的允许电流范围。根据定义，I_{leng}大于零。在回归分析中，需要将其转变为

$$I_{lnlen}=\ln(I_{leng}), \text{其中 } I_{lnlen}\in(-\infty,+\infty) \tag{10.17}$$

如果I_c和I_{lnlen}没有相关性，可以将它们作为两个独立的响应分别进行分析。

开发回归模型之前应检查变量的平均主效应。图 10.10 是用箱线图表示的各个变量的响应（主效应图）。由图可知，电极尺寸和焊接时间为明显因子，而电极力、焊件装配、轴偏心和角偏心为不明显因子。还可以看出，电极尺寸、焊接时间和电极力对响应有二次效应。

由于电流范围的搜索的实验没有重复，用于逐步回归的常规停止规则就不适用了。一些定性的方法，如半正态图，可以用来选择对模型有影响的效应。但是应该注意的是，这样得到的模型常常会过低拟合，或者有较大的均方根误差。从工程的角度看，实验误差可以根据实验方法进行估算。例如，关于电流范围的确定，操作者会采用一定的步骤来提高或降低电流，以便对焊接边界进行搜索。根据实探，操作者可以确保该边界落在两个电流阶之间。这一间隔可以用于估计实验误差。

在这项研究中，用于边界搜索的电流阶为 0.1kA。因此，置信区间为 ΔI=0.2kA。假设信心为 99.7%（$\pm 3\sigma$），实验误差的标准偏差可以确定为

$$\sigma_e=\frac{\Delta I}{6}=0.0333\,(\text{kA}) \tag{10.18}$$

根据公式（10.6）可很容易获得电流范围的中心方差为

$$\sigma_c=\frac{\sqrt{2}}{2}\sigma_e=0.0235\,(\text{kA}) \tag{10.19}$$

然后σ_e可以作为逐步回归分析的停止标准，即当该模型的 RMS 误差降低到这个水平时，回归操作即停止。当这种叫停准则启动时，得到的回归模型为

$$\begin{aligned}I_c=&12.80+4.10\cdot \text{Ed}_1+0.24\cdot F_1\cdot T_1+0.62\cdot \text{Ed}_2\\&-1.13\cdot T_1-0.39\cdot \text{An}_1\cdot F_1+0.86\cdot F_1+0.39\cdot T_2\\&+0.29\cdot \text{An}_1\cdot \text{Ed}_2+0.16\cdot \text{Ft}_1-0.17\cdot \text{Ed}_2\cdot T_1-0.30\cdot \text{Ed}_1\cdot F_1\\&-0.12\cdot \text{Ed}_1\cdot T_1-0.15\cdot \text{An}_1\cdot \text{Ed}_1\end{aligned} \tag{10.20}$$

其校正的R^2值为 0.998，均方根误差为 0.016。在这个模型中，x_1和x_2分别代表因子（Ft、Ax、An、Ed、F和T）的线性和二级响应。各因子的定义如表 10.3 所示。

同样，以电流范围的长度为响应的变量的主效应如图 10.11 所示。由图可知，异常的工艺条件极大地减小了电流范围的长度，而电极力增大了电流范围的长度。电极大小和焊接时间几乎没有影响。

开发一个关于电流范围长度的回归模型时，因为以长度的对数为响应变量，实验误差的估计与I_c模型的开发过程相比要困难一些。根据公式（10.18），

$$I_{lnlen}=\ln(I_{leng}\pm 3\sigma_l) \tag{10.21}$$

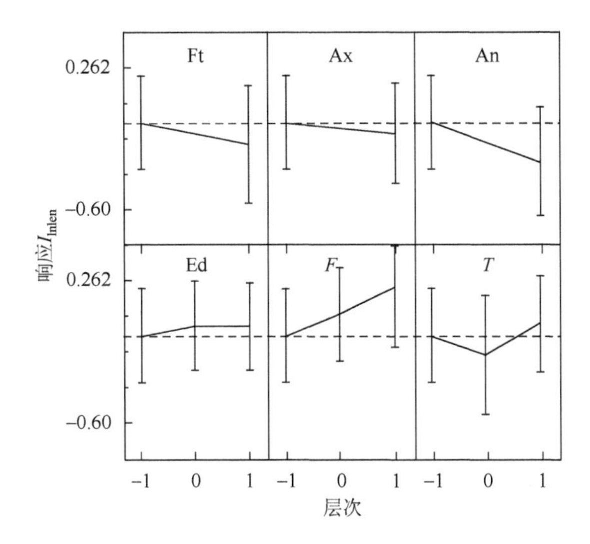

图 10.11　电流范围长度的主效应图

式中，σ_l 为电流范围长度的误差。很容易看出，σ_l 的取值与 σ_c 相同。为了找出与 I_{lnlen} 相关的误差，针对 I_{leng} 的均值（$\bar{I}_{leng}$）的泰勒展开可以获得以下近似关系：

$$I_{lnlen} \approx \ln(\bar{I}_{leng}) \pm \frac{1}{\bar{I}_{leng}} \cdot 3\sigma_l \tag{10.22}$$

根据实验数据得到 $\bar{I}_{leng}$ 的值为 0.9089。因此，I_{lnlen} 的误差可以估算为

$$\sigma_{lnlen} = \frac{1}{\bar{I}_{leng}} \sigma_l = 0.0259 \tag{10.23}$$

因此，开发的回归模型为

$$\begin{aligned} I_{lnlen} = & -0.115 - 0.102 \cdot \text{Ft}_1 + 0.214 \cdot F_1 \\ & - 0.149 \cdot \text{Ft}_1 \cdot \text{Ed}_1 + 0.034 \cdot F_2 - 0.075 \cdot \text{An}_1 \\ & - 0.049 \cdot F_2 \cdot T_1 - 0.091 \cdot \text{Ed}_1 \cdot F_1 + 0.030 \cdot T_2 \\ & + 0.065 \cdot \text{Ft}_1 \cdot T_1 + 0.002 \cdot \text{Ax}_1 + 0.0256 \cdot \text{Ax}_1 \cdot T_1 \end{aligned} \tag{10.24}$$

其调整后的 R^2 值为 0.994，RMS 误差为 0.020。

4. 焊核尺寸的分析

焊核大小的平均主效应如图 10.12 所示。可以看到电流和电极的大小都有很大的影响。通常，在板材匹配不好的情况下，焊核尺寸变大；在存在角偏心的情况下则变小。轴偏心的影响不大。电极力和焊接时间均呈现轻微的二阶效应。

用前向逐步回归（C_p 作为停止准则）进行了焊核尺寸模型的选择。图 10.13 显示，在到达均衡点之前，模型应该包括所有的效应。这样所得的模型为

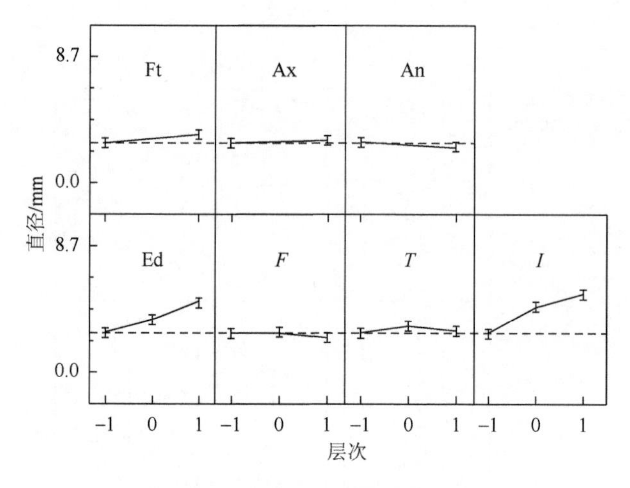

图 10.12　焊核尺寸的平均主效应

$$\begin{aligned}D=&5.58+1.31\cdot I_1+0.99\cdot \mathrm{Ed}_1+0.38\cdot \mathrm{Ft}_1\\&+0.50\cdot F_1\cdot I_1-0.22\cdot \mathrm{Ax}_1\cdot I_1-0.1\cdot \mathrm{An}_1\\&+0.22\cdot T_2\cdot I_1-0.13\cdot I_2-0.20\cdot T_2\\&-0.21\cdot \mathrm{Ft}_1\cdot I_1-0.23\cdot F_1+0.14\cdot \mathrm{Ed}_2\cdot I_1\\&+0.20\cdot \mathrm{Ed}_2\cdot F_1-0.13\cdot F_1\cdot I_2-0.18\cdot \mathrm{Ed}_1\cdot F_1\\&-0.06\cdot T_2\cdot \mathrm{Ed}_2-0.08\cdot \mathrm{Ed}_1\cdot I_2+0.12\cdot \mathrm{Ed}_1\cdot I_1\\&-0.04\cdot \mathrm{Ed}_2\cdot I_2+0.08\cdot \mathrm{Ed}_2\cdot T_2-0.08\cdot \mathrm{An}_1\cdot \mathrm{Ed}_2\end{aligned} \tag{10.25}$$

其调整后的 R^2 为 0.9122，RMS 误差为 0.48。I_1 和 I_2 分别为焊接电流的线性和二次效应。

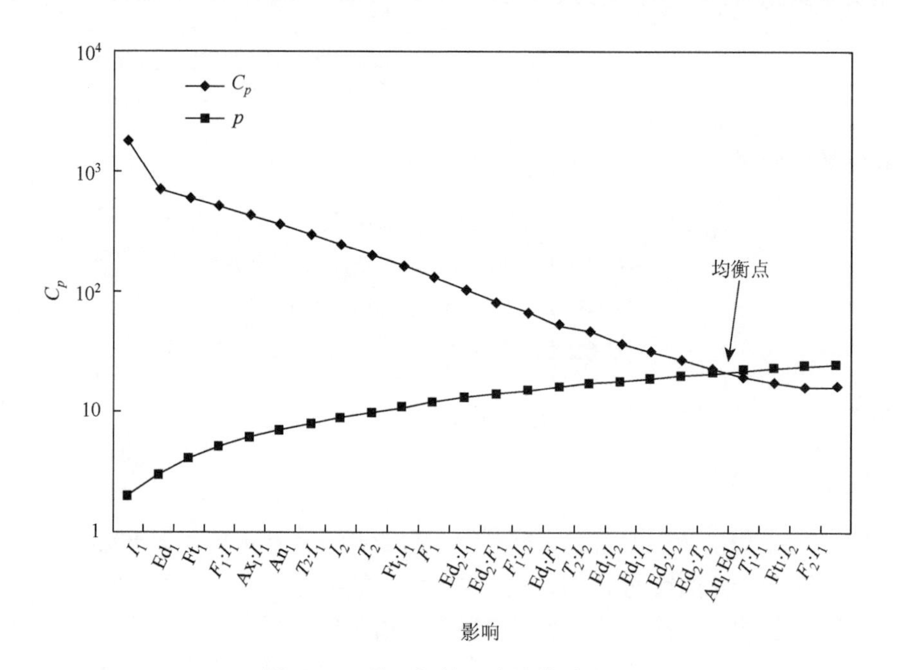

图 10.13　关于焊核尺寸的模型选择

5. 推理和决策

使用开发的模型，通过预测焊接叶形图和焊核生长曲线（焊核大小随时间的变化）来检查异常工艺条件的影响。图 10.14 是根据一组工艺参数进行预测的例子。一般情况下，板材的不良配合和角偏心导致焊接叶形图向左移并变窄。焊点叶形图左移意味着焊核的早期形成及早期飞溅，这可能会降低最大可能焊点（无飞溅）的大小。较窄的焊接叶形图还表明，在这些条件下焊接鲁棒性不够。

由图 10.15 可以看出，焊核在不同条件下沿着不同的路径生长。尽管焊点同时开始形成，且最终达到相似的尺寸（因为受飞溅极限的限制），在不良配合和角偏心条件下的焊核开始生长时的速度较快。因此，异常工艺条件导致的焊核尺寸变化的不同取决于所使用的焊接时间。例如，在第 7 个焊接周波内，在正常和角偏心条件之间，焊核尺寸约有 1mm 的差异；在第 9 个焊接周波内，在正常和不良配合之间，焊核尺寸约有 1.5mm 的差异；在第 12 周波后，焊核尺寸几乎没有差异，与工艺条件无关。

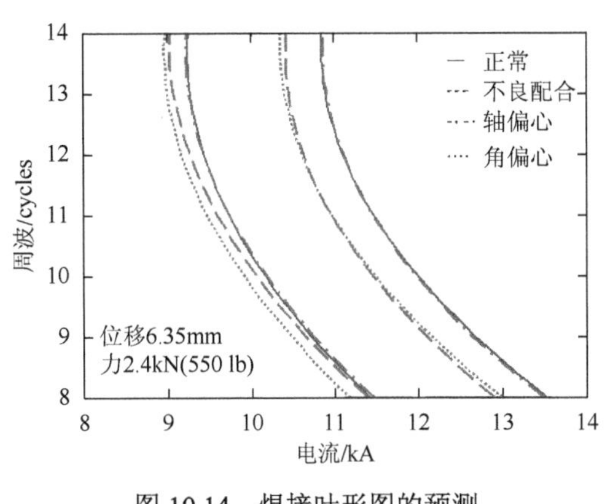

图 10.14　焊接叶形图的预测

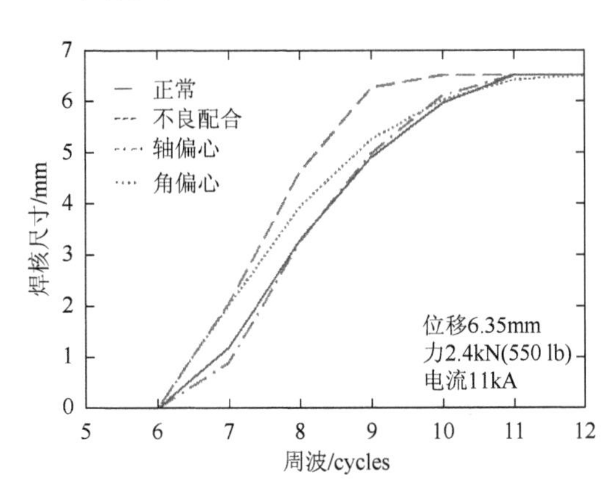

图 10.15　焊核的生长预测

轴偏心对焊接叶形图和焊核的生长均无大的影响，这是因为与使用的电极尺寸（6.35mm 的电极）相比偏差量太小（1.5mm）。这个偏差相当于电极直径 24%的差异和面积 15%的差异。在较小的轴向偏心的情况下，焊接过程与正常情况下很相似。因此，没有观察到它的显著效应。

这种新的两级滑动层次实验的设计及分析过程与传统的统计分析不同，它可用来解释电阻焊过程中工艺参数之间的相关性。实验和分析揭示了如轴向偏心、旋转（角）偏心、板材配合和电极磨损等焊接过程的非正常状态对电阻焊的显著影响，从而导致焊接质量的较大变化。这些异常过程通常导致更窄的焊接叶形图，降低过程的鲁棒性。本实例中的设计和分析方法是通用的，也可用于其他过程。

10.4　分类响应实验

一个分类的响应以类别为其值。例如，用男性和女性来判断性别；汽车尺寸可分为紧凑、中型或全尺寸。很多过程的响应可以归纳为两种类别：名义上的和序数的。它们之间的区别是类别是否有一个自然顺序。性别是名义上的，因为男性和女性的顺序在统计分析中是无关紧要的；而轿车的尺寸为序数的，因为紧凑、中型和全尺寸可作为尺寸的连续测量的一种分段代表。在分类响应的实验中，数据分析的目的与连续响应过程的目的一样，就是构建反映响应和因子之间关系的实证模型。通常用每个类别的出现概率来描述这种关系。尽管前述的统计学的基本原则在这里仍然适用，具有分类响应的实验设计和分析具有显著的特征，本节将用电阻焊实例进行说明。

10.4.1　实验设计

具有分类响应的实验设计与有连续响应的实验设计主要区别是它对参数的真实值（通常在实验前是未知的）的依赖。例如，考虑一个二层次因子和二元响应的实验。如果所有低层次的观测值是第一类，而所有高层次的观测值是第二类，则估算得到的该因子的主效应是无限的。这类问题通常出现在当一些参数组合导致的概率接近 0 或 1 的时候。为了避免出现这种情况，必须使用一些能产生不同类别观测值的层次。这种层次的选择需要对响应曲线有一定的了解。应对这种情况的一种方法是选择一个设计，它可以对建立在较好的参数猜测的基础上的准则进行优化。该准则通常是信息矩阵的函数。在典型的分类响应的统计模型中，信息矩阵取决于设计和未知参数。因此，为了获得最佳设计，通常假定有一些先验知识可用，并已知适当的参数的初始值。有关这种方法的详细信息，请参阅 Atkinson 和 Haines 的文章[13]。当没有可用的先验知识时，可以在第一阶段收集有关参数的信息，然后根据这个信息在第二阶段进行最优设计[14, 15]。一种可替代最优设计法的是部分因子设计或正交设计。然而，为了选择适当的因子层次，通常需要有关于响应曲线的一些先验知识。

10.4.2　分析与建模

本节的重点是有两种分类的分类响应，即二元分类。有关两个以上分类响应的情况的更多细节参见 Agresti[16]的著作。对于二元响应，常用的统计模型是对数回归模型。对数回归和多元回归之间的差异反映在参数模型的选择上。考虑这种差异便可以在对数回归模型中应用多重回归的分析技术原理。

将两个类别分别表示为 0 和 1。如果对应于一种组合 x 的响应的概率为 1，则记为 $P(y=1|x)\equiv p(x)$。对数回归模型可以表示为

$$f(x)=\beta_0+\beta_1x_1+\cdots+\beta_px_p \tag{10.26}$$

式中，$x_1,\cdots,x_p$ 为 $\boldsymbol{x}$ 的编码效应（见 10.3.2 节的编码）；$\beta_0,\beta_1,\cdots,\beta_p$ 为参数，且

$$\ln\{p(x)/[1-p(x)]\}=f(x) \tag{10.27}$$

根据式（10.27），可以很容易地导出

$$p(x)=\mathrm{e}^{f(x)}/[1+\mathrm{e}^{f(x)}] \tag{10.28}$$

模型中的参数可通过重加权最小二乘算法进行估计，该算法执行加权最小二乘迭代。更多关于对数回归的数据分析技术的信息如参数实验、残差和模型选择技术可参见 Hosmer 和 Lemeshow 的著作[17]。

10.4.3　推理和决策

对于分类响应的推理和决策过程遵循 10.2 节所述的规则。这个过程及实验设计和统计建模的细节将通过下面的对焊接低碳钢或冷拉钢（drawing steel，DS）中飞溅限值的研究来说明。

【实例 10.6】电阻焊的飞溅研究。

基于实验结果，Zhang 等[12]利用统计分析的方法对飞溅限值进行了研究。与以往飞溅限值的研究工作不同，他们的工作中飞溅不是在特定焊接条件下必然发生的现象，而作为受随机因素影响的，从无飞溅逐渐增至 100%的焊点有飞溅的过程。由于研究关注的是飞溅是否发生，所以实验的响应（是或否）具有类别的特征。

实验采用低碳裸钢。焊接参数选择在潜在的飞溅边界附近，并在实验期间根据已有的观察对焊接参数进行调整，以便有效地应对飞溅限值的变化。在实验中，将电极力和焊接时间固定，而改变焊接电流。从动态电阻、次级电压、电极间的相对位移等信号中和目测观察中均可以明确地检测到飞溅的发生。

包含焊接参数范围的实验设计细节见 7.4.2 节。

1. 统计分析

虽然统计分析在焊接研究中已经得到广泛应用，但因飞溅的复杂性，常用的统计分析方法不能直接用于这项研究，必须进行一定的修改。

一般情况下，模型通常是指描述输入和输出变量之间关系的函数。在这个关于飞溅实验的分类响应的统计分析中，模型应该能同时反映飞溅中的确定性和随机现象。具体地说，在这项研究中，模型必须有如下功能。

（1）利用电极力、电流和时间解释并预测飞溅发生的频率。

（2）识别重要的效应，并估计其程度。

（3）描述发生飞溅的随机性。

本书选择的统计模型是常用的对数模型，它是处理计数数据的连续输入和输出变量的理想的方法。这项研究的主要目的是了解 x（焊接参数）和 p_x（产生飞溅的概率）之间的关系。在这个对数模型中，使用常见的关联函数来描述 p_x 和 x 之间的关系，见公式(10.27)。$f(x)$是 x 的实函数，通常由 x 的多项式的和来近似。本书使用了 3 个输入变量：电流（I）、时间（τ）和力（F），则函数 $f(I, \tau, F)$可以近似为

$$
\begin{aligned}
f(I,\tau,F) \approx\ & \alpha_{000}+\alpha_{100}I+\alpha_{010}\tau+\alpha_{001}F+\alpha_{200}I^2 \\
& +\alpha_{020}\tau^2+\alpha_{002}F^2+\alpha_{110}I\tau+\alpha_{101}IF+\alpha_{011}\tau F \\
& +\alpha_{300}I^3+\alpha_{030}\tau^3+\alpha_{003}F^3+\alpha_{210}I^2\tau+\alpha_{201}I^2F \\
& +\alpha_{021}\tau^2F+\alpha_{120}I\tau^2+\alpha_{102}IF^2+\alpha_{012}\tau F^2+\alpha_{111}I\tau F
\end{aligned}
\tag{10.29}
$$

式中，α_{ijk} 为系数，通常称为参数（注意不要与焊接参数混淆），需要通过实验数据来估计。公式（10.29）是一个三阶多项式，如果有更多数据可用，就可以选择包含更多的项的模型。有关对数模型的详情，请参阅 McCullagh 和 Nelder[18]的研究。

进行统计分析前，经常需要将实验数据转换为合适的形式。在这项研究中，需要用到编码系统和伪数据。

2. 编码系统和变换

在式（10.29）中，$f(I,\tau,F)$用 x 的多项式之和表示。然而，得到的 α_{ijk} 的估值可能不准确，因为多项式之间有共线性。因此，需用正交编码系统通过 Gram-Schmidt 正交化过程将 x 的多项式向量转变成正交单位向量。该过程如下。

设 $\boldsymbol{x}_I$、$\boldsymbol{x}_\tau$、$\boldsymbol{x}_F$ 分别为代表电流、时间和力的数据的向量，$\boldsymbol{x}_I{}^2$、$\boldsymbol{x}_\tau{}^2$、$\boldsymbol{x}_F{}^2$ 为它们平方的向量，$\boldsymbol{x}_I{}^3$、$\boldsymbol{x}_\tau{}^3$、$\boldsymbol{x}_F{}^3$ 为它们立方的向量。定义如下变量：

$$\boldsymbol{u}_I = \boldsymbol{x}_I - (\boldsymbol{x}_I{}^{\mathrm{T}}\boldsymbol{1})\boldsymbol{1},\ \boldsymbol{z}_I = \boldsymbol{u}_I / \|\boldsymbol{u}_I\|$$

$$\boldsymbol{u}_I{}^2 = \boldsymbol{x}_I{}^2 - (\boldsymbol{x}_I{}^{2\mathrm{T}}\boldsymbol{z}_I)\boldsymbol{z}_I - (\boldsymbol{x}_I{}^{2\mathrm{T}}\boldsymbol{1})\boldsymbol{1},\ \boldsymbol{z}_I{}^2 = \boldsymbol{u}_I{}^2 / \|\boldsymbol{u}_I{}^2\|$$

$$\boldsymbol{u}_I{}^3 = \boldsymbol{x}_I{}^3 - (\boldsymbol{x}_I{}^{3\mathrm{T}}\boldsymbol{z}_I{}^2)\boldsymbol{z}_I{}^2 - (\boldsymbol{x}_I{}^{3\mathrm{T}}\boldsymbol{z}_I)\boldsymbol{z}_I - (\boldsymbol{x}_I{}^{3\mathrm{T}}\boldsymbol{1})\boldsymbol{1},\ \boldsymbol{z}_I{}^3 = \boldsymbol{u}_I{}^3 / \|\boldsymbol{u}_I{}^3\| \qquad (10.30)$$

式中，$\boldsymbol{1}$ 为单位向量，$\boldsymbol{1}=(1,1,\cdots,1)$；T 为转置操作；$\boldsymbol{z}_I$ 为电流的线性效应；$\boldsymbol{z}_I^2$ 为电流的二次效应；$\boldsymbol{z}_I^3$ 为电流的立方效应。图 10.16 是$\{\boldsymbol{z}_I, \boldsymbol{z}_I^2, \boldsymbol{z}_I^3\}$和原始电流数据 $\boldsymbol{x}_I$ 之间的关系。

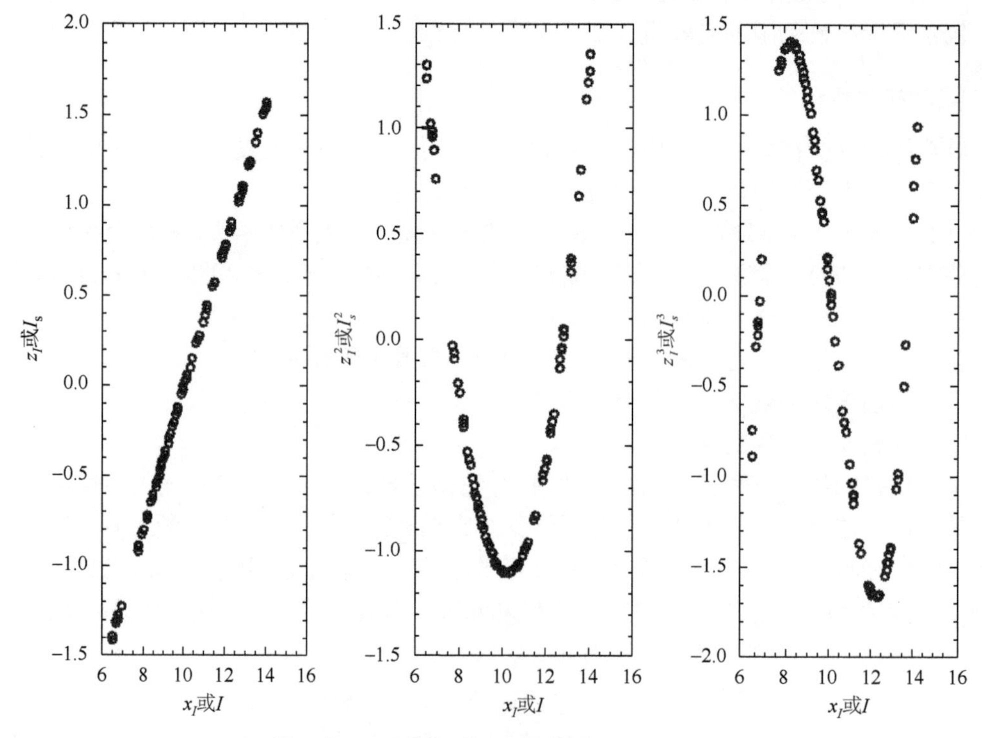

图 10.16 原始数据和编码数据之间的关系

由图 10.16 可知，$\{\boldsymbol{z}_I, \boldsymbol{z}_I^2, \boldsymbol{z}_I^3\}$是正交单位向量。对$\{\boldsymbol{x}_\tau, \boldsymbol{x}_\tau^2, \boldsymbol{x}_\tau^3\}$和$\{\boldsymbol{x}_F, \boldsymbol{x}_F^2, \boldsymbol{x}_F^3\}$进行相同的转换。另外，可以证明 I 的多项式项的线性组合和 I 的标准化形式 I_s 的多项式项的线性组合之间的一对一的转换如下：

$$I_s=a_{10+}a_{11}I$$

$$I_s^2=a_{20}+a_{21}I+a_{22}I^2$$
$$I_s^3=a_{30}+a_{31}I+a_{32}I^2+a_{33}I^3 \tag{10.31}$$

式中，a_{ij}为变换系数。对时间τ和力F进行相似的转换，式（10.29）改写为

$$\begin{aligned}f(I,\tau,F)\approx&\,\theta_{000}+\theta_{100}I_s+\theta_{010}\tau_s+\theta_{001}F_s+\theta_{200}I_s^2\\&+\theta_{020}\tau_s^2+\theta_{002}F_s^2+\theta_{110}I_s\tau_s+\theta_{101}I_sF_s+\theta_{011}\tau_sF_s\\&+\theta_{300}I_s^3+\theta_{030}\tau_s^3+\theta_{003}F_s^3+\theta_{210}I_s^2\tau_s+\theta_{201}I_s^2F_s\\&+\theta_{021}\tau_s^2F_s+\theta_{120}I_s\tau_s^2+\theta_{102}I_sF_s^2\\&+\theta_{012}\tau_sF_s^2+\theta_{111}I_s\tau_sF_s\end{aligned} \tag{10.32}$$

式中，θ_{000}为常数效应系数；θ_{100}、θ_{010}和θ_{001}为线性效应系数；θ_{200}、θ_{020}和θ_{002}为二次效应系数；θ_{300}、θ_{030}和θ_{003}为立方效应系数。下标表示输入变量的顺序；其他θ_{ijk}为I_s、τ_s和F_s之间的相互作用效应的系数。

正交编码系统中z的多项式项与x相比有更好的正交特性，由z的多项式项形成的模型中系数的估值更有效，更加（统计意义上）独立，从而使模式选择过程更准确，但要以失去直观地对系数的物理解释为代价。使用正交编码系统的拟合模型可以再转换回到x的函数，其系数较有意义。在该实例中，用式（10.32）获取一个拟合模型，然后将其进行转换，得到一个用自然尺度表达的飞溅模型，见式（10.29）。

3. 伪数据的使用

钢焊接实验中使用的设置如图 10.17 所示。由图可知，当时间减少或力增加时，焊接电流的实验区向右偏移。低电流和短时间的组合，以及高电流和长时间的组合被故意省略。原因是在这些区域中，结果是不需要实际实验即可知晓的：飞溅或不可能发生（低设定）或必然发生（高设定），所以没有必要在这样的条件下进行实验。在不需要进行实际实验的情况下即可获得的信息称为先验知识。

虽然没有必要进行实际实验，还是需要这些区域内的信息以构建一个统计模型。贝叶斯法通过系数分布的方式来处理先验知识。将上述的关于飞溅的先验知识转变成系数分布通常很难，因此，可采用替代法，使用伪数据来代表先验知识。在低电流端创建 12 个无飞溅的伪数据，同时在高电流端建立 12 个飞溅伪数据。它们在图 10.17 中用实心点

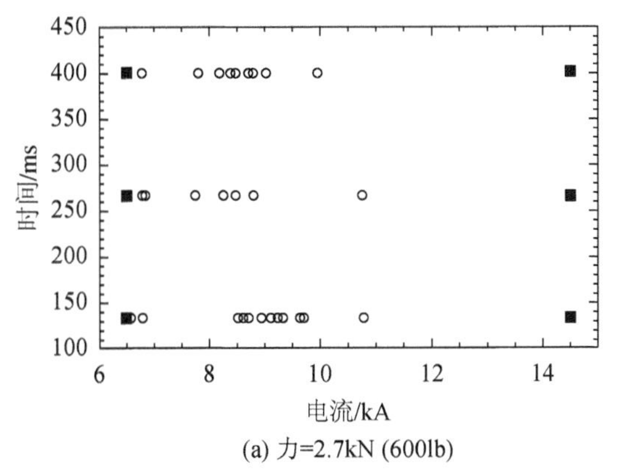

(a) 力=2.7kN (600lb)

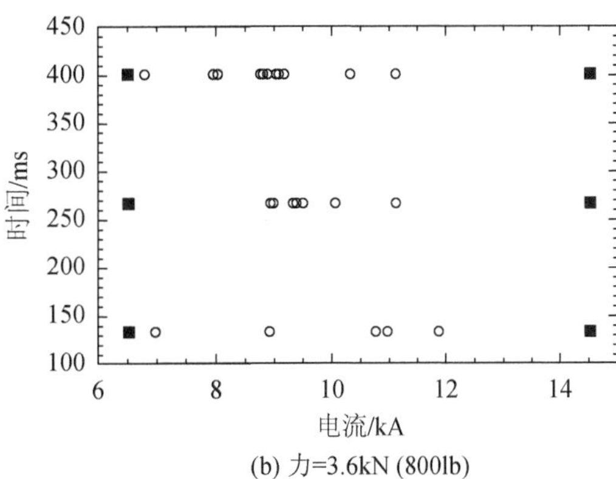

(b) 力=3.6kN (800lb)

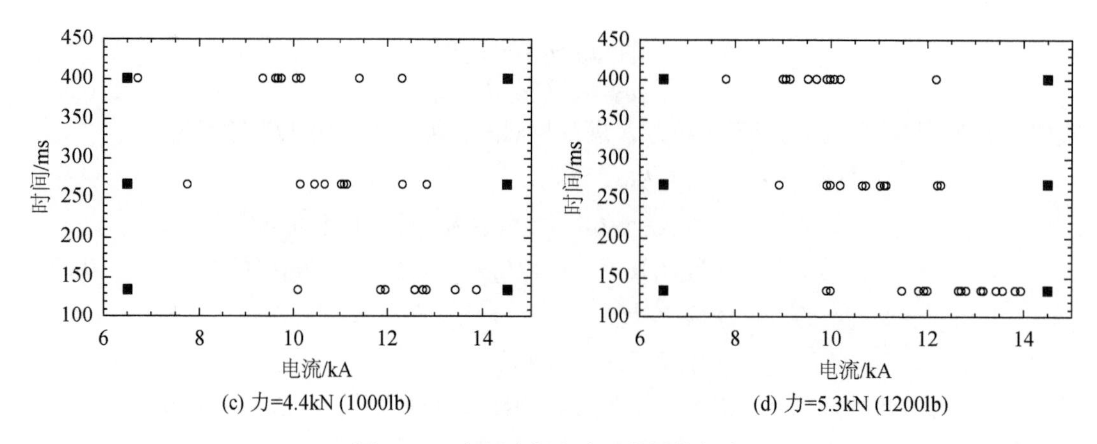

(c) 力=4.4kN (1000lb)　(d) 力=5.3kN (1200lb)

图 10.17　包括虚拟和实际设置的组合

表示。用含有伪数据的数据集拟合的模型能够表示与飞溅有关的信息。

4. 分析和结果

用钢焊接的数据作为例子来说明飞溅统计分析法的细节。

1）统计模型选择

统计分析中，并不是所有的效应都是显著的。通常仅有一小部分效应是重要的，对输出（在此情况下是飞溅概率）有显著的影响。非显著的效应可以通过模型选择的过程筛除。除了获得只含有影响的效应的模型，模型选择的另一个目的是得到拟合优度和通用性之间的平衡。

在这项研究中，使用了基于准则的模型选择方法。通用线性模型中常用的准则，C_p 准则[4]应用于整体模型的每个子集。这个准则可用于拟合优度和通用性的测量。通过比较每个子模型的 C_p 值来寻找适当的模型。模型的选择包含以下三个方面。

（1）对应于一种组合的飞溅的概率可以用 y_x/n_x 来估算，记为 p_x。n_x 为重复数；y_x 是设置 x 上观察到的飞溅数量；y_x/n_x 是重复实验中飞溅发生的比例。当没有在 p_x 和 x 之间假设任何物理关联时，它可以作为 p_x 的直观估值。

（2）对式（10.27）中的对数模型进行变换，用 w_x 来代表 $\ln[p_x/(1-p_x)]$，并将其中的 p_x 用 y_x/n_x 来代替。为避免发散，当 $y_x/n_x=1$ 时使用 0.999，而当 $y_x/n_x=0$ 时使用 0.001，则式（10.32）中的向量可用一个一般线性模型来表示：

$$\begin{aligned} w_x \approx\ & \theta_{000} + \theta_{100} z_I + \theta_{010} z_\tau + \theta_{001} z_F + \theta_{200} {z_I}^2 \\ & + \theta_{020} {z_\tau}^2 + \theta_{002} {z_F}^2 + \theta_{110} z_I z_\tau + \theta_{101} z_I z_F \\ & + \theta_{011} z_\tau z_F + \theta_{300} {z_I}^3 + \theta_{030} {z_\tau}^3 + \theta_{003} {z_F}^3 \\ & + \theta_{210} {z_I}^2 z_\tau + \theta_{201} {z_I}^2 z_F + \theta_{021} {z_\tau}^2 z_F + \theta_{120} z_I {z_\tau}^2 \\ & + \theta_{102} z_I {z_F}^2 + \theta_{012} z_\tau {z_F}^2 + \theta_{111} z_I z_\tau z_F \end{aligned} \tag{10.33}$$

式中，w_x 为因变量；z_I、z_τ、z_F、z_I^2、z_τ^2、z_F^2、$z_I z_\tau$、$z_I z_F$、$z_\tau z_F$ …为一般线性模型中的独立变量。

（3）用模型选择准则来选择最佳的统计模型。经过上述过程以后即可将 C_p 准则用于因变量和自变量。目标是取得一个小的 C_p 值。图 10.18 显示了最佳子模型中 C_p 值是如何随着效应的数量的变化而变化的。可以看到，当子模型的效应数量增加时，C_p 值先下降，再上升，意味着可以达到拟合优度和通用性之间的平衡。

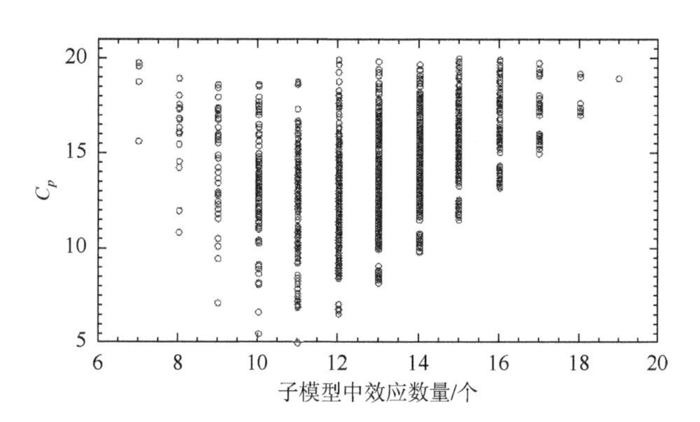

图 10.18　C_p 值与子模型中效应数量之间的关系

上述模型选择过程仅仅考虑了统计学的要求。要确定一个好的模型还需要考虑与物理过程相关的实际知识，如 7.4.2 节中所述。

根据实验数据应用模型选择方法可以获得一个正交编码系统下的模型，它包含线性、二次、立方效应，以及它们的交互作用：z_I、z_τ、z_F、z_τ^2、z_F^2、z_I^3、z_F^3、$z_I z_F^2$、$z_I^2 z_\tau$、$z_I^2 z_F$、$z_\tau^2 z_F$。

2）识别有影响的效应

经过前面过程所选择的模型通常包含很多效应。由于效应之间具有共线性，所选择的模型中不太重要的效应可被其他效应取代，新模型仍保持相同的拟合优度。

模型选择的结果可以帮助确定重要的效应。直观地说，如果一个效应对响应有很大的影响，则它应该出现在多数良好模型中。因此，对每一个效应出现在大多数最佳模式中的频率进行计算，并将出现频率高的效应确定为有影响的效应（图 10.19）。

通过上述过程，钢材焊接中有 8 个效应可认为具有影响力：z_I、z_τ、z_F、z_I^3、z_F^3、$z_\tau z_F$、$z_I^2 z_\tau$、$z_I^2 z_F$。它们从开始到结束的频率都为 1，这意味着它们出现在所有 200 个最好的模型中。此外，其他两个效应 z_τ^2 和 $z_\tau^2 z_F$ 的影响也不可忽视，因为它们出现的频率也很高。值得注意的是这样得到的 10 个效应都包含在先前的模型选择过程所确定的模型中。

3）估计效应的大小

根据上述模型选择过程选择好统计模型后，可对系数 θ_{ijk}，即模型中效应的大小进行估计。在对数模型中，估算的方法通过加权迭代的最小二乘法来获得 θ_{ijk} 的最大可能性的估计[18]。通过这种方法对钢的焊接模型的系数进行了估计，得到根据正交编码系统的模型的明确表示为

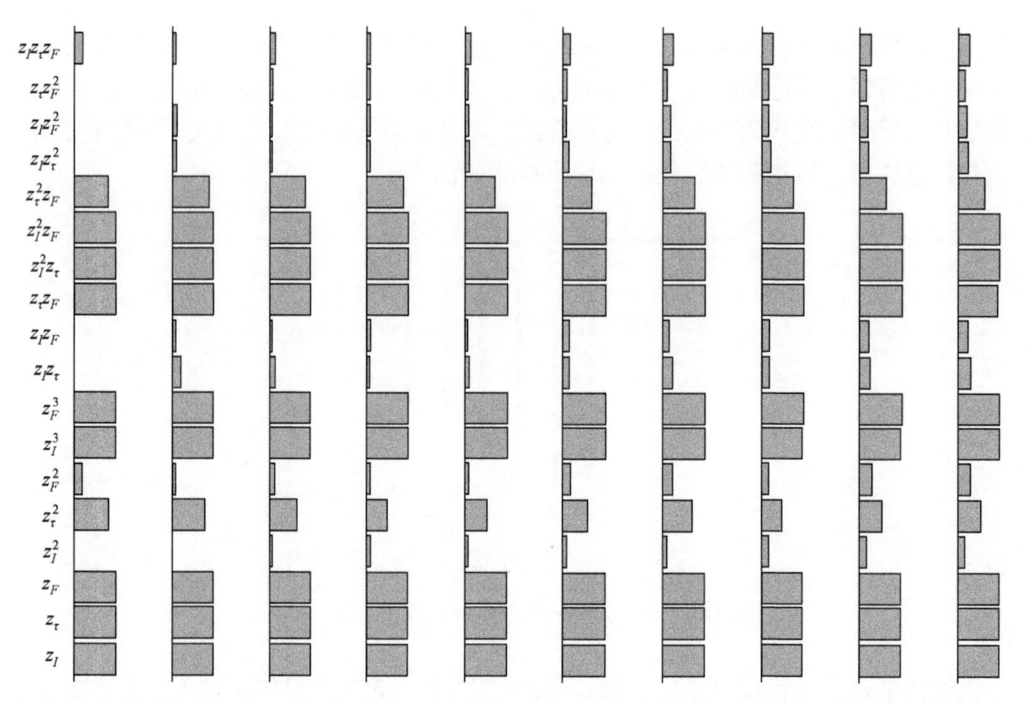

图 10.19　前 5、10、15、20、25、30、50、100、150 及 200 个最佳模型中各个效应的出现频率

$$\begin{aligned}\ln[p_x/(1-p_x)] \approx &(-9.037)+(38.360)I_s+(10.779)\tau_s \\ &+(-16.215)F_s+(-1.816)\tau_s{}^2+(1.385)F_s^2 \\ &+(3.645)\tau_sF_s+(6.236)I_s{}^3+(0.677)F_s^3 \\ &+(4.811)I_s{}^2\tau_s+(-8.253)I_s{}^2F_s \\ &+(-0.420)\tau_s{}^2F_s+(5.358)I_sF_s^2\end{aligned} \tag{10.34}$$

它可以转换回自然尺度的编码系统（焊接电流的单位为 kA；时间的单位为 ms；力的单位为 kN），如下所示：

$$\begin{aligned}\ln[p_x/(1-p_x)] \approx &(-7.6449\times10^2)+(1.6731824\times10^2)I \\ &+(7.12636\times10^{-1})\tau+(9.7174\times10^1)F \\ &+(-1.54168327\times10^1)I^2+(-1.49\times10^{-5})\tau^2 \\ &+(-4.234\times10^1)F^2+(6.251982\times10^{-1})I^3 \\ &+(1.4202468)F^3+(-1.540455\times10^{-1})I\tau \\ &+(8.088965)IF+(6.08688\times10^{-2})\tau F \\ &+(7.5306\times10^{-3})I^2\tau+(-1.4449971)I^2F \\ &+(-5.12\times10^{-5})\tau^2F+(2.6919807)IF^2 \\ \equiv &f(I,\tau,F)\end{aligned} \tag{10.35}$$

拟合概率可通过对方程（10.28）的简单转换获得

$$p_x = \mathrm{e}^{f(I,\tau,F)}/[1+\mathrm{e}^{f(I,\tau,F)}] \tag{10.36}$$

通过对式（10.35）中系数的估计进行（相对于它们的实验范围）标准化，再比较它们的大小，则自然尺度中有影响的效应可以确定为（以重要程度为序）I^2、I^3、I、I^2F、IF^2、$I\tau$、$I^2\tau$、F^2和IF。

构建统计模型后，需要使用诊断方法对其与源数据的接近程度进行判断，如用残留分析法查验是否有任何明显的矛盾。对模型（10.35）进行的残留分析表明观测值和拟合值之间有很好的一致性。

5. 推理和决策

第 7 章中对实验的讨论说明以上得到的飞溅的统计模型确实能提供一些对飞溅现象的了解。利用式（10.35）的自然尺度的模型产生的响应曲面和等高线图，可以更好地理解飞溅的物理过程，并提供选择焊接参数的指南。此外，分类响应统计分析在电阻焊研究中还有许多应用。例如，焊点质量可以按适当的和不适当的两种，而不是按焊点的尺寸（一个连续量）来分类；实验样品可以按焊核拉出、沿界面断裂、部分焊核拉出等来分类。

10.5　计算机模拟实验

计算机模拟已广泛用于科学和工程中，尤其是在实际物理实验的成本太高、工艺太复杂或者不可能得到理论解的情况下，它有明显的优越性。在计算机模拟实验中，计算程序可以用来模拟复杂的物理现象，以获取对应于各种输入变量的响应（观察值）y。在统计设计和计算机技术（包括硬件和软件）的辅助下，计算机模拟可为非常复杂的问题提供一个快速而准确的解决方案。使用这种方法，不但避免了与物理实验相关的不确定性，还极大地降低了成本。此外，还可用比常规实验设计更少的运行数来获得更多的信息。计算机（统计）实验有多种用途，如优化响应，使得因子的影响可视化，或开发一种更简单的预测工具来取代复杂的计算机代码。计算机实验中的响应和因子之间的关系与真实物理实验中的大不相同。例如，如果一个计算机代码以相同的输入值运行两次，就会得到相同的输出值；而在物理实验中，重复实验中误差通常会导致不同的输出值。计算机实验中实验误差的缺乏会导致统计分析中一些重要的差异如下。

（1）在计算机实验中，因子层次的变化可以通过对计算机代码进行不同的输入来简单地实现。而在物理实验中采用多层次通常意味着额外的成本和精力。因此，计算机实验可根据需要采用很多因子层次。但是，对一些复杂的物理过程的数值模拟很耗时，如电阻焊过程的模拟，需要控制处置组合的总数，以控制与计算时间相关的计算成本。

（2）在真实物理实验设计中通常需要考虑的一些因素如固块化、复制及随机性等变得无关紧要。

（3）计算机模型和拟合模型之间的差异完全由模型的偏差确定。由物理实验的最小二乘残差衍生的不确定性度量可以作为计算机实验模型的偏差。计算机实验和物理实验之间的这些差异要求采用新的思维，研发新的技术来进行计算机仿真实验分析和设计。对这方面的总结参见 Sacks 等[19]，以及 Koehler 和 Owen 的文章[20]。

10.5.1　实验设计

计算机实验的统计设计主要有两种方法：一种是以贝叶斯模型为基础的，另一种基于空间填充技术。贝叶斯法的关键是选择一个能构建高效贝叶斯模型的设计。由于模型中没有实验误差，设计制定是以一些与模型偏差相关的标准优化为基础的。人们已经提出了一些优化准则，如熵、均方误差、最大最小化和最小最大化。对于这些准则的详细讨论参见Koehler 和 Owen 的文章[20]。另一种方法不依赖于模型，而是进行所谓的空间填充，即从实验区域均匀地选择设计点。拉丁超立方体设计是空间填充设计中最流行的一种。一个包含 d 个变量的 n 阶拉丁超立方体设计就是一个 $n\times d$ 阶矩阵，由向量$(1,2,\cdots,n)^{\mathrm{T}}$的 d 个排列组成。拉丁超立方体设计对某个因子的投影是在实验区内均匀分布的超级点。当响应仅由几个因子主导时，拉丁超立方体设计的一个优势是，无论哪些因子是重要的，它都会保证这些因子中的每一个都以完全均匀的方式表示出来。研究者在选择好的拉丁超立方体设计方面付出很多努力。例如，Owen[21]和 Tang[22]独立提出基于 OA 的拉丁超立方体设计。Iman 和 Conover[23]、Owen[24]、Tang[25]和 Ye[26]提出了效应之间的相关性较小的拉丁超立方体设计。Park[27]、Morris 和 Mitchell[28]研究出了具有良好的贝叶斯预测特性的拉丁超立方体设计。

10.5.2　分析与建模

用于计算机实验的统计模型可简单地表示为

$$\text{响应}=\text{线性模型}+\text{系统偏离} \tag{10.37}$$

其线性部分是因子的函数，用来近似计算机代码；系统偏离的部分表示线性模型和计算机程序之间的差异。将该模型与式（10.1）的模型比较可以看出，主要差别是式（10.1）中的实验误差被系统偏离所替换。对系统偏离的模拟有两种主要方法：贝叶斯法和频率法。贝叶斯模型将系统偏离作为一个随机过程 Z 的结果，其中 Z 的协方差结构与响应的平滑性有关。贝叶斯模型的一个优点是在设计点上它的预测值与观察值完全一致（即系统偏移为零），其预测与观察值之间的偏离随着预测点远离设计点而增加。协方差结构的选择在分析、构建贝叶斯设计中起着至关重要的作用。有关贝叶斯法和协方差结构的选择的详细讨论请参阅 Sacks 等[19]，以及 Koehler 和 Owen 的文章[20]。对于熟悉多重回归模型的研究人员，频率法可能更方便。使用频率法时，10.3.2 节中所描述的所有关于多重回归模型分析的技术都可用于拟合计算机实验的线性模型。唯一的区别是，该残差是模型偏差而非实验误差导致的。基于频率法的拉丁超立方体设计和分析的说明见实例 10.7。

【实例 10.7】点焊质量与属性之间的关系的计算机模拟。

Zhou 等[29]的论文详细地描述了点焊接头的计算机模拟过程，并使用计算机实验设计概念来评价点焊强度。他们的工作首先揭示了焊点属性对焊点的质量和强度的影响，然后建立了焊接强度和焊接属性之间的定量关系。

根据先前的研究结果[9]，峰值载荷、与峰值载荷对应的位移，以及相应的能量可以完整地描述拉伸-剪切试验的结果。它们可以直观地表示为接头形状和材料特性的函数，

或者

$$P_{max}=f_P(\text{几何形状；基材金属、HAZ 和焊核的材料性质}) \tag{10.38a}$$

$$U_{max}=f_U(\text{几何形状；基材金属、HAZ 和焊核的材料性质}) \tag{10.38b}$$

$$W_{max}=f_W(\text{几何形状；基材金属、HAZ 和焊核的材料性质}) \tag{10.38c}$$

式中，P_{max} 为峰值载荷；U_{max} 和 W_{max} 分别为相应的位移和能量。一般情况下，所有的这些关系都是未知的，也不可能解析推导得出。而计算机仿真实验可以用来建立这种关系。

1. 数值实验的设计

下面将详细介绍用于点焊质量评估的计算机模拟统计实验的过程。

1）变量的选择

计算机实验设计与常规的实验设计一样，首先需要选择实验变量。因为数值模拟涉及网格的划分和细化以导致收敛，这个过程相当耗时，所以需要尽可能地减少组合（运行）的数量，以降低工作量。可以根据关于效应和变量之间关系的先验知识来减少变量的数量。在此项研究中需要两组变量。一组变量是几何尺寸，包括板厚、试样长度、试样宽度、板材重叠、焊点直径、HAZ 尺寸、压痕、板材分离等。根据以往的研究结果[9]，长度可以固定在 L=150mm，而重叠长度可以取为与试样宽度相同。为简单起见，仅考虑大尺寸的焊点，并且焊点直径与板厚的关系取为 $d=5\sqrt{t}$ 。考虑的是极端情况，即在焊核周边有带尖锐凹口的焊接接头。通过这些处理，将几何变量的数量减少到只有板材厚度（t）、板材宽度（w）、HAZ 尺寸（h）和压痕（t_i）。另一组变量包括材料性质，即杨氏模量（E）、泊松比（ν）、屈服强度（σ_y）、极限拉伸强度（σ_{UTS}）和延伸率（e）。由于焊核、HAZ 和基材的材料结构是不同的，所以，焊件的每一部分有不同的材料性质。然而，它们不是相互独立的：焊核和 HAZ 的材料性质与基材的材料性质通过硬度相关联，其具体关系如第 5 章所示。通过使用这些公式，需要使用的材料变量减少了 5 个。此外，如果只考虑钢的焊接试样，杨氏模量和泊松比可以设定为常数（E=210GPa 和 ν=0.3）。因此，在设计中，仅需基材特性及焊核和基材之间的硬度比（k）作为材料变量。

因此，式（10.38）可简化为

$$P_{max}=f_P(t, w, h, t_i;\ \sigma_y, \sigma_{UTS}, e, k) \tag{10.39a}$$

$$U_{max}=f_U(t, w, h, t_i;\ \sigma_y, \sigma_{UTS}, e, k) \tag{10.39b}$$

$$W_{max}=f_W(t, w, h, t_i;\ \sigma_y, \sigma_{UTS}, e, k) \tag{10.39c}$$

在数值计算中，将 σ_{UTS} 用 σ_0 替换，它是极限拉伸强度 σ_{UTS} 和屈服强度 σ_y 之间的差。正的 σ_0 可以确保极限拉伸强度总是大于屈服强度。这是有必要的，否则，在某些实验点上 σ_{UTS} 可能小于 σ_y，而这在实际情况中是不可能的。表 10.4 列出了用于统计实验设计的变量和它们的范围。

表 10.4　输入变量的范围

t/mm	h/mm	w/mm	t_i/%	σ_y /MPa	σ_0 /MPa	e/%	k
0.5～2.0	0.1～1.5	30～50	0～20	205～1725	50～200	2～65	1.0～3.0

2）拉丁超立方体设计

拉丁超立方体设计在计算机实验中非常有用[20, 26]。有一类正交拉丁超立方体可以保留列之间的正交性，适用于这种应用。用正交拉丁超立方体对计算机实验进行设计，在数据分析方面有两点优势。首先，它保留了传统实验设计的正交性。所有因子的线性效应的估计不仅彼此不相关，而且与所有的二次效应和双线性相互作用不相关。其次，它适用于非参数拟合程序，因为可以根据选择准则，在某一类正交拉丁超立方体中选择良好的空间填充设计。表 10.5 是用于 8 个变量（基于最大距离准则）的最佳拉丁超立方体设计。根据此准则，设计点均匀地分布在设计空间里，消除了随机效应，又确保所有的点彼此间离得不太远，也靠得不太近。在此设计中，每个变量有 33 个层次，范围为–16～16（编码度量）。图 10.20 是在任意两个变量的空间中设计变量的投影分布。如上所述，每一个变量均有一个设计范围。所有变量的设计范围都均匀地分配为相应的层次，见表 10.6。比较结果（输出值）也列于表 10.6 中。

表 10.5　拉丁超立方体设计矩阵（使用了编码尺度）

var1	var2	var3	var4	var5	var6	var7	var8
1	–2	–4	–8	–16	15	13	–9
2	1	–3	–7	–15	–16	14	–10
3	–4	2	–6	–14	13	–15	–11
4	3	1	–5	–13	–14	–16	–12
5	–6	–8	4	–12	11	9	13
6	5	–7	3	–11	–12	10	14
7	–8	6	2	–10	9	–11	15
8	7	5	1	–9	–10	–12	16
9	–10	–12	–16	8	–7	–5	1
10	9	–11	–15	7	8	–6	2
11	–12	10	–14	6	–5	7	3
12	11	9	–13	5	6	8	4
13	–14	–16	12	4	–3	–1	–5
14	13	–15	11	3	4	–2	–6
15	–16	14	10	2	–1	3	–7
16	15	13	9	1	2	4	–8
0	0	0	0	0	0	0	0
–16	–15	–13	–9	–1	–2	–4	8
–15	16	–14	–10	–2	1	–3	7
–14	–13	15	–11	–3	–4	2	6
–13	14	16	–12	–4	3	1	5
–12	–11	–9	13	–5	–6	–8	–4
–11	12	–10	14	–6	5	–7	–3
–10	–9	11	15	–7	–8	6	–2

续表

var1	var2	var3	var4	var5	var6	var7	var8
−9	10	12	16	−8	7	5	−1
−8	−7	−5	−1	9	10	12	−16
−7	8	−6	−2	10	−9	11	−15
−6	−5	7	−3	11	12	−10	−14
−5	6	8	−4	12	−11	−9	−13
−4	−3	−1	5	13	14	16	12
−3	4	−2	6	14	−13	15	11
−2	−1	3	7	15	16	−14	10
−1	2	4	8	16	−15	−13	9

为了有效地进行实验，开发了一个通用的有限元模型，可以很容易地改变几何变量（宽度、厚度、焊核大小、HAZ 尺寸和压痕），以及材料变量（基材的弹、塑性，焊核，HAZ 中的区域）。为此，开发了一个特殊代码，它可以使如图 6.9 所示的点焊的有限元模型和设计参数自动更新。为了确保收敛性和精确度，模型使用了大量的节点和单元，而且采用了断裂力学模型来处理焊核外围的高应力集中。焊核、HAZ 和基材使用的材料特性各不相同。

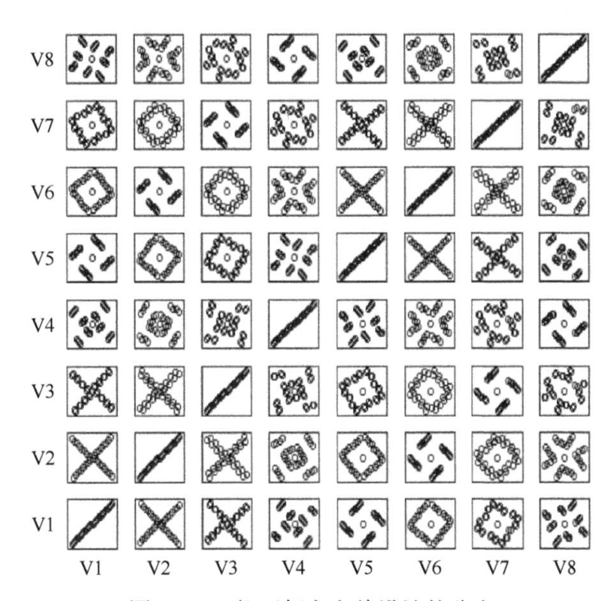

图 10.20　拉丁超立方体设计的分布

表 10.6　拉丁超立方体的设计矩阵（使用自然尺度）和响应

序号	t	h	w	t_i	σ_y	$\sigma_{UTS}-\sigma_y$	u	k	U_{max}	P_{max}	W_{max}	J_e
1	1.27	0.74	37.88	0.055	251.06	190.91	0.58	1.48	1.30	4.53	4683	5.48×10^{-7}
2	1.32	0.82	38.48	0.061	297.12	54.55	0.60	1.42	0.93	3.86	2960	5.16×10^{-7}

续表

序号	t	h	w	t_i	σ_y	$\sigma_{UTS}-\sigma_y$	u	k	U_{max}	P_{max}	W_{max}	J_e
3	1.36	0.65	40.91	0.067	343.18	181.82	0.10	1.36	1.06	5.32	4528	4.78×10^{-7}
4	1.41	0.91	40.30	0.073	389.24	63.64	0.08	1.30	0.78	4.92	3003	4.51×10^{-7}
5	1.45	0.57	35.45	0.121	435.30	172.73	0.51	2.76	1.38	8.45	8845	4.57×10^{-7}
6	1.50	0.99	36.06	0.115	481.36	72.73	0.52	2.82	1.03	8.43	6359	4.26×10^{-7}
7	1.55	0.48	43.33	0.109	527.42	163.64	0.17	2.88	0.58	8.82	3120	3.72×10^{-7}
8	1.59	1.08	42.73	0.103	573.48	81.82	0.15	2.94	1.00	11.02	7735	3.54×10^{-7}
9	1.64	0.40	33.03	0.006	1310.45	95.45	0.27	2.03	0.86	15.51	6989	3.67×10^{-7}
10	1.68	1.16	33.64	0.012	1264.39	159.09	0.26	2.09	1.79	22.78	26730	3.40×10^{-7}
11	1.73	0.31	45.76	0.018	1218.33	104.55	0.47	2.15	0.44	11.03	2448	2.75×10^{-7}
12	1.77	1.25	45.15	0.024	1172.27	150.00	0.49	2.21	1.63	24.10	26740	2.77×10^{-7}
13	1.82	0.23	30.61	0.170	1126.21	113.64	0.35	1.73	0.53	10.30	2710	3.34×10^{-7}
14	1.86	1.33	31.21	0.164	1080.15	140.91	0.33	1.67	1.44	19.59	18260	3.12×10^{-7}
15	1.91	0.14	48.18	0.158	1034.09	122.73	0.40	1.61	0.18	4.72	416	2.22×10^{-7}
16	1.95	1.42	47.58	0.152	988.03	131.82	0.42	1.55	1.42	20.07	20540	2.37×10^{-7}
17	1.25	0.80	40.00	0.100	965.00	125.00	0.36	2.00	1.05	11.25	7609	5.58×10^{-7}
18	0.55	0.18	32.42	0.048	941.97	118.18	0.29	2.45	0.87	3.46	1988	2.63×10^{-7}
19	0.59	1.46	31.82	0.042	895.91	127.27	0.31	2.39	0.81	3.94	1976	2.24×10^{-7}
20	0.64	0.27	48.79	0.036	849.85	109.09	0.38	2.33	0.80	4.09	2260	1.81×10^{-7}
21	0.68	1.37	49.39	0.030	803.79	136.36	0.36	2.27	0.76	4.52	2321	1.57×10^{-7}
22	0.73	0.35	34.85	0.176	757.73	100.00	0.22	1.79	0.62	3.78	1476	1.60×10^{-7}
23	0.77	1.29	34.24	0.182	711.67	145.45	0.24	1.85	0.72	4.05	1938	1.41×10^{-7}
24	0.82	0.44	46.36	0.188	665.61	90.91	0.45	1.91	0.56	4.08	1512	1.20×10^{-7}
25	0.86	1.20	46.97	0.194	619.55	154.55	0.44	1.97	0.68	4.47	2141	1.07×10^{-7}
26	0.91	0.52	37.27	0.097	1356.52	168.18	0.56	1.06	1.08	8.22	5698	1.01×10^{-7}
27	0.95	1.12	36.67	0.091	1402.58	86.36	0.54	1.12	1.12	8.61	6306	9.23×10^{-7}
28	1.00	0.61	43.94	0.085	1448.64	177.27	0.19	1.18	1.07	10.21	6978	8.05×10^{-7}
29	1.05	1.03	44.55	0.079	1494.70	77.27	0.20	1.24	1.09	10.57	7518	7.34×10^{-7}
30	1.09	0.69	39.70	0.127	1540.76	186.36	0.63	2.70	1.41	14.96	13010	7.18×10^{-7}
31	1.14	0.95	39.09	0.133	1586.82	68.18	0.61	2.64	1.34	14.92	12360	6.69×10^{-7}
32	1.18	0.78	41.52	0.139	1632.88	195.45	0.11	2.58	1.39	16.67	14390	6.13×10^{-7}
33	1.23	0.86	42.12	0.145	1678.94	59.09	0.13	2.52	1.25	16.72	12580	5.60×10^{-7}

2. 结果与推理

利用表 10.6 的结果，可以通过回归法导出峰值载荷、最大位移和最大能量的模型。图 10.21 反映了各个变量对 P_{max}，这个传统上用于描述焊点质量的物理量的影响。从图 10.21 中可以看出，屈服强度和板材厚度比其他变量的影响都要大。HAZ 的尺寸对 P_{max} 的影响也很大。如果包括大部分效应，P_{max} 可表示为

$$\begin{aligned}P_{max} &= 2.64-32.18t+32.08h-59.70t_i-0.0123\sigma_y\\&+0.0117\sigma_{UTS}+3.74k+11.54t\cdot h+0.0137t\cdot\sigma_y\\&+8.022h\cdot\sigma_y+t^2-0.00000372\sigma_y{}^2\\&+0.0000936(\sigma_{UTS}-\sigma_y)^2+224.94t_i{}^2-28.20h^2(\text{kN})\end{aligned} \tag{10.40}$$

其 R^2=99.3%。

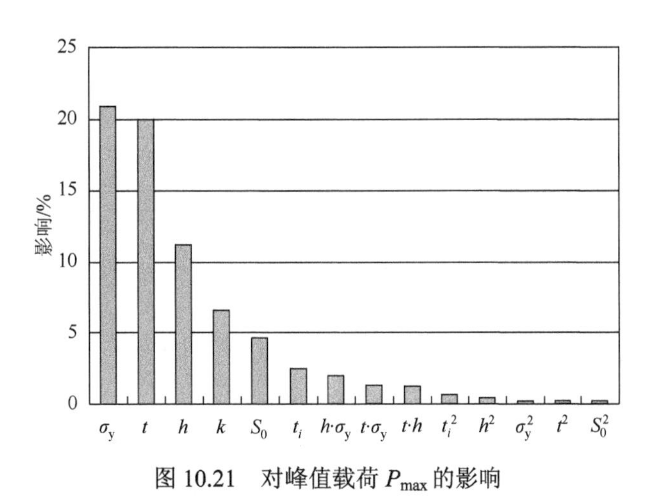

图 10.21　对峰值载荷 P_{max} 的影响

如果只选择板厚 t、屈服强度 σ_y 和 HAZ 尺寸 h 作为变量，P_{max} 可表示为

$$P_{max}=-6.74+2.72t+0.016\sigma_y-10.99h+16.31t\cdot h(\text{kN}) \tag{10.41}$$

从统计学意义上，它仍有很高的置信系数（94.5%）。对于系数的置信区间，如果考虑 95%的置信，它的系数的区间为[−15.86，2.38]、[−3.52，8.97]、[0.0128，0.0197]、[−19.90，−2.08]和[9.84，22.79]。这些区间可以帮助确定式（10.41）中系数的有意义的位数。尽管式（10.41）具有较小的置信系数，但是因为比式（10.40）简单，所以更适用。事实上，它具有更好的通用性，这意味着它的预测结果比式（10.40）更好。根据类似的程序得到 W_{max} 和 U_{max} 的表达式，见式（10.42）和式（10.43）。它们的置信度分别为 97.6%和 97.0%。

$$\begin{aligned}W_{max} &= 126966-414160t+325520h-106.718\sigma_y\\&+70.45\sigma_{UTS}+3288k-6898.8t\cdot h+22.50t\cdot\sigma_y\\&+26.916h\cdot\sigma_y+164950t^2-204840h^2\end{aligned} \tag{10.42}$$

$$
\begin{aligned}
U_{\max} = & 3.41 - 12.49t + 10.26h - 0.012w \\
& - 1.07t_i - 0.0525\sigma_y + 0.0484\sigma_{UTS} + 0.347e \\
& + 0.0644k + 5.05t^2 - 6.15h^2 + 0.00000226\sigma_y{}^2 \\
& - 0.000184(\sigma_{UTS} - \sigma_y)^2
\end{aligned}
\tag{10.43}
$$

变量对最大能量 $W_{\max}$ 和位移 $U_{\max}$ 的影响分别如图 10.22 和图 10.23 所示。板材厚度 t，HAZ 尺寸 h，屈服强度 σ_y 对 $W_{\max}$ 的影响最大。然而，对最大位移来说，最重要的效应是 h 和 t 的二次项，以及 h 的一次项。因此，可以断定，影响所有三个响应中最重要的变量是 HAZ 尺寸。然而，在所有情况下，其他一些效应如二次项和交互作用项在确定峰值载荷、最大能量和位移时也不能忽略。

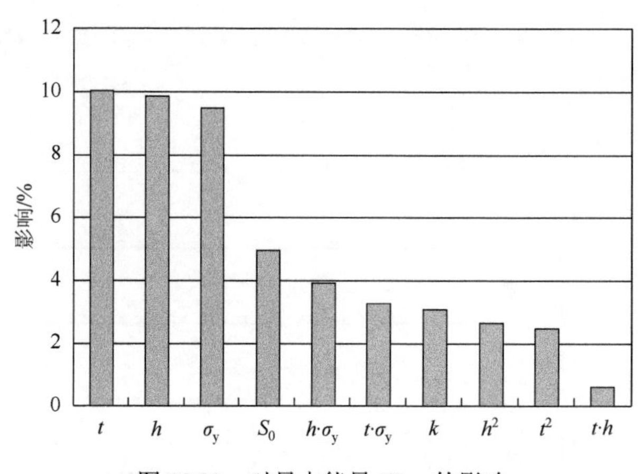

图 10.22　对最大能量 $W_{\max}$ 的影响

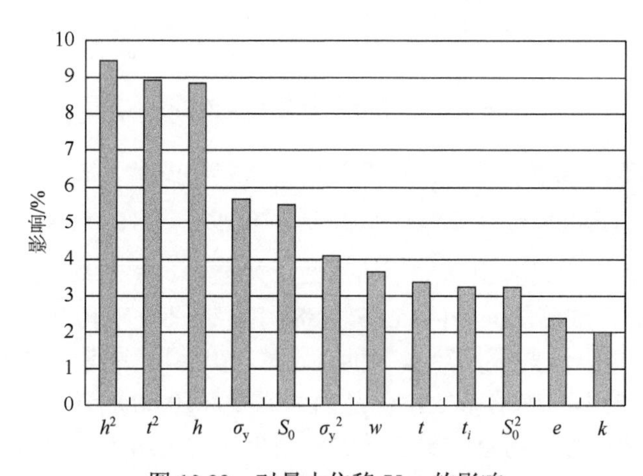

图 10.23　对最大位移 $U_{\max}$ 的影响

这项研究提供了有关焊接质量对几何变量和材料性能依赖性的基本了解。主要结果概括如下。

（1）通过集成了的数值分析可以对焊件属性（如焊点直径、熔透和压痕）的效应进行分析。

（2）由于 HAZ 内及其周围的应力高度集中，HAZ 尺寸在焊接强度分析中起着重要作用。

（3）板材厚度（及相应的焊点直径）、HAZ 和基材的屈服强度是影响焊点质量的关键参数。

虽然模拟是对拉伸-剪切试验进行的，这种分析方法可以扩展到其他载荷模式如交叉张力和疲劳等。

10.6　总　　结

可以把实验视为一个学习过程。在这个过程中，首先提出关于该系统的问题，然后进行实验，收集数据，根据分析得出结论，再据此结论，提出新的问题，进行进一步探索。这表明，实验应按顺序进行。实验的成功需要对问题的全方位的了解，如各种因素的重要性，选择适当的变量范围和层次数。一般来说，在研究初始阶段，这些问题的答案并不明了。随着实验的进行可以获得对问题的更深刻的了解。在顺序实验的过程中，一些因子需要舍弃，也许要增加其他因子，因此实验区间可能需要改变，统计模型需要修改。为了获得对物理系统的完整理解，可能需要采用顺序实验。为此，不应该将所有的资源投入一个大的、复杂的、详尽的实验。相反，按顺序执行若干较小的实验则会更有效地实现目标。

参考文献

[1] Montgomery D C. Design and Analysis of Experiments. 6th ed. New York：John Wiley & Sons，2005.

[2] Wu C F J，Hamada M. Planning，Analysis and Parameter Design Optimization. New York：John Wiley & Sons，2000.

[3] Draper N R，Smith H. Applied Regression Analysis. 3rd ed. New York：John Wiley & Sons，1998.

[4] Sen A，Srivastava M. Regression Analysis：Theory，Methods，and Applications. New York：Springer-Verlag，1990.

[5] Hamada M，Wu C F J. Analysis of designed experiments with complex aliasing. Journal of Quality Technology，1992，24(3)：130-137.

[6] Li W，Cheng S，Hu S J，et al. Statistical investigation of resistance spot welding quality using a two-stage，sliding-level experiment. Trans of ASME—Journal of Manufacturing Science and Engineering，2001，123：513-520.

[7] Box G E P，Meyer R D. Finding the active factors in fractionated screening experiments. Journal of Quality Technology，1993，25（2）：94-105.

[8] Myers R H，Montgomery D C. Response Surface Methodology：Process and Product in Optimization Using Designed Experiments. New York：John Wiley & Sons，1995.

[9] Zhou M，Hu S J，Zhang H. Critical specimen sizes for tensile-shear testing of steel sheets. Weld. J.，1999，78(9)：305s-313s.

[10] Cheng S，Zhang H，Hu S J. Statistics in welding research design and analysis//Proc. Sheet Metal Welding Conf. IX. Sterling Heights，2000，Paper No 5-5.

[11] Taguchi G，Konishi S. Orthogonal Arrays and Linear Graphs. Dearborn：ASI press，1987.

[12] Zhang H，Hu J S，Senkara J，et al. Statistical analysis of expulsion limits in resistance spot welding. Trans. ASME—J. Manufact. Sci. Eng.，2000，122（3）：501-510.

[13] Atkinson A C，Haines L M. Designs for nonlinear and generalized linear models. Handbook of Statistics，1996，13(4)：437-475.

[14] Sitter R R，Forbes B. Optimal two-stage designs for binary response experiments. Statistica Sinica，1997，7（4）：941-955.

[15] Sitter R R，Wu C F J. Two stage design of quantal response studies. Biometrics，1999，55（2）：396-402.

[16] Agresti A. Categorical Data Analysis. New York：John Wiley & Sons，1990.

[17] Hosmer D W，Lemeshow S. Applied Logistic Regression. 2nd ed. New York：John Wiley & Sons，2000.

[18] McCullagh P，Nelder J A. Generalized Linear Models. 2nd ed. London：Chapman & Hall，1989.

[19] Sacks J，Welch W J，Mitchell T J，et al. Design and analysis of computer experiments. Statistical Science，1989，4（4）：433-435.

[20] Koehler J R，Owen A B. Computer experiments. Handbook of Statistics，1996，13：261-308.

[21] Owen A B. Orthogonal arrays for computer experiments，integration and visualization. Statistica Sinica，1992，2(2)：439-452.

[22] Tang B. Orthogonal array-based Latin hypercubes. J. Amer. Stat. Assoc.，1993，88（424）：1392-1397.

[23] Iman R L，Conover W J. A distribution-free approach to inducing rank correlation among input variables. Communications in Statistics，Part B—Simulation and Computation，1982，11（3）：311-334.

[24] Owen A B. Controlling correlations in Latin hypercube samples. Journal of the American Statistical Association，1994，89（428）：1517-1522.

[25] Tang B. Selecting Latin hypercubes using correlation criteria. Statist. Sinica，1998，8（3）：965-977.

[26] Ye K Q. Orthogonal column Latin hypercubes and their application in computer experiments. J. Amer. Stat. Assoc.，1998，93（444）：1430-1439.

[27] Park J S. Optimal Latin-hypercube designs for computer experiments. Journal of Statistical Planning and Inference，1994，39（1）：95-111.

[28] Morris M，Mitchell T. Exploratory design for computer experiments. Journal of Statistical Planning and Inference，1995，43（3）：381-402.

[29] Zhou M，Hu S J，Zhang H. Relationships between quality and attributes of spot welds. Welding Journal，2003，82（4）：72-77.

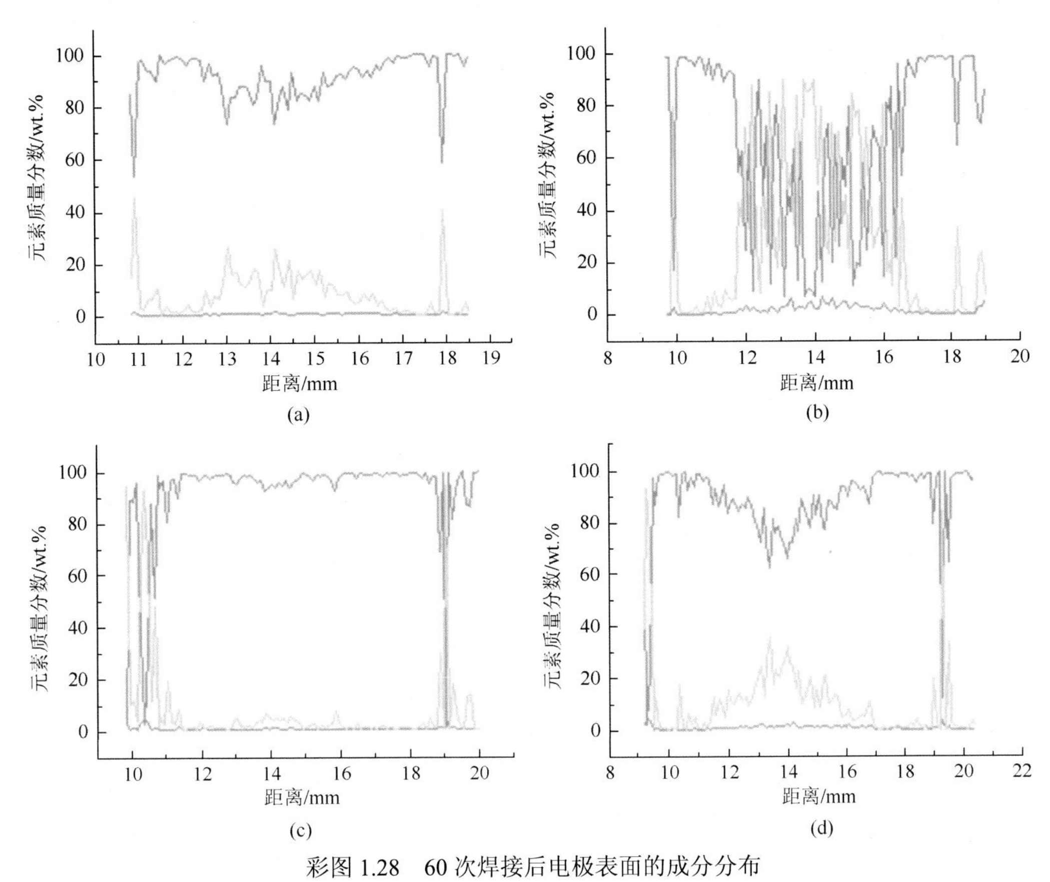

彩图 1.28　60 次焊接后电极表面的成分分布

使用的焊接参数为（a）F=4.5kN，τ=60ms；（b）F=4.5kN，τ=180ms；（c）F=9.0kN，τ=60ms；（d）F=9.0kN，τ=180ms。红线代表铜，绿线代表铝，蓝线代表镁

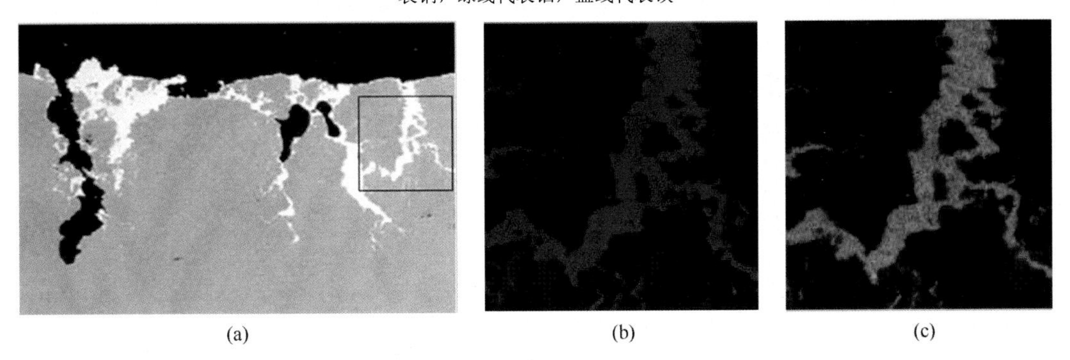

彩图 1.34　镀锌 HSLA 钢焊点中的液态金属脆性裂化（a）、（a）中框出的区域中铜的 X 射线图（b）和锌的 X 射线图（c）

彩图 2.10　焊接钢中的电极磨损

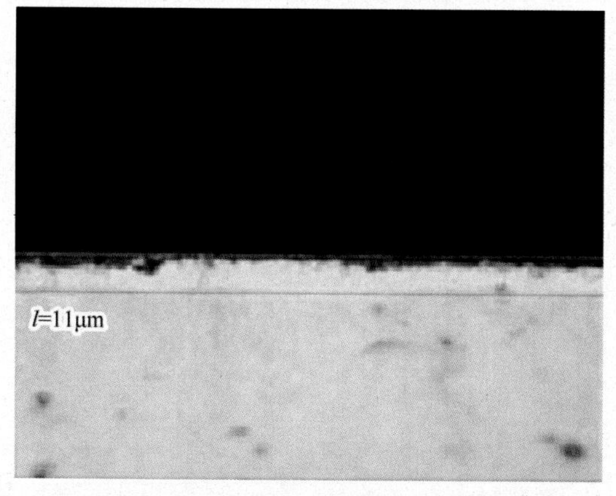

(a) 经过100个焊点后生成的合金层 (11μm)

(b) 经过300个焊点后形成的蚀坑 (深度87μm)

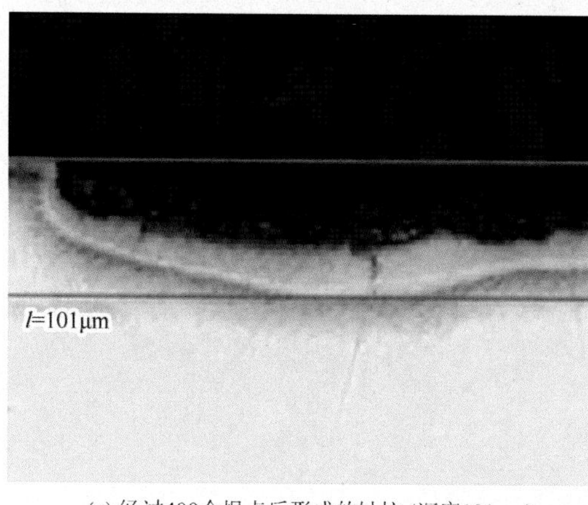

(c) 经过400个焊点后形成的蚀坑 (深度101μm)

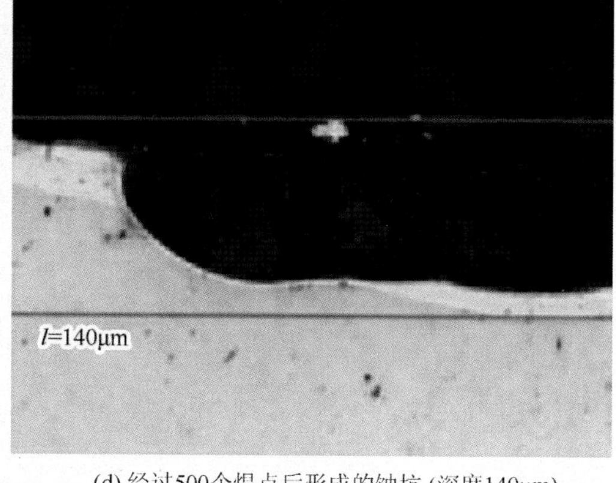

(d) 经过500个焊点后形成的蚀坑 (深度140μm)

彩图 2.11　电极表面上蚀坑的形成和生长对焊点数量的依赖关系

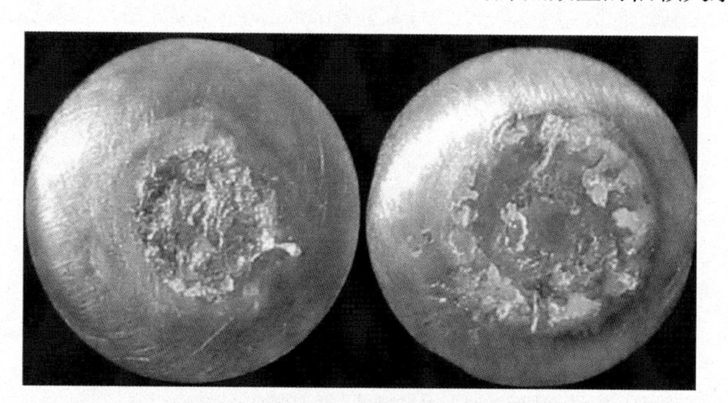

彩图 2.12　铝合金焊接中的电极磨损

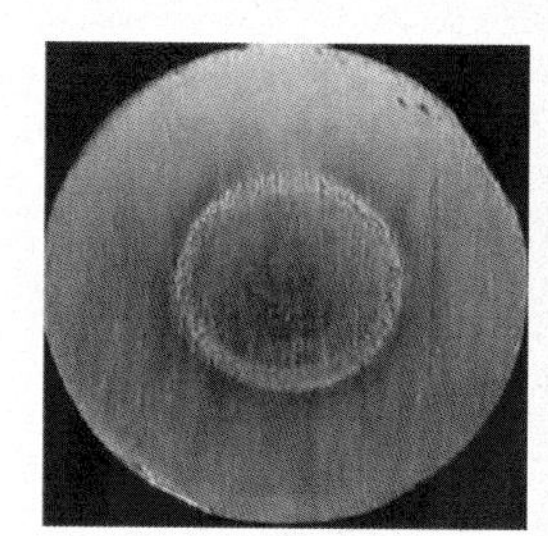

(a) 化学清洗

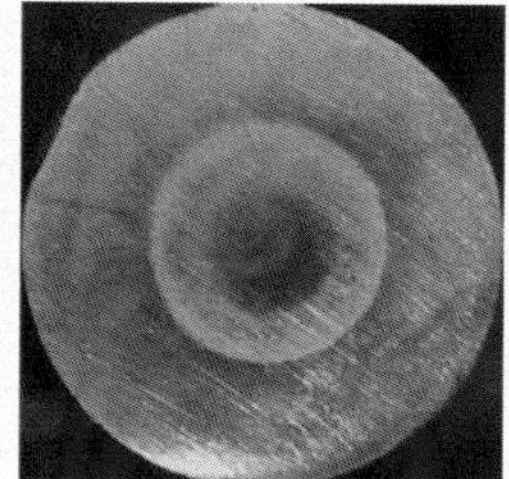

(b) 除油

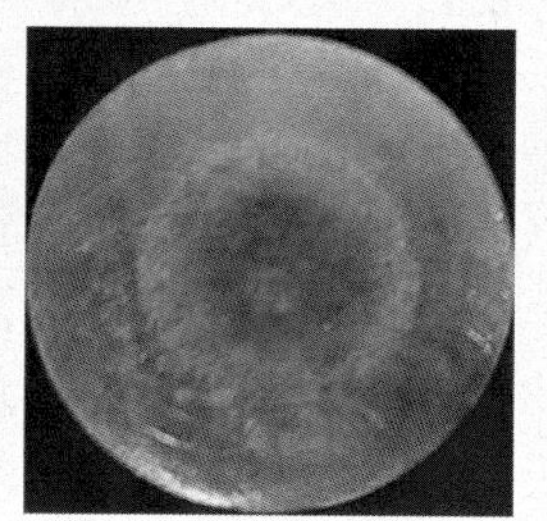

(c) 电弧清洗

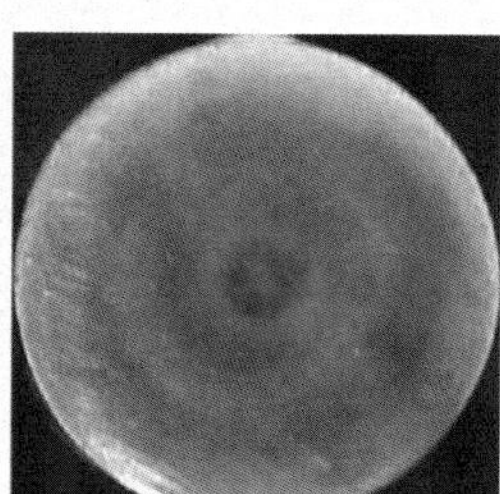

(d) 原始表面

彩图 2.13　在不同表面条件下的基材经过 60 个焊点后的电极表面

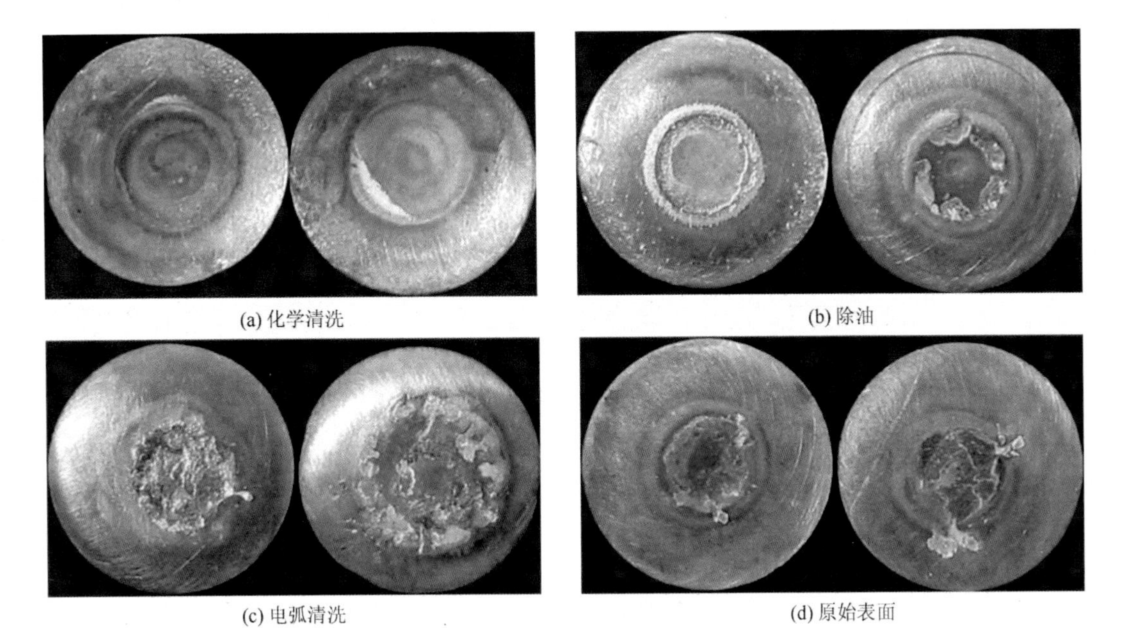

(a) 化学清洗　　(b) 除油

(c) 电弧清洗　　(d) 原始表面

彩图 2.15　不同表面条件下的寿命试验之后的电极表面形貌

左侧的电极来自焊机下臂（负极），右侧电极来自上臂（正极）

彩图 4.26　新型冲击试验机实物图

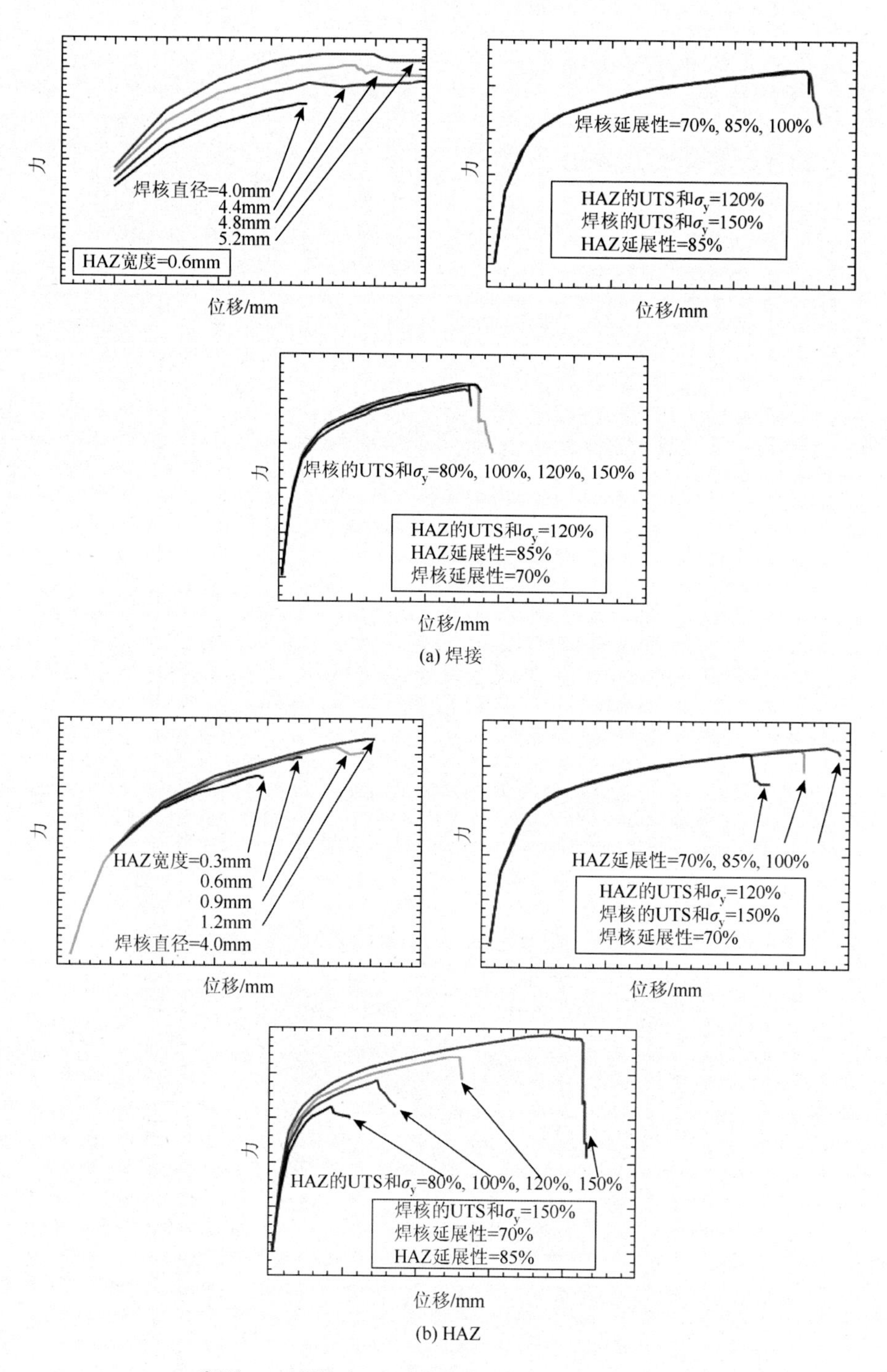

(a) 焊接

(b) HAZ

彩图 6.8　焊核和 HAZ 的尺寸及力学性能的影响

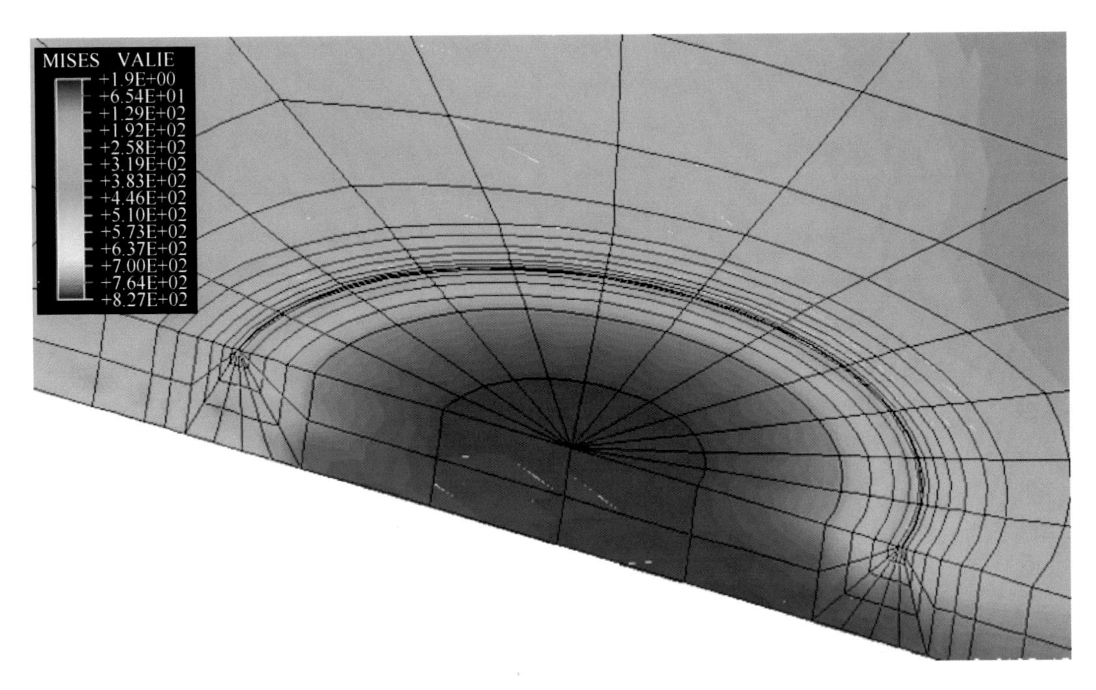

彩图 6.10 焊件中的 von Mises 应力分布

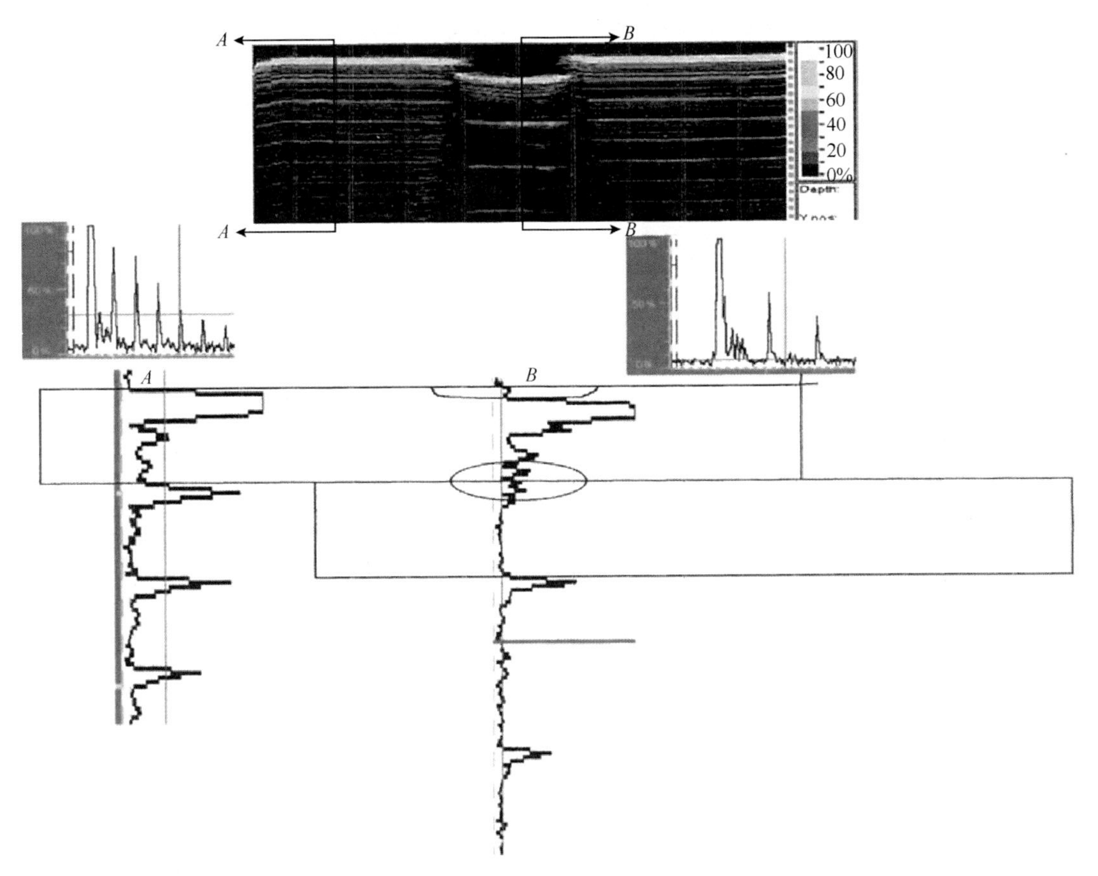

彩图 6.24 焊点 B 超图像的形成

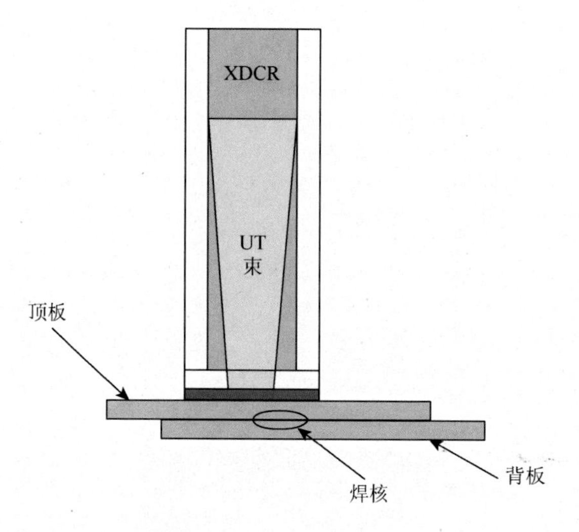

彩图 6.26　探头设置示意图

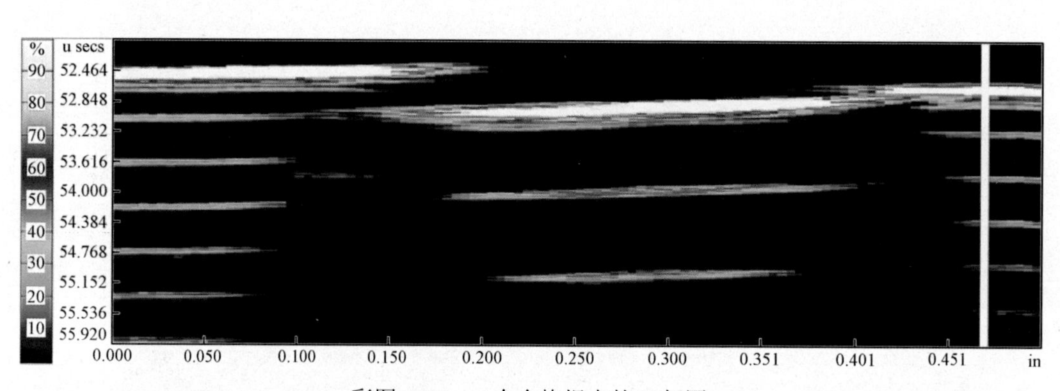

彩图 6.27　一个合格焊点的 B 超图

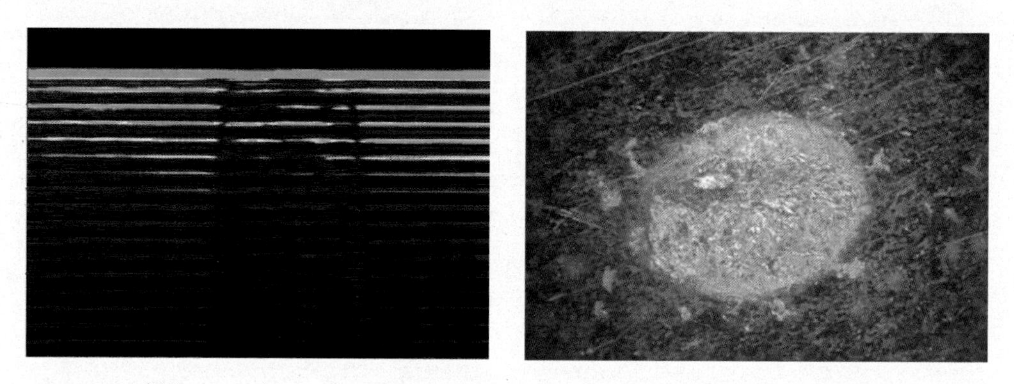

彩图 6.34　冷焊（电流=5000A）的 B 超图像和沿板材接合界面的断裂面

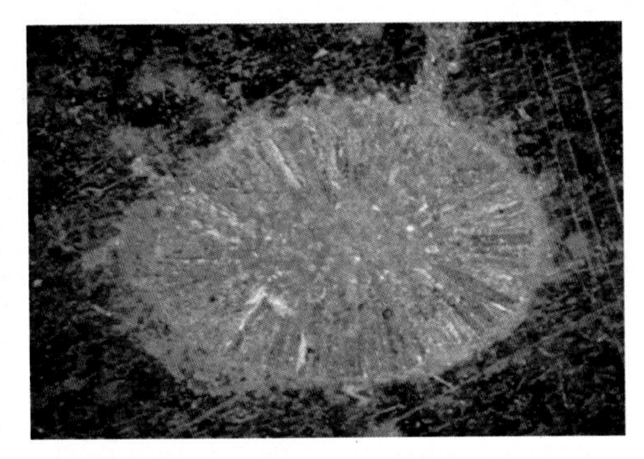

彩图 6.35　一个冷焊点（电流=5500A）的 B 超图像和沿板材接合界面的断裂表面

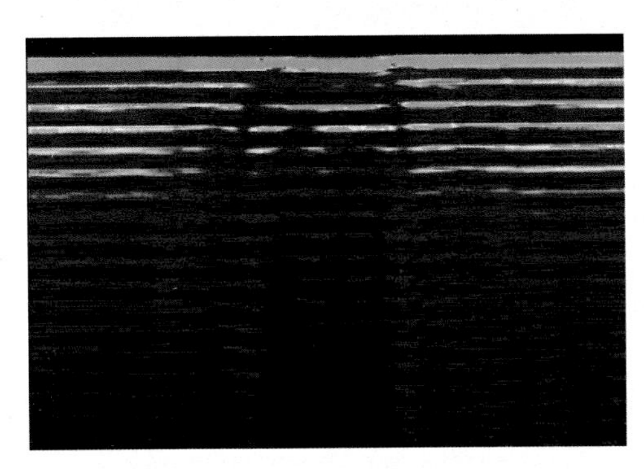
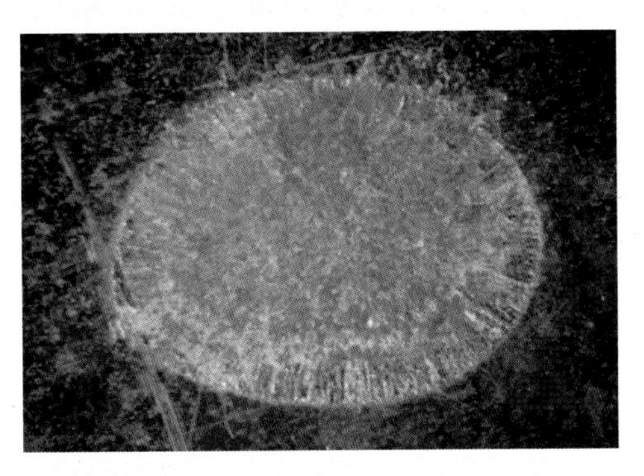

彩图 6.36　一个冷焊点（电流=6500A）的 B 超图像和沿板材接合界面的断裂表面

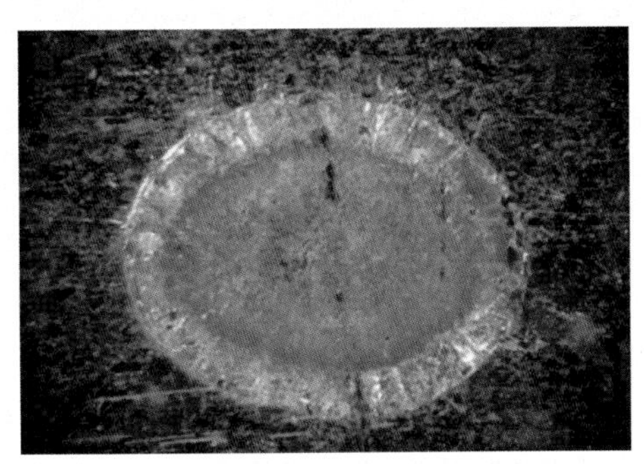

彩图 6.37　一个焊点（电流=8000A）的 B 超图像和沿板材接合界面的断裂表面

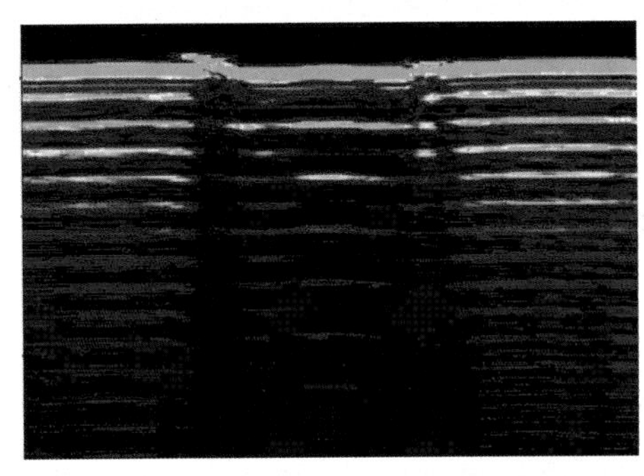

彩图 6.38　一个焊点（电流=9000A）的 B 超图像和沿板材接合界面的断裂表面

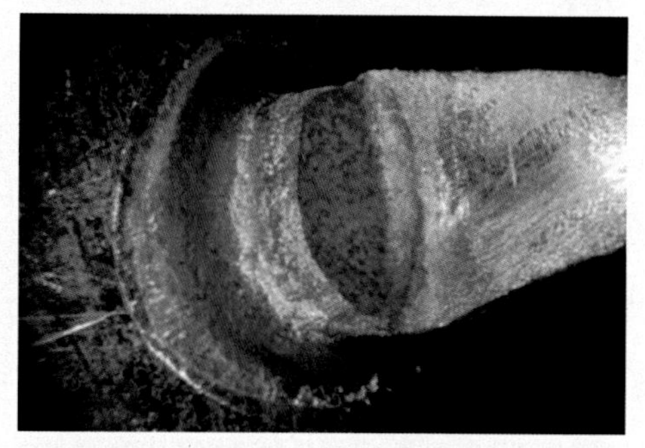

彩图 6.39　一个焊点（电流=9500A）的 B 超图像和焊点剥离的断裂表面

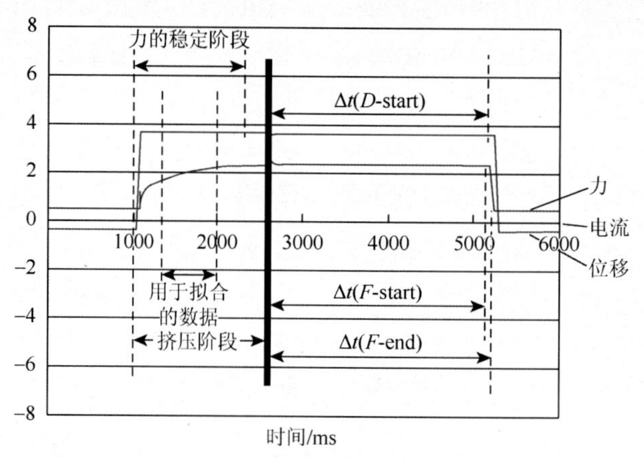

彩图 8.12　使用 DAQ 系统获得的一个典型焊接周期的信号

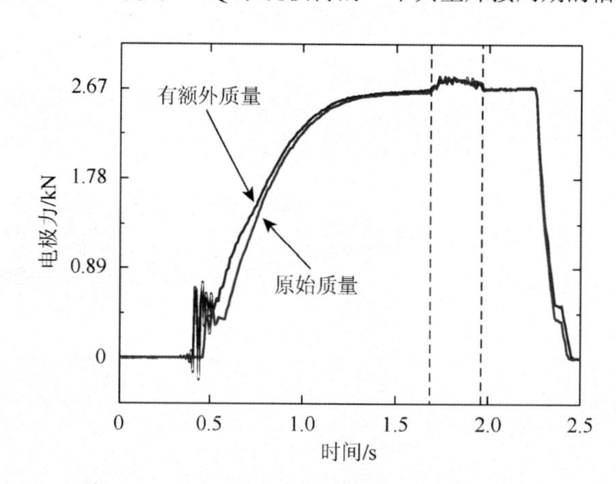

彩图 8.25　运动质量对电极力的影响

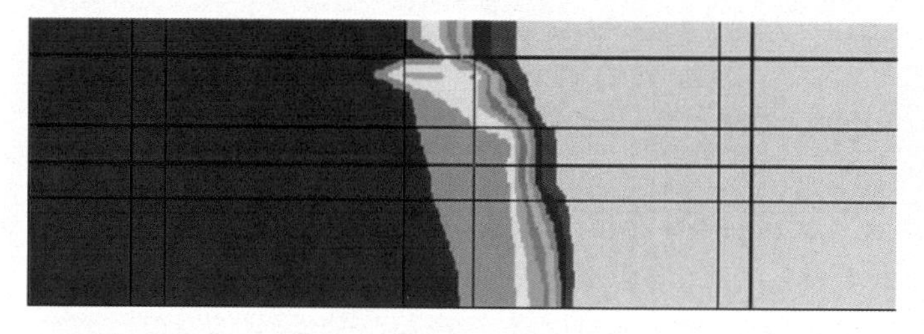

彩图 9.12　预测的焊件硬度梯度

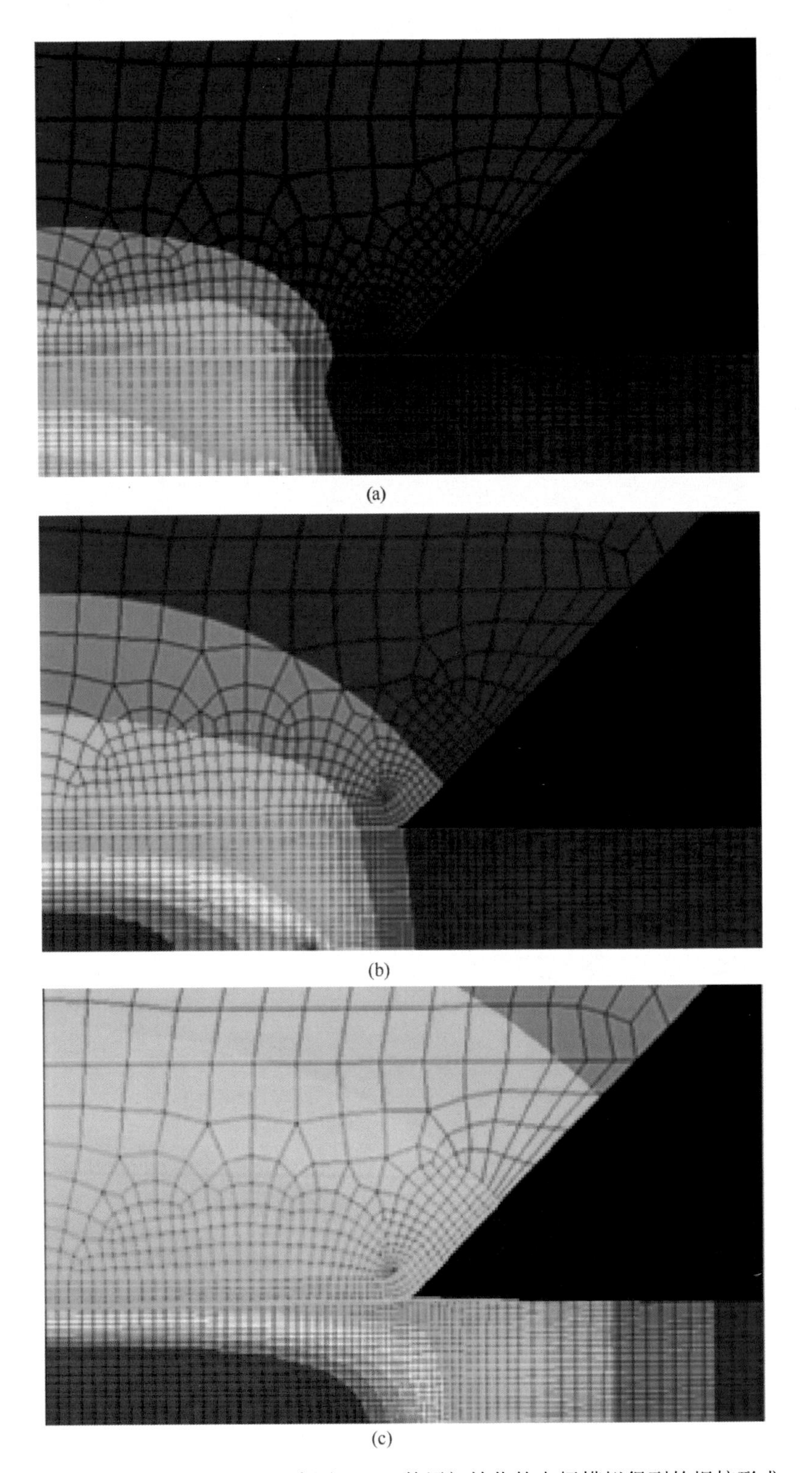

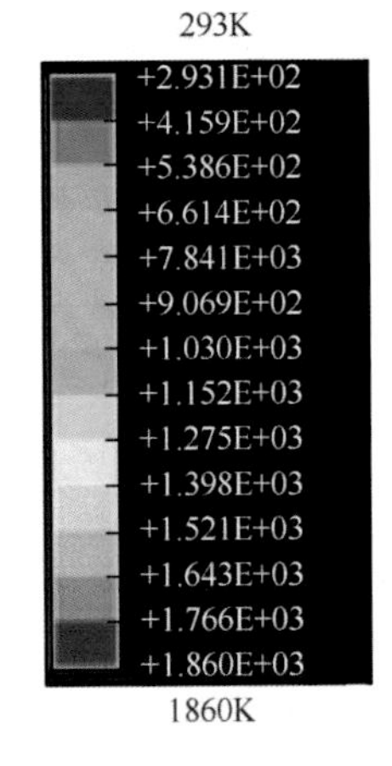

彩图 9.14　使用初始化的电极模拟得到的焊核形成

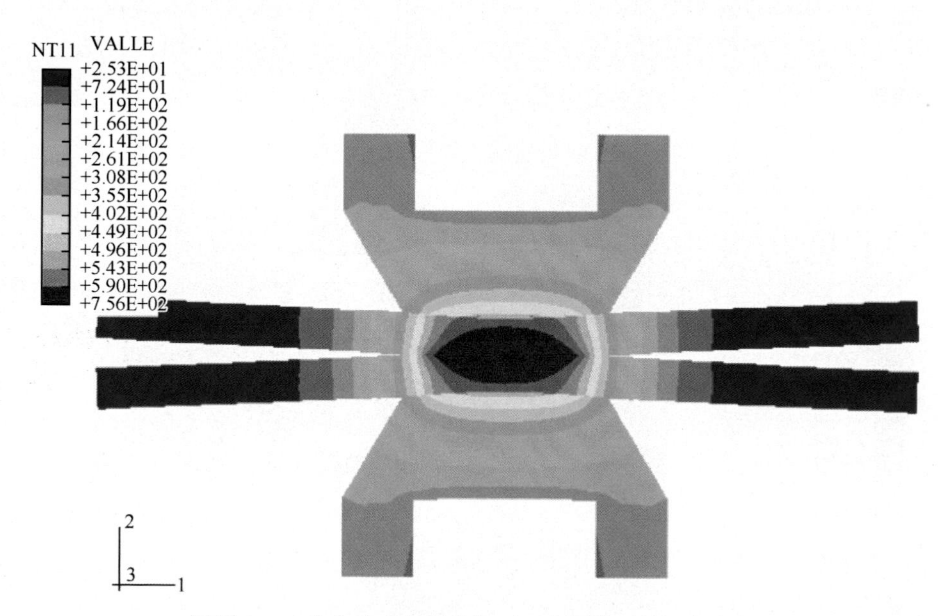

彩图 9.21　完全对中电极条件下 8 个周波后的温度分布